建筑弱电工程读图识图与安装

（第二版）

张玉萍 主编

中国建材工业出版社

图书在版编目（CIP）数据

建筑弱电工程读图识图与安装（第二版）/张玉萍主编．—北京：中国建材工业出版社，2009.1（2014.1 重印）

ISBN 978-7-80227-493-8

Ⅰ．建… Ⅱ．张… Ⅲ．建筑安装工程—电气设备—识图法 Ⅳ．TU85

中国版本图书馆 CIP 数据核字（2008）第 212656 号

内　容　简　介

本书应用国家最新标准和规范编写，主要介绍建筑电气读图识图的基本知识，建筑电气安装常用材料、工具、仪表、导线敷设等电气安装的基础知识，有线电视系统、闭路电视系统、卫星电视系统、公共广播系统、入侵报警系统、门禁管理系统、电子巡更系统、停车场管理系统、楼宇可视对讲系统、火灾自动报警系统、电话通信系统、楼宇设备自动化系统和综合布线系统等建筑弱电系统的基本知识、读图识图、安装、系统调试、质量控制等内容。本书图文并茂，内容浅显实用，能够使读者一看就懂，一学就会。

本书适用于广大建筑弱电安装、维修的施工技术和经营管理人员使用，还可作为大专院校师生的学习参考书，也适合各级技术工人、职业学校学生培训、学习时使用。

建筑弱电工程读图识图与安装（第二版）
张玉萍　主编

出版发行：中国建材工业出版社
地　　址：北京市西城区车公庄大街 6 号
邮　　编：100044
经　　销：全国各地新华书店
印　　刷：北京鑫正大印刷有限公司
开　　本：787mm × 1092mm　1/16
印　　张：27.5
字　　数：679 千字
版　　次：2009 年 1 月第 1 版
印　　次：2014 年 1 月第 3 次
书　　号：ISBN 978-7-80227-493-8
定　　价：**64.00 元**

本社网址：www.jccbs.com.cn
本书如出现印装质量问题，由我社发行部负责调换。联系电话：（010）88386906

编　委　会

主　　编：张玉萍

副 主 编：史　新　高春萍　温冬梅

参　　编：张文会　刘书敏　张建国

　　　　　张　洁　李文杰　张长华

前　言

根据我国目前的人才需求状况，既有专业理论知识，又有实际操作技能的实用型人才越来越受欢迎。职业教育迅猛发展，对于实用型、技能型人才的需求越来越大。

随着科学技术的发展，社会的不断进步，工业化进程的不断加快，我国的经济建设飞速发展，建筑行业出现繁荣景象，现代化的工业厂房、办公大楼、智能化的住宅小区、高层建筑等大量出现，科技含量也越来越高。

建筑设备是建筑物中不可缺少的重要组成部分，它实现了建筑物的各种功能。目前，智能建筑迅猛发展，高层建筑不断出现，对建筑物的功能要求越来越多，也越来越高。在建筑设备各系统中，建筑弱电系统的作用和地位越来越突出，应用越来越广泛，它能进一步丰富和完善建筑物的功能，且有很大的发展前景。

本书主要介绍建筑电气读图识图的基本知识，建筑电气安装常用材料、工具、仪表、导线敷设等电气安装的基础知识，有线电视系统、闭路电视系统、卫星电视系统、公共广播系统、入侵报警系统、门禁管理系统、电子巡更系统、停车场管理系统、楼宇可视对讲系统、火灾自动报警系统、电话通信系统、楼宇设备自动化系统和综合布线系统等建筑弱电系统的基本知识、读图识图、安装、系统调试、质量控制等内容。本书着重用图的形式来介绍相关内容，既有一定的理论知识，又侧重于基本操作技能，图文并茂，内容浅显实用、通俗易懂，力求读者一看就懂，一学就会。

本书适用于广大建筑弱电安装、维修的施工技术和经营管理人员使用，还可作为大专院校师生的学习参考书，也适合各级技术工人、职业学校学生培训、学习时使用。

本书在编写过程中，应用了国家最新标准和规范。

本书第1章第1节~第4节由河北建材职业技术学院刘书敏老师编写，第1章第5节~第6节由该校李文杰老师编写，第2章由该校高春萍老师编写，第3章第1节~第4节由该校张洁老师编写，第3章第5节由该校张长华老师编写，第4章由该校温冬梅老师编写，第5章~第7章由该校张玉萍老师编写，第8章由北京天润建设工程有限公司张建国编写，第9章由该校张文会老师编写。

全书的大部分图由中国电子工程设计院世源科技工程有限公司史新进行收集与整理，特此致谢！

本书编写过程中参考和引用了有关的教材和论著，在此谨对作者表示衷心的感谢。

由于编者水平有限，书中难免存在不妥之处，敬请读者批评指正。

编　者

2008年11月

目　录

第1章　建筑电气工程读图识图的基本知识 …… 1
1.1　建筑电气工程图的表达形式 …… 1
1.1.1　电气图的表达形式 …… 1
1.1.2　电气图的通用画法 …… 1
1.2　建筑电气工程图的种类及用途 …… 6
1.2.1　电气图 …… 6
1.2.2　建筑电气工程图 …… 7
1.3　建筑电气工程图的基本规定 …… 8
1.4　电气工程图常用术语 …… 11
1.5　电气工程图的图形符号和文字符号 …… 15
1.5.1　电气图形符号的构成 …… 15
1.5.2　电气图形符号的分类 …… 17
1.5.3　弱电工程图形符号 …… 43
1.5.4　电气图形符号的应用 …… 59
1.5.5　项目代号 …… 62
1.5.6　电气工程图常用文字符号 …… 64
1.6　建筑电气工程图的识读 …… 78
1.6.1　建筑电气工程图的特点 …… 78
1.6.2　建筑电气工程图的识读 …… 78
第2章　建筑电气工程安装的基本知识 …… 80
2.1　常用电工材料 …… 80
2.1.1　绝缘材料 …… 80
2.1.2　常用导线 …… 82
2.2　建筑电气安装通用工具和仪表 …… 88
2.2.1　通用工具 …… 88
2.2.2　通用仪表 …… 92
2.3　弱电工程导线敷设 …… 102
2.3.1　导线明敷设 …… 102
2.3.2　导线暗敷设 …… 106
2.3.3　电气竖井 …… 117

第3章 有线电视系统 …… 119
3.1 有线电视（CATV）系统综述 …… 119
3.1.1 有线电视系统概述 …… 119
3.1.2 有线电视系统的功能 …… 120
3.1.3 有线电视系统的组成 …… 120
3.1.4 电视频道的划分 …… 132
3.1.5 有线电视系统的分类 …… 136
3.1.6 系统质量评价 …… 137
3.2 闭路电视监视系统 …… 138
3.3 卫星电视 …… 144
3.4 有线电视系统读图识图 …… 146
3.4.1 有线电视系统图 …… 146
3.4.2 闭路电视系统图 …… 148
3.5 有线电视系统安装 …… 150
3.5.1 有线电视系统安装 …… 150
3.5.2 闭路电路监视系统安装 …… 167
3.5.3 卫星电视系统安装 …… 178
第4章 广播音响系统 …… 179
4.1 广播音响系统 …… 179
4.1.1 广播音响系统的分类和组成 …… 179
4.1.2 广播音响系统常用设备 …… 181
4.1.3 广播音响系统音质评价标准 …… 186
4.1.4 常用音响系统 …… 187
4.2 广播音响系统读图识图 …… 189
4.3 广播音响系统安装 …… 197
4.3.1 广播室设备就位 …… 197
4.3.2 线路敷设 …… 199
4.3.3 扬声器的安装 …… 199
4.4 系统调试 …… 205
4.5 质量标准 …… 206
第5章 安全防范系统 …… 207
5.1 入侵报警系统 …… 207
5.1.1 入侵报警系统的基本组成模式 …… 209
5.1.2 报警探测器 …… 210
5.1.3 报警控制器 …… 214

5.1.4　入侵报警系统的主要性能指标 …… 215
5.1.5　安全防范系统工程图的识读 …… 217
5.1.6　安全防范系统安装 …… 218
5.1.7　系统调试 …… 226
5.1.8　质量标准 …… 226
5.2　门禁管理系统 …… 227
5.2.1　门禁系统的组成 …… 228
5.2.2　门禁系统的分类 …… 230
5.2.3　门禁系统的功能 …… 231
5.2.4　门禁系统图 …… 232
5.2.5　门禁系统安装 …… 234
5.2.6　系统调试 …… 239
5.2.7　质量标准 …… 240
5.3　楼宇可视对讲系统 …… 241
5.3.1　楼宇可视对讲系统读图识图 …… 242
5.3.2　楼宇可视对讲系统安装 …… 242
5.3.3　楼宇可视对讲系统调试 …… 245
5.3.4　质量标准 …… 246
5.4　电子巡更系统 …… 246
5.4.1　电子巡更系统 …… 246
5.4.2　电子巡更系统图的识读 …… 248
5.4.3　电子巡更系统安装 …… 250
5.4.4　系统调试 …… 251
5.4.5　质量标准 …… 251
5.5　停车场管理系统 …… 252
5.5.1　停车场管理系统 …… 252
5.5.2　停车场管理系统安装 …… 257
5.5.3　系统调试 …… 260
5.5.4　质量标准 …… 260

第6章　火灾自动报警与灭火系统 …… 262

6.1　概述 …… 262
6.2　火灾自动报警与灭火系统的分类 …… 263
6.2.1　按警戒区域的大小分类 …… 263
6.2.2　按线制分类 …… 266
6.3　火灾自动报警与灭火系统的组成 …… 267
6.3.1　火灾探测器 …… 267
6.3.2　火灾报警控制器 …… 273

6.3.3 联动控制设备 …… 273
6.3.4 其他器件 …… 275
6.4 火灾自动报警与灭火系统读图识图 …… 275
6.5 火灾自动报警与灭火系统安装 …… 282
6.5.1 系统的布线 …… 283
6.5.2 火灾探测器的安装 …… 285
6.5.3 火灾报警控制器的安装 …… 289
6.5.4 主要消防控制设备安装 …… 290
6.5.5 系统调试 …… 294
6.6 质量标准 …… 297
6.6.1 主控项目 …… 297
6.6.2 一般项目 …… 297

第7章 电话通信系统 …… 298

7.1 电话通信系统的组成 …… 298
7.2 电话通信系统工程读图识图 …… 308
7.3 电话通信系统安装 …… 310
7.4 电话通信系统调试 …… 316
7.5 电话通信系统安装质量标准 …… 316

第8章 楼宇设备自动化系统 …… 317

8.1 楼宇设备自动化系统的体系结构 …… 318
8.1.1 楼宇设备自动化系统体系结构的发展 …… 318
8.1.2 楼宇设备自动化系统体系结构 …… 319
8.2 楼宇设备自动化系统的功能 …… 322
8.2.1 楼宇设备自动化系统的基本功能 …… 322
8.2.2 楼宇设备自动化系统的监控功能 …… 323
8.3 楼宇设备自动化系统常用器材 …… 329
8.4 楼宇设备自动化系统工程读图识图 …… 332
8.5 楼宇设备自动化系统安装 …… 338
8.6 楼宇设备自动化系统调试 …… 346
8.7 质量标准 …… 350
8.7.1 主控项目 …… 350
8.7.2 一般项目 …… 352

第9章 智能建筑与综合布线系统 …… 353

9.1 智能建筑与综合布线系统 …… 353
9.1.1 智能建筑概述 …… 353

9.1.2 综合布线概述 …… 355
9.2 综合布线系统常用材料 …… 362
9.2.1 双绞电缆 …… 362
9.2.2 同轴电缆 …… 366
9.2.3 电缆连接件 …… 366
9.2.4 光缆 …… 370
9.2.5 光缆连接件 …… 373
9.3 综合布线系统读图识图 …… 376
9.4 综合布线系统安装 …… 385
9.4.1 综合布线系统布线 …… 385
9.4.2 线路敷设 …… 390
9.4.3 设备安装 …… 402
9.4.4 光纤连接 …… 417
9.5 综合布线系统质量标准与验收 …… 422
9.5.1 质量标准 …… 422
9.5.2 综合布线系统工程检验项目及内容 …… 423
参考文献 …… 426

第1章 建筑电气工程读图识图的基本知识

1.1 建筑电气工程图的表达形式

1.1.1 电气图的表达形式

电气图的种类有很多，采用何种表达形式，应根据图样的表达对象和使用场合来确定。《电气技术用文件的编制 第一部分：规则》（GB/T 6988.1—2008）规定，电气图的表达形式分为四种：

1. 图

图是图示法的各种表达形式的总称，也可定义为用图的形式来表示信息的一种技术文件。

2. 简图

简图是用各种电气符号、带注释的图框、简化的外形来表示系统、设备中各组成部分之间相互关系及连接关系的一种图，是电气图的主要表达形式。在不致引起混淆时，简图可称为图。电气图中的大多数，如系统图、电路图、逻辑图、接线图等，都属于简图。

3. 表图

表图是表示两个或两个以上变量之间关系的一种图，在不致引起混淆时也可简称为图。

表图所表示内容和方法都不同于简图。经常碰到的各种曲线图、时序图等都属于表图。之所以说“表图”而不用“图表”，是因为这种表达形式主要是图而不是表。国家标准把表图作为电气图的表达形式之一，也是为了与国际标准取得一致。

4. 表格

表格是把数据纵横排列的一种表达形式，用来说明系统、成套装置或设备中各组成部分的相互关系或连接关系，或用以提供工作参数等。表格可以作为图的补充，也可以用来代替某些图。表格可简称为表。

1.1.2 电气图的通用画法

电气图的通用画法又称通用表示法，共有三类：

1. 用于电路的表示方法

（1）单线表示法

单线表示法就是在简图中将两根或两根以上的导线只用一条线表示，如图1-1所示。

（2）多线表示法

多线表示法就是在简图上将每一根导线用一条线表示的方法，如图1-2所示。

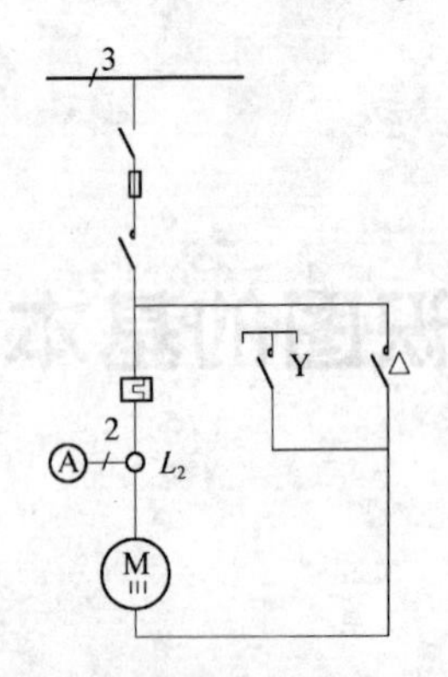

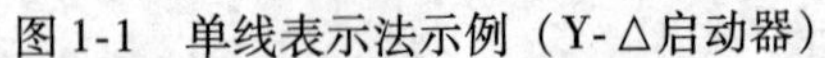

图 1-1　单线表示法示例（Y-△启动器）

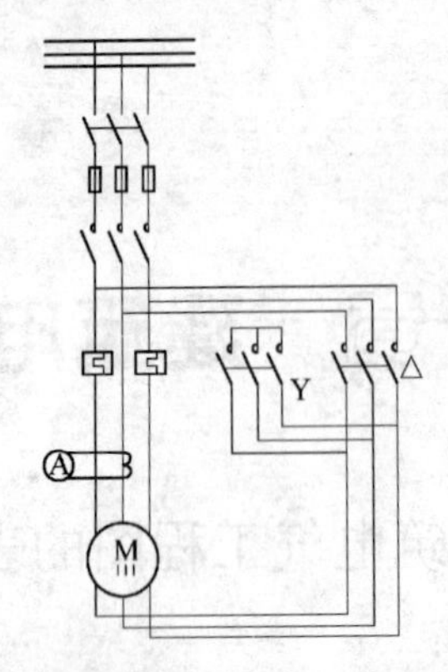

图 1-2　多线表示法示例（Y-△启动器）

多线表示法能比较清楚地表达电路的工作原理，但图线较多。若设备比较复杂时，图线多、交叉多，较难看懂。

（3）混合表示法

混合表示法就是图的一部分用单线表示法，另一部分用多线表示法，即两种表示法组合使用的方法，如图 1-3 所示。这种表示法既有单线表示法简明、精练的特点，又有多线表示法精确、完整的特点。

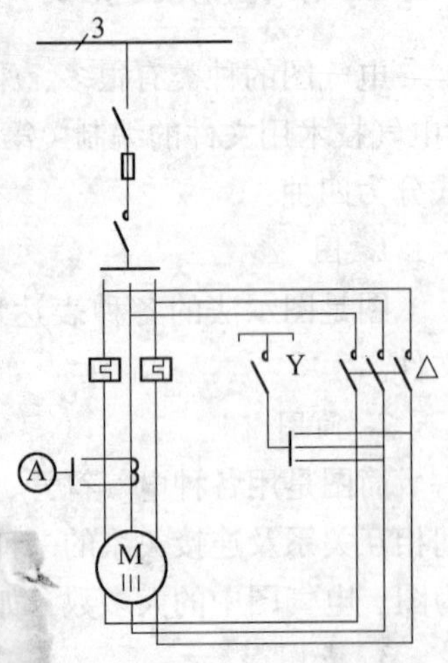

图 1-3　单线表示法和多线表示法组合使用示例（Y-△启动器）

2. 用于元件的表示方法

（1）集中表示法

集中表示法就是在简图中将设备或成套装置中的某一个项目的各组成部分的图形符号绘制在一起的方法。其中，各组成部分用机械连接线（虚线）相互连接，连接线必须是一条直线。集中表示法一般只适用于简单的图，见表 1-1。

表 1-1　集中表示法示例

示例	集中表示法	名　称	附　注
1	A_1 A_2 13 14 23 24	继电器	可用半集中表示法或分开表示法表示
2	23 24 21 13 14	按钮开关	可用半集中表示法或分开表示法表示
3	11 21 12 13 22 14	三绕组变压器	可用分开表示法表示

（2）半集中表示法

半集中表示法是将设备和装置中一个项目的某些部分的图形符号在简图上分开布置，并仅用机械连接符号来表示它们之间的关系的表示方法，以使电路布局清晰，易于识别，见表 1-2。这种方法适用于内部具有机械联系的元件。机械连接线可以是直线，也可以折弯、分支和交叉。

表 1-2　半集中表示法示例（元件同表 1-1）

示例	半集中表示法
1	K_1　A_1　A_2　13　14　23　24
2	13　S_1　14　23　24　21

（3）分开表示法

分开表示法就是将一个项目中的某些部分的图形符号在简图上分开布置，并仅用项目代号（文字符号）表示它们之间的相互关系的表示方法，以使设备和装置的电路布局清晰、易于识别，如图 1-4 所示。这种方法适用于内部具有机械的、磁的或光的功能联系的元件，又称为展开表示法。

图 1-5、图 1-6、图 1-7 所示为分别用集中表示法、半集中表示法和分开表示法表示的双向旋转电动机启动器电路。

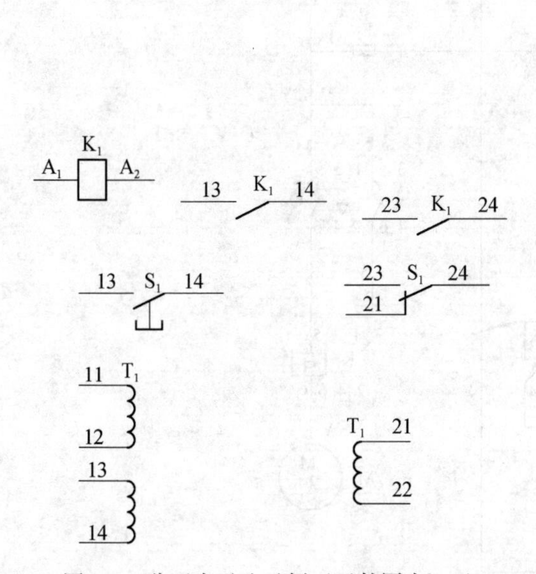

图 1-4　分开表示法示例（元件同表 1-1）

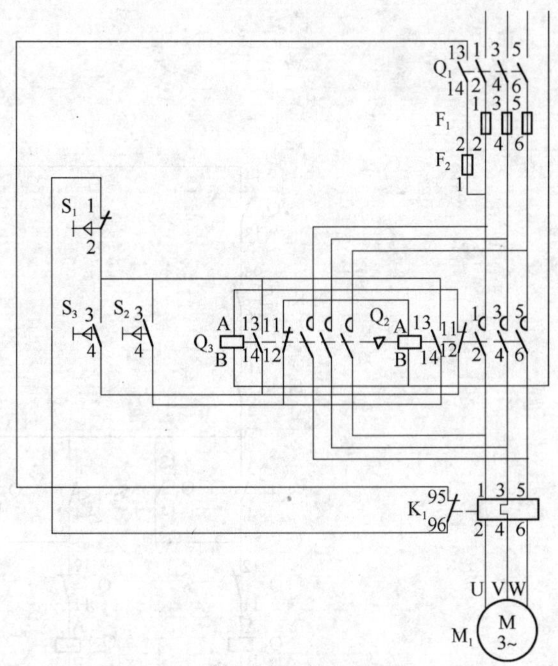

图 1-5　用集中表示法绘制的双向旋转电动机启动器电路图

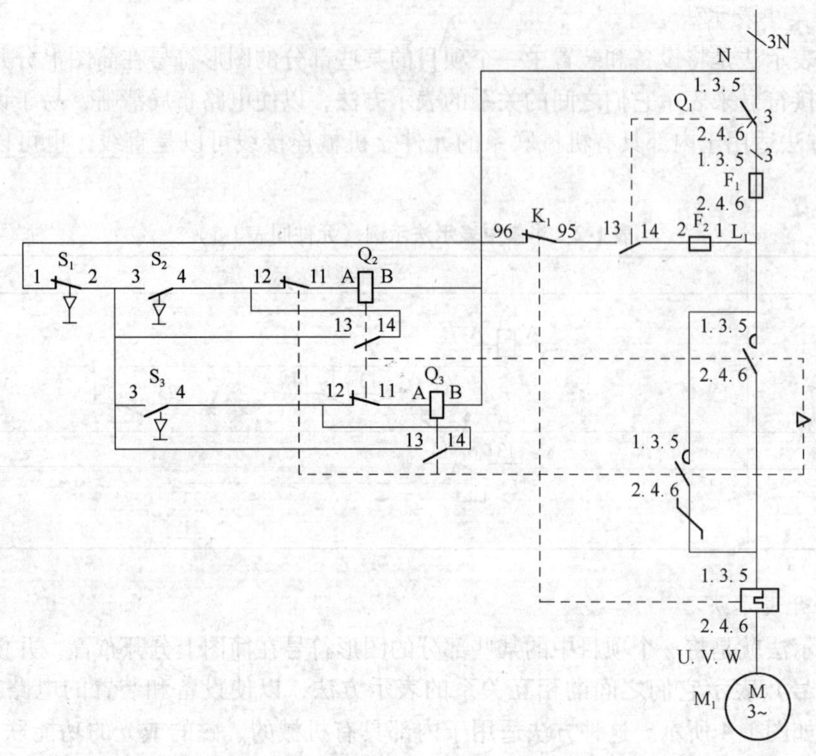

图 1-6　用半集中表示法绘制的双向旋转电动机启动器电路图（电源电路采用单线表示法）

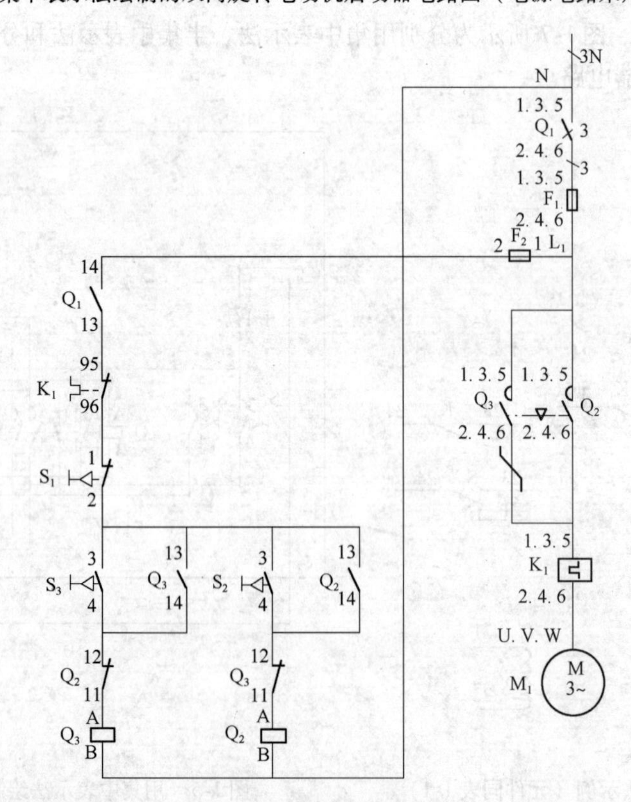

图 1-7　用分开表示法绘制的双向旋转电动机启动器电路图（电源电路采用单线表示法）

3. 项目代号的标注方法

采用集中表示法和半集中表示法绘制的元件，其项目代号标注在图形符号旁，并与机械连接线对齐。采用分开表示法绘制的元件，其项目代号应标注在项目的每一部分自身符号旁，必要时，对同一项目的同类部件，如各辅助开关、触点等，可加注序号。

项目代号的标注位置应尽量靠近图形符号。图线水平布局的图，项目代号应标注在图形符号上方；图线垂直布局的图，项目代号应标注在图形符号的左方；项目代号中的端子代号应标注在端子或端子位置的旁边；图框中的项目代号应标注在其上方或右方。

4. 电气图的布局方法

（1）功能布局法

功能布局法就是电气图中元件符号的布置，只考虑便于看出它们所表示的元件之间的功能关系，而不考虑其实际位置的布局方法。系统图、电路图等大多数简图都采用这种布局方法。

（2）位置布局法

位置布局法就是电气图中元件符号的布置对应于该元件实际位置的布局方法。平面图、安装接线图等就是采用这种方法。

（3）图线布局法

图线布局法就是电气图中的导线、信号通路、连接线等图线用横竖直线表示，并尽可能地减少交叉和弯折。

图线的布局有水平布局、垂直布局和交叉布局三种，如图1-8～图1-10所示。

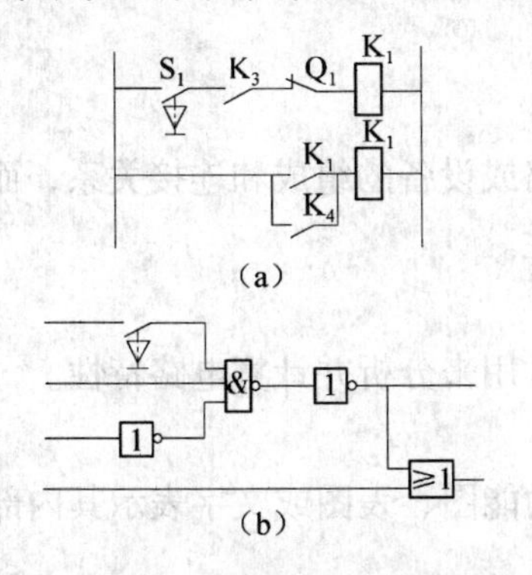

图1-8　图线的水平布局

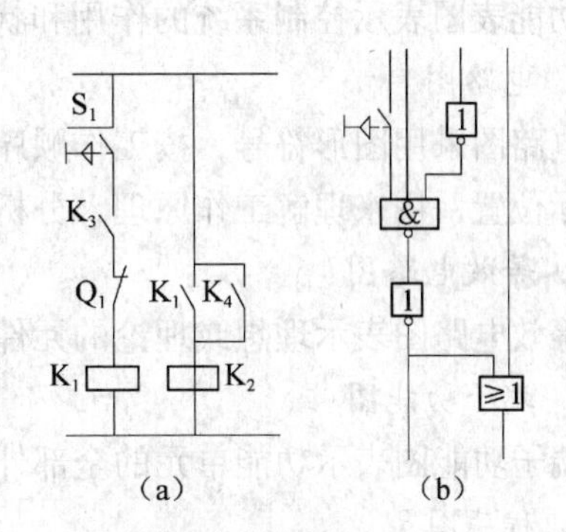

图1-9　图线的垂直布局

水平布局时，元件和设备的图形符号横向（行）布置，使其连接线处于水平方向（图1-8）；垂直布局时，元件和设备的图形符号纵向（列）布置，使其连接线处于垂直方向（图1-9）；交叉布局时，可采用斜向交叉线表示，将相应的元件连接成对称的布局（图1-10）。

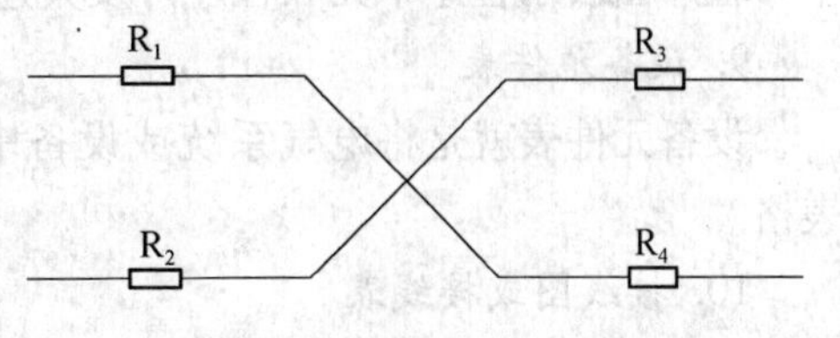

图1-10　图线的交叉布局

（4）元件布局法

元件布局法就是在电气图中，元件按因果关系和动作顺序从左到右、从上到下排列布置，看图时也应按这一排列规律来分析。

1.2 建筑电气工程图的种类及用途

建筑电气工程图反映了建筑电气产品的构成和功能，说明了建筑电气系统的工作原理，在进行各种电气设备及线路的安装、运行、维护和管理时必不可少，是电气设计、安装和操作人员的共同语言。

1.2.1 电气图

电气图的种类有很多，根据表达形式和用途的不同，《电气技术用文件的编制 第一部分：规则》（GB/T 6988.1—2008）将电气图分为15类。

1. 系统图或框图

系统图是用符号或带注释的框，概略表示系统的组成、相互关系和主要特征，主要采用方框符号绘制时，称为框图。

2. 功能图

功能图是理想或理论的电路，不涉及实现方法，它提供了绘制电路图和其他简图的依据。

3. 逻辑图

逻辑图采用二进制逻辑单元图形符号绘制，只表示功能，不涉及实现方法。

4. 功能表图

功能表图表示控制系统的作用和状态。

5. 电路图

电路图采用图形符号，按工作顺序排列，表示电路或设备的组成和连接关系，而不考虑其实际位置，用来理解工作原理，分析并计算电路特性。

6. 等效电路图

等效电路图表示理想或理论的元件及其连接关系，用来分析并计算电路特性。

7. 端子功能图

端子功能图表示功能单元的全部外接端子，并用功能图、表图或文字表示其内部功能。

8. 程序图

程序图表示程序单元和程序片及其连接关系。

9. 设备元件表

设备元件表就是将电气系统或设备中的各组成部分的名称、型号、规格、数量等列成表格。

10. 接线图或接线表

接线图或接线表表示成套装置或设备的连接关系，用来进行接线和检查。

11. 单元接线图或单元接线表

单元接线图或单元接线表表示成套装置或设备中的一个结构单元内的连接关系。

12. 互连接线图或互连接线表

互连接线图或互连接线表表示成套装置或设备的不同单元之间的连接关系。

13. 端子接线图或端子接线表

端子接线图或端子接线表表示成套装置或设备的端子以及端子的连接线。

14. 数据单

数据单给出了特定项目的详细信息。

15. 位置简图或位置图

位置简图或位置图表示成套装置或设备中各个项目的位置。

1.2.2　建筑电气工程图

1. 建筑电气工程项目的分类

建筑电气工程项目可分为以下几类：

（1）外线工程

即室外电源的供电线路，主要是架空电力线路和电缆线路。

（2）变配电工程

即由变压器高低压配电柜、母线、电缆、继电器保护与电气计量等设备构成的变压器配电所。

（3）室内配线工程

主要有线管配线、桥架线槽配线、瓷瓶配线、钢精扎头配线、钢索配线等。

（4）电力工程

各种风机、水泵、电梯、机床、起重机的动力设备和控制器以及动力配电箱。

（5）照明工程

即照明、灯具、开关、插座、电扇和照明配电箱等设备。

（6）防雷工程

建筑物电器装置和其他设备的防雷措施。

（7）接地工程

各种电器装置的工作接地和保护接地系统。

（8）发电工程

一般为备用柴油发电机组。

（9）弱电工程

消防报警系统、保安系统、广播、电话、闭路电视系统等。

2. 建筑电气工程图

不同的建筑电气工程，图纸的数量和种类也不同。

常用的建筑电气工程图有以下几类：

（1）目录、说明、图例、设备材料明细表

图纸目录的内容有：序号、图名、图纸编号、数量等。

设计说明（又称施工说明）主要阐述电气工程设计依据、工程要求、施工原则与方法、建筑特点、电气安装标准、安装方法、工程等级、工艺要求及有关设计的补充说明等内容。

图例（即图形符号）列出了本套图纸中所涉及的有关图形符号。

设备材料明细表列出了该项电气工程所用的设备和材料的名称、型号、规格、数量等，供设计概算及施工预算时参考。

（2）电气系统图

电气系统图有变配电系统图、动力系统图、照明系统图和弱电系统图等，反映了电气工程的供电方式、电能输送分配控制系统和设备运行情况以及建筑物的配电情况。电气系统图一般只表示电气回路中各元件的连接关系，不表示元件的具体情况、安装位置和接线情况等。

（3）电气平面图

电气平面图有变配电所平面图、动力平面图、照明平面图、弱电平面图、防雷平面图、接地平面图等，表明了电气线路、设备和装置等的平面布置，是进行电气安装的主要依据。

（4）设备布置图

设备布置图表明了各种电气设备和元件的空间位置、安装方式和相互关系，通常由平面图、立面图、剖面图及各种构件详图等组成。

（5）安装接线图

安装接线图又称为安装配线图，表明了电气线路、各种电气设备和元件的安装位置、配线方式、接线方法、配线场所特征等。

（6）电气原理图

电气原理图又称展开原理图，说明的是某一电气系统或设备的工作原理，按各个部分的动作原理采用展开法绘制，从电气原理图可以很清楚地看出整个系统的动作顺序。

（7）详图

详图说明的是电气工程中设备的某一部分的具体安装要求和做法。

1.3 建筑电气工程图的基本规定

1. 图纸幅面

完整的图面由边框线、图框线、标题栏、会签栏等组成，如图1-11所示。

图框尺寸是根据图纸是否需要装订和图纸幅面的大小来确定的。需要装订时，装订的一边要留出装订边；不需要装订时，图纸的四个周边尺寸相同。

图纸的大小必须符合表1-3的规定。

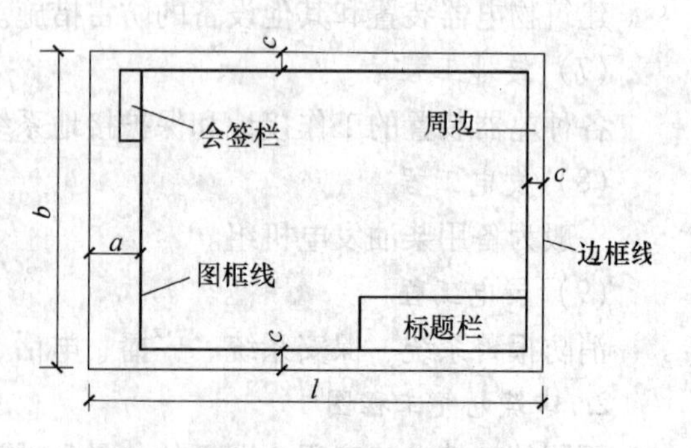

图1-11 图面的组成

表1-3 幅面尺寸及代号

幅面代号	A0	A1	A2	A3	A4
宽长（$b \times l$）/mm × mm	841 × 1189	594 × 841	420 × 594	297 × 420	210 × 297
边宽（c）/mm	10	10	10	5	5
装订侧边宽（a）/mm	25	25	25	25	25

图纸幅面尺寸相当于$\sqrt{2}$系列，即 $l=\sqrt{2}b$。幅面尺寸分为五种，A0 ~ A4、A0 ~ A2 号图纸一般不得加长，A3、A4 号图纸可根据需要，沿短边以短边的倍数按表 1-4 加长。A0 号图的幅面面积为 1m^2，A1 号图幅面面积是 A0 号图的对开，其他图幅面依此类推。

表 1-4　加长幅面尺寸

代　号	尺寸/mm × mm
A3 × 3	420 × 891
A3 × 4	420 × 1189
A4 × 3	297 × 630
A4 × 4	297 × 841
A4 × 5	297 × 1051

标题栏中标注了图纸名称、图号、张次、更改和有关人员签署等内容，正式图样必须有标题栏，其位置一般在图纸的右下方。标题栏中文字的方向应为看图方向，图中的说明、符号应以标题栏为准。图 1-12 为图纸标题栏示例，其格式目前我国还没有统一规定。

设计单位名称				×××工程		
总工程师		主要设计人		（图名）		
设计总工程师		校核				
专业工程师		制图				
组长		描图				
日期		比例		图号	电×××	

40　7　180

图 1-12　标题栏格式（单位：mm）

有时电气图中的内容很多，对于幅面大且内容复杂的图，需要分区，以便在读图时能很快找到相应的部分。

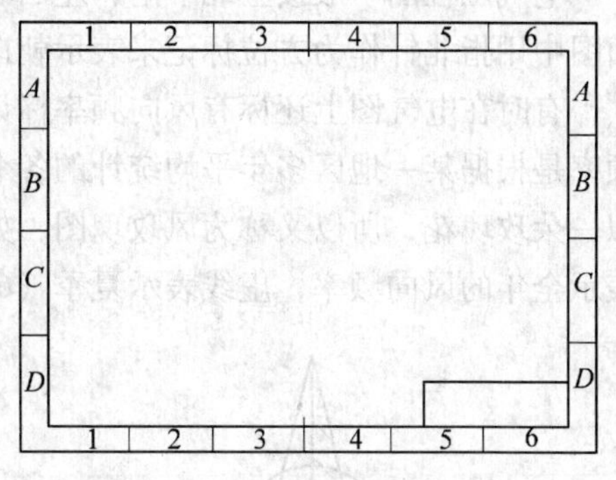

图 1-13　图幅分区法示例

图幅分区的方法是将相互垂直的两边框分别等分，分区的数量视图的复杂程度而定，但要求必须为偶数，每一分区的长度一般不小于 25mm，不大于 75mm，分区线用细实线。竖边方向分区代号用大写拉丁字母从上到下编号，横边方向分区用阿拉伯数字从左到右编号，分区代号用数字和字母表示，字母在前，数字在后，如 B4、C5 等。图 1-13 为图幅分区法示例。

2. 比例

比例是工程图纸中的图形与实物对应要素的线性尺寸之比。大部分电气工程图是不按比例绘制的，只有某些位置图按比例绘制或部分按比例绘制。常用的比例一般有：

1∶10，1∶20，1∶50，1∶100，1∶200，1∶500

3. 字体

工程图纸中的各种字体，如汉字、数字、字母等，要求字体端正、笔画清楚、排列整齐、间隔均匀，以保证图纸的规范性和通用性。

图中的汉字应写成长仿宋字，数字、字母用直体，并采用国家正式公布的简化字。国家标准对文字的大小规定了6种号数，即20，14，10，7，5，3.5。字体的号数用字体的高度（单位为mm）表示。字体的大小应视图幅大小而定。表1-5为字体的最小高度。

表1-5　字体的最小高度

图纸图幅代号	A0	A1	A2	A3	A4
字体最小高度/mm	5	3.5	2.5	2.5	2.5

4. 图线

工程图纸中采用不同的线型、不同的线宽来表示不同的内容。

电气工程图纸中常用的图线名称、图线形式和用途列于表1-6中。

表1-6　图线形式及应用

图线名称	图线形式	图线应用	图线名称	图线形式	图线应用
粗实线	——	电气线路，一次线路	点画线	-·—·-	控制线，信号线，围框线
细实线	——	二次线路，一般线路			
虚线	······	屏蔽线，机械连线	双点画线	-··—··	辅助围框线，36V以下线路

图线的宽度有0.25mm，0.35mm，0.5mm，0.7mm，1.0mm，1.4mm六种，是按$\sqrt{2}$的倍数递增的，可根据图的大小和复杂程度选用。

5. 方位和风向频率标记

电气工程图一般按上北下南，左西右东来表示建筑物和设备的位置和朝向。在外电总平面图中用指北针作为方位标记来表示朝向，如图1-14所示。

有时在电气图上还标有风向频率标记，用来表示设备安装地区一年四季风向情况。风向频率是根据某一地区多年平均统计的各个方向吹风次数的百分值，按一定比例绘制的，因形似一朵玫瑰花，所以又称为风玫瑰图，如图1-15所示。其中，箭头方向为正北方向，实线表示全年的风向频率，虚线表示夏季（6~8月）的风向频率。

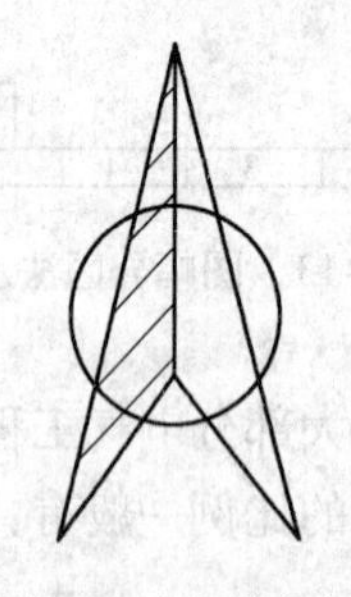

图1-14　方位标记

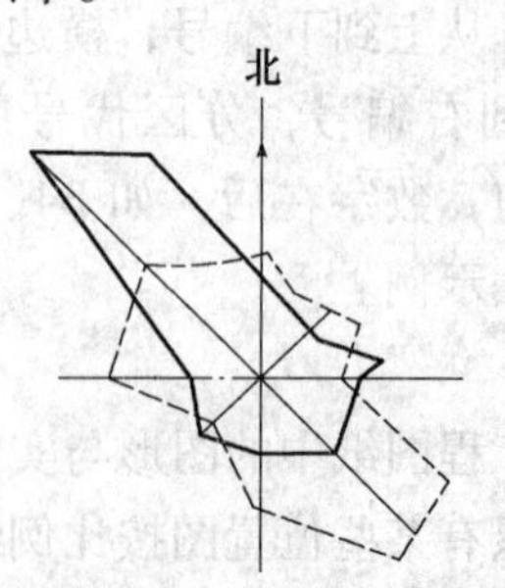

图1-15　风向频率标记（风玫瑰图）

6. 安装标高

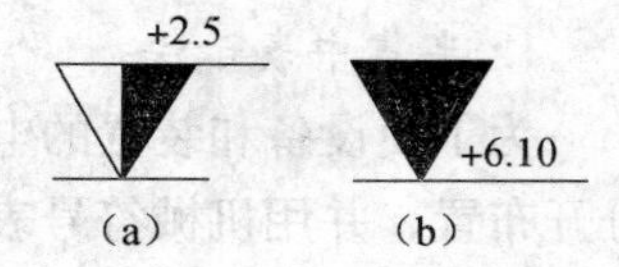

图1-16　安装标高例图
(a) 用于室内平、剖面图；
(b) 用于总平面图室外地面

电气工程图中用标高来表示电气设备和线路的安装高度。标高有绝对标高和相对标高两种表示方法。其中绝对标高又称为海拔高度；相对标高是以某一平面作为参考面为零点而确定的高度。建筑工程图纸一般以室外地平面为±0.00mm。图1-16所示为安装标高表示方法。

7. 定位轴线

建筑电气工程图通常是在建筑物断面上完成的，而建筑平面图中，建筑物都标有定位轴线。定位轴线是设计和施工中定位、放线的重要依据。凡是承重墙、柱子等主要承重构件，都应画出定位轴线并对轴线编号从而确定其位置。对于非承重的分隔墙、次要构件等，有时用附加定位轴线表示其位置。

平面图上的定位轴线编号标注在图的下方与左侧。横向编号用阿拉伯数字，按从左至右的顺序编写；纵向编号用大写拉丁字母按从下向上的顺序编写，但其中字母I、Z、O不得用作轴线编号，以免与阿拉伯数字1、2、0混淆。

数字和字母用点画线引出，通过定位轴线可以很方便地找到电气设备和其他设备的具体安装位置。

图1-17为定位轴线标注方法。

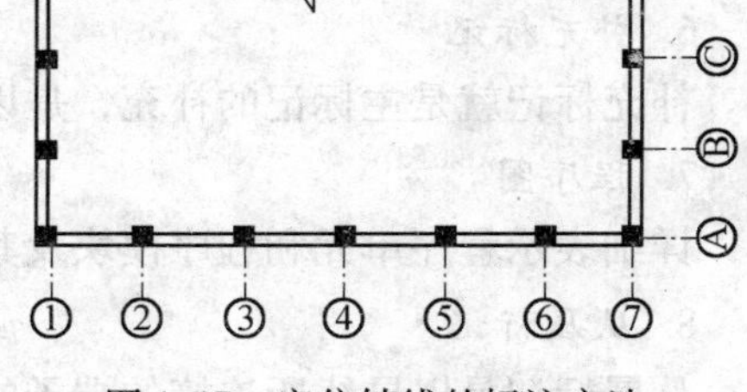

图1-17　定位轴线的标注方法

8. 详图

电气设备中某些零部件、连接点等的结构、做法、安装工艺要求无法表达清楚时，通常将部分用较大的比例放大画出，称为详图。详图可以画在同一张图纸上，也可以画在另一张图纸上，为便于查找，应用索引符号和详图符号来反映基本图与详图之间的对应关系。表1-7所列为详图的标示方法。

表1-7　详图的标示方法

图例	示意	图例	示意
2/–	2号详图与总图画在一张图上	5/2	5号详图被索引在第2号图样上
2/3	2号详图画在第3号图样上	D××× 4/6	图集代号为D×××，详图编号为4，详图所在图集页码编号为6
5	5号详图被索引在本张图样上	D××× 8/–	图集代号为D×××，详图编号为8，详图在本页（张）上

1.4　电气工程图常用术语

电气图国家标准和国际上通用的"IEC"标准，严格定义了电气图的有关名词术语和概念，这是阅读电气工程图必须要了解的内容，按汉语拼音字母顺序汇编如下：

1. 半集中表示法

为了使设备和装置的电路布局清晰、易于识别，将一个项目中某些部分的图形在简图上分开布置，并用机械符号表示它们之间相互关系的表示方法称为半集中表示法。

2. 被控系统

被控系统包括执行实际过程的操作设备。

3. 表格

把数据按纵横排列的表达方法称为表格。

4. 表图

表明两个或两个以上变量之间关系的图称为表图。

5. 部件

两个或更多的基本件构成的组件的一部分称为部件，它可以整个或分别替换其中一个或几个基本件。

6. 补充标记

补充标记就是主标记的补充，是以每一根导线或线束的电气功能为依据的标记系统。

7. 程序图

详细表示程序单元和程序模块及其互联关系的简图称为程序图。

8. 从属标记

从属标记是以导线所连接的端子的标记或线束所连接的设备的标记为依据的导线或线束的标记系统。

9. 单元接线图或单元接线表

单元接线图或单元接线表表示的是成套装置或设备中一个结构单元内的连接关系。

10. 等效电路图

表示理论的或理想的元件及其连接关系的简图称为等效电路图。

11. 电路图

用图形符号，按工作顺序排列，详细表示电路、设备或成套装置的全部基本组成和连接关系，不考虑其实际位置的简图称为电路图。

12. 独立标记

独立标记是与导线所连接的端子的标记或线束所连接的设备的标记无关的导线或线束的标记系统。

13. 单线表示法

两根或两根以上的导线在简图上只用一条线来表示的方法称为单线表示法。

14. 端子

用来连接器件和外部导线的导电体称为端子。

15. 端子代号

用来同外电路进行电气连接的电器导电件的代号称为端子代号。

16. 端子板

端子板是装有多个互相绝缘并通常与地绝缘的端子的板、块或条。

17. 端子功能图

端子功能图是表示功能单元全部外接端子，并用功能图、表图或文字表示其内部功能的一种简图。

18. 端子接线图或端子接线表

端子接线图或端子接线表是表示成套装置或设备的端子以及接在外部接线（必要时包括内部接线）的一种接线图或接线表。

19. 多线表示法

多线表示法是每根导线在简图上都分别用一条线表示的方法。

20. 方框符号

方框符号是用以表示元件、设备等的组合及其功能，既不给出元件、设备的细节，也不考虑所有连接的一种简单的图形符号。

21. 分开表示法

分开表示法是为了使设备和装置的电路布局清晰、易于识别，把一个项目中某些部分的图形符号在简图上分开布置，并仅用项目代号表示它们之间关系的方法。

22. 符号要素

符号要素是一种具有确定意义的简单图形，必须同其他图形组合以构成一个设备或概念的完整符号。

23. 高层代号

高层代号是系统或设备中任何较高层次（对给予代号的项目而言）项目的代号。

24. 功能

功能是对信息流、逻辑流或系统的性能具有特定作用的操作过程定义。

25. 功能流

功能流描述设备功能之间逻辑上的相互关系。

26. 功能图

功能图是表示理论的或理想的电路而不涉及实现方法的一种简图。

27. 功能图表

功能图表表示控制系统（如一个供电过程或一个生产过程的控制系统）的作用和状态的一种表图。

28. 功能布局法

功能布局法是对简图中元件符号的位置，只考虑便于看出它们所表示的元件之间的功能，而不考虑实际位置的一种布局方法。

29. 互联接线图或互联接线表

互联接线图或互联接线表是表示成套装置或设备的不同单元之间连接关系的一种接线图或接线表。

30. 简图

简图是用图形符号、带注释的方框或简化外形表示系统或设备中各组成部分之间相互关系及其连接关系的一种图。

31. 集中表示法

集中表示法把设备或成套装置中一个项目各组成部分的图形符号，在简图上绘制在一起的方法。

32. 基本件

基本件是在正常情况下不破坏其功能就不能分解的一个（或互相连接的几个）零件、元件或器件。如连接片、电阻器、集成电路等。

33. 逻辑图

逻辑图是主要用二进制逻辑单元图形符号绘制的一种简图。只表示功能而不涉及实现方法的逻辑图，称为纯逻辑图。

34. 逻辑电平

逻辑电平是假定代表二进制变量的一个逻辑状态的物理量。

35. 内部逻辑状态

内部逻辑状态描述的是假定在符号框线内输入端或输出端存在的逻辑状态。

36. 前缀符号

前缀符号是用以区分各个代号段的符号，包括等号“=”、加号“+”、减号“-”和冒号“:”。

37. 设备元件表

设备元件表是把成套装置、设备和装置中各组成部分和相应数据列成的表格。

38. 识别标记

识别标记是标在导线或线束两端，必要时标在全长可见部位以识别导线或线束的标记。

39. 施控系统

施控系统是接收来自操作者、过程等信息，并给被控系统发出命令的设备。

40. 数据单

数据单是对特定项目给出详细信息的资料。

41. 图

图是用图示法的各种表达形式的统称。

42. 图形符号

图形符号是通常用于图样或其他文件以表示一个设备或概念的图形、标记或字符。

43. 外部逻辑状态

外部逻辑状态描述的是假定在符号框线外存在的逻辑状态。

44. 位置代号

位置代号是项目在组件、设备、系统或建筑物中的实际位置的代号。

45. 位置简图或位置图

位置简图或位置图是表示成套装置、设备或装置中各个项目位置的一种简图或一种图。

46. 位置布局法

位置布局法是简图中元件符号的布置对应于该元件实际位置的布局方法。

47. 系统说明书

系统说明书是按照设备的功能而不是按设备的实际结构来划分的文件。这样的成套文件称之为功能系统说明书，一般称为系统说明书。

48. 系统图或框图

系统图或框图是用符号或带注释的框，概略表示系统或分系统的基本组成、相互关系及其主要特征的一种简图。

49. 限定符号

限定符号是用以提供附加信息的一种加在其他符号上的符号。

50. 项目

项目是在图上通常用一个图形符号表示的基本件、部件、组件、功能单元、设备、系统等。如电阻器、继电器、发电机、放大器、电源装置、开关设备等，都可称为项目。

51. 项目代号

项目代号是用以识别图、图表、表格中和设备上的项目种类，并提供项目的层次关系、实际位置等信息的一种特定的代码。

52. 一般符号

一般符号是用以表示一类产品和此产品特征的一种通常很简单的符号。

53. 印刷板装配图

印刷板装配图是表示各种元、器件和结构件等与印刷板连接关系的图样。

54. 印刷板零件图

印刷板零件图是表示导电图形、结构要素、标记符号、技术要求和有关说明的图样。

55. 种类代号

种类代号是主要用于识别项目种类的代号。

56. 主标记

主标记是只标记导线或线束的特征，而不考虑其电气功能的标记系统。

57. 组合标记

组合标记是从属标记和独立标记一起使用的标记系统。

58. 组件

组件是若干基本件或若干部件或者若干基本件和若干部件组装在一起，用以完成某一特定功能的组合体。如发电机、音频放大器、电源装置、开关设备等。

1.5　电气工程图的图形符号和文字符号

电气图中常用图形符号和文字符号表示电气工程中的设备、元件、装置和系统等。图形符号是构成电气图的基本单元；文字符号用于电气技术领域中技术文件的编制，标明电气设备、元件和装置、功能、状态或特征，为电气技术中项目代号提供种类字母代码和功能字母代码。熟悉各种图形符号和文字符号是绘制和阅读电气工程图的基础。

1.5.1　电气图形符号的构成

图形符号就是用于图样或其他文件以表示一个设备或概念的图形、标记或字符。

电气图形符号包括一般符号、符号要素、限定符号和方框符号。

1. 一般符号

一般符号用来表示一类产品或此类产品的特征，是一种通常很简单的符号，如图 1-18 所示。

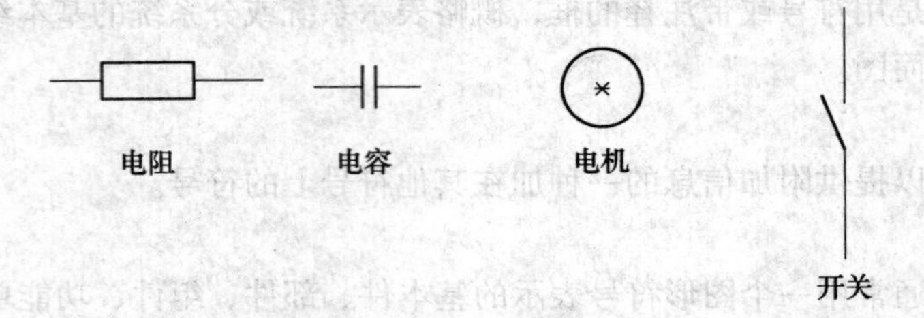

图 1-18　一般图形符号示例

2. 符号要素

符号要素是具有确定意义的简单图形，必须同其他图形组合以构成一个设备或概念的完整符号，一般不能单独使用。图 1-19 为直热式阴极电子管的图形符号，它由管壳、阳极、（阴极）灯丝三个符号要素按一定的方式组合而成。而当这些符号要素按其他方式组合时，则会构成另外一种电子管的符号。

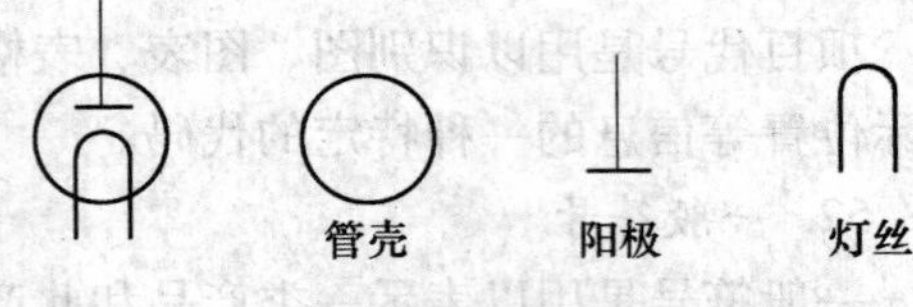

图 1-19　电子管的图形符号及符号要素

3. 限定符号

限定符号是用来提供附加信息的一种加在其他符号上的符号，它说明了某些特征、功能和作用等，通常不能单独使用，但它的应用大大扩展了图形符号的种类。如图 1-20 所示，在电阻器的一般符号上附加不同的限定符号，得到了多种不同电阻器的图形符号；又如图 1-21所示，在开关的一般符号上附加不同的限定符号，得到了多种不同开关的图形符号。

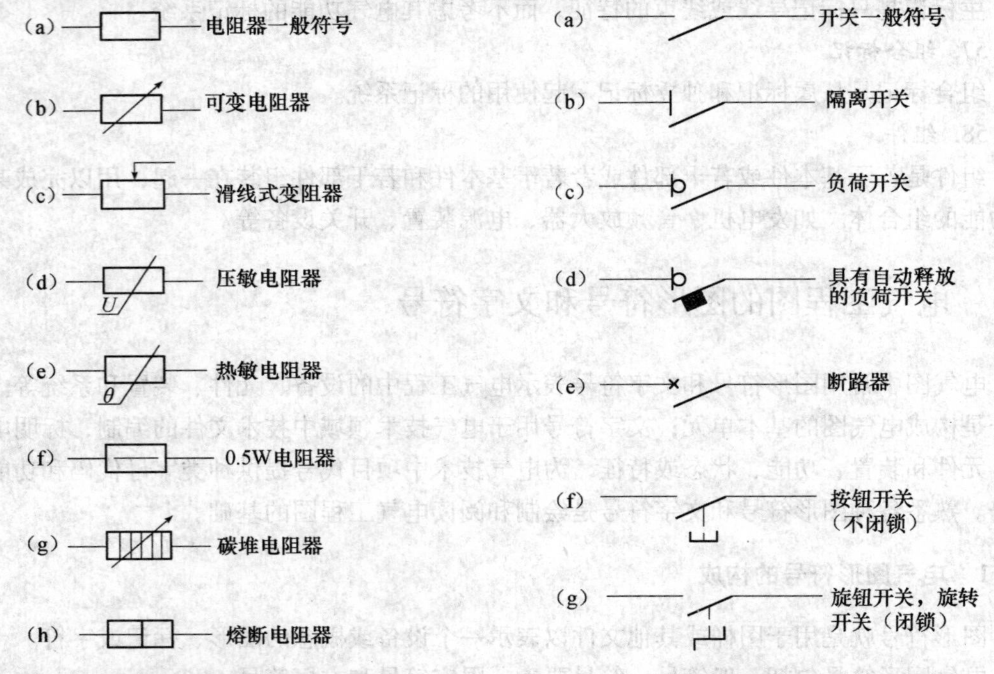

图 1-20　附加不同限定符号的电阻器符号　　图 1-21　附加不同限定符号的开关符号

有时一般符号也可用作限定符号，如电容器的一般符号加到传声器的符号上，就构成了电容式传声器的符号。

4. 方框符号

方框符号用来表示元件、设备等的组合及功能，不给出元件、设备的细节，也不考虑所有连接。

方框符号在框图中使用最多，电路图中的外购件、不可修理件也可用方框符号表示。

1.5.2　电气图形符号的分类

电气工程技术文件中的图形符号主要采用新的国家标准《电气图用图形符号》（GB 4728—2005）及国家标准图集 00DX001《建筑电气工程设计常用图形和文字符号》。

《电气图用图形符号》（GB 4728）由十三个部分组成：

1. 总则

包括本标准内容提要、名词术语、符号的绘制、编号的使用及其他规定。

2. 符号要素、限定符号和其他符号

包括轮廓和外壳、电流和电压的种类、可变性，力或运动的方向，流动的方向，特性量的动作相关性，材料的类型，效应或相关性，辐射，信号波形，机械控制，操作件和操作方法，非电量控制，接地、接机壳和等电位，理想电路元件等。详见表 1-8。

表 1-8　常用符号要素及限定符号

序　号	图形符号	含　义	说　明
02-01-01	形式 1 □	物件，例如： ——设备 ——器件 ——功能单元 ——元件 ——功能	符号轮廓内的符号或代号表示物体的类别 也可能是其他形状的轮廓
02-01-02	形式 2 ▭		
02-01-03	形式 3 ○		
02-01-04	形式1 ○	外壳（球或箱）	也可能是其他形状的轮廓
02-01-05	形式2 ⬭	罩	
02-01-06	—·—·—	边界线	长短线也可为其他组合
02-01-07	┌ - - - ┐	屏蔽 护罩	屏蔽符号可以为任何形状
02-02-01	——	直流	2 + M 与 2M 等效
02-02-02	2M—220/110V	直流，带中间线的三线制 220V（每根导线和中间线之间为 110V）	
02-02-03	═ ═	直流	若 02-02-01 符号可能引起混乱，也可用本符号

续表

序 号	图形符号	含 义	说 明
02-02-04		交流	
02-02-05	~ 50Hz	交流 50Hz	
02-02-06	~ 100…600kHz	交流，频率范围 100kHz 到 600kHz	
02-02-07	3/N ~ 400/230V 50Hz	交流，三相带中性线，线电压 400V，相电压 230V，50Hz	
02-02-08	3/N ~ 50Hz/TN—S	交流，三相，50Hz，具有一个直接接地点且中性线与保护导体全部分开的系统	
02-02-09		低频（工频或亚音频）	
02-02-10		中频（音频）	
02-02-11		高频（超音频、载频或射频）	
02-02-12		具有交流分量的整流电流	
02-02-13	+	正极性	
02-02-14	—	负极性	
02-02-15	N	中性（中性线）	
02-02-16	M	中间线	
02-04-01	→	按箭头方向的：单向力 单向直线运动	
02-04-02	↔	双向力 双向直线运动	
02-04-03		按箭头方向的：单向旋转 单向扭转 单向环形运动	
02-04-04		双向环形运动 双向旋转 双向扭转	
02-05-01		单向传送 单向流动	例如：能量、信号、信息

续表

序　号	图形符号	含　义	说　明
02-05-02		同时双向传送 同时发送和接收	
02-05-03		非同时对向传送 交替发送和接收	
02-05-04		发送	
02-05-05		接收	
02-08-01		热效应	
02-08-02		电磁效应	
02-13-01		手动控制操作件	一般符号
02-13-02		带有防止无意操作的手动控制操作件	
02-13-03		拉拔操作	
02-13-04		旋转操作	
02-13-05		按动操作	
02-13-08		紧急开关	“蘑菇头”式的
02-13-13		钥匙操作	
02-13-25		热器件操作	例如：热继电器
02-13-26	M	电动机操作	
02-13-27		电钟操作	
02-15-01		接地 地	一般符号
02-15-02		抗干扰接地 无噪声接地	
02-15-03		保护接地	表示接地连接具有专门的保护功能，例如在故障情况下防止电击的接地

续表

序　号	图形符号	含　义	说　明
02-15-04	或	接机壳 接底板	
02-17-01		故障（用以表示假定故障位置）	
02-17-02		闪络、击穿	

3. 导线和连接器件

包括导线，端子和导线的连接，连接器件，电缆附件等。详见表1-9。

表1-9　常用导线及连接器符号

序　号	图形符号	含　义	说　明
03-01-01		连线、连接 连线组	
03-01-02	形式1	三根导线	
03-01-03	形式2　3		
03-01-04	110V 2×120mm² Al	直流电路，110V，两根 $120mm^2$ 的铝导线	
03-01-05	3/N~400/230V 50Hz 3×120mm²+1×50mm²	三相电路，400/230V，50Hz，三根 $120mm^2$ 的导线，一根 $50mm^2$ 的中性线	
03-01-06		柔性连接	
03-01-07		屏蔽导体	
03-01-08		绞合导体	示出两根
03-01-09		电缆中的导线	示出三根
03-01-10			五根导线，其中箭头所指的两根在同一电缆内

续表

序　号	图形符号	含　义	说　明
03-01-11		同轴对	若同轴结构不再保持，则切线只画在同轴的一边
03-01-12		同轴对连到端子上	
03-01-13		屏蔽同轴对	
03-01-14		导线或电缆的终端未连接	
03-01-15		导线或电缆的终端未连接，并有专门的绝缘	
03-02-01		连接 连接点	
03-02-02		端子	
03-02-03		端子板	
03-02-04	形式1	T形连接	
03-02-05	形式2		
03-02-06	形式1	导线的双重连接	
03-02-07	形式2		
03-02-09	n	n个支路	
03-02-10		可拆卸的端子	
03-02-11	n	导体的换位 相序变更 极性反向	
03-02-12	L_1 L_2	相序变更	
03-02-13	n	多相系统中性点	

续表

序　号	图形符号	含　义	说　明
03-03-01		阴接触件（连接器的）插座	
03-03-03		阳接触件（连接器的）插头	
03-03-05		插头和插座	
03-04-01		电缆密封终端，表示带有一根三芯电缆	
03-04-02		电缆密封终端，表示带有三根单芯电缆	
03-04-03		电缆直通接线盒（示出带三根导线） 多线表示	
03-04-04	3　3	单线表示	
03-04-05		电缆连接盒，电缆分线盒（示出带三根导线T形连接） 多线表示	
03-04-06	3　3　3	单线表示	

4. 无源元件

包括电阻器、电容器、电感器、铁氧化磁芯和磁存储器矩阵，压电晶体、驻极体和延迟线等。详见表1-10。

表1-10　常用电阻、电容、电感符号

序　号	图形符号	含　义	说　明
04-01-01 04-01-02		电阻器	一般符号
04-01-03		可调电阻器	
04-01-04	U	压敏电阻器 变阻器	
04-01-05		带滑动触点的电阻器	
04-01-07		滑动触点电位器	

续表

序　号	图形符号	含　义	说　明
04-02-01		电容器	一般符号
04-02-03		穿心电容器 旁路电容器	
04-02-05	+	极性电容器	例如：电解电容
04-02-07		可调电容器	
04-02-09		预调电容器	
04-02-18	+ θ	热敏极性电容器	θ 可用 t 代替
04-02-19	+ U	压敏极性电容器	U 可用 V 代替
04-03-01		电感器　绕圈 扼流圈　绕组	
04-03-03		带磁芯的电感器	
04-03-04		磁芯有间隙的电感器	
04-03-05		带磁芯连续可变的电感器	
04-03-06		带固定抽头的电感器	示出两个抽头
04-03-07		步进移动触点可变电感器	

5. 半导体管和电子管

包括半导体管、电子管、电离辐射探测器件、电化学器件等。详见表1-11。

表1-11　常用半导体管和电子管符号

序　号	图形符号	含　义	说　明
05-03-01		半导体二极管一般符号	
05-03-02		发光二极管一般符号	
05-03-03	θ	热敏二极管	注：θ 可以用 t 代替

续表

序　号	图形符号	含　义	说　明
05-03-04		用作电容器件的二极管（变容二极管）	
05-03-08		反向二极管（单隧道二极管）	
05-03-09		双向二极管 交流开关二极管	
05-04-05		反向阻断三极晶体闸流管，N型控制极（阳极侧受控）	
05-04-06		反向阻断三极晶体闸流管，P型控制极（阴极侧受控）	
05-05-01		PNP 半导体管	
05-05-02		集电极接管壳的 NPN 型半导体管	
05-05-03		NPN 型雪崩半导体管	
05-05-04		具有 P 型双基极单结型半导体管	
05-05-05		具有 N 型双基极单结型半导体管	
05-06-01		光敏电阻 具有对称导电性的光电器件	
05-06-02		光电二极管 具有非对称导电性的光电器件	
05-06-03		光电池	
05-06-04		光电半导体	
05-11-01		直热式阴极三极管	

续表

序　号	图形符号	含　义	说　明
05-11-02		闸流管 间热式阴极充气三极管	
05-14-09		光电管 光电发射二极管	

6. 电能的发生和转换

包括绕组及其连接的限定符号，如发电机、变压器、电抗器、变流器、原电池、蓄电池、电能发生器等。详见表 1-12。

表 1-12　电机、变压器常用符号

序　号	图形符号	含　义	说　明
06-04-01	*	电机一般符号 符号内的星号必须用下述字母代替 C——同步交流机 G——发电机 GS——同步发电机 M——发动机 MG——能作为发电机或发动机所用的电机	可以加上符号 02-02-04 SM——伺服电机 TG——测速电机 TM——力矩发动机 IS——感应同步器
06-05-01	M	直流串励电动机	
06-05-02	M	直流并励电动机	
06-08-01	M 3~	三相笼式异步电动机	

续表

序 号	图形符号		含 义	说 明
06-08-03	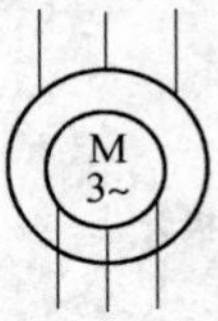 M 3~		三相线绕转子异步电动机	
	形式 1	形式 2		
06-09-01 06-09-02 06-09-03	−01 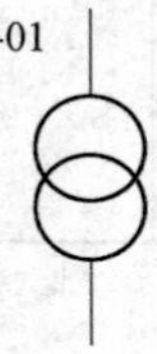	−02 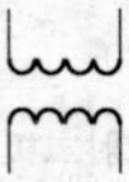 −03 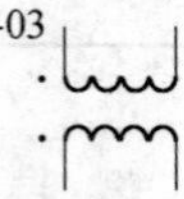	双绕组变压器	瞬时电压的极性可以在形式 2 中表示 示例：示出瞬时电压极性标记的双绕组变压器流入绕组标记端的瞬时电流产生辅助磁通
06-09-04 06-09-05	−04 	−05 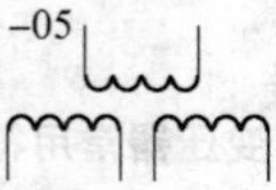	三绕组变压器	
06-09-06 06-09-07	−06 	−07 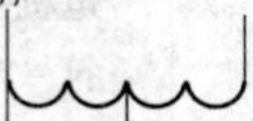	自耦变压器	
06-09-08 06-09-09	−08 	−09 	电抗器、扼流圈	
06-09-10 06-09-11	−10 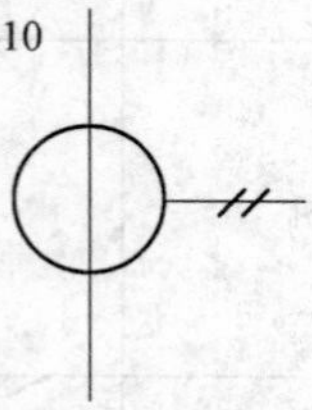	−11 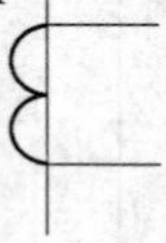	电流互感器、脉冲变压器	
	形式 1	形式 2		
06-10-01 06-10-02	−01 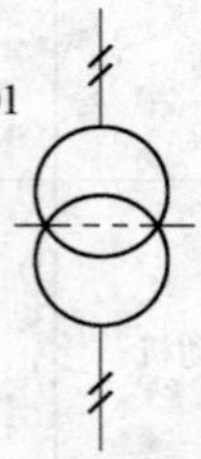	−02 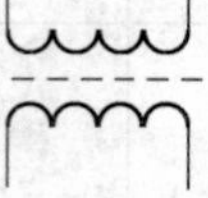	绕组间有屏蔽的双绕组单相变压器	

续表

序　号	图形符号		含　义	说　明
	形式1	形式2		
06-10-05 06-10-06	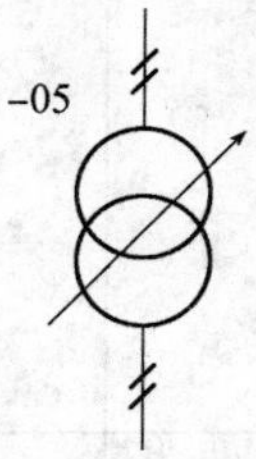 –05	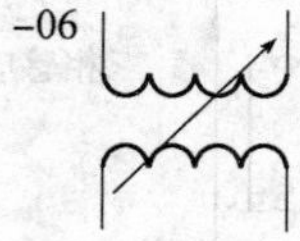 –06	耦合可变的变压器	
06-10-07 06-10-08	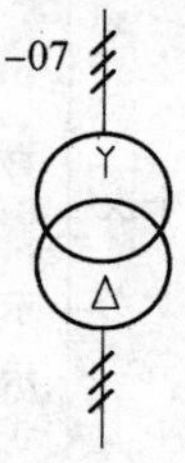 –07	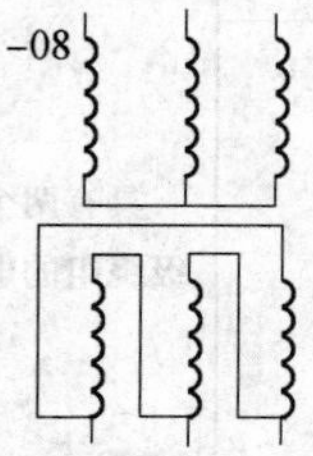 –08	三相变压器 星形—三角形连接	
06-10-09 06-10-10	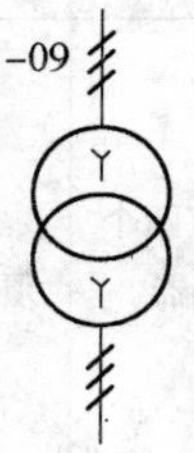 –09	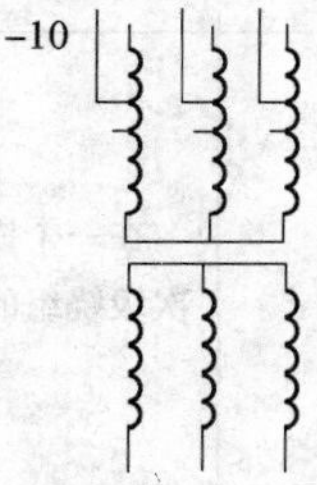 –10	具有四个抽头（不包括主抽头）的三相变压器星形—星形连接	
	形式1	形式2		
06-11-01 06-11-02	 –01	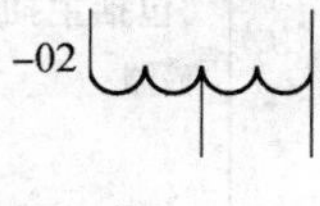 –02	单相自耦变压器	
06-11-03 06-11-04	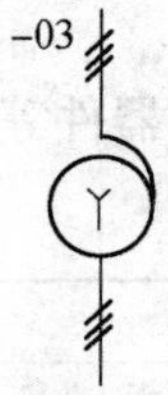 –03	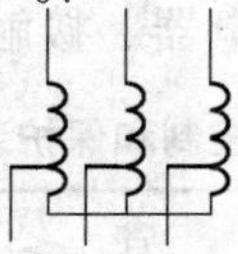 –04	三相自耦变压器星形连接	
06-11-05 06-11-06	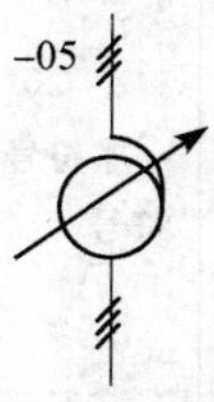 –05	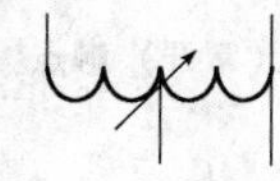 –06	可调节的单相自耦合变压器	

续表

序　号	图形符号 形式1	图形符号 形式2	含　义	说　明
06-12-01 06-12-02	–01	–02	三相感应调压器	
06-13-02 06-13-03	–02	–03	具有两个铁芯和两个次级绕组的电流互感器	（1）形式2中铁芯符号可以略去 （2）在初级电路每端示出的接线端子符号表示只画出一个器件
06-13-04 06-13-05	–04	–05	在一个铁芯上具有两个次级绕组的电流互感器	形式2的铁芯符号必须示出
06-13-06 06-13-07	–06	–07	二次绕组有三个抽头（包括主抽头）的电流互感器	

7. 开关、控制和保护装置

包括触点、开关、开关装置、启动器、继电器、接触器和保护器件等。详见表1-13。

表1-13　常用开关、控制和保护装置符号

序　号	图形符号	含　义	说　明
07-02-01	形式1	动合（常开）触点	本符号也可以用作开关一般符号
07-02-02	形式2		

续表

序 号	图形符号	含 义	说 明
07-02-03		动断（常闭）触点	
07-02-04		先断后合的转换触点	
07-02-05		中间断开的双向触点	
07-08-01		位置开关，动合触点	
07-08-02		位置开关，动断触点	
07-13-01		开关（机械式）	
07-13-02		接触器 接触器的主动合触点	在非动作位置触点断开
07-13-03		具有由内装的测量继电器或脱扣器触发的自动释放功能的接触器	
07-13-04		接触器 接触器的主动断触点	在非动作位置触点闭合
07-13-05		断路器	

续表

序　号	图形符号	含　义	说　明
07-13-06		隔离开关	
07-13-07		具有中间断开位置的双向隔离开关	
07-13-08		负荷开关（负荷隔离开关）	
07-13-09		具有由内装的测量继电器或脱扣触发的自动释放功能的负荷开关	
07-14-01		电动机启动器一般符号	特殊类型的启动器可以在一般符号内加上限定符号。见符号 07-14-05 及 07-14-07
07-14-05		可逆式电动机直接在线接触器式启动器 可逆式电动机满压接触器式启动器	
07-14-06		星—三角启动器	
07-14-07		自耦变压器式启动器	
07-15-01	形式1	操作器件的一般符号	具有几个绕组的操作器件，可以由适当数值的斜线或重复符号 07-15-01 或 07-15-02 来表示；引线的方位是任意的 示例：具有两个绕组的操作器件组合表示法
07-15-02	形式2		
07-15-03	形式1		
07-15-04	形式2		

续表

序　号	图形符号	含　义	说　明
07-15-07	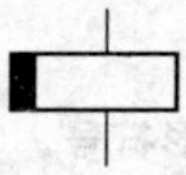	缓慢释放（缓放）继电器的线圈	
07-15-08	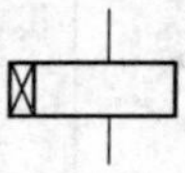	缓慢吸合（缓吸）继电器的线圈	
07-15-09	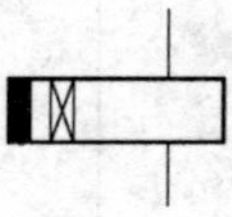	缓吸和缓放继电器的线圈	
07-18-01	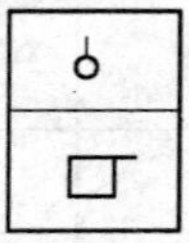	瓦斯保护器件	
07-18-02	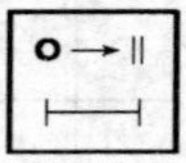	自动重闭合器件 自动重合闸继电器	
07-21-01		熔断器一般符号	
07-21-07		熔断器式开关	
07-21-08		熔断器式隔离开关	
07-21-09		熔断器式负荷开关	
07-22-01		火花间隙	
07-22-03		避雷针	

8. 测量仪表、灯和信号器件

包括指示仪表、记录仪表、计算仪表、计数器件、热电偶、遥测器件、传感器、灯、电铃、信号器等。详见表1-14。

表1-14 常用测量仪表、灯和信号器件图形符号

序号	图形符号	含义	说明
08-01-01	圆内 *	指示仪表	星号必须按照规定予以代替
08-01-02	方框内 *	记录仪表	星号必须按照规定予以代替
08-01-03	分格方框内 *	积分仪表、电能表	星号必须按照规定予以代替
08-02-01	V	电压表	
08-02-02	A $I\sin\varphi$	无功电流表	
08-02-04	Var	无功功率表	
08-02-05	$\cos\varphi$	功率因数表	
08-02-06	φ	相位表	
08-02-07	Hz	频率计	
08-02-12	圆内 ↑	检流计	
08-03-01	方框内 W	记录式功率表	

续表

序　号	图形符号	含　义	说　明
08-03-02	W Var	组合式记录功率表和无功功率表	
08-04-03	Wh	电能表（瓦特小时计）	
08-10-01		灯的一般符号 信号灯的一般符号	（1）如果要求指示颜色，则在靠近符号处标出下列代码 RD 红　BU 蓝 YE 黄　WH 白 GN 绿 （2）如要指出灯的类型，则在靠近符号处标出下列代码 Ne 氖　EL 电发光 Xe 氙　ARC 弧光 Na 钠　FL 荧光 Hg 汞　IR 红外线 I 碘　UV 紫外线 IN 白炽　LED 发光二极管
08-10-05		电喇叭	
08-10-06	优选型	电铃	
08-10-09		电警笛、报警器	
08-10-10	优选型	蜂鸣器	

9. 电信、交换和外围设备

包括交换系统及设备、选择器、电话机、电报和数据处理设备、传真机等。详见表1-15。

表1-15　电信、交换和外围设备常用符号

序　号	图形符号	含　义	说　明
09-05-01		电话机一般符号	
09-05-04		拨号盘式自动电话机	如果不会引起误解，圆圈（拨号盘）里的圆点可以省略
09-05-05		按钮拨号式电话机	
09-05-09		带扬声器的电话机	
09-06-01	T	发报设备	
09-09-07		扬声器一般符号	

10. 电信、传输

包括通信电路、天线、天线电台、微波技术、信号发生器、激光器、调制解调器、光纤传输线路等。详见表1-16。

表1-16　电信、传输常用图形符号示例

序　号	图形符号	含　义	说　明
10-04-01		天线一般符号	（1）此符号可用来表示任何类型天线或天线阵。符号的主杆线可表示包括单根导体的任何形式对称馈线和非对称馈线 （2）天线的极坐标图主瓣的一般形状图样可在天线符号附近标出 （3）数字或字母符号的补充标记，可采用日内瓦国际电信联盟公布的《无线电规则》中的规定。名称或标记可以交替的写在天线的一般符号之旁

续表

序　号	图形符号	含　义	说　明
10-06-01		无线电台一般符号	用 GB 4728 符号 02-05-05 表示无线电台的发射或接收 应用举例参见 GB 4728 符号 10-06-02 至 10-06-05
10-13-04	G	脉冲发生器	

11. 电力、照明和电信布置

包括发电机、变电所、电信局、机房设施、网络、音响、电视图像、用电设备、报警设备等。详见表 1-17。

表 1-17　常用电力、照明和电信平面布置用图形符号

序　号	图形符号		含　义	说　明
11-01-01 11-01-02	规划（设计）的	运行的	发电站（厂）一般符号	
11-01-05 11-01-06	规划（设计）的	运行的	变电站、配电站一般符号	
11-03-03			架空线路	
11-03-04 11-03-05	6		管道线路	管孔数量、截面尺寸或其他特性（如管道的排列形式）可标注在管道线路的上方 示例：6 孔管道的线路
11-03-06			过孔线路	
11-03-12			电信线路上直流供电	
11-05-11			电信线路上交流供电	
11-11-01			中性线	

续表

序号	图形符号	含义	说明
11-11-02		保护线	
11-11-03		保护和中性共用线	
11-11-04		具有保护线和中性线的三相配线	
11-12-01		向上配线	
11-12-02		向下配线	
11-12-03		垂直通过配线	
11-12-04		盒（箱）一般符号	
11-12-05		连接盒或接线盒	
11-12-06		带配线的用户端	
11-12-07		配电中心（示出五根导线管）	
11-13-02 11-13-03	形式1 3 形式2	多个插座（示出三个）	
11-13-04		带保护接点插座 带接地插孔的单相插座	
11-13-05		具有护板的插座	

续表

序　号	图形符号	含　义	说　明
11-13-06		具有单极开关的插座	
11-13-07		具有连锁开关的插座	
11-13-08		具有隔离变压器的插座	
11-13-09		电信插座的一般符号	可以用文字或者符号加以区别
11-14-01		开关的一般符号	
11-14-02		具有指示灯的开关	
11-14-03	t	单限时开关	
11-14-04		双极开关	
11-14-05		多拉开关	
11-14-06		双路单极开关	
11-14-07		中间开关	等效电路图
11-14-08		调光器	

续表

序 号	图形符号	含 义	说 明
11-14-09	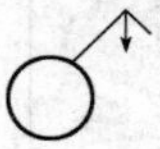	单极拉线开关	
11-14-10		按钮一般符号	若图面位置有限，又不会引起混乱，小圆允许涂黑
11-14-11		带指示灯的按钮	
11-14-12		防止无意操作的按钮（玻璃罩等）	
11-14-13	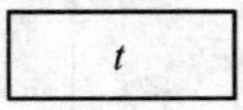 t	限时装置	
11-14-14	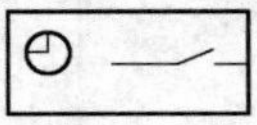	定时开关	
11-14-15		钥匙开关	
11-15-01		显出配线的照明引出线	
11-15-02	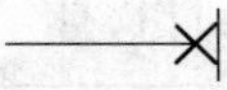	在墙上的照明引出线（显出来自左边的配线）	
11-15-03		灯或信号灯的一般符号	
11-15-04		荧光灯一般符号	
11-15-05	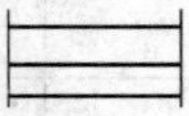	三管荧光灯	
11-15-06	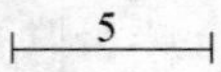 5	五管荧光灯	
11-15-07		投光灯的一般符号	

续表

序　号	图形符号	含　义	说　明
11-15-08		聚光灯	
11-15-09		泛光灯	
11-15-11		在专用电路上的事故照明灯	
11-15-12		自带电源的事故照明灯装置（应急灯）	
11-16-01		热水器（示出引线）	
11-16-02		风扇一般符号（示出引线）	若不引起混淆，方框可省略不画
11-16-03		时钟	
11-16-04		电锁	
11-18-01		（电源）插座一般符号	
11-A1-06	15	最低照度（示出15 lx）	
11-A1-07	● a ● $\frac{a-b}{c}$	照明照度检查点	（1）a：水平照度，lx （2）$a-b$：双侧垂直照度，lx （3）c：水平照度，lx
11-A1-08	$\frac{a-b-c-d}{e-f}$	电缆与其他设施交叉点	a——保护管根数 b——保护管直径，mm c——管长，m d——地面标高，m e——保护管埋设深度，m f——交叉点坐标

续表

序号	图形符号	含义	说明
11-A1-09	(1) ± 0.000 (空心三角形标高符号) (2) ± 0.000 (实心三角形标高符号)	安装或敷设标高，m	(1) 用于室内平面、剖面图上 (2) 用于总平面图上的室外地面
11-A1-10	(1) 线上加三条短斜线 (2) 线上加一条短斜线并标注 3 (3) 线上加一条短斜线并标注 n	导线根数，当用单线表示一组导线时，若需要示出导线数，可用加小短斜线或画一条短斜线加数字表示	示例：(1) 表示 3 根 (2) 表示 3 根 (3) 表示 n 根
11-A1-11	(1) $\frac{3\times16}{}\times\frac{3\times10}{}$ (2) $-\times\frac{\phi2\frac{1}{2}''}{}$	导线型号规格或敷设方式的改变	(1) $3\times16mm^2$ 导线改为 $3\times10mm^2$ (2) 无穿管敷设改为导线穿管 $\left(\phi2\frac{1}{2}''\right)$ 敷设
11-A1-12	V	电压	
11-A1-13	-220V	直流电压 220V	
11-A1-14	$m\sim fV$ 3N ~ 50Hz，380V	交流电 m——相数 f——频率，Hz V——电压，V	示例：示出交流，三相带中性线 50Hz 380V
11-A1-15	L1 L2 L3 U V W	相序 交流系统电源第一相 交流系统电源第二相 交流系统电源第三相 交流系统设备端第一相 交流系统设备端第二相 交流系统设备端第三相	
11-A1-16	N	中性线	
11-A1-17	PE	保护线	
11-A1-18	PEN	保护和中性共用线	
11-B1-01	(三角形符号)	电缆交接间	

续表

序　号	图形符号	含　义	说　明
11-B1-02		架空交接箱	
11-B1-03		落地交接箱	
11-B1-04		壁龛交接箱	
11-B1-05		分线盒的一般符号	可加注$\frac{A-B}{C}D$ A——编号 B——容量 C——线序 D——用户数
11-B1-06		室内分盒线	同 11-B1-05
11-B1-07		室外分盒线	同 11-B1-05
11-B1-08		分线箱	同 11-B1-05
11-B1-09	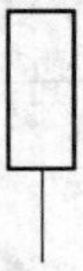	壁龛分线箱	同 11-B1-05
11-B1-10		避雷针	
11-B1-11	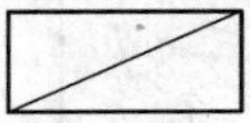	电源自动切换箱（屏）	
11-B1-12	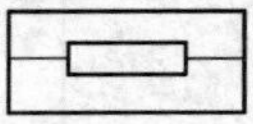	电阻箱	

续表

序　号	图形符号	含　义	说　明
11-B1-13		鼓形控制器	
11-B1-14		自动开关箱	
11-B1-15		刀开关箱	
11-B1-16		带熔断器的刀开关箱	
11-B1-17		熔断器箱	
11-B1-18		组合开关箱	
11-B1-19		广照形灯	
11-B1-20		广照形灯（配照形灯）	
11-B1-21		防水防尘灯	
11-B1-22		球形灯	
11-B1-23		局部照明灯	
11-B1-24		矿山灯	
11-B1-25		安全灯	

续表

序号	图形符号	含义	说明
11-B1-26		隔爆灯	
11-B1-27		天棚灯	
11-B1-28		花灯	
11-B1-29		弯灯	
11-B1-30		壁灯	

12. 二进制逻辑单元

包括计数器、存储器等。

13. 模拟单元

包括放大器、函数器、电子开关等。

1.5.3 弱电工程图形符号

表1-18～表1-26所列为弱电工程常用图形符号。

表1-18 服务性广播及厅堂扩声系统

符号	说明	符号来源
服务性广播及厅堂扩声系统		
	传声器，一般符号	GB/T 4728.9—1999 09-09-01（idt IEC 60617-9：1996）
	扬声器，一般符号	GB/T 4728.9—1999 09-09-07（idt IEC 60617-9：1996）
★	需要注明扬声器的型式时在符号附近注“★”用下述文字标注： C—吸顶式安装型扬声器 R—嵌入式安装型扬声器 W—壁挂式安装型扬声器	GB/T 4728.9—1999 09-09-07（idt IEC 60617-9：1996）+标注
	扬声器箱、音箱、声柱	GB/T 4728.2—1998 02-01-02（idt IEC 60617-2：1996）+GB/T 4728.9—1999 09-09-07（idt IEC 60617-9：1996）
	高音号筒式扬声器	GY/T 5059—1997 03-01-07

续表

符号	说明	符号来源
	光盘式播放机	GB/T 4728.9—1999 09-10-05（idt IEC 60617-9：1996）
	带录音机	GB/T 5465.2—1996 5093（idt IEC 60417：1994）
	放音机、唱机	GB/T 5465.2—1996 5543（idt IEC 60417：1994）
	调谐器、无线电接收机	GB/T 5465.2—1996 5043（idt IEC 60417：1994）
	放大器	GB/T 5465.2—1996 5084（idt IEC 60417：1994）
★	需指出放大器设备的种类在符号处就近“★”用下述字母替代标注： A—扩大机 PRA—前置放大器 AP—功率放大器	GB/T 5465.2—1996 5084（idt IEC 60417：1994）+标注
	电平控制器	GY/T 5059—1997 03-01-28

表 1-19　弱电常用图形符号——闭路电视

符号	说明	符号来源
	安全防范系统	
	电视摄像机	GB/T 5465.2—1996 5116（idt IEC 60417：1994）
	带云台的电视摄像机	GB/T 5465.2—1996 5116（idt IEC 60417：1994）+GA/T 74—94 3.10.20
R	球形摄像机	GB/T 5465.2—1996 5116（idt IEC 60417：1994）+标注
R	带云台的球形摄像机	GB/T 5465.2—1996 5116（idt IEC 60417：1994）GA/T 74—94 3.10.20+标注
OH	有室外防护罩的电视摄像机	GB/T 5465.2—1996 5116（idt IEC 60417：1994）+标注
OH	有室外防护罩的带云台的摄像机	GB/T 5465.2—1996 5116（idt IEC 60417：1994）GA/T 74—943.10.20+标注

续表

符号	说明	符号来源
	彩色电视摄像机	GB/T 5465.2—1996 5117（idt IEC 60417：1994）
	带云台彩色摄像机	GB/T 5465.2—1996 5117（idt IEC 60417：1994） GA/T 74—94 3.10.20
	电视监视器	GB/T 5465.2—1996 5051（idt IEC 60417：1994）
	彩色电视监视器	GB/T 5465.2—1996 5052（idt IEC 60417：1994）
DEC	解码器	GY/T 5059—1997 02-08-54
Y SV X	视频顺序切换器 （X 代表几位输入，Y 代表几位输出）	GA/T 74—94 3.10.16
(X)	图像分割器 （X 代表画面数）	GA/T 74—94 3.10.22
Y VD X	视频分配器 （X 代表输入，Y 代表几位输出）	GA/T 74—94 3.10.19
	声、光报警箱	GA/T 74—94 3.7.1
MR	监视立柜	GY/T 5059—1997 04-01-42
MS	监视墙屏	GY/T 5059—1997 04-01-43

表 1-20 弱电常用图形符号——保安及防盗报警

符号	说明	符号来源
	带式录像机	GB/T 5465.2—1996 5118（idt IEC 60417：1994）
	读卡器	GA/T 74—94 3.2.10
	保安巡逻打卡器	GA/T 74—94 3.1.5
	紧急脚挑开关	GA/T 74—94 3.3.1

续表

符 号	说 明	符号来源
	紧急按钮开关	GA/T 74—94 3.3.3
	压力垫开关	GA/T 74—94 3.3.4
	门磁开关	GA/T 74—94 3.3.5
P	压敏探测器	GA/T 74—94 3.5.3
B	玻璃破碎探测器	GA/T 74—94 3.5.4
IR	被动红外入侵探测器	GA/T 74—94 3.6.1
M	微波入侵探测器	GA/T 74—94 3.6.2
IR/M	被动红外/微波双技术探测器	GA/T 74—94 3.6.5
Tx IR Rx	主动红外入侵探测器（Tx、Rx 分别为发射、接收）	GA/T 74—94 3.1.10
Tx M Rx	遮挡式微波探测器（Tx、Rx 分别为发射、接收）	GA/T 74—94 3.1.13

表 1-21　弱电常用图形符号——门禁及对讲

符 号	说 明	符号来源
	楼寓对讲电控防盗门主机	GA/T 74—94 3.2.1
	对讲电话分机	GA/T 74—94 3.2.2
EL	电控锁	GA/T 74—94 3.2.5
	可视对讲机	GA/T 74—94 3.2.9
	可视对讲户外机	GB/T 5465.2—1996 5116（idt IEC 60417：1994）+ GB/T 4728.11——2000 11-16-05（idt IEC 60617-11：1996）

表1-22　弱电常用图形符号——火灾报警与消防控制系统

符　号	说　明	符号来源
★（方框，上部分隔）	需区分火灾报警装置“★”用下述字母代替： C—集中型火灾报警控制器 Z—区域型火灾报警控制器 G—通用火灾报警控制器 S—可燃气体报警控制器	GA/T 229—1999 3.2 + 标注
★（方框）	需区分火灾控制、指示设备“★”用下述字母代替： RS—防火卷帘门控制器 RD—防火门磁释放器 I/O—输入/输出模块 O—输出模块 I—输入模块 P—电源模块 T—电信模块 SI—短路隔离器 M—模块箱 SB—安全橱 D—火灾显示盘 FI—楼层显示盘 CRT—火灾计算机图形显示系统 FPA—火警广播系统 MT—对讲电话主机	GB/T 4327—93 3.7（eqv ISO 6790—2.7）+标注
CT	缆式线型定温探测器	GB/T 4327—93 3.8（eqv ISO 6790—2.8）+标注
	感温探测器	GB/T 4327—93 3.8（eqv ISO 6790—2.8）+ GB/T 4327—93 4.5.1（eqv ISO 6790—3.5.1）
N	感温探测器（非地址码型）	GB/T 4327—93 3.8（eqv ISO 6790—2.8）+ GB/T 4327—93 4.5.1（eqv ISO 6790—3.5.1）+ 标注
	感烟探测器	GB/T 4327—93 6.11（eqv ISO 6790-5.11）
N	感烟探测器（非地址码型）	GB/T 4327—93 6.11（eqv ISO 6790—5.11）+ 标注

续表

符号	说明	符号来源
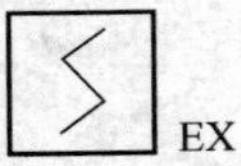 EX	感烟探测器（防爆型）	GB/T 4327—93 6.11（eqv ISO 6790—5.11）+标注
	感光火灾探测器	GB/T 4327—93 3.8（eqv ISO 6790—2.8）+GB/T 4327—93 4.5.1（eqv ISO 6790—3.5.1）
	气体火灾探测器（点式）	GB/T 4327—93 6.12（eqv ISO 6790—5.12）
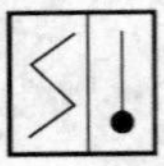	复合式感烟感温火灾探测器	GA/T 229—1999 6.1.19
	复合式感光感烟火灾探测器	GA/T 229—1999 6.1.20
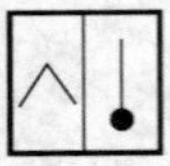	点型复合式感光感温火灾探测器	GA/T 229—1999 6.1.21
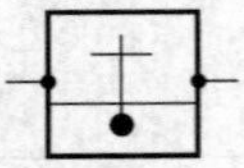	线型差定温火灾探测器	GA/T 229—1999 6.1.23
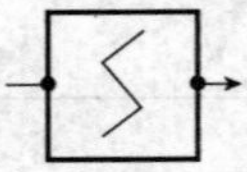	线型光束感烟火灾探测器（发射部分）	GA/T 229—1999 6.1.27
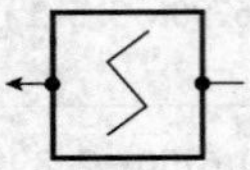	线型光束感烟火灾探测器（接受部分）	GA/T 229—1999 6.1.28
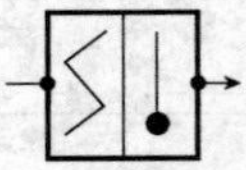	线型光束感烟感温火灾探测器（发射部分）	GA/T 229—1999 6.1.30
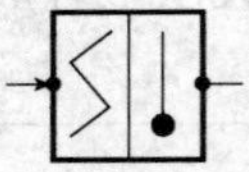	线型光束感烟感温火灾探测器（接受部分）	GA/T 229—1999 6.1.31
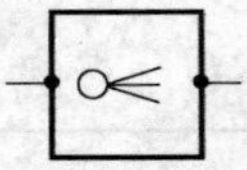	线型可燃气体探测器	GA/T 229—1999 6.1.32

续表

符　号	说　明	符号来源
	手动火灾报警按钮	GB/T 4327—93 3. 8（eqv ISO 6790—2. 8）+ GB/T 4327—93 4. 5. 5（eqv ISO 6790—3. 5. 5）
	消火栓起泵按钮	GA/T 229—1999 6. 1. 34
	水流指示器	GA/T 229—1999 6. 1. 35
p	压力开关	GB/T 4327—93 3. 8（eqv ISO 6790—2. 8）+标注
	带监视信号的检修阀	GB/T 4327—93 4. 4. 1（eqv ISO 6790—3. 4. 1）
	报警阀	
	防火阀（需表示风管的平面图用）	GBJ 114—88 第七节 6
	防火阀（70℃熔断关闭）	
	防烟防火阀（24V 控制，70℃熔断关闭）	
	防火阀（280℃熔断关闭）	
	防烟防火阀（24V 控制，280℃熔断关闭）	
	增压送风口	
SE	排烟口	

续表

符　号	说　明	符号来源
	火灾报警电话机（对讲电话孔）	GB/T 4327—93 6. 13（eqv 6790—5. 14）
	火灾电话插孔（对讲电话插孔）	GA/T 229—1999 6. 3. 19
	带手动报警按钮的火灾电话插孔	GB/T 4327—93 3. 8（eqv ISO 6790—2. 8）+ GA/T 229—1999 4. 12
	火警电铃	GB/T 4327—93 3. 10（eqv ISO 6790—2. 10）+ GB/T 4327—93 4. 6. 1（eqv ISO 6790—3. 6. 1）
	警报发声器	GB/T 4327—93 6. 15（eqv ISO 6790—5. 16）
	火灾光警报器	GA/T 229—1999 6. 4. 4
	火灾声、光警报器	GA/T 229—1999 6. 4. 5
	火灾警报扬声器	GA/T 229—1999 6. 4. 6
IC	消防联动控制装置	GB/T 4327—93 3. 7（eqv ISO 6790—2. 7）+标注
AFE	自动消防设备控制装置	GB/T 4327—93 3. 7（eqv ISO 6790—2. 7）+标注
EEL	应急疏散指示标志灯	GB/T 4327—93 3. 7（eqv ISO 6790—2. 7）+标注
EEL →	应急疏散指示标志灯（向右）	GB/T 4327—93 3. 7（eqv ISO 6790—2. 7）+标注
EEL ←	应急疏散指示标志灯（向左）	GB/T 4327—93 3. 7（eqv ISO 6790—2. 7）+标注
EL	应急疏散照明灯	GB/T 4327—93 3. 7（eqv ISO 6790—2. 7）+标注
	消火栓	

表1-23 弱电常用图形符号—有线电视系统

符 号	说 明	符号来源
	天线，一般符号	GB/T 4728.10—1999 10-04-01（idt IEC 60617—10：1996）
	带矩形波导馈线的抛物面天线	GB/T 4728.10—1999 10-05-13（idt IEC 60617—10：1996）
	有当地天线引入的前端，示出一个馈线支路，馈线支路可从圆的任何点画出	GB/T 4728.11—2000 11-05-01（idt IEC 60617—11：1996）
	无当地天线引入的前端，示出一个输入和一个输出通路	GB/T 4728.11—2000 11-05-02（idt IEC 60617—11：1996）
	放大器，一般符号，中继器，一般符号	GB/T 4728.10—1999 10-15-01（idt IEC 60617—10：1996）
	均衡器	GB/T 4728.11—2000 11-09-01（idt IEC 60617—11：1996）
	可变均衡器	GB/T 4728.11—2000 11-09-02（idt IEC 60617—11：1996）
f_1 f_2	变频器，频率由f_1变到f_2 f_1和f_2可用输入和输出频率数值代替	GB/T 4728.10—1999 10-14-02（idt IEC 60617—10：1996）
A	固定衰减器	GB/T 4728.10—1999 10-16-01（idt IEC 60617—10：1996）
A	可变衰减器	GB/T 4728.10—1999 10-16-02（idt IEC 60617—10：1996）
	调制器、解调器或鉴别器一般符号	GB/T 4728.10—1999 10-19-01（idt IEC 60617—10：1996）
	解调器	GB/T 5465.2—1996 5260（idt IEC 60417：1994）

续表

符　号	说　明	符号来源
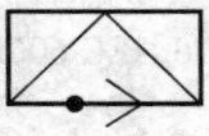	调制器	GB/T 5465.2—1996 5261（idt IEC 60417：1994）
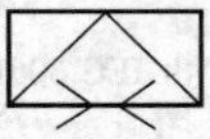	调制解调器	GB/T 5465.2—1996 5262（idt IEC 60417：1994）
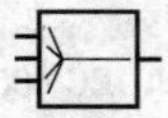	混合网络	GB/T 4728.10—1999 10-16-19（idt IEC 60617—10：1996）
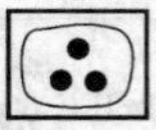	彩色电视接收机	GB/T 5465.2—1996 5054（idt IEC 60417：1994）
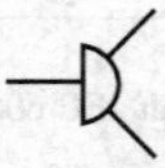	分配器，两路，一般符号	GB/T 4728.10-1999 10-24-09（idt IEC 60617—10：1996） GB/T 4728.11—2000 11-07-01（idt IEC 60617—10：1996）
	三路分配器	
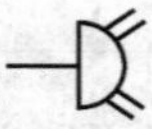	四路分配器	
	信号分支，一般符号	GB/T 4728.10—1999 10-24-11（idt IEC 60617—10：1996）
	用户分支器示出一路分支	GB/T 4728.11—2000 11-08-01（idt IEC 60617—11：1996）
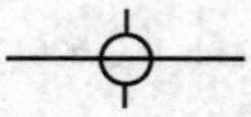	用户二分支器	
	用户四分支器	
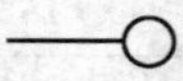	系统出线端	GB/T 4728.11—2000 11-08-02（idt IEC 60617—11：1996）
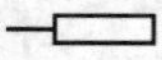	匹配终端	GB/T 4728.10—1999 10-08-25（idt IEC 60617—10：1996）
	视盘放像机	GB/T 5465.2—1996 5518（idt IEC 60417：1994）

表 1-24　弱电常用图形符号——楼宇自动控制

符　号	说　明	符号来源
	建筑设备自动化系统	
	温度传感元件	GBJ 114-88 第十节 1
	压力传感元件	GBJ 114-88 第十节 2
	流量传感元件	GBJ 114-88 第十节 3
	湿度传感元件	GBJ 114-88 第十节 4
	液位传感元件	GBJ 114-88 第十节 5
FE *	流量测量元件（＊为位号）	
FT *	流量变送器（＊为位号）	
LT *	液位变送器（＊为位号）	
PT *	压力变送器（＊为位号）	
TT *	温度变送器（＊为位号）	
MT *	湿度变送器（＊为位号）	
ZT *	位置变送器（＊为位号）	
ST *	速率变送器（＊为位号）	
PdT *	压差变送器（＊为位号）	

续表

符　号	说　明	符号来源
IT *	电流变送器（＊为位号）	
XT *	电压变送器（＊为位号）	
ET *	电能变送器（＊为位号）	
A/D	模拟/数字变换器	
D/A	数字/模拟变换器	
	计数器控制	GB/T 4728. 2—1998 02-14-02（idt IEC 60617—2：1996）
	流体控制	GB/T 4728. 2—1998 02-14-03（idt IEC 60617—2：1996）
	气流控制	GB/T 4728. 2—1998 02-14-04（idt IEC 60617—2：1996）
%H_2O	相对湿度控制	GB/T 4728. 2—1998 02-14-05（idt IEC 60617—2：1996）
BAC	建筑自动化控制器	GB/T 4728. 2—1998 02-01-02（idt IEC 60617—2：1996）＋标注
DDC	直接数字控制器	GB/T 4728. 2—1998 02-01-02（idt IEC 60617—2：1996）＋标注
GM	燃气表	GB/T 4728. 8—2000 08-01-02：（idt IEC 60617—8：1996）＋标注
WM	水表	GB/T 4728. 8—2000 08-01-02（idt IEC 60617—8：1996）＋标注
	空气过滤器	GBJ 114—88 第八节 2
+	空气加热器	GBJ 114—88 第八节 6

续表

符　号	说　明	符号来源
	空气冷却器	GBJ 114—88 第八节 7
	对开式多叶调节阀	GBJ 114—88 第七节 3
	电动对开多叶调节阀	GBJ 114—88 第七节 8
	三通阀	GBJ 114—88 第二节 15
	四通阀	GBJ 114—88 第二节 16
	节流孔板	GBJ 114—88 第二节 17
	加湿器	GBJ 114—88 第八节 3
	电动碟阀	
	风机	
	冷却塔	
	冷水机组	
	热交换器	
线路		
F	电话线路或电话电路	GB/T 4728.10—1999 10-01-05（idt IEC 60617—10：1996）
T	数据传输线路	GB/T 4728.3—1998 03-01-01（idt IEC 60617—3：1996）+GB/T 4728.10—1999 10-01-02（idt IEC 60617—10：1996）

表 1-25　弱电常用图形符号——通信及综合布线

符　号	说　明	符号来源
通信系统及综合布线系统		
	自动交换设备	GB/T 4728.9—1999 09-02-01（idt IEC 60617—9：1996）
★	需指出自动交换设备的类型时，可在“★”处加注下列字母： SPC—程控交换机 PABX—程控用户交换机 C—集团电话主机	GB/T 4728.9—1999 09-02-01（idt IEC 60617—9：1996）＋标注
MDF	总配线架	YD/T 5015-95 06-09
DDF	数字配线架	YD/T 5015-95 06-10
ODF	光纤配线架	YD/T 5015-95 06-10
VDF	单频配线架	
IDF	中间配线架	
FD	楼层配线架	
	综合布线配线架（用于概略图）	YD 5082-99 3.3 12
HUB	集线器	YD 5082-99 3.3 22
CP	集合点	YD 5082-99 3.3 17
	电话机，一般符号	GB/T 4728.9-1999 09-05-01（idt IEC 60617-9：1996）
	防爆电话机，一般符号	YD/T 5015-95 07-12
	对讲机内部电话设备	GB/T 4728.11-2000 11-16-05（idt IEC 60617-11：1996）

续表

符号	说明	符号来源
简化形	分线盒的一般符号 可加注：$\frac{N-B}{C}\Big\vert\frac{d}{D}$ 其中：N—编号 B—容量 C—线序 d—现有用户数 D—设计用户数	YD/T 5015-95 18-38
	室内分线盒 可加注：$\frac{N-B}{C}\Big\vert\frac{d}{D}$ 其中：N—编号 B—容量 C—线序 d—现有用户数 D—设计用户数	YD/T 5015-95 18-38
	室外分线盒 可加注：$\frac{N-B}{C}\Big\vert\frac{d}{D}$ 其中：N—编号 B—容量 C—线序 d—现有用户数 D—设计用户数	YD/T 5015-95 18-41
简化形	分线箱的一般符号 示例：分线箱（简化形加标注） 可加注：$\frac{N-B}{C}\Big\vert\frac{d}{D}$ 其中：N—编号 B—容量 C—线序 d—现有用户数 D—设计用户数	YD/T 5015-95 18-41 YD/T 5015-95 18-41
简化形 W	壁龛分线箱 示例：分线箱（简化形加标注） 可加注：$\frac{N-B}{C}\Big\vert\frac{d}{D}$ 其中：N—编号 B—容量 C—线序 d—现有用户数 D—设计用户数	YD/T 5015-95 18-41 YD/T 5015-95 18-41
	架空交接箱	YD/T 5015-95 18-35
	落地交接箱	YD/T 5015-95 18-36
	壁龛交接箱	YD/T 5015-95 18-37
TP	电话出线座	

续表

符 号	说 明	符号来源
	电信插座的一般符号 可用以下的文字或符号区别不同插座 TP—电话 FX—传真 M—传声器 —扬声器 FM—调频 TV—电视	GB/T 4728.11-2000 11-13-09 （idt IEC 60617-11：1996）
形式1： nTO 形式2： nTO	信息插座 n 为信息孔数量，例如： TO—单孔信息插座 2TO—二孔信息插座 4TO—四孔信息插座 6TO—六孔信息插座 nTO—n 孔信息插座	

表 1-26　弱电常用图形符号——计算机及其他

序　号	名　　称	图形符号	备　注
1. GB/T、IEC	计算机	CPU	
2.	显示器	CRT	
3. GB/T、IEC	操作键盘	KY	
4. GB/T、IEC	打印机		
5. GB/T、IEC	接口器件一般符号		
6. GB/T、IEC	过电压保护装置		
7. GA/T	模拟显示板		

续表

序　号	名　称	图形符号	备　注
8. GA/T	报警传输发送、接收器	Tx/Rx	
9. GA/T	视频报警器	MVT	
10. GB/T、IEC	线路电源器件、示出交流型	~	
11. GB/T、IEC	线路电源接入点		
12. GB/T、IEC	光纤或光缆一般符号		
13. GB/T、IEC	电话线路或电话电路	F	
14. GB/T、IEC	数据传输线路	T	
15. GB/T、IEC	视频通路（电视）	V	
16. GB/T、IEC	射频线路	R	
17. GB/T、IEC	综合布线系统线路	GCS	
18. GB/T、IEC	广播线路	B	
19. GB/T、IEC	永久接头		

1.5.4　电气图形符号的应用

1. 电气图形符号是按其功能，在未激励状态下，按无电压、无外力作用的正常状态绘制的，与其所表示的对象的具体结构和实际形状尺寸无关，所以，具有广泛的通用性。

2. 绘制电气工程图时，应直接使用《电气图用图形符号》（GB 4728）所规定的图形符号，以保证电气工程图的通用性。不允许对 GB 4728 中已给出的图形符号进行修改或重新派生，以免破坏它的通用性。对 GB 4728 中未给出的图形符号允许按功能派生，但必须要在图中加以说明。

3. 符号的含义只由它的形式确定。其大小和图线的宽度一般不影响符号的含义，有时为了适应某些特殊需要，允许采用不同的符号和不同宽度的图线，但在同一张图纸上应保持一致。

根据绘图的实际需要，可将符号放大或缩小，但各符号相互间及符号自身的比例应保持不变。

4. 图形符号的方位不是强制的，可根据布图的需要，在不改变符号意义的前提下，将符号旋转或成镜像放置，但文字方向和指示方向不能倒置，如图 1-22 和图 1-23 所示。

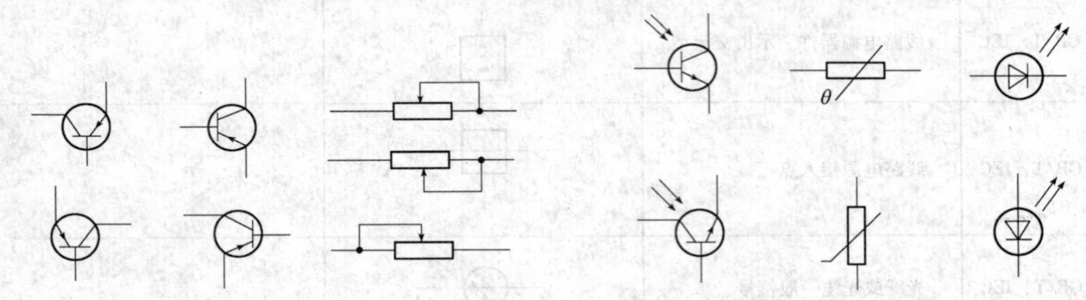

图 1-22 符号旋转或取其镜像形态示例　　图 1-23 符号取向不同时辐射符号、文字方向不变

5. GB 4728《电气图用图形符号》中，对某些设备元件给出了多个图形符号，有优选型和其他型，有形式 1 和形式 2 等，选用时一般应遵循以下原则：

（1）尽量选用优选型。

（2）在保证需要的前提下，尽量选用最简单的形式。

（3）在同一图号的图中要使用同一种形式。

6. 电气图形符号一般都有引线，在不改变符号意义的前提下，引线可以在其他位置，如图 1-24 所示。但在某些情况下，引线的位置改变，符号的含义也就改变了，如图 1-25 中，电阻器和继电器的引线位置就不能改变。

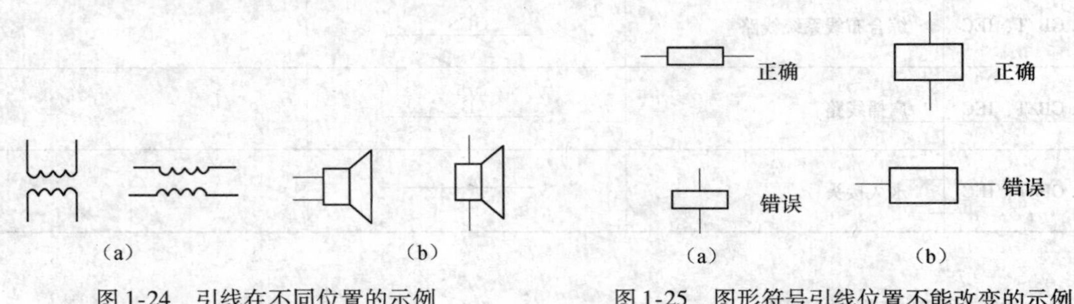

图 1-24 引线在不同位置的示例
（a）变压器；（b）扬声器

图 1-25 图形符号引线位置不能改变的示例
（a）电阻器；（b）继电器

7. 导线符号可以用不同宽度的线条表示。如可将电源电路用较粗线表示，以便和控制、保护电路相区别。

8. 在 GB 4728 中，有些图形符号形状相似，有些甚至完全一样，在使用时，应严格区分其形状和使用场合，按规定的图样画出，避免出现读图错误或相互混淆。

容易混淆的图形符号列于表 1-27 中。

表1-27　易混淆用错的符号示例

序号	图形符号	说明	序号	图形符号	说明
1	02-04-01	按箭头方向的直线运动或力	7	02-08-05	延迟线
	02-05-01	能量、信号的单向传播（单向传输）		11-19-07	荧光灯一般符号
2	03-01-08	绞合导线（示出二股）	8	03-04-06	电缆直通接线盒
	n 03-02-18	导线的交换（换位）相序的变更或极性的反向（示出用单线表示n根导线）		10-25-09	不可拆卸的固定接头
3	02-10-01	正脉冲	9	02-08-04	磁场效应或磁场相关性
	02-10-02	负脉冲		09-09-10	消抹
4	02-10-04	正阶跃函数	10	03-02-02	端子
	02-10-05	负阶跃函数		09-09-11	碳粒式
5	04-01-18	滑动触点电位器	11	07-15-01	操作器件一般符号
	04-01-11	滑线式变阻器		09-03-08	选线器工作线圈（选线器电磁铁）
6	02-11-01	纸带印刷			
	02-02-01	直流电			

1.5.5 项目代号

《工业系统、装置与设备以及工业产品结构原则与参照代号》（GB 5094.1—2002）规定了在电气图和其他技术文件中关于项目代号的组成方法和应用原则，识读电气工程图时，了解项目代号的含义和组成是十分必要的。

1. 项目代号的含义

通常将图中用一个图形符号表示的基本件、部件、组件、功能单元、设备、系统等称为一个项目，项目的大小因项目的不同而各不相同，有时可能差异很大。

项目代号是用来识别图、图表、表格中和设备上的项目种类，并提供项目的层次关系、实际位置等信息的一种特定代码。如某图上开关的项目代号为“=D=E3-S8”，表示在高层代号为“D”的系统中的“E3”子系统内的开关S8。又如某照明灯具的项目代号为“+8+602-H6”，表示在“8”号楼中的“602”房间中的照明灯“H6”。

2. 项目代号的构成

项目代号是由拉丁字母、阿拉伯数字、特定的前缀符号，按照一定的规则组合而成的代码。一个完整的项目代号由四个代号段组成，就是：

（1）高层代号段

其前缀符号为“=”，是表示系统或设备任何较高层次项目的代号，可以是任意选定的字符。如某电力系统F中的某变配电室，则电力系统F的代号可以称为高层代号，记作“=F”；若3号变配电室中的一个电气设备，则3号变配电室的代号可称为高层代号，记作“=3”。

（2）位置代号段

其前缀代号为“-”，是项目在组件、设备、系统或建筑物中的实际位置的代号。

（3）种类代号段

其前缀代号为“+”，是主要用来识别项目种类的代号，是项目代号的核心部分。

（4）端子代号段

其前缀代号为“:”，是同外电路连接的电器导电件的代号。通常采用数字或大写字母表示，如接触器K6上的4号端子，记作“-K6:4”。

由上面的例子可知，项目代号是以成套装置或设备连续分解为依据的，后面的代号段从属于前面的代号段。一个项目可由一个代号段组成，也可以由几个代号段组成。

表1-28所列为项目种类的字母代码。

表1-28 项目种类的字母代码表

字母	项目种类	举例
A	组件 部件	分立元件放大器、磁放大器、激光器、微波激射器和印制电路版，本表其他地方未提及的组件、部件
B	变换器 （从非电量到电量或相反）	热电传感器、热电池、光电池、测功计、晶体换能器、送话器、拾音器、扬声器、耳机、自整角机、旋转变压器
C	电容器	

续表

字　母	项目种类	举　例
D	二进制单元 延迟器件 存储器件	数字集成电路和器件、延迟线、双稳态元件、单稳态元件、磁芯存储器、寄存器、磁带记录机、盘式记录机
E	杂项	光器件、热器件 本表其他地方未提及的元件
F	保护器件	熔断器、过电压放电器件、避雷器
G	发电机 电源	旋转发电机、旋转变频机、电池、振荡器、石英晶体振荡器
H	信号器件	光指示器、声指示器
J	—	
K	继电器 接触器	
L	电感器 电抗器	感应线圈、线路陷波器、电抗器（串联和并联）
M	电动机	
N	模拟集成电路	运算放大器、模拟/数字混合器
P	测量设备 试验设备	指示、记录、计算、测量设备、信号发生器、时钟
Q	电力电路的开关	断路器、隔离开关
R	电阻器	可变电阻器、电位器、变阻器、分流器、热敏电阻
S	控制电路的开关 选择器	控制开关、按钮开关、限制开关、选择开关、选择器、拨号接触器、连接极
T	变压器	电压互感器、电流互感器
U	调节器 变换器	鉴频器、解调器、变频器、编码器、逆变器、变流器、电报译码器
V	电真空器件 半导体器件	电子管、气体放电管、晶体管、晶闸管、二极管
W	传输通道 波导、天线	导线、电缆、母线、波导、波导定向耦合器、偶极天线、抛物面天线
X	端子 插座 插头	插头和插座、测试塞孔、端子板、焊接端子片、电缆封端和接头
Y	电气操作的机械装置	制动器、离合器、气阀
Z	终端设备 混合变压器 滤波器、均衡器 限幅器	电缆平衡网络 压缩扩展器 晶体滤波器 网络

1.5.6 电气工程图常用文字符号

电气工程图中常用文字符号标注表示电气设备、装置和元器件的名称、功能、状态和特征等。文字符号还可以作为限定符号与一般图形符号组合，派生出新的图形符号。

文字符号通常由基本文字符号、辅助文字符号和数字序号等组成。

1. 基本文字符号

基本文字符号用来表示电气设备、装置和元件以及线路的基本名称、特性，分为单字母文字符号和双字母文字符号。

单字母文字符号用拉丁字母将各种电气设备、装置和元器件分为23类，每一类用一个专用单字母符号表示，如“C”表示电容器类，“R”表示电阻类，使用时应优先采用。

双字母文字符号是单字母符号后面加一个字母组成，更详细、具体地表述电气设备、装置和元件的名称；其组合形式是表示种类的单字母文字在前，另一个字母在后。一般只有在单字母符号不能满足要求，需要将大类进一步划分时，采用双字母文字符号。

双字母文字符号的第一个字母只允许按表1-29所列的单字母文字符号所表示的种类使用，第二位字母一般选用该类设备、装置和元器件的英文名的首位字母，或常用缩略或约定俗成的习惯用字母。如“GB”表示蓄电池，“G”为电源的单字母符号，“B”为蓄电池英文名“Battery”的第一个字母。

表1-29所列为电气设备常用基本文字符号。

表1-29 电气设备常用基本文字符号

设备、装置和元器件种类	举例		基本文字符号		IEC
	中文名称	英文名称	单字母	双字母	
组件部分	分离元件放大器	Amplifier using discrete components	A		=
	激光器	Laser			
	调节器	Regulator			
	本表其他地方未提及的组件、部件				
	电桥	Bridge		AB	
	晶体管放大器	Transistor amplifier		AD	=
	集成电路放大器	Integrated circuit amplifier		AJ	=
	磁放大器	Magnetic amplifier		AM	=
	电子管放大器	Valve amplifier		AV	=
	印刷电路板	Printed circuit board		AP	=
	抽屉柜	Drawer		AT	=
	支架盘	Rack		AR	=
	天线放大器	Antenna amplifier		AA	
	频道放大器	Channel amplifier		AC	
	控制屏	Control panel		AC	
	电容器屏	Capacitor panel		AC	
	应急配电箱	Emergency distribution box		AE	

续表

设备、装置和元器件种类	举例		基本文字符号		IEC
	中文名称	英文名称	单字母	双字母	
组件部分	高压开关柜	High voltage switch gear	A	AH	
	前端设备	Headed equipment		AH	
	刀开关箱	Knife switch board		AK	
	低压配电屏	Low voltage switch panel		AL	
	照明配电箱	Illumination distribution board		AL	
	线路放大器	Line amplifier		AL	
	自动重合闸装置	Automatic recloser		AR	
	仪表柜	Instrument cubicle		AS	
	模拟信号板	Map（Mimic）board		AS	
	信号箱	Signal box（board）		AS	
	稳压器	Stabilizer		AS	
	同步装置	Synchronizer		AS	
	接线箱	Connecting		AW	
	插座箱	Socket box		AX	
	动力配电箱	Power distribution board		AP	
非电量到电量变换器或电量到非电量变换器	热电传感器	Thermoelectric sensor	B		=
	热电池	Thermo-cell			
	光电池	Photoelectric cell			
	测功计	Dynamometer			
	晶体换能器	Crystal transducer			
	送话器	Microphone			
	拾音器	Pick up			
	扬声器	Loudspeaker			
	耳机	Ear photo			
	自整角机	Synchro			
	旋转变压器	Revolver			
	模拟和多级数字	Analogue and multiple-step			
	变换器或传感器	Digital trans ducers or sensors			
	（用做指示和测量）	(as used indicating or measuring purposes)			
	压力变换器	Pressure transducer		BP	=
	位置变换器	Position transducer		BQ	=
	旋转变换器（测速发电机）	Rotation transducer（tachogenerator）		BR	=
	温度变换器	Temperature		BT	=
	速度变换器	Velocity transducer		BV	=
电容器	电容器	Capacitor	C		=
	电力电容器	Power capacitor		CP	

续表

设备、装置和元器件种类	举例 中文名称	举例 英文名称	基本文字符号 单字母	基本文字符号 双字母	IEC
二进制元件 延迟器件 存储器件	数字集成电路和器件	Digital integrated circuits and devices	D		=
	延迟线	Delay line			
	双稳定元件	Bistable element			
	单稳定元件	Monostable element			
	磁芯存储器	Core storage			
	寄存器	Register			
	磁带记录机	Magnetic tape recorder			
	盘式记录机	Disk recorder			
其他元器件	本表其他地方未规定的器件		E		=
	发热器件	Heating device		EH	=
	照明灯	Lamp for lighting		EL	=
	空气调节器	Ventilator		EV	=
	静电除尘器	Electrostatic precipitator		EP	
保护器件	过电压放电器件 避雷针	Over voltage discharge device Arrester	F		=
	具有瞬时动作的限流保护器件	Current threshold protective device with instantaneous action		FA	=
	具有延时和瞬时动作的限流保护器件	Current threshold protective device with instantaneous and time-lag action		FS	=
	具有延时动作的限流保护器件	Current threshold protective device with time-lag action		FR	=
	熔断器	Fuse		FU	=
	限压保护器件	Voltage threshold protective device		FV	=
	跌落式熔断器	Dropping fuse		FD	
	避雷针	Lighting rod		FL	
	快速熔断器	Quickly melting fuse		FQ	
发生器发电机电源	旋转发电机	Rotating generator	G		=
	振荡器	Oscillator			
	发生器	Generator			=
	同步发电机	Synchronous generator		GS	
	异步发电机	Asynchronous generator		GA	=
	蓄电池	Battery		GB	
	柴油发电机	Diesel generator		GD	
	稳压装置	Constant voltage equipment		GV	

续表

设备、装置和元器件种类	举例		基本文字符号		IEC
	中文名称	英文名称	单字母	双字母	
信号器件	声响指示器	Acoustical indicator	H	HA	=
	蓝色指示灯	Indicate lamp with blue color		HB	
	电铃	Electrical bell		HE	
	电喇叭	Electrical horn		HH	
	光指示器	Optical indicator		HL	=
	指示灯	Indicator lamp		HL	=
	红色指示灯	Indicate lamp with red color		HR	
	绿色指示灯	Indicate lamp with green color		HG	
	黄色指示灯	Indicate lamp with yellow color		HY	
	电笛	Electrical whistle		HS	
	蜂鸣器	Buzzer		HZ	
继电器接触器	继电器	Relay	K		
	瞬时接触继电器	Instantaneous contactor relay		KA	=
	交流继电器	Alternating relay		KA	
	电流继电器	Current relay		KC	
	差动继电器	Differential relay		KD	
	接地故障继电器	Earth-fault relay		KE	
	气体继电器	Gas relay		KG	
	热继电器	Heating relay		KH	
	接触器	Contactor		KM	=
	极化继电器	Polarized relay		KP	=
	簧片继电器	Reed relay		KR	=
	信号继电器	Signal relay		KS	
	时间继电器	Time relay		KT	
	温度继电器	Temperature relay		KT	
	电压继电器	Voltage relay		KV	
	零序电流继电器	Zero sequence relay		KZ	
电感器电抗器	感应线圈	Induction coil	L		=
	线路陷波器	Line trap			
	电抗器（并联和串联）	Reactors（shunt and series）			
电动机	电动机	Motor	M		=
	同步电动机	Synchronous motor		MS	
	可作发电机或电动机用的电机	Machine capable of use as a generator or motor		MG	

续表

设备、装置和元器件种类	举例		基本文字符号		IEC
	中文名称	英文名称	单字母	双字母	
模拟元件	运算放大器	Operational amplifier	N		=
	混合模拟/数字器件	Hybrid analogue/digital device			
测量设备试验设备	指示器件	Indicating devices	P		=
	记录器件	Recording devices			
	积算测量器件	Integrating measuring devices			
	信号发生器	Signal generator			
	电流表	Ammeter		PA	=
	（脉冲）计数器	（Pulse） Counter		PC	=
	电能表	Watt hour meter		PJ	=
	记录仪器	Recording instrument		PS	=
	时钟、操作计时器	Clock，Operating time meter		PT	=
	电压表	Voltmeter		PV	=
	功率因数表	Power factor meter		PF	
	频率表	Frequency meter （Hz）		PH	
	无功电能表	Var-hour meter		PR	
	温度计	Thermometer		PH	
	功率表	Watt meter		PW	
电力电路的开关器件	断路器	Circuit-breaker	Q	QF	=
	电动机保护开关	Motor protection switch		QM	=
	隔离开关	Disconnector （isolator）		QS	=
	刀开关	Knife switch		QK	
	负荷开关	Load switch		QL	
	漏电保护器	Residual current		QR	
	启动器	Starter		QT	
	转换组合开关	Transfer switch		QT	
电阻器	电阻器	Resistor	R		=
	变阻器	Rheostat		RP	=
	电位器	Potentiometer		RS	=
	测量分路表	Measuring shunt			
	热敏电阻器	Resistor with inherent variability dependent on temperature		RT	=
	压敏电阻器	Resistor with inherent variability dependent on voltage		RV	=

续表

设备、装置和元器件种类	举例		基本文字符号		IEC
	中文名称	英文名称	单字母	双字母	
控制、记忆、信号电路的开关器件选择器	拨号接触器 连接级	Dial contact Connecting stage	S		
	控制开关	Control switch		SA	=
	选择开关	Selector switch		SA	=
	按钮开关	Push-button		SB	=
	机电式有或无传感器（单级数字传感器）	All- or- nothing sensors of mechanical and electronic nature（one- step digital sensors）			
	液体标高传感器	Liquid level sensors		SL	=
	压力传感器	Pressure sensors		SP	=
	位置传感器（包括接近传感器）	Position sensors（including proximity sensors）		SQ	=
	转数传感器	Rotation sensors		SR	=
	温度传感器	Temperature sensors		ST	=
	急停按钮	Emergency button		SE	
	正传按钮	Forward button		SF	
	浮子按钮	Floating button		SF	
	火警按钮	Fire alarm button		SF	
	主令按钮	Master button		SM	
	反转按钮	（Reverse）Backward button		SR	
	停止按钮	Stop button		SS	
	感烟探测器	Smoker detector		SS	
	感温探测器	Temperature detector		ST	
变压器	电流互感器	Current transformer	T	TA	=
	控制电路电源用变压器	Transformer for control circuit supply		TC	=
	电力变压器	Power transformer		TM	=
	磁稳压器	Magnetic stabilizer		TS	=
	电压互感器	Voltage transformer		TV	=
	局部照明用变压器	Transformer for local lighting		TL	=
调制器变换器	鉴频器	Discriminator	U		=
	解调器	Demodulator			
	变频器	Frequency changer			
	编码器	Coder			
	变流器	Converter			
	逆变器	Inverter			
	整流器	Rectifier			

续表

设备、装置和元器件种类	举例		基本文字符号		IEC
	中文名称	英文名称	单字母	双字母	
电子管 晶体管	气体晶体管	Gas-discharge tube	V		=
	二极管	Diode			
	晶体管	Transistor		VT	
	晶闸管	Thruster		VT	
	电子管	Electronic tube		VE	=
	控制电路用电源的整流器	Rectifier for control circuit supply		VC	=
传输通道 波导 天线	导线	Conductor	W		=
	电缆	Cable			
	母线	Bus bar		WB	
	波导	Wave guide			=
	波导定向耦合器	Waveguide directional coupler			
	耦极天线	Dipole			
	抛物天线	Parabolic aerial		WP	
	控制母线	Control bus		WC	
	控制电缆	Control cable		WC	
	合闸母线	Closing bus		WC	
	事故信号母线	Emergency signal bus		WE	
	掉牌未复位母线	Forgot to reset bus		WF	
	信号母线	Signal bus		WS	
	滑触线	Trolley wire		WT	
	电压母线	Voltage bus		WV	
端子 插头 插座	连接插头和插座	Connecting plug and socket	X		=
	连接柱	Clip			
	电缆封端和接头	Cable sealing end and joint			
	焊接端子板	Doddering terminal strip			
	连接片	Link		XB	=
	测试插孔	Test jack		XJ	=
	插头	Plug		XP	=
	插座	Socket		XS	=
	端子板	Terminal board		XT	=
电气操作的机械器件	气阀	Pneumatic valve	Y		=
	电磁铁	Electromagnet		YA	=
	电磁制动阀	Electromagnetlly operated brake		YB	=
	电磁离合器	Electromagnetlly operated clutch		YC	=
	电磁吸盘	Magnetic chuck		YH	=

续表

设备、装置和元器件种类	举　例		基本文字符号		IEC
	中文名称	英文名称	单字母	双字母	
电气操作的机械器件	电动阀	Motor operated valve	Y	YM	=
	电磁阀	Electromagnetlly operated valve		YV	
	合闸电磁铁（线圈）	Closing Electromagnet（coil）		YC	
	跳闸电磁铁（线圈）	Tripping Electromagnet（coil）		YT	
终端设备 混合变压器 滤波器、均衡器、限幅器	电缆平衡网络 压缩扩展槽 晶体滤波器	Cable balancing network Compandor Crystal fliter	Z		=
	均衡器	Equalizer		ZQ	
终端设备 混合变压器	分配器	Splitter		ZS	
滤波器 均衡器 限幅器	网络	Network			=

2. 辅助文字符号

辅助文字符号用来表示电气设备、装置和元器件以及线路的功能、状态和特征，如“RD”表示红色，“L”表示限制。

辅助文字符号也可放在表示种类的单字母符号的后面，组成双字母符号，如“Y”是表示电气操作的机械器件类的基本文字符号，“B”是表示制动的辅助文字符号，两者组合成“YB”，则为电磁制动器的文字符号。

辅助文字符号由两个或两个以上字母组成时，允许只采用第一个字母进行组合，如“M”表示电动机，“SYN”表示同步，取第一个字母组合成“MS”，表示同步电动机。

辅助文字符号也可以单独使用，如“ON”表示接通，“OFF”表示断开等。

常用辅助文字符号列于表1-30中。

表1-30　常用辅助文字符号

序　号	文字符号	名　称	英文名称	IEC
1	A	电流	Current	
2	A	模拟	Analog	
3	AC	交流	Alternating current	=
4	A AUT	自动	Automatic	
5	ACC	加速	Accelerating	
6	ADD	附加	Add	
7	ADJ	可调	Adjustability	
8	AUX	辅助	Auxiliary	

续表

序 号	文字符号	名 称	英文名称	IEC
9	ASY	异步	Asynchronizing	
10	B BAK	制动	Baking	
11	BK	黑	Black	=
12	BL	蓝	Blue	=
13	BW	向后	Backward	
14	C	控制	Control	
15	CW	顺时针	Clockwise	
16	CCW	逆时针	Counter clockwise	
17	D	延时（延迟）	Delay	
18	D	差动	Differential	=
19	D	数字	Digital	
20	D	降	Down lower	
21	DC	直流	Direct current	=
22	DEC	减	Decrease	
23	E	接地	Earthing	=
24	EM	紧急	Emergency	
25	F	快速	Fast	
26	FB	反馈	Feedback	
27	FW	正向前	Forward	
28	GN	绿	Green	=
29	H	高	High	=
30	IN	输入	Input	
31	INC	增	Increase	
32	IND	感应	Induction	
33	L	左	Left	
34	L	限制	Limiting	
35	L	低	Low	=
36	LA	闭锁	Latching	
37	M	主	Main	
38	M	中	Medium	
39	M	中间线	Mid-wire	=
40	M MAN	手动	Manual	

续表

序 号	文字符号	名 称	英文名称	IEC
41	N	中性线	Neutral	=
42	OFF	断开	Open, off	
43	ON	闭合	Close, on	
44	OUT	输出	Output	
45	P	压力	Pressure	
46	P	保护	Protection	
47	PE	保护接地	Protective earthing	=
48	PEN	保护接地与中性线共用	Protective earthing neutral	=
49	PU	不接地保护	Protective unearthing	=
50	R	记录	Recording	
51	R	右	Right	
52	R	反	Reverse	
53	RD	红	Red	=
54	R RST	复位	Reset	
55	RES	备用	Reservation	=
56	RUN	运转	Run	
57	S	信号	Signal	
58	ST	启动	Start	
59	S SET	置位，定位	Setting	
60	SAT	饱和	Saturate	
61	STE	步进	Stepping	
62	STP	停止	Stop	
63	SYN	同步	Synchronizing	
64	T	温度	Temperature	
65	T	时间	Time	
66	TE	无噪声（防干扰）接地	Noiseless earthing	=
67	V	真空	Vacuum	
68	V	速度	Velocity	
69	V	电压	Voltage	
70	WH	白	White	=
71	YE	黄	Yellow	=

其他常用电气工程图文字符号列于表1-31～表1-37中。

表 1-31　照明灯具安装方式文字符号

中文名称	英文名称	旧符号	新符号	备　注
链　吊	Chain Pendant	L	C	
管　吊	Pipe（conduit）Erected	G	P	
线　吊	Wire（cord）Pendant	X	WP	
吸　顶	Ceiling Mounted（Adsorbed）			（注）
嵌　入	Recessed in		R	
壁　装	Wall Mounted	B	W	图形能区别时可不注

注：吸顶安装方式可在标注安装高度处打一横线，而不必注明符号。

表 1-32　标注线路用文字符号

序　号	中文名称	英文名称	常用文字符号		
			单字母	双字母	三字母
1	控制线路	Control Line	W	WC	
2	直流线路	Direct-Current Line		WD	
3	应急照明线路	Emergency Lighting Line		WE	WEL
4	电话线路	Telephone Line		WF	
5	照明线路	Illuminating（Lighting）Line		WL	
6	电力线路	Power Line		WP	
7	声道（广播）线路	Sound Gate（Broadcasting）Line		WS	
8	电视线路	TV Line		WV	
9	插座线路	Socket Line		WX	

表 1-33　线路敷设方式文字符号

序　号	中文名称	英文名称	旧符号	新符号	备　注
1	暗　敷	Concealed	A	C	
2	明　敷	Exposed	M	E	
3	铝皮线卡	Aluminum Clip	QD	AL	
4	电缆桥架	Cable Tray		CT	
5	金属软管	Flexible Metallic Conduit		F	
6	水煤气管	Gas Tube（Pipe）	G	G	
7	瓷绝缘子	Porcelain Insulator（Knob）	CP	K	
8	钢索敷设	Supported by Messenge Wire	S	M	
9	金属线槽	Metrallic Raceway		MR	
10	电线管	Electrical Metallic Tubing	DG	T	
11	塑料管	Plastic Conduit	SG	P	
12	塑料线卡	Plastic Clip	VJ	PL	含尼龙线卡
13	塑料线槽	Plastic Raceway		PR	
14	钢　管	Steel Conduit	GG	S	

表1-34　线路敷设部位文字符号

序　号	中文名称	英文名称	旧符号	新符号	备　注
1	梁	Beam	L	B	
2	顶　棚	Ceiling	P	CE	
3	柱	Column	Z	C	
4	地面（板）	Floor	D	F	
5	构　架	Rack		R	
6	吊　顶	Suspended ceiling		SC	
7	墙	Wall	Q	W	

表1-35　常用电力设备的标注方法

序　号	类　别	新标注方法	符号释义	旧标注方法
1	用电设备或电动机出口处	$\frac{a}{b}$或$\frac{a \mid c}{b \mid d}$	a——设备编号 b——额定功率，kW c——线路首端熔断片或自动开关释放器的电流，A d——标高，m	=
2	开关及熔断器	一般标注方法： $a\frac{b}{c/i}$或$a-b-c/i$ 当需要标注引入线的规格时： $a\frac{b-c/i}{d\ (e\times f)\ -g}$	a——设备编号 b——设备型号 c——额定电流，A d——导线型号 i——整定电流，A e——导线根数 f——导线截面积，mm^2 g——导线敷设方式	基本相同 其中一般符号为：$a\ [b/\ (cd)]$ d——导线型号
3	电力或照明设备	一般标注方法： $a\frac{b}{c}$或$a-b-c$ 当需要标注引入线的规格时； $a\frac{b-c}{d\ (e\times f)\ -g}$	a——设备编号 b——设备型号 c——设备功率，kW d——导线型号 e——导线根数 f——导线截面，mm^2 g——导线敷设方式及部位	=
4	照明变压器	$\frac{a}{b}-c$	a——一次电压，V b——二次电压，V c——额定容量，VA	=
5	照明灯具	一般标注方法： $a-b\frac{c\times d\times L}{e}f$ 灯具吸顶安装时： $a-b\frac{c\times d\times L}{—}$	a——灯数 b——型号或编号 c——每盏照明灯具的灯泡数 d——灯泡容量，W e——灯泡安装高度，m f——安装方式 L——光源种类	=

续表

序号	类别	新标注方法	符号释义	旧标注方法
6	最低照度	⑨	表示最低照度为9lx	=
7	照明照度检查点	● a ● $\frac{a-b}{c}$	a：水平照度，lx $a-b$：双侧垂直照度，lx c：水平照度，lx	=
8	电缆与其他设施交叉点	$\frac{a\text{-}b\text{-}c\text{-}d}{e\text{-}f}$	a——保护管根数 b——保护管直径，mm c——管长，mm d——地面标高，mm e——保护管埋设深度，m f——交叉点坐标	$\frac{a\text{-}b\text{-}c\text{-}d}{e\text{-}f}$
9	配电线路	$a-b$（$c\times d$）$e-f$	末端支路只注编号时为 a——回路编号 b——导线型号 c——导线根数 d——导线截面 e——敷设方式及穿管管径 f——敷设部位	
10	电话交接箱	$\frac{a-b}{c}d$	a——编号 b——型号 c——线序 d——用户数	
11	电话线路上	$a-b$（$c\times d$）$e-f$	a——编号 b——型号 c——导线对数 d——导线线径，mm e——敷设方式和管径 f——敷设部位	
12	标注线路	PG、LG、MG、PFG、LFG、MFG、KZ	PG——配电干线 LG——电力干线 MG——照明干线 PFG——配电分干线 LFG——电力分干线 KZ——控制线 MFG——照明分干线	
13	导线型号规格或敷设方式的改变	$\frac{3\times16}{—}\times\frac{3\times10}{—}$ $—\times\frac{\phi2.5''}{—}$	$3\times16mm^2$ 导线改为 $3\times10mm^2$ 无穿管敷设改为导线穿管（$\phi2.5''$）敷设	

续表

序　号	类　别	新标注方法	符号释义	旧标注方法
14	相序	L1 L2 L3 U V W	L1——交流系统电源第一相 L2——交流系统电源第二相 L3——交流系统电源第三相 U——交流系统设备端第一相 V——交流系统设备端第二相 W——交流系统设备端第三相	A B C A B C
15	中性线	N	N——中性线	=
16	保护线	PE	PE——保护线	
17	保护和中性共用线	PEN	PEN——保护和中性共用线	
18	交流电	$m \sim f$，U	m——相数　f——频率，Hz U——电压　～——交流电	=
		例：3N～50Hz，380V	示出交流，三相中性线，50Hz，380V	
19	直流电	-220V	直流电压220V	=
20	标写计算	F_e　F_i　I_z I_i　K_x　$\cos\varphi$	F_e——设备容量，kW F_i——计算负荷，kW I_z——额定电流，A I_i——计算电流，A K_x——需要系数 $\cos\varphi$——功率因数	
21	电压损失	U	电压损失（%）	$\Delta U\%$

注：表中“=”表示新旧标注方法相同；空格表示无此项。

表1-36　常用照明灯具代号

灯具类型	代号（拼音）	灯具类型	代号（拼音）
普通吊灯	P	工厂灯、隔爆灯	G
壁　灯	B	荧光灯	Y
花　灯	H	防水防尘灯	F
吸顶灯	D	搪瓷伞罩灯	S
卤钨探照灯	L	柱　灯	Z
投光灯	T		

表1-37　照明灯具安装方式的文字代号

项　目	英文代号	汉语拼音代号
线吊式	CP	—
自在器线吊式	CP	x
固定线吊式	CP1	x1

续表

项　目	英文代号	汉语拼音代号
防水线吊式	CP2	x2
吊线器式	CP3	x3
链吊式	CH	L
管吊式	P	G
吸顶式或直附式	C	D
嵌入式（嵌入不可进入顶棚）	R	R
吸顶嵌入式（嵌入可进入顶棚）	CR	DR
墙装嵌入式	WR	BR
台上安装	T	T
支架上安装	SP	J
壁装式	W	B
柱上安装	CL	Z
座装	HM	ZH

1.6 建筑电气工程图的识读

1.6.1 建筑电气工程图的特点

1. 建筑电气工程图大多采用统一的图形符号，并加注文字符号绘制。

2. 任何电路都必须构成回路。电路应包括电源、用电设备、导线和开关控制设备四个组成部分。

3. 电路的电气设备和元件都是通过导线连接起来的，导线可长可短，能够比较方便地跨越较远的距离。

4. 建筑电气工程施工往往与主体工程及其他安装工程施工配合进行，所以，应将建筑电气工程图与有关土建工程图、管道工程图等对应起来阅读。

5. 阅读电气工程图的一个主要目的是用来编制工程预算和施工方案。

1.6.2 建筑电气工程图的识读

1. 识图方法

（1）看懂建筑施工图。

（2）熟悉各种图形符号、文字符号、项目代号等，理解其内容、含义和相互关系。

（3）掌握各类电气工程图的特点，并将有关图纸对应起来阅读。

（4）了解有关电气图的标准。

（5）学会查阅有关电气装置标准图集。

2. 识图步骤

（1）仔细阅读图纸说明。如项目内容、设计日期、工程概况、设计依据、设备材料表等，了解供电电源的来源、电压等级、线路敷设方式、设备安装高度及安装方式，施工注意事项等。

（2）看系统图和框图。了解系统的基本组成、相互关系及主要特征等。

（3）阅读电气原理图。这是读图识图的重点和难点。

电气原理图分主电路、控制电路和辅助电路等。

一般主电路用粗实线绘制，辅助电路用细实线绘制，应按照先主后辅的顺序读图。

主电路一般画在左侧或上方，控制电路画在右侧或下方，电路中的各电气设备和元件均按动作顺序由上到下、由左至右依次排列。读图时主电路应从上至下，即从用电设备开始按控制顺序向电源看；辅助电路自上而下、从左到右识读，了解辅助电路的构成、各元件的相互关系、控制关系及其动作情况，了解辅助电路和主电路的相互关系。对于较为复杂的电路可分为多个基本电路逐个分析，最后将各个环节综合起来对整个电路进行分析。

注意电路中有哪些保护环节。某些电路可以结合接线图来分析。

电气原理图是按原始状态绘制的，这时，线圈未通电、开关未闭合、按钮未按下，但看图时不能按原始状态分析，而应选择某一状态分析。

（4）看平面布置图。平面布置图是建筑电气工程图中的重要图纸之一，它表示了设备的安装位置、线路敷设位置、敷设方法及所用导线型号、规格、数量等。

（5）看安装接线图。了解设备或电器的布置与接线。

（6）看详图。

工程图纸的识读没有一定的顺序，总的来说，是“先文字，后图形”，识读时还应注意熟悉有关施工及质量验收规范、全国通用电气装置标准图集等，了解安装技术要求。

第2章 建筑电气工程安装的基本知识

2.1 常用电工材料

2.1.1 绝缘材料

绝缘材料又称电介质，有外加电压作用时，只有微小的电流通过，基本上可以忽略而认为它不导电。

绝缘材料的主要作用是隔离带电部分与不带电部分或不同电位的导体，使电流能按指定方向流动。有时，绝缘材料往往还能支撑、保护导体。

表2-1为电工常用绝缘材料及其应用。

表2-1 电工常用绝缘材料及其应用

类 别	常用材料	应 用
无机绝缘材料	云母、石棉、大理石、瓷器、玻璃、硫磺等	主要用作电机的电器的绕组绝缘，开关的底板和绝缘子等
有机绝缘材料	虫胶、树脂、棉纱、纸、麻、蚕丝、人造丝、石油等	制造绝缘漆、绕组导线的被覆绝缘物
复合绝缘材料	无机、有机绝缘材料中一种或两种材料经加工制成的各种成型绝缘材料	用作电器的底座、外壳等

绝缘材料在使用过程中，由于各种因素的长期作用，会发生化学变化和物理变化，使其电气性能和机械性能变差，即所谓的老化。使绝缘材料老化的因素很多，但主要是热的因素，使用时温度过高会加速绝缘材料的老化过程。因此，对各种绝缘材料都规定它们在使用过程中的极限温度，以延缓它的老化过程，保证电工产品的使用寿命。如外层带绝缘层的导线，就应远离热源。

常用的绝缘材料介绍如下：

1. 橡胶

电工用橡胶是指经过加工的人工合成的橡胶，如制成导线的绝缘皮、电工穿的绝缘鞋和戴的绝缘手套等。测定橡胶的耐压能力是以电击穿强度（kV/mm）为依据的。

2. 塑料

塑料分为热固性塑料和热塑性塑料两种，其相对密度小、机械强度高、介电性能好、耐热、耐腐蚀、易加工。

电工用塑料主要指聚乙烯和聚氯乙烯塑料，如制作配电箱内固定电气元件的底板、低压电器的零部件、电器开关的外壳和导线的绝缘外皮等。测定塑料绝缘物的耐压能力也是以电击穿强度（kV/mm）为依据。

3. 绝缘纸

电工使用的绝缘纸是经过特殊工艺加工制成的，也有用绝缘纸制成的绝缘纸板。绝缘纸主要用在电容器中作绝缘介质，绕制变压器时作层间绝缘等。

绝缘纸或绝缘纸板作绝缘材料，制成电工器材后，要浸渍绝缘漆，加强防潮性能和绝缘性能。

4. 棉、麻制品

棉布、丝绸浸渍绝缘漆后，可制成绝缘板或绝缘布。棉布带和亚麻布带是捆扎电动机、变压器线圈必不可少的材料，黑胶布就是白布带浸渍沥青胶制成的。表2-2所列为常用电工绝缘带。

表2-2　常用电工绝缘带

类　型	组成特征	物理化学性能	绝缘性能	尺寸规格	使用范围
聚氯乙烯带	由软聚氯乙烯加热挤压卷切而成	①柔软而有弹性，使用方便 ②耐潮、耐酸碱，耐油性能好；耐热，耐寒性差	交流耐压强度 ①厚0.3~0.6mm者500V ②厚0.7~1mm者1000V ③厚1.1~1.5mm者2000V	①宽10mm，15mm，20mm，40mm，50mm ②厚0.3~1.65mm ③无规定长度，每卷按质量计	①透明无色者作导线接头及某些带电体加强绝缘包缠之用 ②带颜色者用作相色带
塑料黏胶带	它是在聚氯乙烯薄膜上涂敷胶浆卷切而成	①其绝缘性能及防水性能均比黑胶布强 ②使用温度-5~60℃	交流耐压：2kV/min不击穿	①宽：15mm，20mm，25mm ②厚：0.14~0.16mm ③每卷长：5m或10m	适用于500V以下电线电缆接头包缠
无碱玻璃丝带	用无碱或含碱金属极少（<1%）的玻璃丝编制而成	①耐热耐老化性能好，耐热等级B级 ②抗拉强度19.8kg/mm^2 ③吸水性小，与环氧树脂粘接性好 ④抗磨性低，无弹性，伸长率低	绝缘强度4kV/mm	①宽：8~50mm 常用宽度25mm，30mm ②厚：0.06~0.08mm ③每卷长：50或100m	①适合于电线电缆电动机及其他电器的绝缘包扎和环氧树脂电缆头的制作 ②适宜于绝缘耐湿要求较高的场所
自黏性橡胶带	它是自带黏性橡胶带	①在拉伸后经一定时间变成一个紧密的整体 ②抗拉强度>10kg/cm^2 ③断裂伸长率>400% ④耐臭氧 ⑤工作温度≥-15℃	击穿电压>20kV/mm	①宽：25mm ②厚：0.8mm ③每卷长：5m	适用于10kV以下电缆终端头和对接头作绝缘密封之用

5. 电瓷

电瓷主要用于制作各种绝缘子、绝缘套管、灯座、开关、插座、熔断器底座等的零部件。

6. 电工漆

电工漆主要分为浸渍漆和覆盖漆。浸渍漆主要用来浸渍电气设备的线圈和绝缘零部件，填充间隙和气孔，以提高绝缘性能和机械强度。覆盖漆主要用来涂刷经浸渍处理过的线圈和绝缘零部件，形成绝缘保护层，以防机械损伤和气体、油类、化学药品等。

7. 电工胶

常用的电工胶有电缆胶和环氧树脂胶。电缆胶用来灌注电缆接头和漆管、电器开关及绝缘零部件。环氧树脂胶一般需现场配制，按照不同的配方可制得分子量大小不同的产物。分子量低的是黏度小的半液体物，用于电器开关、零部件作浇注绝缘；分子量中等的是稠状物，用于配制高机械强度的胶粘剂；分子量高的是固体物，用于配制各种漆等。

2.1.2 常用导线

常用的导线和电缆分为裸导线、绝缘导线电缆和通信电缆等。

常用导线的种类有绝缘导线和裸导线、铜芯线和铝芯线、单芯和多芯、软线和硬线、橡胶绝缘和塑料绝缘等。

1. 裸导线

裸导线是没有绝缘层和保护层的导线，包括铜、铝平线，架空绞线，各种型材型线，母线，铜排、铝排等。主要用于户外架空线路，也可用来作为电气设备的软接线。常用的是铝绞线和钢芯铝绞线。

2. 橡胶绝缘导线

橡胶绝缘导线主要用于室内外敷设，长期工作温度不得超过60℃。常用的有棉纱编织橡胶绝缘线、玻璃丝编织橡胶绝缘线、氯丁橡胶绝缘线；其基本结构是在芯线外面包一层橡胶，再包覆一层棉纱或玻璃丝编织物，然后在编织物上涂蜡。表2-3所列为橡皮绝缘导线的型号和主要用途。

表2-3 橡皮绝缘导线的型号和主要用途

型号	名称	导线截面/mm²	主要用途
BX	铜芯橡皮线	0.75~500	用于交流500V及以下，直流1000V及以下的户内外架空、明设、穿管固定敷设的照明及电气设备电路
BLX	铝芯橡皮线	2.5~700	
BXR	铜芯橡皮软线	0.75~400	用于交流500V及以下，直流1000V及以下电气设备及照明装置要求电线比较柔软的室内安装
BXF	铜芯氯丁橡皮线	0.75~95	用于交流500V及以下，直流1000V及以下的户内外架空、明设、穿管固定敷设的照明及电气设备电路（尤其适用于户外）
BLXF	铝芯氯丁橡皮线	2.5~95	—

3. 塑料绝缘导线

塑料绝缘导线耐油、耐酸、耐腐蚀、防潮、防霉，价格较低，而且可节约大量橡胶和棉纱。适用于室内明敷或穿管敷设，较多的用于低压500V以下室内照明线路。但塑料绝缘在低温时易变硬变脆，高温时易软化，因此不宜用于室外线路。

表2-4所列为绝缘导线文字符号含义。表2-5所列为塑料绝缘导线的型号和主要用途。表2-6所列为几种常用导线的名称、结构、型号及适用范围。

表2-4 绝缘导线文字符号含义

性能		分类代号或用途		线芯材料		绝缘		护套		派生	
符号	意义	符号	意义	符号	意义	符号	意义	符号	意义	符号	意义
ZR	阻燃	A	安装线			V	聚氯乙烯	V	聚氯乙烯	P	屏蔽
NH	耐火	B	布电线			F	氟塑料	H	橡套	R	软
		Y	移动电器线	T	铜（省略）	Y	聚乙烯	B	编织套	S	双绞
		T	天线	L	铝	X	橡皮	N	尼龙套	B	平行
		HR	电话软线			F	氯丁橡皮	SK	尼龙丝	D	带形
		HP	电话配线			ST	天然丝	L	腊克	P_1	缠绕屏蔽

表2-5 塑料绝缘导线的型号和主要用途

型号	名　称	导线截面/mm^2	主 要 用 途
BLV	铝芯塑料线	1.5～185	交流电压500V以下，直流电压1000V以下室内固定敷设
BV	铜芯塑料线	0.03～185	
ZR-BV	阻燃铜芯塑料线	0.03～185	交流电压500V以下，直流电压1000V以下室内较重要场所固定敷设
NH-BV	耐火铜芯塑料线	0.03～185	交流电压500V以下，直流电压1000V以下室内重要场所固定敷设
BVR	铜芯塑料软线	0.75～50	交流电压500V以下，要求电线比较柔软的场所固定敷设
BLVV	铝芯塑料护套线	1.5～10	交流电压500V以下，直流电压1000V以下室内固定敷设
BVV	铜芯塑料护套线	0.75～10	
RVB	铜芯平行塑料连接软线	0.012～2.5	250V室内连接小型电器，移动或半移动敷设时用
RVS	铜芯双绞塑料连接软线	0.012～2.5	
RV	铜芯塑料连接软线	0.012～6	

表 2-6　几种常用导线的名称、结构、型号及适用范围

名　称	结　构	型号		允许长期工作温度	主要用途
		铜芯	铝芯		
聚氯乙烯绝缘电线	单根线芯；塑料绝缘；多股绞合线芯	BV	BLV		用于 500V 以下动力和照明线路的固定敷设
聚氯乙烯绝缘护套线	线芯；塑料护套；塑料绝缘	BVV	BLVV		用于 500V 以下照明和小容量动力线路固定敷设
聚氯乙烯绝缘绞合软线	塑料绝缘	RVS		65℃	用于 250V 及以下移动电器和仪表及吊灯的电源连接导线
聚氯乙烯绝缘平行软线	塑料绝缘	RVB			
氯丁橡套软线 橡套软线	橡胶或塑料绝缘；橡套或塑料护套；麻绳填芯	RXF RX			用于安装时要求柔软的场合及移动电器电源线

注：型号中，V 表示聚氯乙烯绝缘，X 表示橡皮绝缘，XF 表示氯丁橡胶绝缘。

4. 电缆

常用电缆有电力电缆和控制电缆两种，一般由线芯、绝缘层和保护层组成。线芯有单芯、双芯、三芯、四芯、五芯等几种，线芯的截面形状有圆形、半圆形、扇形等。

绝缘层的作用是防止漏电和放电，它是包在线芯外的一层橡皮、塑料、油纸等绝缘物。有的电缆绝缘层外面还要加钢铠，以增加电缆的抗拉和抗压强度。

保护层的作用是保护绝缘层，有金属保护层和非金属保护层两种。固定敷设的电缆多用金属护层，移动电缆多用非金属护层。金属护层有铅套、铝套、钢套和金属纺织套等，在它的外面还有外被层，以保护金属护层免受机械损伤和化学物质的腐蚀。非金属护层多用橡皮和塑料。

表2-7为电缆型号的组成和含义。表2-8为电缆外被层数字含义。

表2-7　电缆型号的组成和含义

性　能	类　别	电缆种类	线芯材料	内护层	其他特征
ZR—阻燃	电力电缆不表示	Z—纸绝缘	T—铜（省略）	Q—铅护套	D—不滴流
NH—耐火	K—控制电缆	X—橡皮	L—铝	L—铝护套	F—分相铅包
	Y—移动式软电缆	V—聚氯乙烯		H—橡套	P—屏蔽
	P—信号电缆	Y—聚乙烯		（H）F—非燃性橡套	C—重型
	H—市内电话电缆	YJ—交联聚乙烯		V—聚氯乙烯护套	
				Y—聚乙烯护套	

表2-8　电缆外被层数字含义

第一数字		第二数字	
代　号	铠装层类型	代　号	外被层类型
0	无	0	无
1	—	1	纤维绕包
2	双钢带	2	聚氯乙烯护套
3	细圆钢丝	3	聚乙烯护套
4	粗圆钢丝	4	—

（1）电力电缆

表2-9所列为电力电缆型号及名称。图2-1所示为各种电力电缆截面图。图2-2所示为不同结构形式的电缆。

表2-9　电力电缆的型号及名称

型　号		名　称
铜　芯	铝　芯	
VV	VLV	聚氯乙烯绝缘聚氯乙烯护套电力电缆
VV_{22}	VLV_{22}	聚氯乙烯绝缘钢带铠装聚氯乙烯护套电力电缆
ZR-VV	ZR-VLV	阻燃聚氯乙烯绝缘聚氯乙烯护套电力电缆
ZR-VV_{22}	ZR-VLV_{22}	阻燃聚氯乙烯绝缘钢带铠装聚氯乙烯护套电力电缆
NH-VV	NH-VLV	耐火聚氯乙烯绝缘聚氯乙烯护套电力电缆
NH-VV_{22}	NH-VLV_{22}	耐火聚氯乙烯绝缘钢带铠装聚氯乙烯护套电力电缆
YJV	YJLV	交联聚乙烯绝缘聚氯乙烯护套电力电缆
YJV_{22}	$YJLV_{22}$	交联聚乙烯绝缘钢带铠装聚氯乙烯护套电力电缆

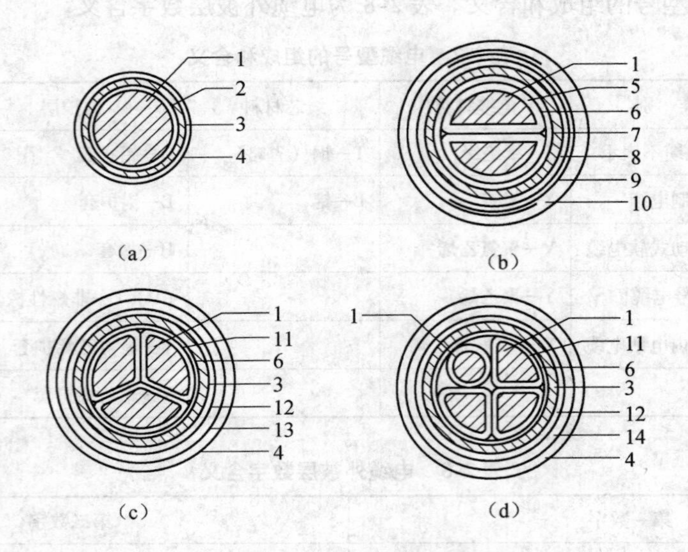

图 2-1　各种电力电缆的截面

(a) 单芯纸绝缘铅包电力电缆；(b) 双芯电缆；

(c) 三芯纸绝缘铅包钢丝铠装电力电缆；(d) 3+1 芯纸绝缘铅包钢带铠装电力电缆

1—线芯；2—绝缘；3—铅层；4—护套；5—相绝缘；6—带绝缘；7—金属护套；

8—内垫层；9—钢带铠装；10—外被层；11—芯绝缘；12—衬层；13—钢丝层；14—钢带层

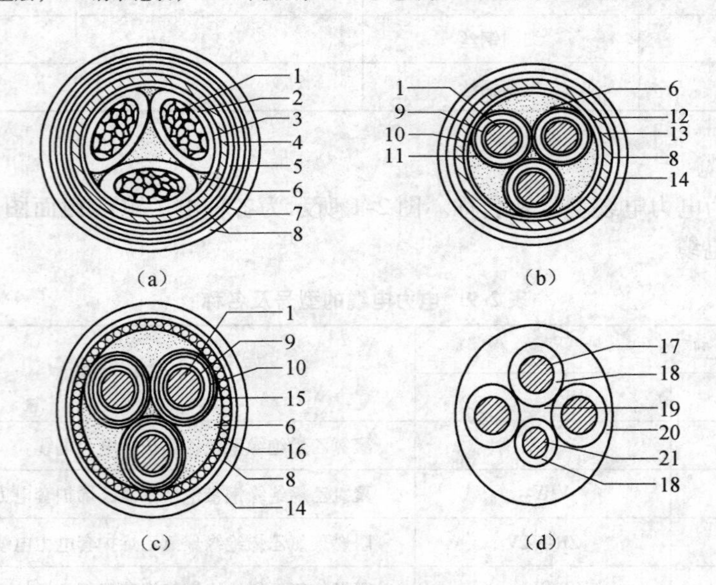

图 2-2　不同结构形式的电缆

(a) 三芯统包型电缆；(b) 分相屏蔽电缆；(c) 分相铅包电缆；(d) 橡皮绝缘电缆

1—线芯；2—芯绝缘；3—统包绝缘；4—铅包；5—沥青防腐层；6—填料；

7—沥青黄麻层；8—铠装层；9—线芯屏蔽；10—绝缘层；11—打孔金属带屏蔽；

12—扎紧带；13—金属护套；14—外被层；15—外屏蔽层；16—铅护套；

17—主导电线芯；18—橡皮绝缘层；19—橡皮填芯；20—橡皮护套；21—接地线芯

预制分支电缆是电力电缆的新品种，是电缆生产厂家根据设计要求，在制造电缆时，直接从主干电缆上加工制作出分支电缆，而不必在现场加工制作电缆分支接头。预制分支电缆供电可靠、施工方便，其型号是 YFD 加其他电缆型号组成。

（2）控制电缆

控制电缆用于配电装置、继电保护和自动控制回路中传送控制电流、连接电气仪表及电气元件等，结构与电力电缆相似，其运行电压一般在交流 500V、直流 1000V 以下，芯数为几芯到几十芯不等，截面为 $1.5 \sim 10mm^2$。表 2-10 所列为常用控制电缆型号。

表 2-10 常用控制电缆型号

型 号	名 称
KVV	铜芯聚氯乙烯绝缘聚氯乙烯护套控制电缆
KVV_{22}	铜芯聚氯乙烯绝缘钢带铠装聚氯乙烯护套控制电缆

（3）阻燃电缆

低烟无卤阻燃及耐火型电线、电缆是一种新型导电材料，在常温下可连续工作 30 年，在 135℃温度下可连续工作 6～8 年，低烟无卤系列电线、电缆比一般电线、电缆的性能有明显提高，近年来得到广泛应用。

阻燃、无卤低烟、低卤低烟、耐火等具有一定防火性能的电缆统称为防火电缆。

阻燃电缆的特点是延缓火焰沿着电缆蔓延使火灾不致扩大。由于其成本较低，因此是防火电缆中大量采用的电缆品种。无论是单根线缆还是成束敷设的条件下，电缆被燃烧时能将火焰的蔓延控制在一定范围内，因此可以避免因电缆着火延燃而造成的重大灾害，从而提高电缆线路的防火水平。

无卤低烟阻燃电缆（LSOH）的特点是不仅具有优良的阻燃性能，而且构成低烟无卤电缆的材料不含卤素，燃烧时的腐蚀性和毒性较低，产生极少量的烟雾，从而减少了对人体、仪器及设备的损害，有利于发生火灾时的及时救援。无卤低烟阻燃电缆虽然具有优良阻燃性、耐腐蚀性及低烟浓度，但其机械和电气性能比普通电缆稍差。

低卤低烟阻燃电缆（LSF）氯化氢释放量和烟浓度指标介于阻燃电缆与无卤低烟阻燃电缆之间。

低卤电缆的材料中亦会含有卤素，但含量较低。这种电缆的特点是不仅具备阻燃性能，而且在燃烧时释放的烟量较少，氯化氢释放量较低。这种低卤低烟阻燃电缆一般以聚氯乙烯（PVC）为基材，再配以高效阻燃剂、HCl 吸收剂及抑烟剂加工而成，因此显著改善了普通阻燃聚氯乙烯塑料的燃烧性能。

耐火电缆是在火焰燃烧情况下能保持一定时间的正常运行，可保持线路的完整性。耐火阻燃电缆燃烧时产生的酸气烟雾量少，耐火阻燃性能大大提高，特别是在燃烧时，伴随着水喷淋和机械打击振动的情况下，电缆仍可保持线路完整运行。表 2-11 所列为低烟无卤阻燃及耐火型电线、电缆的型号及名称。

表 2-11　低烟无卤阻燃及耐火型电线、电缆的型号及名称

型　号	名　称
WL-BYJ（F）	铜芯辐照交联低烟无卤阻燃聚乙烯绝缘布电线
WL-RYJ（F）	多股软铜芯辐照交联低烟无卤阻燃聚乙烯绝缘电线
NH-BYJ（F）	辐照交联低烟无卤耐火布电线
WL-YJ（F）V	辐照交联低烟无卤聚乙烯绝缘护套电力电缆
WL-KYJ（F）V	辐照交联低烟无卤聚乙烯绝缘护套控制电缆
NH-YJV（F）	辐照交联低烟无卤耐火电缆

2.2　建筑电气安装通用工具和仪表

2.2.1　通用工具

电工通用工具是一般专业电工经常使用的工具。

1. 低压验电器

低压验电器又称测电笔，是常用的、检验导线或用电设备等是否带电的工具，检测范围为 50～500V，有钢笔式、旋具式等多种。

使用前，先在有电的导体上检验电笔是否能正常工作。使用时，手指必须接触笔尾的金属体或笔顶部的金属螺丝，笔尖金属部分触及被测导线或用电设备，根据氖泡是否发光来判断被测物体是否带电。验电时应使氖管背光。氖管发光则说明有电，若不发光应多验几次，仍不亮则无电或验的是地线。图 2-3 所示为低压验电器的握法。

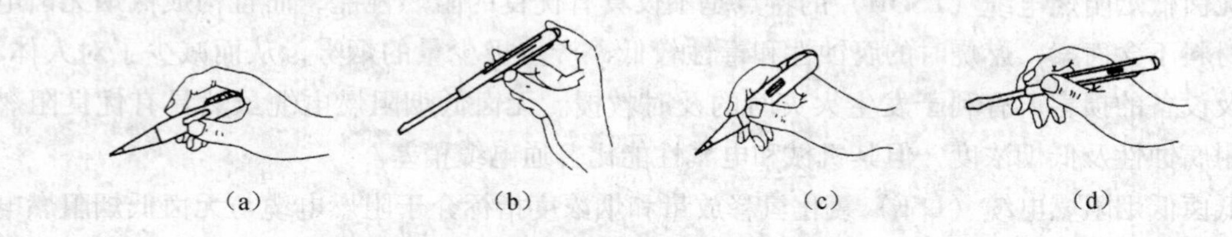

图 2-3　低压验电器的握法

（a）正确握法；（b）正确握法；（c）错误握法；（d）错误握法

2. 电工刀

电工刀用来剖、削、切割电线绝缘层、绳索、软金属、木桩等。

电工刀使用时，将刀略向内倾斜，刀口向外推，以防伤人。不能用刀刃垂直切割导线绝缘层，以防削伤线芯。电工刀刀柄无绝缘保护，不能带电操作。图 2-4 所示为电工刀。

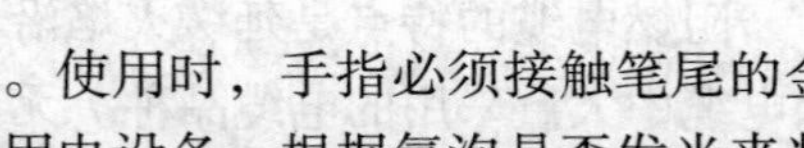

图 2-4　电工刀

3. 钢丝钳

钢丝钳是电工应用最频繁的工具，在其钳柄上套有耐压 500V 的塑料套。按总长有 150mm，175mm，200mm 三种规格。

钳口用来钳夹物品和弯绞导线；齿口用于紧固或松动螺母；刀口用于剪切导线、拔铁钉等；铡口用于铡切钢丝、导线线芯等硬金属丝。

使用前应先确定其绝缘是否良好，否则不得带电操作。剪切带电导线时，必须单根进行，不得同时剪切相线和中线或两根相线。图2-5所示为钢丝钳及其用法。

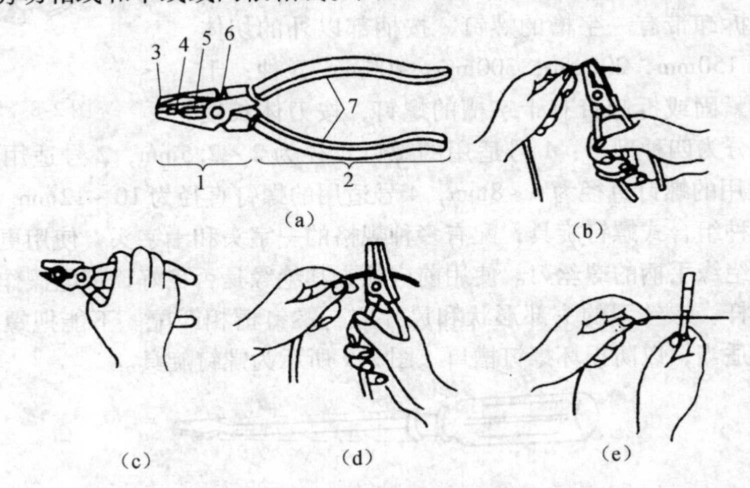

图2-5 钢丝钳及其用法

(a) 结构；(b) 弯绞导线；(c) 紧固螺母；(d) 剪切导线；(e) 铡切钢丝

1—钳头；2—钳柄；3—钳口；4—齿口；5—刀口；6—铡口；7—绝缘套

4. 尖嘴钳

尖嘴钳头部尖细，大多有刃口，电工用尖嘴钳柄部套有耐压500V的塑料套。按总长有130mm，160mm，180mm，200mm四种规格。

尖嘴钳适合在狭小空间操作，钳头用于夹持小零件、弯曲导线端头成所需形状，有刃口的可剪切细小的导线、金属丝等。图2-6所示为尖嘴钳。

5. 斜口钳

斜口钳又称为断线钳，钳头为圆弧形，剪切口与钳柄成一定角度。电工用斜口钳柄部套有耐压500V的塑料套。按总长有130mm，160mm，180mm，200mm四种规格。

斜口钳用于剪切较粗的导线和金属丝。图2-7所示为斜口钳。

图2-6 尖嘴钳　　　图2-7 斜口钳

6. 剥线钳

剥线钳用于剥掉线芯$6mm^2$以下电线线头绝缘层，刀口装有一副切刀，刀片上有四对圆孔以适应不同规格的线芯剥削，钳柄部套有耐压500V的塑料套。按总长有140mm，180mm两种规格。

剥线钳使用时，将导线放于合适的缺口内，剥除的绝缘层长度确定后，手握钳柄，切割绝缘层；然后张开钳口，去掉绝缘层。图 2-8 所示为剥线钳。

7. 螺钉旋具

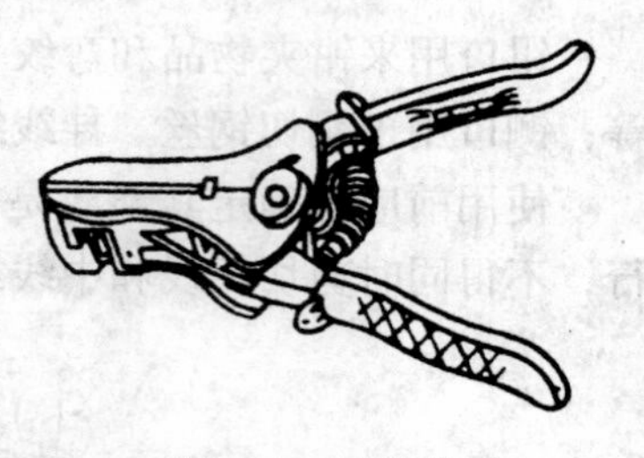

图 2-8 剥线钳

螺钉旋具又称为螺丝刀、起子、旋凿等。按形状的不同有一字形和十字形两种。柄头用木头或塑料制成。一字形螺丝刀用于紧固或拆卸带有一字槽的螺钉，按柄部以外的切体长度有 100mm，150mm，200mm，300mm，400mm 五种；十字形螺丝刀用于紧固或拆卸带有十字槽的螺钉，按刀体长度和十字槽的规格分为四种型号：1 号适用的螺钉直径为 2～2.5mm，2 号适用的螺钉直径为 3～5mm，3 号适用的螺钉直径为 6～8mm，4 号适用的螺钉直径为 10～12mm。

另外还有一种组合式螺钉旋具，配有多种规格的一字头和十字头，使用更加灵活方便。

应选择带有绝缘手柄的螺丝刀。使用前应检查其绝缘是否良好，带电操作时，手不得接触螺丝刀的金属杆。螺丝刀的头部形状和尺寸应与螺钉槽相匹配。不能把螺丝刀当凿子使用。操作用力要适当，以防损坏螺钉槽口。图 2-9 所示为螺钉旋具。

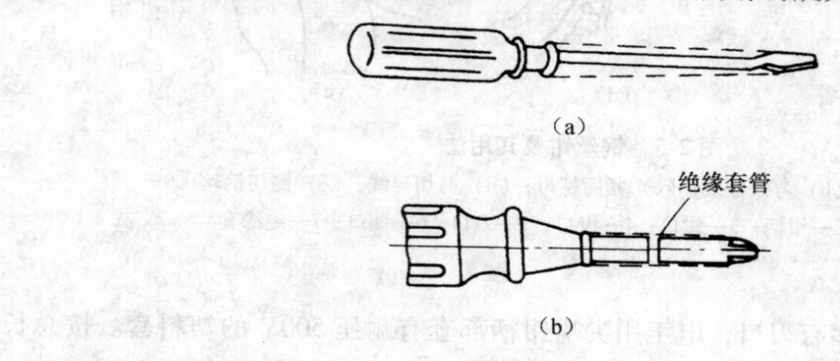

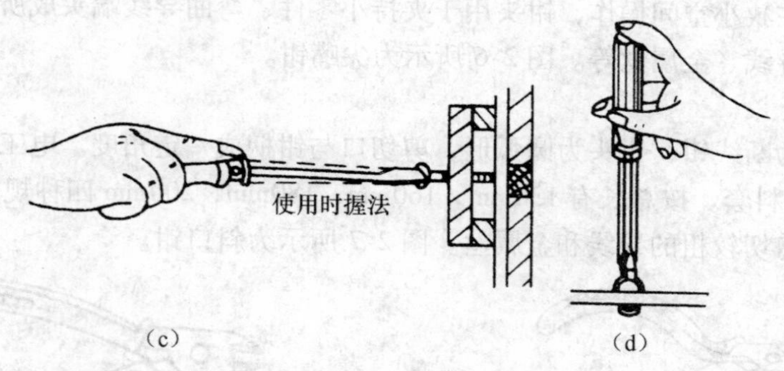

图 2-9 螺钉旋具

(a) 一字形；(b) 十字形；

(c) 大螺钉旋具的用法；(d) 小螺钉旋具的用法

8. 扳手

扳手是用于紧固和松开螺母的常用工具。

常用的有活络扳手、呆扳手、梅花扳手、两用扳手、套筒扳手、内六角扳手等。每种扳手都有不同的规格。

活络扳手可在规定的范围内任意调整大小，使用方便，所以被广泛使用。图 2-10 所示为活络扳手及其用法。

呆扳手的开口宽度不能调节，又称为死扳手，有单头和双头两种。

梅花扳手都是双头形式，其工作部分是封闭圆，适合在狭小空间操作。

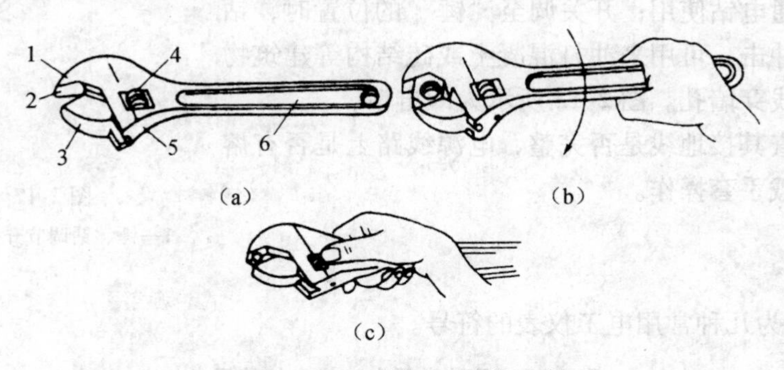

图 2-10　活络扳手及其用法

（a）活络扳手的构造；（b）扳较大螺母时的握法；（c）扳小螺母时的握法

1—呆扳唇；2—扳口；3—活络扳唇；4—蜗轮；5—轴销；6—手柄

套筒扳手由一套尺寸不同的梅花套筒头和附件组成。

9. 电烙铁

电烙铁是焊接时加热焊接部位的电热工具，由手柄、外管、电热元件和铜头组成。按铜头受热方式的不同分为内热式和外热式两种。其规格以消耗的电功率表示，一般在 20 ~ 500W 之间。图 2-11 所示为电烙铁。

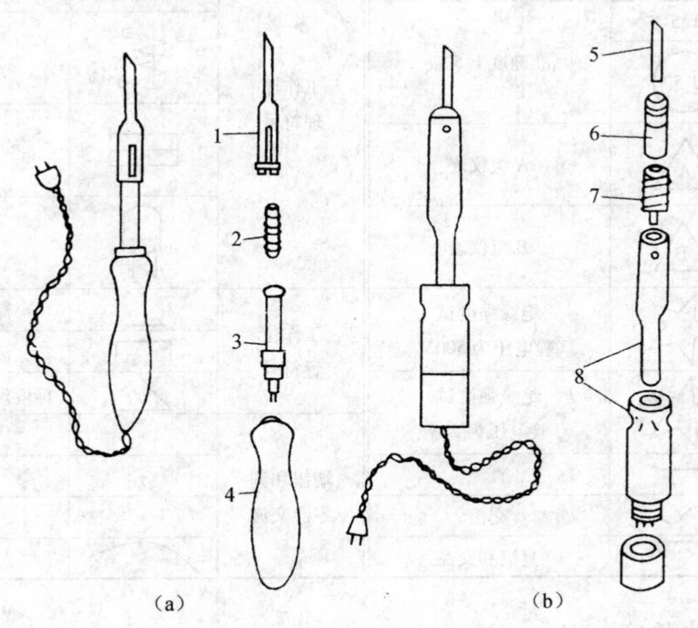

图 2-11　电烙铁

（a）内热式电烙铁外形和内部结构图；（b）外热式电烙铁外形结构图

1—烙铁头；2—发热元件；3—连接杆；4—胶木手柄；

5—烙铁头；6—传热筒；7—烙铁芯；8—支架

10. 冲击钻

冲击钻专用于金属材料或非金属材料上电动钻孔。

开关调至“钻”的位置时，钻头只旋转而没有前后冲击的动作，可作普通电钻使用；开关调至“锤”的位置时，钻头边旋转边前后冲击，可用来冲打混凝土或砖结构等建筑物上的木榫孔和导线穿墙孔。图2-12所示为冲击钻。

使用前应检查其接地线是否完整，电源线路上是否有熔断器保护；严禁戴手套操作。

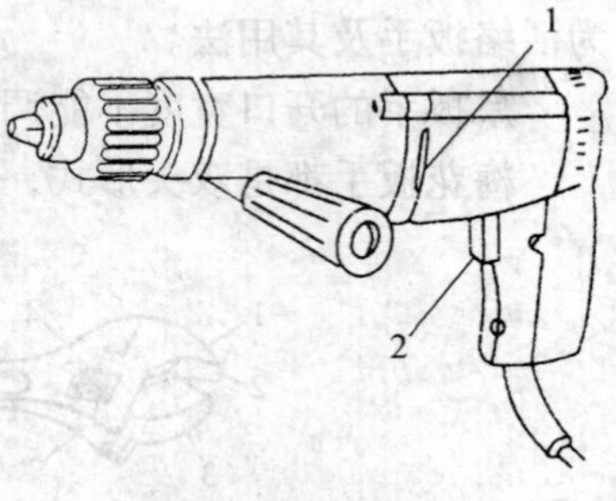

图2-12 冲击钻
1—锤、钻调节开关；2—电源开关

2.2.2 通用仪表

表2-12所列为几种常用电工仪表的符号。

表2-12 几种常用电工仪表的符号

类别	符号	名称
测量单位符号	A	安培
	mA	毫安
	V	伏特
	mV	毫伏
	W	瓦特
	cosφ	功率因数
准确度符号	1.5	准确度1.5级
	(1.5)	
外界条件分组符号	A	A组仪表
	B	B组仪表
绝缘强度的符号		绝缘强度试验电压为500V
	2	绝缘强度试验电压为2kV
电流种类符号	—	直流
	~	交流
	≂	直流和交流
外界条件分组符号	Ⅱ	Ⅱ级防外磁场及电场
	Ⅲ	Ⅲ级防外磁场及电场
工作原理符号		磁电式仪表
	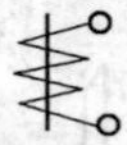	电磁式仪表
	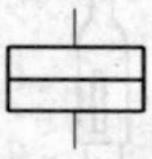	电动式仪表
	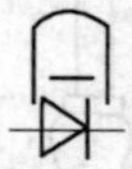	整流式仪表
工作位置符号	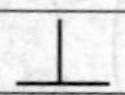	标度尺位置为垂直
		标度尺位置为水平
	60°	标度尺位置与水平倾斜60°
端钮和调零器交流	-	负端钮
	+	正端钮
	*	公共端钮
		调零器

1. 直流单臂电桥

直流单臂电桥又称为惠斯登电桥，适用于测量1～$10^6\Omega$的电阻，其灵敏度和测量精度都很高，且使用方便。现以QJ23型直流单臂电桥为例说明它的结构、工作原理及使用方法。

（1）结构和工作原理

图2-13所示为直流单臂电桥结构原理图，它有四个桥臂R_x、R_2、R_3、R_4，其中R_x为被测电阻，R_2和R_3为比例臂，R_4为比较臂。

R_2、R_3和R_4均为已知的可调电阻，调整这些电阻使电桥平衡，此时，检流计电流为零，则有：

$$R_x = \frac{R_2}{R_3} \times R_4$$

图2-14所示为QJ23型直流单臂电桥面板图。

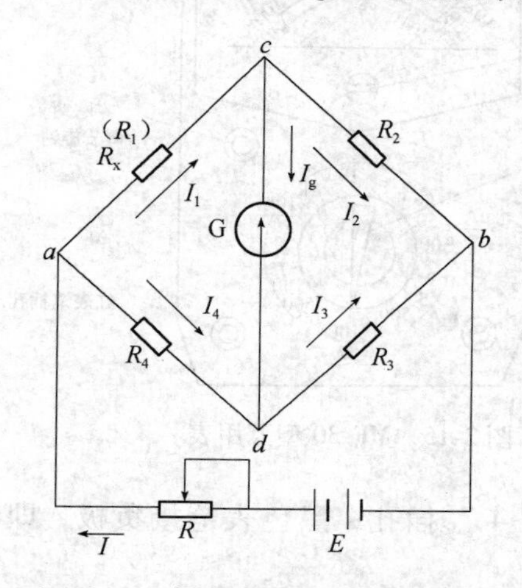

图2-13　直流单臂电桥结构原理图

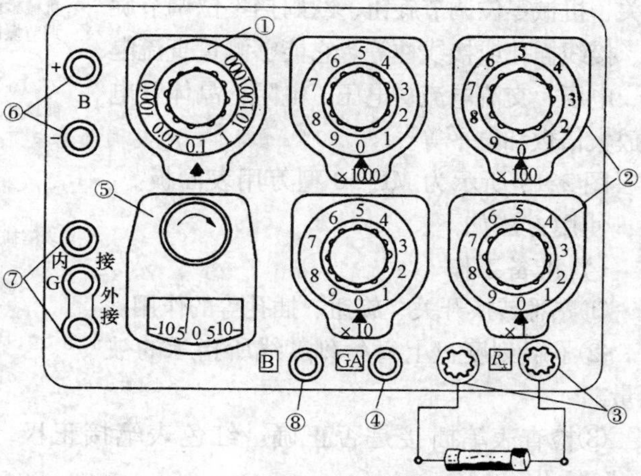

图2-14　QJ23型直流单臂电桥面板图

图中：①比例臂。②比较臂。③被测电阻R_x接线柱。④检流计按钮，按下接通，松开断开，按下后顺时针旋转可以将检流计锁住。⑤检流计调零器。⑥外接电源接线柱。⑦检流计短接片及内外接线柱。使用内检流计时，用接线柱上的金属片将下面两个接线柱短接起来；使用外接检流计时，用金属片将上面两个接线柱短接起来。⑧电源按钮，按下接通，松开断开，按下后顺时针旋转可以锁住。

（2）使用方法

1）首先将检流计调零。

2）将被测电阻接入R_x接线柱，选择合适的比例臂，使比较臂最高档（×1000）的示数不为零。

3）按下电源按钮，再按下检流计按钮。若检流计指针向“+”偏转，则应增大比较臂电阻；若检流计指针向“-”偏转，则应减小比较臂电阻。反复调节直至检流计指针指向零位。

4）读出比较臂电阻值，再乘以倍率，即为被测电阻值。

5）测量完毕，先断开检流计按钮，再断开电源按钮，拆除测量接线，将检流计的锁扣锁上，防止搬动过程中检流计被振坏。

2. 万用表

万用表是最基本、最常用的多功能、多量程电工仪表，可以测量直流电流电压、交流电压和电阻等，有些万用表还可以测量电容、功率和晶体管的参数等。

万用表由表头、测量线路、转换开关、面板和测试表笔等组成。表头指示被测量的数值；测量线路将被测量转换成表头能够接受的直流微小电流或电压；转换开关用来选择被测量的种类和量程。

万用表可分为模拟式和数字式两大类。模拟式万用表以磁电式测量机构为核心，采用微安表头作为测量指示；而数字式万用表则以数字电压表为核心，采用液晶或LED数码显示屏作为测量指示。

（1）模拟式万用表

模拟式万用表面板包括刻度尺、量程选择开关、机械零位调节旋钮、欧姆挡零位调节旋钮、接线插孔或接线柱等。它能够测量直流电流、电压，交流电流、电压，电阻，晶体管电流放大倍数和电平等。

图2-15所示为MF-30型万用表面板。

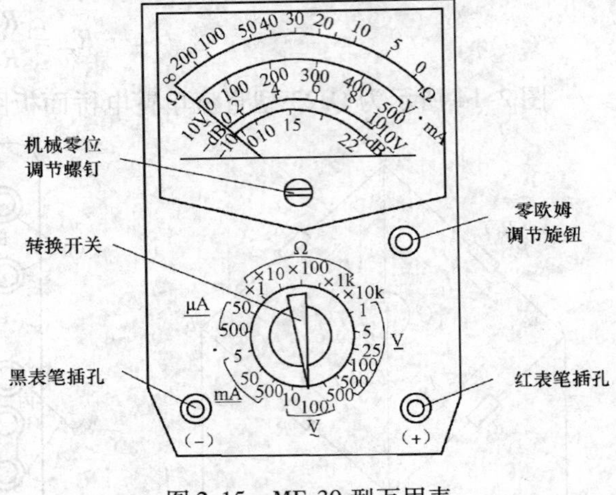

图2-15　MF-30型万用表

使用方法如下：

1）准备工作

①熟悉转换开关、旋钮、插孔等的作用。

②了解刻度盘上每条刻度线所指示的被测量。

③检查表笔插接是否正确。红色表笔接正极，即“+”插孔；黑色表笔接负极，即“−”插孔。

④机械调零，将指针调至刻度盘左端的“0”位。

2）电阻测量

转换开关旋至电阻挡。估计被测阻值，选择合适的量程。两表笔短接，进行欧姆调零，每次更换挡位，均应重新调零。将两表笔接在被测电阻两端，万用表即指示出被测电阻的阻值。刻度读数与挡位倍率的乘积即为实际电阻值。

3）直流电压测量

转换开关旋至直流电压挡。测量直流电压时，红表笔接高电位端，黑表笔接低电位端。选择合适的量程，将万用表直接并接于被测电压两端即可。

4）交流电压测量

转换开关旋至交流电压挡，选择合适的量程。两根表笔并接在被测电路两端，不分正负极。

5）直流电流测量

转换开关旋至直流电流挡，选择合适的量程。将两表笔串接于被测电路中，电流从红表笔流入，从黑表笔流出，不可接反。

6）使用注意事项

①测量电流、电压时，不要用手触摸表笔的金属部分，不能带电换挡。

②测量电阻时不能带电测量。测量电解电容和晶体管等器件的电阻时应注意极性。不能用手捏住表笔的金属部分测量电阻，以免引起误差。

③使用前应先估计被测量的大小，合理选择所使用的挡位。

④使用完毕，将转换开关置于交流电压最高挡或空挡。

（2）数字式万用表

与模拟式万用表比较，数字万用表具有读数直观、无视差、精确度高、灵敏度高、测量范围广、速度快、功能全、能自动调零、自动显示极性、过载能力强、抗干扰能力强、耗电少、小型轻便等优点。

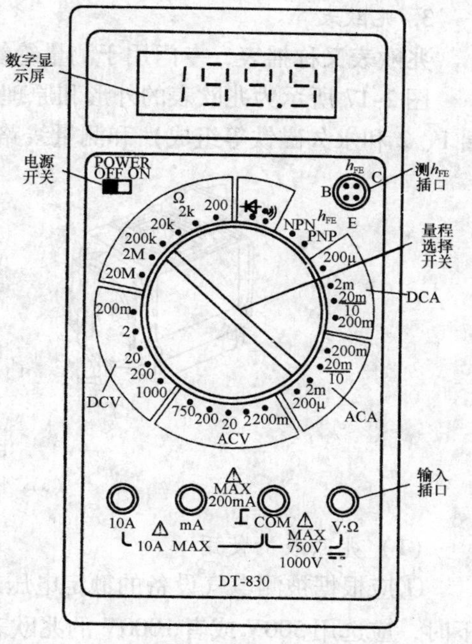

图2-16 DT-830数字万用表

数字万用表除能和模拟式万用表一样测量直流电流、直流电压、交流电流、交流电压及电阻外，还能测量二极管的结电压、晶体管电流放大倍数h_{FE}及电容等。

数字万用表的面板主要包括液晶显示器、电源开关、量程选择开关、输入插孔、h_{FE}插口等。图2-16所示为DT-830型数字万用表的面板。

使用方法如下：

1）黑表笔插在“COM”插孔内。

2）红表笔的插法

①测量电阻和电压时，插在V·Ω插孔内。

②测量小于或等于200mA的电流时，插在“mA”插孔内；测量大于200mA的电流时，插在“10A”插孔内。

3）直流电压测量

量程开关置于“DCV”范围内合适的量程，将两表笔并联于被测电路两端即可测量直流电压。DT-830所能测的最大直流电压为1000V。

4）交流电压测量

量程开关置于“ACV”范围内合适的量程，将两表笔并联于被测电路两端即可测量交流电压。DT-830所能测的最大交流电压为750V。

5）直流电流测量

量程开关置于“DCA”范围内合适的量程，将两表笔串联于被测电路中即可测量直流电流。

6）交流电流测量

量程开关置于“ACA”范围内合适的量程，将两表笔串联于被测电路中即可测量交流电流。

7）电阻测量

量程开关置于“Ω”范围内合适的量程即可测量电阻。

8）二极管测量

红表笔插入V·Ω插孔，接二极管正极，黑表笔插入“COM”插孔，接二极管负极，此时为正向测量。反向测量时，二极管的接法相反。

9）h_{FE}测量

h_{FE}插口有四个插孔，上面标有B、C、E。E插孔有两个，在内部连通。将三极管的三个电极分别插入“h_{FE}”相应的插孔内即可。

10）检查线路通断

量程开关置于蜂鸣器挡，红表笔插入V·Ω插孔，黑表笔插入“COM”插孔，被测线路电阻低于规定值（20Ω±10Ω）时，蜂鸣器可发出声音，表示线路是连通的。

11）DT-890 型数字式万用表还能进行电容的测量，面板上有电容测量插孔及相应的量程等。

3. 兆欧表

兆欧表又称摇表，专门用于测量绝缘电阻，其计量单位是兆欧。

图 2-17 所示为兆欧表的外形和原理，它由一台手摇发电机、一只磁电系比率表（由线圈 1、2 和永久磁铁等组成）和测量线路组成。

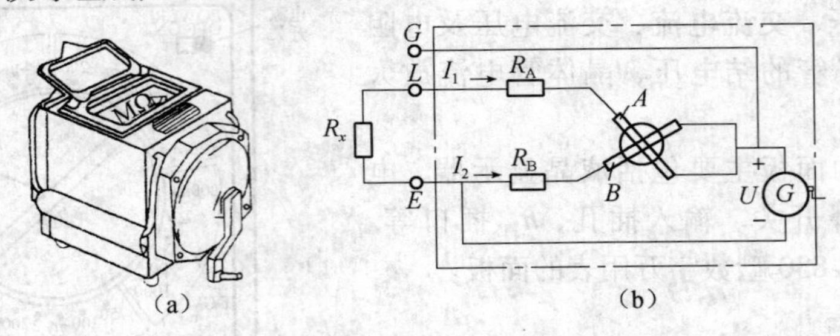

图 2-17　兆欧表

（a）外形图；（b）原理电路图

（1）兆欧表的使用

①应根据被测电气设备的额定电压来选用兆欧表。如被测电气设备额定电压在 500V 以下时，应选用 500V 或者 1000V 的兆欧表。

②使用前，应检查兆欧表是否完好。兆欧表水平且平稳放置，将 E 端和 L 端开路，由慢到快摇动手柄约 1 分钟，使兆欧表内发电机转速约为 120r/min，观察指针是否指向“∞”处。再将 E 端和 L 端短接，缓慢摇动手柄，观察指针是否指向“0”处。

③切断被测设备或线路的电源，并将其导电部分充分放电。

④正确接线。兆欧表上有三个接线柱，分别是线路 L、接地 E 和屏蔽 G。L 接被测设备或线路的导体部分，E 接被测设备或线路的外壳或大地。若被测物表面有漏电现象时需使用屏蔽，以消除漏电引起的误差。G 接被测对象的屏蔽环。图 2-18 所示为兆欧表的测量线路。

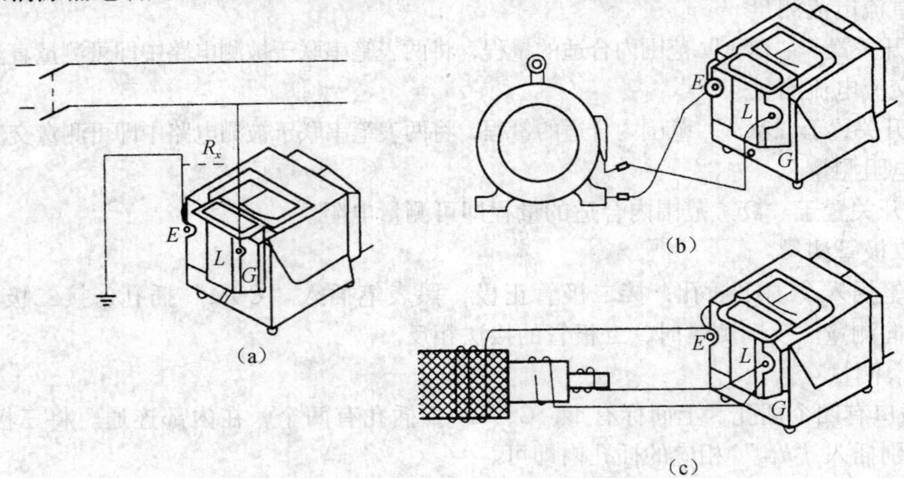

图 2-18　兆欧表的接线图

（a）测线路绝缘电阻；（b）测电机绝缘电阻；（c）测电缆绝缘电阻

⑤由慢到快摇动手柄，使兆欧表内发电机转速达到120r/min，保持手柄均匀稳定转动约1分钟，待指针稳定后读数。

⑥测量完毕，兆欧表停转以后，将被测物接地放电，拆除导线。

(2) 使用注意事项

①不能在设备或线路带电的情况下测量其绝缘电阻，已用兆欧表测量过的设备需再次测量时，也必须先接地放电。

②兆欧表与被测对象的连接导线应使用兆欧表专用测量线或绝缘良好的多股铜芯软线，且连接线不能绞在一起，以免影响测量精度。

③测量时，若指针指向零位，则被测物可能短路，应立即停止摇动手柄。

4. 示波器

示波器可以直观地显示被测电信号的波形，并可直接读出其幅值、周期、频率、脉冲宽度及相位等参数。

(1) ST-16 示波器

图2-19所示为一种小型通用示波器ST-16示波器面板，它的频带宽度为0Hz～5MHz，垂直输入灵敏度为20mV/div。

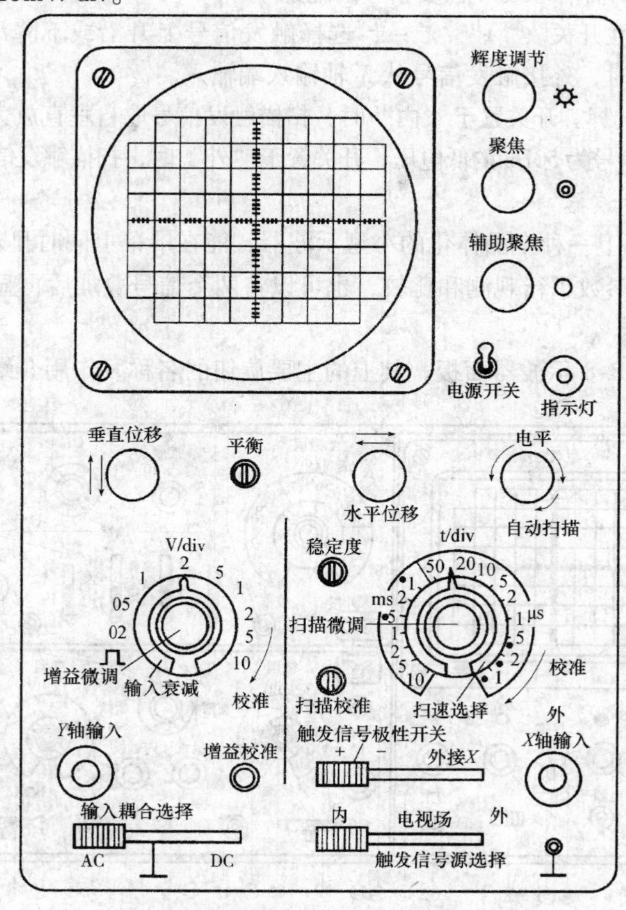

图2-19　ST-16示波器面板图

ST-16 示波器旋钮的功能与作用是：

1）辉度调节。调节光迹的亮度。

2）聚焦和辅助聚焦。调节光迹的清晰度。

3）电平。调节输入信号波形的触发点。

4）水平位移、垂直位移。调节波形在水平、垂直方向上的位置。

5）*Y* 轴输入。被测信号的输入端。

6）*Y* 轴灵敏度选择 V/div。置于“⏌⎿”时，内部产生幅值 100mV、频率 50Hz 的方波供校准用。

7）输入耦合选择。观测交流信号时，开关置于“AC”；观测直流信号时，开关置于“DC”。开关置于“⊥”处，则 *Y* 轴输入接地，以确定零电位时光迹在荧光屏上的基准位置。

8）增益微调（红色旋钮）。调节 *Y* 轴方向的幅度。

9）扫速选择 t/div。内部扫描速度选择，当扫描微调旋钮位于“校准”位置时，t/div 标称值才有效。

10）扫描微调（红色旋钮）。连续调节扫描速度。

11）*X* 轴输入。*X* 轴信号或外触发信号的输入端。

12）触发信号极性开关。“+”、“-”选择触发信号上升沿或下降沿来起动扫描电路。开关置于“外接 *X*”时，外接触发信号从 *X* 轴输入端输入。

13）触发信号源选择。开关置于“内”时，扫描触发信号取自垂直放大器；开关置于“电视场”时，扫描触发信号为 50Hz 的低电压，开关置于“外”时，扫描触发信号从外部输入。

（2）SR-8 双踪示波器

SR-8 双踪示波器上一种全晶体化的小型示波器，能在屏幕上同时显示两个不同的信号，以便对它们的波形和参数进行观测和比较，也可以将两个信号叠加后再显示出来，还可以任选某一通道单独工作。

图 2-20 所示为 SR-8 示波器面板，其上的主要旋钮的名称及作用介绍如下：

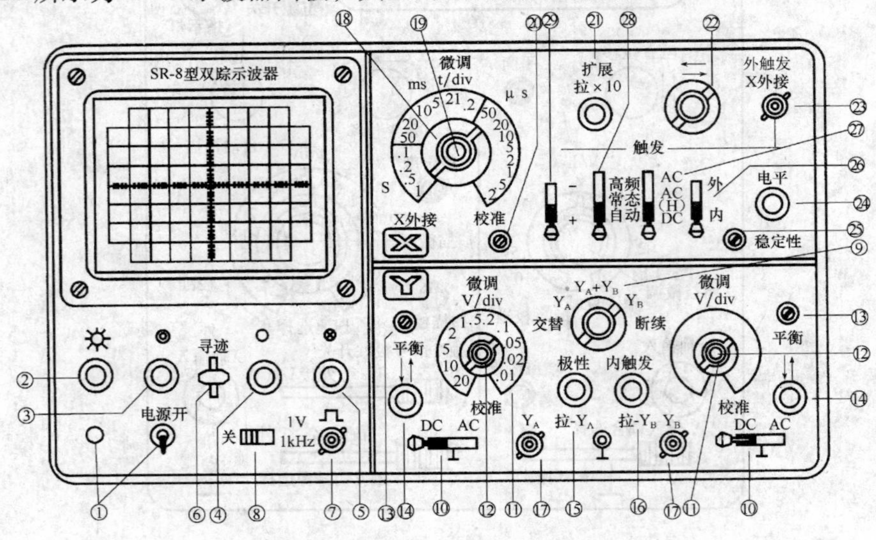

图 2-20　SR-8 型双踪示波器面板

①～⑧为一般操作旋钮，主要用于操作控制和显示控制。

①电源开关和电源指示灯。

②辉度旋钮。

③聚焦旋钮。

④辅助聚焦旋钮。

⑤标尺亮度旋钮。

⑥寻迹按钮。按下该键，能使偏离屏幕的光迹回到荧光屏上。

⑦校准信号输出插座。1kHz、1V 校准方波信号由插座输出。

⑧校准信号开关。不需校正时，开关置于“关”位置。

⑨～⑰为 Y 轴控制旋钮，用于改变信号波形的纵向显示状态。

⑨显示方式旋钮。用于选择两路信号的显示方式。

⑩DC—⊥—AC。Y 轴输入通道选择开关，置于“DC”时为直流耦合，适合观察缓慢变化的信号；置于“AC”时为交流耦合，可以滤掉输入信号中的直流成分；置于“⊥”时，放大器输入端接地，为直流电平的测试提供参考点。

⑪电压灵敏度选择旋钮。

⑫电压灵敏度微调旋钮。为套轴旋钮，外层大旋钮为 Y 轴灵敏度粗调，可按被测信号幅度选择适当的挡位。中间的小旋钮为微调旋钮，顺时针方向旋至满刻度，即“校准”位置时，可根据粗调旋钮的量程读取被测信号的幅度值。

⑬平衡电位器。用来稳定基准线。

⑭Y 轴位移 ↑↓。用来调整光点或波形的垂直位置。

⑮极性　拉—Y_A。Y_A 通道极性转换，是按拉式开关，有按、拉两挡。开关拉出时，Y_A 通道为倒相显示。

⑯内触发 拉—Y_B。按拉式开关，有按、拉两挡。开关按下时，扫描触发信号取自 Y_A 及 Y_B 通道的输入信号，两通道可以同时显示各自的被测信号。开关拉出时，扫描触发信号只取自 Y_B 通道的输入信号，适合于双踪显示的交替和断续工作状态。

⑰Y 轴输入插座。

⑱～㉙为 X 轴控制旋钮，用于改变信号波形的横向显示状态。

⑱扫描速度选择旋钮。

⑲扫描速度微调旋钮。为套轴旋钮，外层的大旋钮用于粗调，中间的小旋钮为微调旋钮，可以连续改变扫描速度。微调旋钮顺时针方向旋至满刻度，即“校准”位置时，粗调旋钮的指示值即为扫描速度。

⑳校准电位器。利用机内的校准信号（1kHz 方波），校正扫描速度。

㉑扩展拉×10 开关。为按拉式开关，用于扫描速度扩展。按下时为常态，拉出时，信号波形在 X 轴方向上扩展 10 倍。

㉒X 轴位移$\rightleftarrows$。为套轴式旋钮，用于调节光点或波形在 X 轴方向上的位置。

㉓外触发 X 外接。

㉔电平。触发电平旋钮，用于选择输入信号波形的触发点。

㉕稳定性。可使信号波形稳定，正常使用时不需经常调节。

㉖内、外。触发源选择开关，有内、外两挡。在内挡时，触发信号取自 Y 轴通道的被测信号；在外挡时，触发信号取自“外触发 X 外接”插座。

㉗AC、AC（H）、DC。触发方式耦合开关。“AC”为交流耦合，“AC（H）”为低频抑制的交流耦合，“DC”为直流耦合。

㉘高频、常态、自动：触发方式选择开关。

㉙+、-：触发极性开关。

5. 接地电阻测量仪

（1）工作原理

接地电阻测量仪主要用来直接测量各种电气设备的接地电阻和土地电阻率，它由手摇发电机、电流互感器、电位器和检流计等组成。常用的接地电阻测量仪有 ZC-8 型、ZC-29 型两种。图 2-21 所示为 ZC-8 型接地电阻测量仪外形及其内部电路，因其外形与兆欧表相似，故又称为接地摇表。

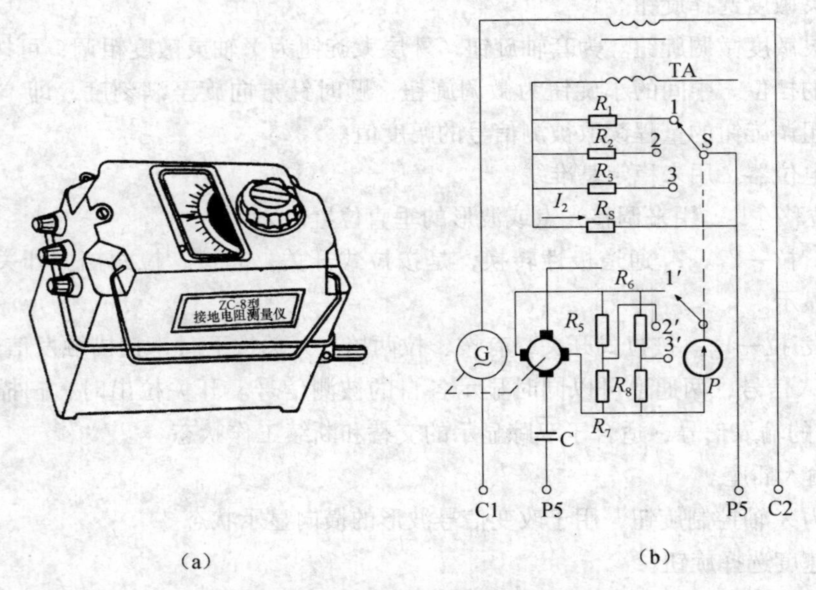

图 2-21 ZC-8 型接地电阻测量仪

（a）外形图；（b）内部电路图

图示电路中，C1、P1、P2、C2 为四个端钮，其中 P2、C2 可短接后引出一个端钮 E，将 E 与被测接地极 E′相连接即可。端钮 C1 接电流探针，P1 接电位探针。

仪表有三个不同的量程：0～1Ω、0～10Ω、0～100Ω，以适应被测接地电阻的不同，减小测量误差。

调整联动开关 S，改变电流互感器副边的并联电阻 R_1、R_2、R_3 和与检流计并联的电阻 R_5、R_6、R_7、R_8，即可改变仪表的量程。调节仪表面板上的旋钮使检流计指零，由读数盘上读得 R_S 值，则 $R_x = KR_S$。

图2-22所示为接地电阻测量仪的接线。

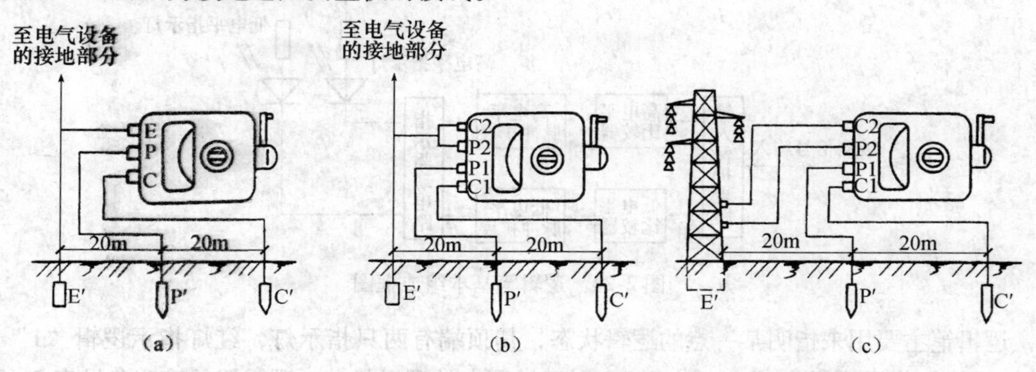

图2-22　接地电阻测量仪的接线

(a) 三端钮测量仪的接线；(b) 四端钮测量仪的接线；(c) 测量小电阻的接线

(2) 使用方法

将电位探针P′插在被测接地极E′和电流探针C′之间，三者成一直线且彼此相距20m。如图2-22(a)所示，用导线将E′与仪表端钮E相接，P′与端钮P相接，C′与端钮C相接，P′和C′插入地下0.5~0.7m。图2-22(b)所示为四端钮测量仪的接线。图2-22(c)所示为被测接地电阻小于1Ω时，为消除接线电阻和接触电阻的影响，采用四端钮测量仪时的接线。

将仪表放在水平位置上，检查检流计的指针是否指在中心线(红线上)，若未指在中心线上，则用零位调整器将其调至中心线位置。

将倍率标度置于最大倍数上，缓慢摇动发电机手柄，同时转动测量标度盘，使检流计指针处于中心红线位置上。当检流计接近中心线时，加快摇动手柄，使发电机转速升至额定转速120r/min，调节测量标度盘，使检流计指针稳定在中心红线位置，读出R_S数值，则：

$$接地电阻 = 倍率 \times 测量标度盘读数(R_S)$$

若测量标度盘的读数小于1Ω，应将倍率标度置于较小的一挡，再重新测量。

(3) 使用注意事项

1) 若检流计灵敏度过高，可将电位探针P′插入土中浅一些；若检流计灵敏度不够，可沿电位探针P′和电流探针C′注水，使其湿润。

2) 测量时，接地线路应与被保护的设备分开，以保证测量的准确性。

3) 当接地极E′和电流探针C′之间的距离大于20m时，可将电位探针P′插在距E′和C′之间的直线几米外，则测量误差可忽略不计；当接地极E′和电流探针C′之间的距离小于20m时，应将电位探针P′插在距E′和C′的直线之间。

6. 逻辑笔

图2-23所示为逻辑笔结构图。图2-24所示为逻辑笔基本组成框图。

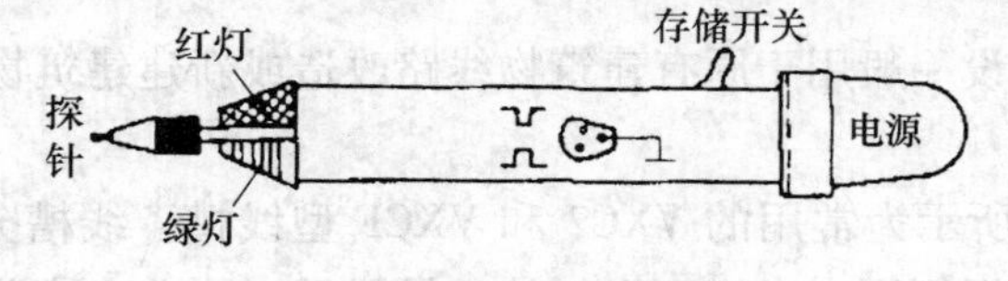

图2-23　逻辑笔结构图

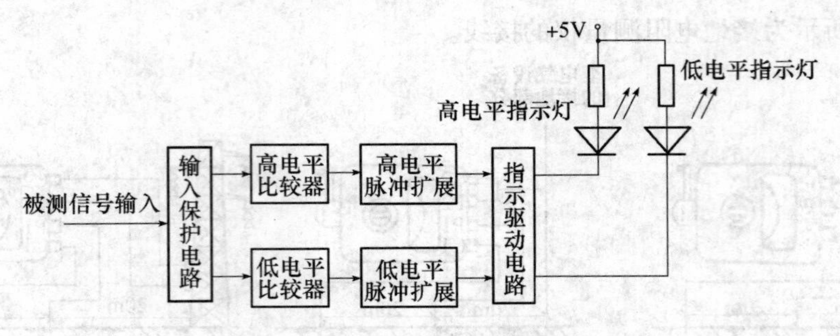

图 2-24　逻辑笔基本组成框图

逻辑笔主要用来指明某一点的逻辑状态，其顶端有两只指示灯，红灯指示逻辑“1”（高电平），绿灯指示逻辑“0”（低电平）。对于被测点的逻辑状态，逻辑笔的响应参见表 2-13。

表 2-13　逻辑笔测试响应

被测点逻辑状态	逻辑笔响应
1. 稳定的逻辑“1”状态（+2.4～+5V）	红灯稳定亮
2. 稳定的逻辑“0”状态（0～+0.7V）	绿灯稳定亮
3. 在逻辑“1”与“0”中间状态（+0.8～+2.3V）	两灯均不亮
4. 单次正脉冲	绿→红→绿
5. 单次负脉冲	红→绿→红
6. 低频序列脉冲	红绿灯交替闪烁

逻辑笔具有记忆功能，若测试点为高电平时，红灯亮，此时，即使逻辑笔离开测试点，红灯继续亮，以便记录被测状态。当不需记录被测量状态时，可扳动逻辑笔的复位开关使其复位。

逻辑笔还提供选通脉冲，在逻辑笔的中部设有两个插孔（分别为正、负脉冲的输出），取其中一个脉冲信号接至被测电路的某选通点上，逻辑笔随着选通脉冲的加入而做出响应。如图 2-25 所示，在 t_0 时刻提供负选通脉冲时，逻辑响应为高电平，此时，红灯亮。

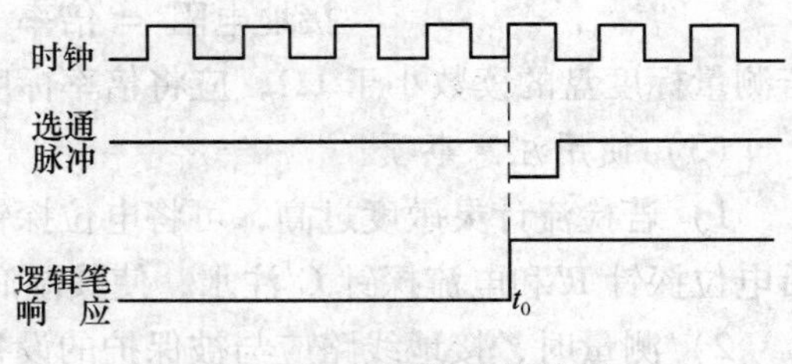

图 2-25　选通脉冲的作用

2.3　弱电工程导线敷设

2.3.1　导线明敷设

弱电工程导线明敷设一般用于原有建筑物线路改造或新建建筑物有吊顶的情况。

1. 塑料线槽敷设

图 2-26 和图 2-27 所示为常用的 VXC2 和 VXCF 型线槽。线槽分为槽底和槽盖两部分。安装时，先将槽底用木螺钉固定在墙面上，放入导线后，再盖上槽盖。

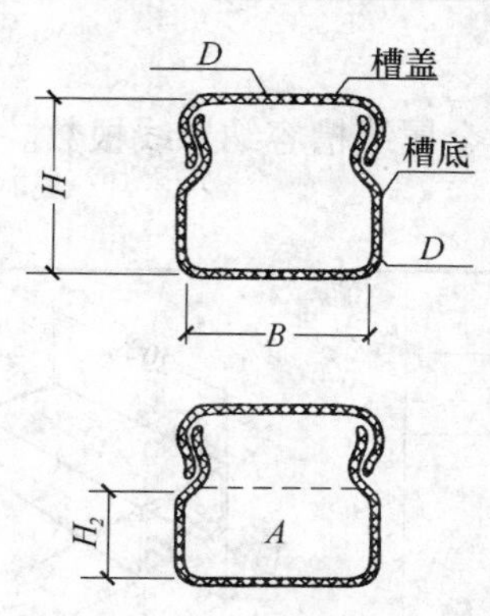

图 2-26　VXC2 型线槽横剖面

B—线槽宽；H—线槽高；D—线槽厚；

A—线槽有效容线截面积；H_2—槽底高

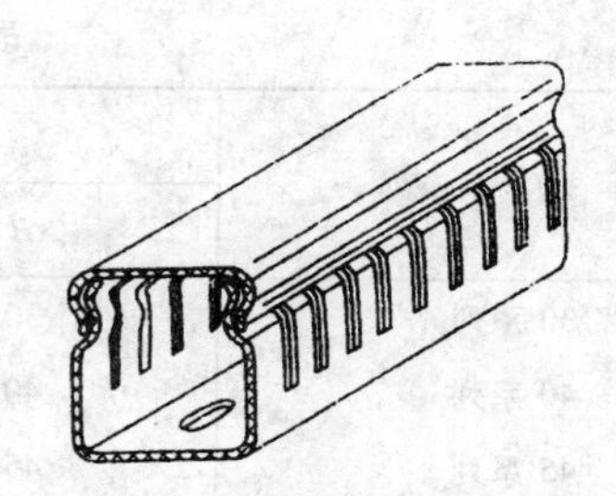

图 2-27　VXCF 型线槽外形

图 2-28 所示为 VXC20 型塑料线槽明敷设安装示意图。图 2-29 所示为 VXC20 型塑料线槽附件名称和外形。

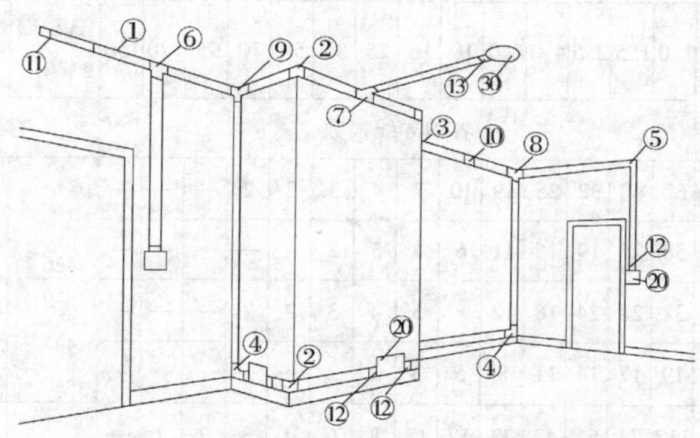

图 2-28　VXC20 型塑料线槽明敷设安装示意图

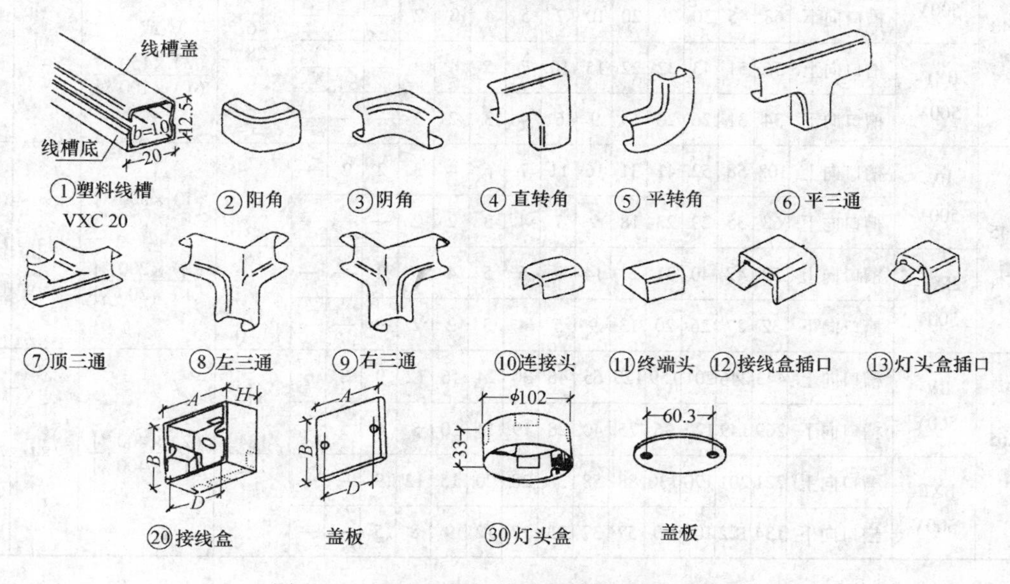

图 2-29　VXC20 型塑料线槽附件名称和外形

2. 金属线槽敷设

表2-14所列为金属线槽规格及外形。表2-15所列为金属线槽容纳导线根数。

表2-14　金属线槽规格表

线槽系列	规格/mm	
	B	*H*
30系列	30	45
40系列	40	55
45系列	45	45
60系列	65	120

表2-15　金属线槽容纳导线根数表

线槽型号	导线型号	安装方式	500V单支绝缘导线规格/mm^2														电话电缆型号规格			
			1.0	1.5	2.5	4.0	6.0	10	16	25	35	50	70	95	120	150	RVB型 2×0.2	HYV型电话电缆2×0.5	SYU同轴电缆 75-5	SYU同轴电缆 75-9
			容纳导线根数														容纳导线对数或电缆条数			
GXC30线槽	BV-500V	槽口向上	62	42	32	25	19	10	7	4	3	2	2	—	—	—	26/16	(1)×100对 或 (2)×50对/(1)×50对	25	15
		槽口向下	38	25	19	15	11	6	4	3	2	—	—	—	—	—				
	BXF-500V	槽口向上	31	28	24	18	12	8	5	4	3	2	2	—	—	—				
		槽口向下	19	17	14	11	8	5	3	2	2	—	—	—	—	—				
GXC40线槽	BV-500V	槽口向上	112	74	51	43	33	17	12	8	6	4	3	2	2	—	46/28	(1)×200对 或 (2)×150对/(1)×100对	46	26
		槽口向下	68	45	30	26	20	10	7	5	4	3	2	—	—	—				
	BXF-500V	槽口向上	56	51	43	32	22	15	10	7	5	4	3	—	—	—				
		槽口向下	34	31	26	20	14	9	6	4	3	2	2	—	—	—				
GXC45线槽	BV-500V	槽口向上	103	58	52	41	31	16	11	7	6	4	3	2	2	—	43/26	(1)×300对 或 (2)×200对/(1)×200对	43	24
		槽口向下	63	35	29	23	18	9	7	4	3	2	2	—	—	—				
	BXF-500V	槽口向上	52	47	40	31	21	14	9	6	5	4	3	2	—	—				
		槽口向下	32	27	26	20	13	9	5	4	3	2	2	—	—	—				
GXC65线槽	BV-500V	槽口向上	443	246	201	159	123	65	46	30	24	16	12	9	8	6	184/112	(2)×400对/(1)×400对	184	103
		槽口向下	269	149	122	96	75	40	28	19	14	10	8	6	5	4				
	BXF-500V	槽口向上	221	201	170	130	88	58	38	28	20	15	12	9	—	—				
		槽口向下	134	122	103	80	57	37	23	17	12	9	8	5	—	—				

金属线槽安装前应先定位，直线段固定点间距不大于3m，首端、终端、转角、接头及

进出接线盒等处不大于0.5m。金属线槽在墙上安装时可以用塑料胀管固定，也可用水平支架固定；金属在屋顶下悬吊安装时可用吊架固定。

图2-30所示为金属线槽各部件安装位置示意图。图2-31所示为线槽口安装位置示意图。图2-32所示为线槽口向下槽盖入位顺序。图2-33所示为金属线槽的特殊部件。

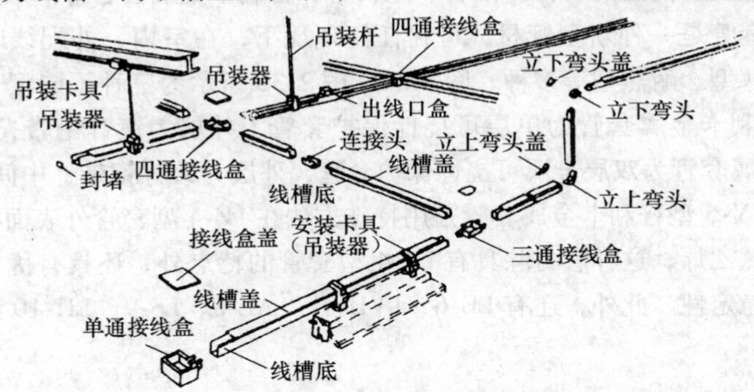

图2-30　金属线槽各部件的安装位置示意图

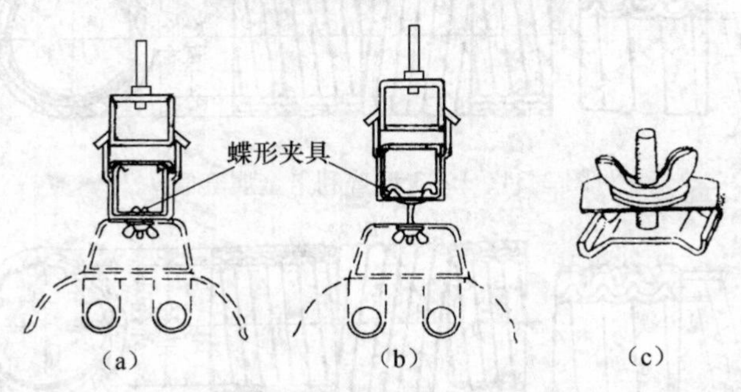

图2-31　线槽口安装位置示意图

（a）槽口向上灯具安装；（b）槽口向下灯具安装；（c）蝶形夹具

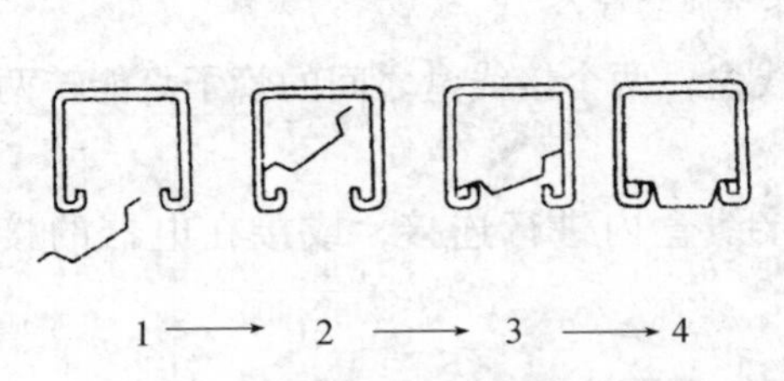

图2-32　线槽口向下槽盖入位顺序

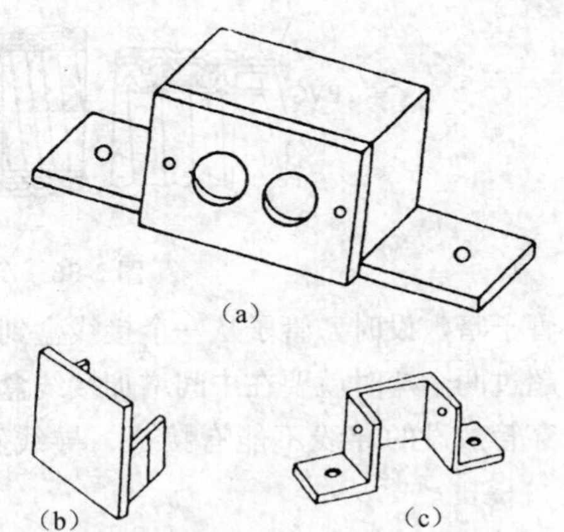

图2-33　金属线槽的特殊部件

（a）出线口盒；（b）封堵板；（c）盒（箱）引出抱脚

2.3.2 导线暗敷设

1. 穿管暗敷设

导线穿管暗敷设所使用的管材有钢管、塑料管和普利卡金属套管等。

普利卡金属套管是一种新型管材，可在任何环境下，在室内、外配线时使用，有标准型、防腐型、耐寒型、耐热型等多种。图 2-34 ~ 图 2-36 所示为三种不同型号的普利卡金属套管。LZ-3 型普利卡金属套管为单层可挠性保护套管，外层为镀锌钢带，内层为电工纸；LZ-4 型普利卡金属套管为双层金属可挠性保护套管，外层为镀锌钢带，中间层为冷轧钢带，内层为电工纸；LV-5 型普利卡金属套管是用特殊方法在 LZ-4 型套管外表面被覆一层具有良好韧性的软质聚氯乙烯，这种管材除具有 LZ-4 型套管的特点外，还具有优异的耐水性、耐腐蚀性和耐化学稳定性。此外，还有 LE-6、LVH-7、LAL-8、LS-9、LH-10 型普利卡金属套管等。

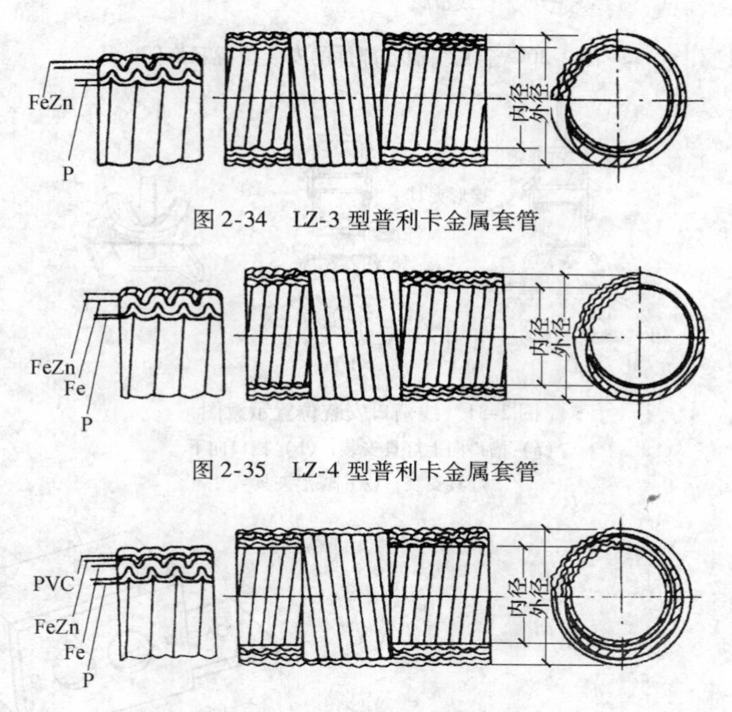

图 2-34　LZ-3 型普利卡金属套管

图 2-35　LZ-4 型普利卡金属套管

图 2-36　LV-5 型普利卡金属套管

管子暗敷设时，管子从一个接线盒到下一个接线盒，两个接线盒之间的管子只能转两个弯，超过两个弯时就要在中间增加接线盒。

穿管敷设的导线不能有接头，导线穿管后在接线盒内进行连接，或接在电器的接线端上。

2. 穿封闭式钢线槽敷设

图 2-37 所示为地面线槽安装工艺。

图 2-38 所示为地面线槽安装。

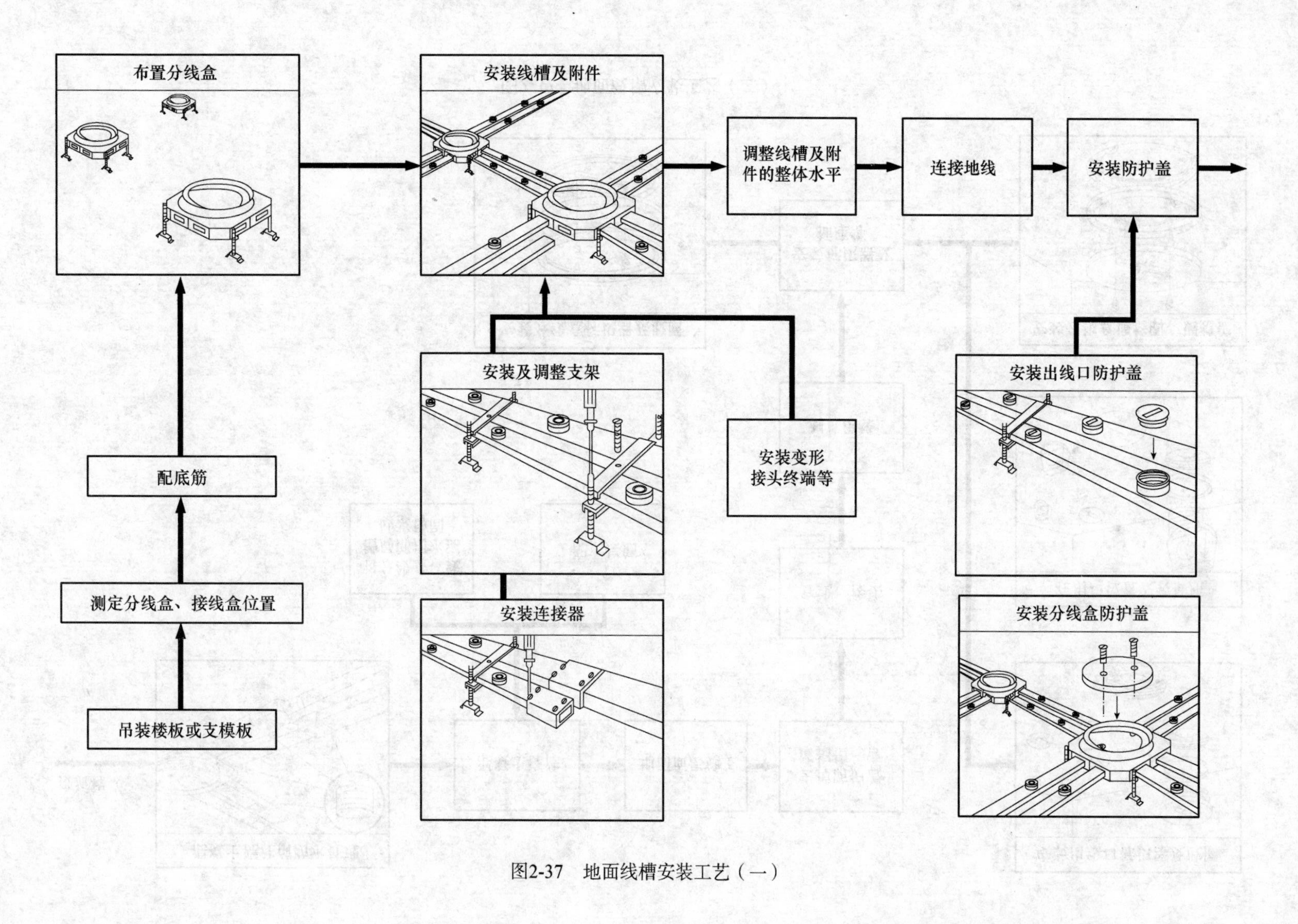

图2-37　地面线槽安装工艺（一）

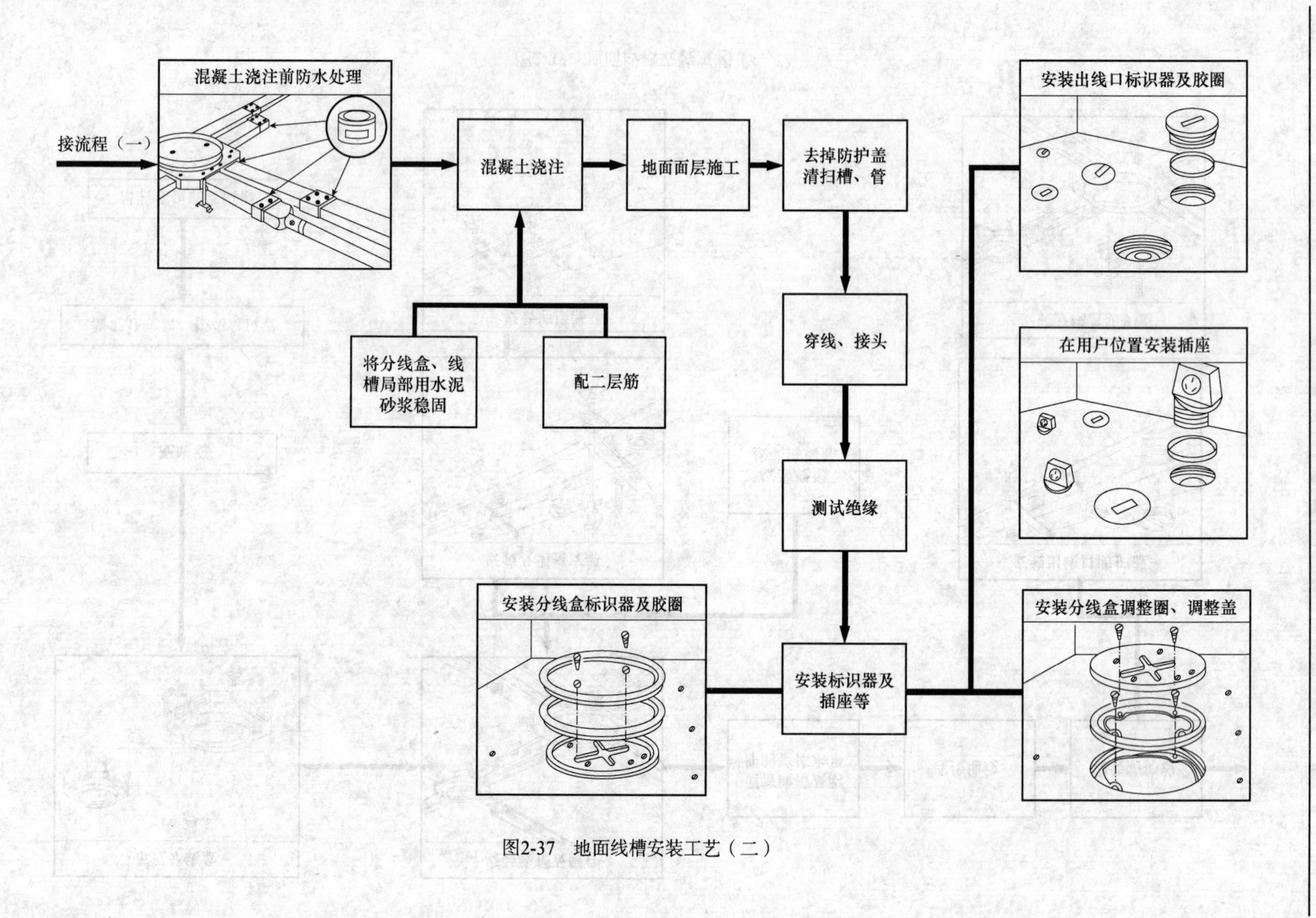

图2-37　地面线槽安装工艺（二）

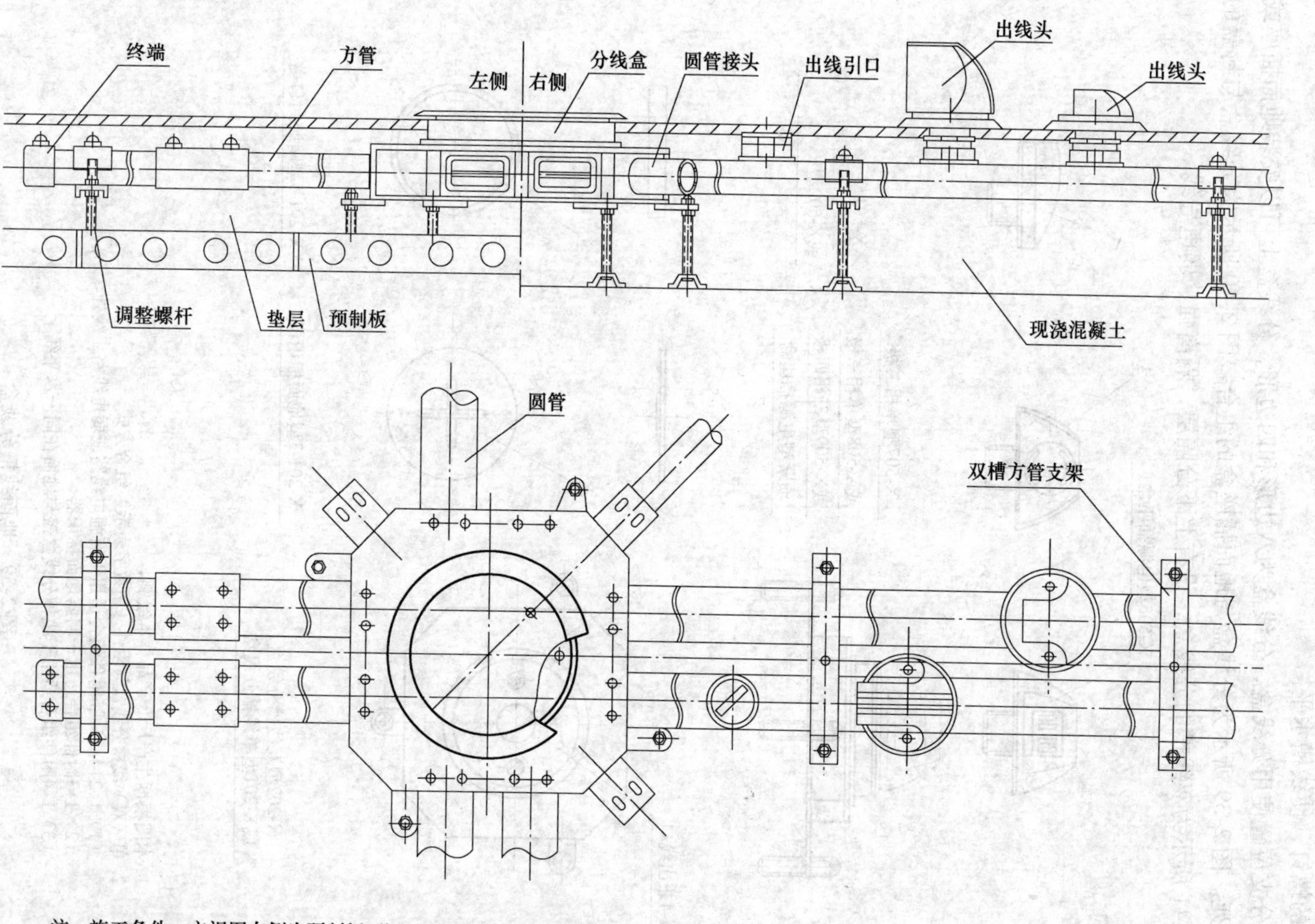

注：施工条件：主视图左侧为预制板+垫层，右侧为现浇混凝土。

图2-38　地面线槽安装

图中所示为线槽敷设，线槽为弱电线槽。强、弱电线槽分开敷设。钢线槽用支架架起，调整线槽上的螺钉，使线槽水平。

线槽的分支位置使用分线盒，分线盒为八边形和四边形，分线盒上可以安装地面插座或用标识盖封死。图 2-39 所示为分线盒与地面插座盒的组合。图 2-40 所示为分线盒与封盖的组合。图 2-41 所示为双线槽的分线盒，设有上下分隔层，隔离强、弱电导线。

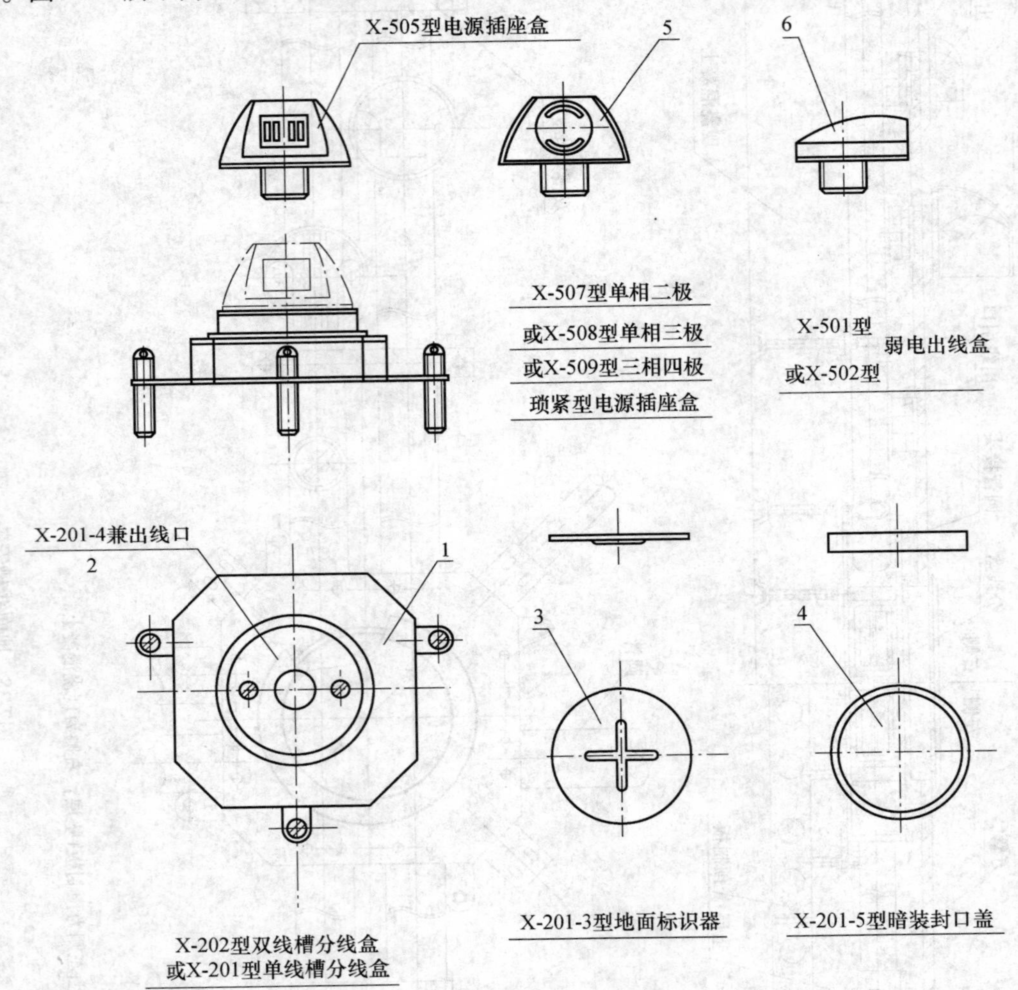

注：
1. 本图根据生产厂③产品样本绘制；
2. 单（双）线槽分线盒与附件（用数字表示）组合方式；
（1）1+2+4或5或6附件组合适用于有强电线路或弱电线路出线处；
（2）1+3附件组合适用于明露地面标识器；
（3）1+4附件组合适用于线槽分线盒盖与地面在同一水平线上

图 2-39　地面线槽分线盒

钢线槽不带有出线口时，应在出线位置中装地面接线盒或插座盒，安装方法与接分线盒相同。钢线槽带有出线口时，出线口上一般使用地面插座。图 2-42 所示为出线口与地面插座的安装。

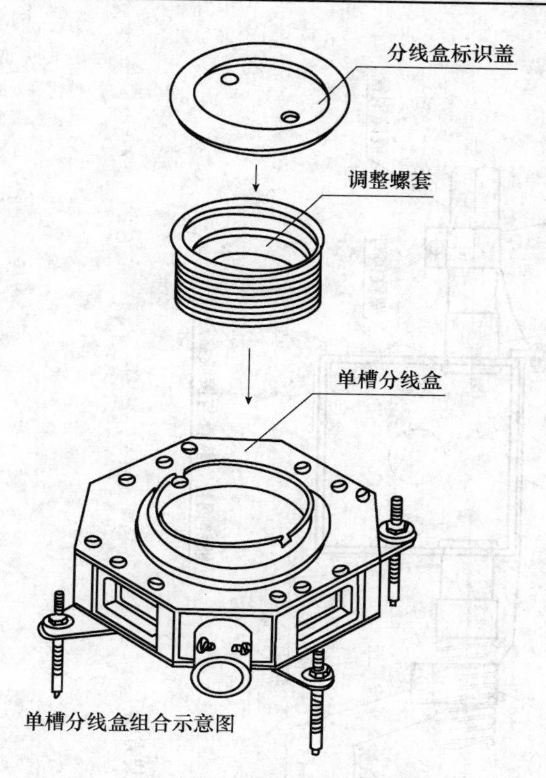

图 2-40　分线盒与封盖的组合示意图

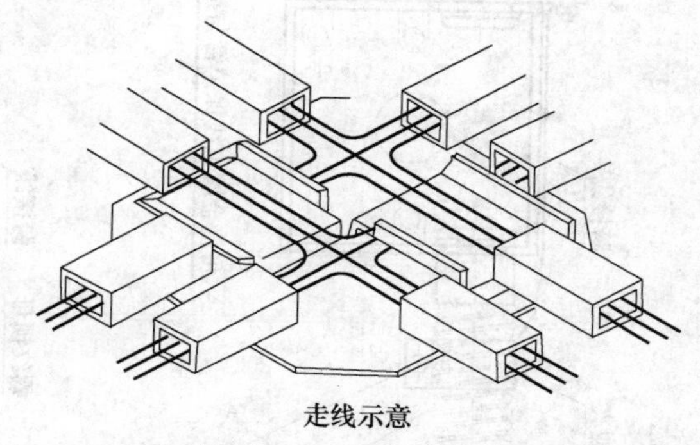

注：在混凝土浇注施工中，应先在分线盒上口安装塑料防护盖，施工完毕后再换成金属标识盖

图 2-41　双线槽分线盒内走线示意图

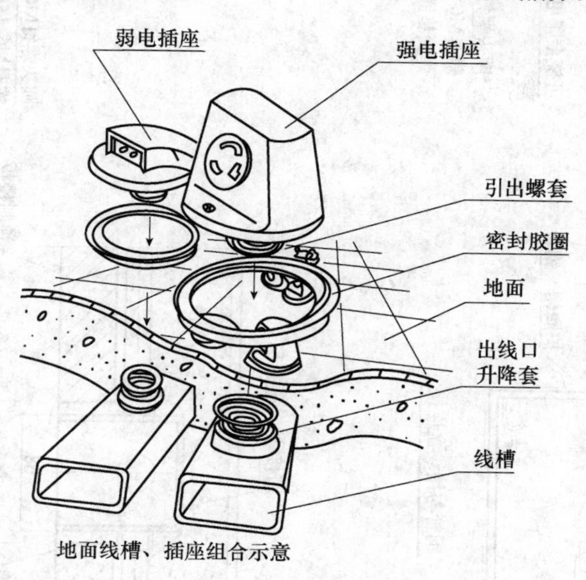

图 2-42　出线口与地面上插座的安装

图 2-43 所示为钢管与接线盒安装方法。图 2-44 所示为线槽连接时所使用的各种管接头。图 2-45 所示为地面线槽变径连接附件。图 2-46 所示为终端头安装。图 2-47 所示为地面内暗装钢线槽敷设应用实例。

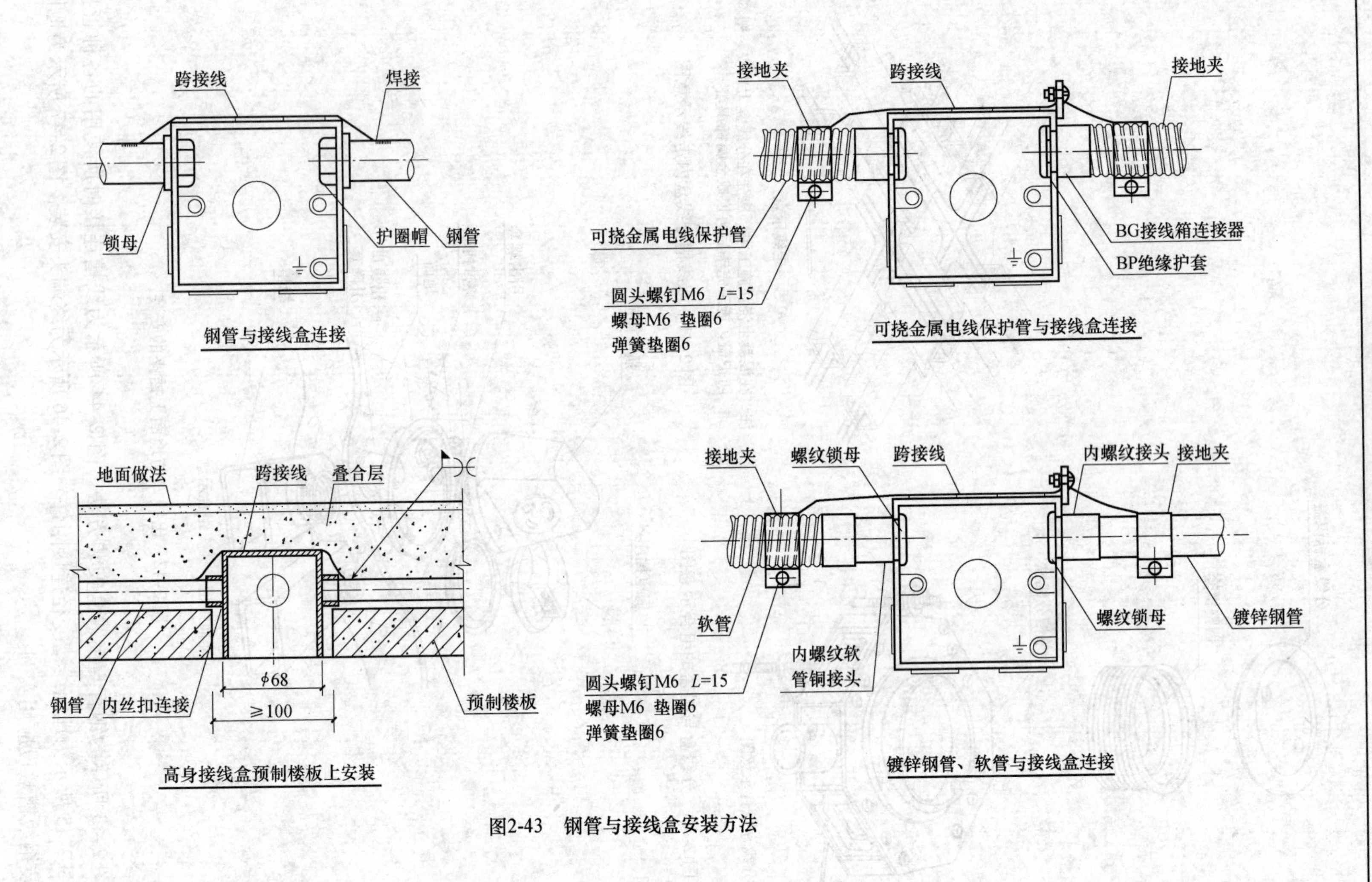

图2-43 钢管与接线盒安装方法

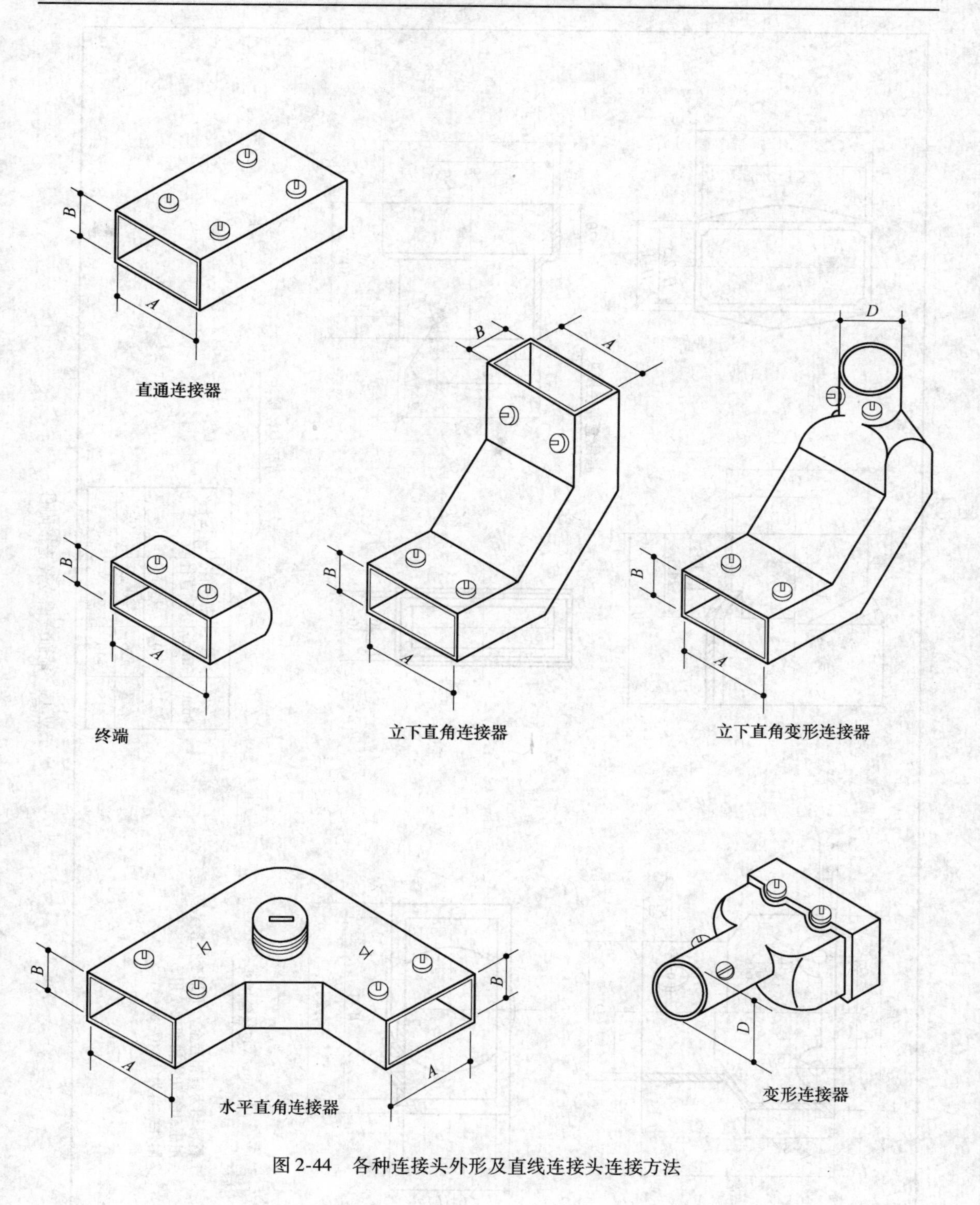

图2-44　各种连接头外形及直线连接头连接方法

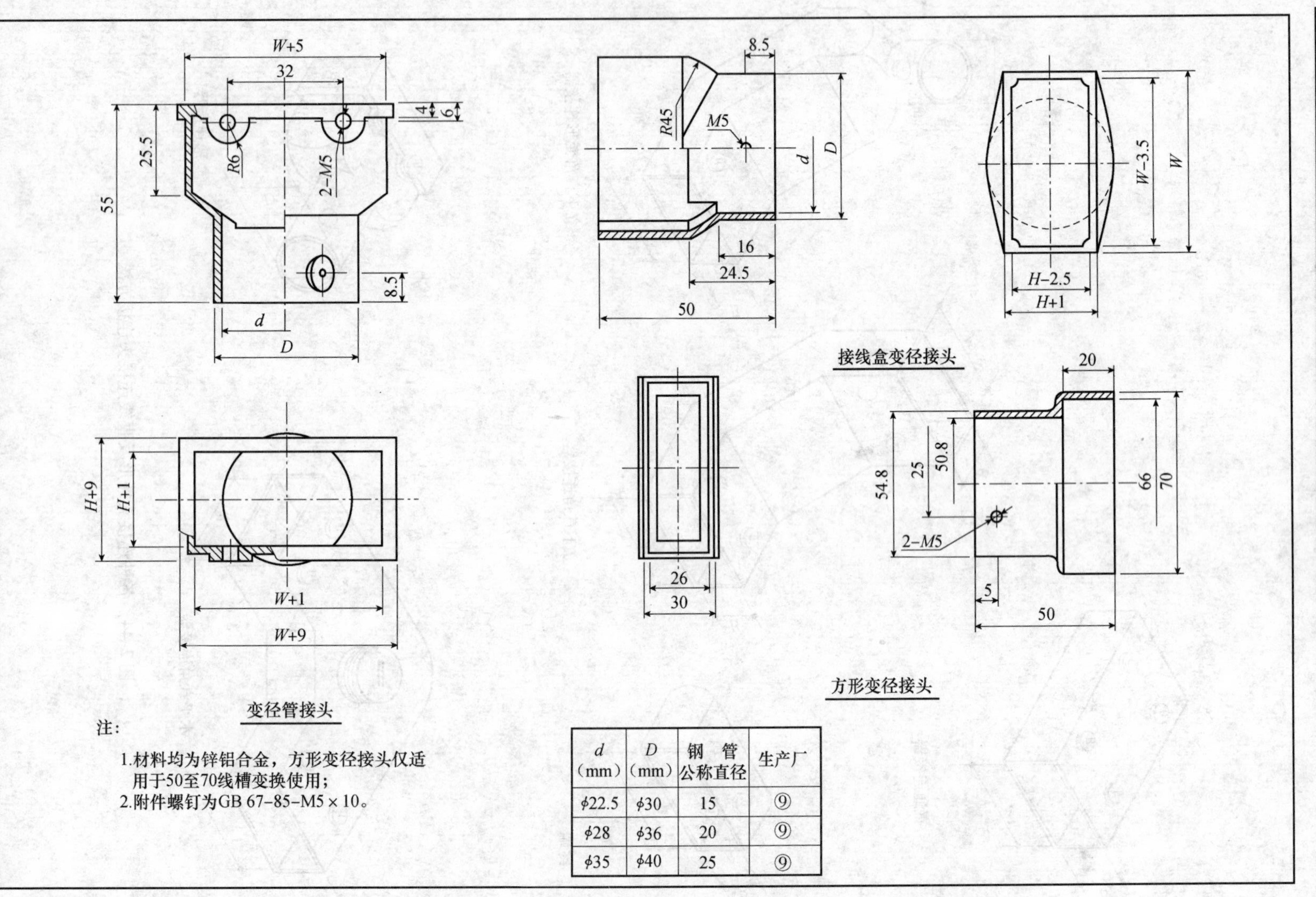

注：

1.材料均为锌铝合金，方形变径接头仅适用于50至70线槽变换使用；

2.附件螺钉为GB 67–85–M5×10。

d（mm）	D（mm）	钢管公称直径	生产厂
ϕ22.5	ϕ30	15	⑨
ϕ28	ϕ36	20	⑨
ϕ35	ϕ40	25	⑨

图2-45　地面线槽变径连接附件

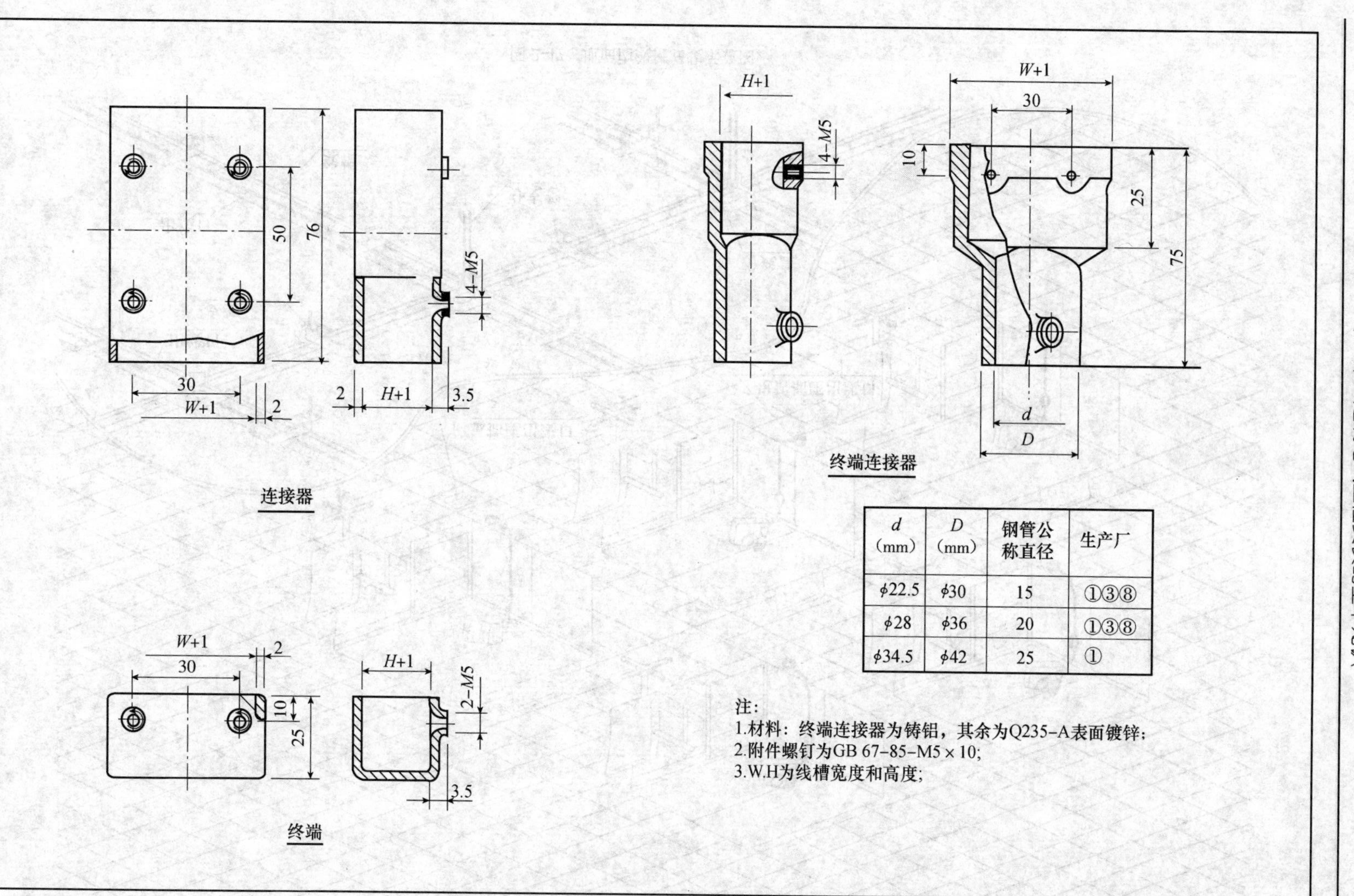

d (mm)	D (mm)	钢管公称直径	生产厂
ϕ22.5	ϕ30	15	①③⑧
ϕ28	ϕ36	20	①③⑧
ϕ34.5	ϕ42	25	①

注：
1.材料：终端连接器为铸铝，其余为Q235-A表面镀锌；
2.附件螺钉为GB 67-85-M5×10；
3.W.H为线槽宽度和高度；

图2-46　地面线槽终端头

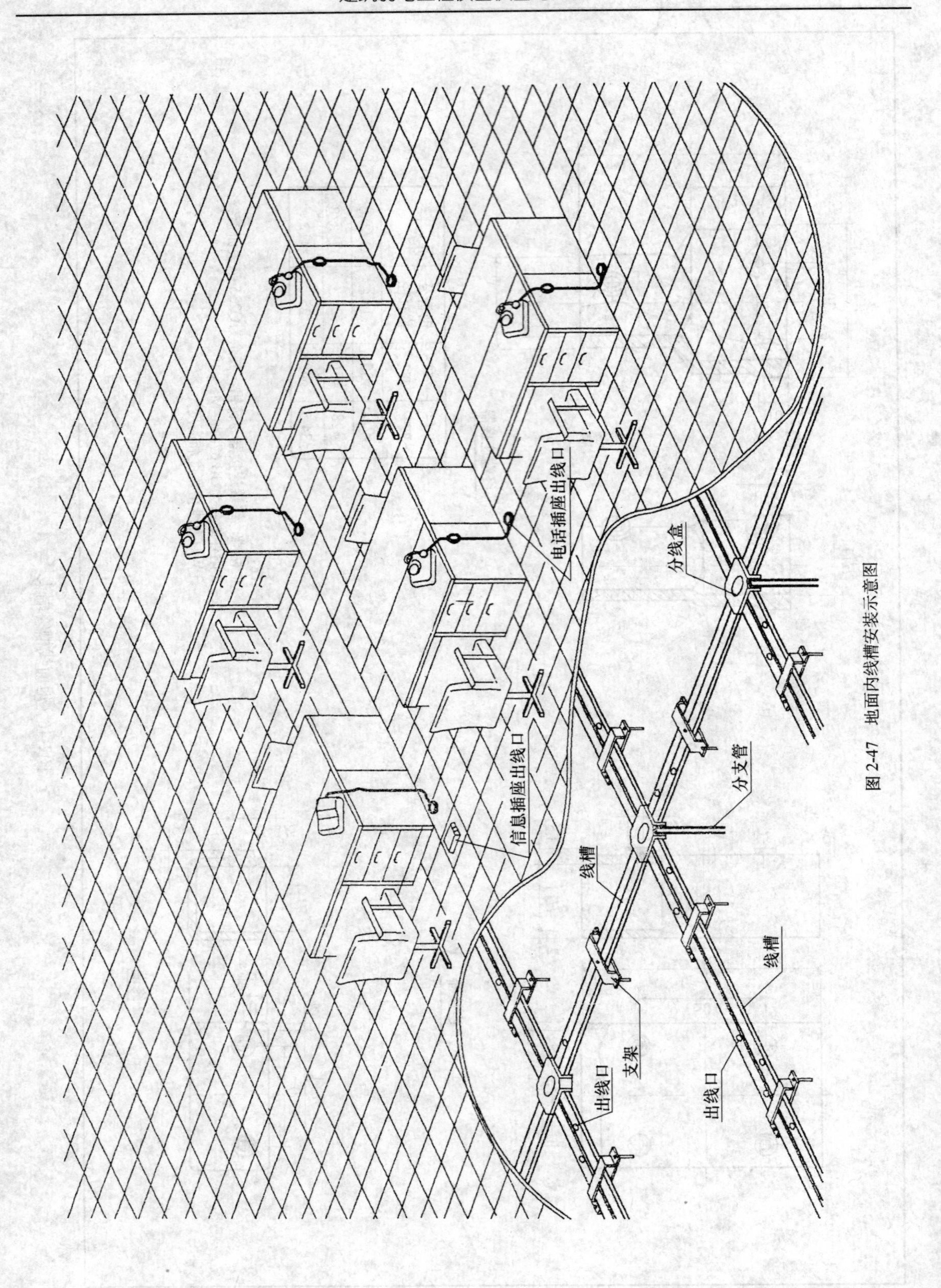

图 2-47 地面内线槽安装示意图

2.3.3　电气竖井

高层建筑中，电能和电气信号的垂直传输采用电气竖井。电气竖井分为强电竖井和弱电竖井，竖井内可以使用电缆、电缆桥架、金属线槽、金属管、封闭式母线槽等多种线路敷设方式。

采用电气竖井时，应在每层楼板处留有孔洞，线路敷设完成后应用防火材料将孔洞封堵；每层设一个小门，门内井壁上装设分线箱，向各楼层分线。图 2-48 所示为高层建筑弱电竖井一层交接间剖面图。图 2-49 所示为每层弱电小间内分线箱的布置。图 2-50 所示为竖井内电缆桥架垂直安装方法。

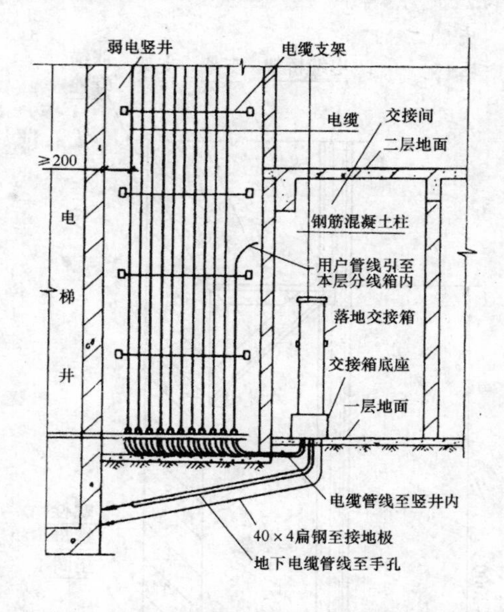

图 2-48　高层建筑弱电竖井一层交接间剖面图

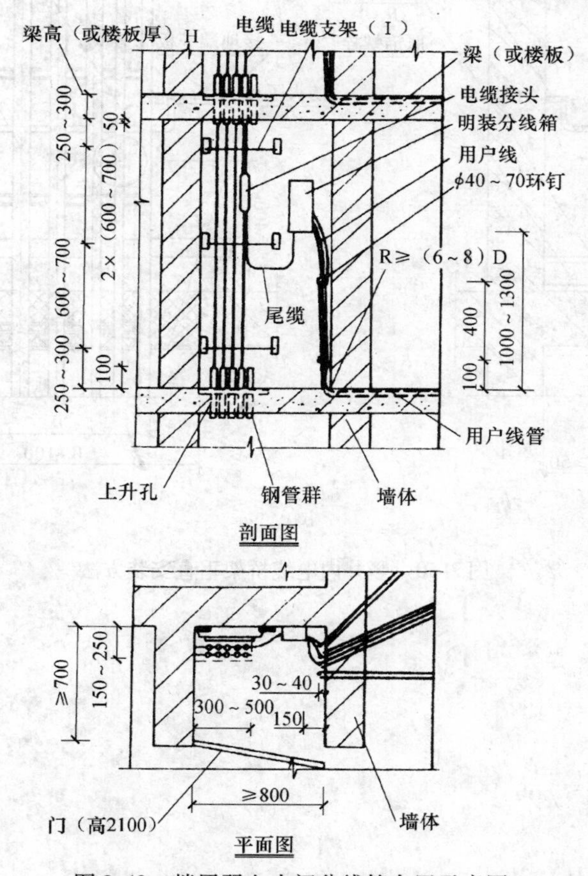

图 2-49　楼层弱电小间分线箱布置示意图

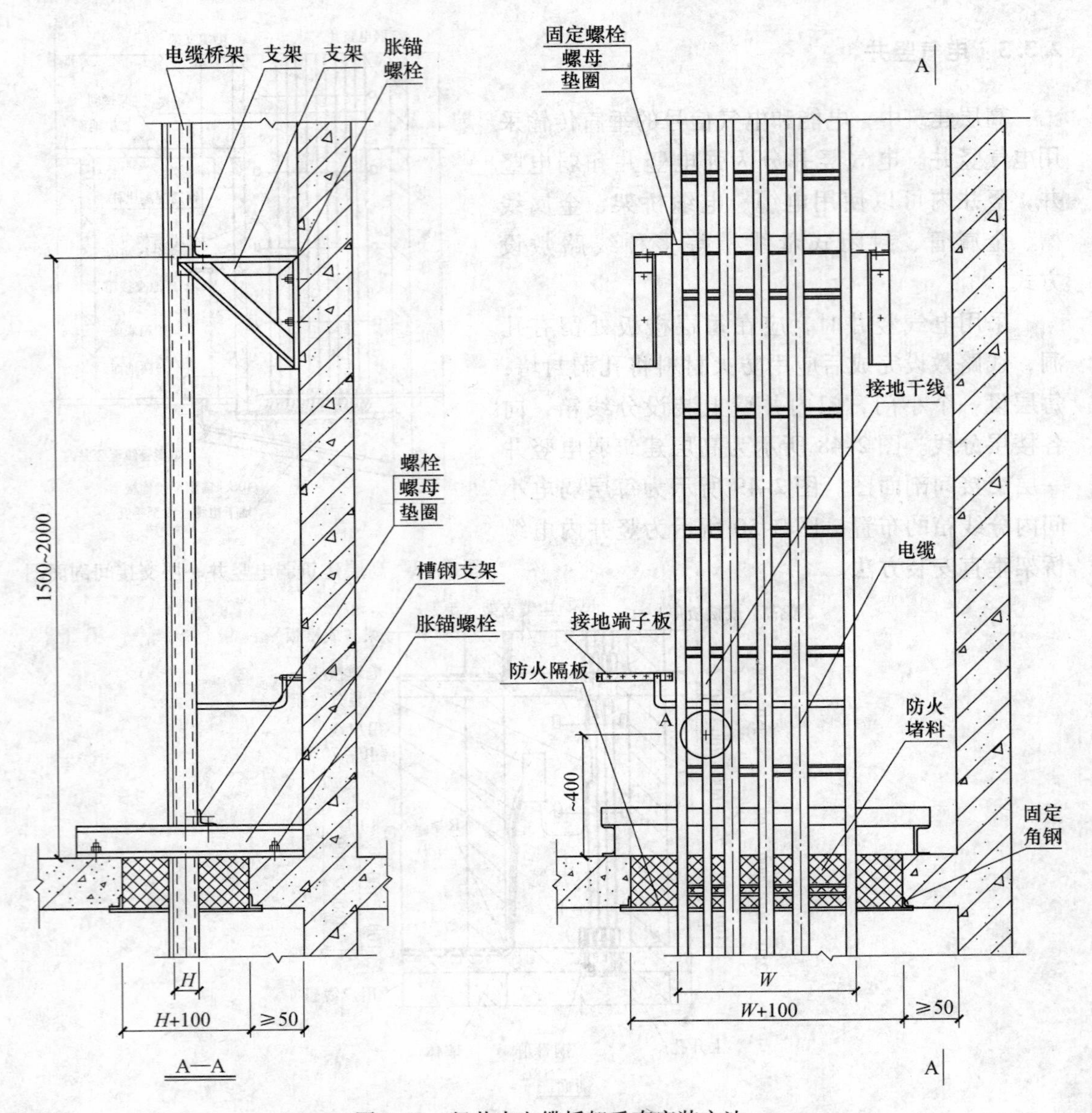

图 2-50　竖井内电缆桥架垂直安装方法

第3章 有线电视系统

3.1 有线电视（CATV）系统综述

3.1.1 有线电视系统概述

电视工程线路中传输的是图像信号和声音信号，按信号来源的不同，可分为接收外来电视节目信号的有线电视系统和接收内部摄像设备摄取信号的闭路电视系统两大类。

广播电视的主要用途是作为大众传播媒介向公众提供各类新闻、娱乐和教育等节目，以丰富人民群众的精神文化生活。

广播电视又分无线和有线两种形式。早期的广播电视均为无线形式，广播电视信号只能在视距范围内接收，在发射过程中会受到大气的衰减，还会被地面物体的遮挡、反射，被建筑结构中的钢筋混凝土板吸收和屏蔽等。而发射天线、辐射功率不可能无限制地加高和增大，有些地方因场强弱而使图像不清晰、不稳定；有些地方虽然场强大，但因有多次反射而使接收到的图像有严重重影，使一些用户不能收看到清晰的电视节目。

20 世纪 40 年代，在美国出现了第一套共用天线电视系统。利用一副高质量的接收天线将接收到的电视信号处理后经分配系统送到各个用户，图像清晰稳定，这就是早期的有线电视系统，也就是通常所说的共用天线电视系统。我国的有线电视系统产生于 70 年代，第一套系统于 1974 年在北京饭店建成；80 年代开始，陆续在各大城市建成；90 年代以后，全国各县、镇都开始大力发展有线电视系统。

在功能上，共用天线电视系统原来只是接收附近地面电视台发射的节目信号，建立了广播电视卫星系统后，有线电视系统的节目来源更加丰富，各地区只需在自己的区域内建立广播电视卫星接收站，世界各地的电视节目信号通过通信卫星和有线电视网就可以及时地传送到各地的有线电视用户终端。

如果有线电视系统很大，许多建筑物都用信号电缆连接成一个整体，系统的信号源除了天线信号外，还可以加入一些自办的节目，如录像、电影等，这样的一个系统就成为一个闭路电视系统。闭路电视是除广播电视以外的所有电视的统称，也称为应用电视，主要用于教育、商业、厂矿、交通、金融、科研、医疗卫生、军事、国防保安等领域，是现代化管理、监测和控制的有效手段。

现在，有线电视系统的内在潜力和功能又得到了进一步发展，它不仅接收空间开路电视信号，同时还接收卫星信号、微波信号，并传送自办节目；不仅传输图像信号，还传输数字信号，并开始向综合信息网发展；其传输媒介不仅是同轴电缆，还有光缆、微波等。有线电视系统已逐渐成为与通信、计算机、光纤等相结合，服务于通信、信息、电话、自动控制、保安等业务的先进而有效的宽带信号传输系统。

3.1.2 有线电视系统的功能

1. 提高信号强度

解决了电视“弱场强区”和“阴影区”的信号接收问题，使远离电视发射台的用户和处于钢筋混凝土建筑物中的用户以及处于高楼、山头后面、低矮平房中的用户可以有良好的接收、收看效果，看到清晰的电视节目。

2. 削弱、消除重影干扰和杂波干扰

干扰主要来自两个方面：一是电视信号本身，主要原因是电视信号在传播过程中会遇到反射，反射波由于传播途径长而滞后于直射波，两者不是同时到达接收天线而使电视屏幕上图像右侧出现一个与图像相同但亮度稍弱一些的重影。有线电视系统天线多架设在高处，且方向性强，反射被减弱，重影现象大大减弱。二是来自高频电气设备，如电视附近的电机、高频电炉等，它会引起图像的不稳定，甚至无法正常收看。有线电视系统采用电缆传输电视信号，能有效地屏蔽杂波辐射引起的干扰，使图像清晰、稳定。

3. 美化市容、保证安全

一副天线可以使许许多多的用户同时使用，避免了天线林立的情况，美化了市容。

共用天线安装了避雷装置，确保用户安全使用。

4. 电视节目更加丰富

有了有线电视系统，不仅可以收看本地电视台的节目，还可以接收其他地区电视台的节目和卫星电视信号，也可以在系统中放映录像、配置录像机、摄像机等设备，使用户看到自办的电视节目、现场直播电视节目、电教节目。

3.1.3 有线电视系统的组成

不管是多么复杂的有线电视系统，均可看成是由前端、干线传输系统和分配系统三个部分组成的，如图 3-1 所示。

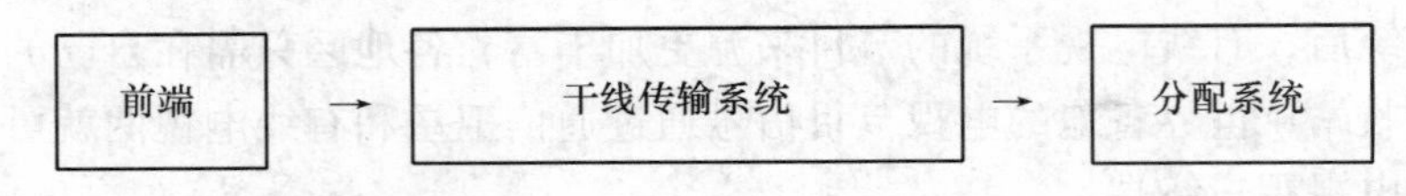

图 3-1 有线电视系统的组成

不同的系统，所用器件也不相同，视具体情况而定。在远离城市的地区或城市有线电视网无法通达的区域，有线电视系统中需要设置带有前端设备的共用天线系统。在城市有线电视网能够通达的地区，只需用电视电缆将建筑物室内网络与城市有线电视网连接起来，并在系统中适当位置设置线路放大器，就能满足收视要求。前端部分一般包括：接收天线、自办节目设备、频道变换器（U-V 转换器）、天线放大器、混合器及各种线路放大器等。信号传输和分配系统主要包括干线放大器、分配器、分支器、用户终端等。

图 3-2 所示为有线电视系统图（某典型住宅楼）。

1. 前端部分

(1) 天线

天线用来接收电视台向空中发射的无线电信号，将其转换为相应的电信号，并在多个电信号中，有选择的接收指定的电视信号并抑制干扰信号，将指定的电视信号放大后送入混合器。

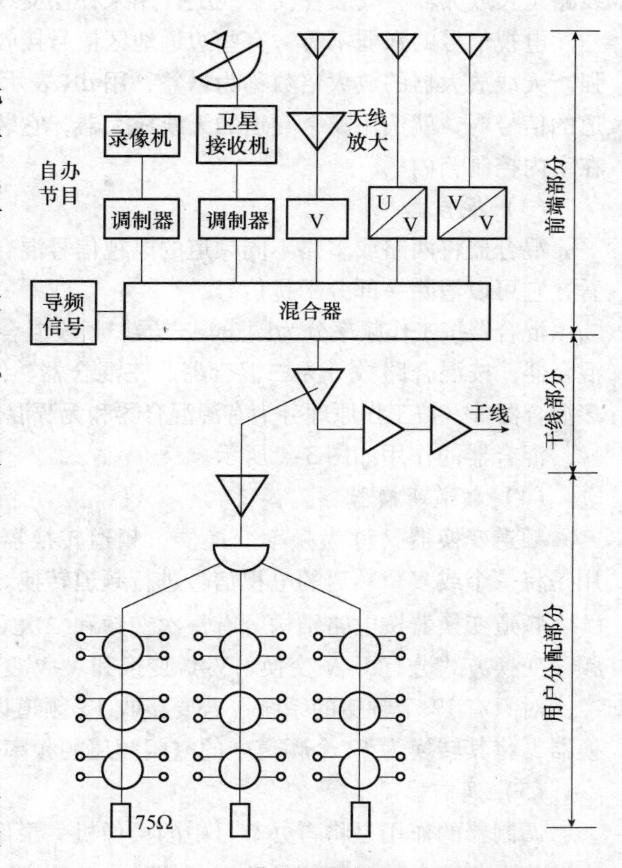

图3-2　电缆电视系统的基本组成

接收天线的种类有很多，按工作频段分有VHF（甚高频）天线、UHF（特高频）天线、SHF（超高频）天线、EHF（极高频）天线；按工作频道分有单频道天线、多频道天线、全频道天线；按结构分有半波振子天线、折合振子天线、多单元天线、扇形天线、环形天线、对数周期天线、八木天线、V形天线等；按方向性分有定向天线和可变方向天线；按增益大小分有低增益天线和高增益天线。

由于各电视台的发射方向不同，接收场强不同，所以最好采用单一频道的天线。

电视信号的方向性极强，天线对信号接收的方向性也很强，为了更好地接收，架设时必须指向电视发射台方向或信号最强方向。

图3-3所示为两种不同的天线。

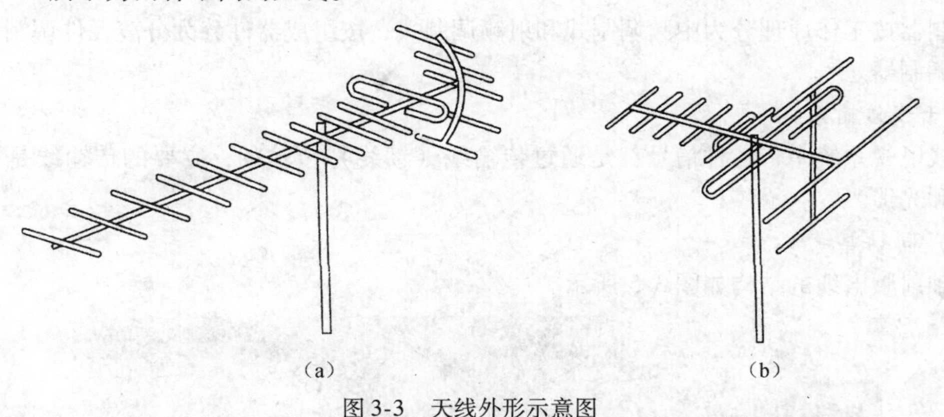

图3-3　天线外形示意图

(a) UHF引向天线外形示意图；(b) VHF引向天线外形示意图

(2) 放大器

放大器用来放大有线电视系统传输的电视信号，以保证信号的有效传输。

常见的放大器有：天线放大器；频道放大器，一般用在混合器的前端，为单频道放大器；干线放大器，用在干线中补偿干线电缆的传输损耗；分配放大器，安装于干线的末端；

线路延长放大器，安装在支干线上，用来补偿支线电缆的传输损耗和分支器的分支损耗。

电视信号的强弱不等，有些边远地区信号接收时太弱，这就需要用天线放大器把信号加强。天线放大器的放大倍数称为增益，用 dB 表示。天线放大器是对某个频道用的，哪个频道的信号弱，就选用哪个频道的天线放大器，它装在天线下 1m 内，并装有防雨盒，其电源在室内控制箱内。

(3) 混合器

混合器将两路或多路不同频道的电视信号混合成一个复合信号再送到各用户供其选择收看，它可以消除一部分干扰信号。

混合器按工作频率分为频道混合器、频段混合器和宽带混合器；按混合路数分为二混合器、三混合器、四混合器、多混合器等，按工作原理分为有源混合器和无源混合器。

混合器的作用如图 3-4 所示。

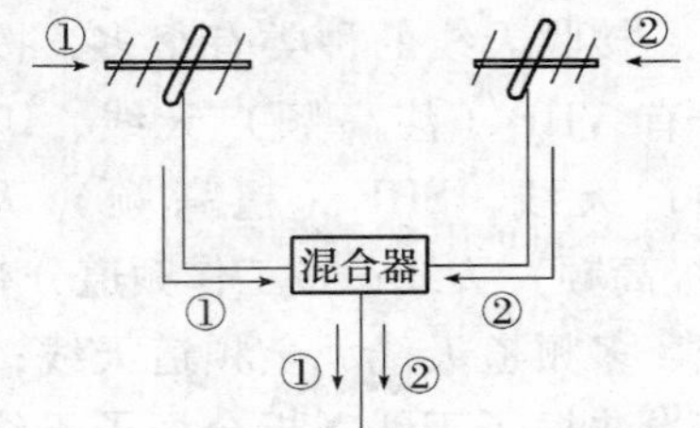

图 3-4 混合器的作用

(4) 频道变换器

频道变换器又称为频率变换器、频道转换器，它的作用是将一个或多个频道的电视信号进行频道转换。

频道变换器按电路结构分有一次变频和二次变频；按工作原理分有上变频和下变频；按频段变换方式分有 U-V 变换、V-U 变换和 V-V 变换等。

对只有 12 个频道的系统，若要接收 13 频道以上频率的电流信号，须先经一个 U-V 转换器，将其转换为 12 个频道中的空闲频道的频率信号，再送入混合器。

(5) 调制器

调制器的作用是将自办节目中的摄像机、录像机、VCD、DVD、卫星电视接收机、微波中继等设备输出的音频信号和视频信号加载到高频信号上，以便传输，并将有线电视系统开路接收的甚高频和特高频信号经过解调和调制，使之符合邻频传输的要求。

调制器按工作原理分为中频调制式和射频调制式；按组成器件分为分离元件调制器和集成电路调制器。

2. 干线传输系统

有线电视系统中，各种信号都是通过传输线（馈线）传输的，主要的传输线是同轴射频电缆和光缆。

(1) 同轴电缆

同轴射频电缆的结构如图 3-5 所示。

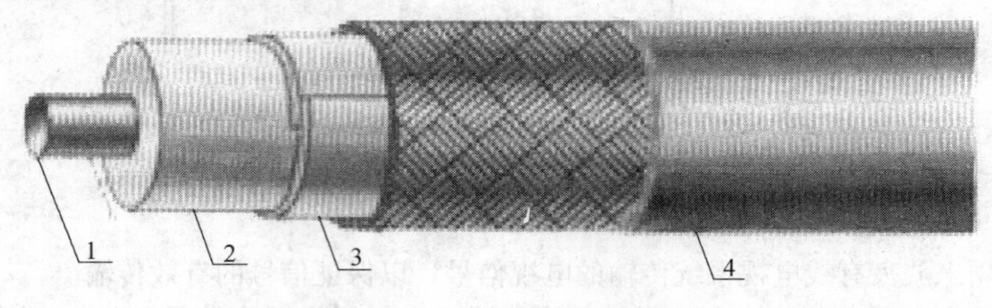

图 3-5 同轴电缆结构图

1—内导体；2—绝缘介质；3—外导体；4—塑料护套

1）同轴电缆的组成

同轴电缆的组成一般有从内到外的内导体、绝缘体、外导体和护套四层，用介质使内、外导体绝缘并保持轴心重合。

内导体通常是实芯铜导体，也可采用空心铜管或双金属线。

常用的绝缘体是介质损耗小、工艺性能好的聚乙烯，绝缘的方式有实芯绝缘、半空气绝缘和空气绝缘三种。其中半空气绝缘的电气，机械性能较好，被广泛采用。

外导体既可传输信号，又有屏蔽的作用，它的结构有三种：金属管状，屏蔽最好，但柔软性差，常用于干线上；铝箔纵包搭接，屏蔽作用较好，成本低，但会有电磁波泄漏，所以较少采用；铜网和铝箔纵包组合，重量轻、柔软性好、接头可靠、具有屏蔽作用，应用较为广泛。

同轴电缆的护套由聚乙烯或聚氯乙烯材料制成，具有一定的抗老化性能。

2）同轴电缆的型号

同轴电缆的型号组成如下：

分类代号—绝缘—护套—派生—特性阻抗—芯线绝缘外径—结构序号

主要字母代号的意义是：

S——同轴射频电缆；Y——聚乙烯；YK——聚乙烯纵孔半空气绝缘；D——稳定聚乙烯空气绝缘；V——聚氯乙烯。

如 SYKV-75-5 表示射频同轴电缆、聚乙烯纵孔半空气绝缘（耦芯）、聚氯乙烯护套。

表 3-1 所列为常用同轴电缆规格表。

表 3-1 常用同轴电缆规格表

电缆的结构参数					
说明		单根圆铜线 或铜包钢线 或铜包铝线	物理发泡 聚乙烯	铝塑带和镀锡铜线 或铝合金线编织 编织线标称直径 0.12～0.18 铝管厚度 0.35	聚氯乙烯 或聚乙烯
型号	参数	直径	直径	直径	直径
SYWV-75-5-Ⅰ	标称	1.00	4.80	—	—
SYWV-75-5	最大	—	—	5.8	7.5
SYWV-75-7-Ⅰ SYWY-75-7-Ⅰ	标称	1.66	7.25	—	—
SYWV-75-7 SYWY-75-7	最大	—	—	8.3	10.6
SYWLY-75-9-Ⅰ SYWLY-75-9-Ⅰ SYWLY-75-9-Ⅰ	标称	2.15	9.00	—	—
SYWV-75-9 SYWY-75-9 SYWLY-75-9	最大	—	—	10.3	12.6
SYWLY-75-12-Ⅰ	标称	2.77	11.50	—	—
SYWLY-75-12	最大	—	—	12.8	15.4
SYWLY-75-13-Ⅰ	标称	3.15	13.03	—	—
SYWLY-75-13	最大	—	—	13.83	16.03

续表

电气性能 项目	绝缘强度	绝缘电阻	护套介电强度		特性阻抗	回波损耗		衰减常数		屏蔽衰减	
单位	kV	MΩ · km	kV		Ω	dB		dB/100m		dB	
条件 型号	40～60Hz ≥	20℃ ≥	40～60Hz 火花 ≥	40～60Hz 浸水 ≥	200MHz	300MHz及以下 ≥	300MHz以上 ≥	频率 MHz	≤	频率 MHz	≥
SYWV-75-5-Ⅰ	1.2	5000	3	2	75±3.0	22	20	5 50 200 550 800 1000	2.0 4.7 9.0 15.8 19.0 22.0	5 50 200 500 800	85 85 90 90 90
SYWV-75-5						20	18	5 50 200 550 800 1000	2.2 4.8 9.7 16.8 20.3 24.2	5 50 200 500 800	60 60 70 70 70
SYWV-75-7-Ⅰ SYWY-75-7-Ⅰ	1.0	5000	5	3	75±2.5	22	20	5 50 200 550 800 1000	1.3 3.0 5.8 10.3 12.8 14.4	5 50 200 500 800	85 85 90 90 90
SYWV-75-7 SYWY-75-7						20	18	5 50 200 550 800 1000	1.5 3.2 6.4 10.7 13.3 15.1	5 50 200 500 800	60 60 70 70 70
SYWV-75-9-Ⅰ SYWY-75-9-Ⅰ	1.0	5000	3	2	75±2.5	22	20	5 50 200 550 800 1000	1.0 2.3 4.5 8.0 9.9 11.3	5 50 200 500 800	85 85 90 90 90
SYWV-75-9 SYWY-75-9						20	18	5 50 200 550 800 1000	1.2 2.4 5.0 8.5 10.4 11.9	5 50 200 500 800	60 60 70 70 70

续表

<table>
<tr><td>电气性能
项　目</td><td>绝缘强度</td><td>绝缘电阻</td><td colspan="2">护套介电强度</td><td>特性阻抗</td><td colspan="2">回波损耗</td><td colspan="2">衰减常数</td><td colspan="2">屏蔽衰减</td></tr>
<tr><td>单位</td><td>kV</td><td>MΩ·km</td><td colspan="2">kV</td><td>Ω</td><td colspan="2">dB</td><td colspan="2">dB/100m</td><td colspan="2">dB</td></tr>
<tr><td>条　件
型　号</td><td>40～60Hz
≥</td><td>20℃
≥</td><td colspan="2">40～60Hz</td><td rowspan="2">200MHz</td><td rowspan="2">300MHz
及以下
≥</td><td rowspan="2">300MHz
以上
≥</td><td rowspan="2">频率
MHz</td><td rowspan="2">≤</td><td rowspan="2">频率
MHz</td><td rowspan="2">≥</td></tr>
<tr><td></td><td></td><td></td><td>火花
≥</td><td>浸水
≥</td></tr>
<tr><td>SYWLY-75-9-Ⅰ</td><td>1.0</td><td>5000</td><td>3</td><td>2</td><td>75±2.5</td><td>22</td><td>20</td><td>5
50
200
550
800
1000</td><td>1.0
2.3
4.5
8.0
9.9
11.3</td><td>5
50
200
500
800</td><td>100
100
110
110
110</td></tr>
<tr><td>SYMLY-75-9</td><td rowspan="3">1.6</td><td rowspan="3">5000</td><td rowspan="3">3</td><td rowspan="3">2</td><td rowspan="3">75±2.0</td><td>20</td><td>18</td><td>5
50
200
550
800
1000</td><td>1.2
2.4
5.0
8.5
10.4
11.9</td><td>5
50
200
500
800</td><td>90
90
100
100
100</td></tr>
<tr><td>SYWLY-75-12-Ⅰ</td><td>22</td><td>20</td><td>5
50
200
550
800
1000</td><td>0.6
1.7
3.5
6.0
7.4
8.5</td><td>5
50
200
500
800</td><td>100
100
110
110
110</td></tr>
<tr><td>SYWLY-75-12</td><td>20</td><td>18</td><td>5
50
200
550
800
1000</td><td>0.7
1.9
3.9
6.7
8.2
9.5</td><td>5
50
200
500
800</td><td>90
90
100
100
100</td></tr>
<tr><td>SYWLY-75-13-Ⅰ</td><td rowspan="2">1.6</td><td rowspan="2">5000</td><td rowspan="2">5</td><td rowspan="2">3</td><td rowspan="2">75±2.0</td><td>22</td><td>20</td><td>5
50
200
550
800
1000</td><td>0.5
1.5
3.0
5.2
6.3
8.0</td><td>5
50
200
500
800</td><td>100
100
110
110
110</td></tr>
<tr><td>SYWLY-75-13</td><td>20</td><td>18</td><td>5
50
200
550
800
1000</td><td>0.6
1.6
3.2
5.4
6.6
8.4</td><td>5
50
200
500
800</td><td>90
90
100
100
100</td></tr>
</table>

续表

工程使用数据

型号 \ 项目	额定电容 pF/m	额定速比	特性阻抗 Ω	参考重量 kg/km	最小弯曲半径 mm 室内	最小弯曲半径 mm 室外	成盘或成圈最小直径 mm	内导体电阻 20℃ Ω/km	最低弯曲温度 ℃
SYWV-75-5	55.8	0.80	75	46	35	70	140	21.96 74.12 *	-15
SYWV-75-7 SYWY-75-7	52.4	0.85	75	75 (PE) 85 (PVC)	50	100	200	8.0 28.3 *	-15
SYWV-75-9 SYWY-75-9 SYWLY-75-9	50.8	0.87	75	110 (PE) 120 (PVC) 115 (AL)	120 (复合膜) 250 (AL)		240 (复合膜) 400 (AL)	4.8 7.6@	-15
SYMLY-75-12	51.0	0.88	75	200	300		400	2.9 4.6@	-15

注：标 * 号的内导体为铜包钢线，标@号的内导体为钢包铝线。

同轴电缆不向外产生辐射，对静电场有一定的屏蔽作用，但无磁屏蔽作用。对不同频率的干扰信号，其电屏蔽效果不同，频率越低，屏蔽作用越差。

为减小传输损耗，干线上使用较粗的同轴电缆，以减小传输损耗；支线的分配线使用细一些的同轴电缆，以便于安装，且每隔一段距离就要用一个干线放大器来提高信号电平。

同轴电缆不能靠近低频信号线路，也不能与有强电流的线路并行敷设。

对同轴电缆的要求是：低损耗、抗干扰能力强、屏蔽作用好、弯曲性好、重量轻、价格低。

(2) 光缆

与电缆相比，光缆具有传输损耗小、频带宽、容量大、不受电磁和雷电干扰、不干扰附近电器、没有电磁辐射、一般中途不需接续等优点。近年来国内外的一些大中城市正在逐步采用光缆代替同轴电缆作为有线电视系统干线的传输媒体，使有线电视系统达到了更高的技术水平。

光缆的结构如图 3-6 所示，它的里面是光导纤维，可以是一根或多根捆在一起。电视系统使用的是多根光纤的光缆，其中 KEVLAR 是增加光缆抗拉强度的纱线。

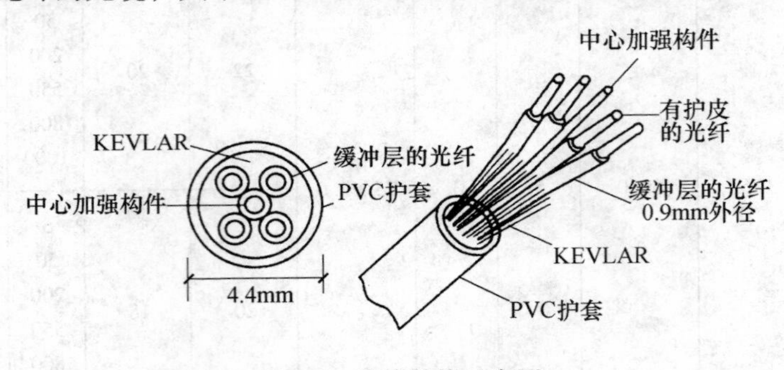

图 3-6 光缆结构示意图

光纤是一层带涂层的透明细丝，直径为几十到几百微米，如图 3-7 所示，外层的缓冲层、外敷层起保护作用；纤芯和包层由超高纯度的二氧化硅制成，分为单模型和多模型。电视光缆使用单模光纤。纤芯是中空的玻璃管。由于纤芯和包层的光学性质不同，光线在纤芯内被不断反射。电视光缆中传输的是被电视信号调制的激光，产生激光信号的设备是光发送机。电视台用光发送机把混合好的电视信号通过光缆发送出去；在光缆的另一端，用光接收机把光信号转换回电视信号，经放大器放大后送入电缆分配系统。光缆传输过程如图 3-8 所示。

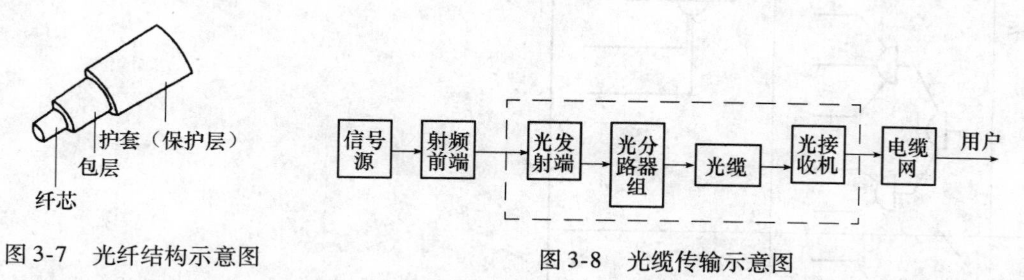

图 3-7　光纤结构示意图

图 3-8　光缆传输示意图

图 3-9 所示为光缆 + 电缆电视网的组成。一般而言，当干线传输距离大于 5km 时，采用光缆的造价和性能指标均优于同轴电缆。

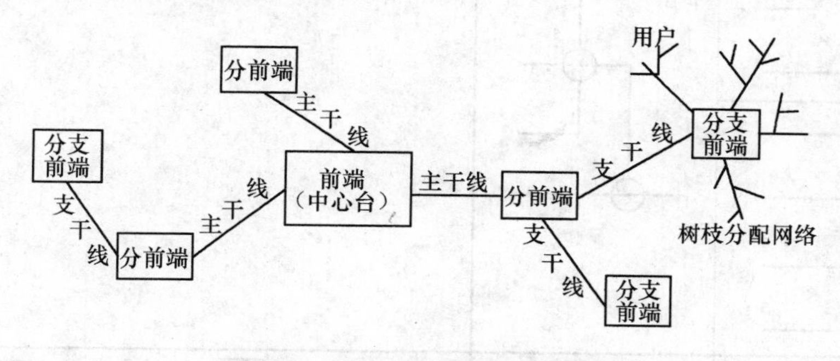

图 3-9　光缆 + 电缆电视网的组成

（3）干线放大器

干线放大器正常工作时，需有工作电源，因而在强弱电设计中应统一加以考虑。干线放大器还具有均衡功能，以补偿同轴电缆对高低频的损耗的不同。

当干线上分出支线时，干线放大器就要有分支输出，称为干线分支放大器，即分支放大器。

每过一段距离要使用一个带自动调整电平的干线放大器，自动调整有气温变化、湿度变化和频率损耗时而引起的电平起伏。

3. 分配系统

图 3-10 所示为分配系统的分配方式。图 3-11 所示为某 6 层住宅楼分配系统示例。

（1）分配器

分配器的作用是将输入信号尽可能均匀地分配到各输出线路及用户，且各输出线路上的信号互不影响，相互隔离。常用的分配器有二分配器、三分配器和四分配器，其他形式的分配器可由它们的组合构成。

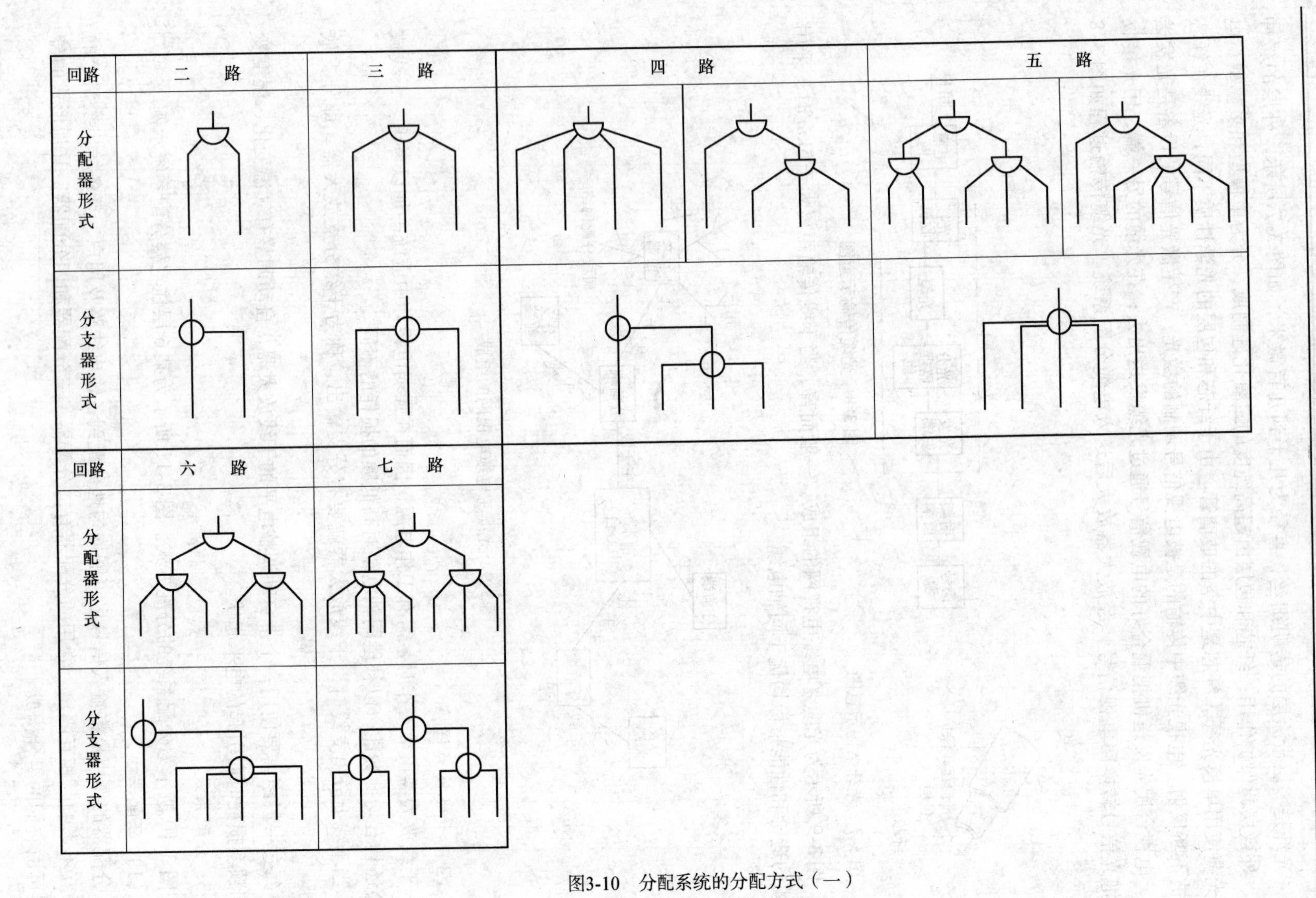

图3-10 分配系统的分配方式（一）

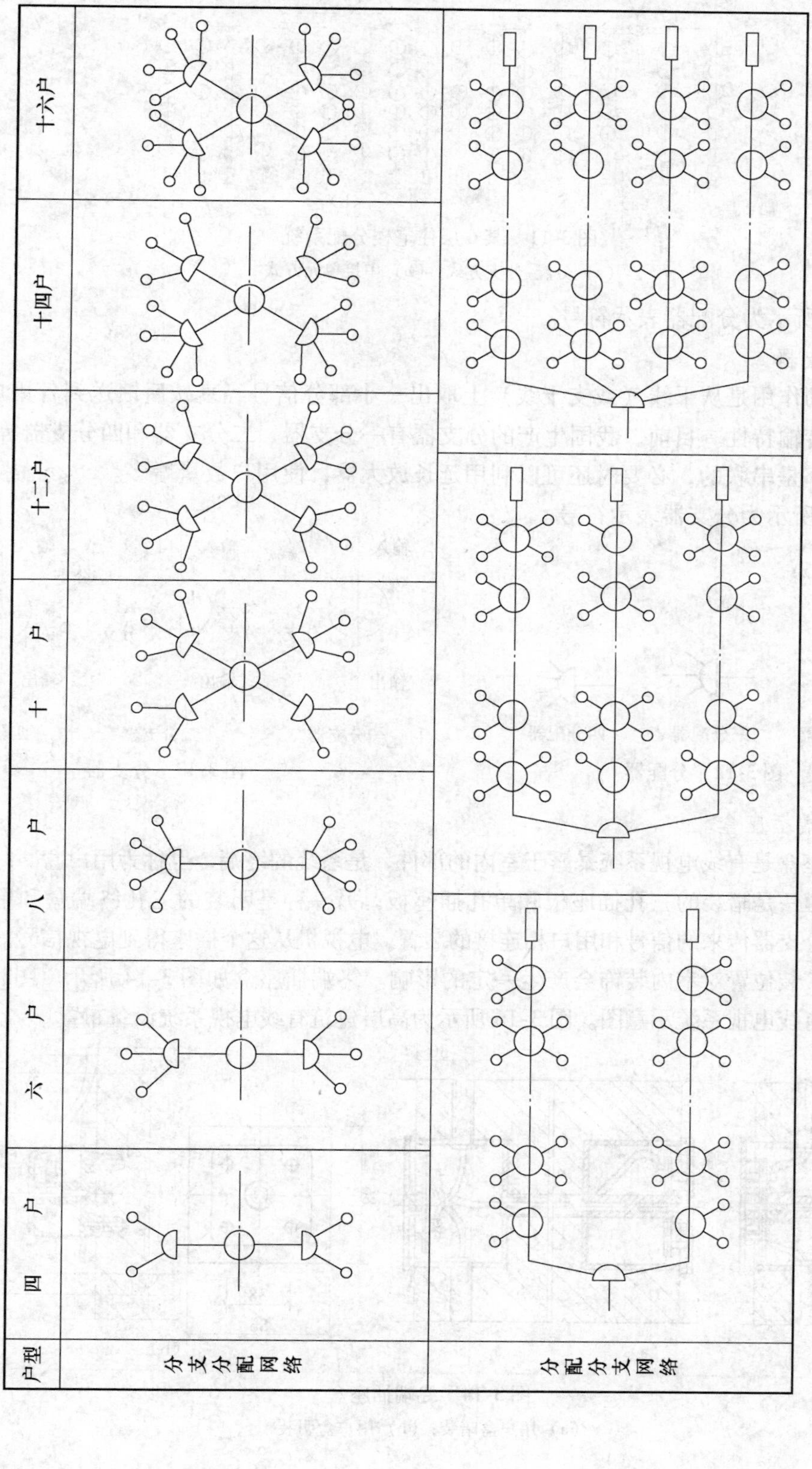

户型 | 四户 | 六户 | 八户 | 十户 | 十二户 | 十四户 | 十六户

分支分配网络

分配分支网络

图3-10　分配系统的分配方式（二）

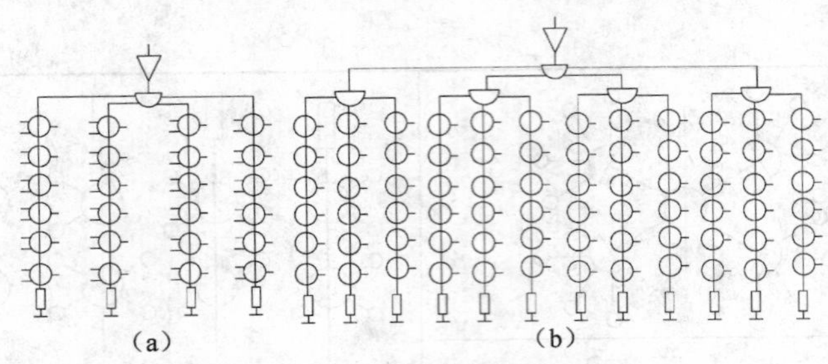

图 3-11　某 6 层住宅楼分配系统

(a) 分配-分支方式；(b) 串接单元方式

图 3-12 所示为分配器表示符号。

(2) 分支器

分支器的作用是从干线（或支干线）上取出一小部分信号经衰减后馈送到各用户终端，它具有单向传输特性。目前，我国生产的分支器有一分支器、二分支器和四分支器等规格。

分支器都是串联的，必要时还可以利用延长放大器，使用户数量增多。

图 3-13 所示为分支器表示符号。

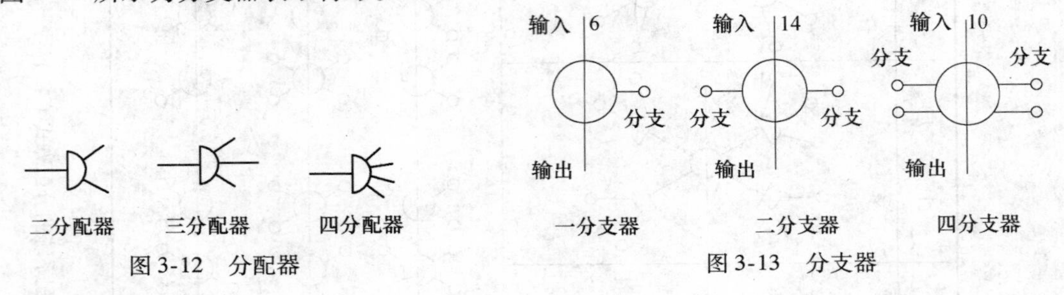

图 3-12　分配器

图 3-13　分支器

(3) 终端插座盒

终端插座盒是有线电视系统暴露于室内的部件，是系统的终端，也称为用户盒。终端插座有两种形式：一是暗装的三孔插座板和单孔插座板；另一种是明装的三孔终端盒和单孔终端盒。它是将分支器传来的信号和用户相连接的装置，电视机从这个插座得到电视信号。终端插座的外形和安装位置对室内装饰会产生一定的影响。终端插座盒如图 3-14 所示。图3-15所示为高层建筑有线电视系统示意图。图 3-16 所示为高层建筑有线电视系统设备布置。

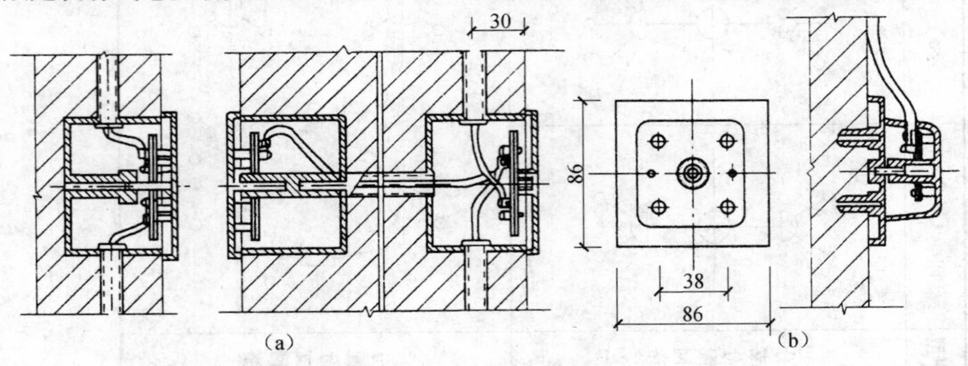

图 3-14　终端插座盒

(a) 用户盒暗装；(b) 用户盒明装

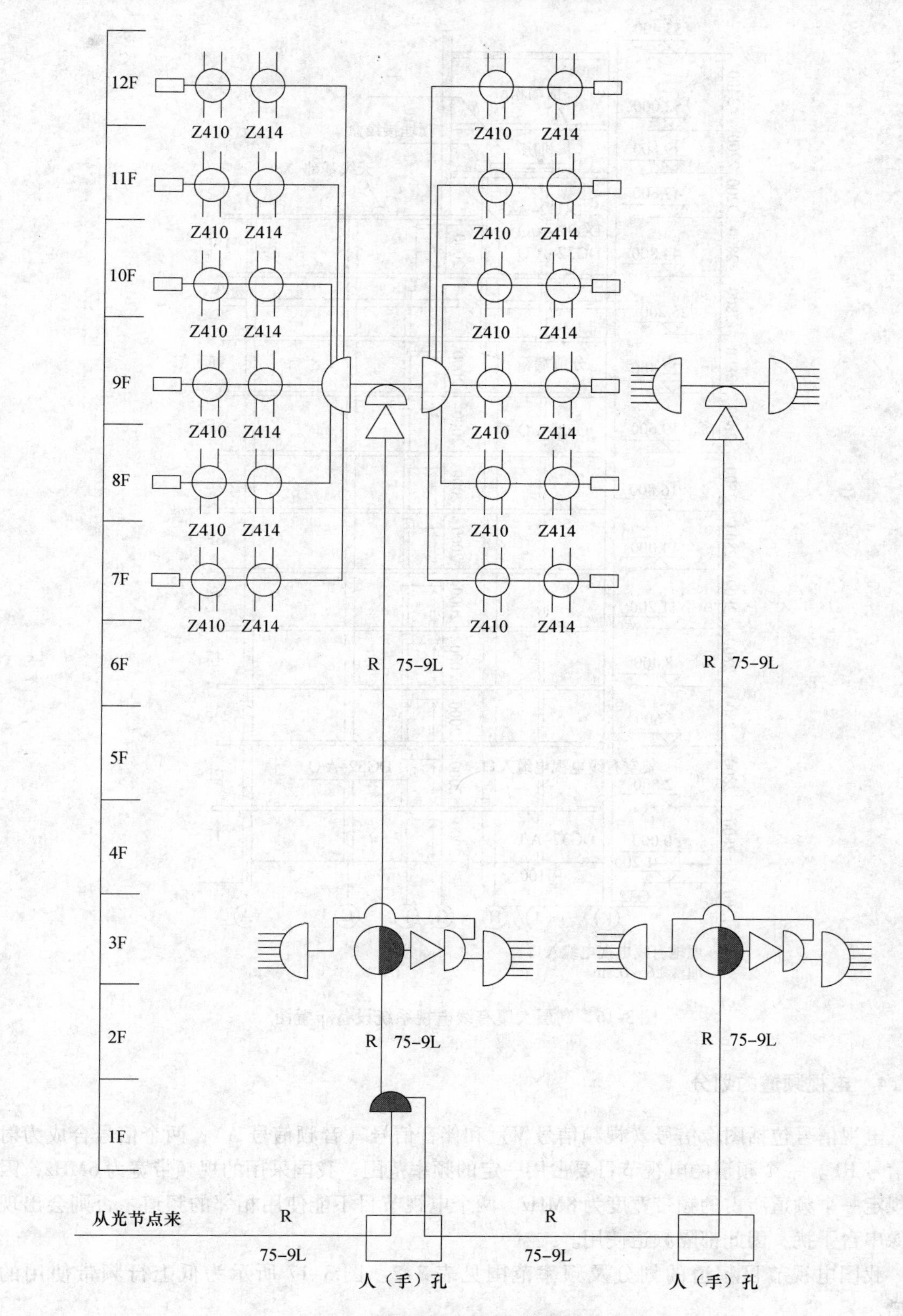

图 3-15　高层大厦有线电视系统示意图

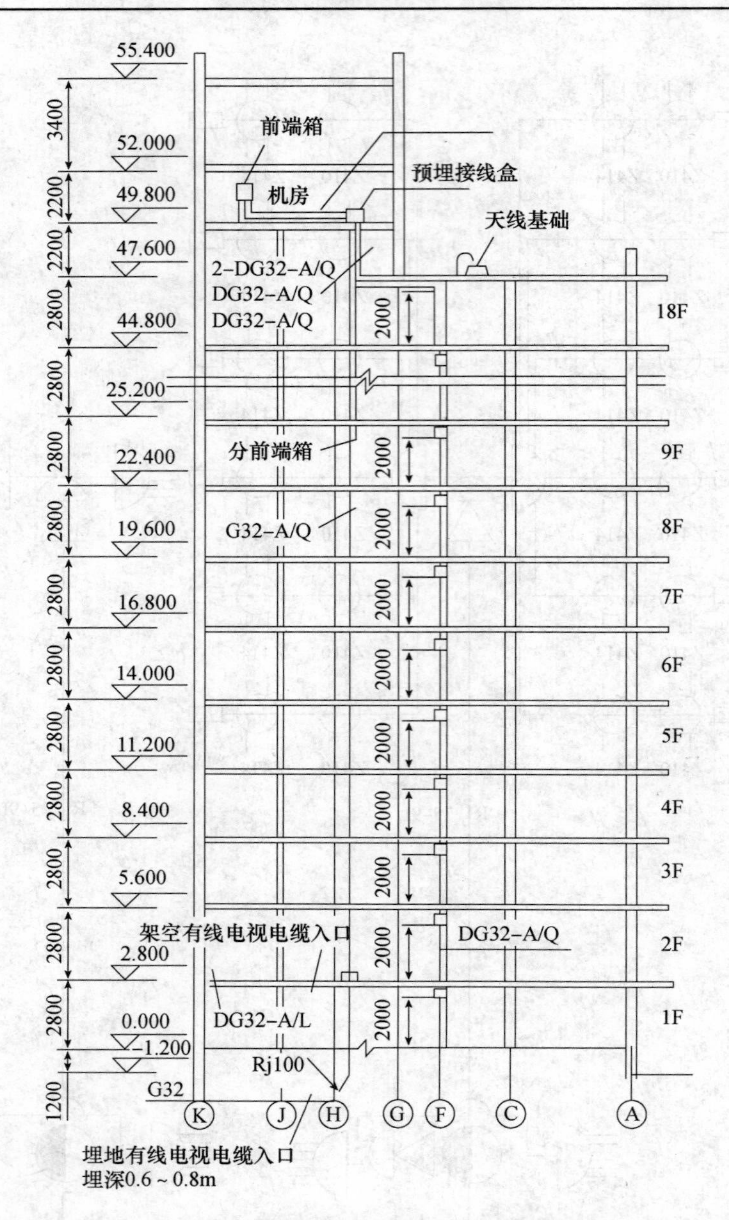

图3-16　高层大厦有线电视系统设备布置图

3.1.4　电视频道的划分

电视信号包括图像信号（视频信号V）和伴音信号（音频信号A），两个信号合成为射频信号RF。一个频道的电视节目要占用一定的频率范围，我国采用的视频带宽为6MHz，因此规定一个频道所占的频带宽度为8MHz。两个电视节目不能使用相邻的频道，否则会出现图像串台干扰，因此都隔频道使用。

我国电视节目频道的划分及频率范围见表3-2。图3-17所示为低上行频带使用的频谱。

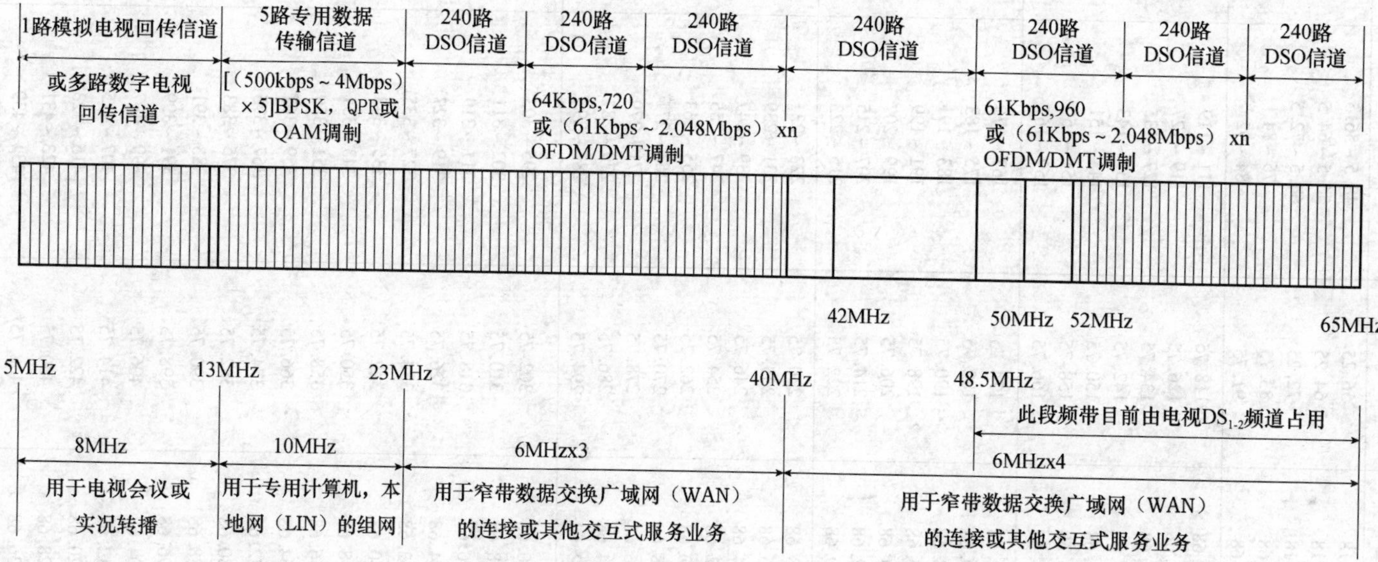

1路模拟电视回传信道或多路数字电视回传信道

5路专用数据传输信道 [（500kbps ~ 4Mbps）× 5]BPSK，QPR或QAM调制

240路DSO信道　240路DSO信道　240路DSO信道

64Kbps,720或（61Kbps ~ 2.048Mbps）xn OFDM/DMT调制

240路DSO信道　240路DSO信道　240路DSO信道　240路DSO信道

61Kbps,960或（61Kbps ~ 2.048Mbps）xn OFDM/DMT调制

5MHz　13MHz　23MHz　40MHz　42MHz　48.5MHz　50MHz　52MHz　65MHz

此段频带目前由电视DS_{1-2}频道占用

8MHz 用于电视会议或实况转播

10MHz 用于专用计算机，本地网（LIN）的组网

6MHzx3 用于窄带数据交换广域网（WAN）的连接或其他交互式服务业务

6MHzx4 用于窄带数据交换广域网（WAN）的连接或其他交互式服务业务

注：1. 5～40MHz为上行频带，用以数字，电视回传，娱乐通信和在各分前端复盖区域内，按照要求建立专用计算机网的需求为主。

2. 提供建立720路DSO信道可以相当长的时间内，能满足光节点上用户的窄带数据交换个人计算机入网或其他交互式服务要求。

3.今后随发展需要的增加，上行频带扩展到65MHz，可对所有入网用户提供更广泛的交换式的多媒体服务。

图3-17　低上行频带（数字回传娱乐通信）使用的频谱

表 3-2　我国电视频道划分（625/彩色 PAL-D 制式）

频段	频道 ch	图像载频 MHz	彩色付载频 MHz	伴音付载频 MHz	频率范围 MHz	中心频率 MHz
Ⅰ	DS—1	49.75	54.18	56.25	48.5～56.5	52.5
	DS—2	57.75	62.18	64.25	56.5～64.5	50.5
	DS—3	65.75	70.18	72.25	64.5～72.5	68.5
	DS—4	77.25	81.68	83.75	76～84	80
	DS—5	85.25	89.68	91.75	84～92	88
A_1	Z—1	112.25	116.68	118.75	111～119	115
	Z—2	120.25	124.68	126.75	119～127	123
	Z—3	128.25	132.68	134.75	127～135	131
	Z—4	136.25	140.68	142.75	135～143	139
	Z—5	144.25	148.68	150.75	143～151	147
	Z—6	152.25	156.68	158.75	151～159	155
	Z—7	160.25	164.68	166.75	159～167	163
Ⅲ	DS—6	168.25	172.68	174.75	167～175	171
	DS—7	176.25	180.68	182.75	175～183	179
	DS—8	184.25	188.68	190.75	183～191	187
	DS—9	192.25	196.68	198.75	191～199	195
	DS—10	200.25	204.68	206.75	199～207	203
	DS—11	208.25	212.68	214.75	207～215	211
	DS—12	216.25	220.68	222.75	215～223	219
A_2	Z—8	224.25	228.68	230.75	223～231	227
	Z—9	232.25	236.68	235.75	231～239	235
	Z—10	240.25	244.68	246.75	239～247	243
	Z—11	248.25	252.68	254.75	247～255	251
	Z—12	256.25	260.68	262.75	255～263	259
	Z—13	264.25	268.68	270.75	263～271	267
	Z—14	272.25	276.68	278.75	271～279	275
	Z—15	280.25	284.68	286.75	279～287	283
	Z—16	288.25	292.68	294.75	287～295	291
B	Z_{17}	296.25	300.68	302.75	295～303	299
	Z_{18}	304.25	308.68	310.75	303～311	307
	Z_{19}	312.25	316.68	318.75	311～319	315
	Z_{20}	320.25	324.68	326.75	319～327	323
	Z_{21}	328.25	332.68	334.75	327～335	331
	Z_{22}	336.25	340.68	342.75	335～343	339
	Z_{23}	344.25	348.68	350.75	343～351	347
	Z_{24}	352.25	356.68	358.75	351～359	355
	Z_{25}	360.25	364.68	366.75	359～367	363
	Z_{26}	368.25	372.68	374.75	367～375	371
	Z_{27}	376.25	380.68	382.75	375～383	379
	Z_{28}	384.25	388.68	390.75	383～391	387
	Z_{29}	392.25	396.68	398.75	391～399	395
	Z_{30}	400.25	404.68	406.75	399～407	403
	Z_{31}	408.25	412.68	414.75	407～415	411
	Z_{32}	416.25	420.68	422.75	415～423	419
	Z_{33}	424.25	428.68	430.75	423～431	427
	Z_{34}	432.25	436.68	438.75	431～439	435
	Z_{35}	440.25	444.68	449.75	439～447	443
	Z_{36}	448.25	452.68	454.75	447～455	451
	Z_{37}	456.25	460.68	462.75	455～463	459

续表

频段	频道 ch	图像载频 MHz	彩色付载频 MHz	伴音付载频 MHz	频率范围 MHz	中心频率 MHz
Ⅳ	DS—13	471.25	475.68	477.75	470～478	474
	DS—14	479.25	483.68	485.75	478～486	482
	DS—15	487.25	491.68	493.75	486～494	490
	DS—16	495.25	499.68	501.75	494～502	498
	DS—17	503.25	507.68	509.75	502～510	506
	DS—18	511.25	515.68	517.75	510～518	514
	DS—19	519.25	523.68	525.75	518～526	522
	DS—20	527.25	531.68	533.75	526～534	530
	DS—21	535.25	539.68	541.75	534～542	538
	DS—22	543.25	547.68	549.75	542～550	546
	DS—23	551.25	555.68	557.75	550～558	554
	DS—24	559.25	563.68	565.75	558～566	582
Ⅴ	DS—25	607.25	611.68	613.75	606～614	610
	DS—26	615.25	919.68	621.75	614～622	618
	DS—27	623.25	627.68	629.75	622～630	626
	DS—28	631.25	635.68	637.75	630～638	634
	DS—29	639.25	643.68	645.75	638～646	642
	DS—30	647.25	651.68	653.75	646～654	650
	DS—31	655.25	659.68	661.75	654～662	658
	DS—32	663.25	667.68	669.75	662～670	666
	DS—33	671.25	675.68	677.75	670～678	674
	DS—34	679.25	683.68	685.75	678～686	682
	DS—35	687.25	691.68	693.75	686～694	690
	DS—36	695.25	699.68	701.75	694～702	698
	DS—37	703.25	707.68	709.75	702～710	706
	DS—38	711.25	715.68	717.75	710～718	714
	DS—39	719.25	723.68	725.75	718～726	722
	DS—40	727.25	731.68	733.75	726～734	730
	DS—41	735.25	739.68	741.75	734～742	738
	DS—42	743.25	747.68	749.75	742～750	746
	DS—43	751.25	755.68	757.75	750～758	754
	DS—44	759.25	763.68	765.75	758～766	762
	DS—45	767.25	771.68	773.75	766～774	770
	DS—46	775.25	779.68	781.75	774～782	778
	DS—47	783.25	787.68	789.75	782～790	786
	DS—48	791.25	795.68	797.75	790～798	794
	DS—49	799.25	803.68	805.75	798～806	802
	DS—50	807.25	811.68	813.75	806～814	810
	DS—51	815.25	819.68	821.75	814～822	818
	DS—52	823.25	827.68	829.75	822～830	826
	DS—53	831.25	835.68	837.75	830～838	834
	DS—54	839.25	843.68	845.75	838～846	842
	DS—55	847.25	851.68	853.75	846～854	850
	DS—56	855.25	859.68	861.75	854～862	858
	DS—57	863.25	867.68	869.75	862～870	866
	DS—58	871.25	875.68	877.75	870～878	874
	DS—59	879.25	883.68	885.75	878～886	882
	DS—60	887.25	891.68	893.75	886～894	890
	DS—61	895.25	899.68	901.75	894～902	898
	DS—62	903.25	907.68	909.75	902～910	906
	DS—63	911.25	915.68	917.75	910～918	914
	DS—64	919.25	923.68	925.75	918～926	922
	DS—65	927.25	931.68	933.75	926～934	930
	DS—66	935.25	939.68	941.75	934～942	938
	DS—67	943.25	947.68	949.75	942～950	946
	DS—68	951.25	955.68	957.75	950～958	954

3.1.5 有线电视系统的分类

有线电视系统的分类方法一般有以下几种：

1. 按工作频率分类

（1）全频道系统

全频道系统的工作频率为48.5～958MHz，其中VHF频率段有DS1～DS12频道，UHF频率段有DS13～DS68频道。从理论上来说，可以容纳68个频道，用DS表示，但实际上只能传输约12个频道信号，传输距离一般不超过1000m。

（2）300MHz邻频传输系统

300MHz邻频传输系统的工作频率为48.5～300MHz。国家规定的68个频道是跳跃的、不连续的，所以可以在系统内部利用不连续的频率增设频道，用Z表示。这种系统容量最多可容纳28个频道的信号，其中有DS1～DS12频道，Z1～Z6频道，还有多套调频广播信号。但因DS5的工作频率与调频广播频率部分重叠，一般不采用，所以，也可认为该系统最多能容纳27个频道的信号。

传统的电视机不能接收增设的频道，这样用户就需要增加一台机上变换器才能收看到所有频道的信号。

300MHz邻频传输系统多用于中小城市的有线电视系统。

（3）450MHz邻频传输系统

450MHz邻频传输系统的工作频率为48.5～450MHz。系统最多可容纳47个频道的信号，其中有DS1～DS12频道，Z1～Z35频道。

450MHz邻频传输系统多用于大城市的有线电视系统。

（4）550MHz邻频传输系统

550MHz邻频传输系统的工作频率为48.5～550MHz。系统最多可容纳59个频道的信号，其中有DS1～DS22频道，Z1～Z37频道。

近几年来，有线电视系统多采用550MHz邻频传输系统。

（5）750MHz邻频传输系统

550MHz邻频传输系统的工作频率为48.5～750MHz。系统最多可容纳79个频道的信号，其中有DS1～DS42频道，Z1～Z37频道。

750MHz邻频传输系统用于近年来采用的光缆传输系统。

2. 按系统规模分类

有线电视系统按系统规模和人口数量多少的分类情况列于表3-3中。

表3-3 有线电视系统按系统规模和人口数量多少分类

系统规模	传输距离/km	人口数量	适用范围
小型系统	<1.5	几万人以下	乡、镇、厂矿企业及居民区
中小型系统	>5	20万人左右	一般小城市和县城
中型系统	5～15	50万人左右	一般中等城市
大型系统	>15	100万人左右	省会城市
特大型系统	>20	100万人以上	大城市

3. 按系统的传输方式分类

（1）全同轴电缆系统：适用于小型有线电视系统。

（2）光缆和同轴电缆结合的传输系统：适用于大中型以上的有线电视系统。

（3）全光缆传输系统：从干线到用户终端均采用光缆，是今后的发展方向。

（4）混合型传输系统：采用光缆、微波、电缆混合方式传输信号，一般适用于大中型以上有线电视系统。

（5）微波和同轴电缆混合型系统：适用于地形复杂或部分路段不易铺设电缆的地区。

3.1.6　系统质量评价

1. 有线电视系统性能指标

有线电视系统性能指标，见表3-4。

表3-4　有线电视系统性能指标

项　目			极限值	备　注
频率范围/MHz			45～225	
前端输入电平/dBμV			≥57	C/H=45dB，NF=8dB，附加4dB
用户端电平	电平范围/dBμV		57～83	
	频道间电平差/dB	45～225MHz	≤12	
		VHF任意60MHz	≤8	
		邻接频道间	≤3	
信号质量	频道内频率特征/dB		±2以内	
	载噪比/dB		≥5	噪声带宽为5.75MHz
	相互调制/dB		≥7	单频
	交扰调制/dB		≥6	
	交流声调制/dB		≥6	
	反射波成分（%）		≤7	
	微分增益（%）		≤20	
	微分相位/度		≤12	
	色亮时延差/ns		≤100	±100（电视机）
	用户端隔离度/dB		≥22	

2. 质量评价

图像质量的评价采用五级损伤标准，见表3-5。

图像和伴音质量损伤的主观评价项目，见表3-6。

表 3-5　五级损伤制评分分级

图像质量损伤的主观评价	评分分级
图像上不觉察有损伤或干扰存在	5
图像上有稍可觉察的损伤或干扰，但不讨厌	4
图像上有明显察觉的损伤或干扰，令人感到讨厌	3
图像上损伤或干扰较严重，令人相当讨厌	2
图像上损伤或干扰极严重，不能观看	1

表 3-6　主观评价项目

项目	损伤的主观评价现象
载噪比	噪波，即“雪花干扰”
交扰调制比	图像中移动的垂直或斜图案，即“窜台”
载波互调比	图像中的垂直，倾斜或水平条纹，即“网纹”
载波交流声比	图像中上下移动的水平条纹，即“滚道”
同波值	图像中沿水平方向分布在右边一条或多条轮廓线，即“重影”
色/亮度时延差	色、亮信息没有对齐，即“彩色鬼影”
伴音和调频广播的声音	背景噪声，如咝咝声、哼声、蜂声和串音等

3.2　闭路电视监视系统

闭路电视主要应用于不属于开路发射系统的各种监视、教学、示范、交通、国防、科研等领域，如工业电视系统、保安电视系统、教学电视系统。对于大多数闭路电视系统，信息主要来自于设置在建筑物内不同处的多台摄像机，在多路信号传送到接收端的同时，必须向摄像机发送控制信号并提供工作电源，因而闭路电视系统是一种多路的双向传输系统。

根据对现场取景范围和控制要求的不同，闭路电视系统一般由摄像、传输、显示、控制等组成，如图 3-18 所示。图 3-19 所示为闭路电视系统监控的种类。图 3-20 所示为闭路电视系统的组成形式。

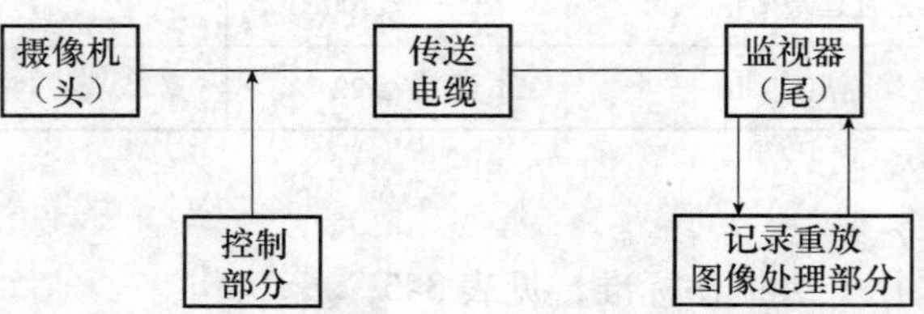

图 3-18　闭路电视监控系统组成

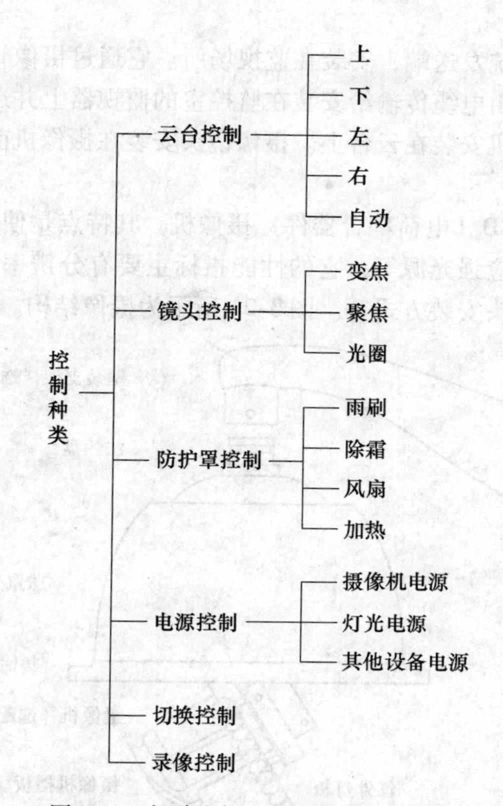

图 3-19　闭路电视监控系统控制的种类

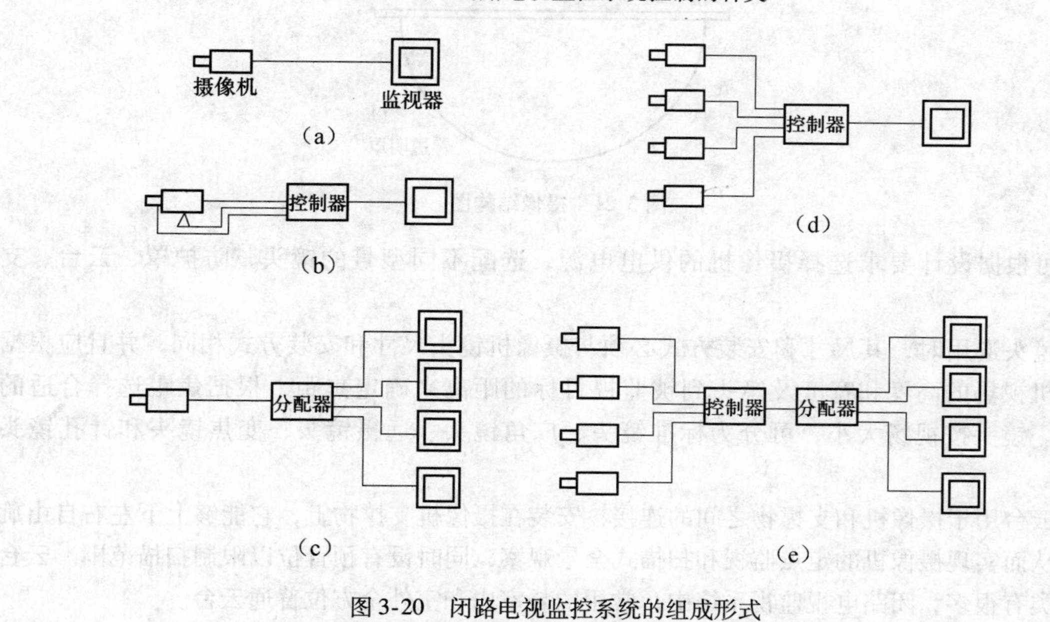

图 3-20　闭路电视监控系统的组成形式

(a) 单头单尾方式（一）；(b) 单头单尾方式（二）；

(c) 单头多尾方式；(d) 多头单尾方式；(e) 多头多尾方式

1. 摄像机

摄像机是闭路电视系统发送端，安装在监视场所。它通过摄像管将现场的光信号转变为电信号传送到接收端，又由电缆传输给安装在监控室的监视器上并还原为图像。为了调整摄像机的监视范围，将摄像机安装在云台上。摄像镜头安装在摄像机前部，用于从被摄体收集光信号。

目前广泛使用的是CCD（电荷耦合器件）摄像机，其特点是使用环境照度低、寿命长、重量轻、体积小、可以适应强光源等，它的性能指标主要有分辨率、最小照度、摄像面积、扫描制式、供电方式、镜头安装方式等。图3-21所示为摄像结构。

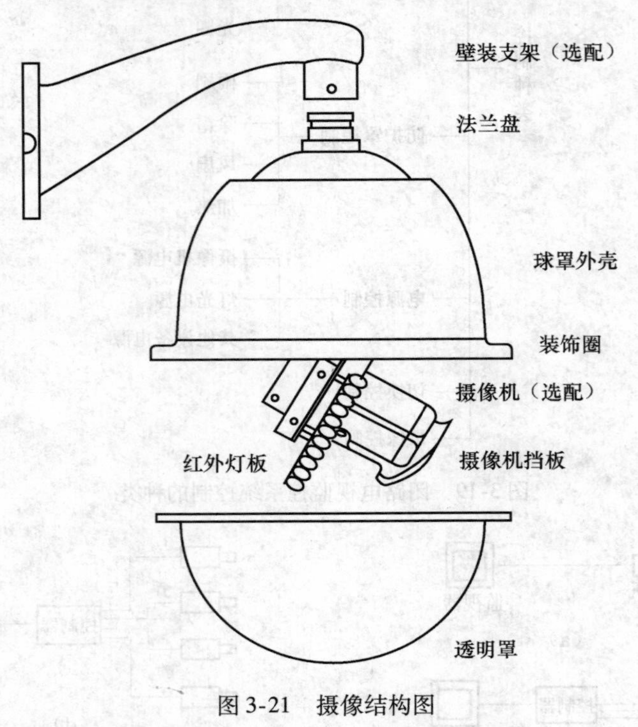

图3-21　摄像结构图

可根据设计要求选择摄像机的供电电源，选配不同型号的镜头、防护罩、云台、支架等。

镜头选用时，其尺寸和安装方式必须与摄像机镜头尺寸和安装方式相同，并且应根据摄像机视场的高度和宽度及镜头到被监视目标的距离来确定焦距，根据焦距选择合适的镜头。镜头按视场大小，可分为标准镜头、广角镜头、远摄镜头、变焦镜头和针孔镜头五种。

云台用于摄像机和支撑物之间的连接，安装在摄像机支撑物上，它能够上下左右自由旋转，从而实现摄像机的定点监视和扫描式全景观察，同时设有预置位以限制扫描范围。云台的种类有很多，闭路电视监视系统中，常用的是室内和室外全方位普通云台。

防护罩是给摄像机装配的具有多种保护措施的外罩，有室内型和室外型两种。

图3-22所示为带电动云台摄像机组成。

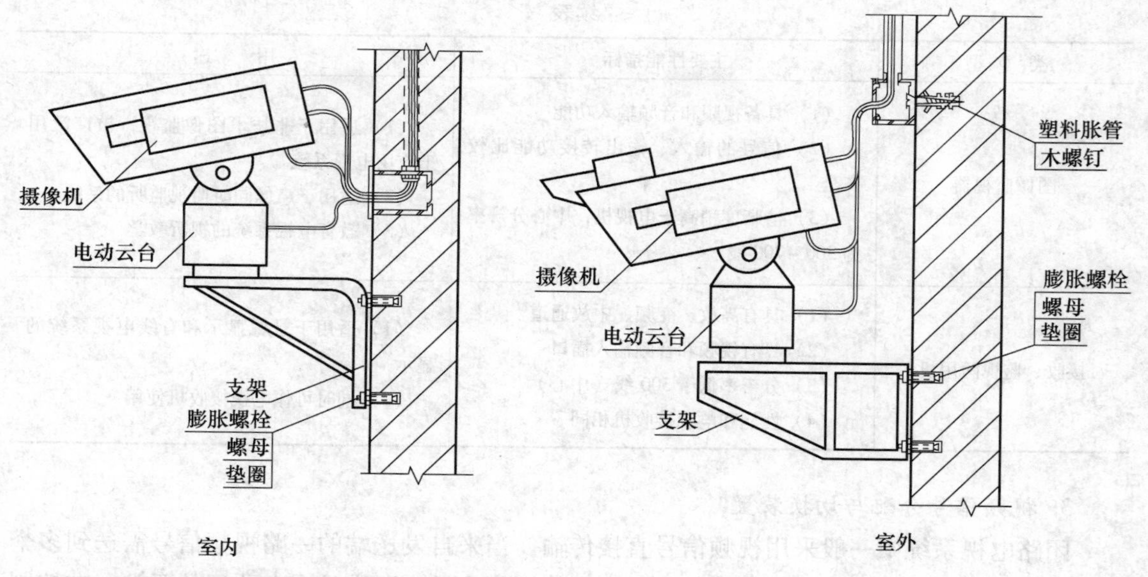

注：摄像机室外安装高度3.5～10m，不得低于3.5m。

图3-22　带电动云台的摄像机组成

2. 监视器

监视器是闭路电视系统的终端显示设备，其性能优劣将对整个系统产生直接影响。按使用范围可将监视器分为应用级和广播级。按显示画面色彩，可将监视器分为单色和彩色监视器，在需要分辨被摄物细节的场合，宜采用彩色监视器。闭路电视系统中的监视器大多为收、监两用机，并带有金属外壳，以防设置在同一监视室内的多台监视器之间的相互电磁干扰。

监视器应能尽量真实地反映出输入图像信号中的各个细节和不足之处，其技术指标都要求很高，且稳定可靠性要好。

闭路电视监视系统应至少有两台监视器，一台做切换固定监视用，另一台做时序监视用。表3-7所列为监视器的类型、性能指标和用途。

表3-7　监视器的类型、性能指标和用途

类　型	主要性能指标	用　途
精密型监视器	（1）中心分辨率600线以上 （2）色还原性能高 （3）各类技术指标的稳定性和精度很高，基本功能齐全 （4）线路复杂，价格昂贵	（1）适用于传输文字、图纸等系统的监视 （2）广播电视中心使用 （3）图像显示精度要求很高的应用电视系统
高质量监视器	（1）中心分辨率一般为370～500线 （2）具备一定的使用功能，但功能指标、技术指标均低于精密型监视器 （3）稳定性和精度较高	（1）适用于技术图像的监视 （2）广播电视中心的预监 （3）要求清晰度较高的应用电视系统 （4）系统的线路监视、预调和显示

续表

类　型	主要性能指标	用　途
图像监视器	（1）具备视频和音频输入功能 （2）信号的输入、输出转接功能比较齐全 （3）清晰度稍高于电视机，中心分辨率为300～700线	（1）适用于非技术图像监视，被广泛用于应用电视系统 （2）适用于声像同时监视监听的系统 （3）教育电视系统的视听教学
接收、监视两用机	（1）具有高放、变频、中放通道 （2）具有视频和音频输入插口 （3）分辨率低于300线（中心） （4）性能和电视接收机相同	（1）适用于录像显示和有线电视系统的显示 （2）同时可作电视接收机使用

3. 视频信号分配与切换装置

闭路电视系统中一般采用视频信号直接传输。当来自发送端的一路视频信号需送到多个监视器时，应采用视频信号分配器，分配出多路视频信号，以满足多点监视的要求。在控制室内，当要求对来自多台摄像机的视频信号进行切换时，可采用视频信号切换装置，在任一台监视器上观看多路摄像机的信号，必要时还可采用多画面分割器，将多路视频信号合成一幅图像，在任一台监视器上同时观看来自摄像机的图像。

4. 控制器

控制装置可以进行视频切换；还可通过遥控云台，带动摄像机作垂直旋转。对切换的控制一般要求和云台、镜头的控制同步，即切换到哪一路图像，就控制哪一路设备。目前，在控制器中也广泛采用微机技术，在远距离控制的场合，采用微机进行控制命令的串行输出，具有价格低廉、编程容易、控制灵活等优点。

在有线电视系统的前端增加某些设备，即可让闭路电视系统作为有线电视系统中的一部分进入系统。此时，除了收看电视台的节目外，还可通过录像机向系统插入其他自制节目。

5. 解码器

解码器的功能是：摄像机电源开关控制；云台和变焦镜头控制；对旋转355°或360°的云台，预置摄像控制。在摄像机数量很多的较大系统中，宜在每台摄像机安装处安装解码器，每台解码器有自己的数字编码，可以识别属于本摄像机的控制信号代码，并将其变换成控制信号，控制每台摄像机的动作。图3-23所示为解码器。

6. 球（半球）形摄像机

球形摄像机是将摄像机机体、镜头、云台等组合在一起，放置于一个球形或半球形的透光外罩内，其下半球罩遮盖住摄像机的监视镜头，使摄像机的功能不会轻易暴露出来。

球形摄像机按调速的快慢有普通型和高速型两种。

图3-24所示为球形摄像机结构。图3-25所示为半球形摄像机结构。

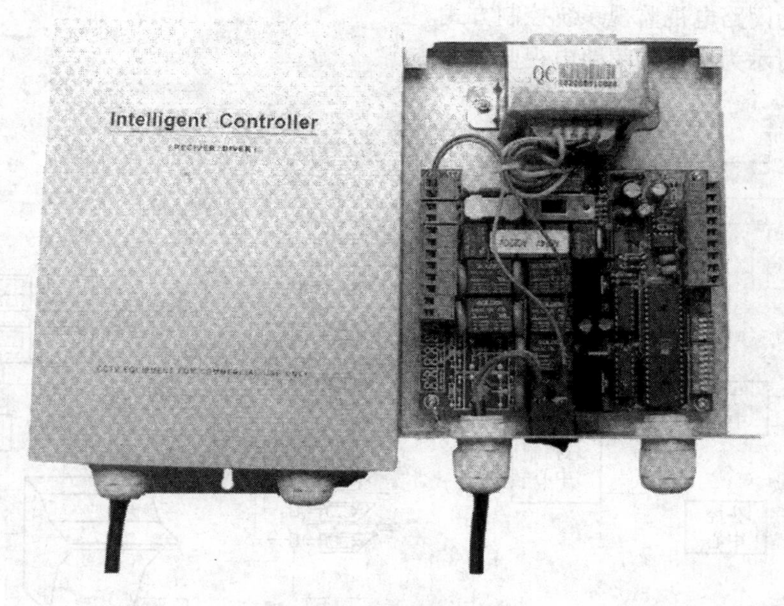

图3-23 解码器

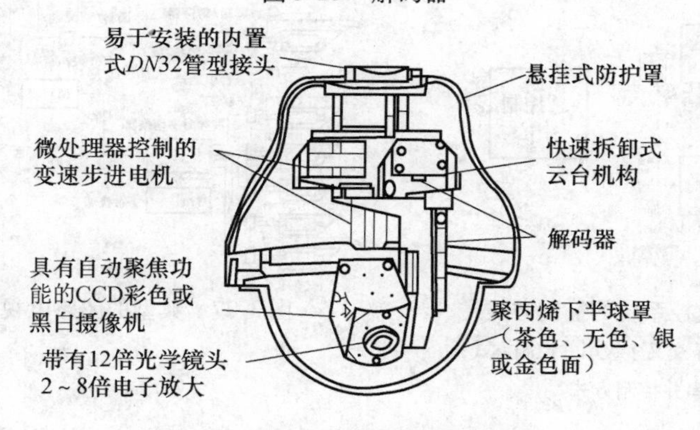

图3-24 球形摄像机结构图

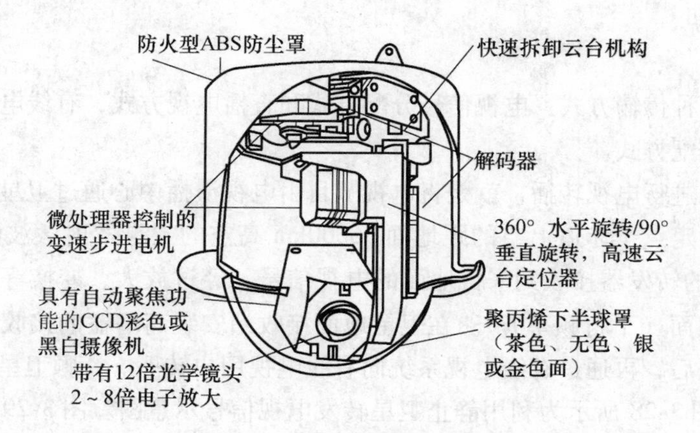

图3-25 半球形摄像机结构图

图 3-26 为闭路电视监视系统控制方式。

图 3-27 所示为典型的闭路电视监控系统。

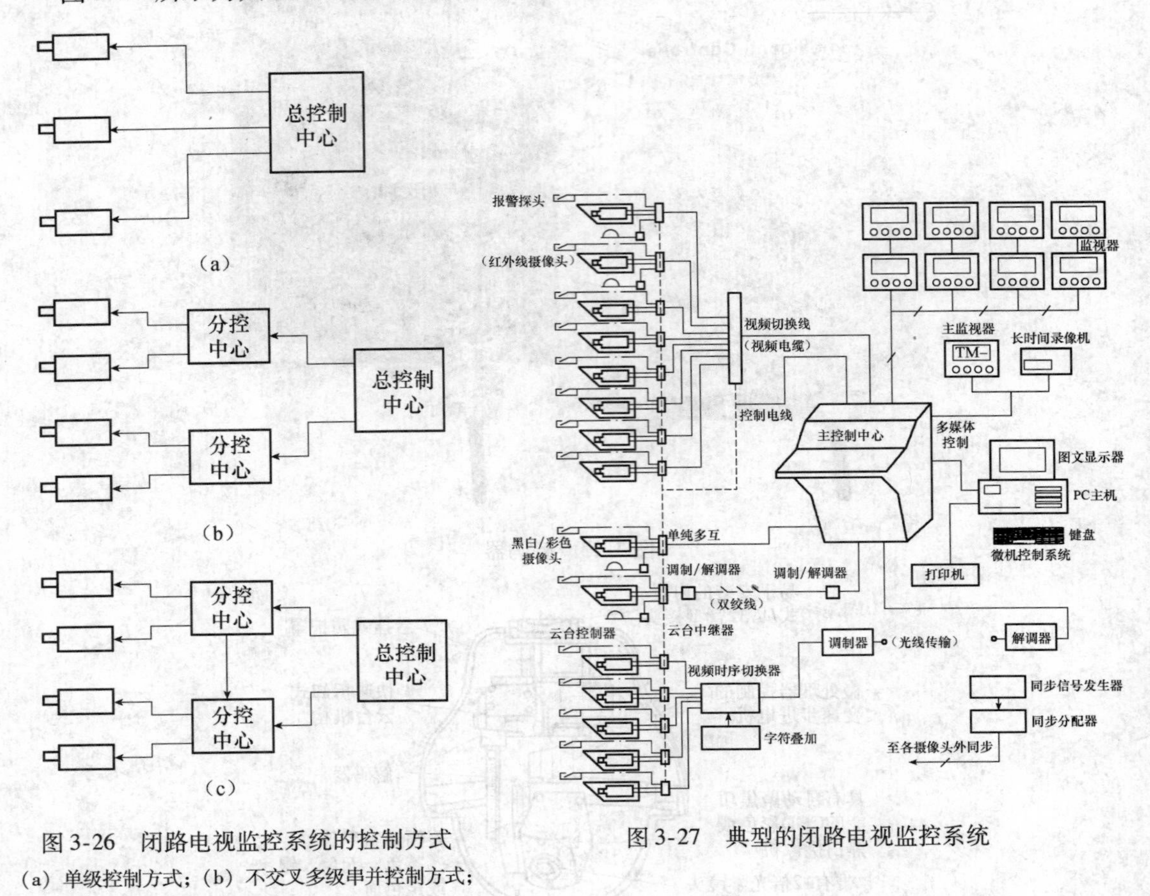

图 3-26　闭路电视监控系统的控制方式

(a) 单级控制方式；(b) 不交叉多级串并控制方式；

(c) 交叉多级串并控制方式

图 3-27　典型的闭路电视监控系统

3.3　卫星电视

卫星电视有两种传输方式：电视信号分配方式和直播电视方式，有线电视系统使用的是前一种电视信号分配方式。

利用通信卫星进行电视转播，就是将电视节目由电视演播中心通过卫星地面发射站，用定向天线向太空中定点于赤道上空的距地面 36000km 高空的卫星发射微波电视信号（上行频率 f_1），卫星中的转发器接收到来自地面的电视信号，经过放大、变换等一系列处理，再通过卫星传输到地面（下行频率 f_2）。在卫星地面接收站安装高增益的接收天线，接收到卫星转播的电视节目后，再通过有线电视系统向有线电视用户转播。一颗卫星几乎可以覆盖地球表面的 40%，图 3-28 所示为利用静止卫星转发电视信号示意图。图 3-29 所示为卫星电视广播系统工作示意图。图 3-30 所示为卫星电视接收系统基本组成。图 3-31 所示为卫星电视接收天线基本结构。

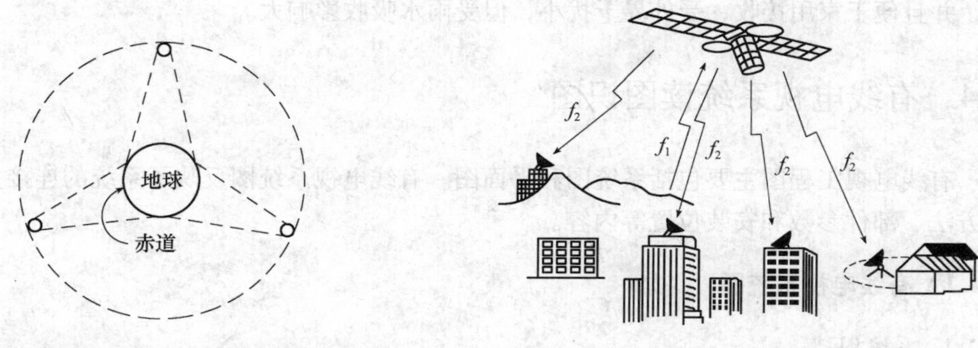

图 3-28　利用静止卫星转发电视信号示意图　　　图 3-29　卫星电视广播系统工作示意图

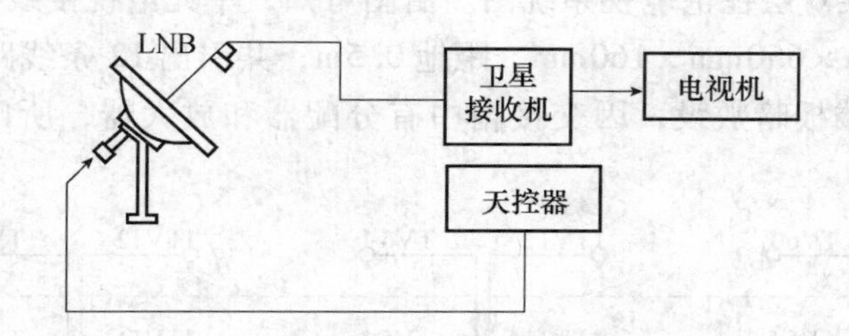

图 3-30　卫星电视接收系统的基本组成

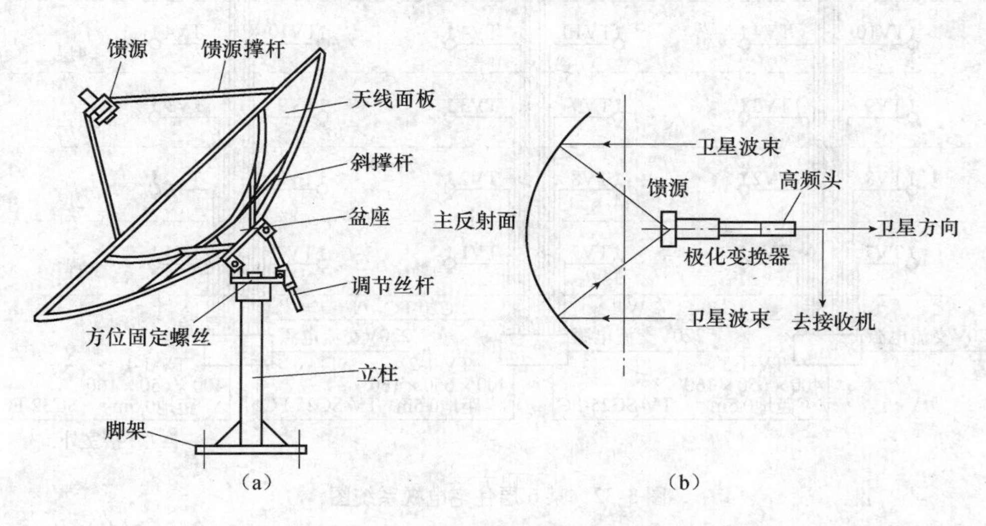

图 3-31　卫星电视接收天线基本结构

(a) 结构图；(b) 剖面图

固定卫星业务（静止通信卫星业务）和卫星广播电视业务分配的下行频率，因受技术条件的限制，目前仍以 L、S、C、Ku 四个波段为主。需注意的是，划分给卫星广播电视的频率，其他无线电业务也可以使用，但不能相互干扰。

C 波段是目前使用最多的卫星下行工作频段，很多国家的卫星通信和卫星广播电视都在这个频段，国际卫星通信组织提供给各国租用的国际卫星电视频道，也在这个频段内。

Ku 波段是目前各国发展卫星电视所采用的主要频段，该频段可以接收小型地面接收天线，并且便于家用接收，受外界干扰小，但受雨水吸收影响大。

3.4 有线电视系统读图识图

有线电视工程图主要包括系统图和平面图。有线电视系统图反映了系统的连接关系、施工方法、部件参数和安装位置等内容。

3.4.1 有线电视系统图

1. 系统图

图 3-32 所示为某 6 层住宅电视系统图。由图可知，单元电视接线箱 TV-1-1 装设在一层，规格尺寸 400mm × 650mm × 160mm，距地 0.5m，共引出 12 条线路：TV1 ~ TV12，穿管径 20 钢管沿墙、楼板暗敷设，因交接箱中有分配器和放大器，所以有 220V 交流电源供电。

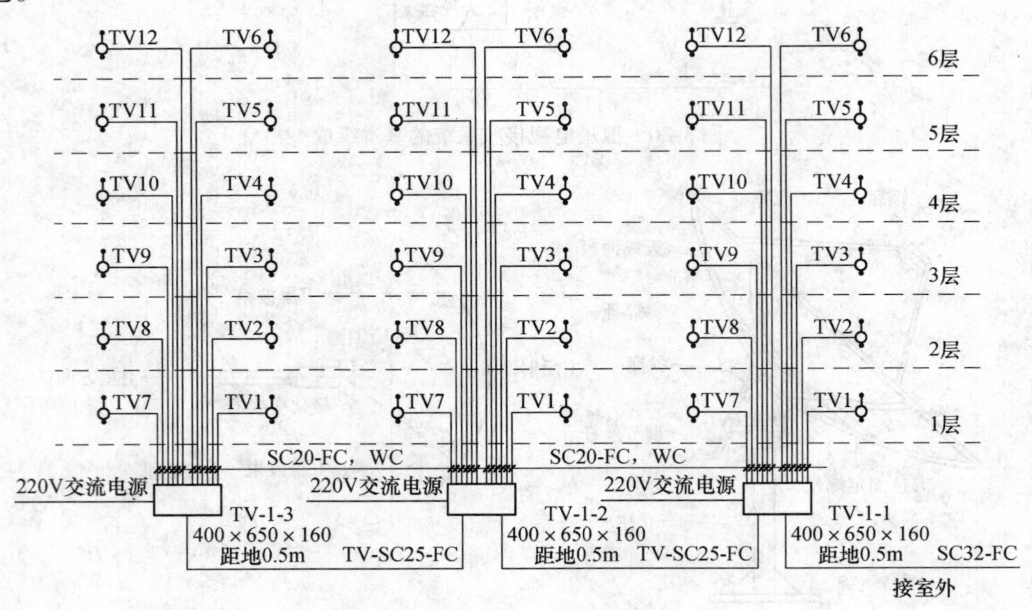

图 3-32 某 6 层住宅电视系统图

2. 平面图

图 3-33 所示为某 6 层住宅一层弱电平面图。表 3-8 所列为电视、电话线路标注。表 3-9 所列为三表计量系统线路标注。单元电视接线箱 TV-1-1 装设于楼梯间墙上；向 A 单元引出 6 条线路 TV1 ~ TV6，电视终端盒装设在起居室和主卧室中，TV2 ~ TV6 沿墙继续向上引；向 B 单元引出 6 条线路 TV7 ~ TV12，电视终端盒装设在起居室和主卧室中，TV8 ~ TV12 沿墙继续向上引。由表 3-8 可知，电视线路使用的是特性阻抗 75Ω 的实芯聚乙烯绝缘聚氯乙烯护套射频同轴电缆。

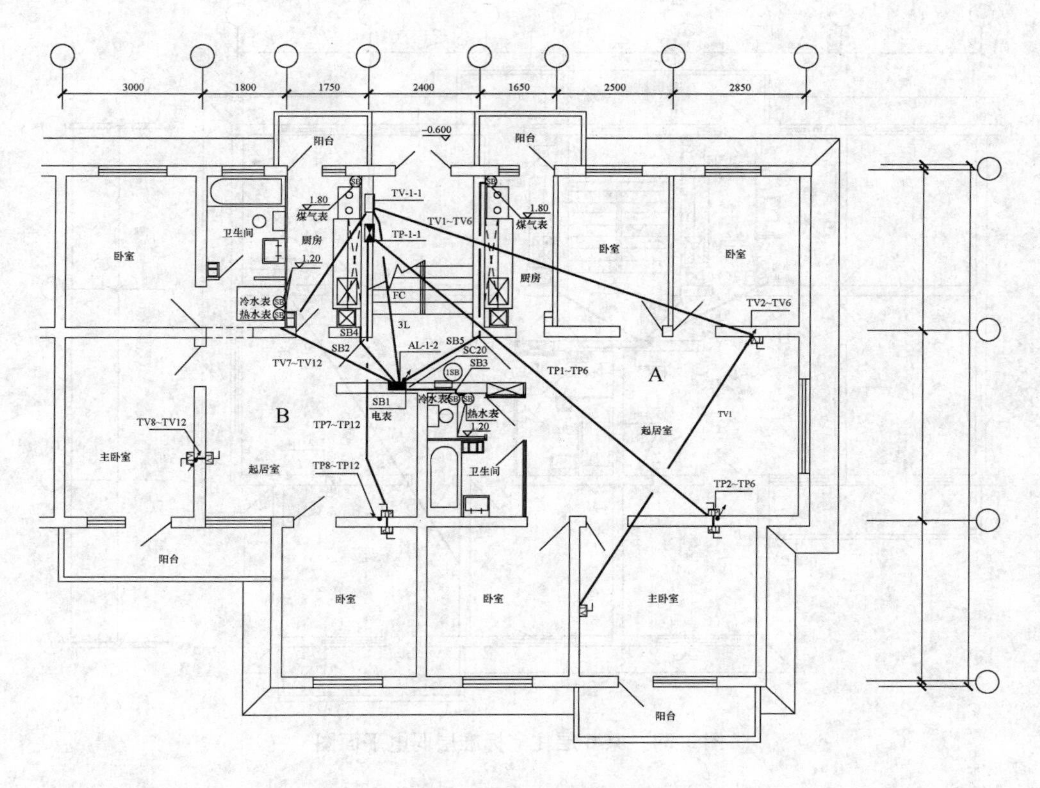

图 3-33　某 6 层住宅一层弱电平面图

表 3-8　电视、电话线路标注（一层）

TV-1-1	TV1 ~ TV6	SYV-75-4 SC20-FC-WC
	TV7 ~ TV12	SYV-75-4 SC20-FC-WC
TP-1-1	TP1 ~ TP12	RVS-2X0.5 SC15-FC-WC

表 3-9　三表计量系统线路标注（一层）

SB	SB1	RVVP-3X1.0SC15-WC
	SB2	RVVP-3［3X1.0］SC15-FC
	SB3	RVVP-3［3X1.0］SC15-FC
	SB4 ~ SB5	RVVP-3X1.0SC15-WC

图 3-34 所示为某 6 层住宅标准层弱电平面图（2 ~ 6 层）。表 3-10 所列为电视、电话线路标注。

表 3-10　电视、电话线路标注（标准层）

TV	TV2 ~ TV6	SYV-75-4 SC20-FC-WC
	TV8 ~ TV12	SYV-75-4 SC20-WC
TP	TP2 ~ TP12	RVS-2X0.5 SC15-WC

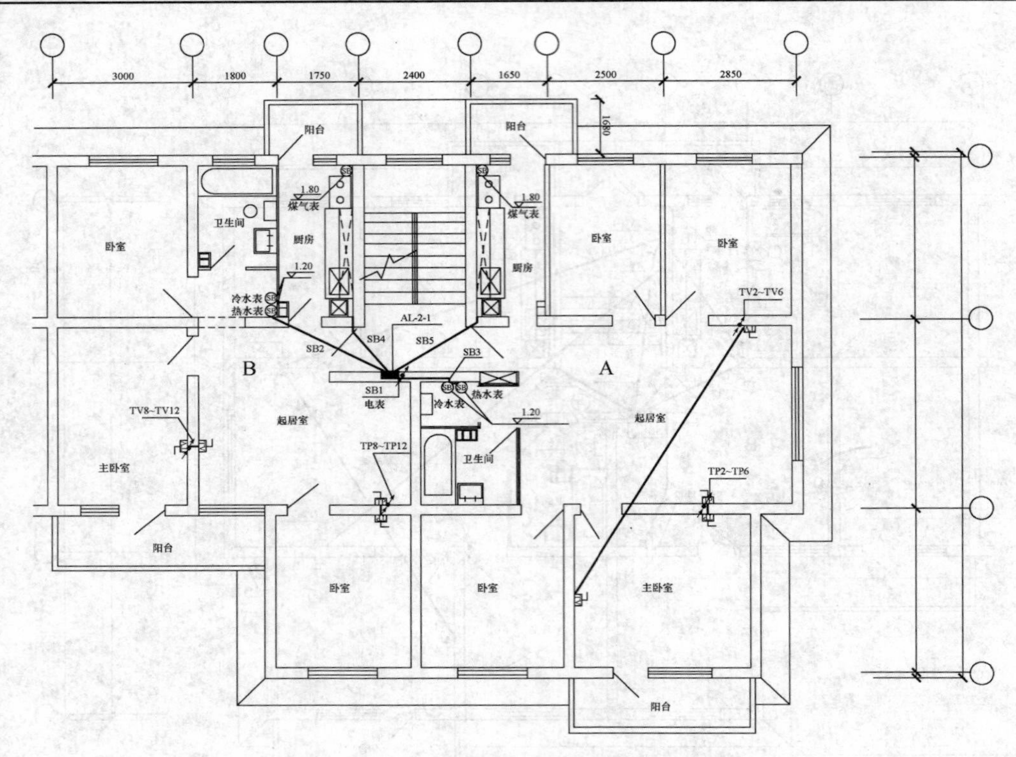

图 3-34　某 6 层住宅标准层弱电平面图

3.4.2　闭路电视系统图

1. 某旅游宾馆房门监视系统图

图 3-35 为某旅游宾馆房门监视系统图。图中房门监视线采用 BV-2 ×1.0 电线。

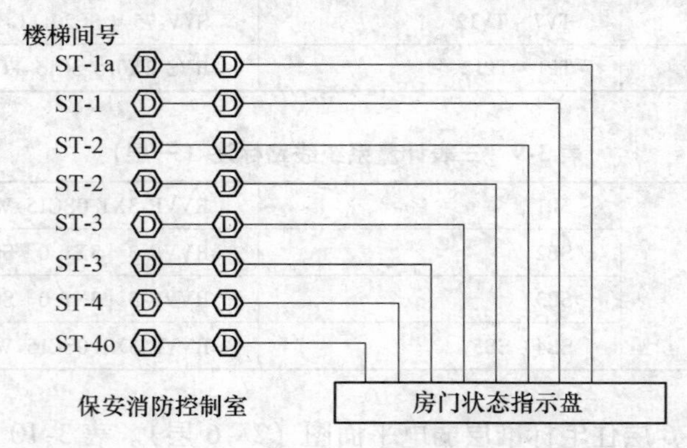

图 3-35　房门监视系统图

Ⓓ为门磁开关

保安消防控制室内装设有房门状态指示盘，并引出多条线路至各门磁开关。

2. 某旅游宾馆闭路电视系统图

图 3-36 所示为某旅游宾馆闭路电视系统图，图中视频线采用 SYKV-75-5 同轴电缆，控制线采用 12 芯屏蔽电缆，摄像机电源线采用 BV-2 ×1.0 电线。表 3-11 所示为该旅游宾馆闭

路电视系统设备表。

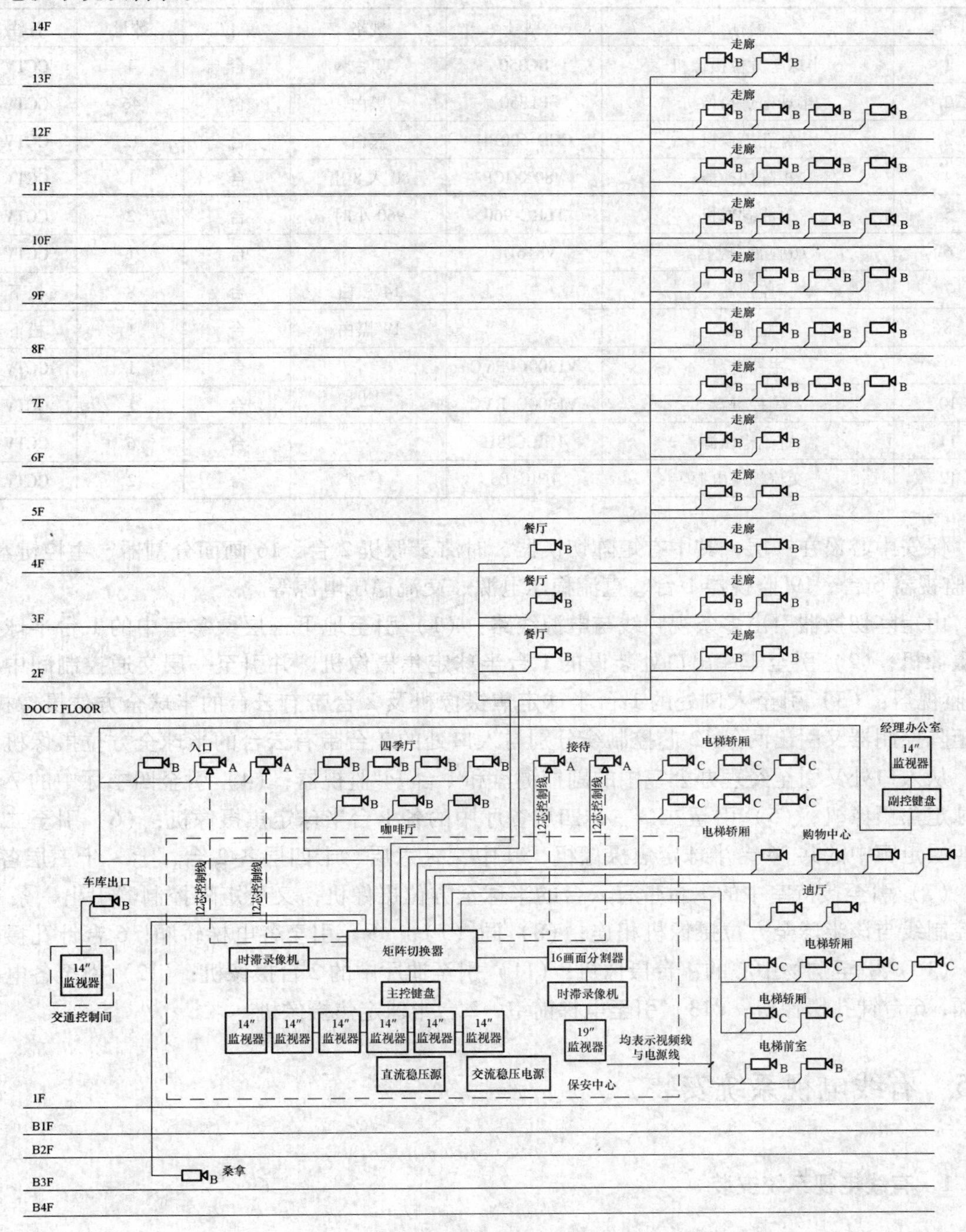

图 3-36　闭路电视系统图

图例			
摄像机	A	半球全方位摄像机
摄像机　带云台	B	半球定焦摄像机
SW 切换控制器	C	针孔摄像机

表 3-11　闭路电视系统设备表

序号	名称	型号	规格	单位	数量	备注
1	半球全方位摄像机	BC350	黑白	台	4	CCTV
2	半球定焦摄像机	BL350	黑白	台	46	CCTV
3	针孔摄像机	CCD-600PH	黑白	台	12	CCTV
4	矩阵切换器	V80X8ICP	80 入 8 出	台	1	CCTV
5	时滞录像机	TLRC-960	960 小时	台	2	CCTV
6	16 画面分割器	V816DC		台	1	CCTV
7	监视器		14″黑白	台	8	松下
8	监视器		19″黑白	台	1	松下
9	主控键盘	V1300C-RVC		台	1	CCTV
10	副控键盘	V1300C-RVC		台	1	CCTV
11	直流稳压源	4NICC78H		台	6	CCTV
12	交流稳压电源	4NIC-B5		台	2	CCTV

保安中心设在一层，其中有矩阵切换器、时滞录像机 2 台、16 画面分割器、主控键盘、14″监视器 6 台、19″监视器 1 台、直流稳压电源、交流稳压电源等。

由矩阵切换器引出多条视频线与电源线路：（1）引至地下三层桑拿室中的 1 台半球定焦摄像机；（2）引至车库出口处装设的 1 台半球定焦摄像机，并引至一层交通控制间中的 14″监视器；（3）引至入口处的 1 台半球定焦摄像机及 2 台带有云台的半球全方位摄像机，从矩阵控制器又引出两条 12 芯控制线分别与入口处的 2 台带有云台的半球全方位摄像机相连，从入口处又引至经理办公室中的副控键盘和 1 台 14″监视器；（4）引至四季厅中的 7 台半球定焦摄像机；（5）引至二、三、四层餐厅中的各 1 台半球定焦摄像机；（6）引至二～十四层走廊中的共 36 台半球定焦摄像机，其中二～六层、十四层各 2 台，七～十三层各 4 台；（7）引至接待室中的 1 台带有云台的半球全方位摄像机，又从矩阵控制器引出一条 12 芯控制线与该半球全方位摄像机相连；（8）同（7）；（9）引至各电梯轿厢，6 台针孔摄像机；（10）引至购物中心的 4 台摄像机；（11）引至迪厅中的 2 台摄像机；（12）引至各电梯轿厢，6 台针孔摄像机；（13）引至电梯前室，2 台半球定焦摄像机。

3.5　有线电视系统安装

3.5.1　有线电视系统安装

1. 部件安装

（1）部件及其附件的安装应牢固、安全，并便于测试、检修和更换。

（2）应避免将部件安装在厨房、厕所、浴室、锅炉房等高温、潮湿或易受损伤的场所。

（3）前端设备应组装在结构坚固、防尘、散热良好的标准箱、柜或立架中。部件和设备在立架中应便于组装、更换。立架中应留有不少于两频道部件的空余位置。

2. 线路敷设

电缆（光缆）线路应短直、安全、稳定、可靠、便于维修、检测，并应使线路避开易受损场所，减少与其他管线等障碍物的交叉跨越。

(1) 室外线路敷设方式

室外线路可采用直埋电缆敷设方式和架空电缆敷设方式，如图3-37和图3-38所示。

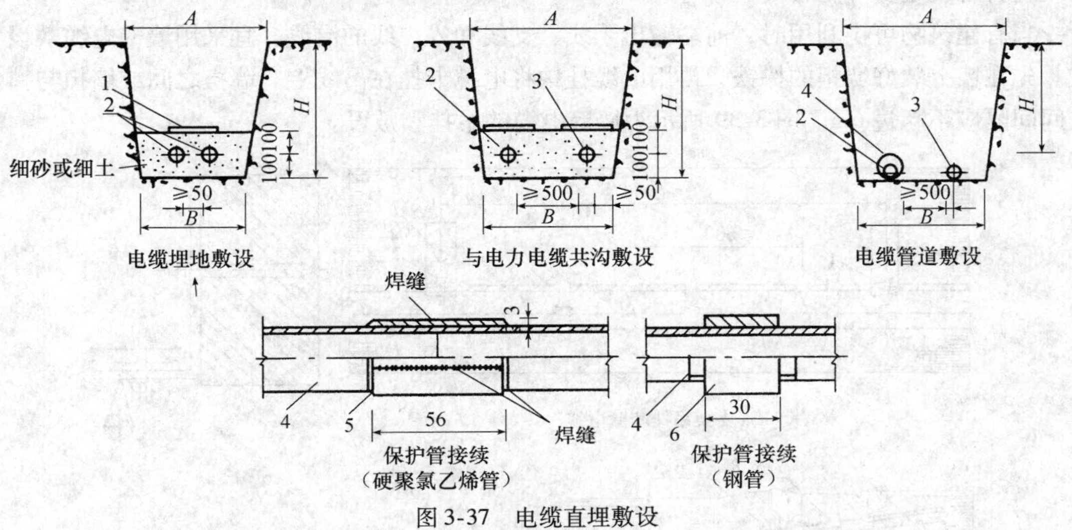

图3-37 电缆直埋敷设

1—红砖；2—有线电视电缆；3—电力电缆；4—保护管；5—接续管；6—钢制管接头

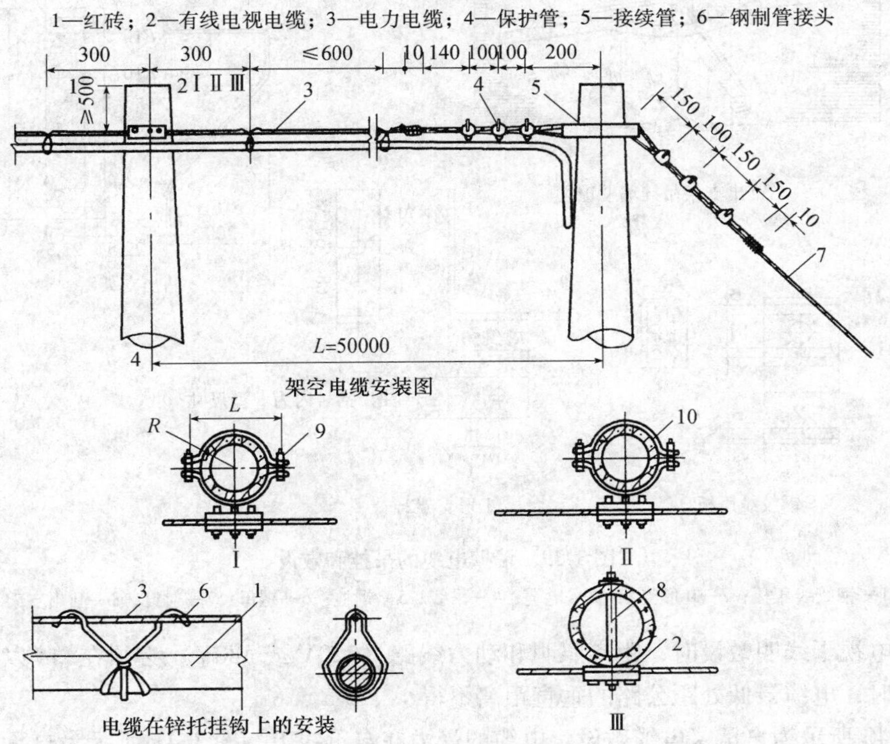

图3-38 架空电缆敷设

1—电缆；2—三孔单槽夹板；3—吊线；4—U形钢绞线卡；

5—拉线抱箍；6—锌托挂钩；7—拉线；8—穿钉；9、10—吊线抱箍

电缆直埋时，必须使用具有铠装的能直埋的电缆，其埋深不得小于0.8m。紧靠电缆处要用细土覆盖100mm，上压一层砖石保护。在寒冷的地区应埋在冻土层以下。

架空电缆敷设时，先将电缆吊线用夹板固定在电缆杆上，再用电缆挂钩将电缆卡挂在吊线上，挂钩间距一般为0.5~0.6m。电缆与其他架空明线线路共杆架设时，其两线间的最小间距应符合规定。

当有建筑物可供利用时，前端输出干线、支线和入户线的沿线，宜采用墙壁电缆敷设方式。先在墙上装好墙担的撑铁，再用电缆挂钩将电缆卡挂在吊线上。墙担之间或墙担与撑铁之间间隔应不超过6m。图3-39所示为墙壁电缆的吊挂和敷设。

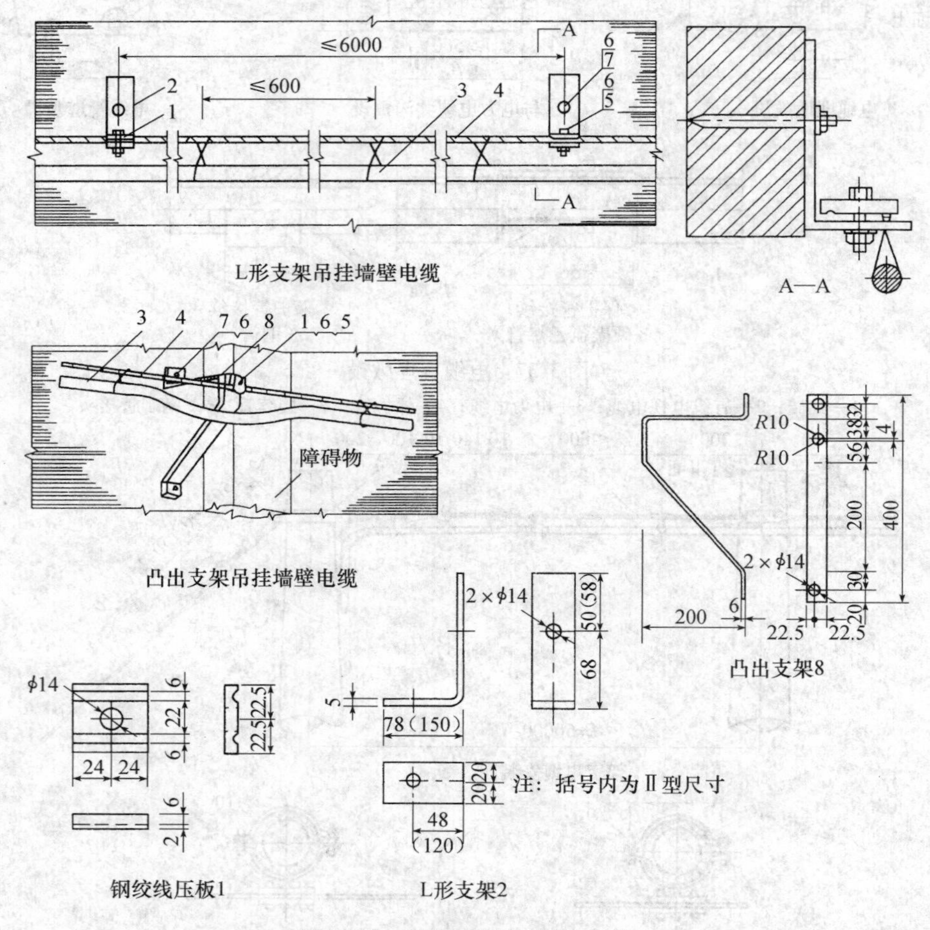

图3-39 墙壁电缆的吊挂和敷设

1—钢绞线压板；2—L形支架；3—电缆；4—吊线；5—螺栓；6—螺母；7—射钉；8—凸出支架

有线电视干线明敷设时，距离照明和动力线路（220V或380V）必须在2m以上。电缆横穿公路时，电缆最低处距公路的垂直距离不得小于5m。

图3-40所示为自承式电缆敷设。电缆的受力在自承线上。图3-41所示为自承式电缆沿墙敷设及电缆入户方式。

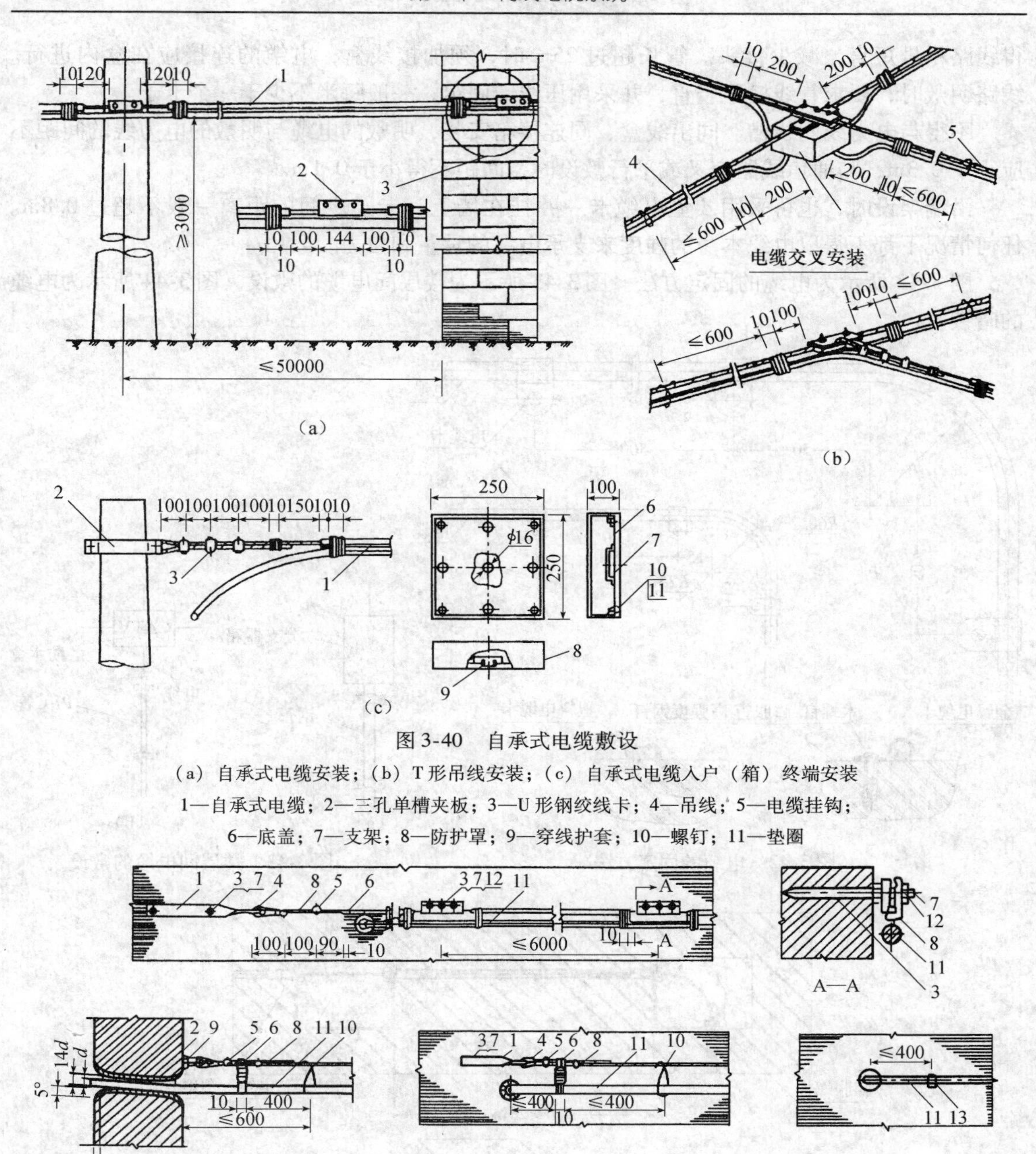

图3-40　自承式电缆敷设

(a) 自承式电缆安装；(b) T形吊线安装；(c) 自承式电缆入户（箱）终端安装

1—自承式电缆；2—三孔单槽夹板；3—U形钢绞线卡；4—吊线；5—电缆挂钩；6—底盖；7—支架；8—防护罩；9—穿线护套；10—螺钉；11—垫圈

图3-41　自承式电缆沿墙敷设及电缆入户

(a) 电缆入户方式（一）；(b) 电缆入户方式（二）；(c) 电缆入户方式（三）

1—有眼拉攀；2—瓷管或钢管；3—射钉；4—拉线衬环；5—U形钢绞线卡；6—铁丝；7—螺母；8—吊线；9—U形拉攀；10—电缆挂钩；11—电缆；12—三孔单槽夹板；13—电缆挂钩

(2) 电缆在室内敷设

电视电缆在室内可采用明敷或暗敷，新建建筑物内线路应尽量采用暗敷，其保护管可采用金属管或塑料管，在电磁干扰严重的地区，宜选用金属管。在进行有线电视设计时，应使得线路尽量短直，减少接头。管长超过25m时，须加接线盒，电缆的连接应在盒内进行。线路明敷时，要求管线横平竖直，并采用压线卡固定，一般每米不少于一个卡子。

不得与电力线同线槽、同出线盒、同连接箱安装，明敷的电缆与明敷的电力线的间距不应小于0.3m，与通信线路交叉或平行敷设时，间距不得小于0.1m。

沿墙架设时，也可采用d型电缆卡一并挂在墙上，卡子之间的距离一般不超过0.8m。任何情况下都不得以电缆本身的强度来支承电缆的重量和拉力。

图3-42所示为电缆的固定方法。图3-43所示为楼层间电缆的敷设。图3-44所示为电缆的暗装。

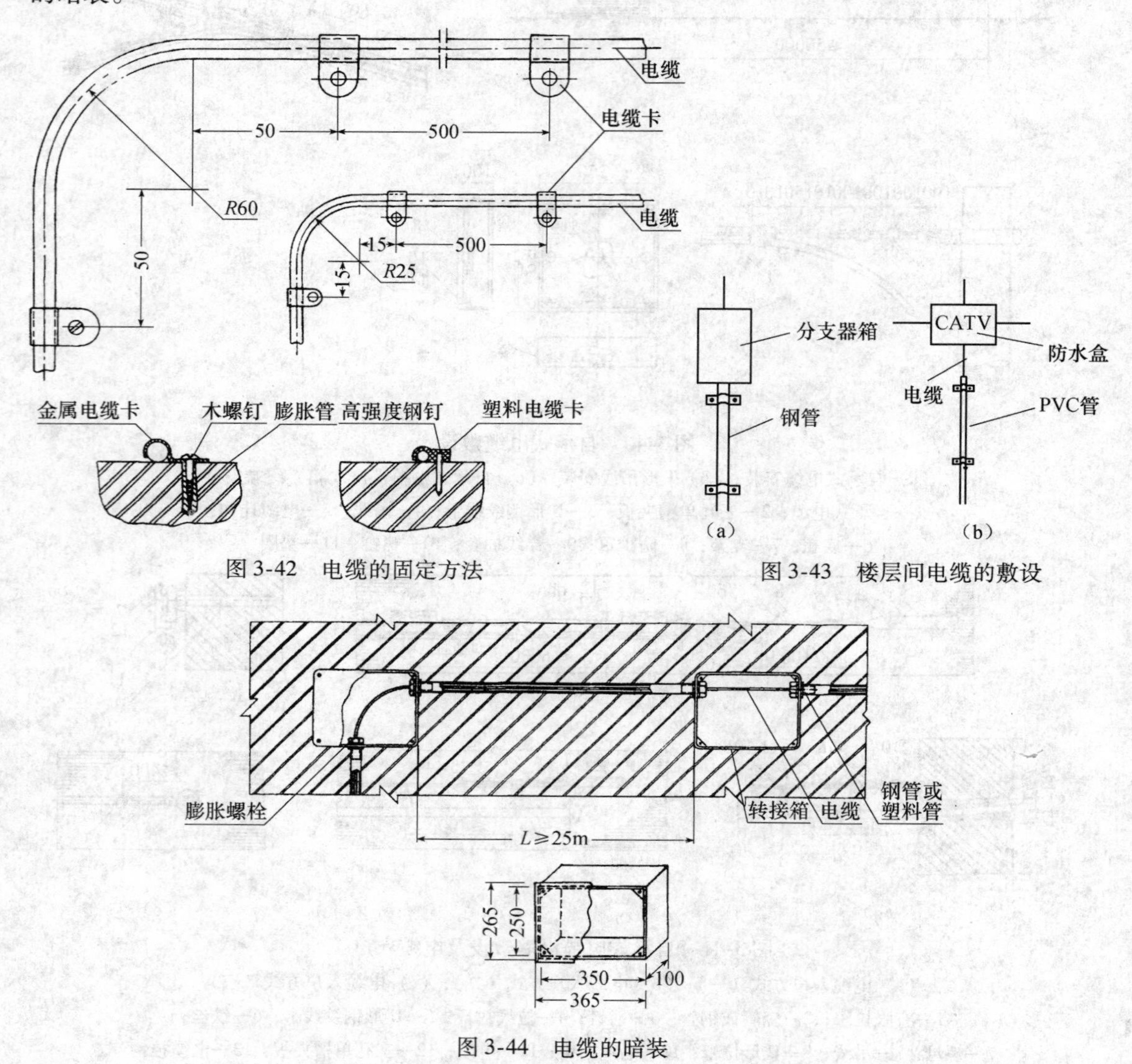

图3-42　电缆的固定方法

图3-43　楼层间电缆的敷设

图3-44　电缆的暗装

3. 天线

天线基础位置的选择应在周围开阔、无高大建筑物阻挡的地方，并要远离各种干扰源，尽量靠近用户区的中心。图3-45所示为常用的两种天线基础做法。

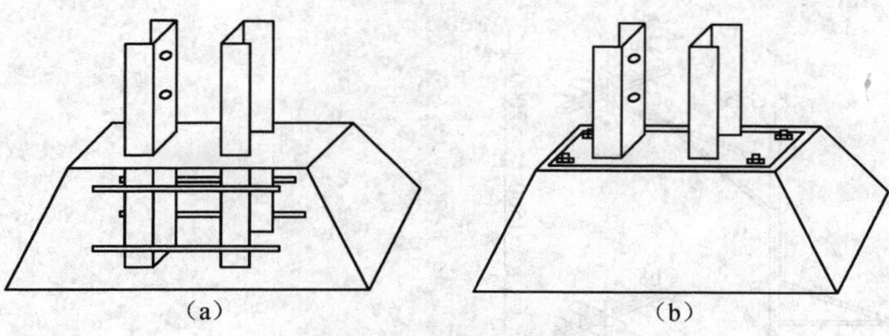

图3-45 天线基础做法
(a) 做法(一);(b) 做法(二)

天线应按设计要求组装，并应平直、牢固。天线竖杆基座应按设计要求安装。接收天线安装位置应避开接收信号传输方向上的阻挡物和周围的金属构件，结合收测和观看，确定天线的最优方位后，将天线固定。

电视信号的方向性极强，为很好地接收，天线架设时，方向必须指向信号最强的方向。若接收位置距发射天线很远，信号很弱，可以使用天线阵，即将两副或四副尺寸相同的天线水平或竖直排列安装在一起，各副天线接收的信号通过合成器合成为一个信号。天线与屋顶或地面应平行，最低层天线与基础平面的最小垂直距离不小于天线的最长工作波长，一般为3.5~4.5m。多杆架设时，同一方向的两杆天线支架横向间距应大于5m，前后间距应大于10m。多副天线同杆架设时，一般高频道或弱信号天线在上，低频道或强信号天线在下，各副天线之间的间距最好在1m以上，以免相互干扰，天线竖杆须做防雷接地连接。

屋顶结构施工时，应配合土建完成屋顶安装天线竖杆基座中螺栓、接线钩、电缆引下管、接地线等的预埋。每副共用天线应选用一根引下管。天线接线可选用三根，每根接线之间的夹角为120°，拉线与天线竖杆之间的角度一般为30°~45°，安装时，应使各根拉线受力均匀。

图3-46所示为天线竖杆基座安装，图3-47所示为多副天线同杆安装示意图，图3-48所示为天线在屋面上的安装方法，图3-49所示为天线在墙壁上安装。图3-50所示为天线在屋顶安装。图3-51和图3-52所示为UHF频段天线。

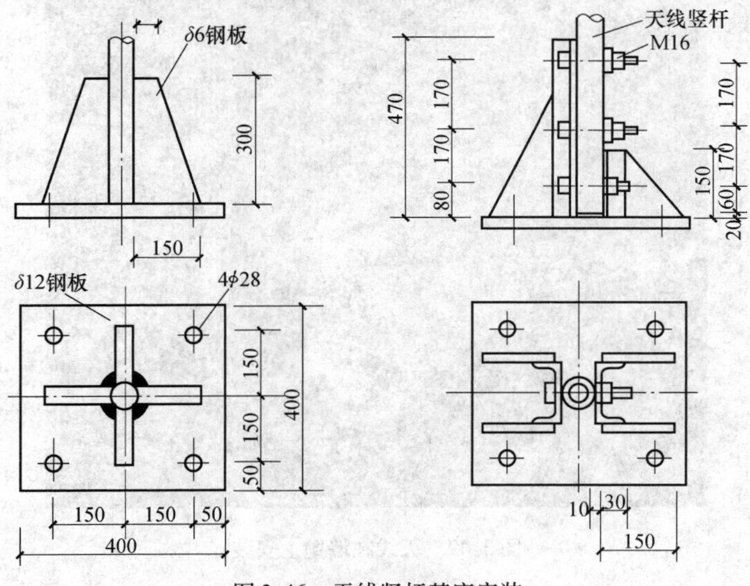

图3-46 天线竖杆基座安装

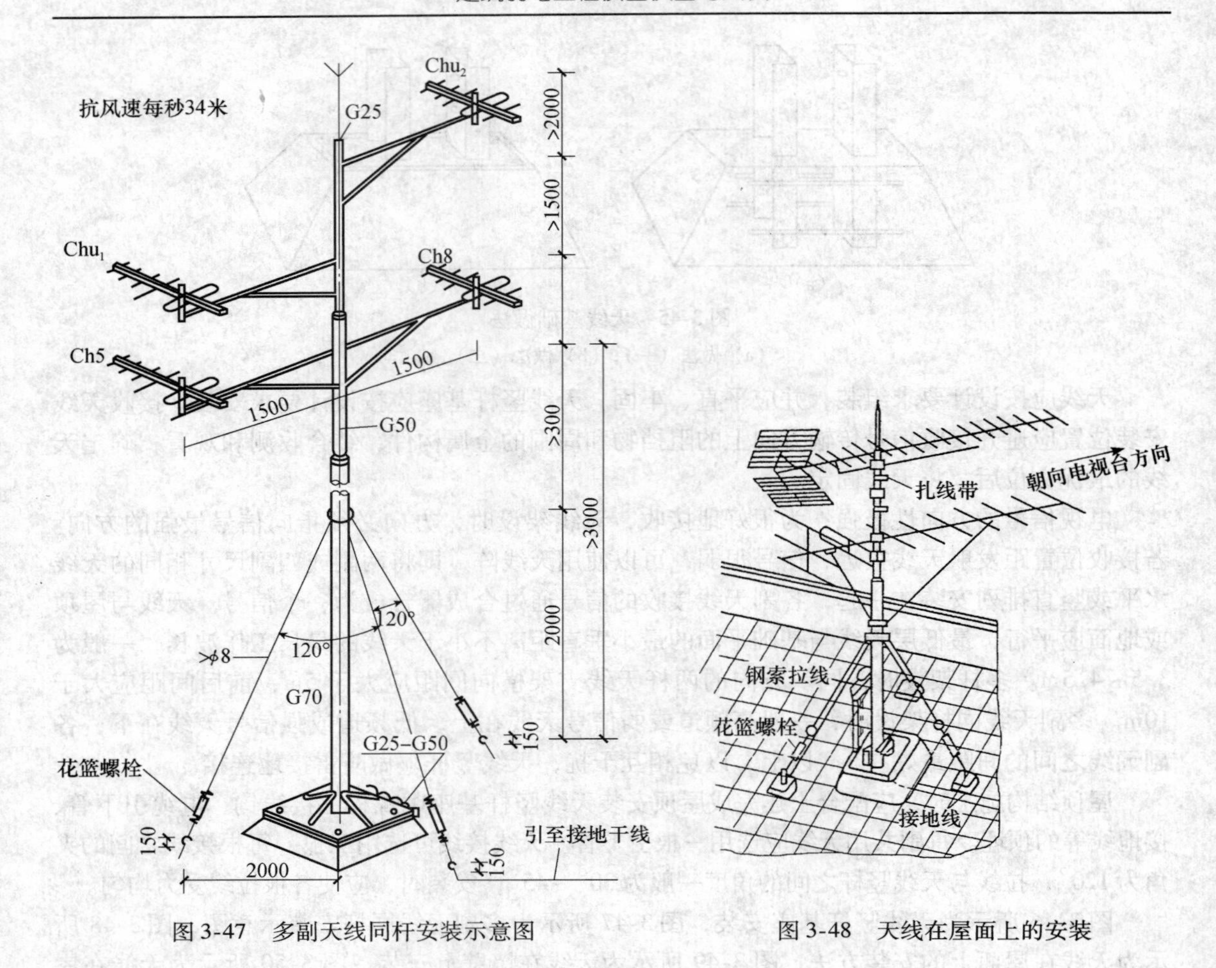

图 3-47　多副天线同杆安装示意图　　图 3-48　天线在屋面上的安装

图 3-49　天线在墙壁上安装

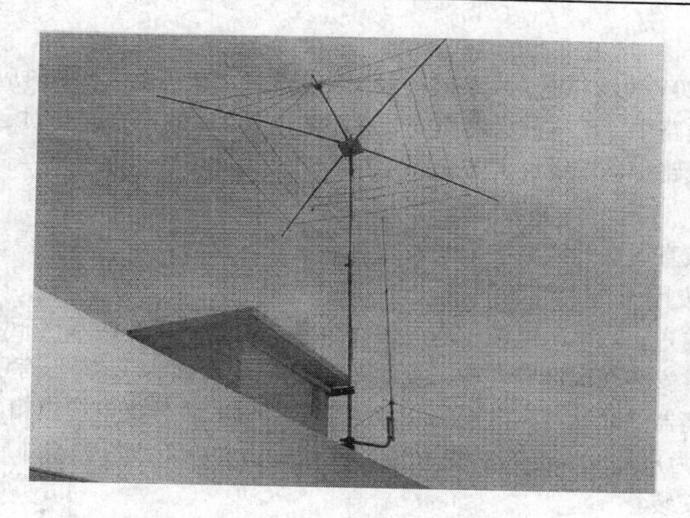

图3-50　天线在屋顶安装

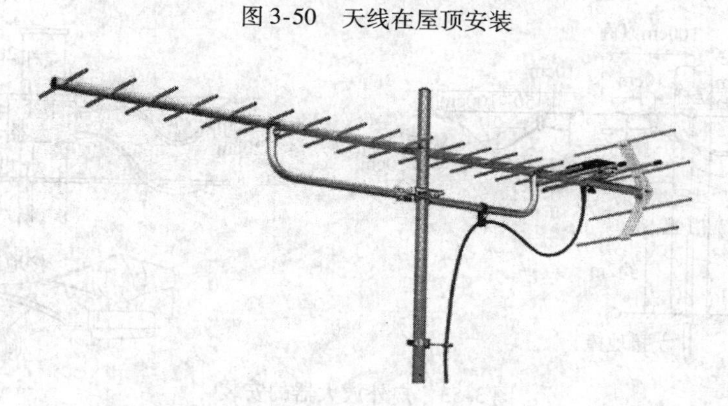

图3-51　UHF 频段天线

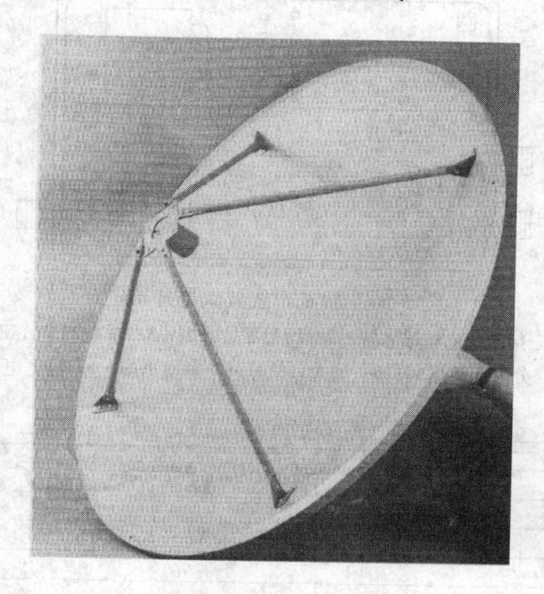

图3-52 UHF 频段天线

4. 放大器

放大器需要220V电源供电，明装时一般安装在线杆上或墙上，安装时应特别注意防雨。

在架空电缆线路中，干线放大器应安装在距离电杆1m的地方，并固定在吊线上。

在墙壁电缆线路中，干线放大器应固定在墙壁上。如吊线有足够的承受力，也可固定在吊线上。

在地下穿管或直埋电缆线路中干线放大器的安装，应保证放大器不得被水浸泡，可将放大器安装在地面以上。

干线放大器输入、输出的电缆，均应留有余量；连接处应有防水措施。

放大器箱通常安装在弱电竖井中，安装高度底面距地面为1.4m。有明装和暗装两种方法，箱内安装均衡器、衰减器、分配器和放大器等部件。各分支电缆由箱内引至用户终端。

图3-53所示为户外放大器的安装。图3-54所示为常见干线放大器外形。图3-55所示为干线放大器墙壁安装。

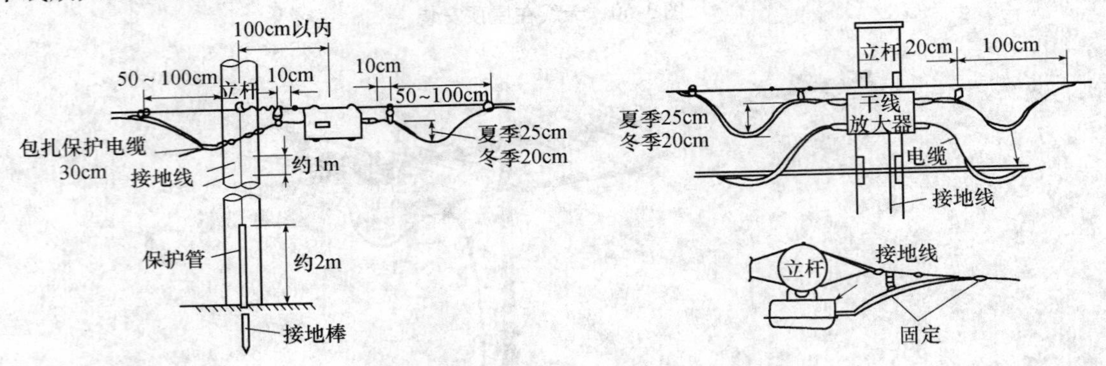

图3-53　户外放大器的安装

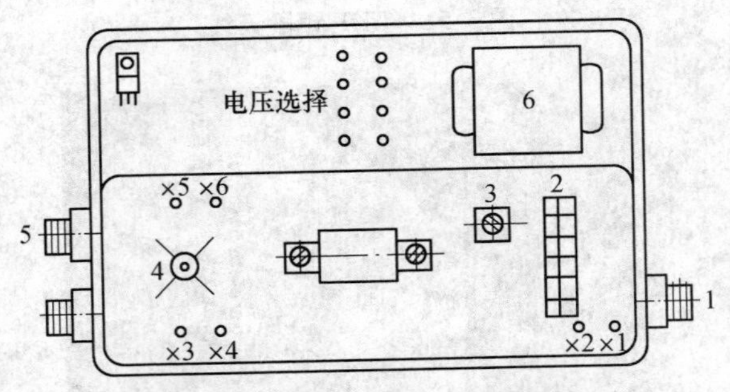

图3-54　常见干线放大器外形图

1—信号及电源输入端；2—均衡器接入端；3—增益调节旋钮；
4—二分配器输出端；5—放大后信号及电源输出端；6—电源电路板

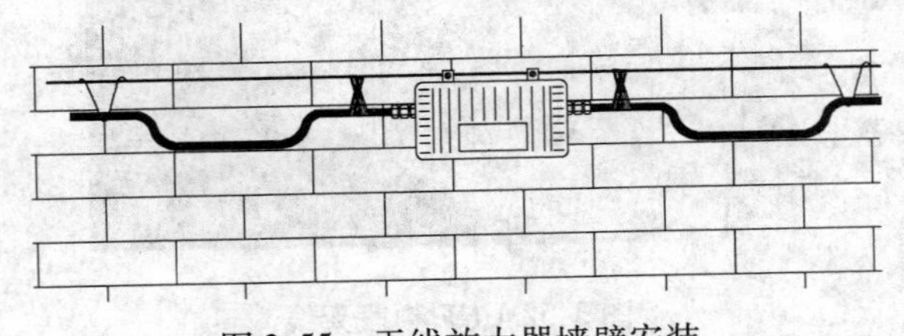

图3-55　干线放大器墙壁安装

5. 分支器、分配器

分支器、分配器的安装方式有明装和暗装两种，明装时应注意防雨，位置应选择在遮阳处；暗装时一般安装在墙壁内的接线箱里。当需要安装在室外时，应采取防雨措施，距地面不应小于2m。

在主体结构施工时，应将暗装分支器、分配器箱及电缆保护管预埋在墙体内，安装高度由工程设计确定。分支器、分配器箱也可在吊顶安装之前明装在走道吊顶内墙上。

图3-56所示为分支器、分配器的安装。图3-57所示为分支器及分配器箱的安装。图3-58所示为分支器、分配器的双针连接。图3-59所示为串接分支安装。

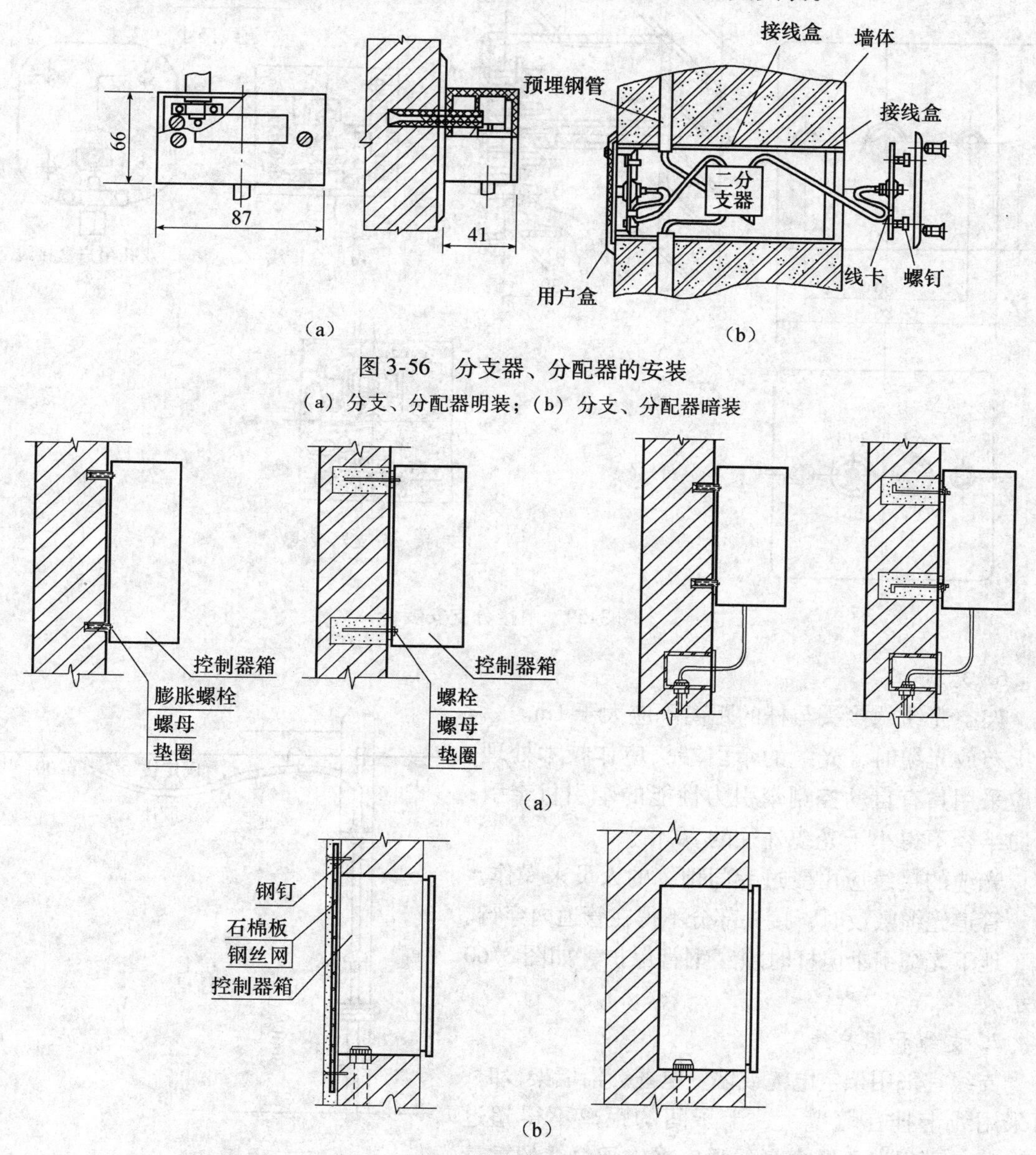

图3-56　分支器、分配器的安装
（a）分支、分配器明装；（b）分支、分配器暗装

图3-57　分支器、分配器箱的安装
（a）明装盒；（b）暗装盒

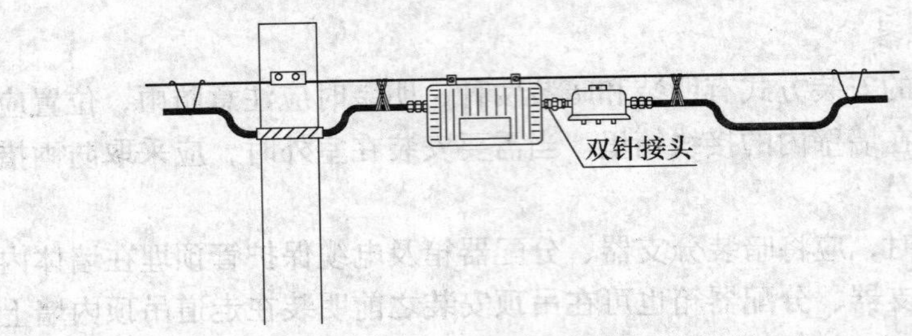

图 3-58　分支、分配器的双针连接

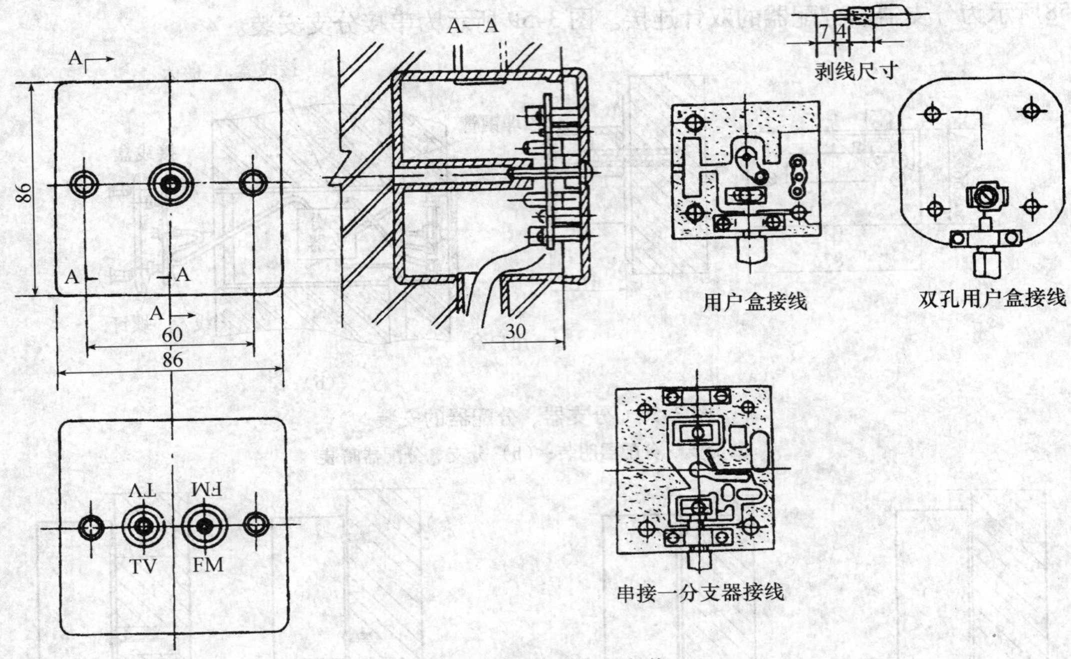

图 3-59　串接分支安装

6. 光缆

架空光缆的接头与杆的距离不应大于 1m。

布放光缆时，光缆的牵引端头应作技术处理，并应采用具有自动控制牵引力性能的牵引机牵引；弯曲半径不得小于光缆外径的 20 倍。

光缆的接续应由受过专门训练的人员来操作。

管道光缆敷设时，接头部分不得在管道内穿行。

地下光缆引上电杆时须穿钢管保护，如图 3-60 所示。

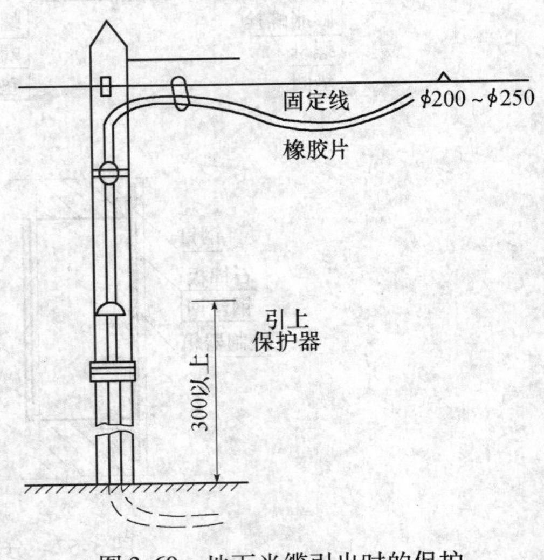

图 3-60　地下光缆引出时的保护

7. 支线和用户线

支线宜采用架空电缆或墙壁电缆，沿墙架设时，可采用线卡挂在墙壁上，卡子间的距离不得超过 0.8m，并不得以电缆本身的强度来支承电缆的重量和拉力。建筑物间支线架空敷设时，电缆架设最小高度应大于5m。电缆在进入建筑物之前先做一个100mm的滴水环，应安装吊钩和电缆夹板，并应根据电缆及钢绞线的自重采用不同的结构安装方式。图3-61所示为两种不同结构支线跨接方式。建筑物间电缆跨距不得大于50m，当跨距大于50m时，应在中间另加立杆支撑。

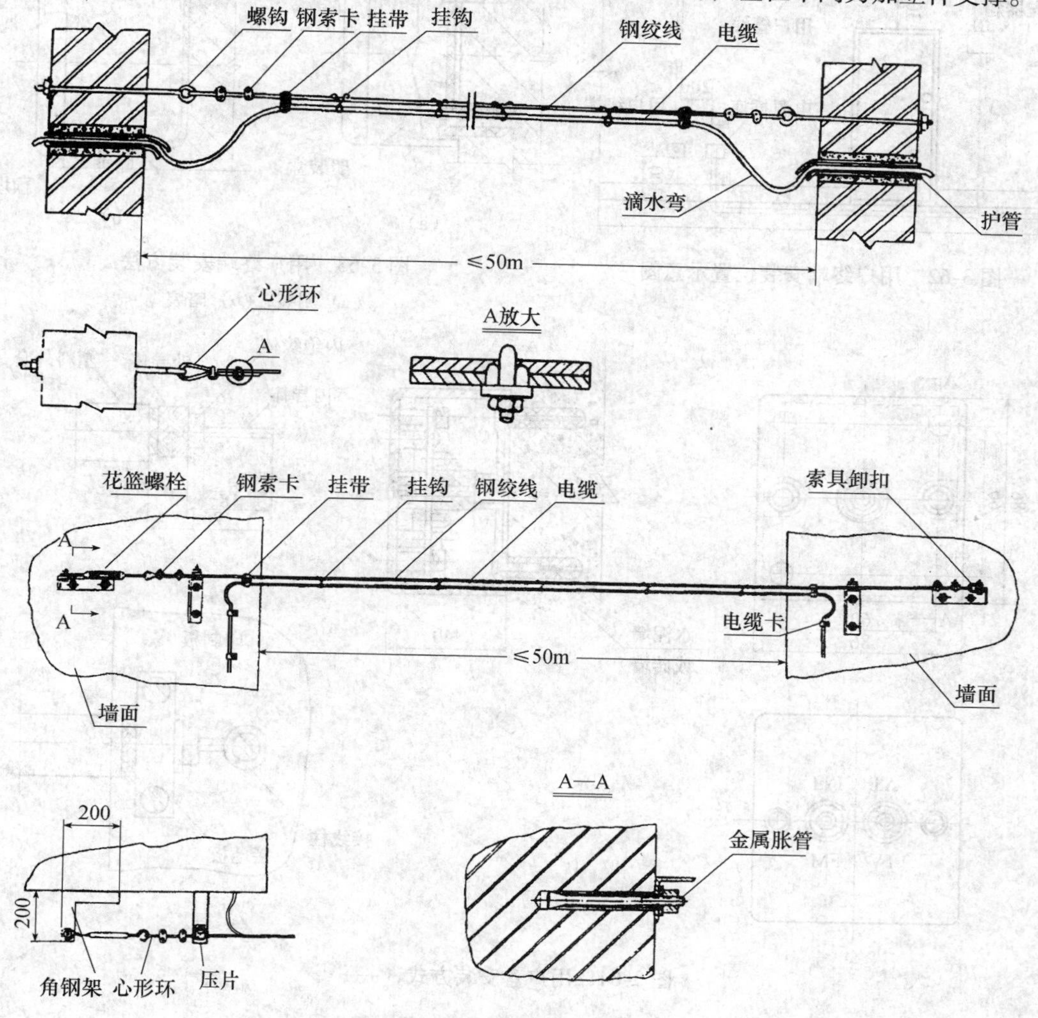

图3-61　支线电缆跨接方式

建筑物间跨线暗埋时，应加钢管保护，埋深不得小于0.8m，钢管出地面以后应高出地面2.5m以上，用卡环固定在墙上，电缆出口应加防雨保护罩。

用户线进入房屋内可穿管暗敷，也可用卡子明敷在室内墙壁上，或布放在吊顶上，但均应做到牢固、安全、美观。

在室内墙壁上安装的系统输出口用户盒，应做到牢固、美观、接线牢靠。

用户终端盒应平整不倾斜，盒体标高应符合设计要求，设计无要求时，安装高度为底面距地面300mm，与电源插座水平间距不小于200mm。接线时，先将约25mm的电缆外导线铜网打散编成束，留出3mm的绝缘层和12mm芯线，将芯线压住接线端子，再用Ω形卡压牢铜网处。

图3-62所示为用户终端安装位置示意图。图3-63、图3-64、图3-65所示为用户终端安装方法。图3-66所示为相邻用户盒的安装。

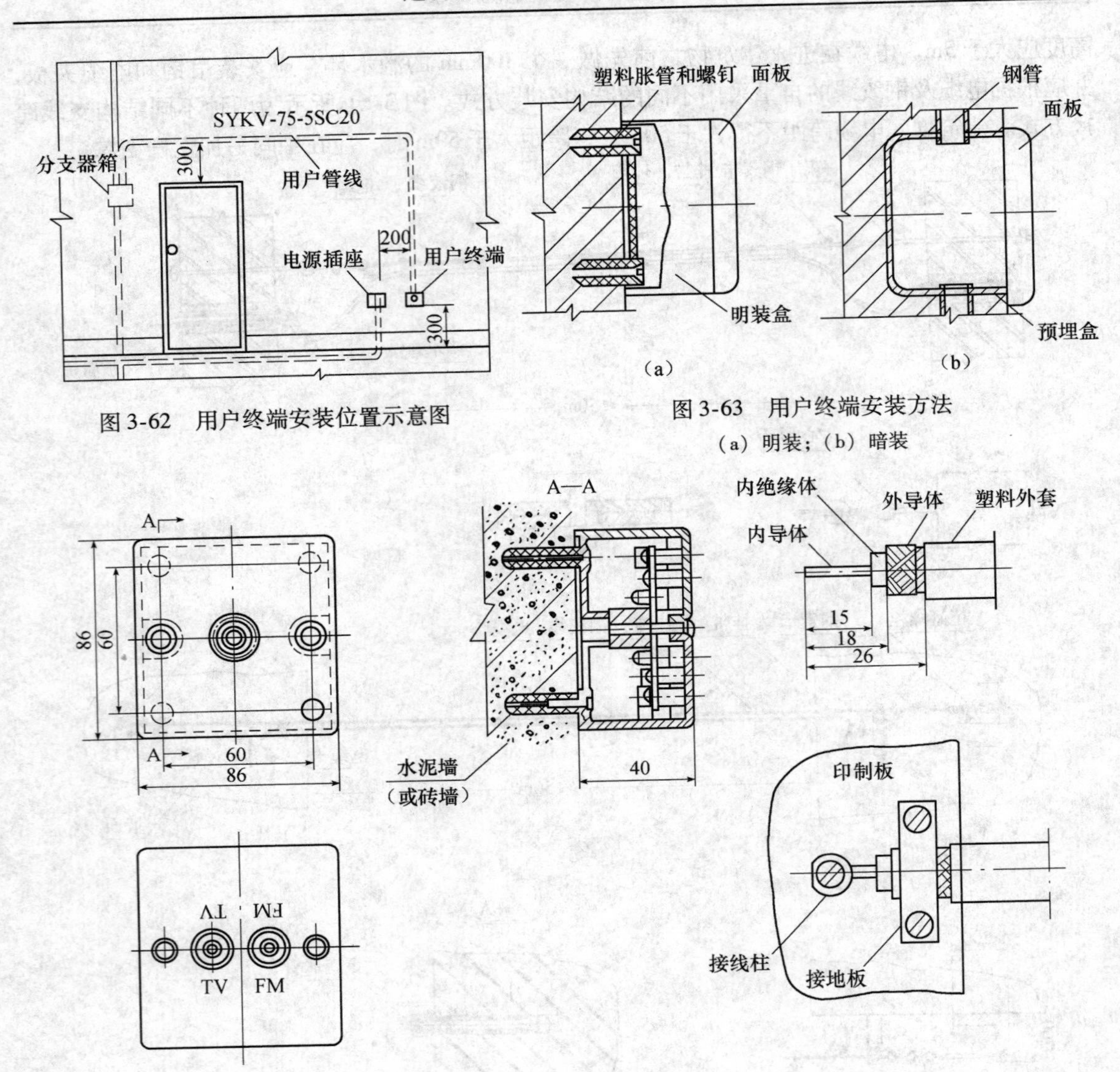

图 3-62 用户终端安装位置示意图

图 3-63 用户终端安装方法
(a) 明装；(b) 暗装

图 3-64 用户盒安装方式（一）

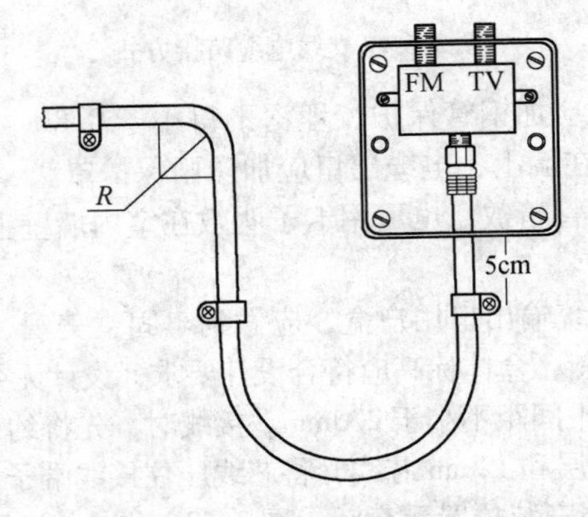

图 3-65 用户盒安装方式（二）

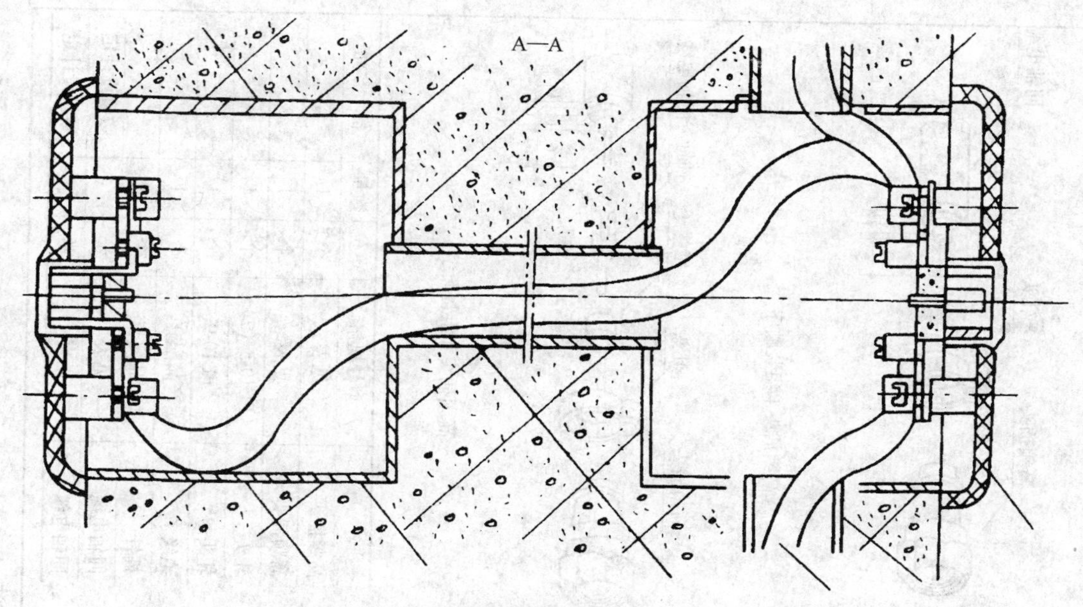

图3-66　相邻用户盒的安装

8. 电缆与各种设备的连接

有线电视系统中，电缆与各种设备之间、电缆与电视之间及电缆之间都要连接，这些连接应使用专门的连接件。

电缆与分配器、分支器、放大器的连接，通常是通过F形电缆接头相连接，连接时电缆应留有一定的余量，以方便安装和维修时拆、装电缆头。

与各种设备连接的插头称为工程用高频插头，又称F头，它实际上是一个连接坚固螺母。使用时，先将电缆芯线插入高频插座，再将插头拧在高频插座上，使导线不会松脱。图3-67所示为高频电缆插头与电缆的装配方法。

电缆与电缆连接时，可使用中间接头。中间接头是一个两端带螺纹的金属杆，使用时，将铜线芯插入，再将F头拧上即可。

电缆与电视的连接使用的插头有两种：一种是与扁馈线连接的300/75Ω插头，变换阻抗后接到电视机上，一般彩色电视机都配有这种插头；另一种是75Ω插头，使用时将电缆剥去10mm，留下铜网，除去铝膜，再剥去8mm内绝缘层，将铜芯插入插头并用螺栓压紧，将铜网接在插头外套金属筒上，注意接触一定要良好。

电缆与用户终端盒连接时，暗装方式中的电缆与分支器、分配器的连接通常采用Ω形电缆卡连接法。连接时要注意屏蔽网不要和芯线短路，剥线时不要芯线造成损伤。

图3-68所示为同轴电缆接线压接方法。

9. 防雷、接地与安全防护

系统的防雷设计应有防止直击雷、感应雷和雷电波侵入的措施。

当建筑物已有防雷接地系统时，避雷针和天线竖杆的接地应与建筑物的防雷接地系统共地连接；当建筑物无专门的防雷接地可利用时，应设置专门的接地装置，从接闪器至接地装置的引下线宜采用两根，从不同的方位以最短的距离沿建筑物引下，其接地电阻不应大于4Ω。

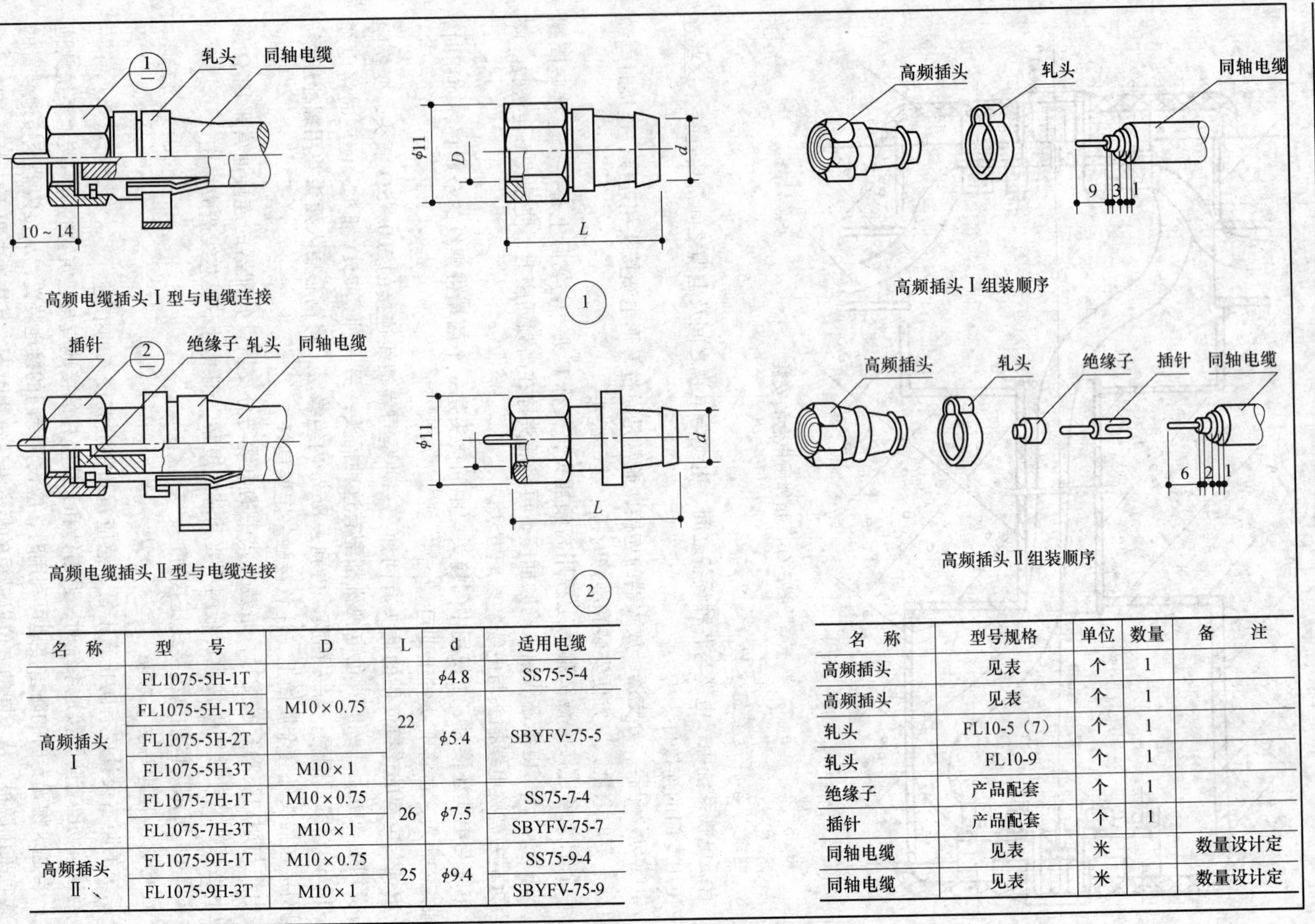

名　称	型　　号	D	L	d	适用电缆
高频插头Ⅰ	FL1075-5H-1T	M10×0.75		ϕ4.8	SS75-5-4
	FL1075-5H-1T2		22	ϕ5.4	SBYFV-75-5
	FL1075-5H-2T				
	FL1075-5H-3T	M10×1			
	FL1075-7H-1T	M10×0.75	26	ϕ7.5	SS75-7-4
	FL1075-7H-3T	M10×1			SBYFV-75-7
高频插头Ⅱ、	FL1075-9H-1T	M10×0.75	25	ϕ9.4	SS75-9-4
	FL1075-9H-3T	M10×1			SBYFV-75-9

名　称	型号规格	单位	数量	备　　注
高频插头	见表	个	1	
高频插头	见表	个	1	
轧头	FL10-5（7）	个	1	
轧头	FL10-9	个	1	
绝缘子	产品配套	个	1	
插针	产品配套	个	1	
同轴电缆	见表	米		数量设计定
同轴电缆	见表	米		数量设计定

图3-67　高频插头与电缆的装配方法

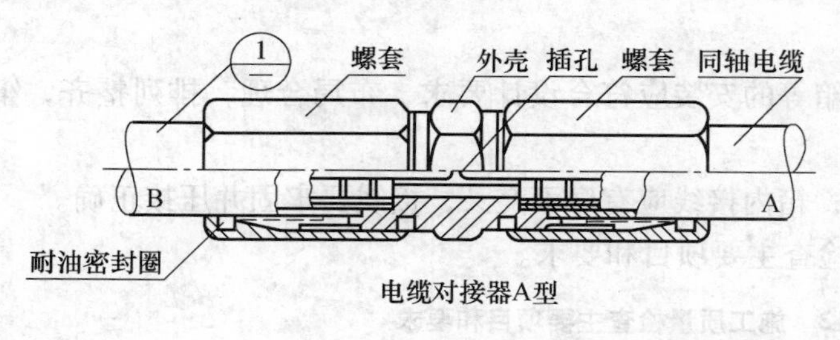

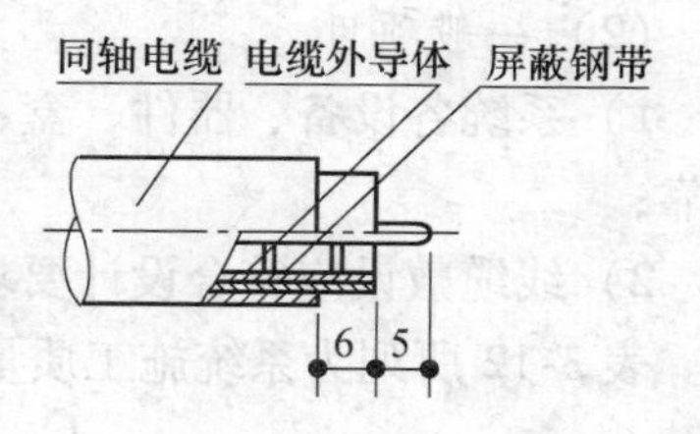

图 3-68　同轴电缆接线压接方法

进入前端的天线馈线应加装避雷保护器。

市区架空电缆吊线的两端和架空电缆线路中的金属管道均应接地。郊区旷野的架空电缆线路在分支杆、引上杆、终端杆、埋深大于1m 的角杆、安装干线放大器的电杆，以及直线线路每隔 5～10 根电杆处，均应将电缆外层屏蔽接地。

电缆进入建筑物时，在靠近电缆进入建筑物的地方，应将电缆的外导电屏蔽层接地。

系统内的电气设备接地装置和埋地金属管道应与防雷接地装置相连；当不相连时，两者间的距离不宜小于 3m。图 3-69 所示为弱电接地箱。

图 3-69　弱电接地箱

不得直接在两建筑物屋顶之间敷设电缆，应将电缆沿墙面降至防雷保护区以内，并不得妨碍车辆的运行；其吊线应作接地处理。

当天线杆（架）的高度超过 50m，且高于附近建筑物、构筑物或处于航线下面时，应设置高空障碍灯，并应在杆（架）或塔上涂颜色标志。

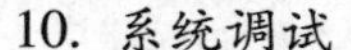

10. 系统调试

（1）放大器调试

1）检查放大器的供电电源，应符合设计要求。

2）在每个放大器的输出端或输出电平测试点测量其高、低频道的电平值，通过调整分配放大器内的衰耗均衡器，使其输出电平达到设计要求。

（2）测量用户高、低频道的电平值，应达到设计要求。在一个区域内（一个分配放大器所供给的用户）多数用户的电平值偏离要求时，应重新对分配放大器进行调整，使之达到要求。

（3）使用彩色监视器，观察图像品质是否清晰，是否有雪花或条纹、交流电干扰等。

11. 质量标准

（1）主控项目

1）电视图像质量的主观评价应不低于 4 分。具体标准见表 3-5。

2）系统质量的测试参数要求和测试方法，应符合现行国家标准《30MHz～1GHz 声音和电视信号的电缆分配系统》（GB/T 6510—2005）的规定。

（2）一般项目

1）系统各设备、器件、盒、箱等的安装应符合设计要求，布局合理，排列整齐，牢固可靠；

2）线缆敷设应符合设计要求，箱内接线应有序不交叉，接线要牢固并压接正确。

表3-12所列为系统施工质量检查主要项目和要求。

表3-12 施工质量检查主要项目和要求

项目		检查要求
接收天线	天线	（1）振子排列、安装方向正确 （2）各固定部位牢固 （3）各间距符合要求
	天线放大器	（1）牢固安装在竖杆（架）上 （2）防水措施有效
	馈线	（1）应有金属管保护 （2）电缆与各部件的接点正确、牢固、防水
	竖杆（架）及拉线	（1）强度符合要求 （2）拉线方向正确，拉力均匀
	避雷针及接地	（1）避雷针安装高度正确 （2）拉地线符合要求 （3）各部位电气连接良好 （4）接地电阻不大于4Ω
前端		（1）设备及部件安装地点正确 （2）连接正确、美观、整齐 （3）进、出电缆符合设计要求，有标记
传输设备		（1）符合安装设计要求 （2）各连接点正确、牢固、防水 （3）空余端正确处理，外壳接地
用户设备		（1）布线整齐、美观、牢固 （2）输出口用户盒安装位置正确、安装平整 （3）用户接地盒、避雷器安装符合要求
电缆及接插件		（1）电缆走向、布线和敷设合理、美观 （2）电缆弯曲、盘接符合要求 （3）电缆离地高度及与其他管线间距符合要求 （4）架设、敷设的安装附件选用符合要求 （5）接插部件牢固、防水防腐蚀
供电器、电源线		符合设计、施工要求

表3-13所列为系统验收分类。

表3-13　系统验收分类

系统类别	系统所容纳的输出口数/个
A	10000以上
B	2001~10000
C	300~2000
D	300以下

表3-14所列为必须测试的项目。

表3-14　必须测试的项目

项　目	类　别	测试数量及要求
图像和调频载波电平	A、B、C、D	所有频道
载噪比	A、B、C	所有频道
载波互调比	A、B、C	每个波段至少测一个频道
载波组合三次差拍比	A、B	所有频道
交扰调制比	A、B	每个波段测一个频道
载波交流声比	A、B	任选一个频道进行测试
频道内频响	A、B	任选一个频道进行测试
色/亮度时延差	A、B	任选一个频道进行测试
微分增益	A、B	任选一个频道进行测试
微分相位	A、B	任选一个频道进行测试

注：1. 对于不测的每个频道也应检查有无互调产物。

2. 在多频道工作时，允许折算到两个频道来测量，其折算方法按各频道不同步的情况考虑。

3.5.2　闭路电路监视系统安装

图3-70所示为闭路电视系统安装示意图。

1. 与有线电视系统的连接

监控射频频道必须与有线电视信号各频道不同，其输出电平必须与有线电视信号电平基本一致，以免发生同频干扰或相互交调。

图3-71所示为大门摄像机接入有线电视系统方法。来访客人可以通过大门对讲机呼叫住户，住户安装的是非可视对讲系统，在与来客对话的同时，可以打开电视机，用设定的频道观察来客。

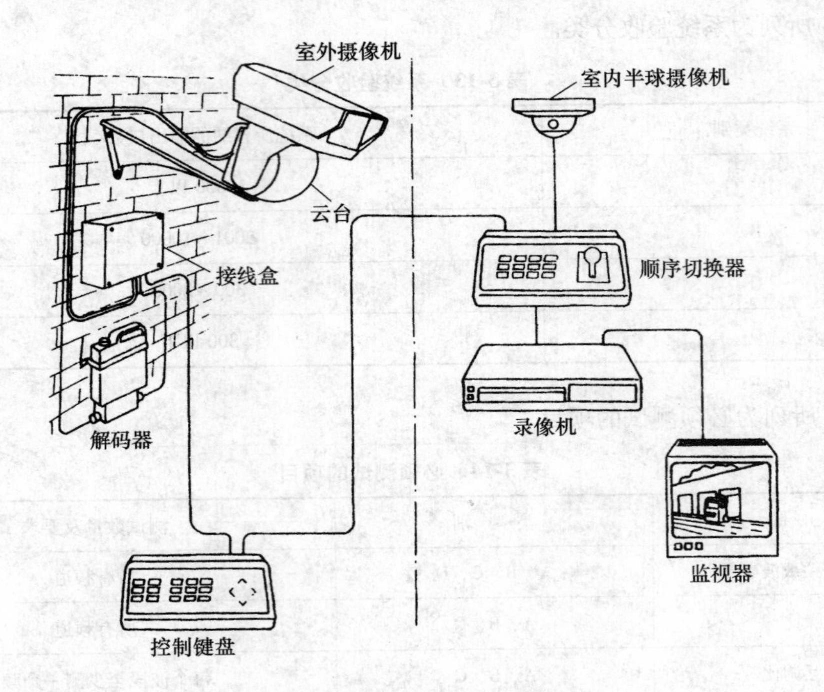

图 3-70　闭路电视系统安装示意图

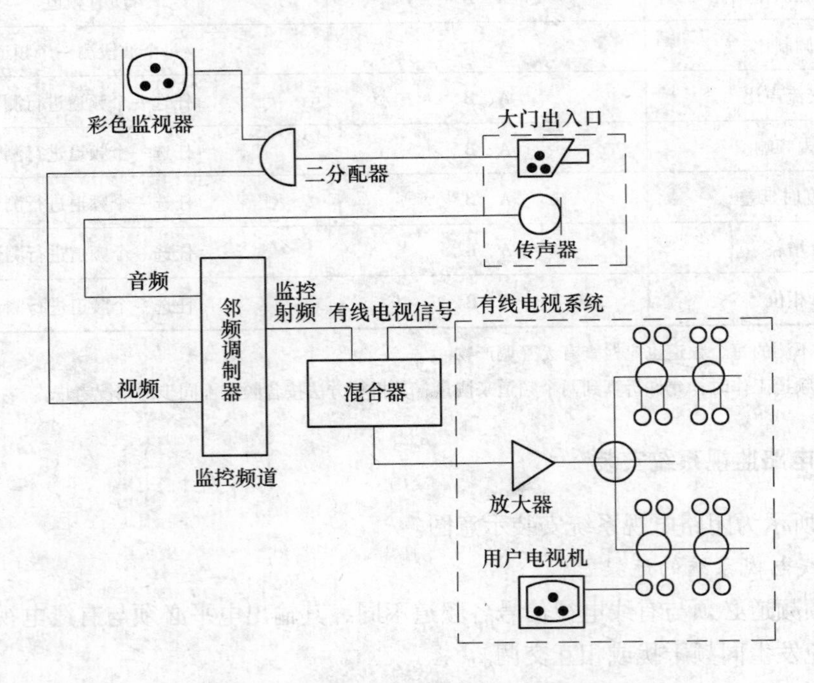

图 3-71　大门摄像机接入有线电视系统方法

图 3-72 所示为小区闭路电路系统接入有线电视系统方法。小区的闭路电视系统与有线电视系统联网，住户可以在家中利用电视机观察小区内设置的监视点的情况。

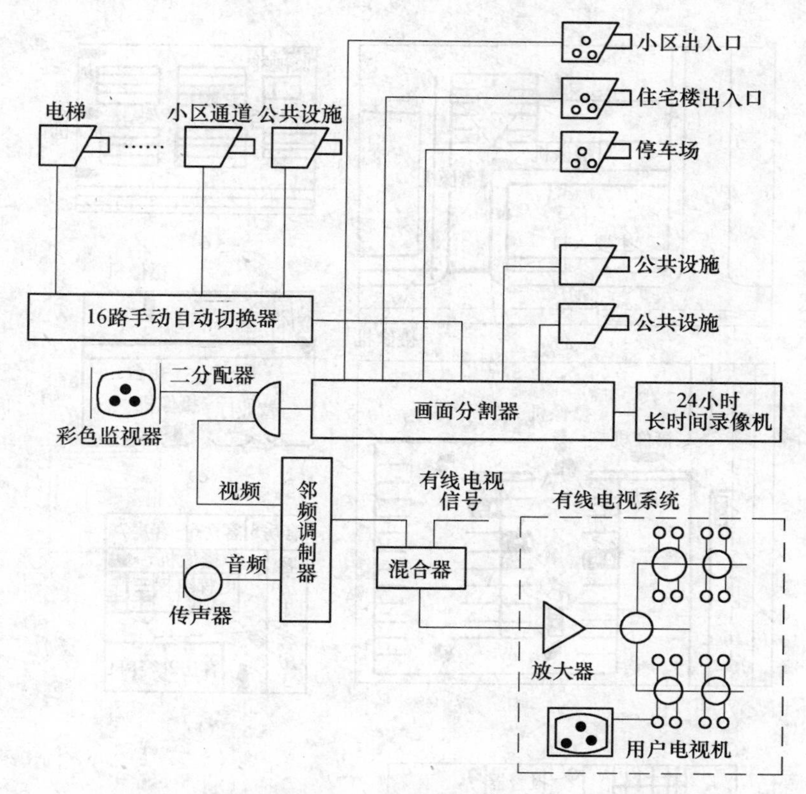

图3-72　小区闭路电视系统接入有线电视系统方法

2. 摄像机安装

摄像机安装位置的选择，要使它能够拍摄到所监控的整个范围，图3-73所示为摄像机布置实例。

安装前，摄像机应逐一加电进行检测、调整，工作正常后才可安装。从摄像机引出的电缆应留有约1m的余量，外露部分用软管保护，并不影响摄像机转动。

固定式摄像机一般安装在用螺栓固定的支架上，有一定的方向调节范围。摄像机镜头应避免强光直射，从光源方向对准监视目标，并应顺光安装，如图3-74所示。

摄像机需要隐蔽时，可设置在顶棚或墙壁内，镜头可采用针孔或棱镜镜头。对防盗用系统，可安装附加的外部传感器与系统联合，实现联动报警。

当一台摄像机需要监视多个不同方向时，应配置自动调焦装置和遥控电动云台。

室内摄像机安装高度为2.5～5m，在吊顶上安装时，应使用专用吊杆固定，并应与相关专业配合进行吊顶板开孔。

室外摄像机安装时，支架可用膨胀螺栓固定在墙上，防护罩和云台均应选用防雨型，图3-75所示为室外摄像机安装方法。

电梯内的摄像机应安装在轿厢顶部，电梯操作的对角处，并应能监视电梯全景，如图3-76所示。

图3-77所示为摄像机壁装方法。图3-78所示为摄像机在吊顶上嵌入安装方法。

图3-79所示为摄像机吊装方法。图3-80所示为球形摄像机吊装方法。

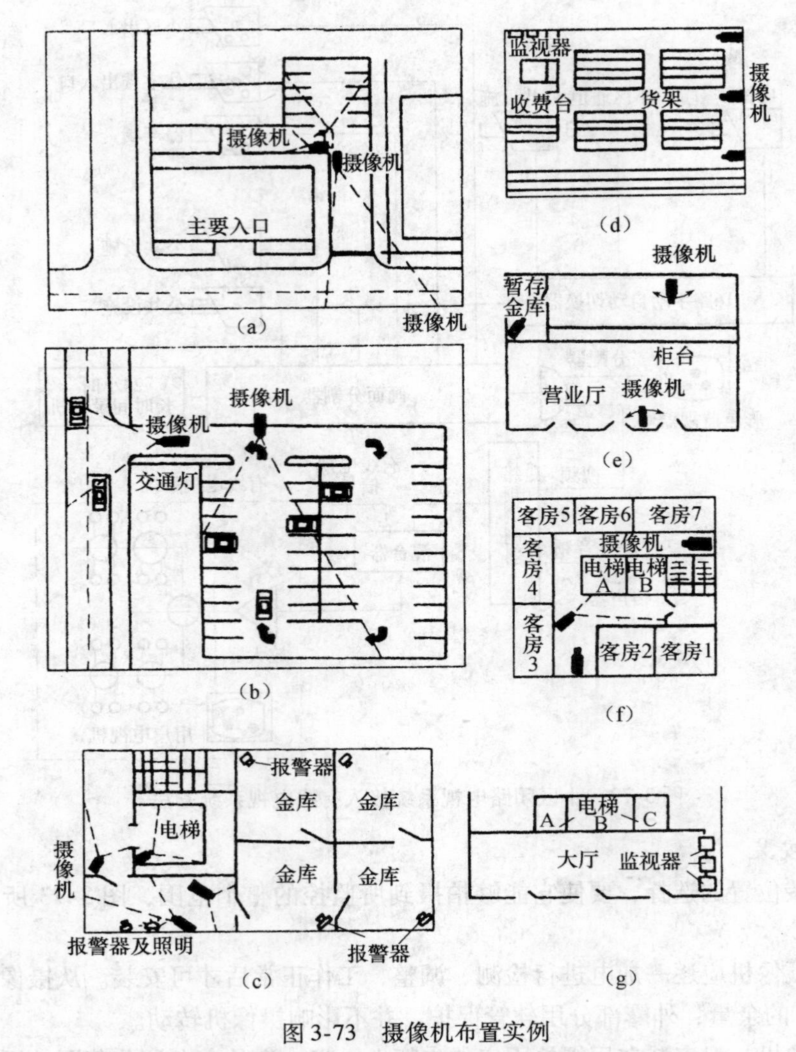

图 3-73　摄像机布置实例

(a) 需要变焦场所；(b) 停车场监视；(c) 银行金库监视；(d) 超级市场监视；(e) 银行营业厅监视；(f) 宾馆安保监视；(g) 公共电梯监视

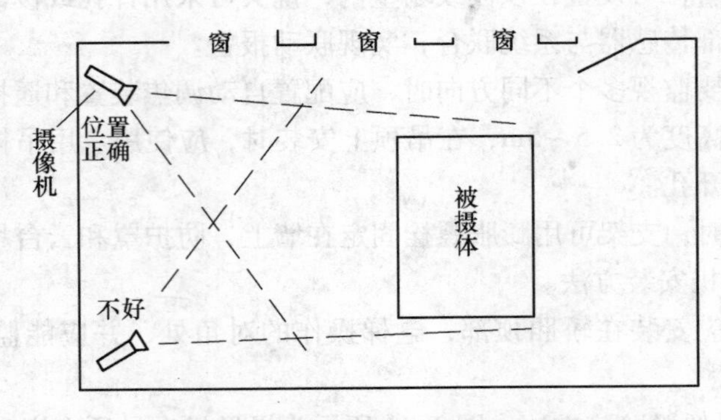

图 3-74　摄像机应顺光线方向安装

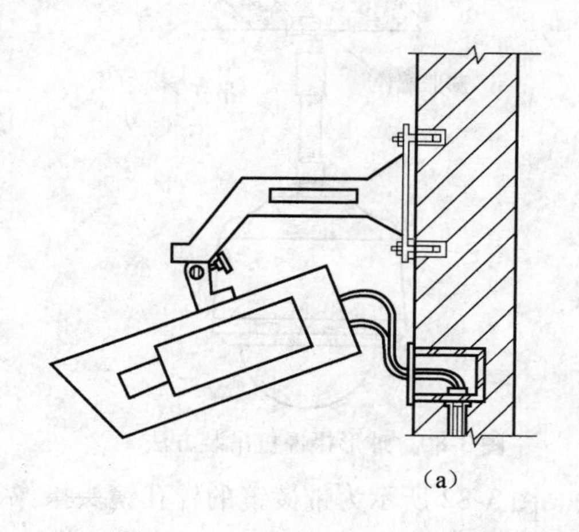

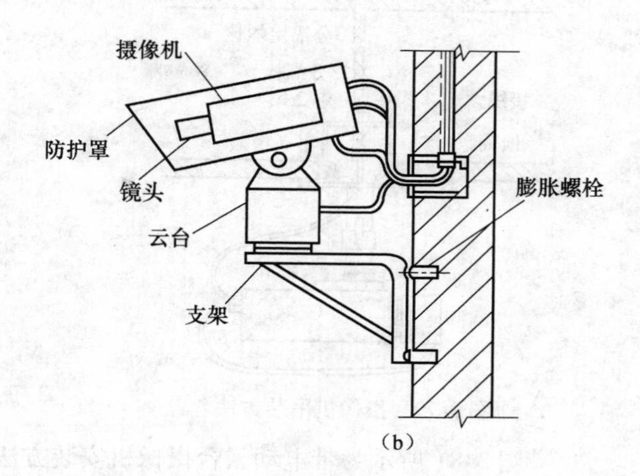

（a）　（b）

图 3-75　室外摄像机安装方法

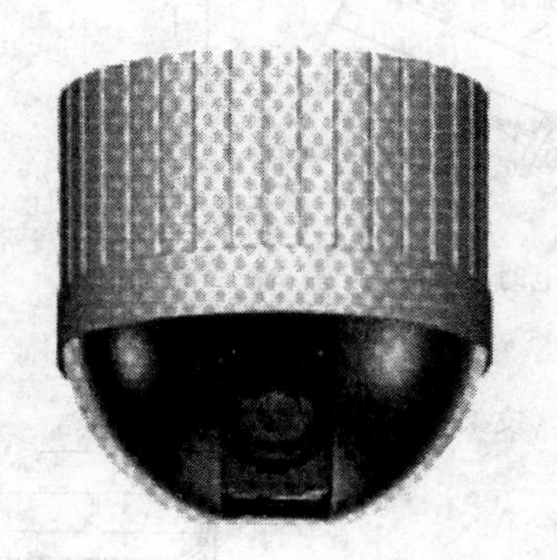

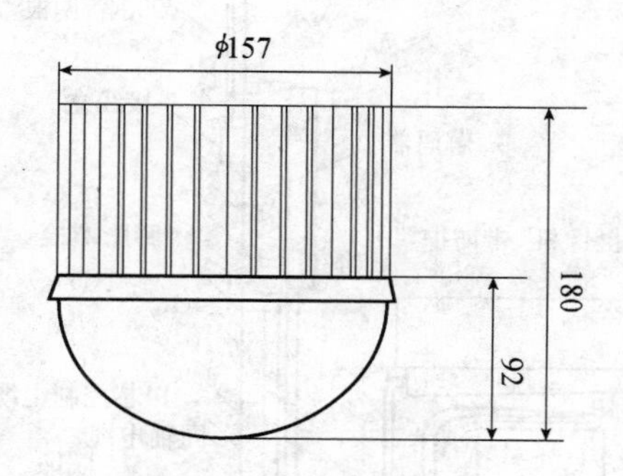

图 3-76　在电梯内安装的摄像机

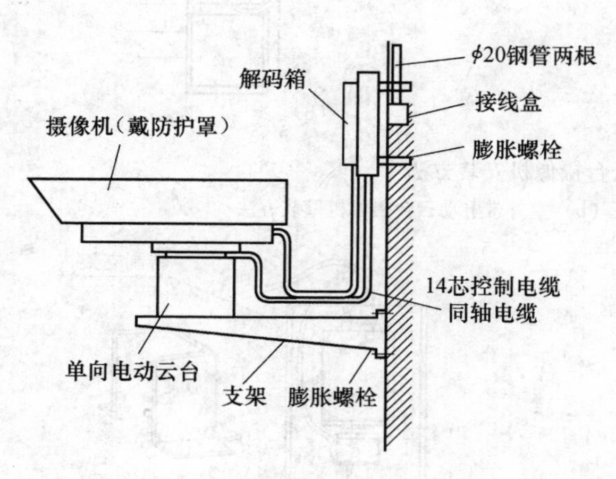

图 3-77　摄像机壁装方法

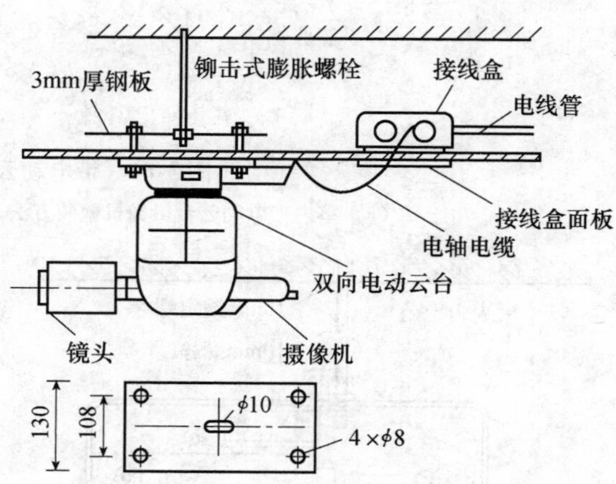

图 3-78　摄像机在吊顶上安装方法

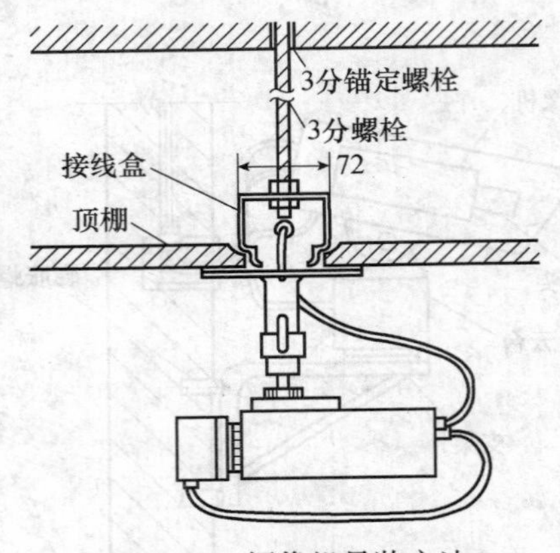

图 3-79　摄像机吊装方法

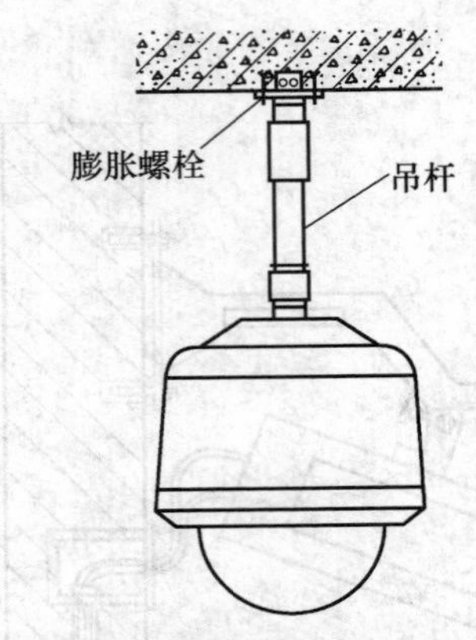

图 3-80　球形摄像机吊装方法

图 3-81 所示为带电动云台摄像机安装方法。图 3-82 所示为带棱镜的针孔镜头摄像机安装。图3-83所示为在顶棚板内安装针孔镜头摄像机。

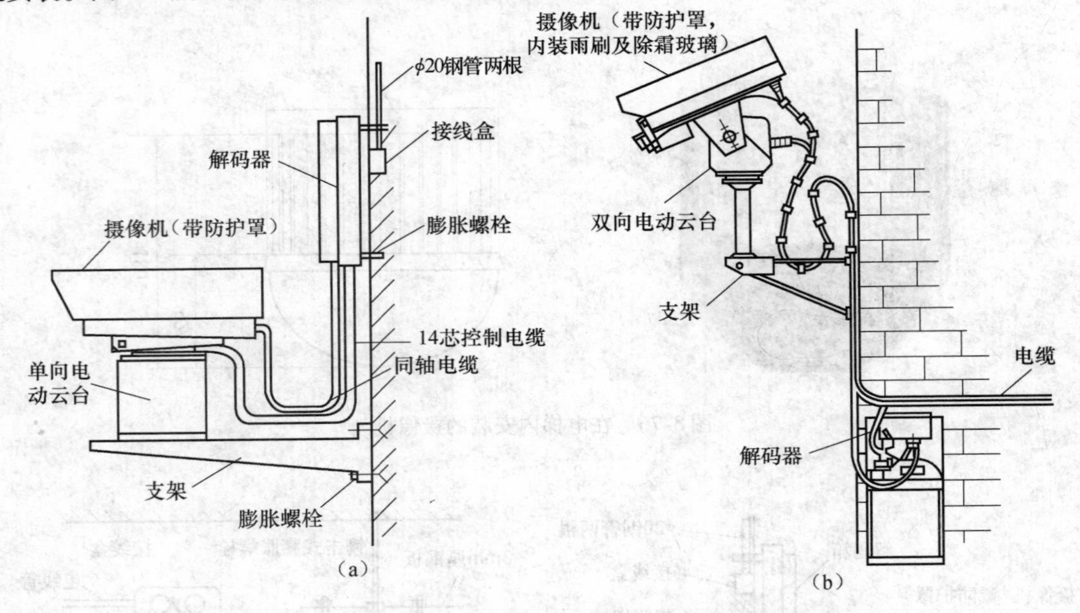

图 3-81　带电动云台摄像机安装方法

（a）室内带电动云台摄像机壁装方法；（b）室外带电动云台摄像机壁装方法

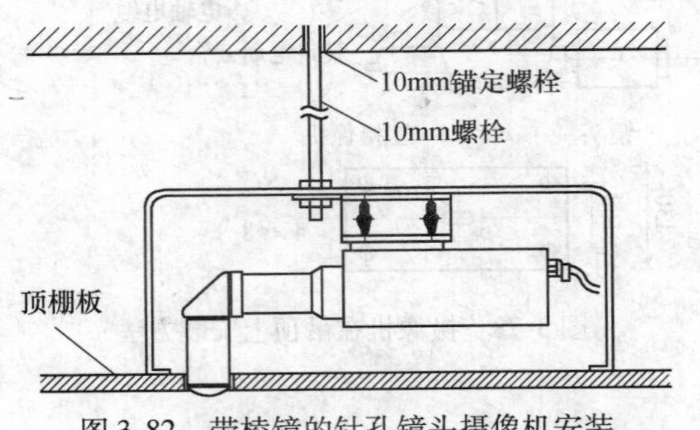

图 3-82　带棱镜的针孔镜头摄像机安装

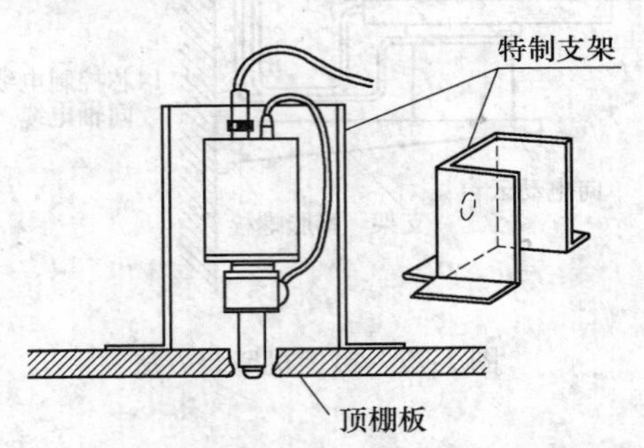

图 3-83　在顶棚板内安装针孔镜头摄像机

图3-84所示为室内摄像机吊装方法。

3. 云台、解码器安装

云台应稳固安装在支吊架上，且位置应保持水平，转动时无晃动。云台的转动角度范围应满足要求。解码器可安装在摄像机附近的墙上或吊顶内，并应预留检修孔。图3-85所示为解码器箱的安装。

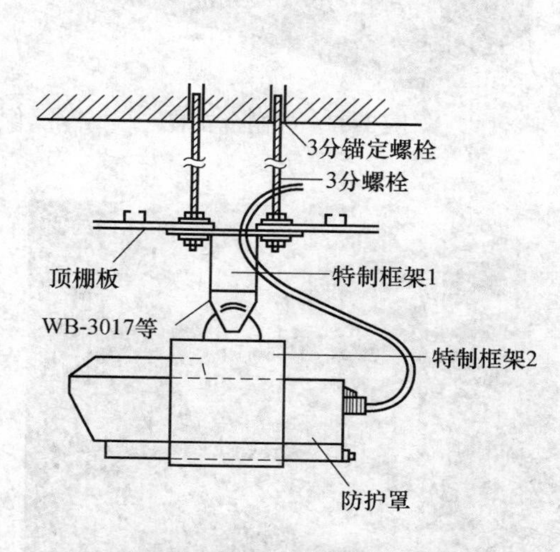

图3-84 室内摄像机吊装方法

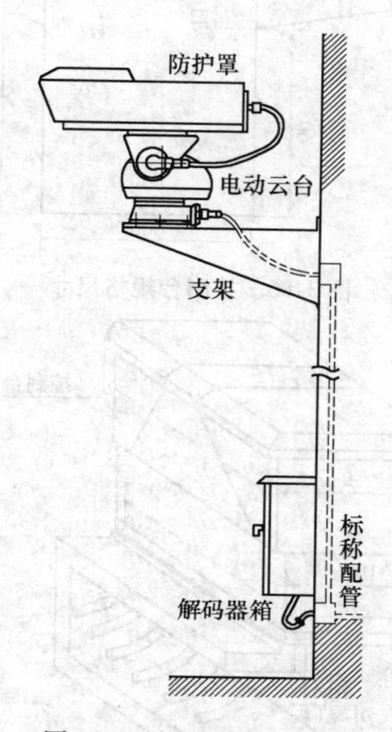

图3-85 解码器箱的安装

4. 监视室设备安装

闭路电视监控机房通常敷设活动地板，地板敷设时完成控制台的安装，电缆通过地板下的金属线槽引入控制台。

监控室内的电缆地槽位置应和机柜、控制台位置相适应。所有线缆应排列、捆扎整齐并编号，并应有永久性标志。

机柜、控制台的底座应与地面固定，放置应当平直整齐、美观。

几个机架并排放置在一起时，面板应在同一平面上，并与基准线平行，前后偏差不大于2mm，两个机架间隙不大于2m。

一般将监视器、操作控制器集中安装在控制台上，若装在柜内时，应有通风散热孔。

控制台位置应符合设计要求，且安放竖直，台面水平。控制台正面与墙的净距离不应小于1.2m；侧面与墙或其他设备的净距离，在主要走道不应小于1m，在次要走道不应小于0.8m。机架背面和侧面距离墙的净距不小于0.8m。控制台接线应整齐牢固，无交叉、脱落现象。控制台附件完整，无损伤，螺丝坚固，台面整洁无划痕。图3-86所示为控制台规格尺寸。图3-87所示为控制台安装方法。图3-88所示为控制台沿电缆沟安装。图3-89所示为控制台在活动地板上安装。图3-90所示为闭路电视系统机架安装方法。

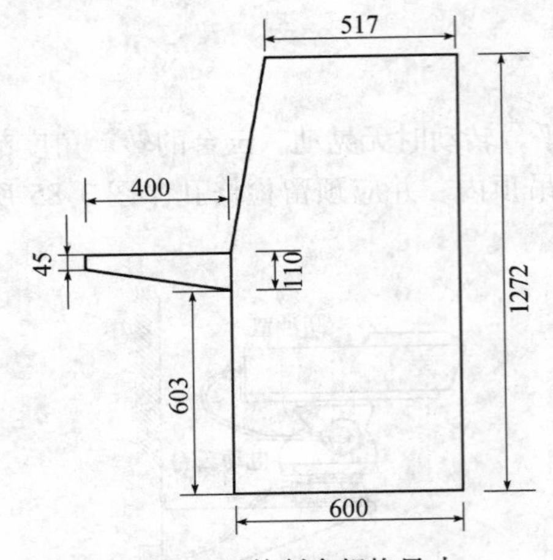

图 3-86　控制台规格尺寸

图 3-87　控制台安装

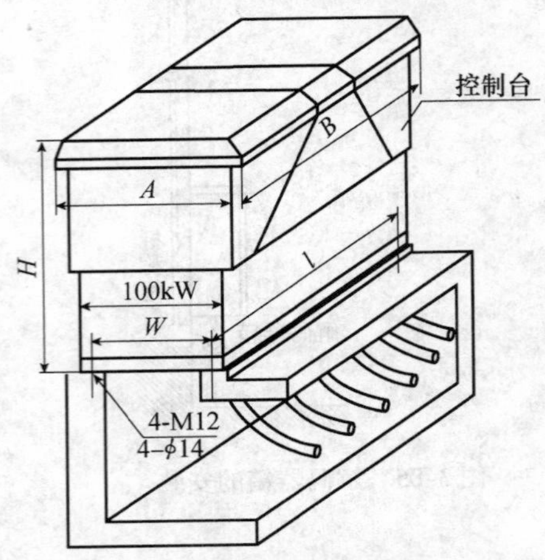

图 3-88　控制台沿电缆沟安装

图 3-89　控制台在活动地板上安装

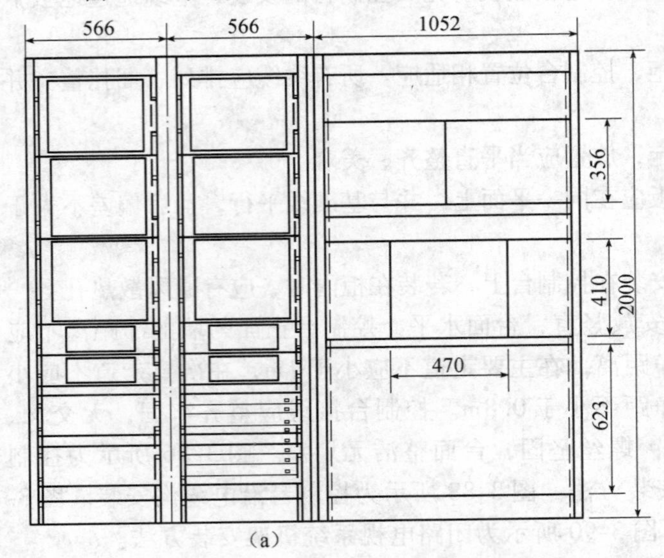

图 3-90　闭路电视监控系统机架安装方法

(a) 闭路电视系统机架规格尺寸；(b) 闭路电视系统机架安装方法

监视器的安装位置应使荧光屏不受外来光直射，当有不可避免的光照时，应加遮光罩遮挡。

监控中心内应设置接地汇集环或汇集排，汇集环或汇集排应采用裸铜线，其截面积应符合设计要求。

监视器吊装高度应在2m以上，应使荧光屏不受外来光直射，当有不可避免的光照时，应加遮光罩遮挡。图3-91所示为监视器吊装方法。图3-92所示为监视器吊装架。

图3-91　监视器吊装方法

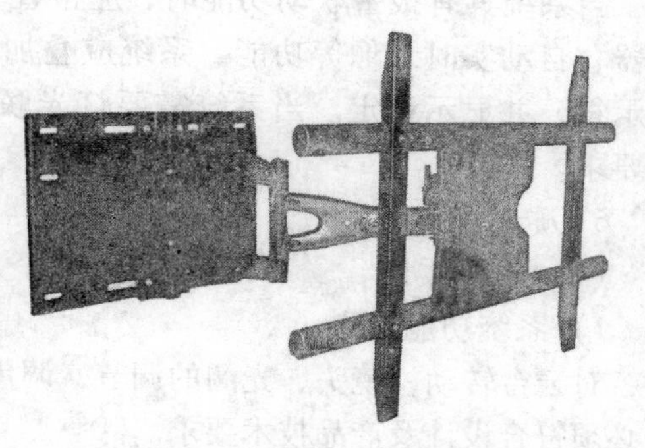

图3-92　监视器吊装架

5. 系统调试

(1) 调试前的准备工作

1) 查验已安装设备的规格、型号、数量等是否与正式设计文件的要求相符。

2) 电源检查

合上监控台上的电源总开关，检查交流电源电压，检查稳压电源装置的电压表读数、线路排列等。合上各电源分路开关，测量各输出电压、直流输出端的极性，确认无误后，给每一回路送电，检查电源指示灯等是否正常。

3) 线路检查

对控制电缆进行校线，检查接线是否正确。采用250V兆欧表测量控制电缆绝缘，其线芯与线芯、线芯与地线绝缘电阻不应小于0.5MΩ。用500V兆欧表对电源电缆进行测量，其线芯间、线芯与地线间的绝缘电阻不应小于0.5MΩ。

(2) 单体调试

调试时，接通视频电缆对摄像机进行调试。合上控制电源，若设备指示灯亮，则合上摄像机电源，监视器屏幕上便会显示图像。图像清晰时，可遥控变焦，遥控自动光圈，观察变焦过程中图像的清晰度。如果出现异常情况便应做好记录，并将问题妥善处理。若各项指标都能达到产品说明书所列的数值，便可遥控电动云台带动摄像机旋转。若在静止和旋转过程中图像清晰度变化不大，则认为摄像机工作情况正常，可以使用。云台运转情况平稳、无噪声、电动机不发热、速度均匀，则设备运转正常。

(3) 系统调试

当各种设备单体调试完毕，便可进行系统调试。此时，按照施工图对每台设备进行编号，合上总电源开关，监控室同监视现场之间利用对讲机进行联系，做好准备工作，再开通每一摄像回路，调整监视方位，使摄像机能够准确地对准监视目标或监视范围。通过遥控方式，变焦、调整光圈、旋转云台，扫描监视范围。如图像出现阴暗斑块，则应调整监视区域灯具位置和亮度，提高图像质量。同时对矩阵主机的视频切换功能、系统的录像回放等进行试验。在调试过程中，每项试验应做好记录，及时处理安装中出现的问题。当各项技术指标都达到设计要求，系统经过24h连续运行无故障时，绘制竣工图，向业主提供施工质量评定资料，并提出竣工验收请求。

（4）系统联调

当系统具有报警联动功能时，应检查与调试自动开启摄像机电源、自动切换音频到监视器、自动实时录像等功能。系统应叠加摄像时间、摄像机位置（含电梯楼层显示）的标示符，并显示稳定。当系统需要灯光联动时，应检查灯光打开后图像质量是否达到设计要求。

6. 质量标准

（1）主控项目

1）系统功能检测

对云台转动，镜头、光圈的调节，调焦、变倍，图像切换，防护罩功能进行检测，其功能必须符合设计及产品技术要求。

2）图像质量检测

在摄像机的标准照度下进行图像的清晰度及抗干扰能力的检测。

检测方法：抗干扰能力按《安防视频监控系统技术要求》（GA/T 367—2001）进行检测；图像的清晰度按表3-5的评价标准进行主观评价，主观评价分应不低于4分。

3）系统整体功能检测

功能检测应包括视频安防监控系统的监控范围、现场设备的接入率及完好率；矩阵监控主机的切换、控制、编程、巡检、记录等功能。

对数字视频录像式监控系统还应检查主机死机记录、图像显示和记录速度、图像质量、对前端设备的控制功能以及通信接口功能、远端联网功能等。

对数字硬盘录像监控系统除检测其记录速度外，还应检测记录的检索、回放等功能。

4）系统联动功能检测

系统联动功能检测应包括与出入口管理系统、入侵报警系统、巡更管理系统、停车场（库）管理系统等的联动控制功能。

5）视频安防监控系统的图像记录保存时间应满足管理要求。

6）摄像机抽检的数量应不低于20%且不少于3台，摄像机数量少于3台时应全部检测，被检设备的合格率100%时为合格；系统功能和联动功能全部检测，功能符合设计要求时为合格；合格率100%时为系统功能检测合格。

（2）一般项目

1）同一区域内的摄像机安装高度应一致，安装牢固。摄像机防护罩不应有损伤，并且应平整。

2）各设备导线连接正确，可靠、牢固。箱内电缆（线）应排列整齐，线路编号正确清晰。线路较多时应绑扎成束，并在箱（盒）内留有适当余量。

3）墙面或顶棚下安装摄像机、云台及解码器都应牢靠固定，固定位置不能影响云台及摄像机的转动。

4）摄像机应保持其镜头清洁，在其监视范围内不应有遮挡物。

5）电视墙、机架、控制台等安装的偏差在允许的范围内：电视墙、控制台安装的垂直偏差不大于1.5‰；并立电视墙或控制台正面平面的前后偏差不大于1.5mm；两台电视墙或控制台的中间间隙不大于1.5mm。

表3-15为闭路电视监视系统施工质量检查项目和内容。

表3-15　闭路电视监视系统施工质量检查项目和内容

项　目	内　容	抽查百分数（%）
摄像机	（1）设置位置，视野范围 （2）安装质量 （3）镜头、防护套、支承装置、云台安装质量与紧固情况	10～15（10台以下摄像机至少验收1～2台）
	（4）通电试验	100
监视器	（1）安装位置 （2）设置条件 （3）通电试验	100
控制设备	（1）安装质量 （2）遥控内容与切换路数 （3）通电试验	100
其他设备	（1）安装位置与安装质量 （2）通电试验	100
控制台与机架	（1）安装垂直水平度 （2）设备安装位置 （3）布线质量 （4）塞孔、连接处接触情况 （5）开关、按钮灵活情况 （6）通电试验	100
电（光）缆敷设	（1）敷设与布线 （2）电缆排列位置、布放和绑扎质量 （3）地沟、走道支铁吊架的安装质量 （4）埋设深度及架设质量 （5）焊接及插接头安装质量 （6）接线盒接线质量	30
接地	（1）接地材料 （2）接地线焊接质量 （3）接地电阻	100

3.5.3 卫星电视系统安装

卫星电视系统接收天线前方应视野开阔，正前方应有尽可能宽的视角，天际与卫星之间应有足够的仰角差，还应避开电力线、航线、公路、铁路及干扰源等，且应尽量减少气象条件及电磁环境的影响。

天线基座高度和安装螺栓长度由工程设计确定，且应在主体结构施工时完成预埋工作。

天线需配钢管用于电缆引下，天线放大器应安装在竖杆上。

天线和基座均应做防雷接地连接。

第4章 广播音响系统

4.1 广播音响系统

4.1.1 广播音响系统的分类和组成

1. 广播音响系统的组成

广播音响系统是一种通信和宣传工具，它的设备简单、维护使用方便，在各种公共建筑，如影剧院、体育场馆、宾馆、酒店、商厦、办公楼、写字楼、学校、工矿企业、候车（机、船）厅中得到广泛应用，是必不可少的弱电设备。

图4-1所示为广播音响系统的组成。通常，广播音响系统由节目源、信号放大和处理设备、传输线路和扬声器系统等组成。

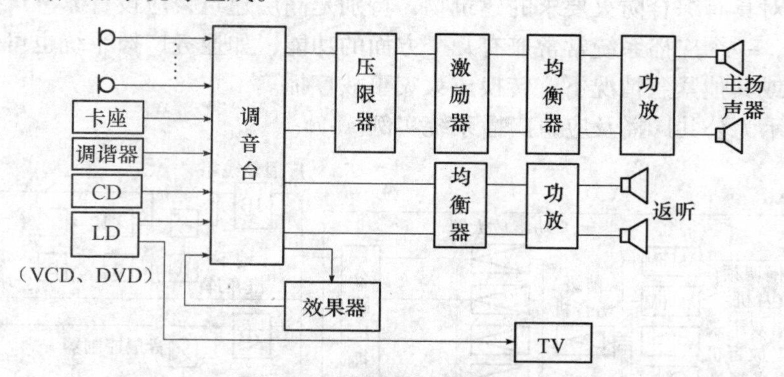

图4-1 广播音响系统的组成

节目源通常为无线电广播、激光唱机、录音卡座等，此外还有传声器、电子乐器等。

信号放大和处理设备包括调音台、前置放大器、功率放大器、频率均衡器、压缩限制器、延时器、混响器等。调音台和前置放大器的作用和地位相似，但调音台的功能和性能指标更高，它们的基本功能是完成信号的选择和前置放大，此外还对音量和音响效果进行调整和控制。

有时为了更好地进行频率均衡和音色美化，还另外单独投入均衡器，这部分是整个广播音响系统的“控制中心”。音频处理器材有均衡器、混响器、延时器、压缩器、限幅器及噪声增益自动控制器、音量控制器等，用于加工、校正、补偿、润色各种音频信号。

功率放大器则将前置放大器或调音台送来的信号进行功率放大，再通过传输线路去推动扬声器放声。

传输线路虽然简单，但随着系统和传输方式的不同而有不同的要求。对礼堂、剧场等，由于功率放大器与扬声器的距离不远，一般采用低阻大电流的直接馈送方式，传输线要求用专用喇叭线；而对公共广播系统，由于服务区域广，距离长，为了减少传输线路引起的损耗，往往采用高压传输方式，由于传输电流小，故对传输线要求不高。

扬声器系统要求整个系统要匹配，同时其位置的选择也要切合实际。礼堂、剧场、歌舞厅音色、音质要求高，扬声器一般用大功率音箱；公共广播系统对音色要求不是很高，一般用3~6W天花喇叭即可。

2. 广播音响系统的分类

广播音响系统可以分为三类：

(1) 业务性广播系统

业务性广播系统是为满足业务和行政管理等要求为主的广播系统，设置于办公楼、商场、教学楼、车站、客运码头及航空港等建筑物内。系统一般较简单，在设计和设备选型上没有过高的要求，但对语言的清晰度要求较高。

(2) 服务性广播系统

服务性广播系统以背景音乐广播为主，在某些场合为人们消除疲劳、缓解紧张、创造轻松舒畅的气氛，如大型公共活动场所和宾馆饭店的广播系统。其特点是声源为单声道，不需要立体声效果，声音为低压级，扬声器应能与周围环境融为一体，使听者感觉不到声源的位置。

(3) 紧急广播系统

紧急广播系统是为满足火灾事故发生时或其他紧急情况发生时，指挥人员安全疏散需要的广播系统。对具有综合防火要求的建筑物，特别是高层建筑，应设置紧急广播系统。

一般来说，一个广播系统常常兼有几个方面的功能，如业务广播系统也可作为服务性广播使用，火灾或其他紧急情况下，转换成火灾事故广播。

图4-2所示为公共广播及应急广播系统实例。

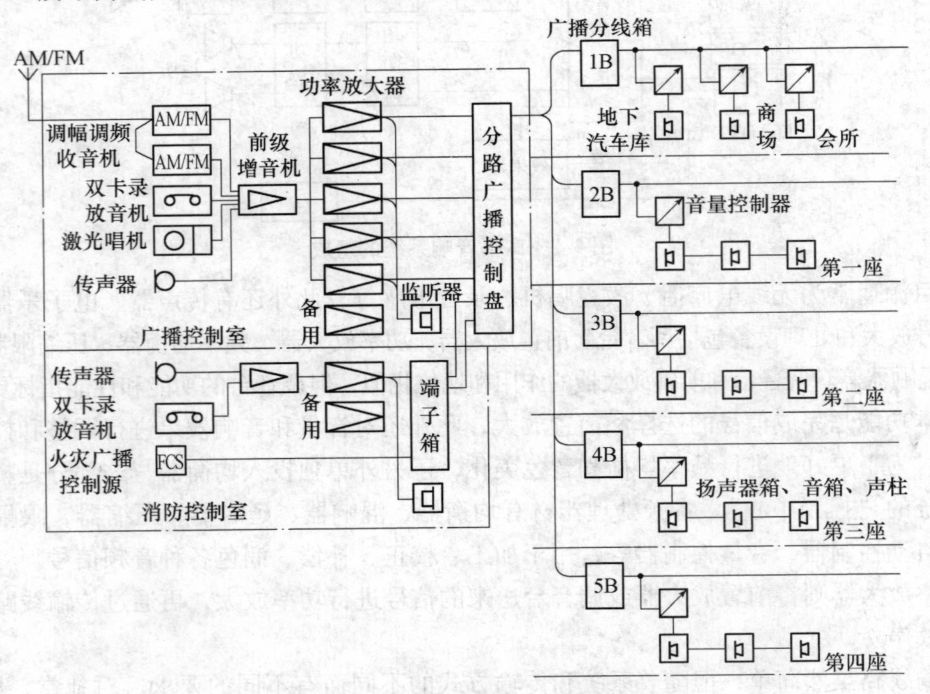

图4-2　公共广播及应急广播系统图

4.1.2　广播音响系统常用设备

4.1.2.1　节目源设备

1. 磁带卡座

磁带录音机是大多数音响系统中的常用设备，它能提供质量不错的录音音频信号。用录音机可以方便地录制和编辑节目，以便在不同时间内进行播送。图4-3所示为双卡磁带座。

图4-3　双卡磁带座

目前广泛采用盒式磁带录音机，盒式磁带录音机的音质好、耐用、经济、操作简单，可以自编自录节目。广播系统中普遍采用双速、双磁带盒式录音卡座。比较高级的系统，也有采用开盘式录音机或数字式（DATA）录音机的，后两种录音机录音质量都相当好，可以进行剪辑复制录音，但是价格高，可用软件少。

选择录音机时，应注意录音机本身的质量应与其他设备的要求相配合。录音机的频率响应要宽一些。录音机本身的失真度要小，信号噪声比应大一些。输入、输出电平和阻抗应与其他有关广播设备相适应。

广播系统中采用的录音机最好是双磁带卡座式录音机，最好具备自动翻带及选曲功能，以便播音过程中编辑工作。

2. 调谐器

收音调谐器是常用的信号源设备，它实际上是一台设有低频放大和扬声器的收音机。由于电台连续式播音，而且电台节目通常十分精彩，质量也相当不错，因此调谐器很适合作为信号源。

在一个较为完善的背景音乐系统中，有时可以有同时工作的两个收音通道（AM、FM）。短波波段音质不佳，一般不再考虑作为广播系统音源。而且，有些沿海地区AM收音也有这个问题，因此也有采用一台调谐器工作的系统。

选择调谐器最好使用带节目存储功能的电调谐式接收机，因为它比手动调谐式接收机使用更为方便。在经过预调后，若需转换节目，只要按下相应的存储按钮，就可以在瞬间无噪声地完成。一般电调谐式接收机的播音质量和性能也比手动式好。图4-4所示为接收调谐器。

图4-4　接收调谐器

3. 激光唱机

自从出现数字式激光唱片以来，高品质的音乐欣赏已不再是高级享受。激光唱片采用数字式的记录录音方式，可以还原出极为真实的音频信号。

现在几乎所有的高质量节目素材都有激光唱片，所以，激光唱机已成为所有音乐系统中必不可少的音源之一。

通常广播系统中都会有一台以上激光唱机，带有编程和随机播放功能的激光唱机，可使播放自动随机选取播放，保持音乐播放的多样化。

激光唱机整机的频率响应范围为20～20000Hz，非线性失真小于0.05%，信噪比、动态范围、立体声分立度都大于90dB。所有的指标均高于传统媒体的水平。图4-5所示为激光唱机。

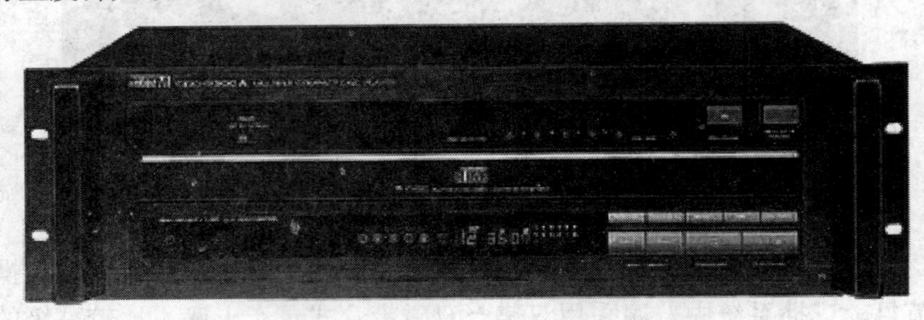

图4-5　激光唱机

4. 传声器

传声器又称为话筒或麦克风，它的作用是将声音振动尽可能不变地转换为电振动。

传声器按结构可分为动圈式、晶体式、碳粒式、铝带式和电容式等，其中最常用的是动圈式和电容式；按声波接收原理分为声压式和压差式等；按指向特性分为无指向性传声器、双指向性传声器和单指向性传声器等。

(1) 动圈式传声器

动圈式传声器是使用最为广泛的一种动圈式传声器，其结构如图4-6所示。磁铁具有一个罐状铁心，在一个圆柱形的空气隙中产生一个非常均匀的磁场。振动膜片的背面有一个放置于磁场中的音圈，音圈套在永久磁铁的圆形空气隙中，根据电磁感应原理，当声压加在膜片上而使它振动时，音圈的导体在磁场中切割磁力线，在音圈两端产生感应电动势，实现了声电的转换。动圈话筒噪声低，音质好，无须馈送电源，结构简单，使用简便，性能稳定可靠、耐用、便宜。

图4-6　动圈式话筒

(2) 电容话筒

电容话筒的核心是一个电容传感器。电容的两极被窄空气隙隔开，空气隙就形成电容器的介质。在电容的两极间加上电压时，声振动引起电容变化，电路中电流也产生变化，将这信号放大输出，就可得到质量相当好的音频信号。

另外还有一种驻极体式电容话筒，采用了驻极体材料制作话筒振膜电极，不需要外加极化电压即可工作，简化了结构，因此这种话筒不但非常小巧廉价，同时还具有电容话筒的特点，被广泛应用在各种音频设备和拾音环境中。

电容话筒的灵敏度高，失真小，频率响应好，音质好，维护要求高，价格高，适用于高保真度要求的播音、录音机舞台演出。

（3）话筒的主要技术特性

①灵敏度

话筒的灵敏度用话筒膜片在0.1Pa的声压下在输出阻抗上产生的电动势来表示，单位为mV/Pa。灵敏度与输出阻抗有关，有时以分贝表示，并规定1V/Pa为0dB，因话筒输出一般为毫伏级，所以，其灵敏度的分贝值始终为负值。

②频响特性

话筒的灵敏度随频率而变化的特性称为频响特性，要求话筒有合适的频响范围，且该范围内的特性曲线要尽量平滑，以改善音质和抑制声反馈。同样声压，而频率不同的声音施加在话筒上时的灵敏度就不一样。频响特性通常用通频带范围内的灵敏度相差的分贝数来表示。通频带范围愈宽，相差的分贝数愈少，表示话筒的频响特性愈好，也就是话筒的频率失真小。

③指向性

话筒对于不同方向来的声音灵敏度会有所不同，称为话筒的指向性。指向性与频率有关，频率越高则指向性越强。为了保证音质，要求传声器在频响范围内应有比较一致的指向性。

方向性用传声器正面0°方向和背面180°方向上的灵敏度的差值来表示，差值大于15dB者称为强方向性话筒。产品说明书上通常给出主要频率方向的极坐座标响应曲线，一般有单方向性“心形”、双方向性“8字形”、无方向性“圆形”和单指向性“超心形”等几种类型。

话筒灵敏度的方向性是选择话筒的一项重要因素。

全方向性话筒从各个方向拾取声音的性能一致。当说话者要来回走动时采用此类话筒较为合适，但在环境噪声大的条件下不宜采用。

心形指向性话筒的灵敏度在水平方向呈心脏形，正面灵敏度最大，侧面稍小，背面最小。这种话筒在多种扩音系统中都有优秀的表现。

单指向性话筒又称为超心形指向性话筒，它的指向性比心形话筒更尖锐，正面灵敏度极高，其他方向灵敏度急剧衰减，特别适用于高噪声的环境。

④输出阻抗

从话筒的引线两端看进去的话筒本身的阻抗称为输出阻抗。

常用的话筒有高阻抗与低阻抗两类。高阻抗输出的数值常为10、30、50kΩ，可直接和放大器相接；低阻抗输出常为50、150、200、250、600Ω，要经过变压器匹配后，才能和放大器相接。高阻抗传声器输出电压略高，但引线电容所起的旁路作用较大，使高频下降，同时也易受外界的电磁场干扰，所以，话筒引线不宜太长，一般以10～20m为宜。低阻抗传声器输出不易受到干扰，噪声水平较低，话筒引线可适当加长，有的扩音设备所带的低阻抗传声器引线可达100m，如果距离更长，就应加前级放大器。

常用的节目源设备还有录像机（VCR）、影碟机（LD）和各类VCD机等，既可提供视频信号，又能提供音频信号。

4.1.2.2 音频信号处理设备

音频信号处理设备的作用是对音频信号进行修饰，美化音色或取得某些特殊效果，改进传输通道质量，减少失真和噪声。

1. 扬声器

(1) 扬声器的种类

扬声器是将系统传送的音频信号还原为人们耳朵能听到的声音的设备，有电动式、静电式、离子式和电磁式等多种，其中电动式应用最广。电动式扬声器又可分为纸盆扬声器和防水扬声器。图4-7所示为纸盆式扬声器。图4-8所示为防水式扬声器。选择扬声器时应考虑其灵敏度、频率响应范围、指向性和功率等因素。

图4-7 纸盆式扬声器

图4-8 防水式扬声器

(2) 扬声器的主要技术特性

①标称功率

标称功率是扬声器可以长期安全工作的功率（W 或 VA）。扬声器的短时过载能力为标称功率的1.5~2倍（有些产品更高）。

②输入阻抗

输入阻抗即扬声器输入端的测量阻抗，随输入信号的频率而变化。标称阻抗一般是指频率为400Hz时的测定阻抗。

③频率响应及有效频率范围

输入不同频率的规定电压时，扬声器发出的声压或声强的变化称为扬声器的频响特性。在频响曲线上，不均匀度在15dB之间的频响宽度称为有效频率范围，它是扬声器重放工作时的主要频率范围。为了使重放声音的频率失真小，有效频率范围应宽，其间曲线越平滑，则重放声音的声调和音色就越接近原音的声调和音色。

④平均特性灵敏度

扬声器在规定功率输入时，在轴线上1m处的平均声压值称为灵敏度。灵敏度与频率有关，通常取有效频率范围内的算术平均值，以平均声压（Pa）或平均声压级（dB）表示，即产品说明书绘出的平均特性灵敏度。

⑤失真度

一般指非线性谐波失真，扬声器的标注失真度一般是指额定功率下的最大失真度。

⑥指向特性

扬声器的指向特性是指发声时空间各点声压级与声音辐射方向的关系，又称为辐射指向性。

扬声器的指向特性与频率有很大的关系，频率越高，指向性越强。一般频率小于 250 ~ 300Hz 时指向性就不明显了。

2. 前置放大器

话筒、调谐器、磁带卡座、激光唱机等音源设备，都属于低电平输出设备，不能直接推动功放级，需增设前置放大器将不同的音源信号放大到足够电平。前置放大器主要用于将弱电平信号，如话筒、线路输入等，放大到足够电平，以推动后级放大器。一般前置放大器的输出电平是可调的。前置放大器如图 4-9 所示。

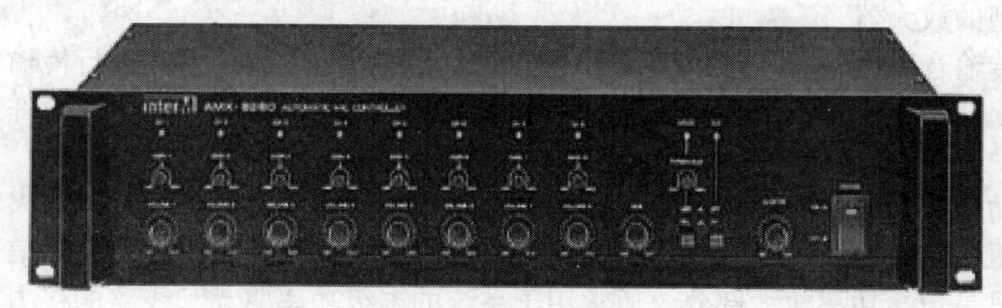

图 4-9　前置放大器

3. 调音台

调音台是广播音响系统的中心控制设备，并有分配信号的作用，又称前级增音机。调音台有 6 路、8 路、10 路……32 路、48 路、96 路等多个输入通道，能接收多路不同阻抗、不同电平的各种音源信号，对这些通道信号进行接入、音量控制，并将其混合，进行均衡、压缩/限幅、延迟、激励抑制反馈和效果等处理，再重新编组和分配切换。

调音台还有一些特殊服务功能，如选择监听、现场录音输出、通道哑音、1kHz 校正信号检测等。

4. 均衡器

均衡器的作用是对声音频响特性进行调整，以达到不同的音响效果。均衡器还可以调整由于建筑物的结构、空间、材料等对不同声音中不同频率成分的反射和吸收不同而造成的频率失真。图 4-10 所示为均衡器。

图 4-10　均衡器

5. 压限器

压限器由压缩器和限幅器两部分组成，其作用是对音频信号的最大电平与最小电平之间的相对变化量进行压缩或扩张，以减小失真、降低噪声、美化音质。

6. 延时器

延时器对音频信号进行延时处理，再送入扩声系统放大，可使不同位置音箱发出的声音几乎同时到达听众的耳朵，可获得高清晰度的音响效果。

7. 混响器

混响器可以模拟出各种不同环境和不同情景的音响效果。

4.1.2.3　扩声设备

扩声设备主要是功率放大器。功率放大器的输出功率可以从几瓦到几千瓦。在设计中是根据扩声系统的音质标准和所需容量来选择相应等级和规格的产品。常见的功率放大器输出功率有：45、60、90、120、180、240、360、450、600W 几种。

功率放大器按与扬声器连接的方式分为定压式和定阻式两种，目前多采用定压式。

定阻式功率放大器以固定阻抗的方式输出音频信号，要求负载按规定的阻抗与功放配接才能获得功放的功率，适用于传输距离较近的系统。公共广播系统负载的变化较大，不适合采用这种类型的放大器。

远距离传输音频信号时，应采用定压式功率放大器以高电压的方式进行传输，以减小线路上的能量损耗。定压输出的扩音机常应用于有线广播系统，使用方便，能允许负荷在一定范围内增减。

定压式功率放大器包括混合式放大器和纯功率放大器两种类型。混合式放大器是将前置放大器与定压式功率放大器合并在一起，可直接放大话筒、线路输入等弱电平信号；纯功率放大器仅仅只是包含功率放大部分，通常用于系统的末级功率驱动和线路的接力放大、音调及均衡。图 4-11 所示为混合放大器。

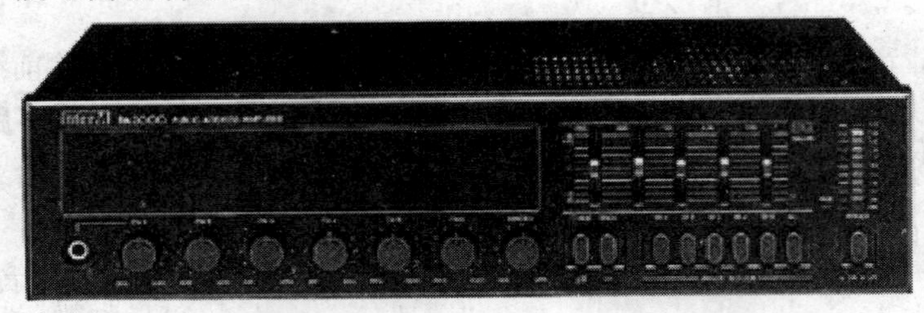

图 4-11　混合放大器

4.1.3　广播音响系统音质评价标准

音质主要取决于建筑声学和电声学所造成的声学条件，音质评价主要按以下几个声学特性来进行。

1. 响度

响度就是声音强度，它表征了人耳在音频范围内对声压的生理感受，是保证听阈的必要条件。

声音的分贝值称为声压级，电声设计应根据听音场合的功能，保证有用信号最大声压级所需要的声功率。

2. 声场均匀度

建筑设计应使听音场所在不使用电声手段时就能有较为均匀的声场分布，要消除建筑声学缺陷。

电声设计要根据声场的空间和平面，正确布置扬声设备。安装时，应利用各种不同规格的扬声设备的不同指向特性，并控制扬声设备的位置、悬挂点、俯角和功率分配来组织声场，尽量使声场均匀。

3. 清晰度和混响时间

足够的清晰度也是保证听阈的必要条件，特别是在语音听音场所，清晰度更是首要的评判指标。

清晰度取决于建筑物的混响时间，一般混响时间越短，清晰度越高。适当的混响时间可增强响度，使声音宏亮圆润，所以，应根据建筑物功能不同，选择并实现一定频率下听众认为最佳的混响时间。

4. 信噪比

信噪比表示有用声音信号与杂音的相对大小。信号与噪声的频率越接近，噪声对信号的响度的影响作用也越大。

要提高信噪比，必须要降低噪声。在各种设备选用时，应选择低噪声产品或采取消音减噪措施；还应采用电声扩声技术，提高信号的声压级。一般要求信噪比为 10～15dB。

5. 系统的失真度

系统失真就是广播音响系统设备使信号产生非线性畸变的程度。

为使声音保真，要求电声系统具有相当的频率范围，频响特性要平滑，谐波失真要小。语言扩声的频率范围应在 200～7000Hz；音乐扩声的频率范围应在 40Hz～15kHz。

电声系统非线性失真应不超过 5%～10%。

4.1.4　常用音响系统

1. 厅堂扩声系统

厅堂扩声系统是以调音台为中心的音响系统，常用在音乐厅、影剧院、体育场所、多功能厅等处，其组成如图 4-12 所示。

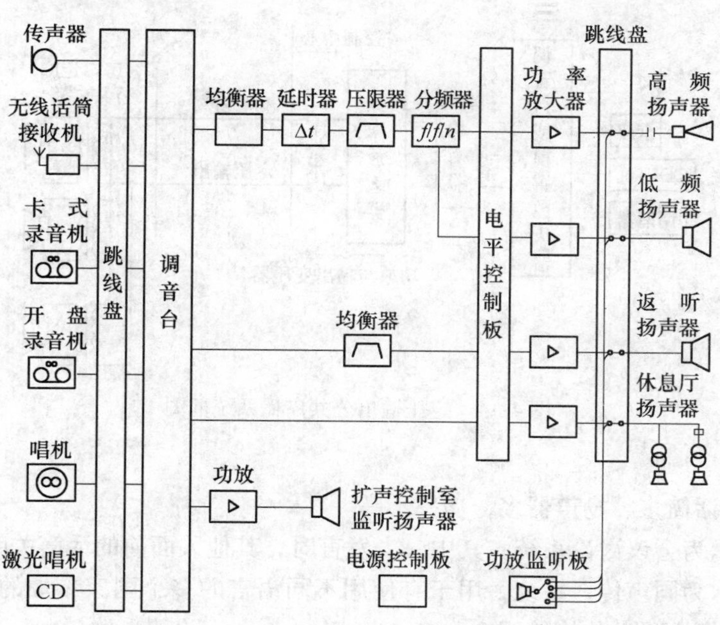

图 4-12　厅堂扩声系统

厅堂扩声系统器材种类多，对器材的要求高，扬声器和功放的功率大，传输线路短，话筒与扬声器在同一空间，应采取有效的抑制声反馈措施。扩声系统的声反馈如图 4-13 所示。

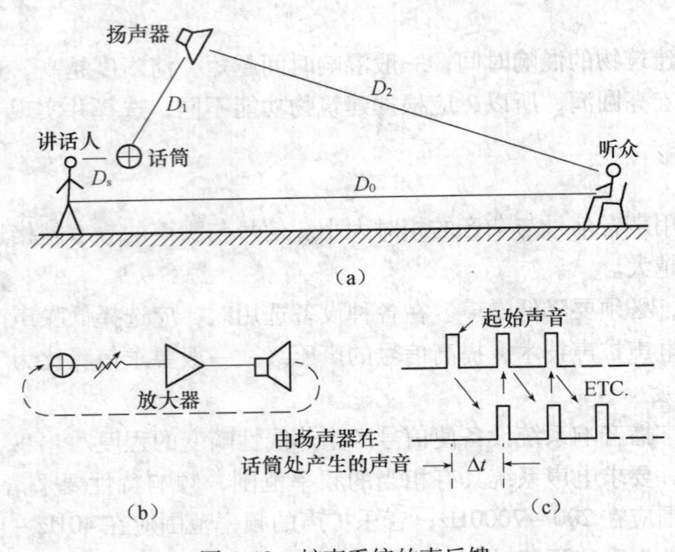

图 4-13　扩声系统的声反馈

(a) 电声途径；(b) 声反馈；(c) 声音引起的电模拟信号波形

2. 公共广播系统

公共广播系统主要用于办公楼、商业楼、学校、车站、码头、酒店等处，对声音质量要求不高，扬声器数量多、分散、功率小，可以放在室外，传输线路长，一般采用定压输出，如图 4-14 所示。

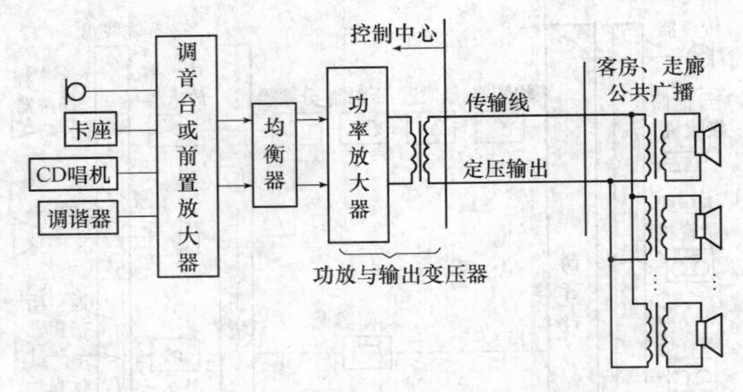

图 4-14　定压输出公共广播系统框图

3. 会议系统

会议系统的话筒多、扬声器多、功率不高。

图 4-15 所示为会议讨论系统，其中一人发言时，其他人面前的话筒关闭，扬声器放音。

图 4-16 所示为同声传译系统，用于有使用不同语言的多个国家参加的会议等场所，将发言者的语言同期翻译并传输给听众。

图 4-17 所示为会议表决系统，它是一个与分类表决终端网络连接的中心控制数据处理系统，每个表决终端设有至少三种可能选择的按钮：同意、反对、弃权。

图 4-18 所示为含有表决设备的会议系统。

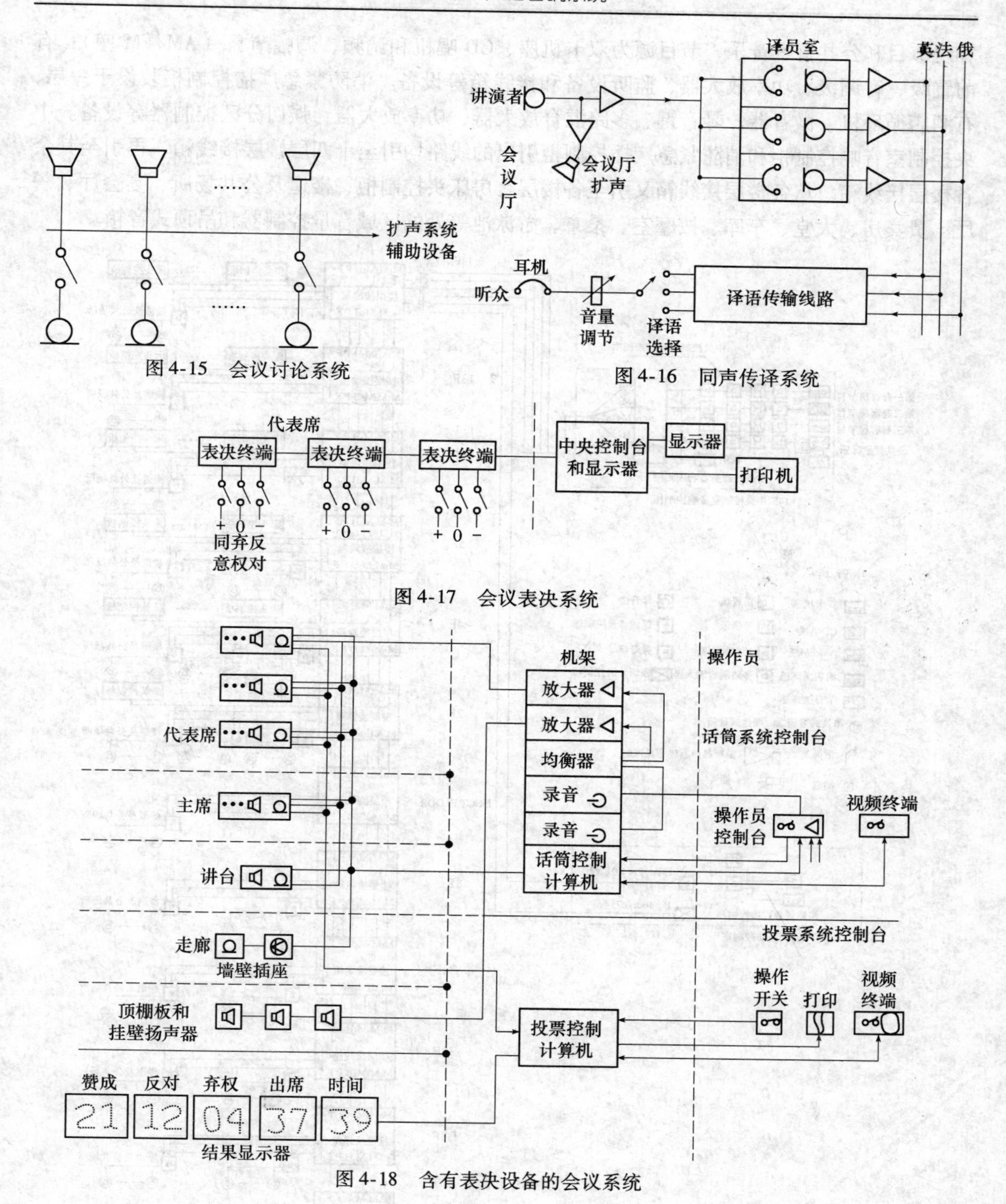

图4-15　会议讨论系统

图4-16　同声传译系统

图4-17　会议表决系统

图4-18　含有表决设备的会议系统

4.2　广播音响系统读图识图

1. 某旅游宾馆广播音响系统图

图4-19所示为某旅游宾馆广播音响系统图。中央控制室音响控制柜装设于14层，有三套

客房节目和公共背景音乐，节目源为双卡机座、CD唱机和调频、调幅节目（AM/FM座）；有前置级、音调级、功率放大器、监听设备和接线箱等设备。消防紧急广播控制柜装设于一层，有酒店循环机、微音器、琴音键、多路混合放大器、功率放大器、强切分区控制器等设备。中央控制室音响控制柜和消防紧急广播控制柜引出的线路均引至十四层楼层接线箱，再引至其余各楼层接线箱。从各楼层接线箱又引至各楼层客房床头控制柜、楼道及公共场所、宴会厅、餐厅、贵宾房、大堂、车库、按摩室、桑拿、游泳池等处的区域音量控制器和吊顶式音箱。

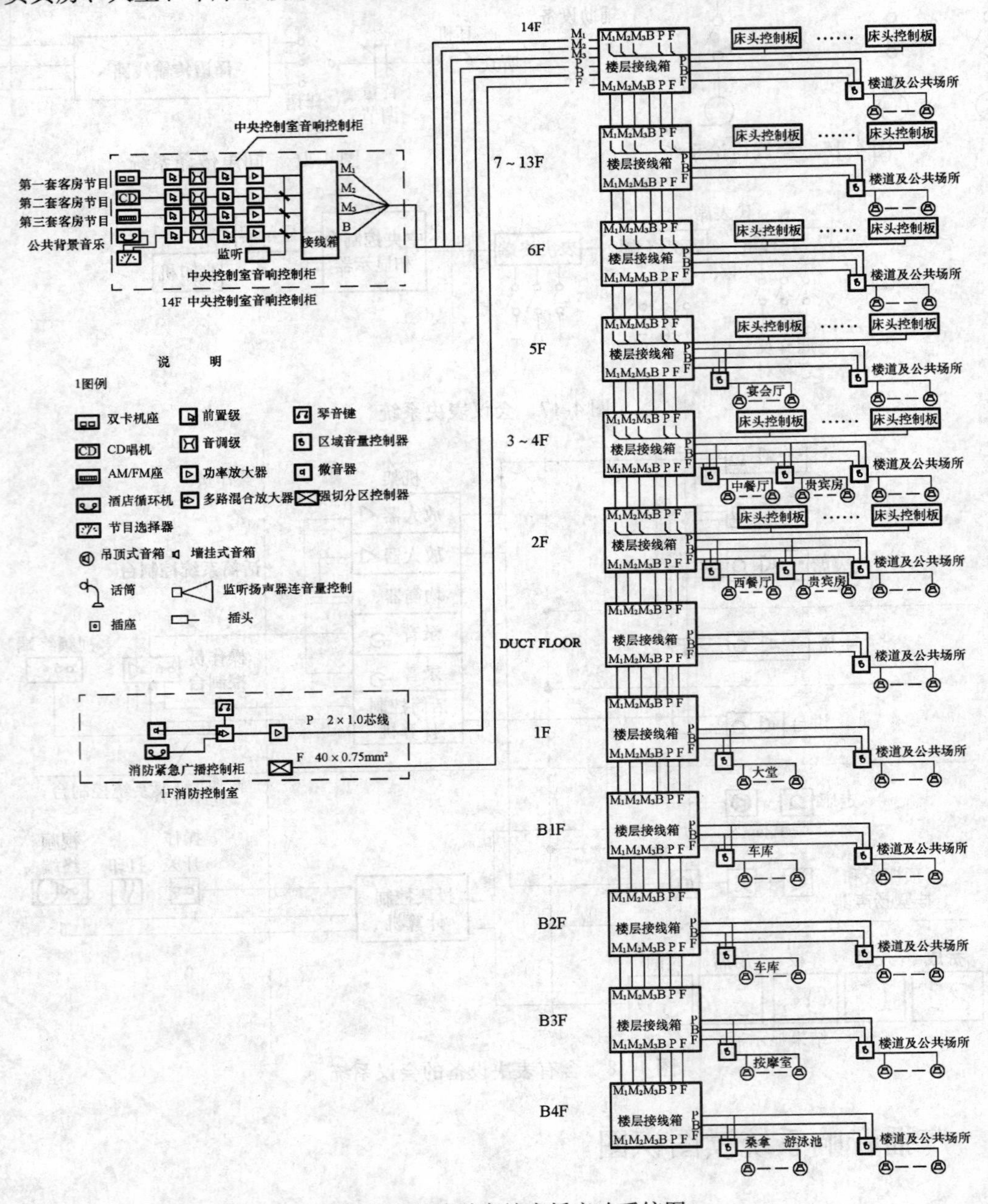

图 4-19　某旅游宾馆广播音响系统图

2. 某旅游宾馆五层宴会厅音响系统图

图4-20所示为某旅游宾馆五层宴会厅音响系统图。各话筒插座、卡座、动圈话筒、乐器输入均可经插头连至16路混声调音台，电源供应器为16路混声调音台提供电源，压缩/限幅器、均衡器、放大器等对信号进行润色和放大。有2个300W立体声高中低音扬声器和2个150W返送监听扬声器。

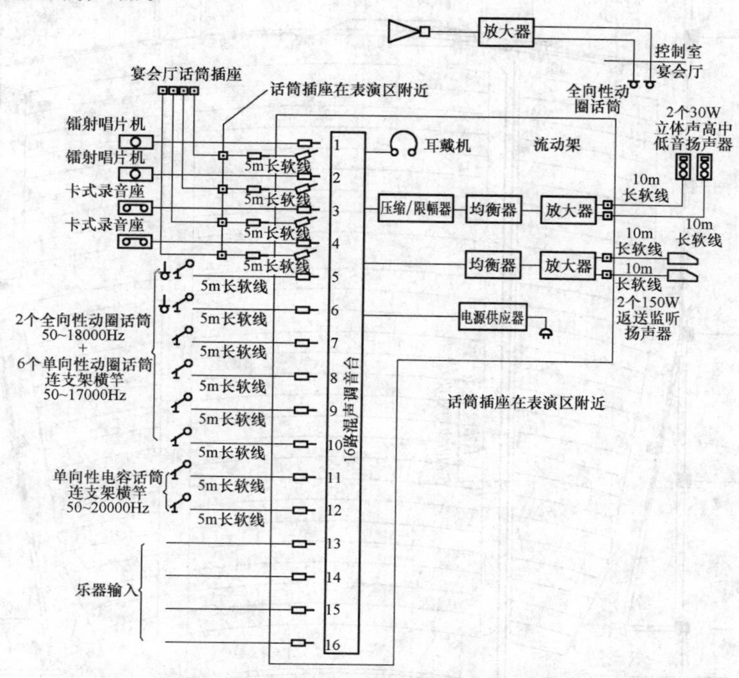

图4-20　某旅游宾馆五层宴会厅音响系统

3. 某影剧院电声系统图

图4-21所示为一层电声平面图。由图可知，④轴线位置装设有两个接线箱。

靠近J轴线的接线箱引出五条线路：（1）沿④轴线引向J轴线附近，再沿墙向上引。（2）引向1/4轴线处设在舞台两侧的两个扬声器。（3）引向乐池内和舞台上的两侧分布的话筒插座。（4）音响线，在沟内线槽敷设，引向⑨轴线、声控室内的接线箱。（5）引向舞台上分布于两侧的两个扬声器。

靠近1/H轴线的接线箱引出两条线路：（1）音响线，在沟内线槽敷设，引向⑨轴线、放映室内的接线箱，并再引出两条线路，①引向沿⑨轴线装设的在中间位置靠近G轴线的扬声器，又分成两条线路，一条沿墙引向上层，另一条引向沿⑨轴线和J轴线装设的一组扬声器；②引向沿⑨轴线装设的在中间位置靠近F轴线的扬声器，然后ⅰ沿墙引向上层，ⅱ引向沿⑨轴线和D轴线装设的一组扬声器。（2）引向舞台银幕后的一排五个扬声器。

图4-22所示为二层电声平面图。（1）线路从④轴线和J轴线相交处沿墙自下引上，ⅰ引向栅顶上两侧分布的话筒插座；ⅱ引向吊顶声桥内的一排每组两个的三组扬声器。（2）两条在⑨、⑩轴线之间的后墙自下引上的线路，各引向沿后墙及J轴线和D轴线装设的两组扬声器。

图4-23所示为电声剖面图。从图中可以看到图4-21和图4-22中各扬声器的空间高度。

图4-24所示为背景音乐系统和演出及会议扩声系统图。系统中有正常广播和紧急广播。

图4-25所示为立体声电影放声系统图。

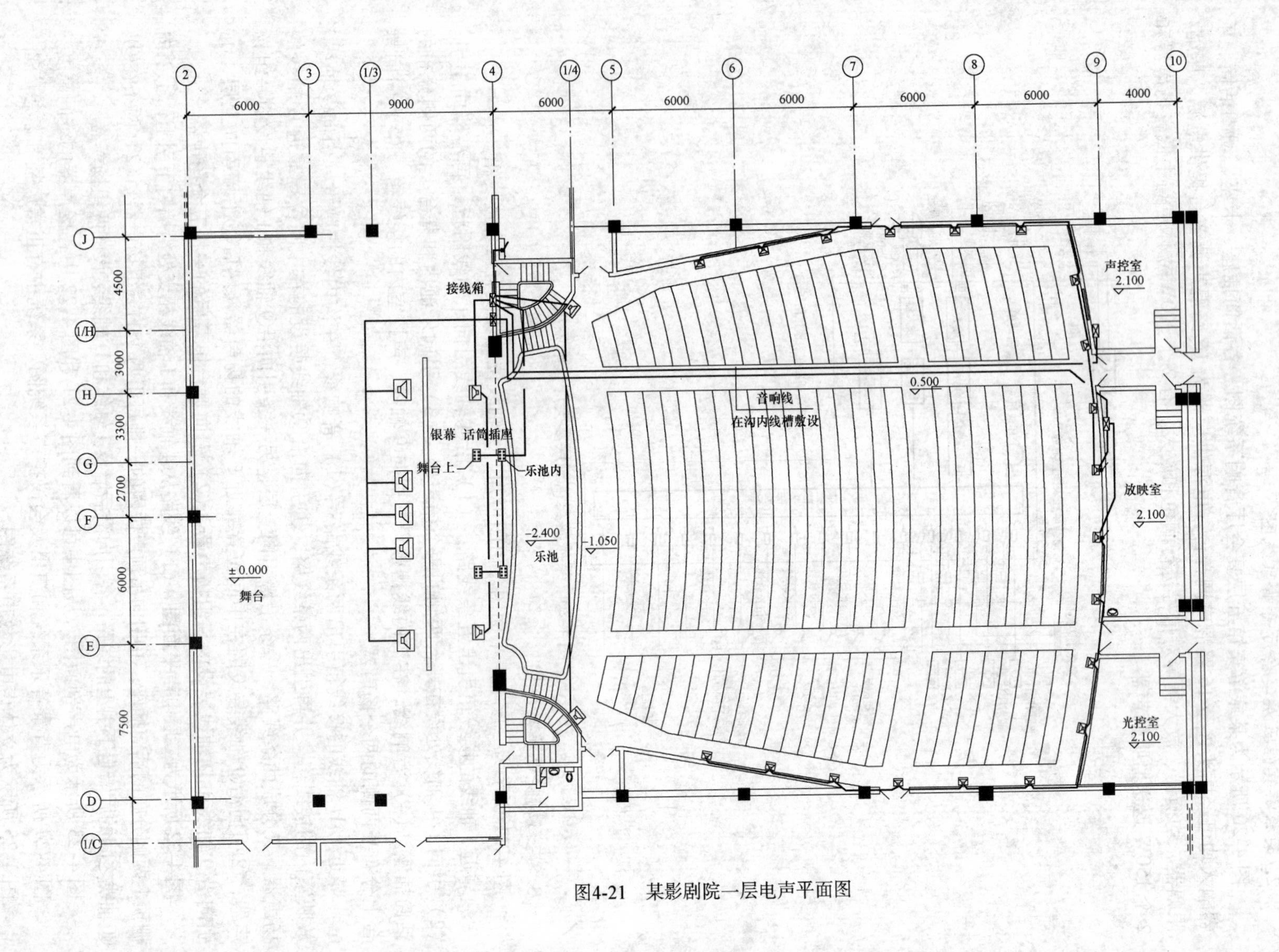

图4-21　某影剧院一层电声平面图

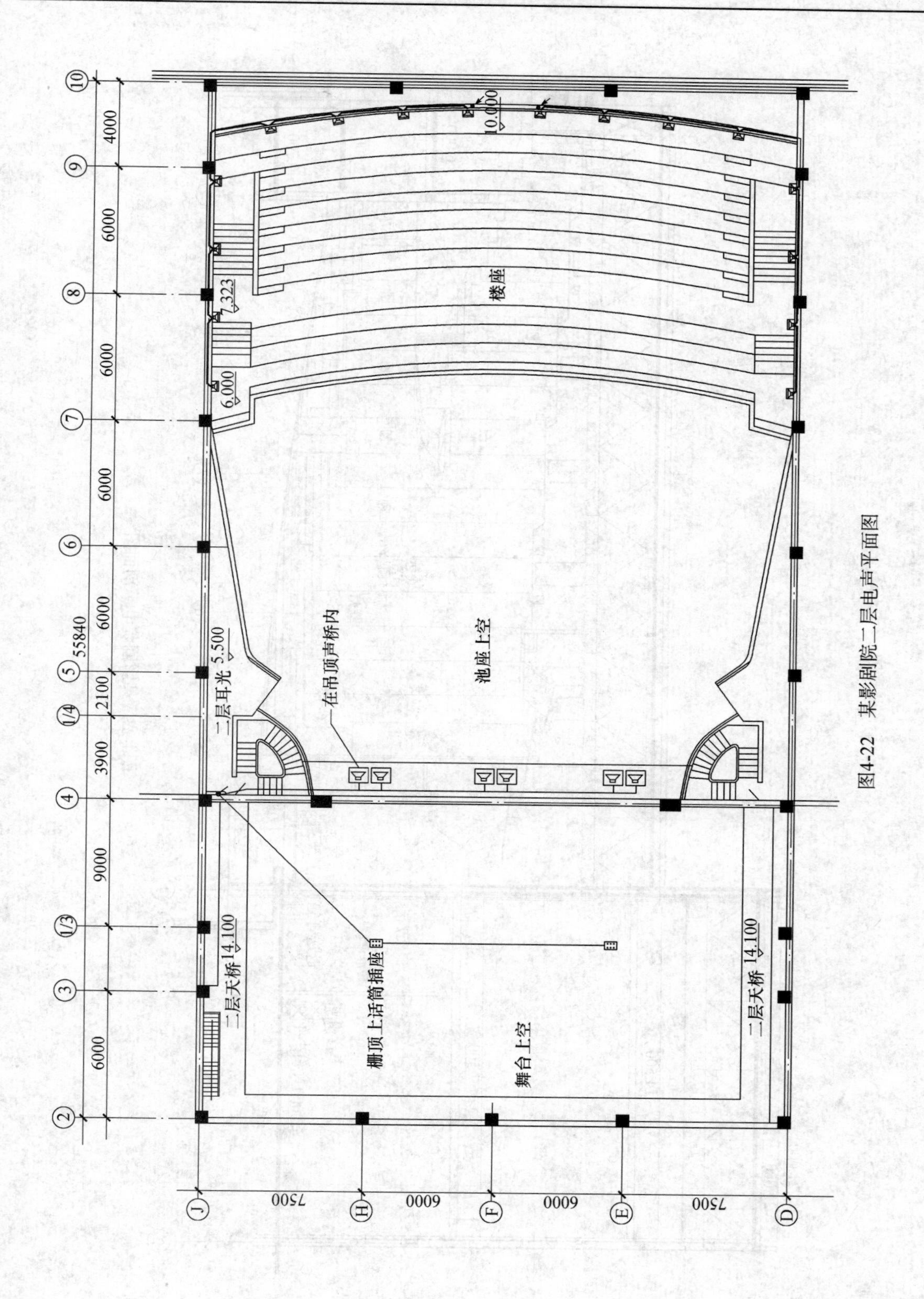

图4-22　某影剧院二层电声平面图

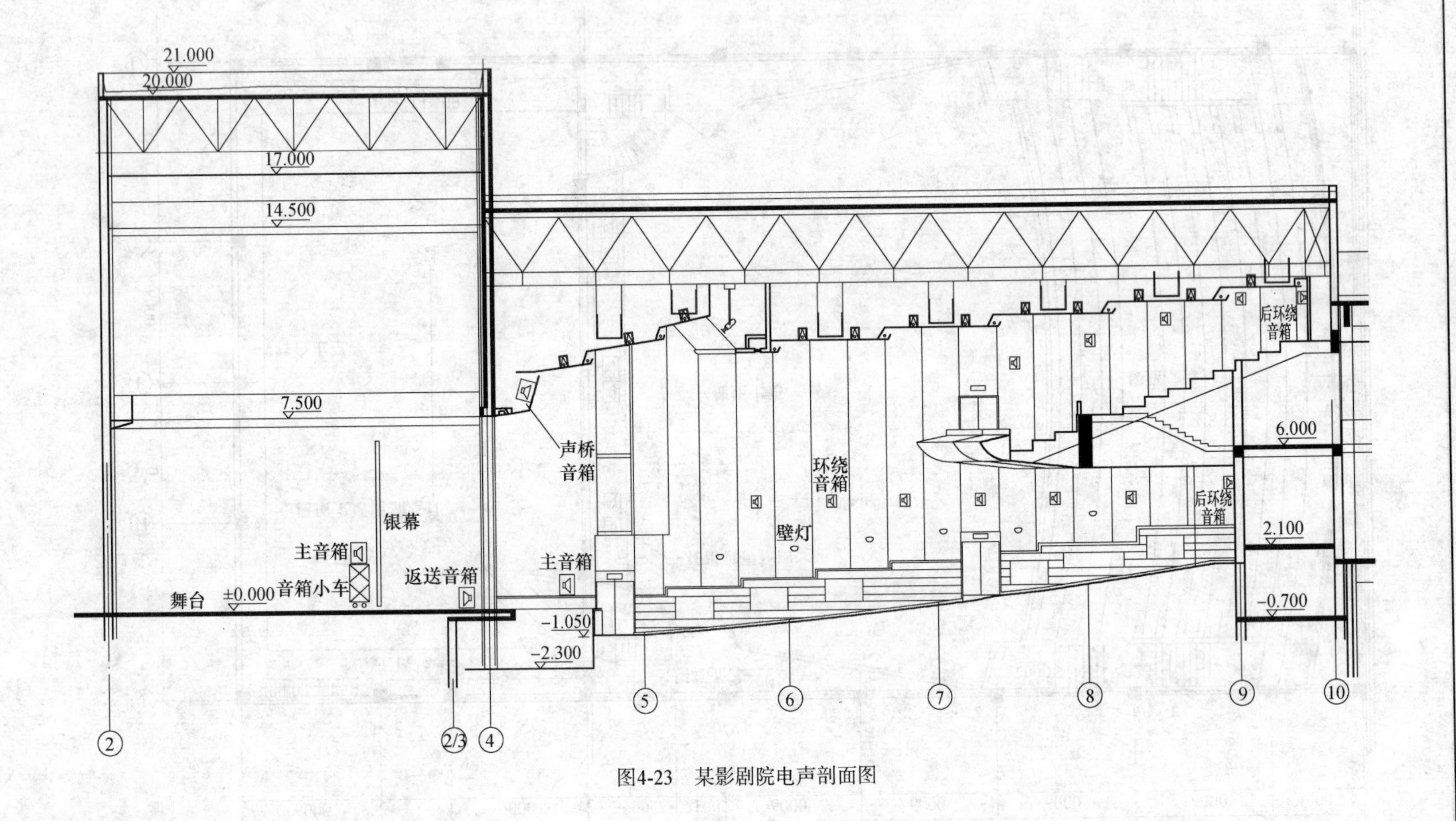

图4-23 某影剧院电声剖面图

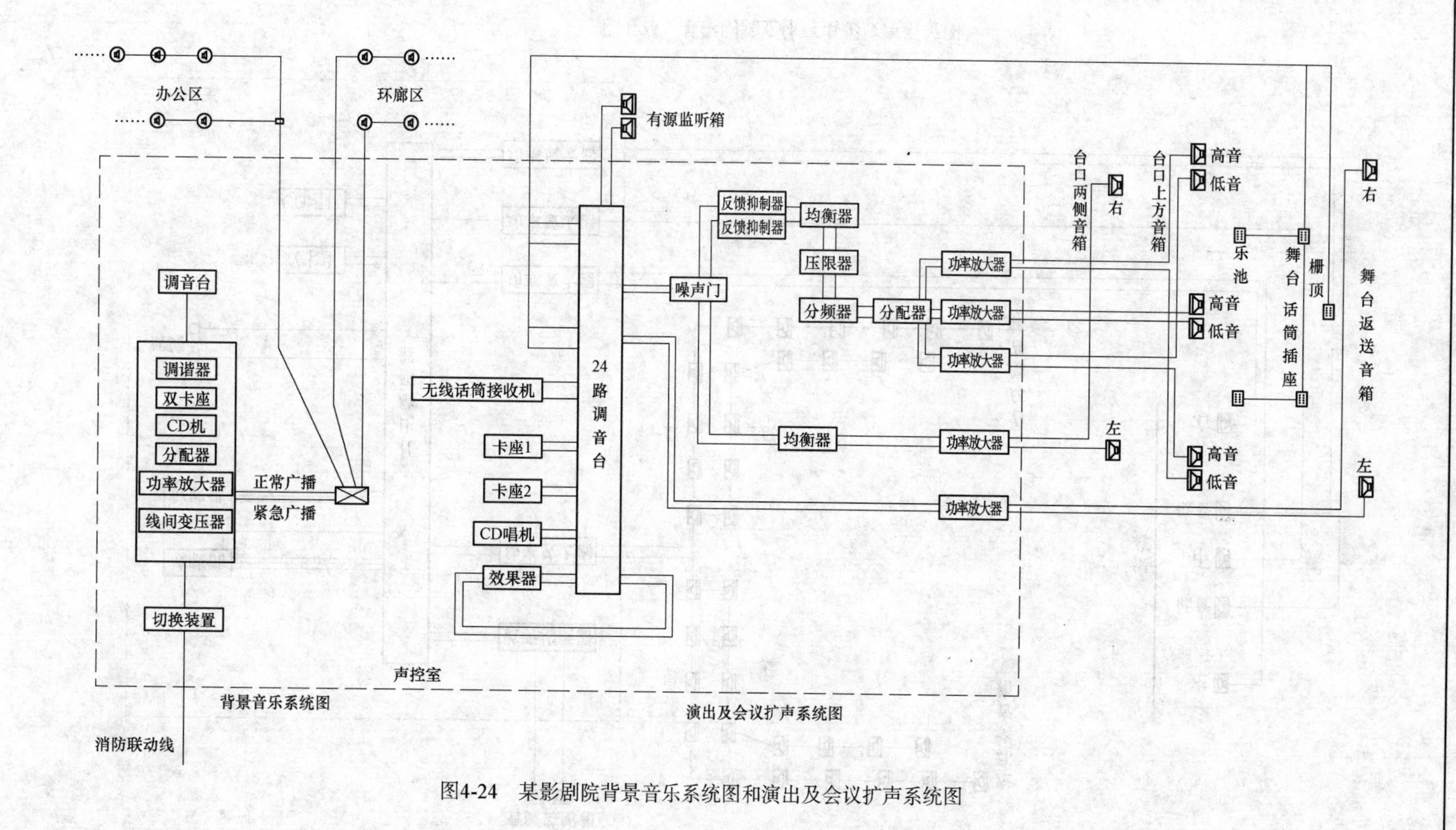

图4-24　某影剧院背景音乐系统图和演出及会议扩声系统图

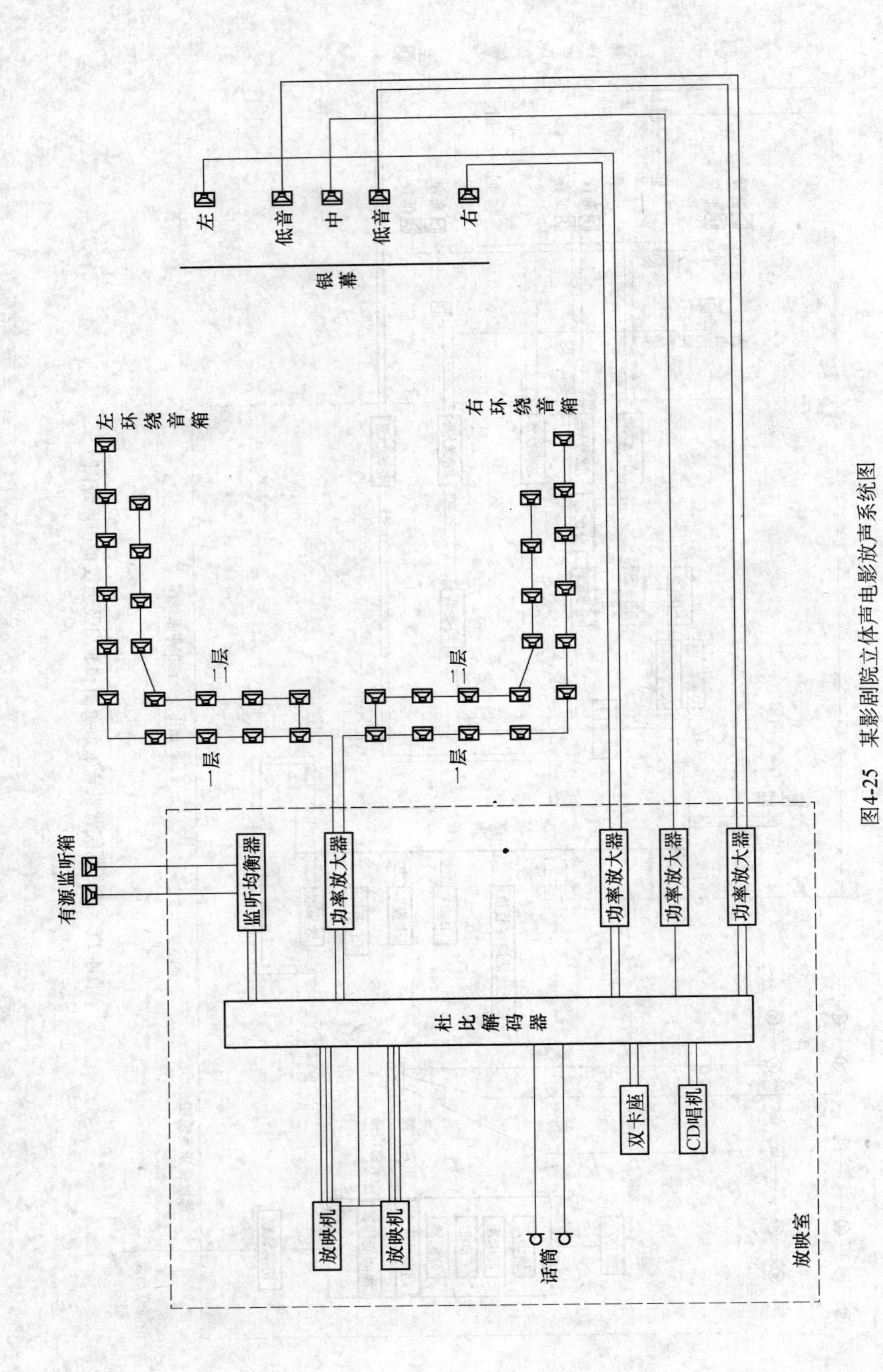

图4-25 某影剧院立体声电影放声系统图

4.3　广播音响系统安装

4.3.1　广播室设备就位

1. 广播室设备的位置应根据现场条件来确定，尽量做到便于操作，便于设备散热，减少其他设备的干扰。

2. 广播室设备安装之前，应将吊顶、墙壁粉刷、地板和隔音层工程做完；有关机柜设备的基础型钢预埋完毕；天线、地线应安装完毕，并引入室内接线端子上；进出线管槽预留位置正确，方可进行设备安装就位。

3. 设备开箱后，要认真按设备清单检查设备外表及其附件，收集保存设备操作使用说明书。

4. 广播室设备的布置应使值班人员在值班座位上能看清大部分设备的正面，能方便迅速地对各设备进行操作和调节，监视各设备的运行显示信号，并能方便地进行安装和维修操作。图4-26所示为广播音响系统控制室布置示例。

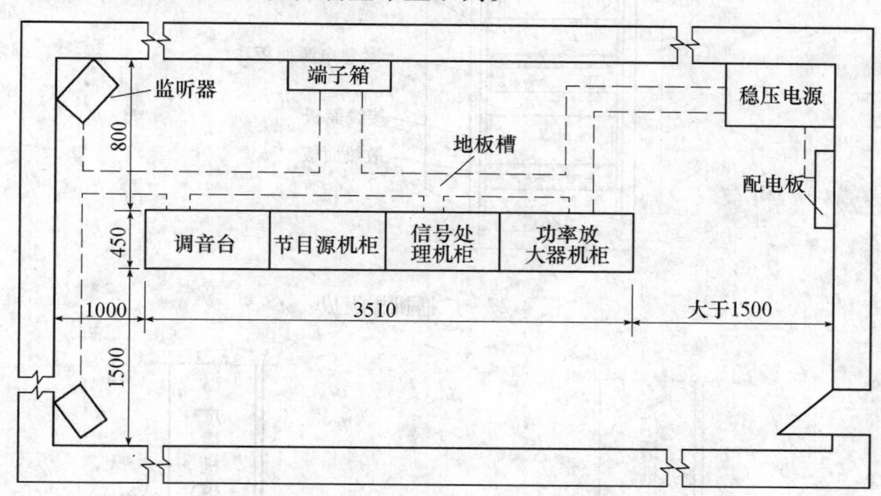

图4-26　广播扩声控制室布置举例

5. 广播室的设备安装要考虑到维修的方便，设备间不应过分密集。控制台与机架间应有较宽的通道，与落地式广播设备的净距一般不宜小于1.5m。设备与设备并列布置时，应保证间隔能便于通行，一般不宜小于1m。

6. 设备的安装应该平稳、端正，落地式设备应用地脚螺栓加以固定，或用角钢加固在后面的墙上。

7. 对于和外线有关的设备，其装置应尽量靠近外线进入的地方，同时也要考虑使用方便。这类设备最好直接装置在墙上，其装置高度可根据需要而定。一般地线接线板装置在高度为1.8m处，分路控制盘和配电盘装置在高度为1.2m处（均指盘柜底边与地面之距离）。

8. 设备安装完毕，应对其垂直度进行调整，调整时，采用吊线锤和钢板尺进行。

9. 广播设备安装在装修木地板的室内时，设备应固定在预埋基础型钢上，并加以螺栓紧固；不宜放置在木地板上，导线可以敷设在木地板下的线槽中。当机柜采用槽钢作为基础时，槽钢的平直度和尺寸应满足机柜的安装要求。根据机柜底座固定孔距，在基础槽钢上钻孔，用镀锌螺栓将柜体与基础槽钢牢靠固定，多台机柜并列时，应拉线找直，从一端开始顺序安装，机柜的水平度和垂直度应符合设计要求。设备面板排列整齐，带轨道的设备应推拉灵活。

图 4-27 所示为广播机柜组成。图 4-28 所示为广播机柜安装方法。

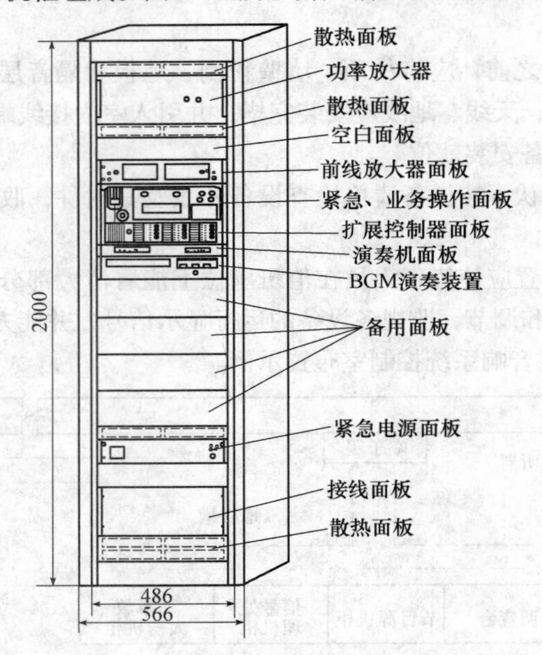

图 4-27　广播机柜组成

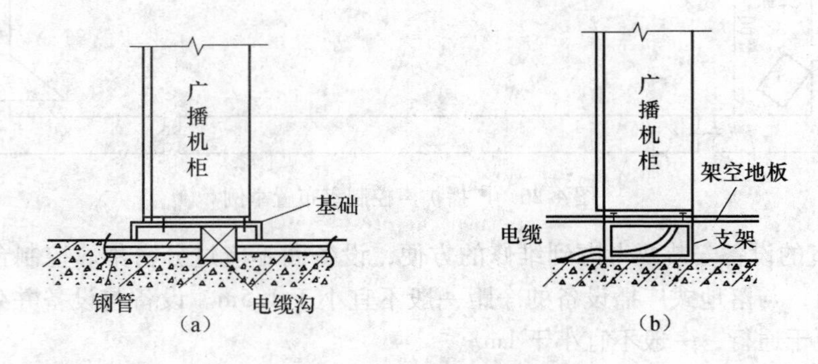

图 4-28　广播机柜安装方法

（a）方式（一）；（b）方式（二）

10. 接收信号场强小于 1mV/m 的无线广播信号时，应设置室外天线。

11. 控制室内应设置弱电保护接地和工作接地，控制室内所有扩声设备的工作接地应形成一点接地，并接至联合地网，接地电阻不大于 1Ω，以防低频干扰。保护接地可与交流电源设备外壳共同接地，以保证操作人员的安全。

4.3.2　线路敷设

广播音响系统的馈电网络包括低电平信号线路、功率输出传送线路、电源供电线路和系统接地线路等几部分。

广播音响系统传输电压通常在120V以下，线路采用穿金属管及线槽敷设，不得将线缆与强电同槽或同管敷设，在土建主体施工时配合预埋管及接线盒。

系统节目源传送至信号处理设备的信号幅度较小，为毫伏级，易受外界干扰，干扰信号与有用信号同时被放大输送到扬声器，会严重影响到声音质量，因此，低电平信号线路一定要使用屏蔽电缆电线。广播室是各种强弱信号线和电源线的汇集点，干扰源较强，屏蔽电缆电线中间严禁设置中间接头。屏蔽电缆电线与设备、插头连接时要注意屏蔽层的连接应采用焊接，严禁采用扭接和绕接，焊接应牢固、可靠、美观。中间连线用在前级放大设备与功放设备分装的设备上，把经过前级放大后的信号用中间连线连接到功放设备，此类线路传输电平虽比输入线要高，但仍需要使用能抗干扰的屏蔽线。连接线中间也不允许有接头，两头用插头连接，连接方法为焊接（即导线与插头焊接）。

功率输出传送线路即功放输出至扬声器箱之间的连接电缆，线路很长时，为减少损耗通常使用高电压（70V或100V）传输音频功率。从功放输出端到最远端扬声器的线路损耗一般应小于0.5dB。

系统供电线路用电量不大，但易受到干扰，为避免其他设备的干扰，建议使用变比为1:1的隔离变压器，用电量超过10kVA时，功率放大器应使用三相电源，并应尽量使三相用电量平衡。

扩声设备应有专门的接地端子板，不得与防雷接地或供电接地共用地线。

专用连接线是指广播室内各种设备的信号连线，多采用塑料绝缘导线。为接收良好的广播信号，需架设调幅、调频广播接收天线，天线上的信号是十分微弱的，为了防止干扰，也采用屏蔽线引入广播室中，这种引线不宜在广播室内设置接头，天线引线插头连接也应采用焊接。

广播设备应可靠接地，接地线引入至广播室的地线端子板上，室内地线引线是指设备接地端子至地线端子的连线，一般采用不小于16mm^{2}的软铜芯电缆作为连线，芯线两个连接端头应作搪锡处理或焊接接线端子，地线采用螺栓紧固在地线端子或设备的接地端子上，螺帽下应加弹簧垫片。

4.3.3　扬声器的安装

1. 扬声器与功率放大器的配接

功率放大器有定阻与定压式两种输出方式，定阻式功率放大器适用于小功率近距离的厅堂专用扩声音响系统，而定压式功率放大器则广泛应用于公共广播系统中，以满足高电压长距离的低损耗传输要求。

图4-29所示为扬声器与定阻式功率放大器的配接。图4-30所示为扬声器与定压式功率放大器的配接。

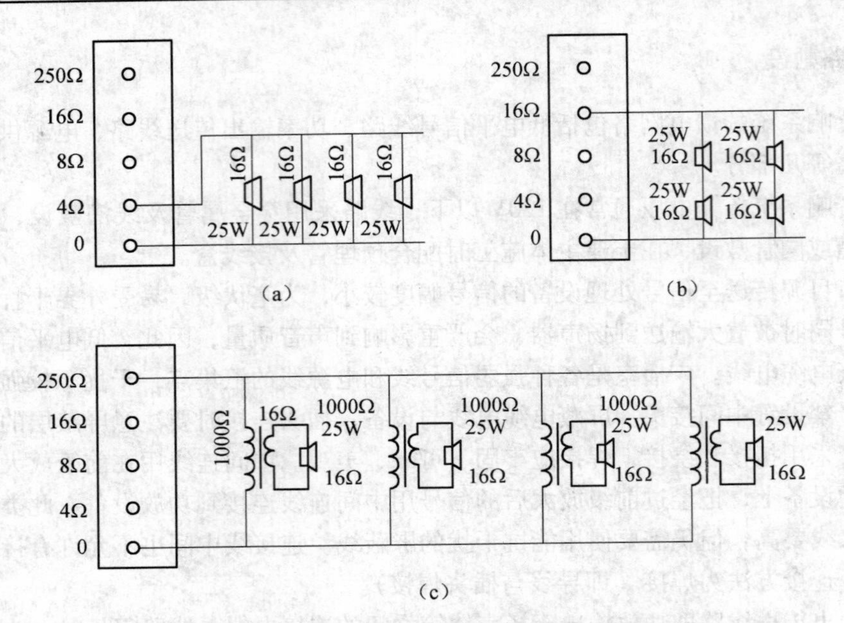

图 4-29　扬声器与定阻式功率放大器的配接

（a）并联式；（b）串-并联式；（c）阻抗变换-并联式

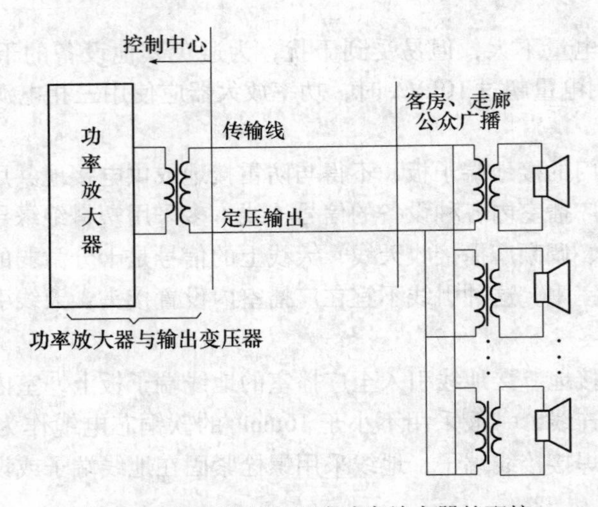

图 4-30　扬声器与定压式功率放大器的配接

2. 扬声器的布置与安装

公共场所扬声器的布置应使听觉范围内的任何位置都能听到相同响度和清晰度的声音，所以扬声器应均匀分布。

扬声器布置的要求是：利用扬声器的指向性，使声场中各处的声压均匀；要控制声反馈和避免产生回声干扰；调整混响时间，保证声音的清晰度；要使声像一致。

扬声器的布置方式有集中式、分散式和混合式三种，表 4-1 所列为扬声器布置方式的适用条件和特点。

表 4-1　扬声器的布置方式

扬声器布置方式	适用条件	优点	扬声器的指向性	不足
集中式	房间形状和声学特性良好	声音清晰度好，方向感好而自然	较宽	有引起啸叫的可能
混合式	房间形状和声学特性良好，但形状不理想	大部分座位的声音清晰度好，没有低声压级的地方	主扬声器较宽，辅助扬声器应较尖锐	有的座位可以同时听到由主扬声器和辅助扬声器两个方向传来的声音
分散式	房间形状和声学特性不好	声压较高，容易防止啸叫	较尖锐	声音的清晰度容易破坏，声音从旁边或后面传来，有不自然的感觉

图 4-31 所示为扬声器集中布置示例，主扬声器布置在舞台口上方，并在舞台两侧下部布置拉声像扬声器。

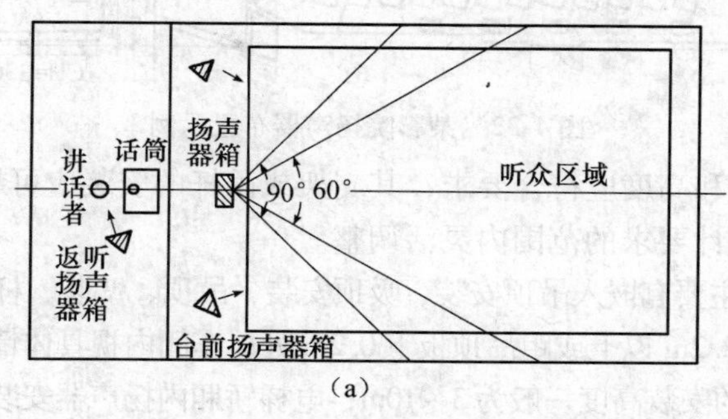

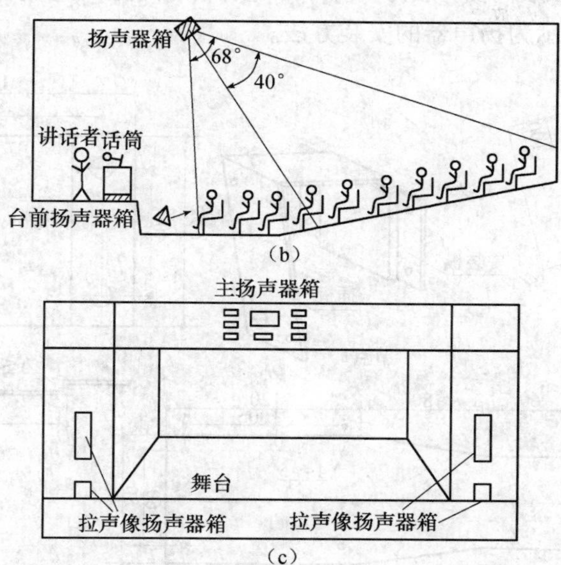

图 4-31　扬声器集中布置示例

(a) 平面图；(b) 侧面图；(c) 正面图

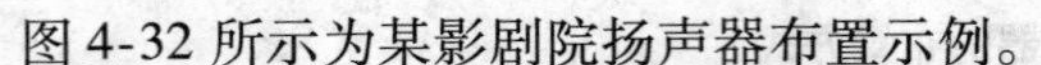

图 4-32 所示为某影剧院扬声器布置示例。

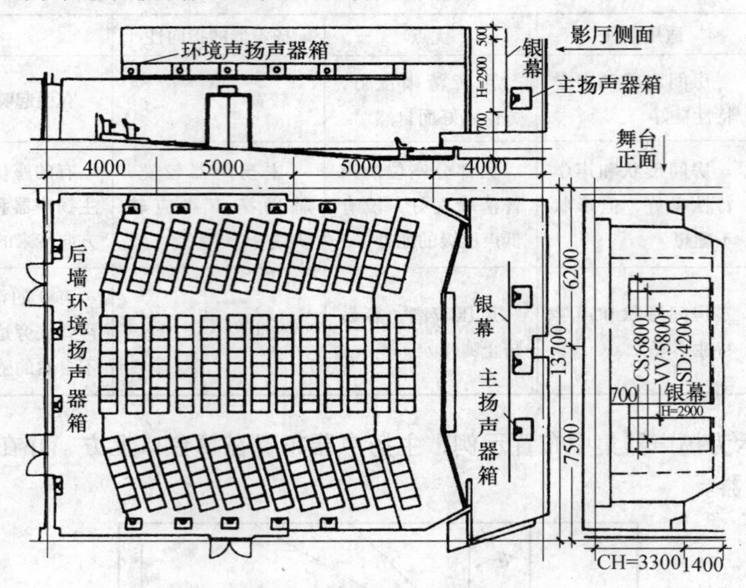

图 4-32　某影院扬声器布置示例

扬声器的安装位置和高度应符合要求，其支架或吊杆的安装应可靠牢固，按要求固定在支架上，角度应可在设计要求的范围内灵活调整。

扬声器的安装方法主要有嵌入吊顶安装、吸顶安装、吊顶、壁装、杆上安装等。室内扬声器的安装高度一般距地面 2.2m 以上或距吊顶板下 0.2m 处；车间内视具体情况而定，一般距地面约为 3～5m；室外扬声器的安装高度一般为 3～10m；电梯轿厢内扬声器安装在轿厢吊顶内。

图 4-33～图 4-36 所示为扬声器的安装方法。

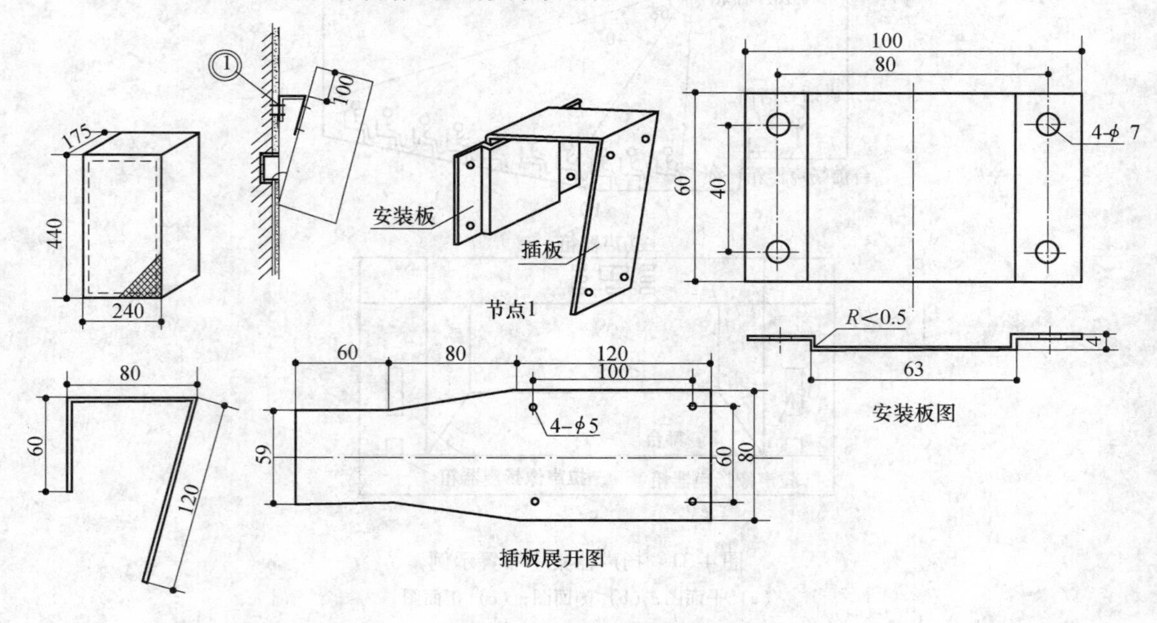

图 4-33　小音箱壁装

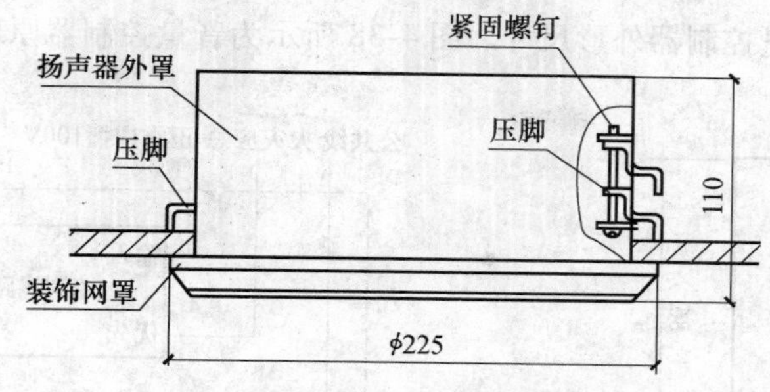

吸顶式扬声器安装图

图 4-34　扬声器箱在吊顶上嵌入安装

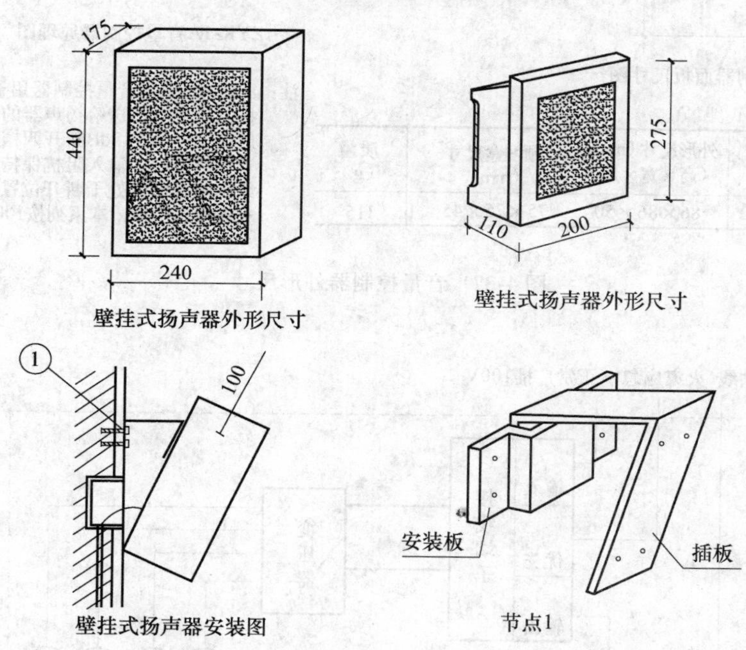

图 4-35　壁挂扬声器安装

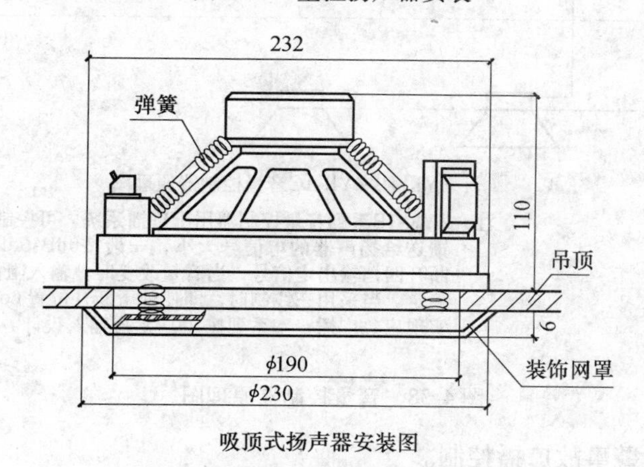

吸顶式扬声器安装图

图 4-36　扬声器吸顶安装方法

图4-37所示为音量控制器外形尺寸。图4-38所示为音量控制器原理图。

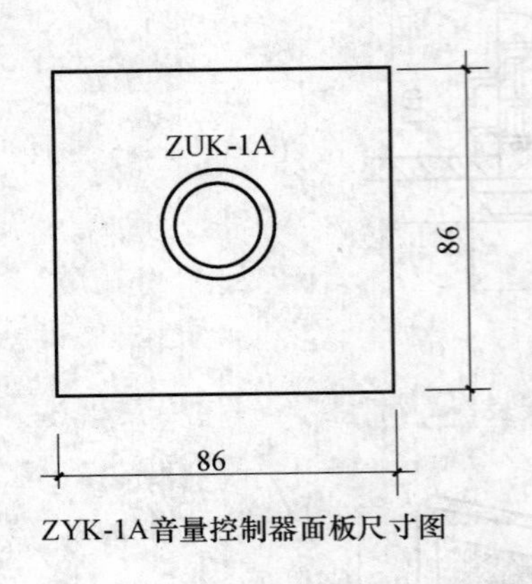

ZYK-1A音量控制器面板尺寸图

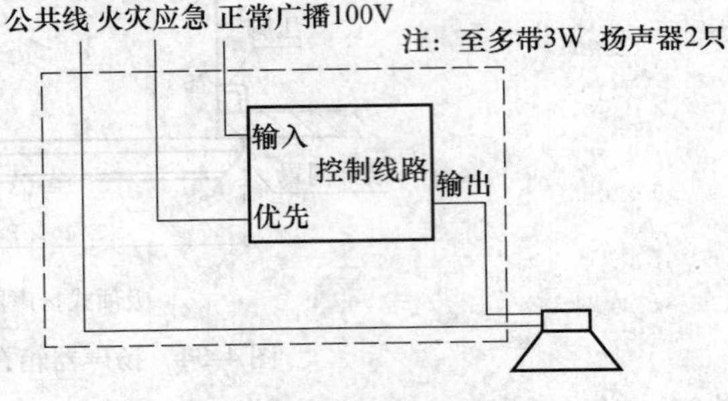

ZYK-1A音量控制器原理图

型　号	输出功率（W）	外形尺寸（mm）（高×宽×厚）	预埋盒尺寸（mm）	质量（g）
ZUK-1A	5	86×86×50	75×75×45	115

注：ZYK-1A系列音量控制器用于广播系统，可控制放大器馈送给扬声器的电信号大小，一般按0dB-6db-12dB断开四档输出电信号，当音量改变时，输入阻抗保持稳定。当采用三线制时，即使处于断开位置（off）仍可实现火灾应急广播，本系列按100V定压输入设计。

图4-37　音量控制器外形尺寸

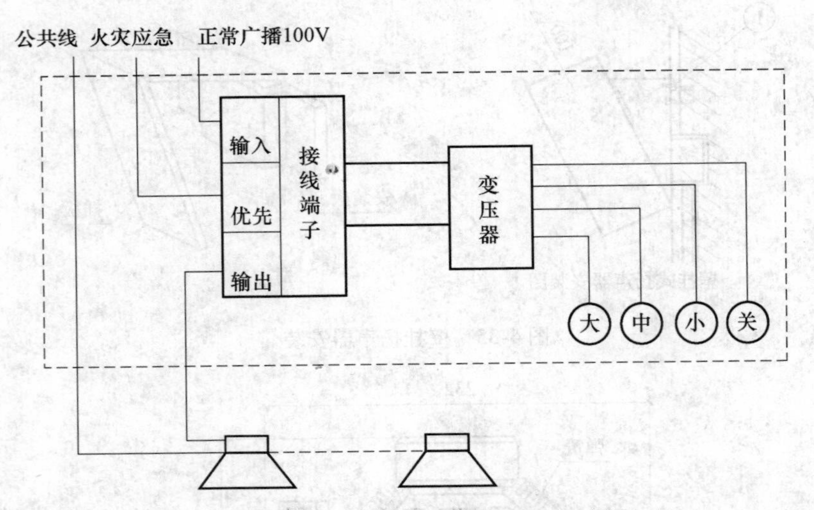

ZYK-1B ZYK-1C音量控制器原理图

注：ZYK-1B系列音量控制器用于广播系统，可控制放大器馈送给扬声器的电信号大小，一般按0dB-6dB-12dB断开四档输出电信号，当音量改变时，输入阻抗保持稳定。当采用三线制时，即使处于断开位置（off）仍可实现应急广播，本系列按100V定压输入设计。

图4-38　音量控制器原理图

图4-39所示为火警事故广播控制。

图4-40所示为切换点安装。

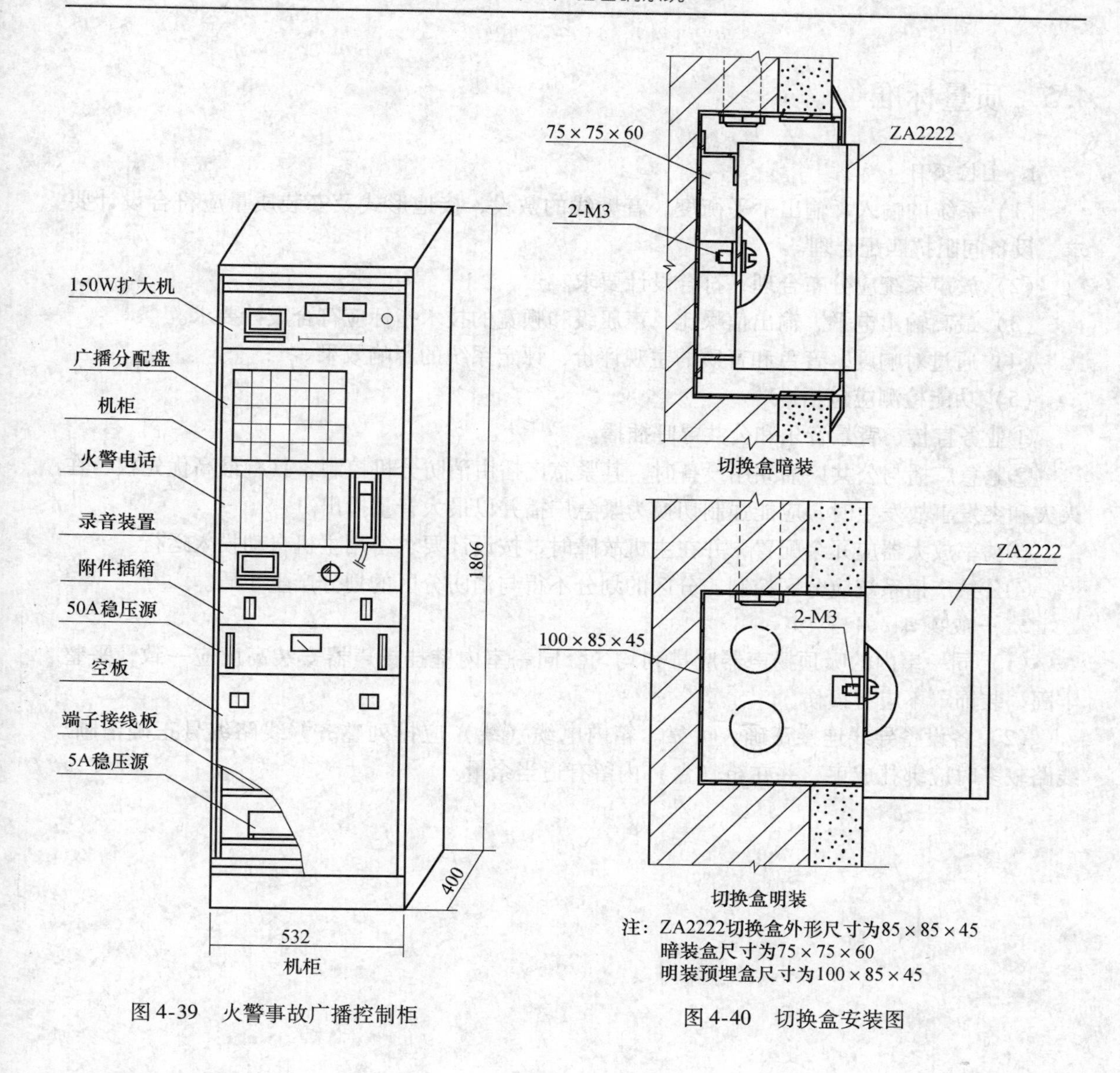

图4-39　火警事故广播控制柜　　　　图4-40　切换盒安装图

4.4　系统调试

1. 接线的检查

将已布放的线缆再次进行对地与线间绝缘测试，绝缘电阻值必须大于0.5MΩ。机房设备采用专用接头与线缆进行连接，且压接牢固。设备及电缆屏蔽层应压接好保护地线，接地电阻值应不大于1Ω。

2. 设备安装完后，先进行单机通电调试，然后按音源、系统每一回路进行系统调试。调试时分别在机房内和现场监听各路广播的音质效果并调控各路功放的输出，以保证各路音源的音量一致。

4.5 质量标准

1. 主控项目

（1）系统的输入、输出不平衡度，音频线的敷设，接地形式及安装质量应符合设计要求，设备间阻抗匹配合理。

（2）放声系统应分布合理，符合设计要求。

（3）最高输出电平、输出信噪比、声压级和频宽的技术指标应符合设计要求。

（4）通过对响度、音色和音质的主观评价，评定系统的音响效果。

（5）功能检测应包括：

①业务宣传、背景音乐和公共寻呼插播。

②紧急广播与公共广播共用设备时，其紧急广播由消防分机控制，具有最高优先权，在火灾和突发事故发生时，应能强制切换为紧急广播并以最大音量播出。

③功率放大器应冗余配置，并在主机故障时，按设计要求备用主机自动投入运行。

④公共广播系统应分区控制，分区的划分不得与消防分区的划分产生矛盾。

2. 一般项目

（1）同一室内的吸顶扬声器应排列均匀。同一室内壁挂扬声器安装高度应一致，平整牢固，装饰罩不应有损伤。

（2）各设备导线连接正确、可靠。箱内电缆（线）应排列整齐，线路编号正确清晰。线路较多时应绑扎成束，并在箱（盒）内留有适当余量。

第5章　安全防范系统

安全防范系统广泛应用于金融、商业、企业、写字楼、高级宾馆、政府机关等建筑中，以防止犯罪事件的发生。随着人们生活水平的不断提高，以及物业管理行业的崛起和发展，它也已被广泛应用于中高档住宅小区、别墅等民用建筑，形成了智能化、立体化的保安系统。

安全防范系统主要包括入侵报警系统、闭路电视监视系统、门禁管理系统、停车场管理系统、电子巡更系统等。图5-1所示为安全防范系统组成。

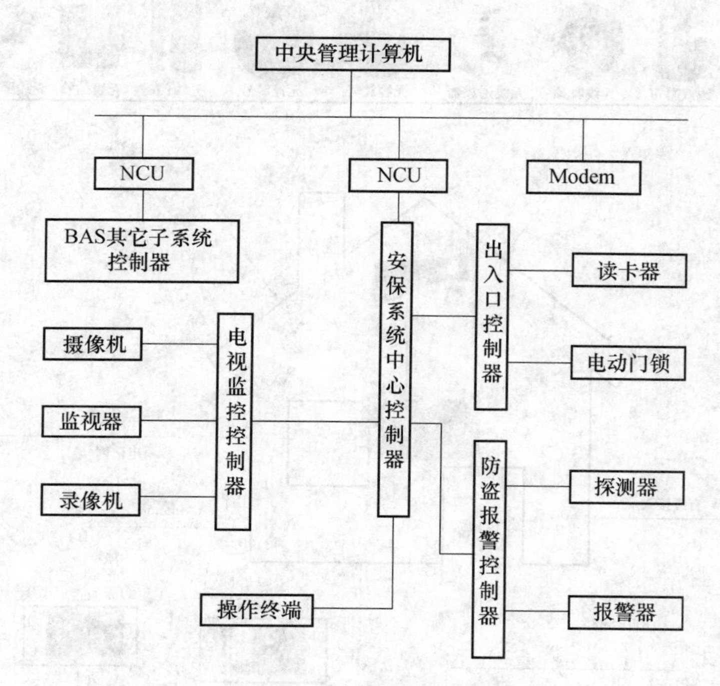

图5-1　安全防范系统组成

5.1　入侵报警系统

入侵报警系统是在探测到防范现场有人进入时能发出报警信号的专用电子系统，在防范区域内利用各种不同类型的探测器构成点、线、面空间等警戒区，形成多层次、全方位的交叉防范系统，一般由探测器（报警器）、传输系统和报警控制器等组成。

图5-2所示为入侵报警系统组成。图5-3所示为用户端入侵报警系统示意图。

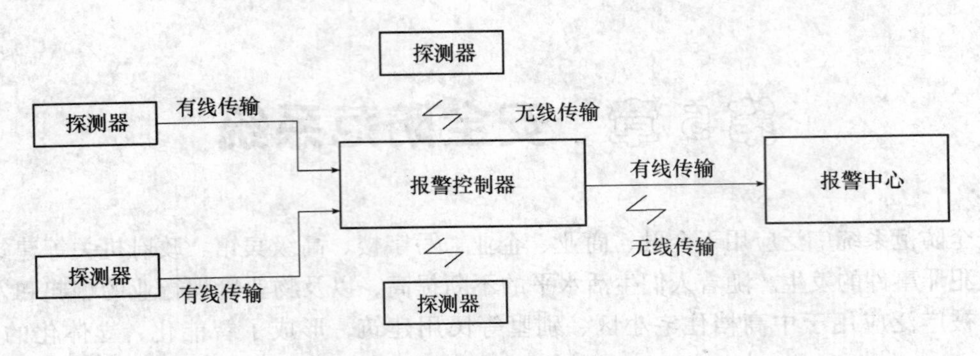

图 5-2　入侵防范系统组成

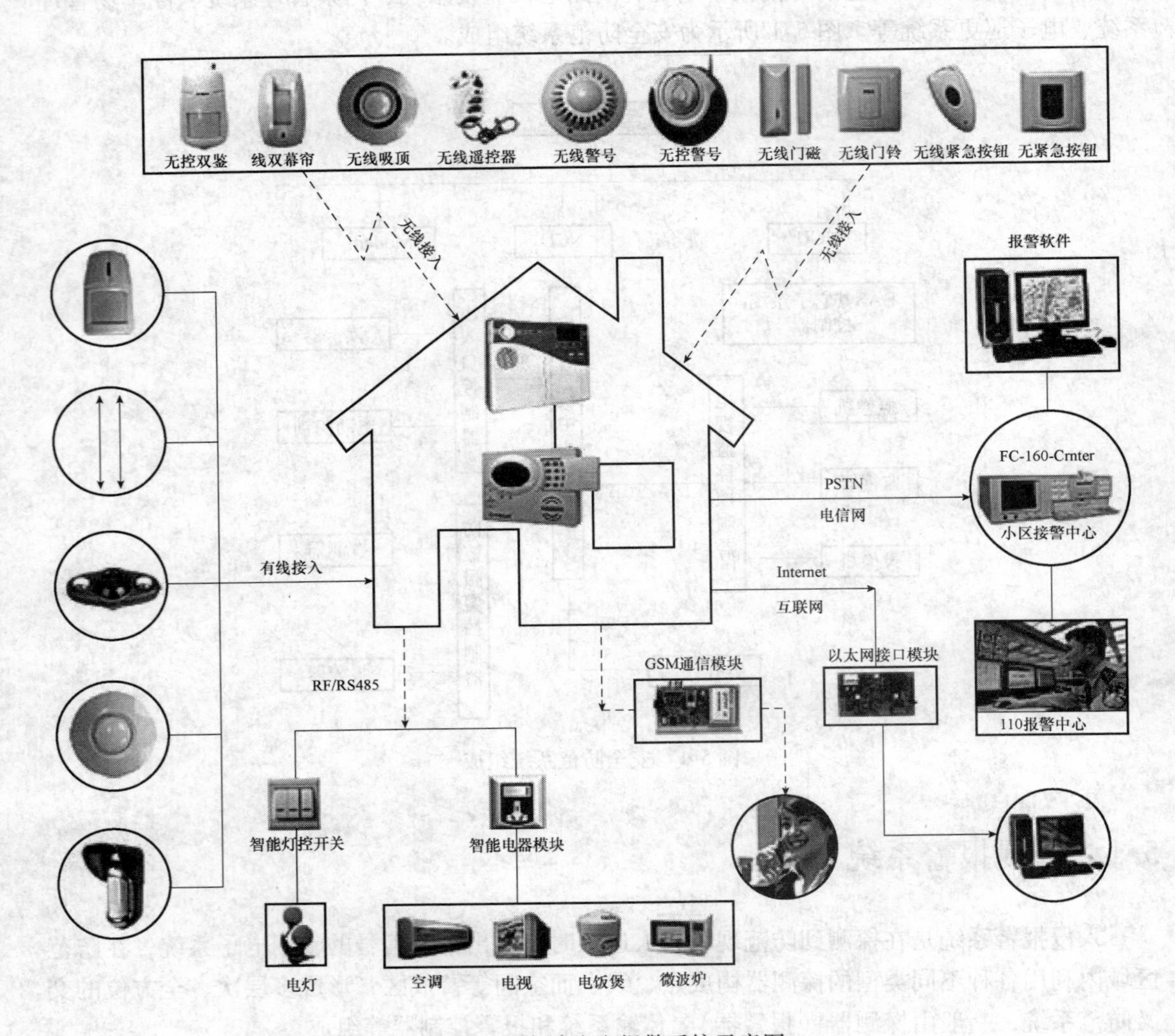

图 5-3　用户端防盗报警系统示意图

5.1.1　入侵报警系统的基本组成模式

1. 分线制

各探测器、紧急报警装置通过多芯电缆与报警控制主机之间采用一对一相联，其中一个防区内的紧急报警装置不得大于4个，如图5-4所示。

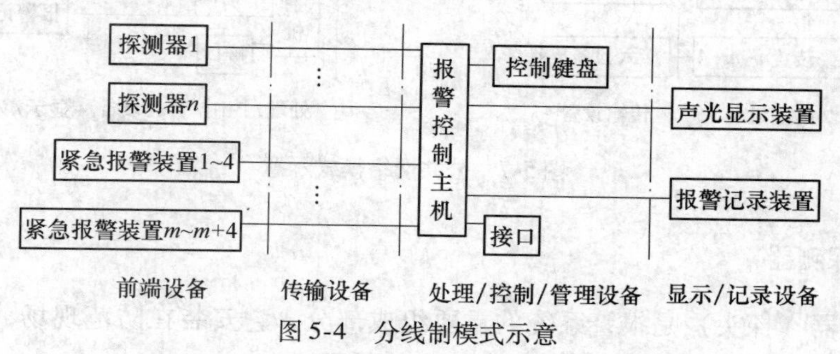

图5-4　分线制模式示意

2. 总线制

各探测器、紧急报警装置通过相应的编址模块及报警总线传输设备与报警控制主机相联，其中一个防区内的紧急报警装置不得大于4个，如图5-5所示。

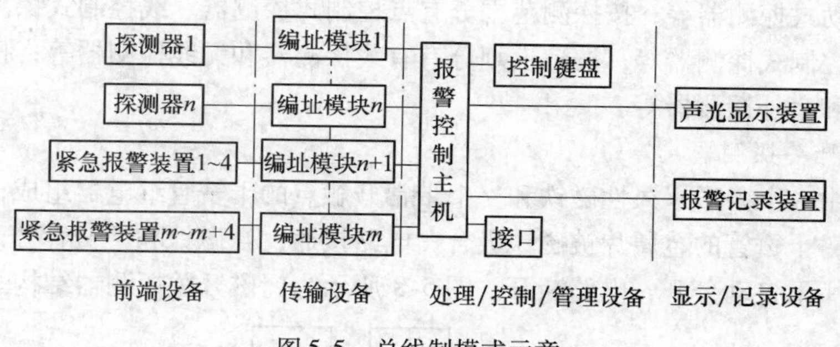

图5-5　总线制模式示意

3. 无线制

各探测器、紧急报警装置通过相应的无线设备与报警控制主机相联，其中一个防区内的紧急报警装置不得大于4个，如图5-6所示。

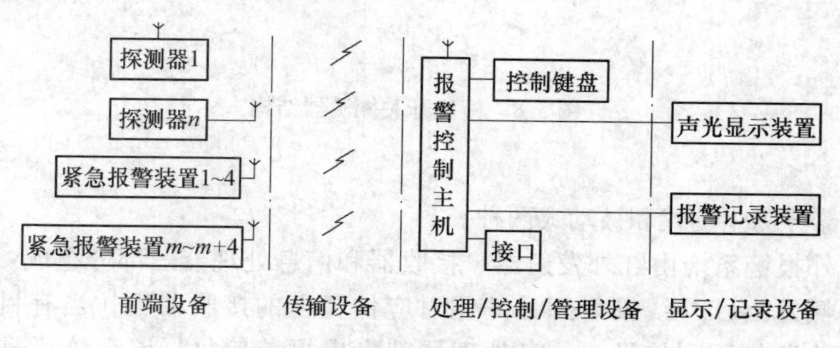

图5-6　无线制模式示意

4. 公共网络

各探测器、紧急报警装置通过网络传输接入设备与报警控制主机之间采用公共网络相联，其中一个防区内的紧急报警装置不得大于4个，如图5-7所示。

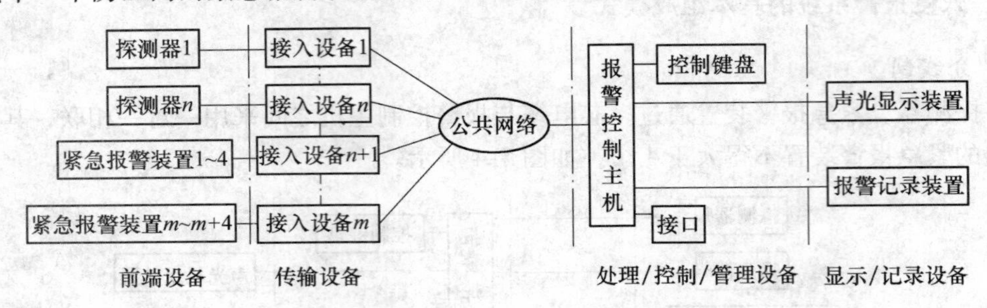

图5-7　公共网络模式示意

5.1.2　报警探测器

报警探测器（探头）是报警系统的重要组成部分，它安装在防范现场，其核心部件是传感器，由传感器将探测到的物理量转换成电信号再输出。

探测器的种类有很多。按传感器的种类分有磁开关探测器、振动探测器、声控探测器、被动红外线探测器、主动红外线探测器、微波探测器、激光探测器等；按工作方式分有主动式探测器、被动式探测器等；按探测范围分有点控制式探测器、线控制式探测器、面控制式探测器和空间控制式探测器等；按信道划分有有线探测器和无线探测器等；按应用的场合分有室内探测器和室外探测器等。

（1）门磁开关探测器

门磁开关由一个条形永久性磁铁和一个带常开触点的干簧管继电器组成，当磁铁和干簧管平行放置时，干簧管的金属片被磁铁吸合，电路接通；当磁铁和干簧管分开时，干簧管在自身弹力的作用下自动分开，电路断开。图5-8所示为门磁开关探测器结构。

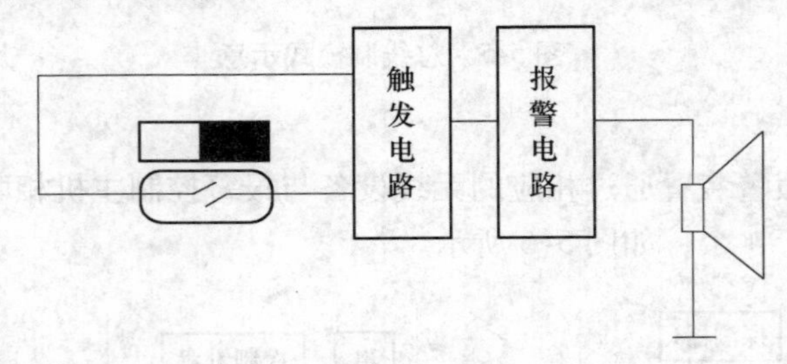

图5-8　门磁开关探测器结构

（2）红外探测器

红外探测器分为主动式和被动式两种。

主动式红外报警系统由红外发射器、接收器和信息处理器三部分组成。红外发射器从警戒区域的一侧发出红外线投射到另一侧对应位置上的接收器上，当有目标遮挡时，截断红外线，接收器收不到信号，信息处理器就发出报警信号。该系统可靠性好、灵敏度高、警戒区域大、保密性强。图5-9和图5-10所示分别为遮断式和反射式主动红外线探测器框图。

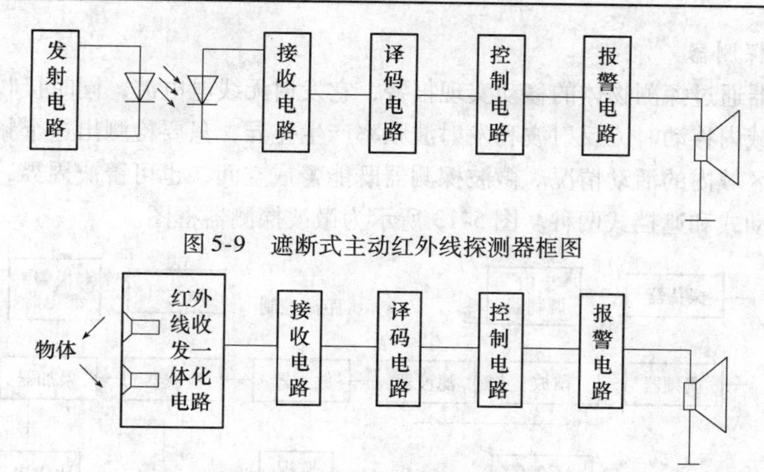

图5-9　遮断式主动红外线探测器框图

图5-10　反射式主动红外线探测器框图

被动式红外探测器由红外线探头报警器组成。它本身不发出红外线，而是依靠接收物体发出的红外线来报警。探测器有一定的探测角度，安装时需特别注意，安装位置尽量隐蔽，且不应被遮挡。探测器不应正对热源，以防止误报。图5-11所示为被动式红外线探测器框图。

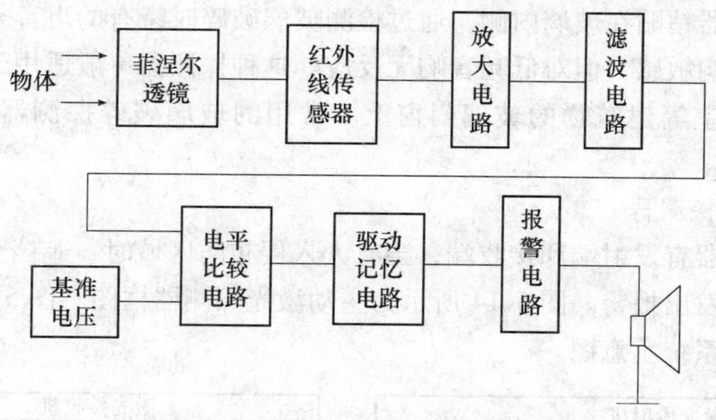

图5-11　被动式红外线探测器框图

（3）超声波探测器

超声波探测器发出的超声波充满室内空间，超声波接收器接收室内物体反射回的超声波，并与发射波进行比较。若室内没有物体移动，则发射波与反射波频率相同，不报警；有物体移动时，反射波会产生多普勒频移，接收机检测到发射波与反射波之间的频率差异后，发出报警信号。图5-12所示为超声波探测器框图。

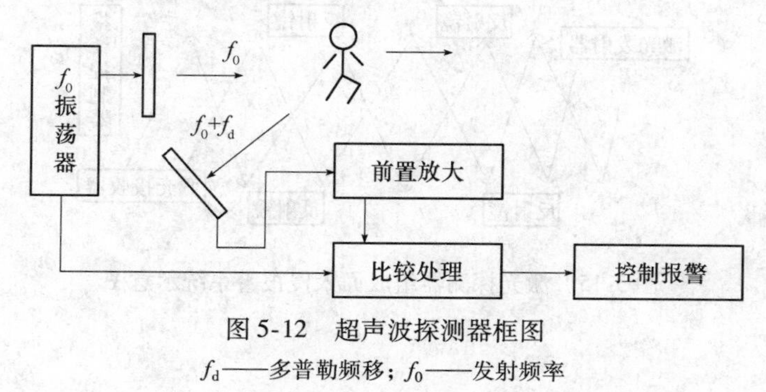

图5-12　超声波探测器框图

f_d——多普勒频移；f_0——发射频率

(4) 微波探测器

微波探测器通过探测物体的移动实现报警，它发射无线电电波，同时接收反射波。当入侵者在布防区域内移动时，反射波和发射波频率产生差异，只要检测出这个频率信号，就能探知人在布防区域内的活动情况。微波探测器既能警戒空间，也可警戒周界，根据工作原理的不同分为移动式和遮挡式两种。图 5-13 所示为微波探测器框图。

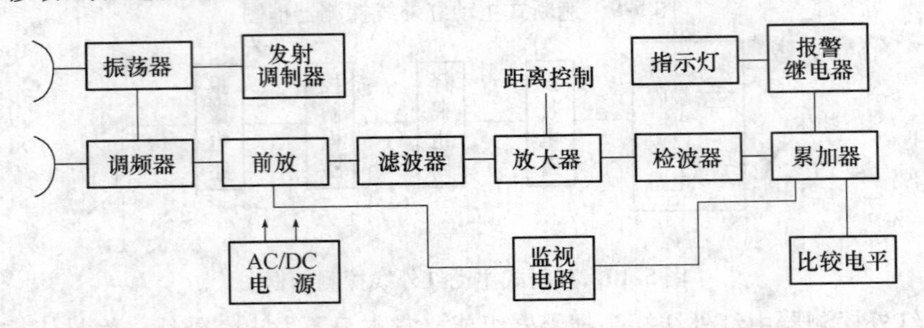

图 5-13　微波探测器框图

(5) 玻璃破碎报警器

玻璃破碎报警器粘贴在玻璃内侧，通过检测玻璃破碎时特有的声音来报警，它对玻璃破碎时产生的高频音响敏感，但对低频音响无反应。这种探测器一般适用于商场、展览馆、仓库、实验室、办公室等建筑物的玻璃门窗上。常用的玻璃破碎探测器有单技术和双技术两种。

(6) 主动激光探测器

主动激光探测器有发射端和接收端，当有人入侵布防区域时，遮挡了发射端和接收端之间的激光光束，即发出报警。图 5-14 所示为主动激光探测器框图。图 5-15 所示为激光探测器组成面入侵报警系统示意图。

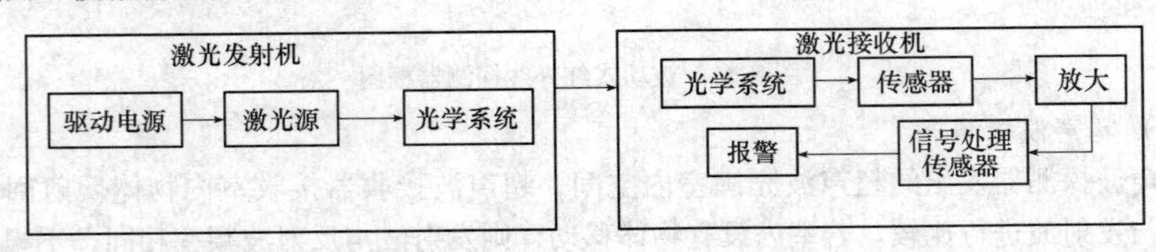

图 5-14　主动激光入侵探测器框图

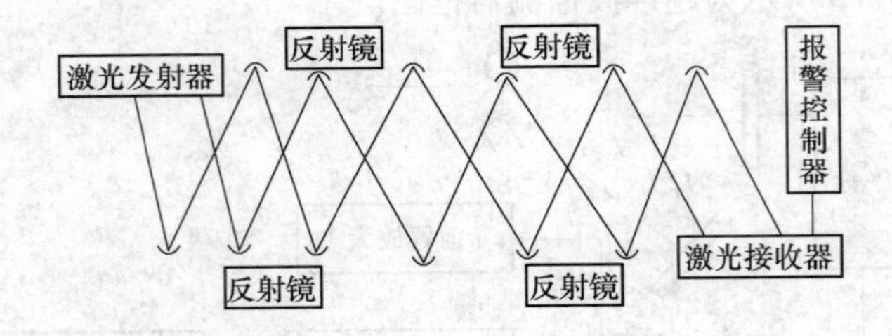

图 5-15　激光探测器组成面入侵报警系统示意图

（7）双鉴探测器

双鉴探测器即微波/被动红外双技术探测器，只有当两个探测单元同时探测到入侵信号时，才可能发出报警。图5-16所示为双鉴探测器原理框图。

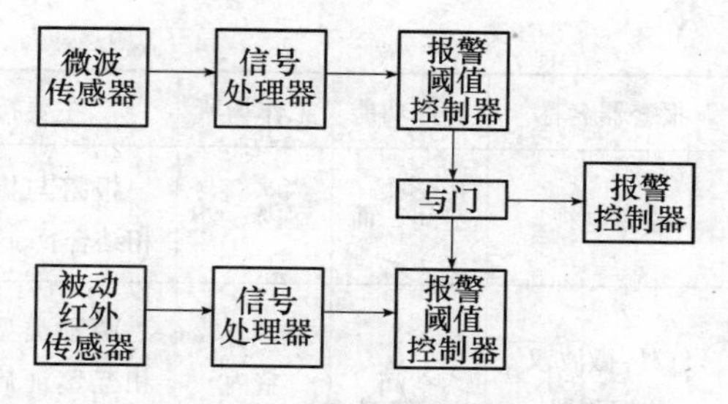

图5-16　微波/被动红外探测器原理框图

（8）声控探测器

声控探测器是将探测到的说话、走路等声音信号用传感器变换成电信号再经放大送至报警控制器。图5-17所示为声控探测器报警原理框图。

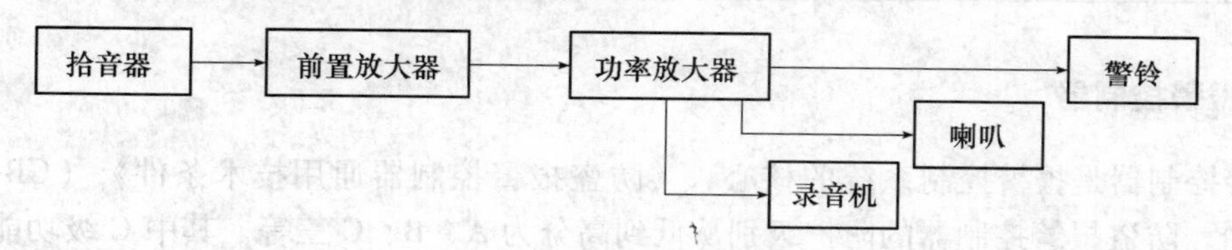

图5-17　声控探测器报警原理框图

表5-1为各种入侵报警探测器的工作特点。

表5-1　各种入侵报警探测器的工作特点

报警器名称		警戒功能	工作场所	主要特点	适于工作的环境及条件	不适于工作的环境及条件
微波	多普勒	空间	室内	隐蔽，穿透力强	可在热源、光源、流动空气的环境中工作	有机械振动、抖动、摆动、电磁干扰的场所
	主动	点、线	室外	与运动速度无关	室外全天候工作，远距离直线周界防范	收发之间视线内不得有障碍物或运动、摆动物体
红外线	被动式	空间、线	室内	隐蔽，昼夜可用，功耗低	静态背景	背景有红外辐射变化及有热源、振动、冷热气流、阳光直射，背景与目标温度接近，有强电磁干扰
	主动	点、线	室内、外	隐蔽，便于伪装，寿命长	在室外与围栏配合使用做周界报警	收发间视线内不得有障碍物、地形起伏、周界不规则，大雾、大雪恶劣气候
超声波		空间	室内	无死角，不受电磁干扰	隔声性能好的密闭房间	振动、热源、噪声源、多门窗的房间，温湿度及气流变化大的场合
声控		空间	室内	有自我复核能力	无噪声干扰的安静场所与其他类型报警器配合做报警复核用	有噪声干扰的热闹场合

续表

报警器名称	警戒功能	工作场所	主要特点	适于工作的环境及条件	不适于工作的环境及条件
监控电视	空间、面	室内、外	报警与摄像复核相结合	静态景物及照度缓慢变化	背景有动态景物及照度快速变化的场合
红外-微波双监探测器	空间	室内	两种类型探测器相互鉴证后才发出报警，误报极小	其他类型报警器不适用的环境均可用	强电磁干扰

5.1.3 报警控制器

报警控制器是报警控制系统的核心，《防盗报警控制器通用技术条件》（GB 12663—2001）中，防盗报警控制器的防护级别从低到高分为A、B、C三等，其中C级功能最全。

报警控制器的形式有盒式、壁挂式、台式三种，按容量可分为单路或多路报警控制器。多路报警控制器有2、4、8、16、32、64、128、256路等多种。

图5-18所示为报警控制功能及连接框图。

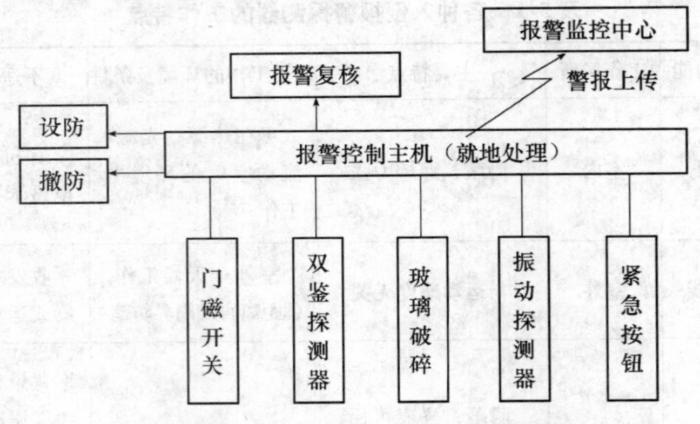

图5-18 报警控制器功能及连接框图

报警控制器的主要功能是:

(1) 入侵报警

报警控制器直接或间接地接收来自报警探测器的报警信号，并经分析、判断，确定报警信号，发出声光报警，同时指示并记录报警信号发出的地点、时间，通知有关人员采取相应措施；若是误报警，则将报警信号复位。

声光报警信号能手动复位，复位后，若再有入侵报警信号时，能重新发出声光报警信号。

(2) 自检功能

报警控制器能对控制区的系统进行检查，若某个部位发生故障处于不正常工作状态时，能发出与入侵报警不同的故障报警声光信号，并通知有关人员检查、维修。

(3) 防破坏功能

①短路、断路报警

若传输线路被破坏，发生短路、断路或并接其他负载时，能发出声光报警，且此报警信号直到报警原因被排除后，才能实现复位。在此信号存在期间，若有其他入侵报警信号输入，仍能发出相应的报警信号。

②防拆报警

当有人拆卸前端报警探测器时，发出声光报警，这种报警不受报警状态的影响，提供24小时全天候服务。

（4）电源功能

报警控制器的电源适应范围较宽，当主电源电压变化±15%时，不需调整仍能正常工作。主电源的容量能保证在最大负载条件下连续工作24小时。

报警控制器能向与其相连的全部报警探测器提供直流工作电压。当主电源断电时，能自动切换到备用电源。备用电源能满足系统要求，容量能保证在最大负载条件下连续工作24小时。在主电源恢复供电后，又能自动切换回主电源，并对备用电源自动充电。切换时，报警控制器仍能正常工作。

（5）布防与撤防功能

在防范区域内的工作人员下班后布防，上班时撤防，布防与撤防可以分区进行。

（6）复核功能

在不能确认报警真伪时，将“报警/监听”开关拨至监听位置，若连续有走动、拉、撬抽屉等声音发出时，说明确有入侵事件发生。

（7）紧急报警功能

报警控制器能提供瞬时入侵报警及紧急报警，还能不受电源开关影响，不受布防/撤防操作影响，为紧急报警按钮提供24小时的紧急呼救。

（8）延时报警

报警控制器能实现0～40s可调进入延时和100s固定外出延时。

（9）通信功能

大型报警控制器的通信接口可直接与电话线相连，当有紧急情况发生时，自动拨通电话。

（10）联动功能

发出报警信号后，能自动启动摄像机、灯光、录像机等设备，实现报警、摄像、录像等。

（11）工作稳定性

报警控制器有较高的工作稳定性，在正常气候条件下，连续工作7天，不出现误报、漏报。

报警控制器能在额定电压和额定负载电流时警戒、报警、复位，循环6000次，不允许出现电或机械的故障，也不能有器件的损坏和触点粘连。

另外，两路以上的报警控制器机壳有门锁或锁控装置，机壳上除密码按键及灯光指示外，所有影响功能的操作机构均放在箱体中。

5.1.4　入侵报警系统的主要性能指标

1. 探测范围

探测范围就是探测器的警戒区域，常用距离和角度表示，又称工作范围。

点探测器的探测范围仅是一个点，如磁开关探测器；线探测器的探测范围是一条线束，如主动红外探测器，它的有效探测距离有100m、250m、700m等；面探测器的探测范围是一个面，可以用激光探测器经反射器反射组成面入侵报警探测器（图5-15）。玻璃报警探测器的探测范围也是整个门、窗、柜台等的平面，无论入侵者从平面的哪个地方侵入，探测器均能报警。空间探测器的探测范围是一个立体空间，有些空间探测器能整个警戒空间，如声控探测器、超声波探测器等；也有些不能充满整个警戒空间，如被动红外探测器、双鉴探测器等，这种探测器的探测范围常用最大工作距离、水平角和垂直角表示，被动红外探测器的水平角可大于90°，垂直角最大也可达90°，其作用距离一般为几米到几十米。图5-19所示为被动红外探测器探测区域图。

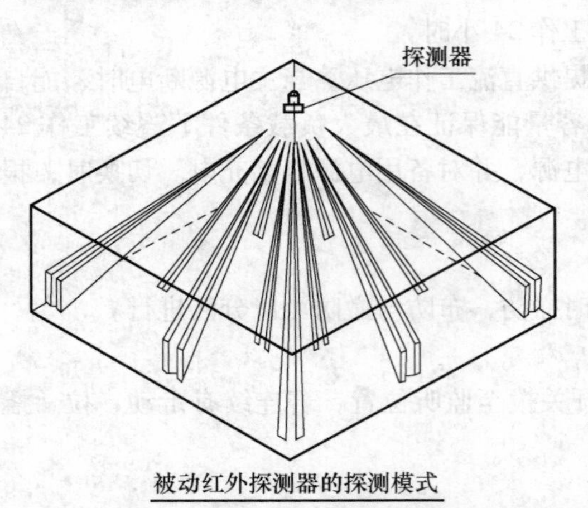

被动红外探测器的探测模式

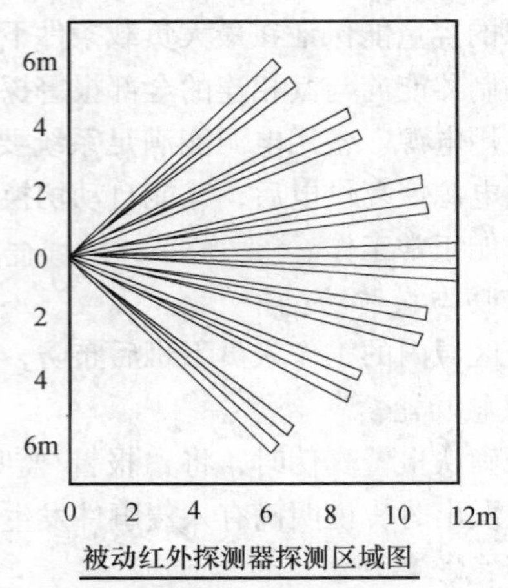

被动红外探测器探测区域图

注：被动红外探测器的红外线波长不能穿透砖、石、混凝土等建筑物。被动红外探测器不受噪声与声音的影响。

图5-19　被动红外探测器探测区域图

探测器的工作范围有时可能与系统的工作范围不一样，因为系统的使用环境和使用年限、电压的波动等都可能会对探测器的探测范围产生影响。

有些探测器的探测范围是可以适当调节的。

2. 灵敏度

探测灵敏度是指探测器对输入的探测信号的响应能力。报警探测器的探测灵敏度是指能使报警器发出报警信号的最小输入探测信号，它与传感器的灵敏度有关，通过调整放大器的放大倍数，可以调整探测器的灵敏度。实际应用时，应选取最佳灵敏度，不宜过高或过低，否则会产生误报和漏报。

线探测器的设计最短遮光时间（灵敏度）多为40～700ms，在墙上端使用时，一般是将最短遮光时间调至700ms左右，以减少误报警；当用其红外光束构成电子篱笆时，最短遮光时间应调至40ms，即灵敏度最高状态。

空间探测器的灵敏度一般按下列方法调节：以正常着装人体为参考目标，双臂交叉在胸前，以0.3～3m/s的速度在探测区内横向（此时灵敏度最高）行走，连续运动不到三步，探测器应发出报警。

在实际应用中，系统的灵敏度也会受使用环境、设备使用年限、电压波动等因素影响。

3. 可靠性

(1) 平均无故障工作时间

某类产品在规定的环境条件下，实现规定的功能，称为“无故障”状态；否则称为

“故障”状态或“失效”状态。两次故障之间的时间间隔，称为无故障工作时间；两次故障之间时间间隔的平均值，称为平均无故障工作时间。

在正常条件下，防盗报警控制器的平均无故障工作时间为：A级5000h；B级20000h；C级60000h。

质量合格的产品在平均无故障工作时间内，其功能、指标一般都是比较稳定的，如果工作年限超过了平均无故障工作时间，其故障率以及各项功能指标将无保证。

（2）探测率、误报率和漏报率

①探测率

探测率就是出现危险情况而报警的次数与出现危险情况次数的比值，用下式表示：

探测率＝（出现危险情况而报警的次数/出现危险情况次数）×100%

②漏报率

出现危险情况而未报警的次数与出现危险情况次数的比值，用下式表示：

漏报率＝（出现危险情况而未报警的次数/出现危险情况次数）×100%

可见，探测率与漏报率之和为1。这就是说探测率越高，漏报率越低，反之亦然。

③误报率

误报警就是由于意外触动手动报警装置、自动报警装置对未设计的报警状态作出响应、部件的错误动作或损坏、人为的误操作等。

误报率等于误报警次数与报警次数的比值，用下式表示：

误报率＝（误报警次数/报警次数）×100%

4. 供电及备用电要求

入侵报警系统宜采用集中供电方式，探测器优选12V直流电源。使用交流电源供电的系统应根据相应标准和实际需要配有备用电源。

5.1.5 安全防范系统工程图的识读

图5-20所示为某建筑物防盗报警系统图。

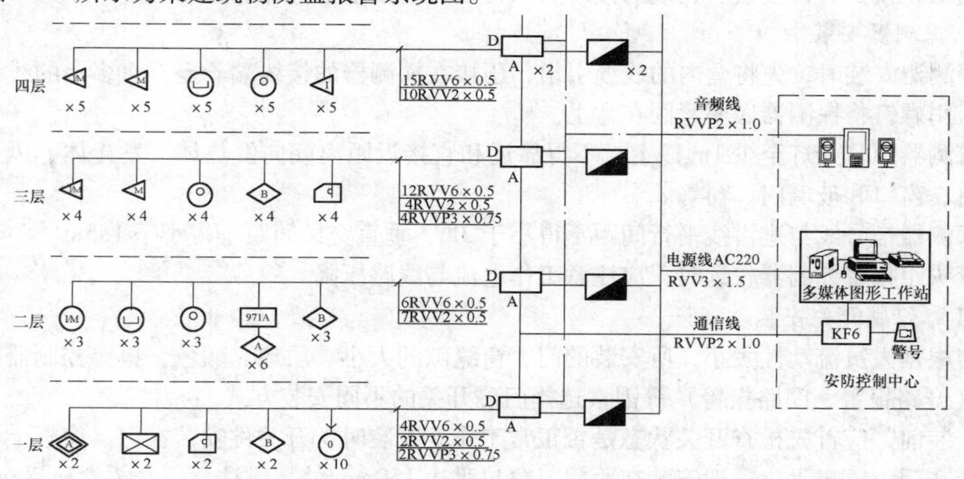

图5-20 某建筑防盗报警系统图

该建筑布防区域在一～四层。

一层有 8 个探测点，其中有电子振动探测器 2 个、栅栏探测器 2 个、声控探测器 2 个、玻璃破碎探测器 2 个，另有无线巡更按钮 10 个；二层有 22 个探测点，其中吸顶双鉴探测器 3 个、门磁开关 3 个、紧急按钮开关 3 个、振动分析仪 1 个并连接振动探测器 6 个、玻璃破碎探测器 6 个；三层有 20 个探测点，其中双鉴探测器 4 个、微波探测器 4 个、紧急按钮开关 4 个、玻璃破碎探测器 4 个、声控探测器 4 个；四层有探测点 25 个，其中双鉴探测器 5 个、微波探测器 5 个、门磁开关 5 个、紧急按钮开关 5 个、红外探测器 5 个。

一～三层每层设收集器和电源各 1 台，四层设收集器和电源各 2 台。

收集器到双鉴探测器、吸顶双鉴探测器、玻璃破碎探测器、红外探测器、微波探测器、电子振动探测器采用 RVV6×0.5 或 RVV4×0.5 线；到振动探测器、紧急按钮、门磁开关、栅栏探测器采用 RVV2×0.5 线；声控探测器采用 RVVP3×0.75 线；警号采用 RVVP3×0.75 线。

5.1.6 安全防范系统安装

安全防范系统的设计与施工必须保密，所有的线路及设备的安装均应隐蔽可靠，以确保系统的正常运转。

1. 系统布线

电缆敷设时，多芯电缆的最小弯曲半径应大于其外径的 6 倍，同轴电缆的最小弯曲半径应大于其外径的 15 倍。

电缆沿支架或在线槽内敷设时，应在下列部位牢固固定：电缆垂直排列或倾斜坡度超过 45°的每一个支架上；电缆水平排列倾斜坡度不超过 45°时，在每隔 1～2 个支架上；在引入接线盒及分线箱前 150～300mm 处。

明敷设的信号线路与具有强磁场、强电场的电气设备之间的净距离，宜大于 1.5m。当采用屏蔽线缆或穿金属保护管或在金属封闭线槽内敷设时，宜大于 0.8m。

导线在管内或线槽内不应有接头和扭结，导线的接头应在接线盒内焊接或用端子连接。

光缆敷设时的最小弯曲半径应大于光缆外径的 20 倍。光缆敷设后，应检查光纤有无损伤，确认无损伤后再接续。光缆的接续点和终端点应做永久性标志。

2. 探测器安装

探测器安装时，先将盒内的线缆引出，压接在探测器的接线端子上，将多余的线缆盘回盒内，用螺钉将探测器底座紧固在盒上。

探测器距日光灯至少 1m 以上，不得靠近和直接近距离朝向发热体、发光体、风口、气流通道、窗口和玻璃门、窗等。

探测器信号线与避雷线平行间距不得小于 3m，垂直交叉间距不得小于 1.5m。

探头距报警控制器较远时，应注意工作电流与线路压降。

(1) 门磁开关安装

应根据人员流动性大小，所安装的门、窗缝隙的大小、质地、颜色，报警控制器的报警状态（开路报警、闭路报警）等因素选择门磁开关的不同安装方式。

安装前，应首先检查开关状态是否正常工作。安装时，开关件安装在门、窗框上，磁铁件安装在门、窗扇上，一般安装在距门、窗拉手边 150mm 处。磁铁盒、开关盒应平行对准。

图 5-21 和图 5-22 所示分别为门磁开关在门、窗上的安装位置。图 5-23 所示为门磁开关

安装示意。

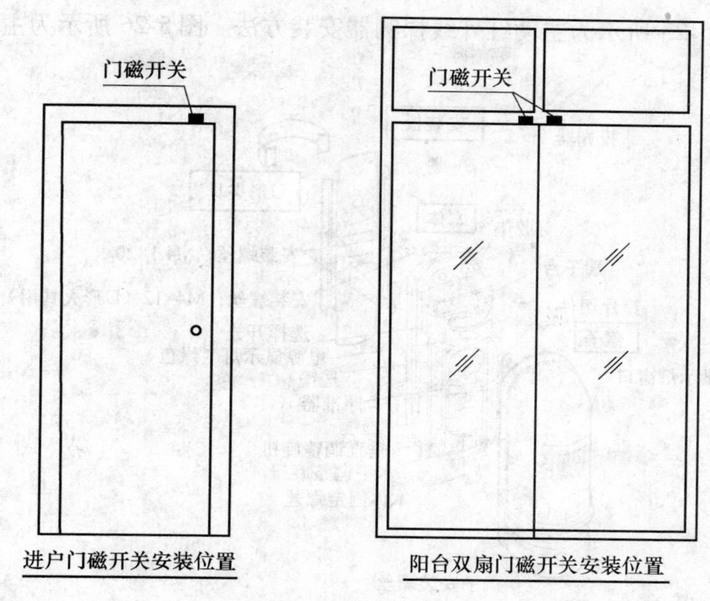

图5-21　门磁开关在门上安装位置示意图

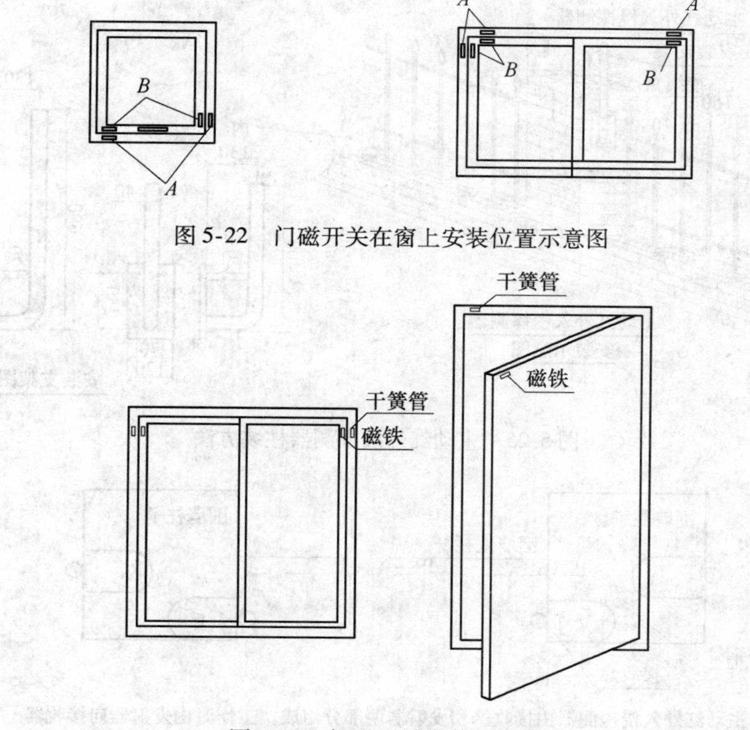

图5-22　门磁开关在窗上安装位置示意图

图5-23　门磁开关安装示意图

(2) 主动红外线探测器安装

主动红外线探测器安装时中间不得有遮挡物，安装高度由工程设计确定。安装时，发射器应对正接收器。

图5-24和图5-25所示为主动红外线探测器安装方法。图5-26所示为主动红外线探测器安装位置示意图。

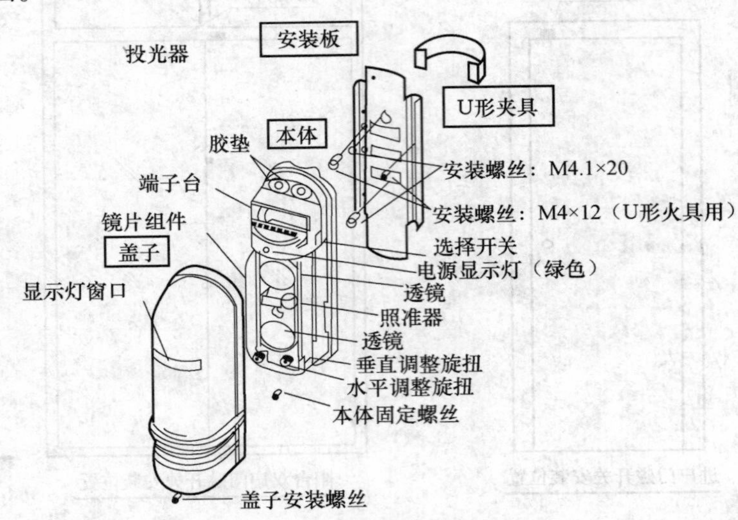

图5-24　主动红外线探测器壁装方法

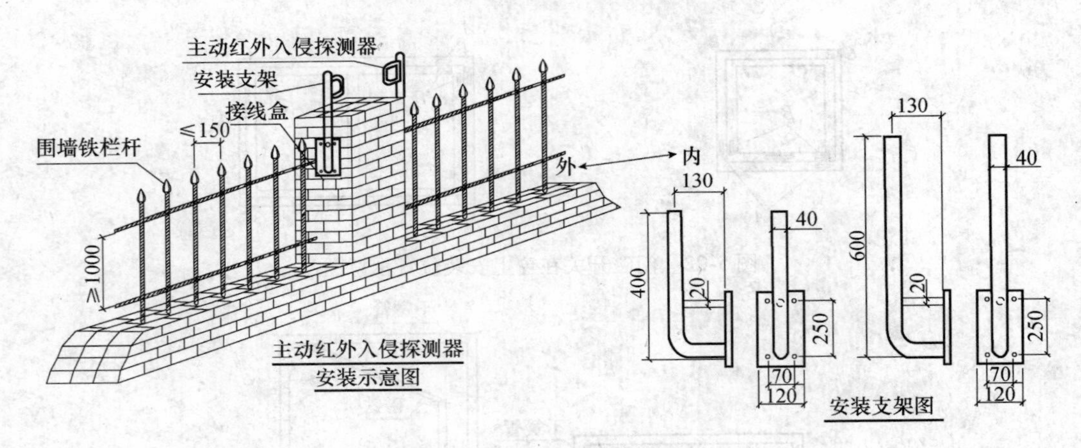

图5-25　主动红外线探测器柱装方法

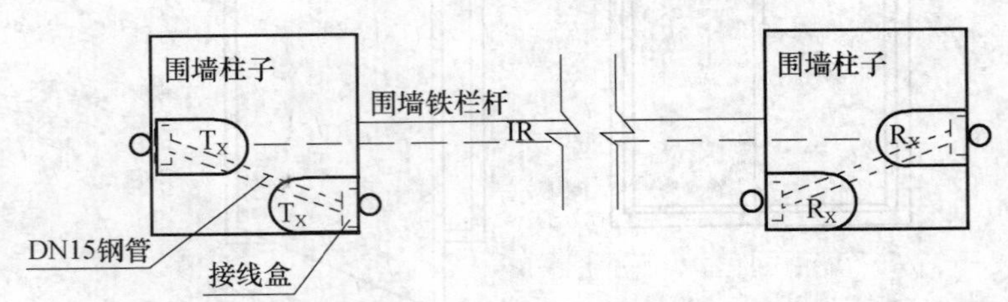

注：1.主动红外入侵探测器由接收器和发射器两部分组成，工作时由发射器向接收器发出脉冲不可见的红外光束，当红外光束被阻挡时，接收器输出报警信号。
2.主动红外入侵探测器的安装应能保证防区交叉，发射器与接收器中间不应有障碍物。
3.室外探测器、接线盒安装应做防水处理。

图5-26　主动红外线探测器安装位置示意图

（3）被动红外线探测器安装

被动红外线探测器对垂直于探测区方向的人体运动最敏感，布置时应利用这个特性以达到最佳效果，同时还要注意其探测范围和水平视角，安装时要防止死角。安装高度由工程设计确定。顶装被动红外线探测器应安装在重点防范部位正上方的屋顶上，其探测范围应满足探测区边缘至被警戒目标边缘大于5m的要求。壁挂式被动红外线探测器应让其视场和可能入侵方向成90°角，以获得最大的灵敏度。

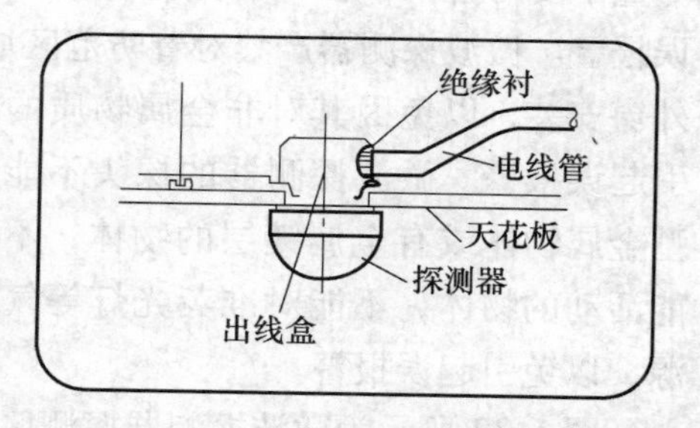

图5-27　被动红外线探测器的安装

图5-27所示为被动红外线探测器的安装。图5-28所示为被动红外线探测器的布置方法。图5-29所示为被动红外线探测器布置示例。图5-30和图5-31所示为被动红外线探测器安装方法。

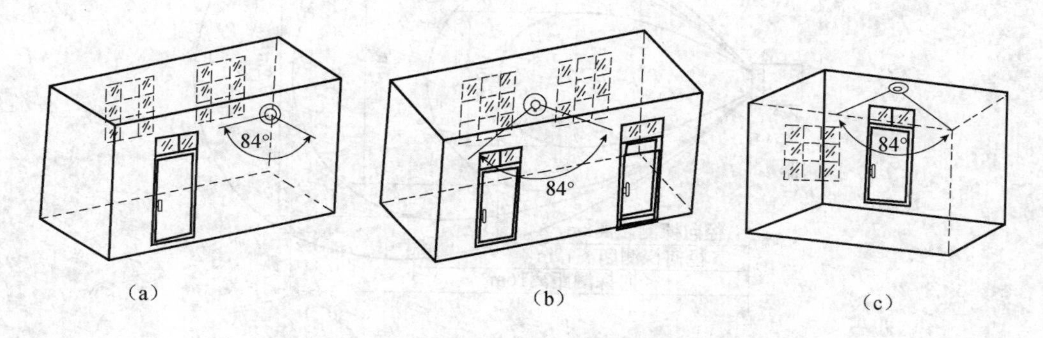

图5-28　被动红外线探测器的布置方法

（a）安装在墙角可监视窗户；（b）安装在墙面监视门窗；（c）安装在房顶监视门

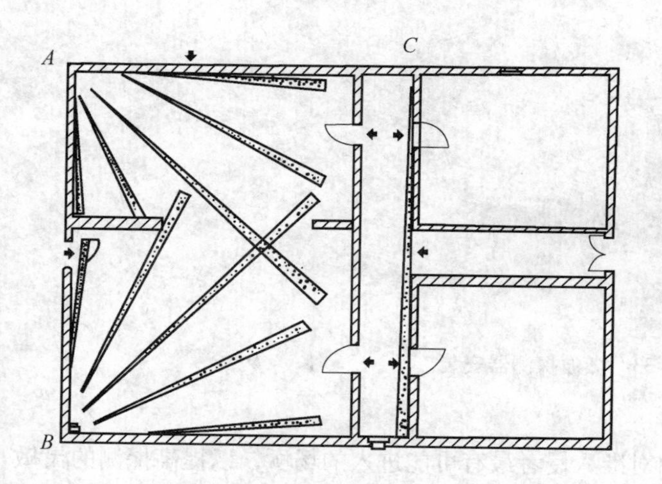

图5-29　被动红外线探测器布置示例

图5-30　被动红外线探测器安装方法

（4）微波探测器安装

微波探测器可安装在木柜内或墙壁内，以利于伪装。微波探测器灵敏度很高，安装时，尽量不要对着门、窗，以免室外活动物体引起误报警。微波探测器严禁对着防范区域的外墙、外窗安装，以免因其对非金属物质的穿透性而引起误报警。微波探测器的探头不能正对着大型金属物体或有金属镀层的物体，不能对准可能活动的物体，不能对准荧光灯等气体放电光源，以免引起误报警。

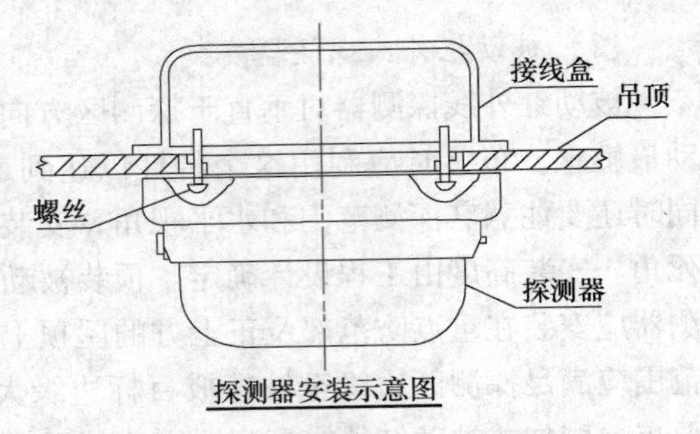

图 5-31　顶装被动红外线探测器安装方法

图 5-32 所示为微波探测器探测区域。图 5-33 所示为微波探测器安装。

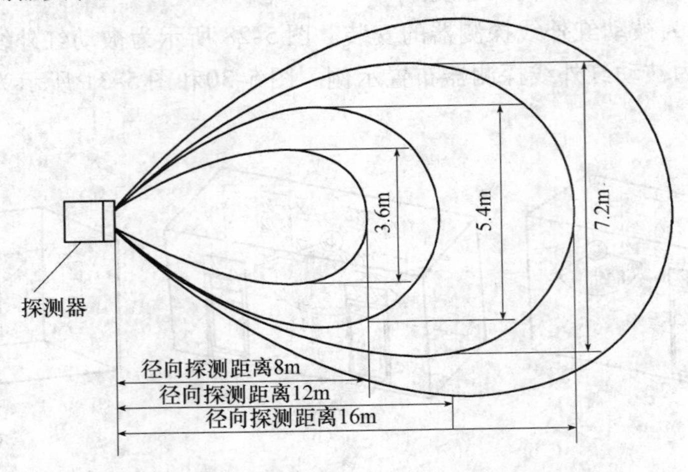

图 5-32　微波探测器探测区域图（TC-8 型）

图 5-33　微波探测器安装

（5）超声波探测器安装

超声波探测器安装时，要使发射角对准入侵者最有可能进入的场所，以提高探测的灵敏度。超声探测器易受风和空气流动的影响，安装时不要靠近空调器、排风扇和暖气设备，控制区内不应有大量的空气流动。还应注意不要有家具、设备等阻挡超声波而形成探测盲区。墙壁隔声要好，以免室外干扰源引起误报警。图 5-34 所示为超声波探测器安装示意图。图 5-35 所示为超声波探测器安装方法。

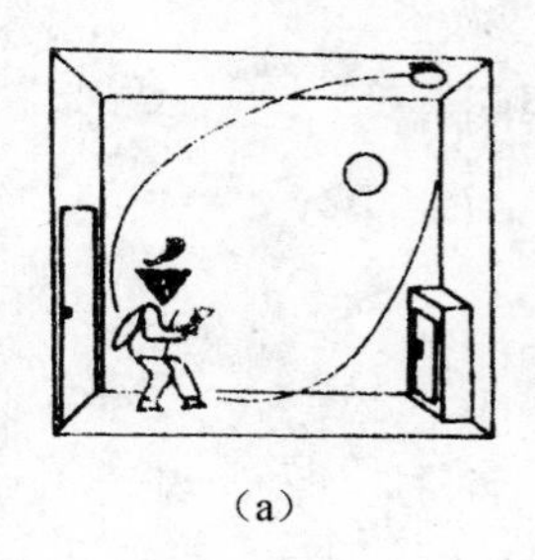
(a)

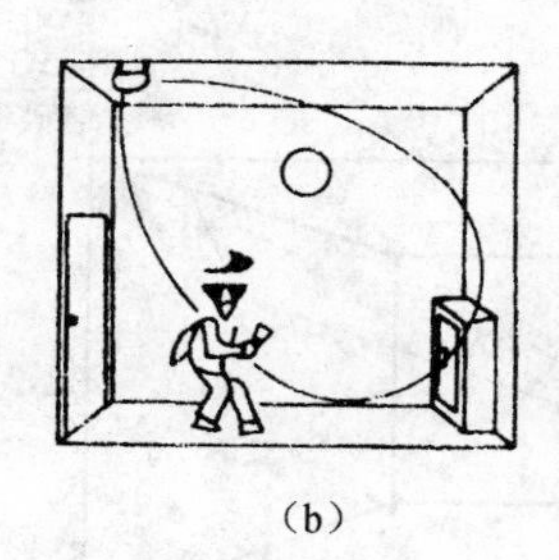
(b)

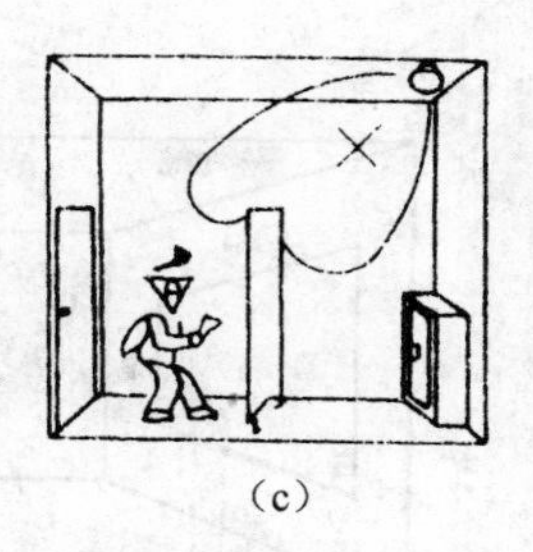
(c)

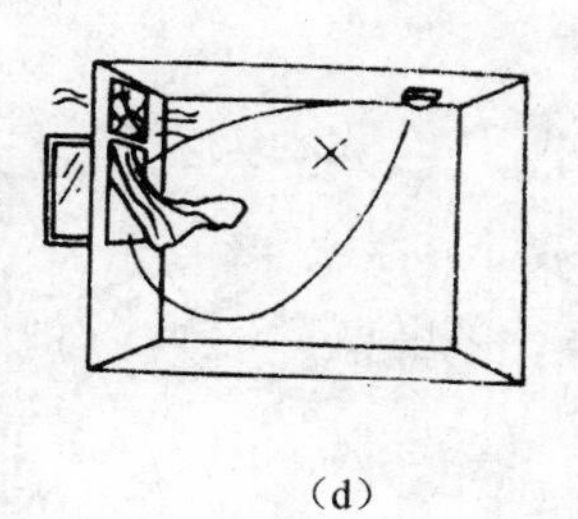
(d)

图 5-34　超声波探测器安装示意图

(a) 正确；(b) 正确；(c) 不正确；(d) 不正确

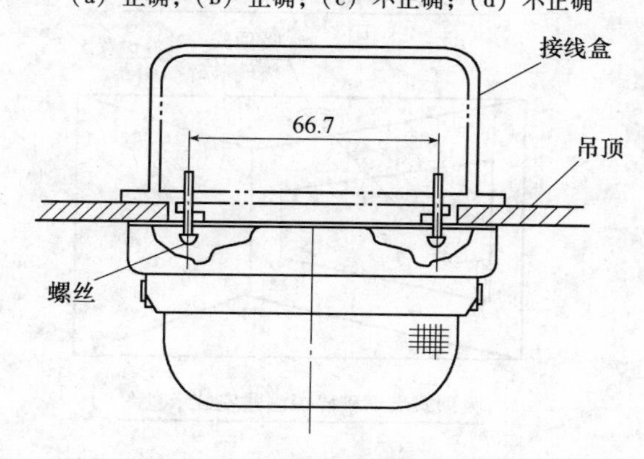

图 5-35　超声波探测器安装方法

(6) 玻璃破碎报警器安装

玻璃破碎报警器安装时应适当隐蔽，其前方不能有遮挡物，以免发生漏报警。玻璃破碎报警器的外壳需用胶粘剂粘附在被防范玻璃的内侧。图 5-36 所示为玻璃破碎报警器安装示意图。图 5-37 所示为玻璃破碎报警器安装方法。

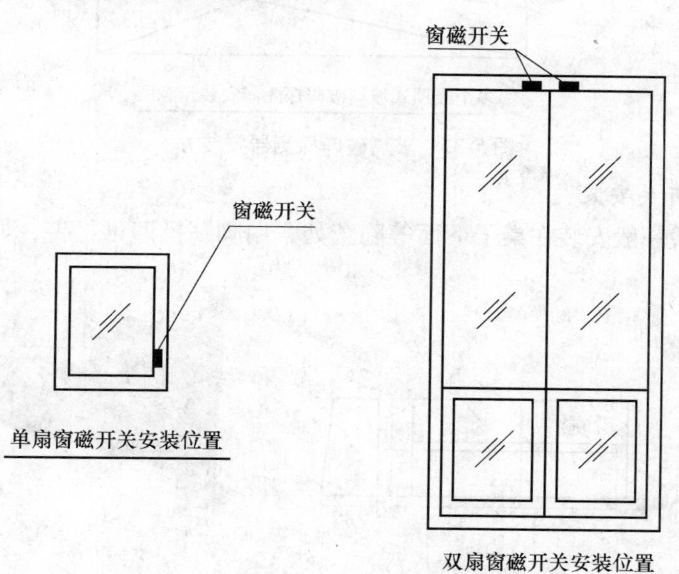

图 5-36　玻璃破碎探测器安装位置示意图

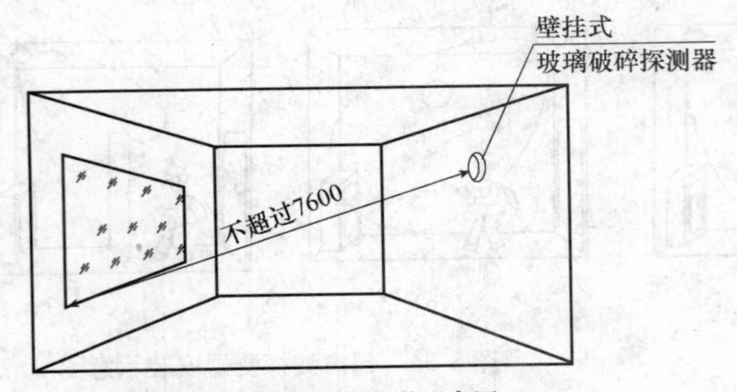

壁挂式玻璃破碎探测器安装示意图

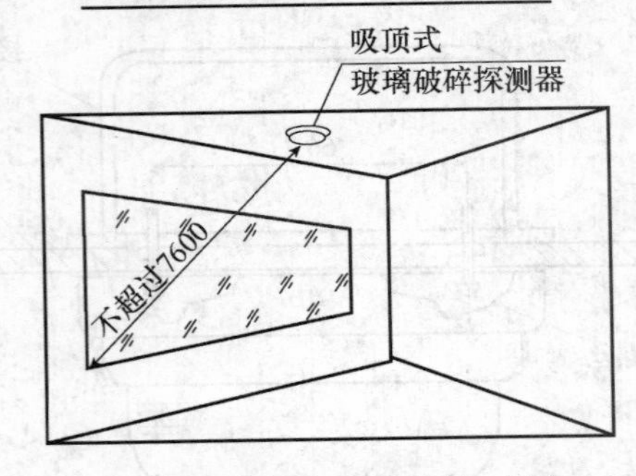

吸顶式玻璃破碎探测器安装示意图

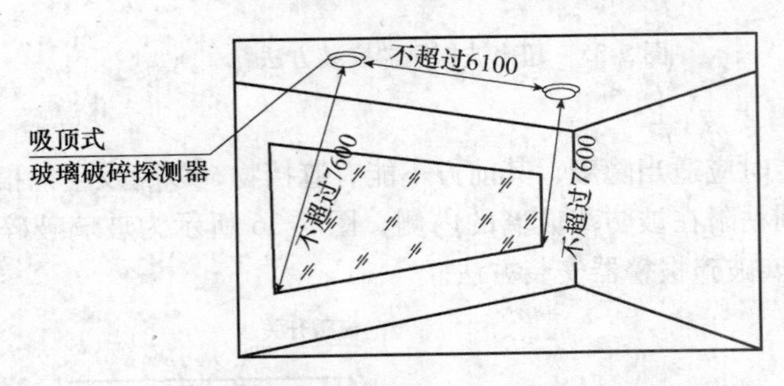

多个吸顶式玻璃破碎探测器安装示意图

图 5-37　玻璃破碎探测器安装方法

3. 脚挑报警开关安装

脚挑报警开关一般安装在桌子下面等隐蔽处，用脚一挑即可报警，如图 5-38 所示，复位时需用钥匙。

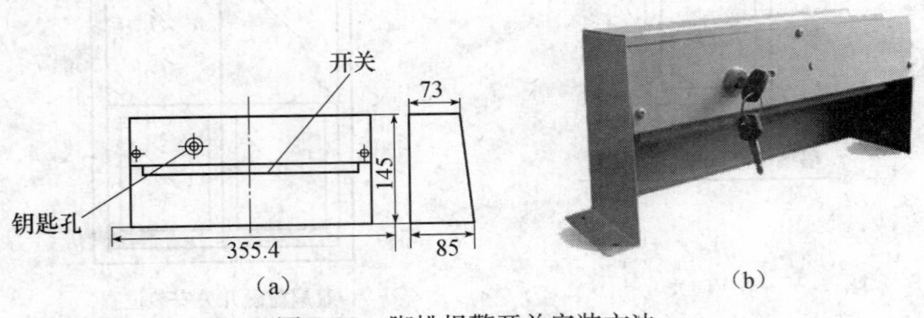

图 5-38　脚挑报警开关安装方法

(a) 规格尺寸；(b) 安装方法

4. 防盗报警显示盘安装

图5-39所示为防盗报警显示盘。

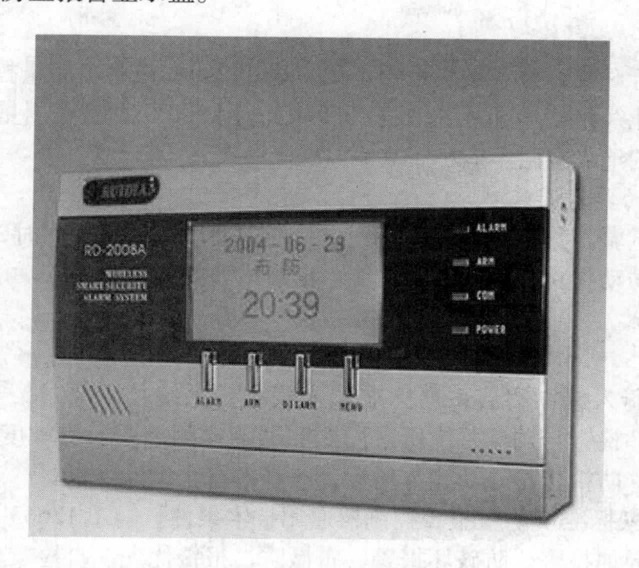

图5-39　防盗报警显示盘

5. 紧急出门按钮安装

紧急出门按钮安装方法如图5-40所示。

6. 报警按钮安装

报警按钮安装方法如图5-41所示。

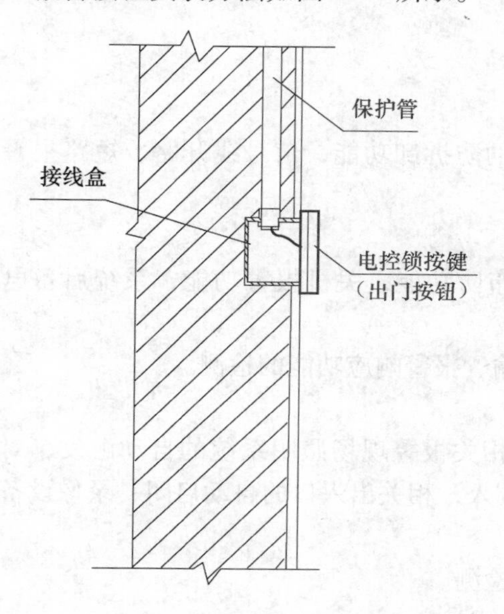

图5-40　紧急出门按钮安装方法

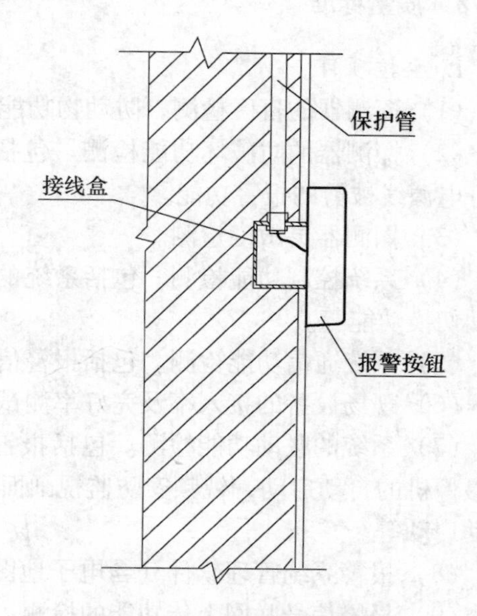

图5-41　报警按钮安装方法

5.1.7 系统调试

1. 线路检查

对传输线路进行对线，检查接线是否正确。采用250V兆欧表测量控制电缆绝缘，其线芯与线芯、线芯与地线绝缘电阻不应小于0.5MΩ。用500V兆欧表测量电源电缆，其线芯间、线芯与地线间的绝缘电阻不应小于0.5MΩ。

2. 探头及主机的单体调试

探头通电进行试验，其探测范围应达到设计使用要求；交叉探测时，应不留死区；检测主机的各项功能：防动物功能、防拆卸功能、信号线开路或短路报警功能、电源线被剪的报警功能等必须正常。

3. 系统调试

（1）按国家现行入侵探测器系列标准《入侵报警系统技术要求》（GA/T 368—2001）等相关标准的规定，检查与调试系统所采用探测器的探测范围、灵敏度、误报警、漏报警、报警状态后的恢复、防拆保护等功能与指标，应基本符合设计要求。

（2）按现行国家标准《防盗报警控制器通用技术条件》（GB 12663—2001）的规定，检查控制器的本地或异地报警、防破坏报警、布撤防、报警优先、自检及显示等功能，应符合设计要求。

（3）检查紧急报警时系统的响应时间，应基本符合设计要求。

4. 联动调试

配合安全防范系统其他子系统进行联动调试，调试报警信息传输和报警联动控制功能。

5.1.8 质量标准

1. 主控项目

（1）探测器的盲区检测，防动物功能检测。

（2）探测器的防破坏功能检测。包括报警器的防拆卸功能，信号线开路、短路报警功能，电源线被剪的报警功能。

（3）探测器灵敏度检测。

（4）系统控制功能检测。包括系统的撤防、布防功能，关机报警功能，系统后备电源自动切换功能等。

（5）系统通信功能检测。包括报警信息的传输、报警响应功能的检测。

（6）现场设备的接入率及完好率测试。

（7）系统的联动功能检测。包括报警信号对相关报警现场照明系统的自动触发，对监控摄像机的自动启动，视频安防监视画面的自动调入，相关出入口的自动启闭，录像设备的自动启动等。

（8）报警系统管理软件（含电子地图）功能检测。

（9）报警信号联网上传功能的检测。

（10）报警系统报警事件存储记录的保存时间应满足管理要求。

（11）系统功能和软件全部检测，功能符合设计要求为合格，合格率100%时为系统功能检测合格。

2. 一般项目

（1）设备的安装应牢固可靠，安装位置符合设计要求。

（2）设备的接线应排列整齐，分类绑扎成束，并留有足够余量。

（3）箱、盒内应清洁无杂物，且设备表面无划痕及损伤。

5.2 门禁管理系统

出入口门禁安全管理系统是新型现代化安全管理系统，它集微机自动识别技术和现代安全管理措施为一体，涉及电子、机械、光学、计算机技术、通信技术、生物技术等诸多新技术，是重要部门出入口实现安全防范管理的有效措施。适用于各种重要部门，如银行、宾馆、机房、军械库、机要室、办公室、智能化小区和工厂等。

在数字技术、网络技术飞速发展的今天，门禁技术得到了迅猛的发展。门禁系统早已超越了单纯的门道及钥匙管理，它已经逐渐发展成为一套完整的出入管理系统。它在工作环境安全、人事考勤管理等行政管理工作中发挥着巨大的作用。

在该系统的基础上增加相应的辅助设备可以进行电梯控制、车辆进出控制，物业消防监控、保安巡检管理、餐饮收费管理等，真正实现区域内一卡智能管理。

图5-42所示为联网门禁系统示意图。

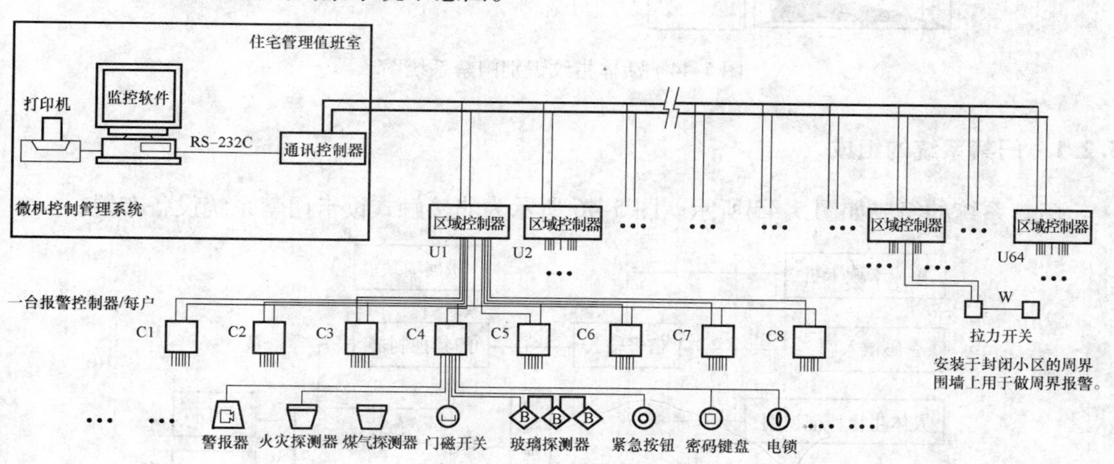

图5-42 联网门禁系统示意图

图5-43所示为指纹门禁系统验证流程。

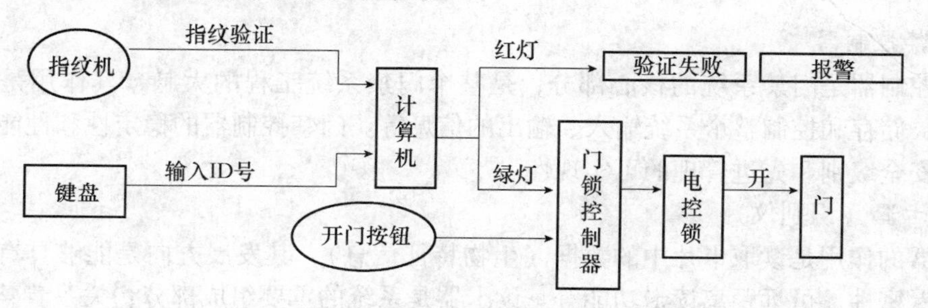

图5-43 指纹门禁系统验证流程

图 5-44 所示为活体指纹识别门禁系统图。

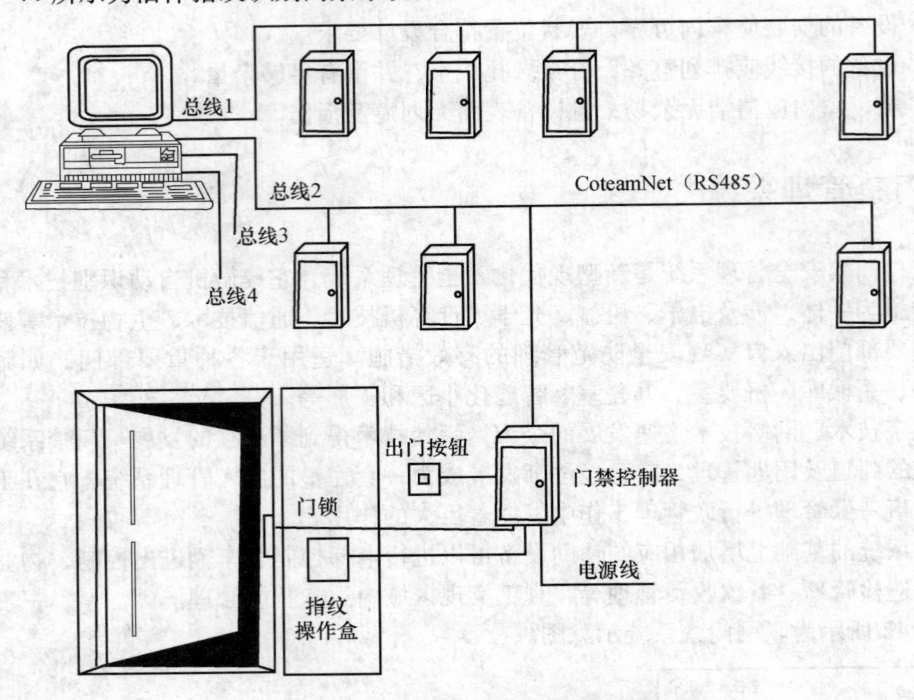

图 5-44　活体指纹识别门禁系统图

5.2.1　门禁系统的组成

门禁系统的组成如图 5-45 所示。图 5-46 所示为非接触式读卡门禁系统设备布置。

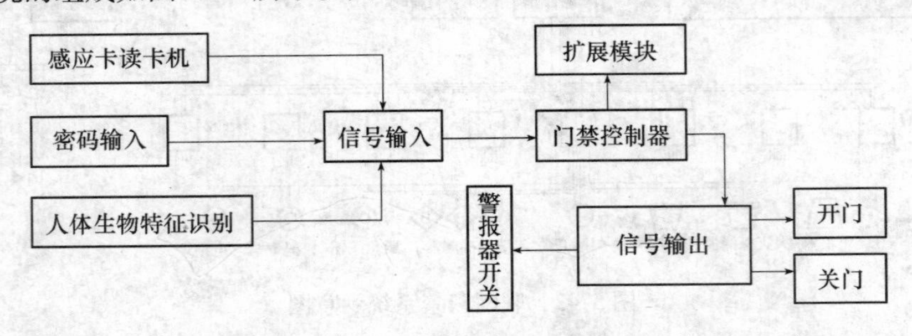

图 5-45　门禁系统的组成

1. 门禁控制器

门禁控制器是门禁系统的核心部分，是整个门禁系统工程的大脑，其作用是接收、分析、处理、储存和控制整个系统输入、输出的信息等。门禁控制器的稳定性和性能关系到整个系统的安全级别和先进管理的可实现性。

2. 读卡器（识别仪）

读卡器的作用是读取卡片中的数据（生物特征信息），其发展方向是能够具有生物辨识功能、高保密性、可远距离读卡功能等。读卡器是系统的重要组成部分，关系着整个系统的稳定。

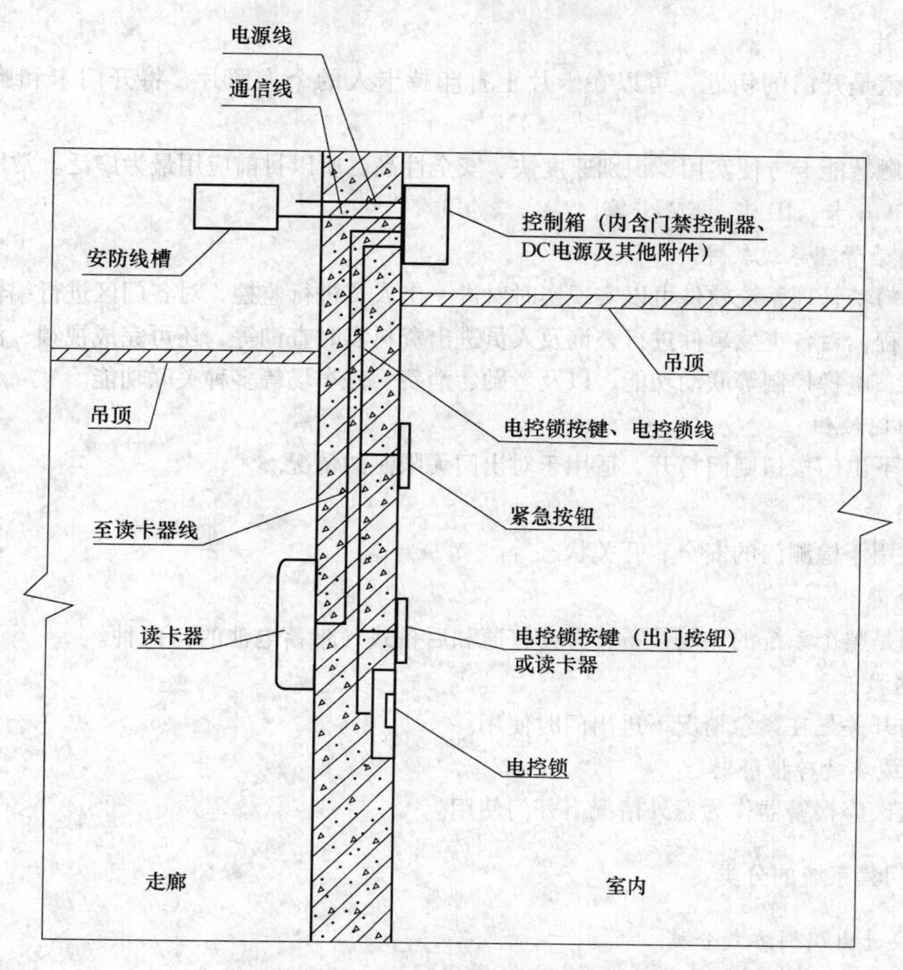

图5-46　非接触式读卡门禁系统设备布置

3. 电控锁

电控锁是门禁系统中锁门的执行部件，根据门的材料、出门要求等需求的不同而各异，主要有以下几种类型：

（1）电磁锁

电磁锁是断电开门型，符合消防的要求，同时配备有多种安装架以供顾客使用。这种锁具适用于单向的木门、玻璃门、防火门和对开的电动门。

（2）阳极锁

阳极锁是断电开门型，符合消防要求，它安装在门框的上部。与电磁锁不同的是，阳极锁适用于双向的木门、玻璃门、防火门，而且它本身带有门磁检测器，可随时检测门的安全状态。

（3）阴极锁

阴极锁一般为通电开门型，适用于单向木门。因其停电时是锁门的，所以安装时一定要配备 ups 电源。

4. 卡片

卡片就是开门的钥匙，可以在卡片上打印持卡人的个人照片，将开门卡和胸卡合二为一。

非接触智能卡方便实用、识别速度快、安全性高，所以目前应用最为广泛。常用的非接触卡有 Mifari 卡、ID 卡、EM 卡等。

5. 门禁管理系统软件

通过门禁管理系统软件可以实现实时对进、出人员进行监控，对各门区进行编辑，对系统进行编程，对各突发事件进行查询及人员进出资料实时查询等，还可完成视频、消防、报警、巡更、电梯控制等联动功能，以及考勤、消费、停车场等多种关联功能。

6. 出门按钮

按一下出门按钮则门打开，适用于对出门无限制的情况。

7. 门磁

门磁用于检测门的安全、开关状态等。

8. 电源

电源是整个系统的供电设备，分为普通和后备式（带蓄电池的）两种。

9. 遥控开关

遥控开关是在紧急情况下进出门时使用。

10. 玻璃破碎报警器

玻璃破碎报警器作为意外情况下开门使用。

5.2.2 门禁系统的分类

1. 按进出识别方式分类

（1）密码识别

密码识别即通过检验输入密码是否正确来识别进出权限。这类产品又分两类：一类是普通型；一类是乱序键盘型。

普通型的优点是操作方便，无须携带卡片，成本低。缺点是同时只能容纳三组密码，容易泄露，安全性很差，无进出记录，只能单向控制。

乱序键盘型键盘上的数字不固定，不定期自动变化，其优点是操作方便，无须携带卡片。缺点是密码容易泄露，安全性不是很高，无进出记录，只能单向控制，成本高。

（2）卡片识别

卡片识别就是通过读卡或读卡加密码方式来识别进出权限的识别方式，按卡片种类又分为磁卡和射频卡。

磁卡的优点是成本较低，一人一卡（+密码），安全性一般，可联微机，有开门记录。缺点是卡片、设备有磨损，使用寿命较短，卡片容易复制，不易双向控制，卡片信息容易因外界磁场丢失，使卡片无效。

射频卡的优点是卡片、设备无接触，开门方便安全；寿命长，理论寿命至少十年；安全性高，可联微机，有开门记录，可以实现双向控制，卡片很难被复制。缺点是成本较高。

(3) 人像识别

人像识别是通过检验人员生物特征等方式来识别进出的识别方式，有指纹型、虹膜型、面部识别型等。

人像识别的优点是安全性很好，无须携带卡片。缺点是成本很高，识别率不高，对环境要求高，对使用者要求高（比如指纹不能划伤，眼不能红肿出血，脸上不能有伤，或胡子的多少等），使用不方便（比如虹膜型的和面部识别型的，安装高度位置是一定的，但使用者的身高却各不相同）。

应该特别注意的是，一般人们都认为生物识别的门禁系统很安全，其实这是误解。门禁系统的安全不仅仅是识别方式的安全性；还包括控制系统的安全，软件系统的安全，通讯系统的安全，电源系统的安全等。也就是说，整个系统是一个整体，若有一个方面不合格，整个系统都不安全。例如有的指纹门禁系统，它的控制器和指纹识别仪是一体的，安装时要装在室外，这样一来控制锁开关的线就露在室外，很容易被人打开。

2. 按设计原理分类

(1) 控制器自带读卡器（识别仪）

这种设计的缺陷是控制器须安装在门外，因此部分控制线必须露在门外，内行人无须卡片或密码即可轻松开门。

(2) 控制器与读卡器（识别仪）分体

这类系统控制器安装在室内，只有读卡器输入线露在室外，其他所有控制线均在室内，而读卡器传递的是数字信号，因此，若无有效卡片或密码任何人都无法进门。这类系统应是用户的首选。

3. 按与微机通讯方式分类

(1) 单机控制型

这类产品是最常见的，适用于小系统或安装位置集中的单位。通常采用 RS-485 通讯方式。它的优点是投资小，通讯线路专用。缺点是一旦安装好就不能随便地更换管理中心的位置，不易实现网络控制和异地控制。

(2) 网络型

这类产品的技术含量高，目前还不多见，只有少数几个公司的产品成型。它的通讯方式采用的是网络常用的 TCP/IP 协议。这类系统的优点是控制器与管理中心通过局域网传递数据，管理中心位置可以随时变更，不需重新布线，很容易实现网络控制或异地控制。这类系统适用于大系统或安装位置分散的单位，缺点是系统通讯部分的稳定取决于局域网的稳定性。

5.2.3 门禁系统的功能

较为完善的门禁系统能实现的基本功能有：

1. 对通道进出权限的管理

对通道进出权限的管理主要有以下几个方面：

(1) 进出通道的权限

就是对每个通道设置哪些人可以进出，哪些人不能进出。

（2）进出通道的方式

就是对可以进出该通道的人的进出方式的授权。进出方式通常有密码、读卡（生物识别）、读卡（生物识别）+密码三种方式。

（3）进出通道的时段

就是设置可以进出该通道的人在什么时间范围内可以进出。

2. 实时监控功能

系统管理人员可以通过微机实时查看每个门区人员的进出情况（同时有照片显示），每个门区的状态（包括门的开关，各种非正常状态报警等），也可以在紧急状态打开或关闭所有的门区。

3. 出入记录查询功能

系统可储存所有的进出记录、状态记录，可按不同的查询条件查询，配备相应考勤软件可实现考勤、门禁一卡通。

4. 异常报警功能

在异常情况下可以实现微机报警或报警器报警，如：非法侵入、门超时未关等。

5. 特殊功能

（1）反潜回功能

就是持卡人必须依照预先设定好的路线进出，否则下一通道刷卡无效。本功能是为防止无卡人尾随别人进入。

（2）防尾随功能

就是持卡人必须关上刚进入的门才能打开下一个门。本功能与反潜回实现的功能一样，只是方式不同。

（3）消防报警监控联动功能

在出现火警时门禁系统可以自动打开所有电子锁让里面的人随时逃生。监控联动通常是指监控系统自动将有人刷卡时（有效/无效）的情况录下，同时也将门禁系统出现警报时的情况录下来。

（4）网络设置管理监控功能

大多数门禁系统只能用一台微机管理，而技术先进的系统则可以在网络上任何一个授权的位置对整个系统进行设置监控查询管理，也可以通过 Internet 网上进行异地设置管理监控查询。

（5）逻辑开门功能

简单地说就是同一个门需要几个人同时刷卡（或其他方式）才能打开电控门锁。

（6）电梯控制系统

就是在电梯内部安装读卡器，用户通过读卡对电梯进行控制，无须按任何按钮。

5.2.4 门禁系统图

图 5-47 所示为某建筑物出入口控制系统设备布置图。

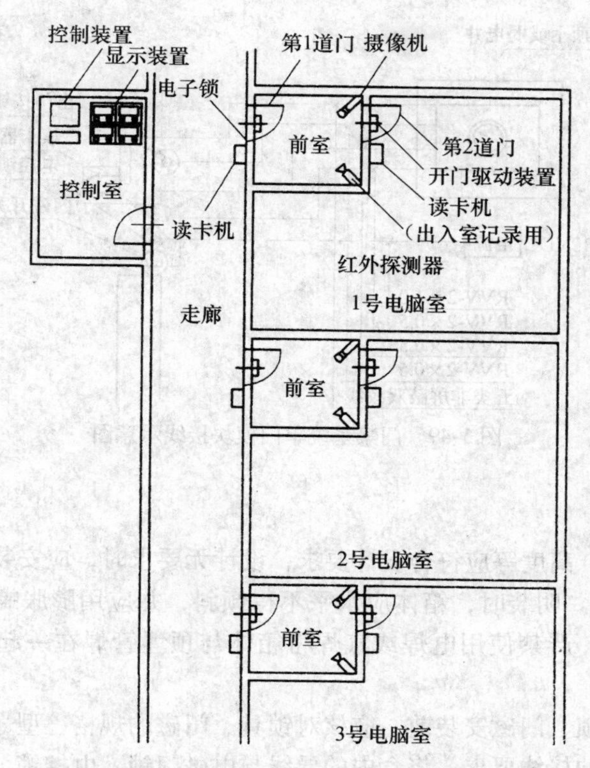

图5-47 某建筑物出入口控制系统设备布置图

图5-48所示为门禁系统图示例。使用五类非屏蔽双绞线将主控模块连接到各层读卡模块，读卡模块到读卡器、门磁开关、出门按钮、电控锁所用导线如图5-49所示。

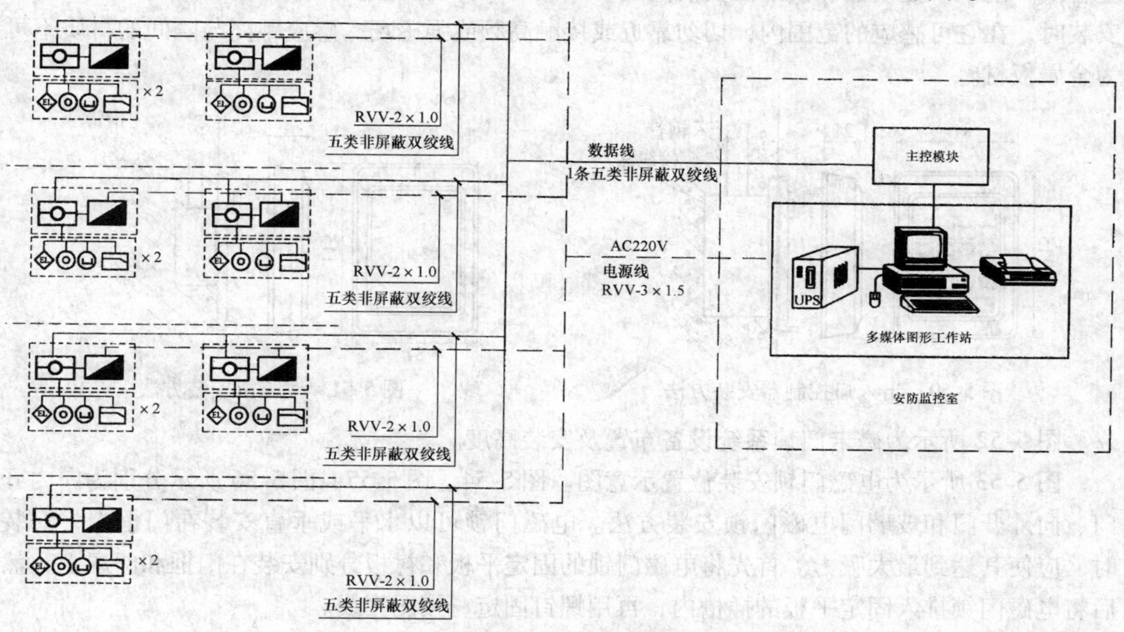

图5-48 门禁系统图示例

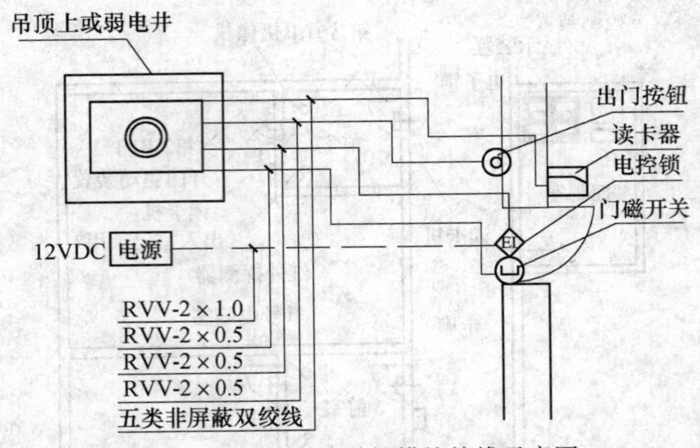

图 5-49　门禁系统单门模块接线示意图

5.2.5　门禁系统安装

设备箱安装位置、高度等应符合设计要求，设计无要求时，应安装在较隐蔽或安全的地方，底边距地面 1.4m。明装时，箱体应水平不得倾斜，并应用膨胀螺栓固定；暗装时，箱体应紧贴建筑物表面，严禁使用电焊或气焊将箱体与预埋管焊在一起，管入箱体应用锁母固定。

电磁门锁、电控锁、门磁安装前，应核对锁具、门磁的规格、型号与设计是否相符，并按设计及产品说明书的接线要求，将盒内的导线与电磁门锁、电控锁、门磁等设备的接线端子进行压接。

图 5-50 所示为出入口控制器安装方法。图 5-51 所示为读卡器安装方法。土建施工时预埋管线，出入口控制器和读卡器安装高度为 1.4m，与门框的水平距离宜为 100mm。读卡机安装时，在它可感应的范围内，切勿靠近或接触高频或强磁场，感应距离与隔间的材质不可为金属板材。

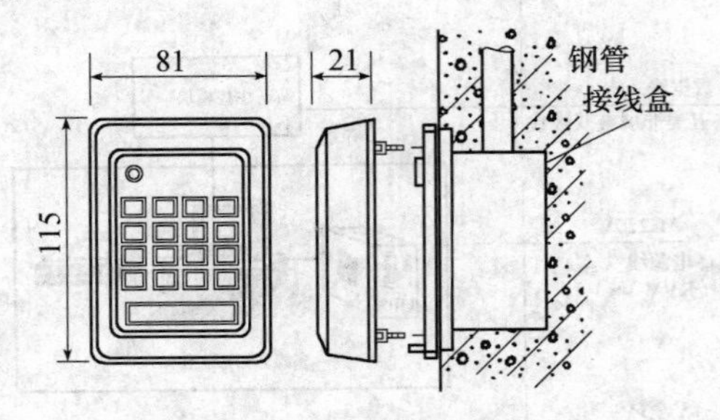

图 5-50　出入口控制器安装方法

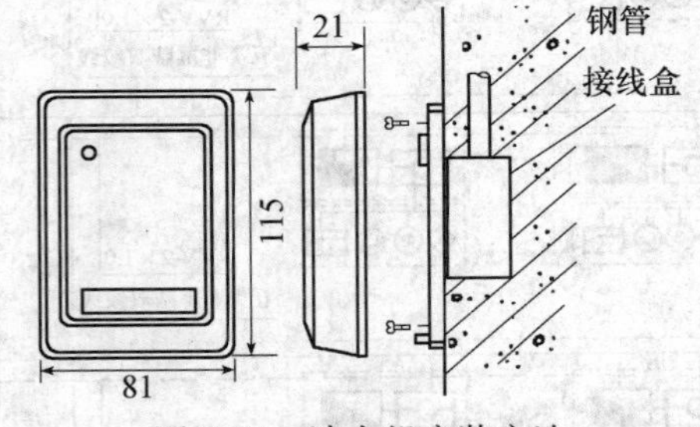

图 5-51　读卡机安装方法

图 5-52 所示为磁卡门禁系统设备布置及安装高度。

图 5-53 所示为电磁门锁安装位置示意图。图 5-54、图 5-55、图 5-56 所示分别为向内开门、向外开门和玻璃门电磁门锁安装方法。电磁门锁可以水平或垂直安装在门框上，安装时，应使其达到最大吸力。首先将电磁门锁的固定平板和衬板分别安装在门框和门扇上，然后将电磁门锁推入固定平板的插槽内，再用螺钉固定，按图接线。

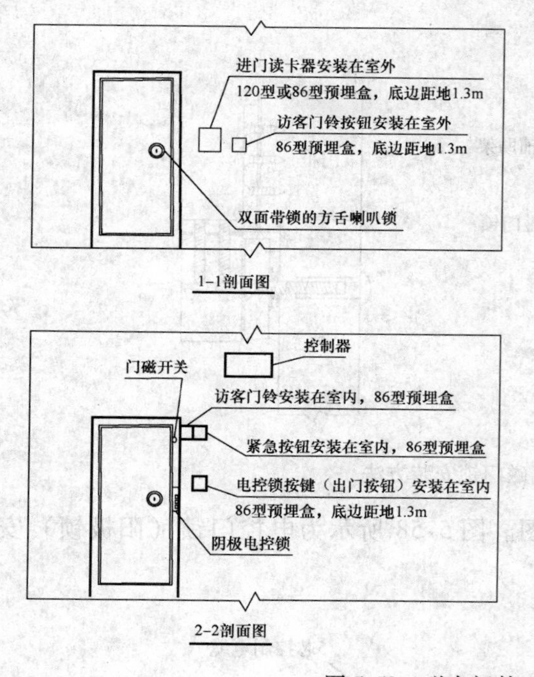

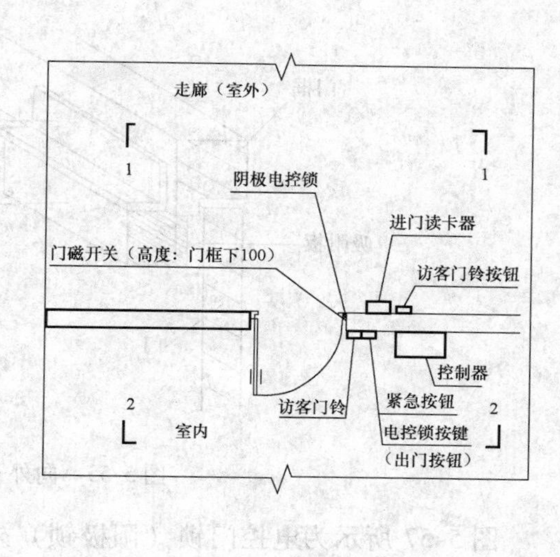

图5-52　磁卡门禁系统设备布置及安装高度

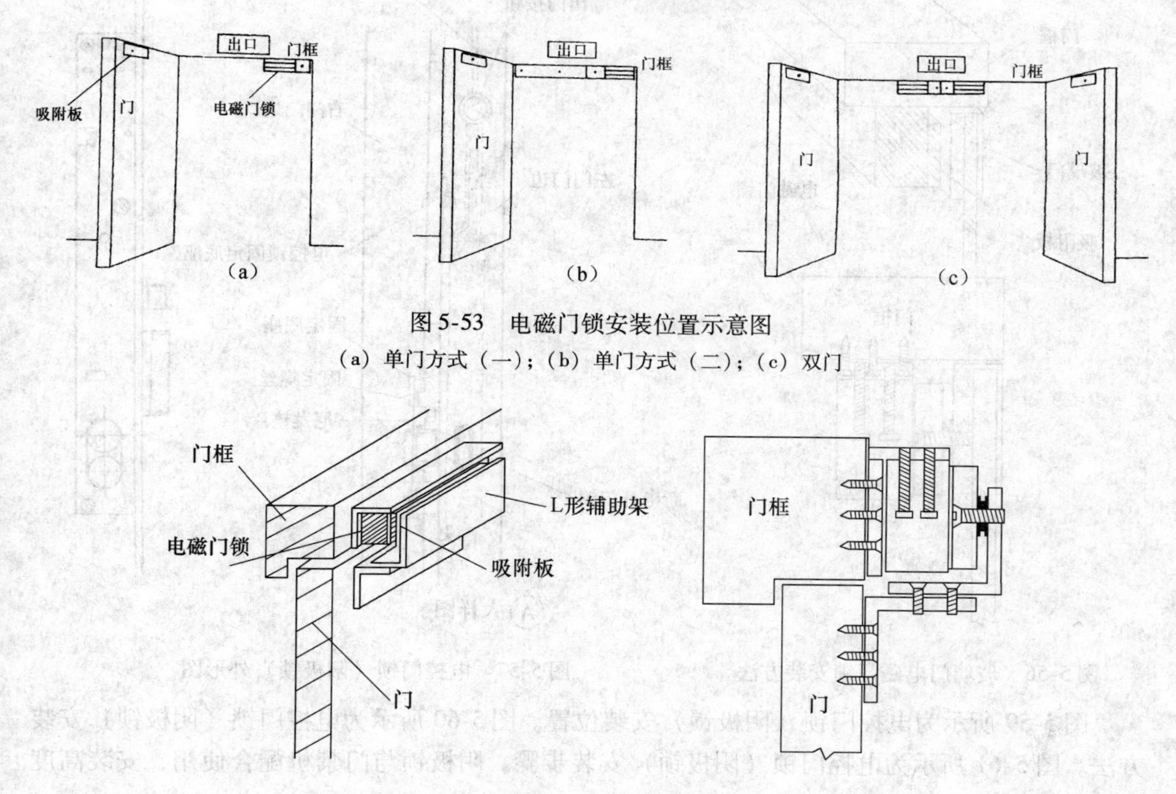

图5-53　电磁门锁安装位置示意图

（a）单门方式（一）；（b）单门方式（二）；（c）双门

图5-54　向内开门电磁门锁安装方法

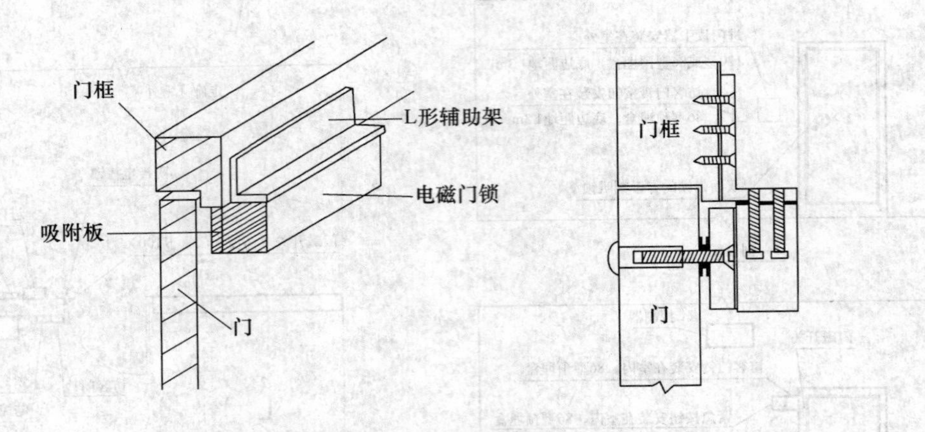

图 5-55　向外开门电磁门锁安装方法

图 5-57 所示为电控门锁（阳极锁）外形图。图 5-58 所示为电控门锁（阳极锁）安装方法。

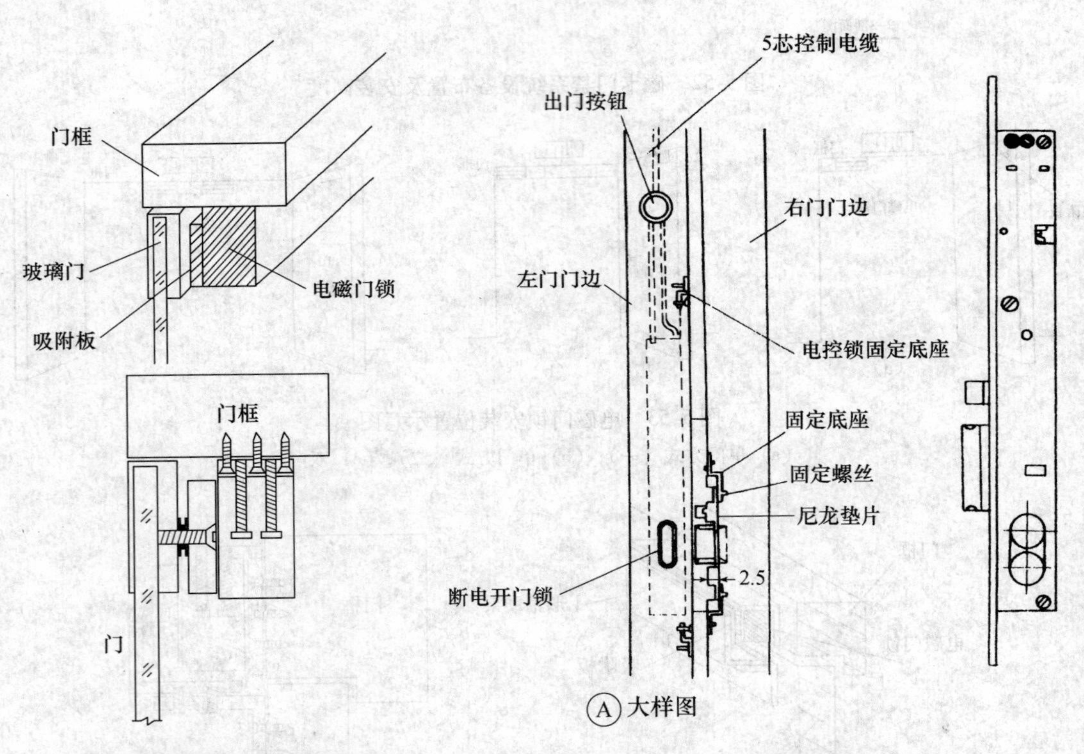

图 5-56　玻璃门电磁门锁安装方法　　图 5-57　电控门锁（阳极锁）外形图

图 5-59 所示为电控门锁（阴极锁）安装位置。图 5-60 所示为电控门锁（阴极锁）安装方法。图 5-61 所示为电控门锁（阴极锁）安装步骤。阴极锁与门禁机配合使用，安装高度一般为 1 ~ 1. 2m。

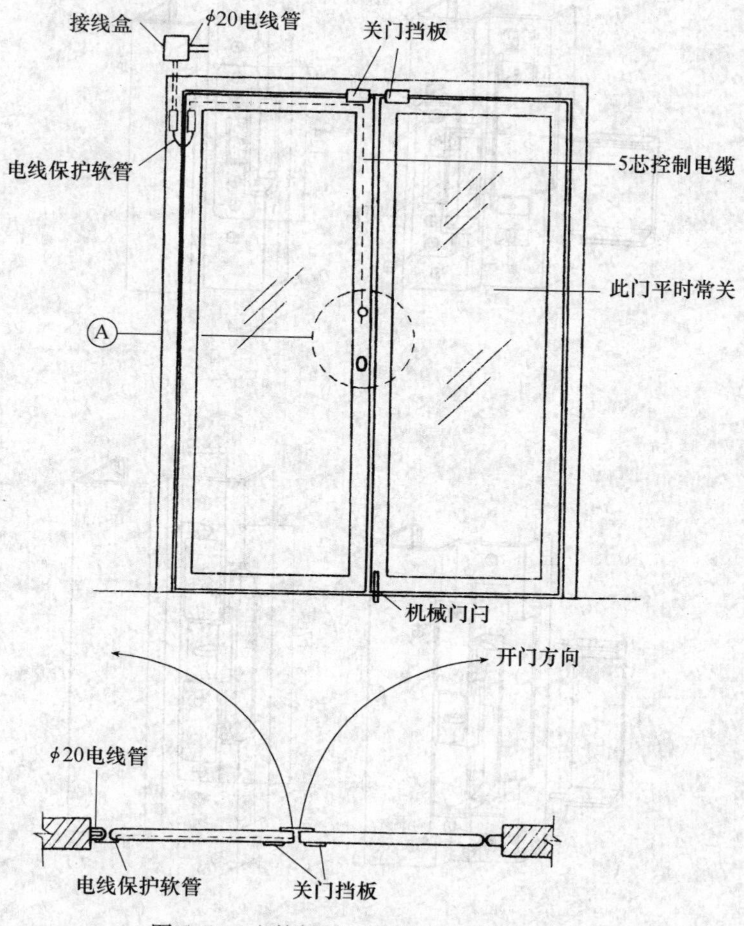

图5-58　电控门锁（阳极锁）安装方法

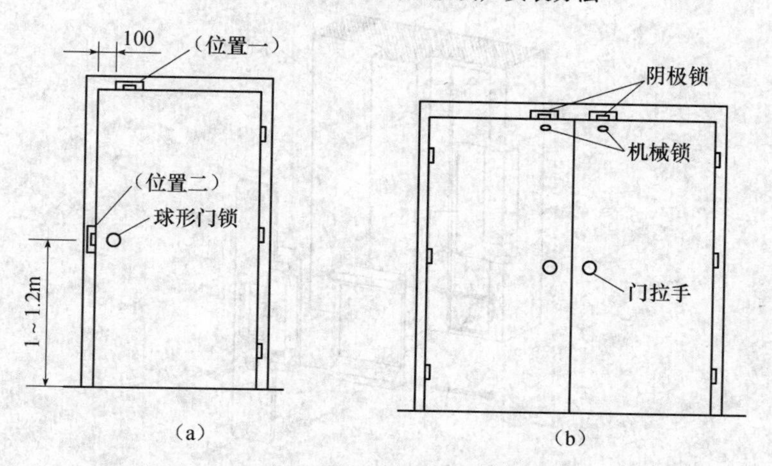

图5-59　电控门锁（阴极锁）安装位置示意图

（a）单门；（b）双门

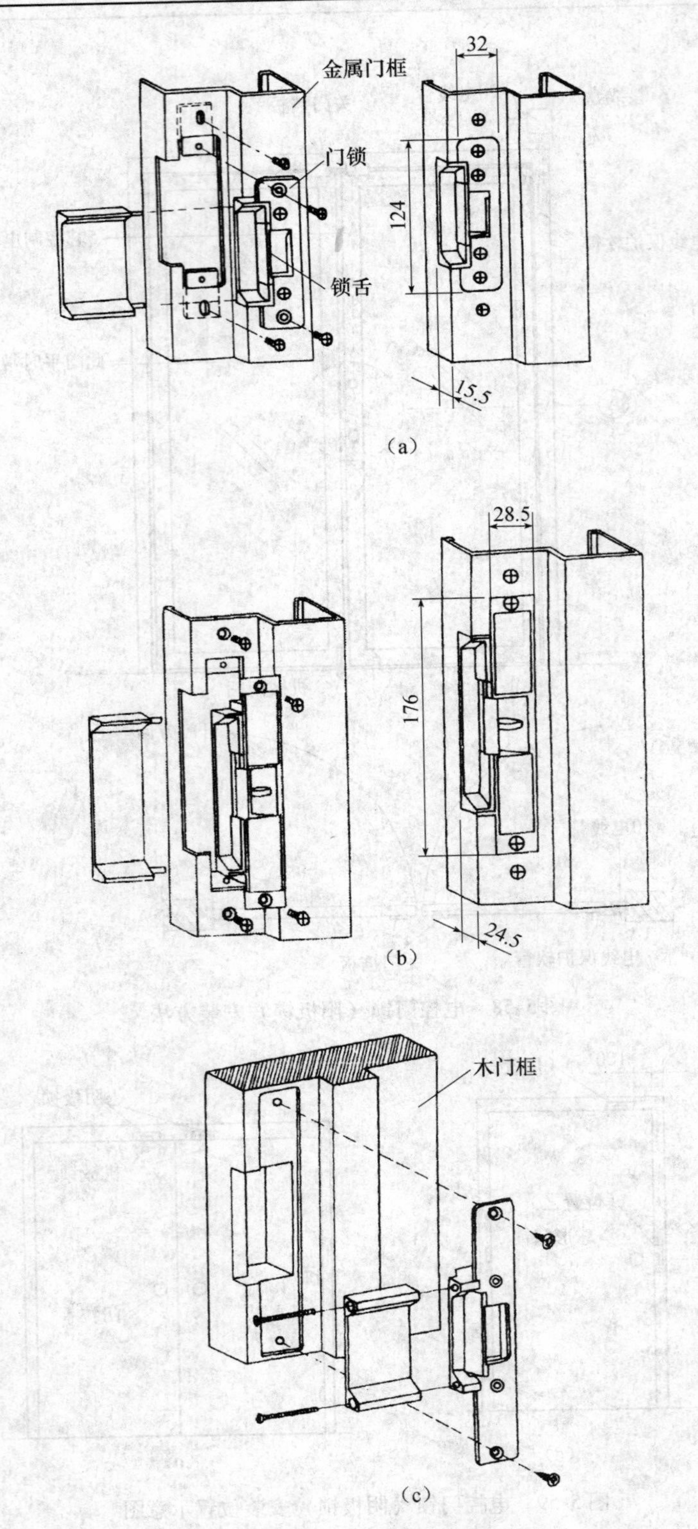

图 5-60　电控门锁（阴极锁）安装方法

(a) 方法（一）；(b) 方法（二）；(c) 方法（三）

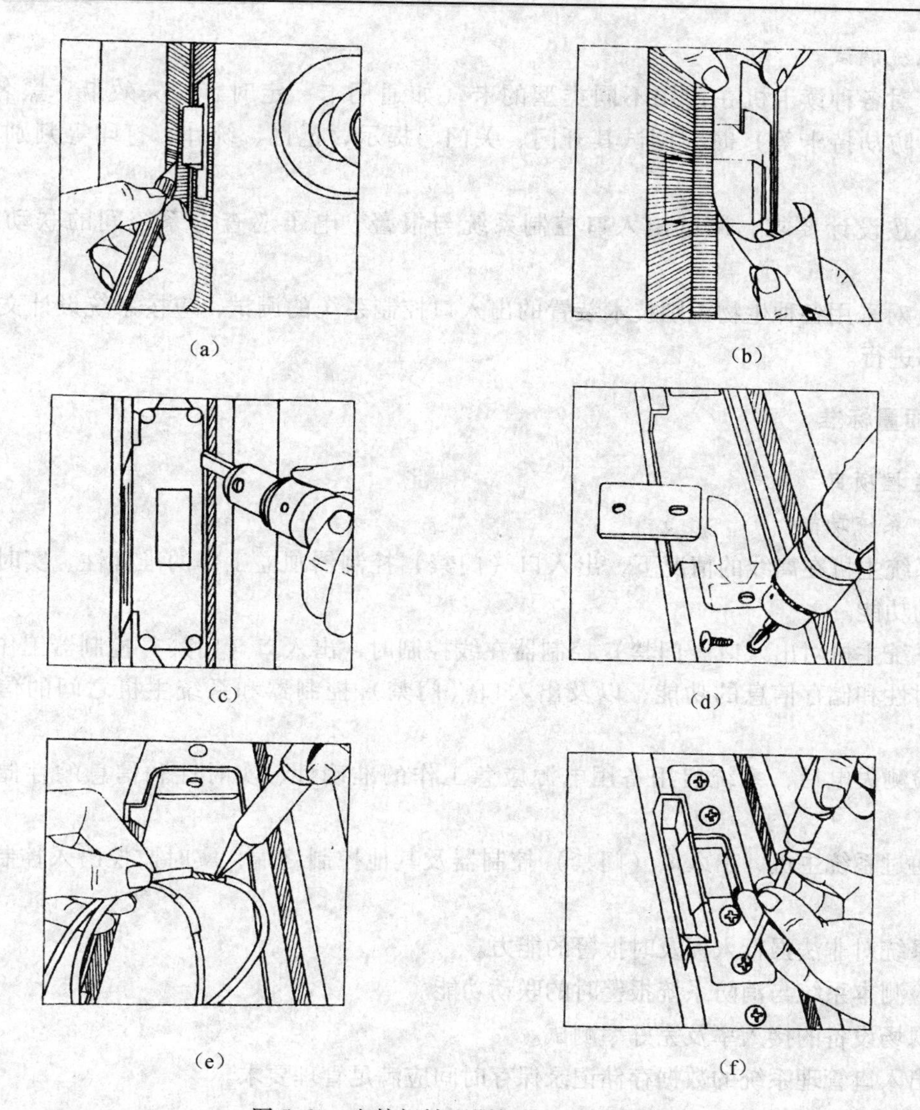

图5-61　电控门锁（阴极锁）安装步骤
（a）确定电控门锁位置；（b）在门框上画线；（c）在门框上开槽；
（d）安装延伸板；（e）连接控制导线；（f）安装电控门锁

5.2.6　系统调试

1. 线路检查

对传输线路进行对线，检查接线是否正确。采用250V兆欧表测量控制电缆绝缘，其线芯与线芯、线芯与地线绝缘电阻不应小于0.5MΩ。用500V兆欧表测量电源电缆绝缘，其线芯间、线芯与地线间的绝缘电阻不应小于0.5MΩ。

2. 单体调试

测试各个读卡器的灵敏度和识别能力是否达到要求，控制器的各项功能是否符合设计使用要求。

3. 系统调试

(1) 对各种读卡机在使用不同类型的卡（如通用卡、定时卡、失效卡、黑名单卡、加密卡、防劫持卡等）时，调试其开门、关门、提示、记忆、统计、打印等判别与处理功能。

(2) 按设计要求，调试出入口控制系统与报警、电子巡查等系统间的联动或集成功能。

(3) 对采用各种生物识别技术装置的出入口控制系统的调试，应按系统设计文件及产品说明书进行。

5.2.7 质量标准

1. 主控项目

(1) 系统功能

①系统主机在离线的情况下，出入口（门禁）控制器独立工作的准确性、实时性和储存信息的功能。

②系统主机对出入口（门禁）控制器在线控制时，出入口（门禁）控制器工作的准确性、实时性和储存信息的功能，以及出入口（门禁）控制器和系统主机之间的信息传输功能。

③检测失电后，系统启用备用电源应急工作的准确性、实时性和信息的存储和恢复能力。

④通过系统主机、出入口（门禁）控制器及其他控制终端，实时监控出入控制点的人员状况。

⑤系统对非法强行入侵及时报警的能力。

⑥检测本系统与消防系统报警时的联动功能。

⑦现场设备的接入率及完好率测试。

⑧出入口管理系统的数据存储记录保存时间应满足管理要求。

(2) 系统的软件功能

①演示软件的所有功能，以证明软件功能与任务书或合同书要求一致。

②根据需求说明书中规定的性能要求，包括时间、适应性、稳定性等以及图形化界面的友好程度，对软件逐项进行测试。

③对软件系统操作的安全性进行测试，如系统操作人员的分级授权、系统操作人员操作信息的存储记录等。

④在软件测试的基础上，对被验收的软件进行综合评审，给出综合评审结论，包括：软件设计与需求的一致性、程序与软件设计的一致性、文档（含软件培训、教材和说明书）描述与程序的一致性、完整性、准确性和标准化程度等。

(3) 出入口控制器的检测

抽检的数量应不低于20%且不少于3台，数量少于3台时应全部检测；被抽检设备的合格率为100%时为合格；系统功能和软件全部检测，功能符合设计要求为合格，合格率为

100%时为系统功能检测合格。

2. 一般项目

（1）设备的安装应牢固可靠，安装位置符合设计要求。

（2）设备的接线应排列整齐，分类绑扎成束，并留有足够余量。

（3）箱、盒内应清洁无杂物，且设备表面无划痕及损伤。

5.3　楼宇可视对讲系统

楼宇对讲系统是一种典型的门禁控制系统。在楼宇的出入口安装身份识别装置、密码锁或读卡器，经识别无误后，系统触发电控锁，才能进入大门。来访者须通过对讲系统，经主人确认后，开启电控锁，来访者才能进入。楼宇对讲系统有可视和非可视两种。

图5-62所示为楼宇可视对讲系统示意。访客按动主机面板上的相应房号，用户机发出振铃声，显示屏自动打开显示来客图像，主人提机与客人对讲及确认身份后，通过用户的开锁键开启电控门锁。来访者进门后，闭门器自动将门关闭。当用户需监视大门外情况时，可按监视键，即可在屏幕上显示，约10s后自动关闭。

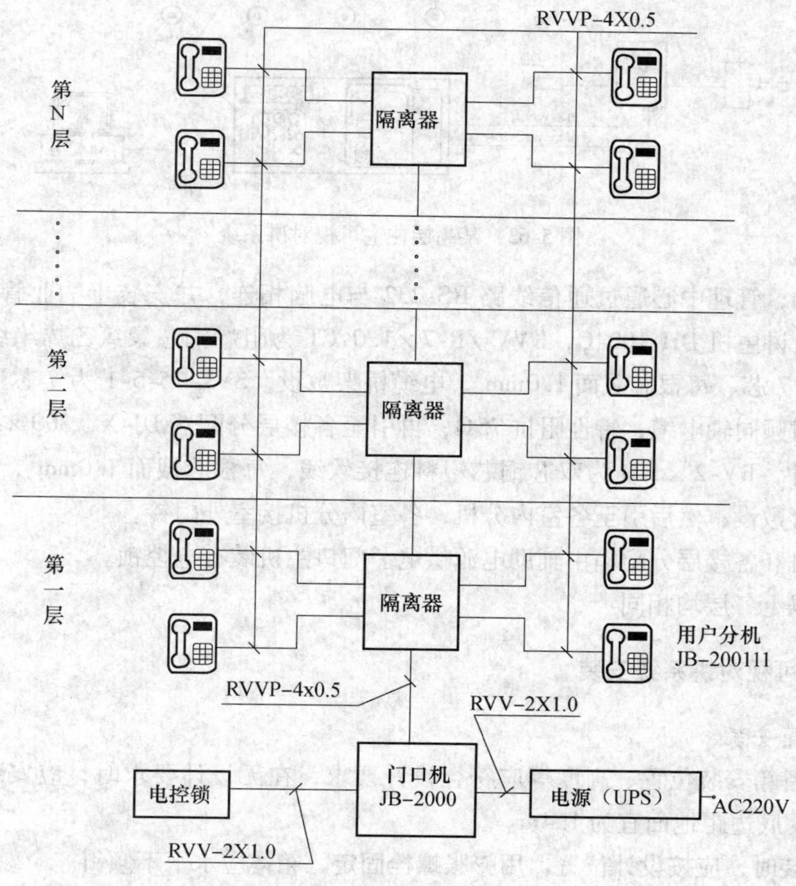

图5-62　楼宇可视对讲系统

5.3.1 楼宇可视对讲系统读图识图

图5-63所示为某多层住宅可视对讲系统图。

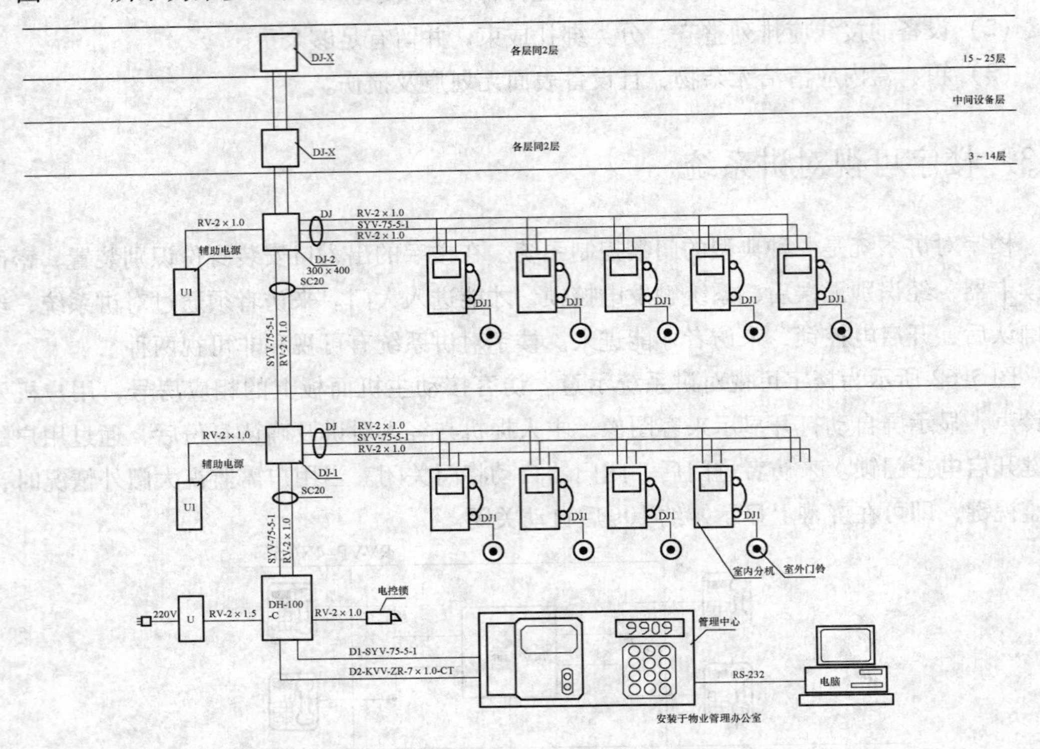

图5-63 某高层住宅可视对讲系统

由图可知，管理中心通过通信线路RS-232与电脑相连，并安装于物业管理办公室内；又引至楼宇对讲主机DH-100-C，KVV-ZR-7×1.0-CT为阻燃铜芯聚氯乙烯绝缘聚氯乙烯护套控制电缆、7芯、每根芯截面1.0mm^2、电缆桥架敷设，SYV-75-5-1为实芯聚乙烯绝缘聚氯乙烯护套射频同轴电缆，特性阻抗75Ω；再引至各楼层分配器DJ-X，300×400为楼层分配器规格尺寸，RV-2×1.0为双芯铜芯塑料连接软线，每根芯截面1.0mm^2，穿管径20mm的水煤气钢管敷设；然后引至各室内分机，各室内分机接室外门铃。

门口主机和各楼层分配箱由辅助电源供电。门口主机装有电控锁。

二层及以上各层均相同。

5.3.2 楼宇可视对讲系统安装

1. 设备箱安装

（1）设备箱安装位置、高度等应符合设计要求，在无设计要求时，应安装在较隐蔽或安全的地方，底边距地面宜为1.4m。

（2）明装时，应按设计位置，用膨胀螺栓固定，箱体应水平不倾斜。

（3）暗装时，箱体应紧贴建筑物表面，严禁采用电焊或气焊将箱体与预埋管焊在一起，管入箱体应用锁母固定。

2. 设备安装

（1）电源箱通常安装在防盗铁门内侧墙壁，距离电控锁不宜太远，一般在8m以内，电源正常工作时不可倒放或侧放。

（2）门口主机的安装。门口主机通常镶嵌在防盗门或墙体主机预埋盒内，主机底边距地不宜高于1.5m，操作面板应面向访客且便于操作。安装应牢固可靠，并应保证摄像镜头的有效视角范围。

室外对讲门口主机安装时，主机与墙之间为防止雨水进入，要用玻璃胶堵住缝隙，主机安装高度为摄像头距地面1.5m。

图5-64所示为楼宇对讲系统对讲门口主机安装方法。

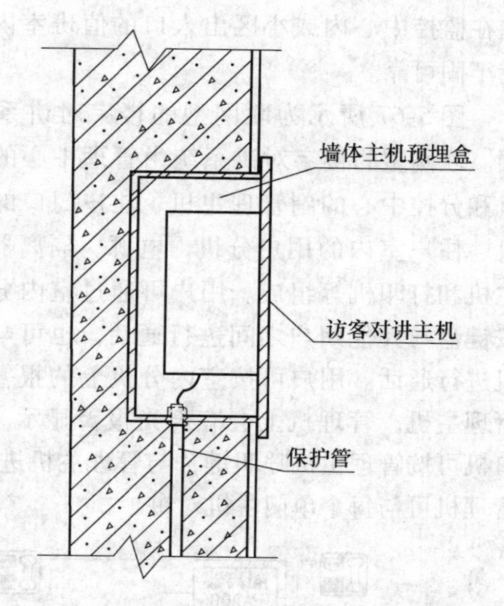

图5-64 楼宇对讲系统对讲门口主机安装方法

（3）室内机安装。室内机一般安装在室内的门口内墙上，安装高度中心距地面1.3～1.5m，安装应牢固可靠，平直不倾斜。图5-65所示为楼宇对讲系统室内对讲机安装方法。

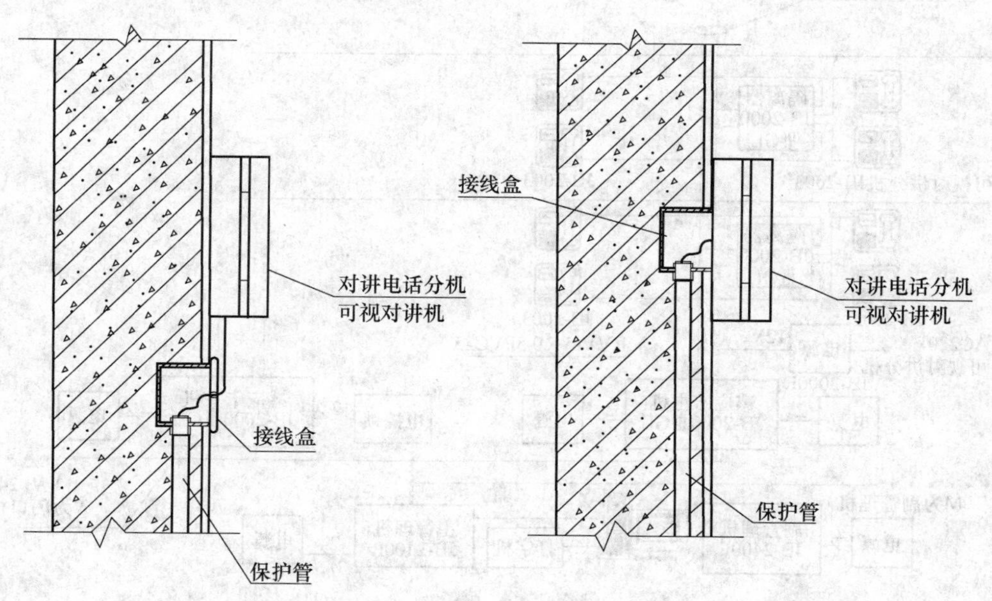

图5-65 楼宇对讲系统室内对讲机安装方法

图5-66所示为室内可视对讲机。安装时，先将底板安装于墙上，再将对讲机安装于底板上。

（4）联网型（可视）对讲系统的管理机宜安装在监控中心内或小区出入口的值班室内，安装应牢固可靠。

图 5-66　室内可视对讲机

图 5-67 所示为联网型的楼宇对讲系统示意图。联网型的楼宇对讲系统由管理中心的管理主机和分控中心的副管理主机、住户门口的门口主机、住户室内的用户分机、电源、隔离器、电脑主机和打印机等组成。用户可通过室内分机上的按键盘与其他用户之间进行通话，也可与管理主机进行通话。用户可按室内分机上的报警键呼叫管理主机，管理机上会有声光报警显示。住户门口机可按管理主机呼叫键，与管理主机进行通话，管理机可与每个单门主机对讲。

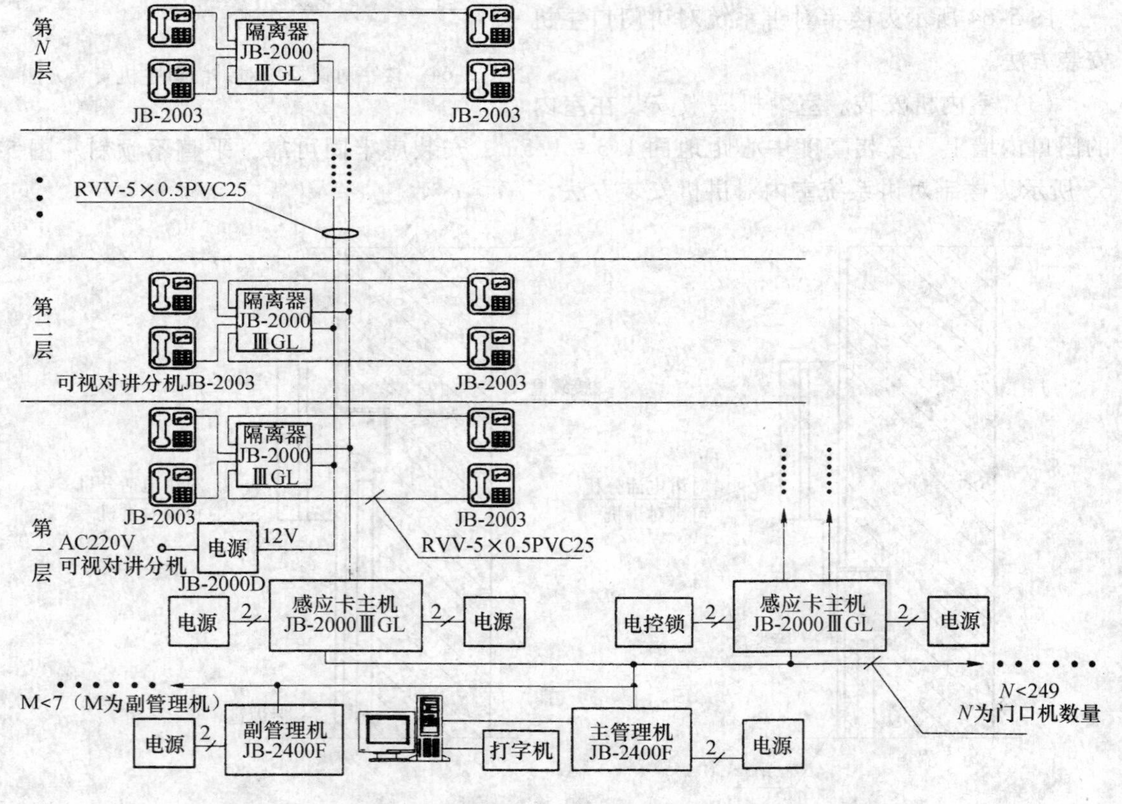

图 5-67　联网型的楼宇对讲系统示意图

图 5-68 所示为联网型带报警模块的可视对讲系统示意图。其中的住户家庭可视对讲主机带有报警控制器 JB-2403。

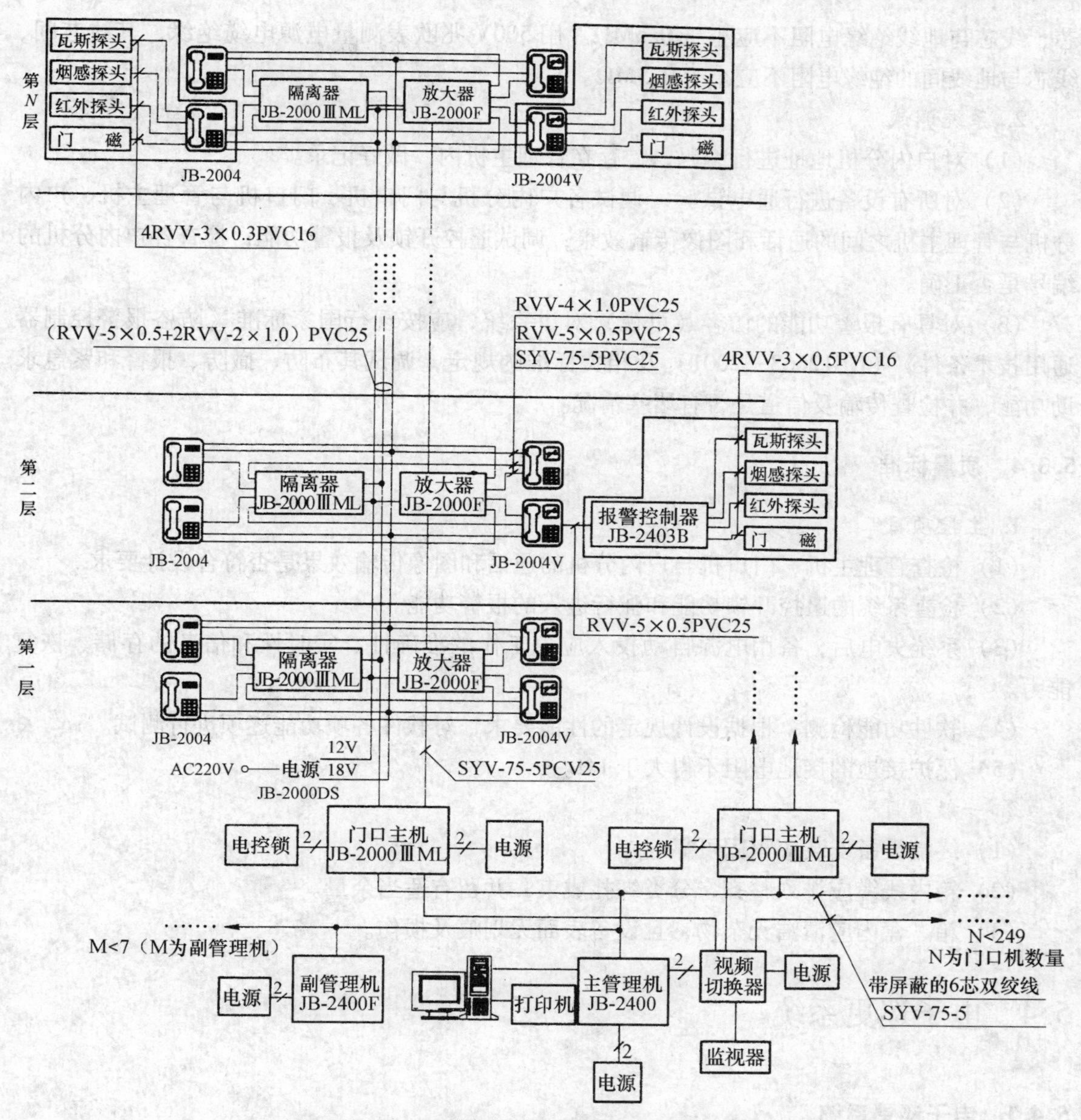

图5-68　联网型带报警模块的可视对讲系统示意图

3. 设备接线

(1) 接线前，对已经敷设好的线缆再次检查线间和线对地的绝缘，合格后才可按照设备接线图进行端接。

(2) 对讲主机采用专用接头与线缆进行连接的，压接应牢固可靠，接线端应按图纸进行编号。设备及电缆屏蔽层应压接好保护地线，接地电阻值应符合设计要求。

5.3.3　楼宇可视对讲系统调试

1. 线路检查

传输线路对线，检查接线是否正确。采用250V兆欧表测量控制电缆绝缘，其线芯与线芯、线芯与地线绝缘电阻不应小于0.5MΩ。用500V兆欧表测量电源电缆绝缘，其线芯间、线芯与地线间的绝缘电阻不应小于0.5MΩ。

2. 系统调试

（1）对户内分机地址进行编码，贮存在管理主机内，做好记录。

（2）对所有设备进行通电试验，调试各户内分机与门口机、门口机与管理主机、户内分机与管理主机之间的通话和图像传输效果；调试遥控开锁及报警功能；检查各户内分机的编号是否正确。

（3）对具有报警功能的访客（可视）对讲系统，应按现行国家标准《防盗报警控制器通用技术条件》（GB12663—2001）及相关标准的规定，调试其布防、撤防、报警和紧急求助功能，并检查传输及信道是否有堵塞情况。

5.3.4 质量标准

1. 主控项目

（1）检查管理主机、门口机与户内分机的通话和图像传输效果是否符合设计要求。

（2）检查系统的遥控开锁功能和强行进入的报警功能。

（3）系统失电后，备用电源自动投入应急工作的准确性、实时性和信息的存储、恢复能力。

（4）软件功能检测：根据设计规定的性能要求，对软件各项功能逐项进行测试。

（5）保护接地的接地电阻不得大于1Ω。

2. 一般项目

（1）终端设备安装应牢固可靠。

（2）箱内线缆应排列整齐，分类绑扎成束，并留有适当余量。

（3）箱、盒内应清洁无杂物，且设备表面无划痕及损伤。

5.4 电子巡更系统

5.4.1 电子巡更系统

电子巡更系统是大型保安系统的一部分，是对巡逻情况进行监控的系统。在智能楼宇和小区各区域内及重要部位安装巡更站点，保安巡更人员携带巡更记录卡，按指定路线和时间到达巡更点并进行记录，并将记录信息传送到管理中心计算机。电子巡更系统可实现对保安人员的管理和保护，实现人防和技防的结合。图5-69所示为巡更系统示意图。

电子巡更系统的功能是：

（1）巡更路线的设定、修改。

（2）巡更时间的设定、修改。

（3）在巡更路线上和重要部位设置巡更点。

（4）管理中心计算机可保存、查阅、打印巡更人员的工作情况。

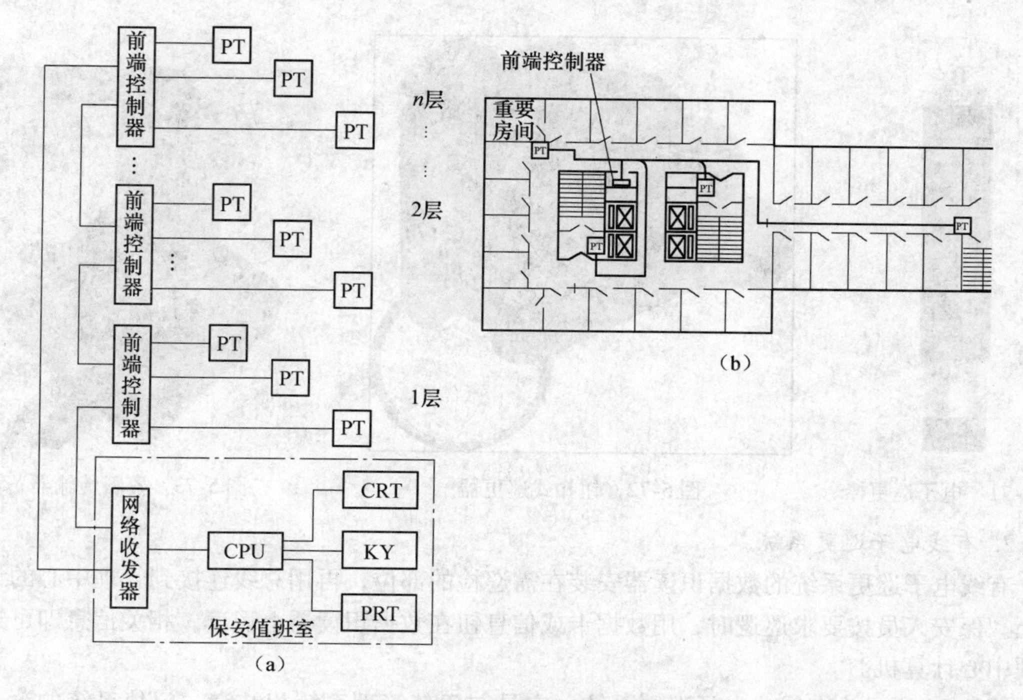

图 5-69　巡更系统示意图

(a) 系统图；(b) 巡更点设置

(5) 巡更违规记录提示。

电子巡更系统有离线巡更和有线巡更两种。

1. 离线电子巡更系统

离线电子巡更系统如图 5-70 所示，由信息钮、巡更棒、通信座、电脑和管理软件组成。

信息钮安装在需巡检的地方，保安人员按要求巡逻时，用巡更棒逐个阅读沿路的信息钮，即可记录相关信息。巡逻结束后，保安人员将巡逻棒通过通信座与计算机相连，巡更棒中的数据就被输送到计算机中。巡更棒在数据输送完后自动清零，以便下次使用。

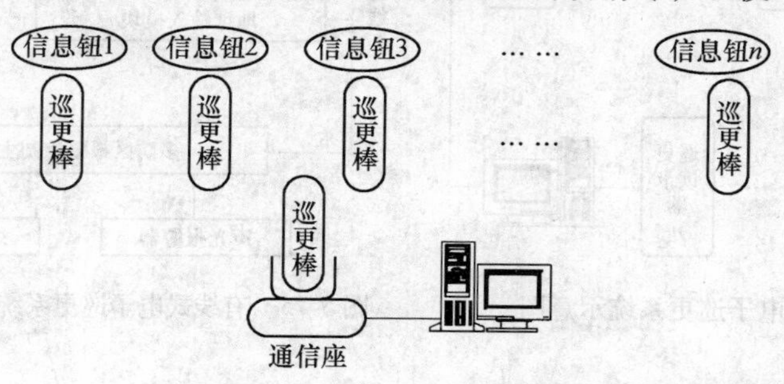

图 5-70　离线电子巡更系统

图 5-71 所示为电子巡更棒。图 5-72 所示为钮扣式巡更器（信息钮）。图 5-73 所示为资料传输器。

图 5-71　电子巡更棒

图 5-72　钮扣式巡更器

图 5-73　资料传输器

2. 有线电子巡更系统

有线电子巡更系统的数据识读器安装在需巡检的部位，再用总线连接到管理中心的计算机上。保安人员按要求巡逻时，用数据卡或信息钮在数据识读器上识读，相关信息即可送至管理中心计算机。

图 5-74 所示为有线式电子巡更系统，它是与门禁管理系统相结合。门禁系统的读卡器实时地将巡更信号输送到管理中心计算机，通过巡更系统软件解读巡更数据。

图 5-75 所示为有线式电子巡更系统与入侵报警系统结合使用，利用入侵报警系统进行实时巡更管理。其中，多防区报警控制主机采用总线制连接方式，通过总线地址模块与巡更开关相连，主控室能对巡更人员的巡更情况进行实时监控并记录。报警控制主机的软件系统将相关信息输送到报警主机。

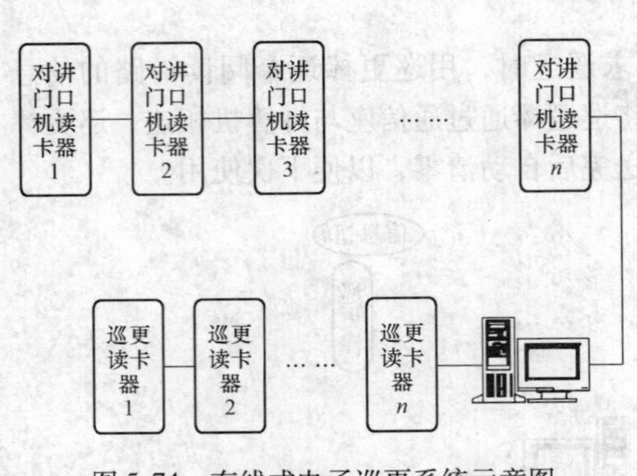

图 5-74　有线式电子巡更系统示意图

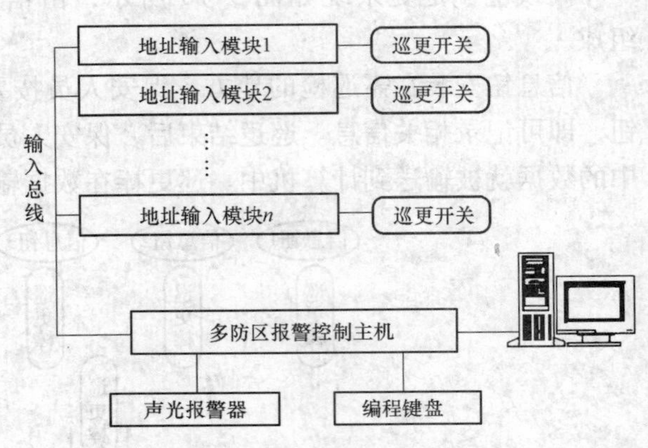

图 5-75　有线式电子巡更系统总线制连接方式示意图

5.4.2　电子巡更系统图的识读

图 5-76 所示为某写字楼巡更系统图。由图可知，控制室设在一层，控制室中有主电脑、通讯接口、收集器等，并引出多条线路。在地下一、二层设有警笛和手动报警器。地下一层中还有两个收集器，装设在电讯竖井中，并各引出多条线路。

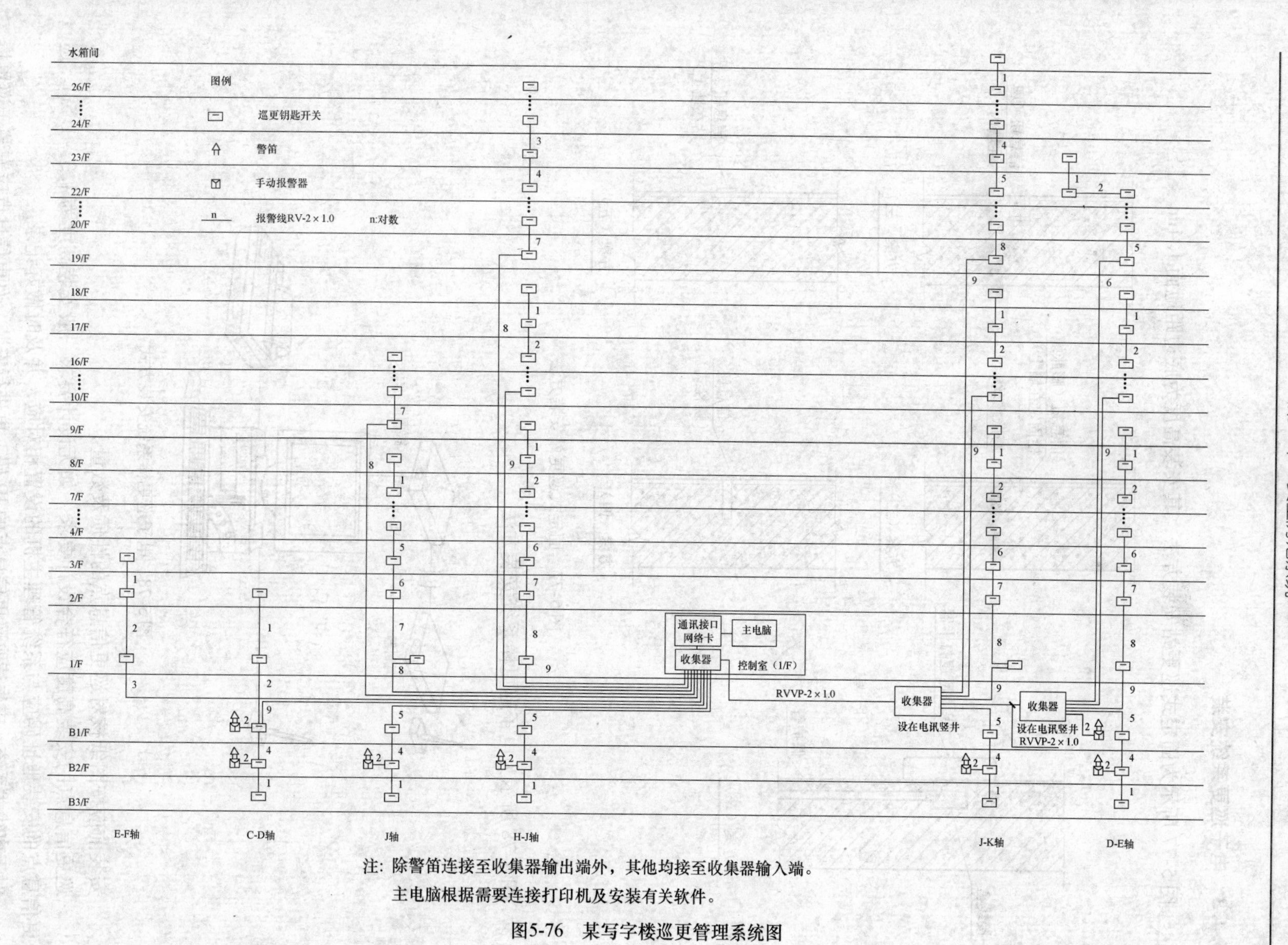

注：除警笛连接至收集器输出端外，其他均接至收集器输入端。
主电脑根据需要连接打印机及安装有关软件。

图5-76　某写字楼巡更管理系统图

5.4.3 电子巡更系统安装

图5-77所示为固定式巡更站安装方法，其安装高度为底边距地面1.4m。

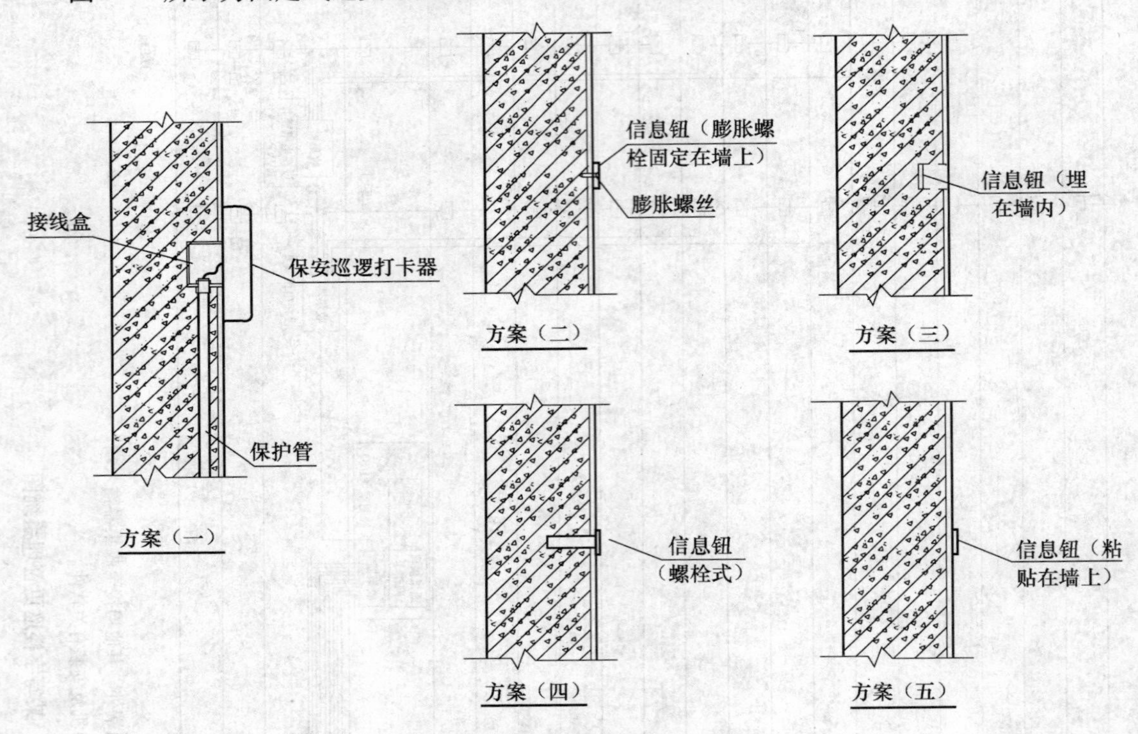

图5-77　固定式巡更站安装方法

图5-78所示为电子巡更棒系统安装方法。

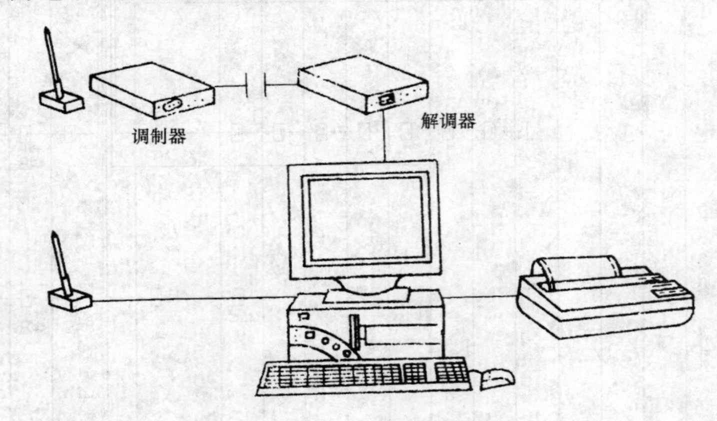

图5-78　电子巡更棒系统安装方式

安装前应按图纸核对巡更信息点的性质及数量。

巡更信息点的安装高度应符合设计要求，如无设计要求一般安装高度为1.3～1.5m。巡更信息点的安装地址码应与系统管理主机的设置相对应，并及时做好记录。

对于离线式系统，应先读取巡更信息点的ID码，再进行安装。巡更信息点应安装于巡更棒便于读取的位置，安装方式应符合设计和产品要求。安装时可用钢钉、固定胶固定在建筑物表面，或直接暗埋于墙内，埋入深度应不小于50mm，巡更信息点的安装应与安装位置的表面平行。

5.4.4　系统调试

1. 线路检查

传输线路对线，检查接线是否正确。采用250V兆欧表测量控制电缆绝缘，其线芯与线芯、线芯与地线绝缘电阻不应小于0.5MΩ。用500V兆欧表测量电源电缆绝缘，其线芯间、线芯与地线间的绝缘电阻不应小于0.5MΩ。

2. 单体调试

测试各个巡更点的灵敏度和识别能力是否达到要求，系统管理主机通电试验，各个设备均应工作正常。

3. 系统功能调试

（1）按照巡更路线图检查系统的巡更终端、读卡机的响应功能。

（2）现场设备的接入率及完好率测试。

（3）检查巡更管理系统编程、修改功能以及撤防、布防功能。

（4）检查巡更系统的运行状态、信息传输、故障报警和指示故障位置的功能。

（5）检查巡更管理系统对巡更人员的监督和记录情况、安全保障措施和对意外情况发生时报警的处理手段。

（6）对在线联网式的巡更系统还需要检查电子地图上显示信息的可靠性，实际巡查与预置巡查的一致性。检查遇有故障时的报警信号，以及和视频安全防护监视系统等的联动功能。

（7）检查离线式电子巡更系统信息及数据的采集、统计、打印等功能是否正常。

（8）巡更系统的数据存储记录、保存时间应满足管理要求。

5.4.5　质量标准

1. 主控项目

（1）按以下的内容对巡更管理系统的功能全部进行检测，功能符合设计要求为合格，合格率为100%时为系统功能检测合格。

①按照巡更路线图检查系统的巡更终端、读卡机的响应功能。

②现场设备的接入率及完好率测试。

③检查巡更管理系统编程、修改功能以及撤防、布防功能。

④检查巡更系统的运行状态、信息传输、故障报警和指示故障位置的功能。

⑤检查巡更管理系统对巡更人员的监督和记录情况、安全保障措施和对意外情况及报警的处理手段。

⑥对在线联网式的巡更系统还需要检查电子地图上的显示信息，遇有故障时的报警信号，以及和视频安全防护监视系统等的联动功能。

⑦巡更系统的数据存储记录、保存时间应满足管理要求。

(2) 对巡更终端进行抽检，抽检数量不低于20%且不少于3台，被抽检设备的合格率为100%时为合格。

2. 一般项目

(1) 设备的安装应牢固可靠，安装位置应符合设计要求。

(2) 设备的接线应排列整齐，分类绑扎成束，并留有足够余量。

(3) 箱、盒内应清洁无杂物，且设备表面无划痕及损伤。

5.5 停车场管理系统

停车场管理系统通过计算机管理，实现对车辆进出的管理并记录、储存；通过图像对比识别技术可以有效地防止车辆被盗；通过对车位的管理可以有效地提高停车场的利用率；收费系统能自动核算收费，有效地解决了乱收费和费用流失现象。

5.5.1 停车场管理系统

1. 停车场管理系统组成

停车场管理系统由读卡机、自动出票机、闸门机、感应器、满位指示灯及计算机收费系统等组成。停车场管理系统的组成如图5-79所示。图5-80所示为交费停车场管理系统示意图。

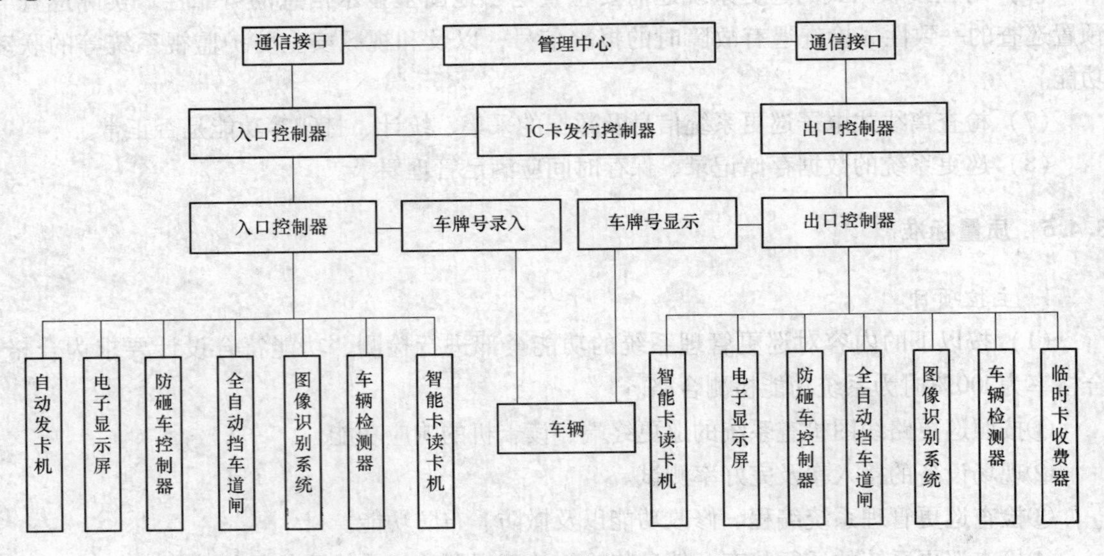

图5-79 停车场管理系统的组成

2. 停车场管理系统流程

车辆进场时，车辆驶进停车场入口，可以看到入口方向、固定用户与临时用户、空余车位等提示信息。固定用户刷卡入场，临时用户领取临时卡刷卡入场，经图像识别、信息记录，进入规定的车位。图5-81所示为停车场管理系统车辆进场流程。

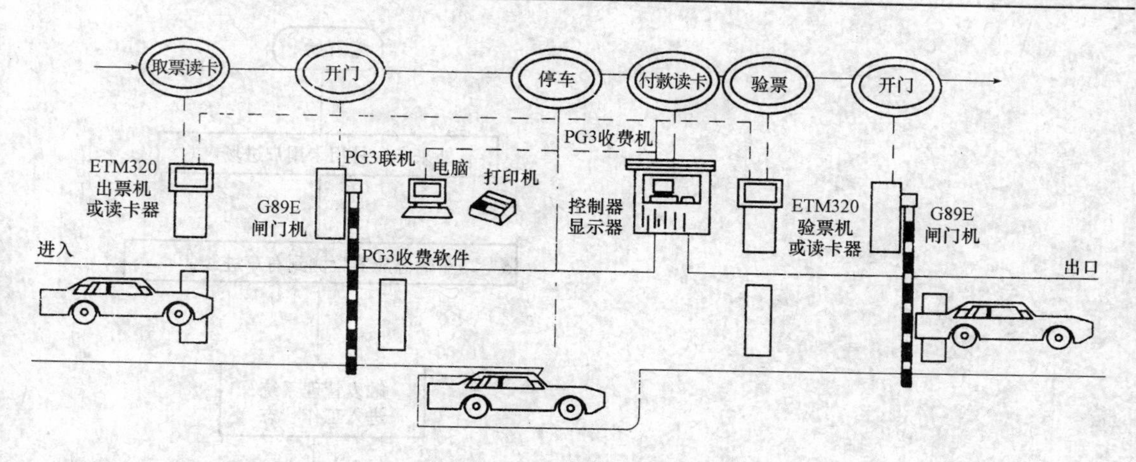

图5-80　交费停车场管理系统示意图

车辆出场时，车辆驶近出口电动栏杆处，出示停车凭证，经信息读取、识别、核对、计费、记录，固定用户核对无误后或临时用户核对无误并收费后，出口电动栏杆升起放行。图5-82所示为停车场管理系统车辆出场流程。

3. 停车场管理系统主要设备

图5-83所示为停车场管理系统设备布局示意图。

(1) 车辆检测器

车辆检测器对进入停车场的车辆进行检测，有地感线圈和光电检测器两种形式。图5-84所示为车辆出入检测与控制系统基本结构。图5-85所示为车辆出入检测的两种方式。

(2) 非接触式读卡器

读卡器识读送入的卡片，入口控制器根据卡片上的信息，判断卡片是否有效。读卡器具有防潜回功能，可以防止用一张卡驶入多辆车辆。常用的卡有授权卡、管理卡、固定卡(月租卡)、充值卡、临时卡等几种。

(3) 自动闸门机

自动闸门机受入口控制器的控制。车辆驶入时，用户的卡识别有效或自动出票机上取出票券后，闸门自动开启，车辆通过后自动关闭。

(4) 彩色摄像机

摄像机记录车辆的相关信息。

(5) 电子显示屏

电子显示屏实时滚动显示信息，如车位情况、车位使用费用情况等。

(6) 自动出票机

时租车辆驶入时，按下出票按钮，出票机打印出票，自动闸门机开闸放行。票券上记录相关信息，以便离开时交费。

月租车辆驶入时，卡识别有效后，自动闸门机开闸放行。计算机记录相关信息。

(7) 满位指示灯

满位指示灯与计算机和车辆计数相连，车位满时，满位指示灯亮。系统自动关闭入口处的读卡器，发卡机不再出卡，车辆禁止驶入。

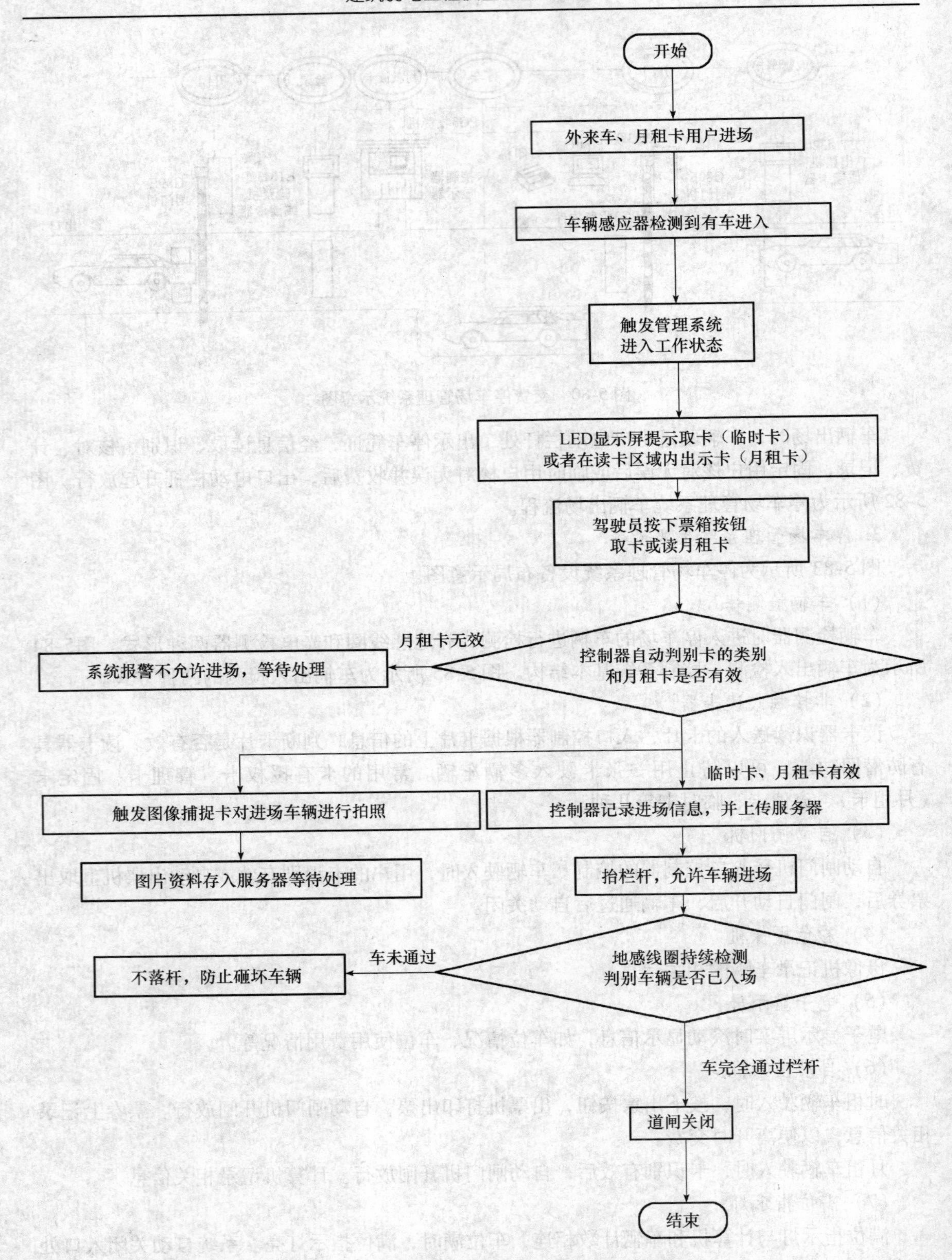

图 5-81　车辆进场操作流程

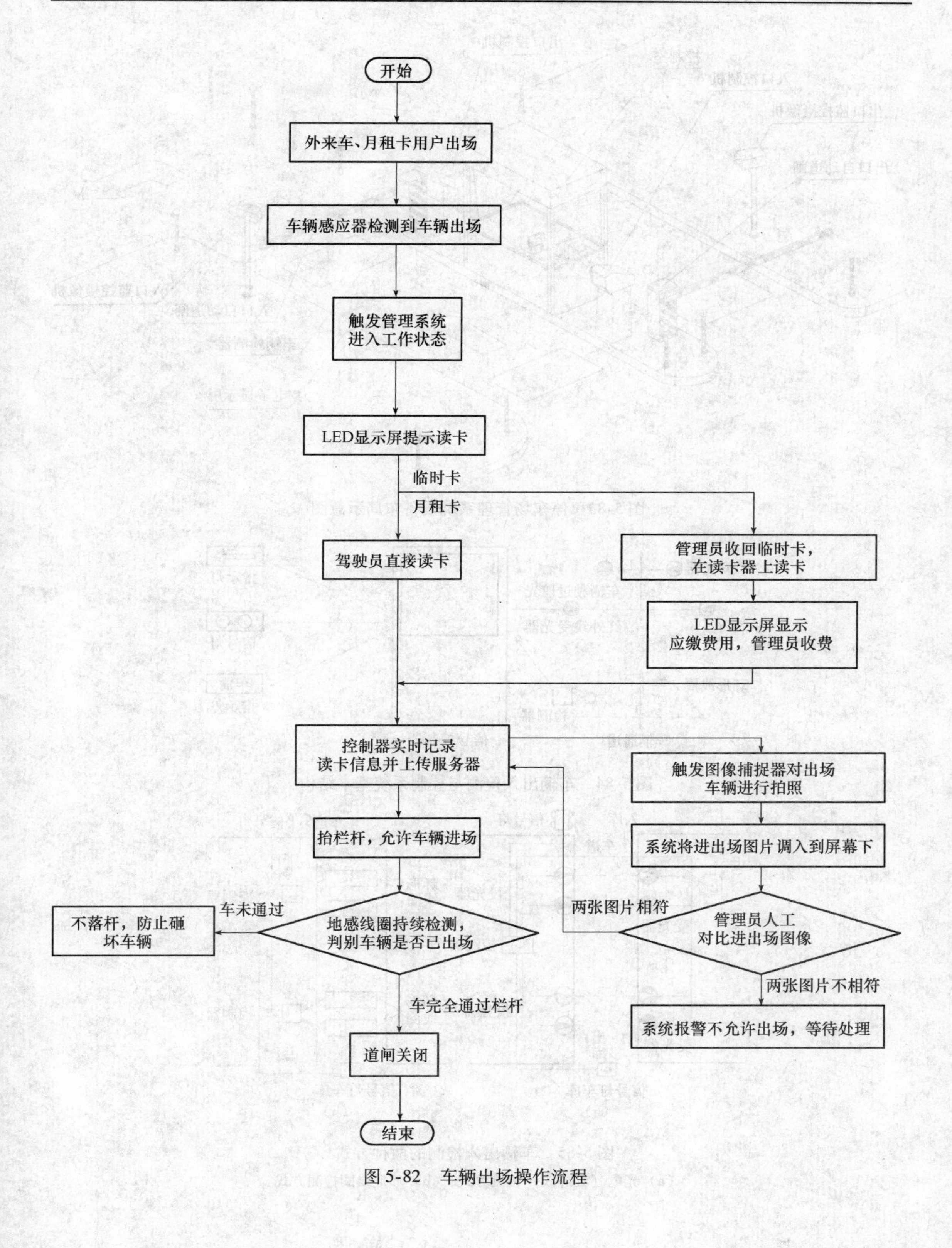

图 5-82　车辆出场操作流程

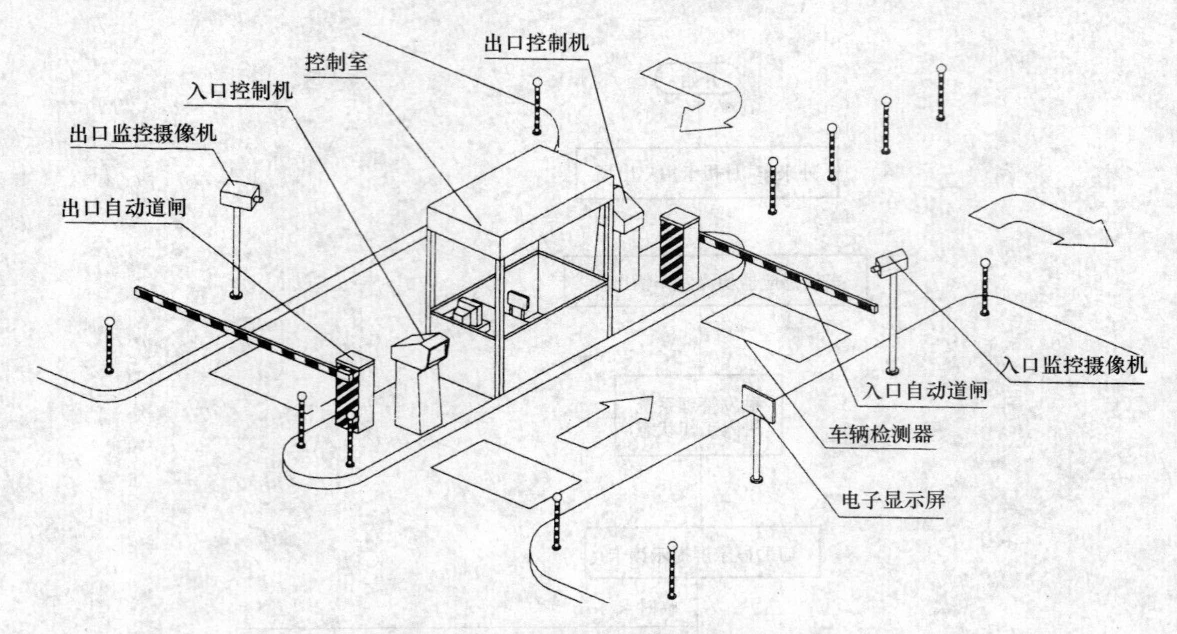

图 5-83　停车场管理系统设备布局示意图

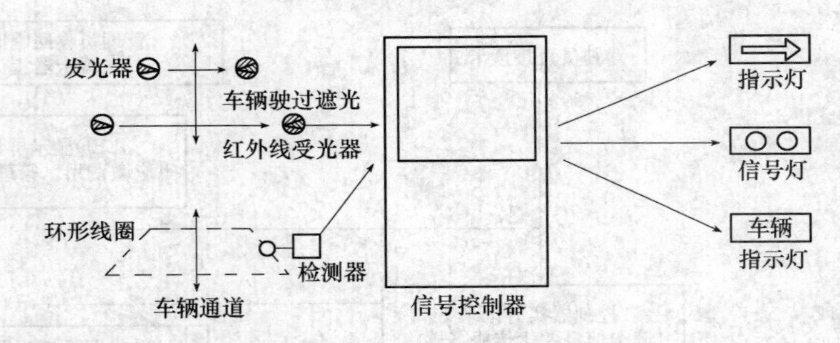

图 5-84　车辆出入检测与控制系统基本结构

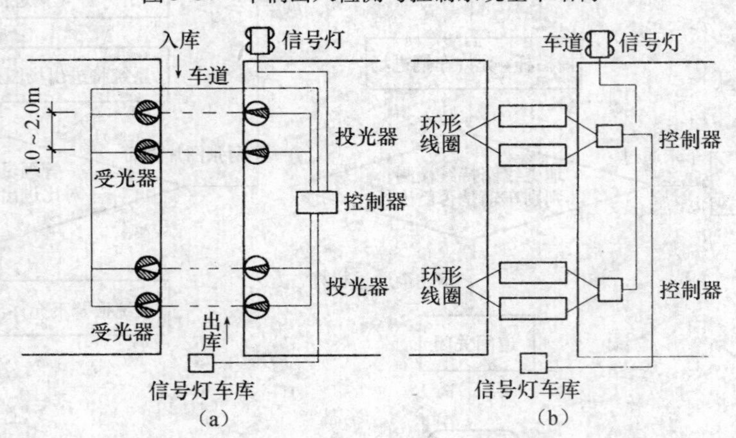

图 5-85　车辆出入检测的两种方式

（a）光电（红外线）检测方式；（b）环形线圈检测方式

5.5.2 停车场管理系统安装

1. 车辆出入检测采用光电（红外线）检测方式的，安装应符合以下要求：

（1）检测设备的安装应按照厂商提供的产品说明书进行。

（2）两组检测装置的距离及高度应符合设计要求，如设计无要求时，两组检测装置距离一般为1.5m ±0.1m，安装高度一般为0.7m ±0.02m。

（3）收、发装置应相互对准且光轴上不应有固定的障碍物，接收装置应避免被阳光或强烈灯光直射。

2. 车辆出入检测采用环形感应线圈检测方式的，安装应符合以下要求：

（1）感应线圈应随管路敷设时预埋，安装前应检查线圈规格型号、安装位置及埋深是否符合设计或产品技术要求。

（2）感应线圈安装可采用木楔固定，也可采用预留沟槽的方法安装。用木楔固定时基础垫层上先固定木楔，然后将感应线圈卡固在木楔上。土建混凝土浇筑时应有人看护，防止感应线圈移位或损坏。预留沟槽安装时，先在沟槽内放置好感应线圈，然后进行二次浇筑混凝土。

（3）距离感应线圈水平0.5m、垂直0.1m范围内不应有任何金属物或其他的电气线缆。

（4）感应线圈至机箱处的线缆应采用金属管保护，并固定牢固。

（5）两组感应线圈的距离应符合设计要求，如设计无要求时，两相邻线圈的间距宜大于1m。

3. 读卡机、闸门机（挡车器）的安装应根据设备的安装尺寸制作混凝土基础，并埋入地脚螺栓，然后将设备固定在地脚螺栓上，固定应牢固、平直不倾斜。

4. 满位指示设备安装

在车库出入口处可安装满位指示器，落地式满位指示器可用地脚螺栓或膨胀螺栓固定于混凝土基座上，壁装式满位指示器安装高度宜大于2.1m。

5. 收费管理主机安装：

（1）在安装前对设备进行检验，设备外形尺寸、设备内主板及接线端口的型号、规格符合设计要求，备品配件齐全。

（2）按施工图连接主机、不间断电源、打印机、出入口读卡设备间的线缆，线缆压接应准确、可靠。

图5-86所示为出入口分开设置的停车场管理系统组成示意图。

图5-87所示为读卡机外形。

图5-88所示为满位指示灯外形及安装方法。

图5-89所示为自动出票机规格尺寸及安装方法。

图5-90所示为红外光电式检测器安装。安装时收发装置要对准，且接收装置不可被太阳光线直射。

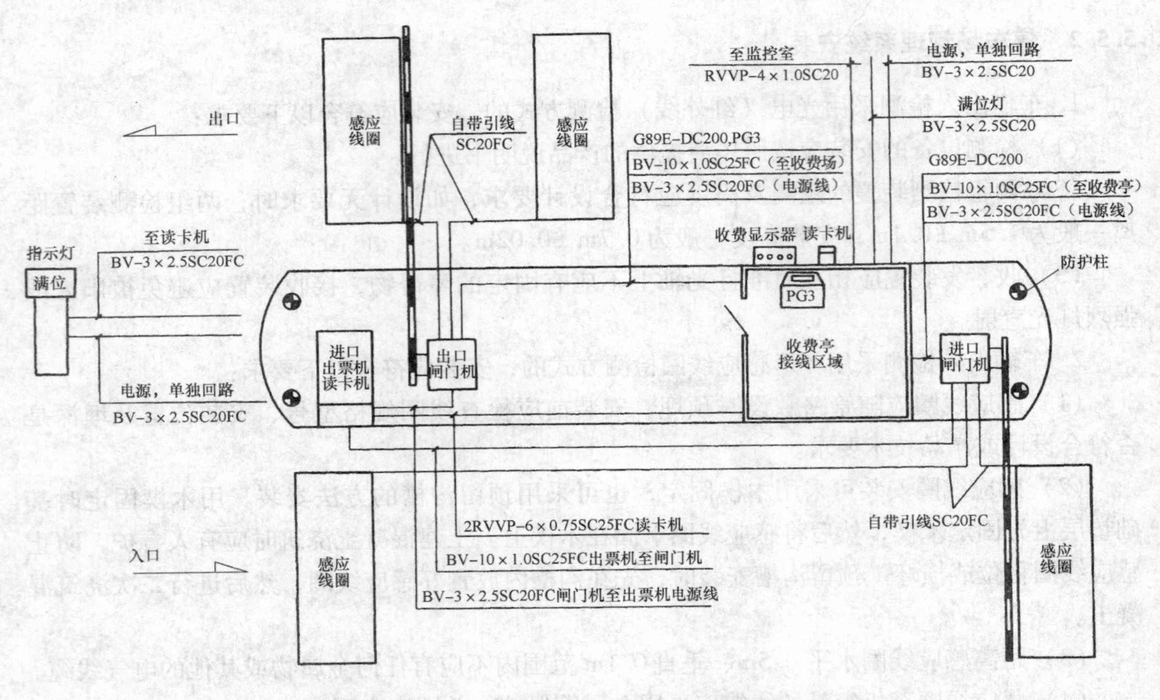

图 5-86　出入口分开设置的停车场管理系统组成示意图

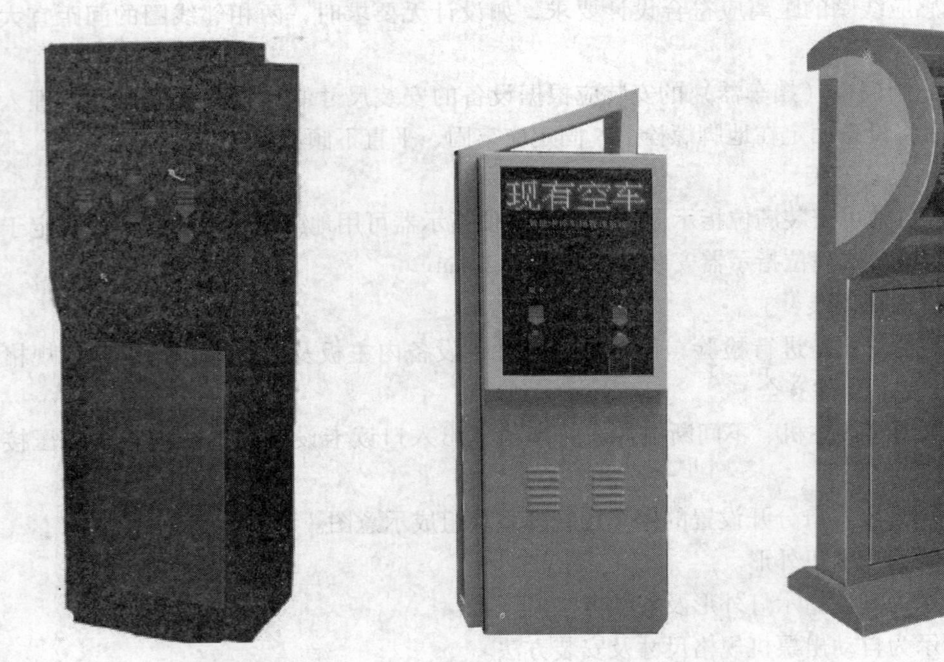

图 5-87　读卡机外形　　图 5-88　满位指示灯外形　　图 5-89　自动出票机外形

图 5-91 所示为地感线圈安装。地感线圈用电缆或绝缘电线制作，埋在车路地下，线圈 0.5m^2 范围内不可有其他金属物。

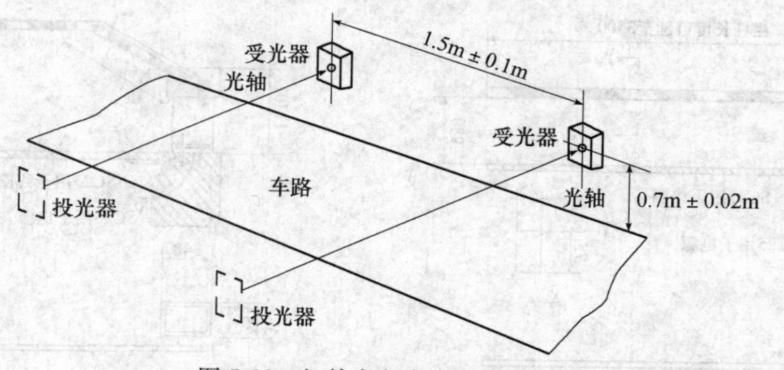

图 5-90　红外光电式检测器的安装

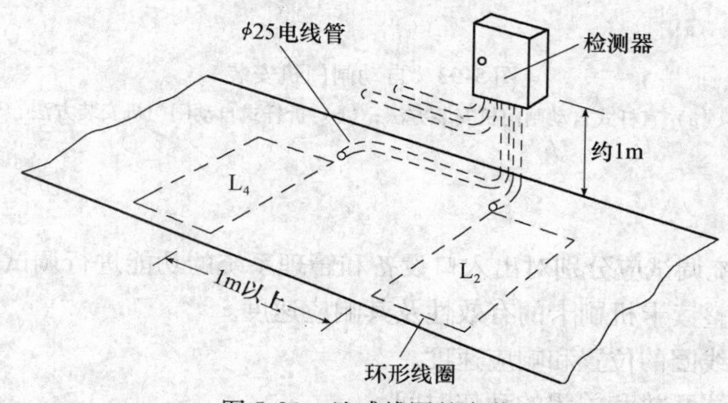

图 5-91　地感线圈的安装

图 5-92 所示为感应线圈安装方法。

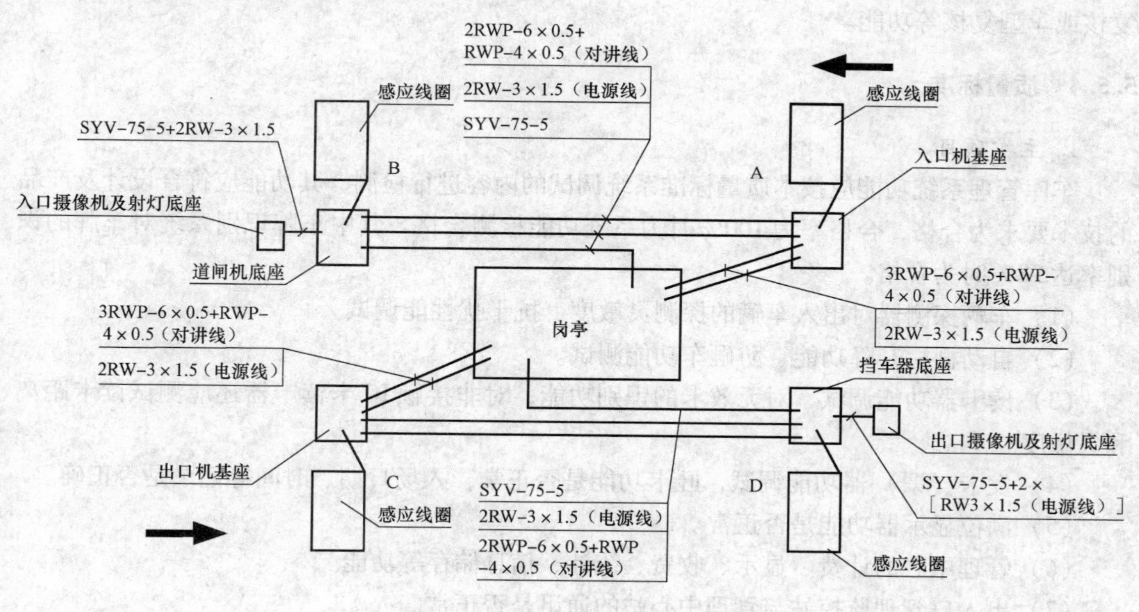

图 5-92　感应线圈安装

图 5-93 所示为自动闸门机安装。其边上可安装防护柱保护，车道宽度大于 6m 时，可两侧同时安装。

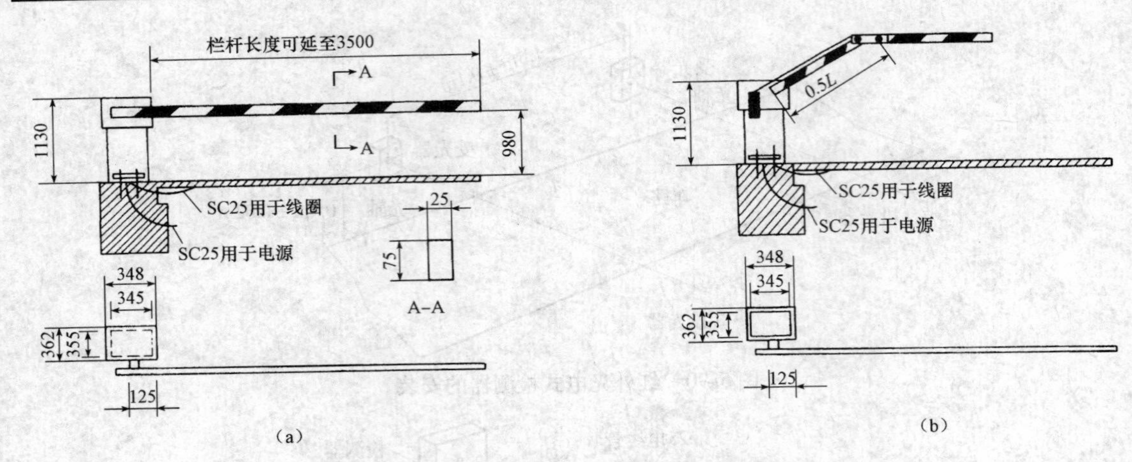

图 5-93 自动闸门机安装

(a) 直杆式自动闸门机安装方法；(b) 折杆式自动闸门机安装方法

5.5.3 系统调试

停车场管理系统调试应分别对出入口设备和管理系统的功能进行调试，调试内容如下：

(1) 检查并调整读卡机刷卡的有效性及其响应速度。

(2) 调整电感线圈的位置和响应速度。

(3) 调整挡车器开放和关闭的动作时间。

(4) 调整系统的车辆进出、分类收费、收费指示牌、导向指示、挡车器工作、车牌号复核或车型复核等功能。

5.5.4 质量标准

1. 主控项目

车库管理系统功能应按本质量标准系统调试的内容进行检测，其功能应符合设计及产品的技术要求为合格，合格率为100%时为系统功能检测合格。其中车牌识别系统对车牌的识别率达98%时为合格。

(1) 车辆探测器对出入车辆的探测灵敏度、抗干扰性能调试。

(2) 自动栅栏升降功能、防砸车功能测试。

(3) 读卡器功能调试，对无效卡的识别功能；对非接触IC卡读卡器还应测试读卡距离和灵敏度。

(4) 发卡（票）器功能调试，吐卡功能是否正常，入场日期、时间等记录是否正确。

(5) 满位显示器功能是否正常。

(6) 管理中心的计费、显示、收费、统计、信息储存等功能。

(7) 出入口管理监控站与管理中心站的通讯是否正常。

(8) 管理系统的其他功能，如“防折返”功能检测。

(9) 对具有图像对比功能的停车场（库）管理系统，应分别检测出入口车牌和车辆图像记录的清晰度、调用图像信息的符合情况。

（10）检测停车场（库）管理系统与消防系统报警时联动功能，电视监视系统摄像机对进出车库车辆的监视等。

（11）空车位及收费显示。

（12）管理中心监控站的车辆出入数据记录保存时间应满足管理要求。

2. 一般项目

（1）设备的安装应牢固可靠，安装位置符合设计要求。

（2）设备的接线应排列整齐，分类绑扎成束，并留有足够余量。

（3）箱、盒内应清洁无杂物，设备表面无划痕及损伤。

第6章　火灾自动报警与灭火系统

火灾自动报警与灭火系统是现代消防系统中的一个重要组成部分，是现代电子工程与计算机技术在消防中的应用。

6.1　概述

1. 火灾自动报警与灭火系统的功能

火灾自动报警与灭火系统能自动捕捉监测区内火灾发生时的烟雾或热气，发出声光报警；同时，还具有“联动”功能，即通过控制线路将消防给水设备和防排烟设备组织起来，按照预定的要求动作，指挥各种消防设备在火灾时密切配合，各司其职，有条不紊地投入工作。

2. 火灾自动报警与灭火系统的原理

当建筑物内某一区域发生火灾或有着火危险时，各种对光、温度、烟、红外线等反应灵敏的火灾探测器就会将检测到的信息以电信号或开关信号的形式立即送到控制器。控制器将这些信息与正常状态进行比较，如确认已发生火灾或有着火危险，则发出两路信号：一路指令声光显示动作，发出报警信号，并显示烟雾浓度、火灾现场地址、记录时间等；另一路则指令现场的执行器，开启各种消防设备灭火。在火灾现场的相邻区域也要发出报警信号，显示火灾区域。点亮所有应急灯，指示疏散路线。

为了防止探测器失灵或火警线路发生故障，各现场还设有手动开关，用来报警和启动消防设施。目前的产品多把声、光报警，打印和显示装置集成设计，称为火灾自动报警装置。

图6-1所示为火灾自动报警控制系统原理图。图6-2所示为火灾显示盘外形示意图。

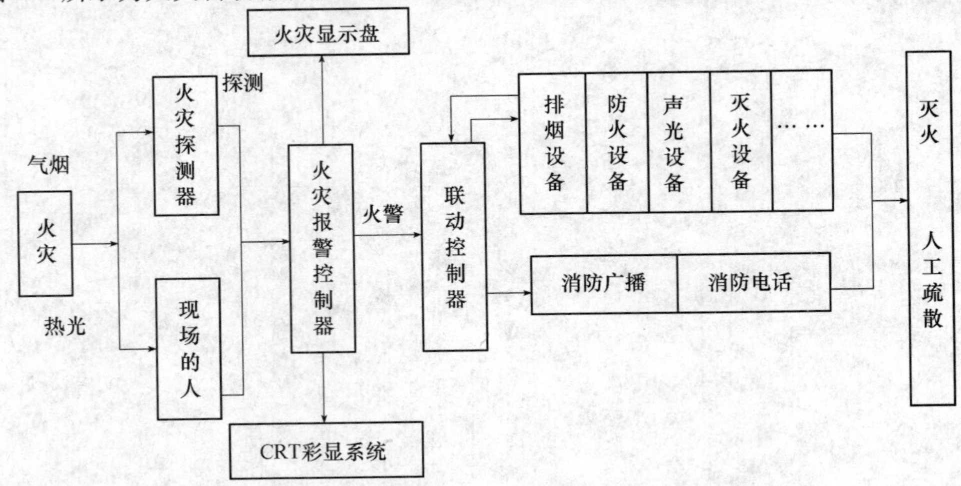

图6-1　火灾自动报警控制系统原理图

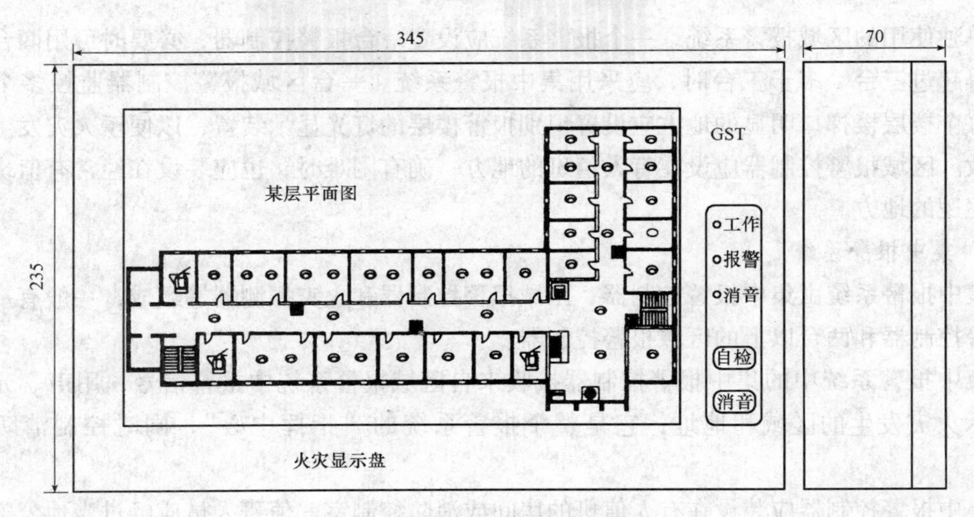

图6-2　火灾显示盘外形示意图

注：火灾显示盘与火灾报警控制器连接的通讯二总线为RVSP-2×1.5，
导线屏蔽层与主板上的屏蔽接地（GNDG）端子连接；电源线为BV-2×2.5

6.2　火灾自动报警与灭火系统的分类

自动报警系统按警戒区域的大小可分为区域报警系统、集中报警系统和消防控制中心报警系统；按电气系统联线可分为多线式（辐射式）和总线式；按探测器传送信号类型可分为开关量报警系统和模拟量报警系统。以下着重介绍前两种分类。

6.2.1　按警戒区域的大小分类

1. 区域报警系统

区域报警系统一般由火灾探测器、手动报警按钮、区域火灾报警控制器和报警装置等组成。这种系统比较简单，应用广泛，可在某一区域范围内单独使用，也应用在集中报警控制系统中，它将各种报警信号输送至集中报警控制器。图6-3所示为区域报警系统示意图。

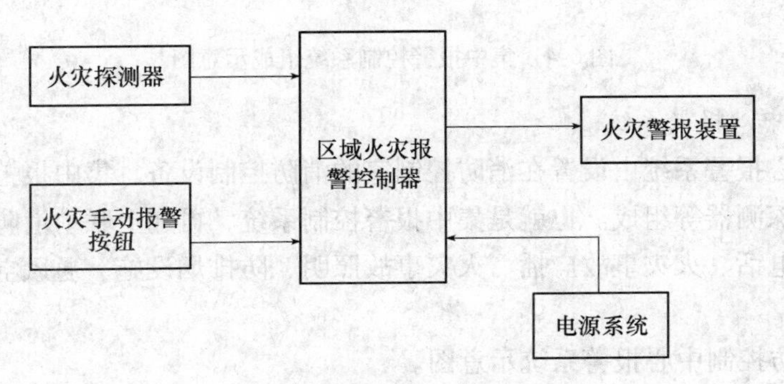

图6-3　区域报警系统示意图

单独使用的区域报警系统，一个报警系统应设置一台报警控制器，必要时可用两台，最多不得超过三台。多于三台时，应采用集中报警系统。一台区域报警控制器监控多个楼层时，每个楼层楼梯口明显的地方应设置识别报警楼层的灯光显示装置，以便于火灾发生时迅速扑救。区域报警控制器应设在有人值班的地方，确有困难时，也应装设在经常有值班管理人员巡逻的地方。

2. 集中报警系统

集中报警系统由集中报警控制器、区域报警控制器和火灾探测器等组成，一般有一台集中报警控制器和两台以上的区域报警控制器。

集中报警系统中的集中报警控制器接收来自区域报警系统中报警信号，用声、光及数字显示火灾发生的区域和地址，它是整个报警系统的“指挥中心”，同时控制消防联动设备。

集中报警控制器应装设在有人值班的房间或消防控制室。值班人员应经过当地公安消防部门的培训后，持证上岗。

图 6-4 所示为集中报警系统组成示意图。图 6-5 所示为大型火灾报警系统示意图。

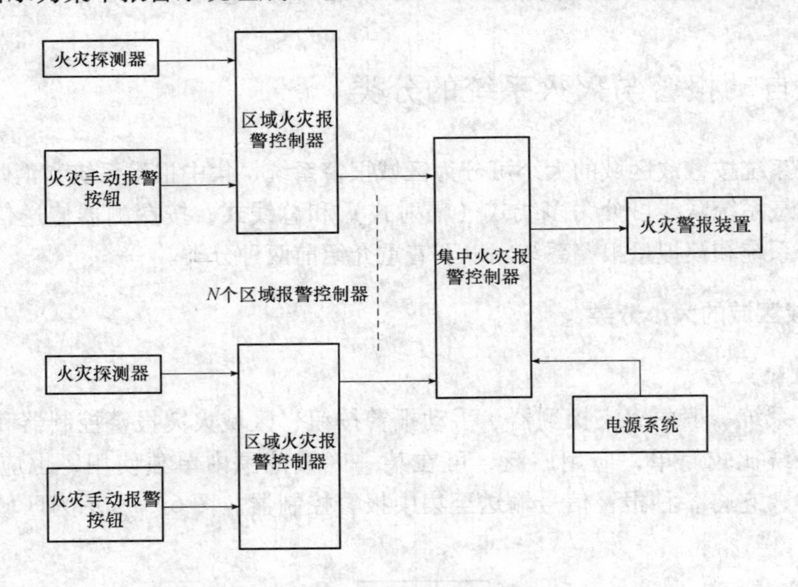

图 6-4　集中报警控制系统组成示意图

3. 消防控制中心报警系统

消防控制中心报警系统由设置在消防控制室的消防控制设备、集中报警控制器、区域报警控制器和火灾探测器等组成。也就是集中报警控制系统，再加上联动消防设备如火灾报警装置、火灾报警电话、火灾事故广播、火灾事故照明、防排烟设施、通风空调设备和消防电梯等。

图 6-6 为消防控制中心报警系统示意图。

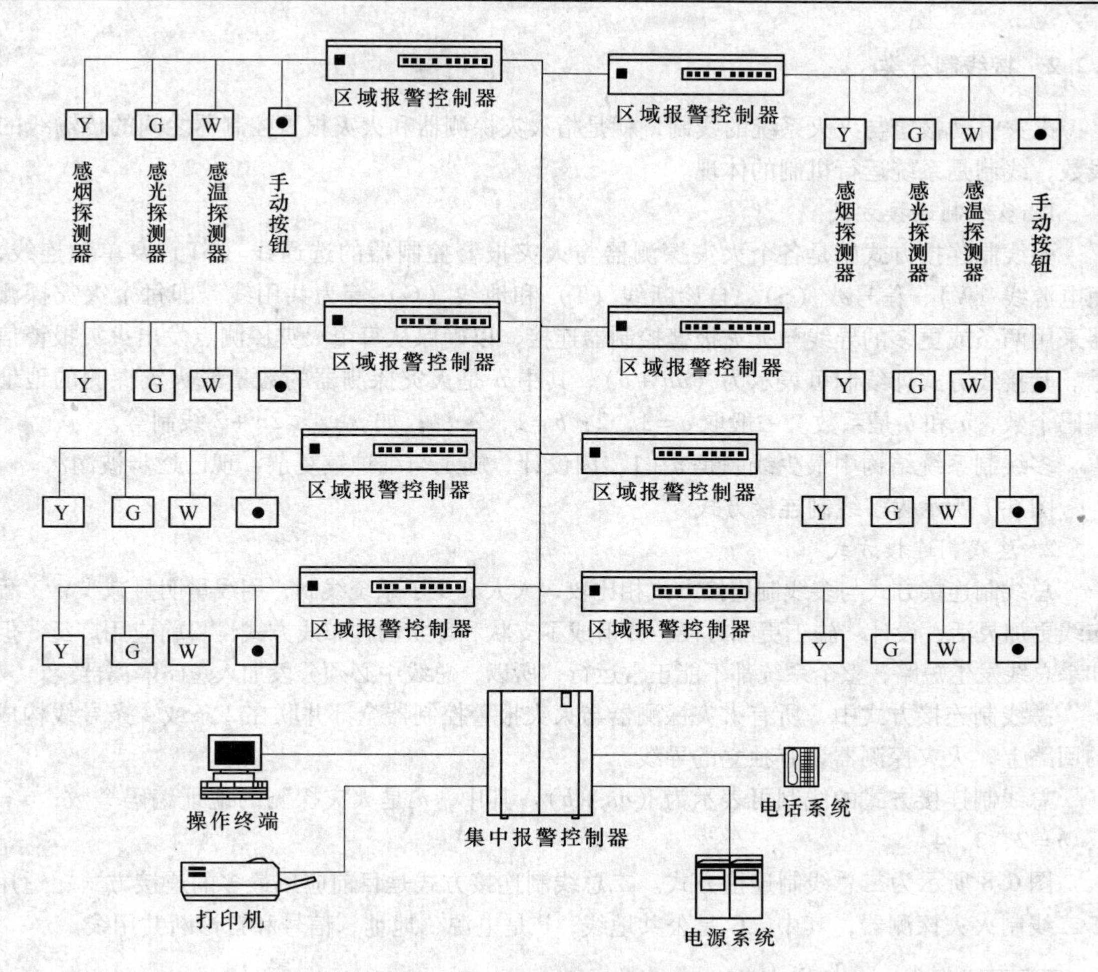

图6-5 大型火灾报警系统示意图

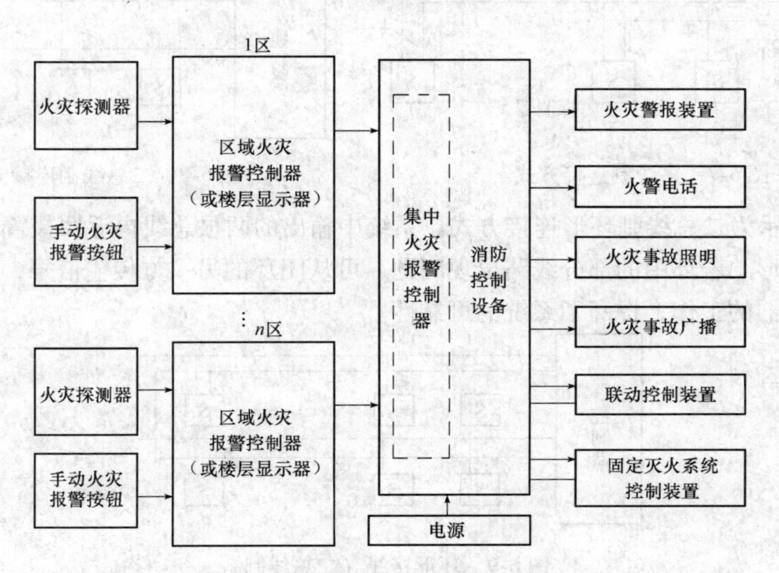

图6-6 消防控制中心报警系统示意图

6.2.2 按线制分类

火灾自动报警与灭火系统的线制，就是指火灾探测器和火灾报警控制器之间的传输线的线数，线制是系统运行机制的体现。

1. 多线制连接方式

多线制连接方式就是各个火灾探测器与火灾报警控制器的选通线（ST）要单独连线，而电源线（V）、信号线（S）、自诊断线（T）和地线（G）等为共用线。即每个火灾探测器采用两条或更多的导线与火灾报警控制器连接，以确保从每个火灾探测点发出火灾报警信号。其接线方式即线制可表示为（$an+b$）。其中 n 是火灾探测器的数量或火灾探测的地址编码个数，a 和 b 是系数。一般取 $a=1$，2；$b=1$，2，4；如 $n+4$，$2n+2$ 线制等。

多线制系统结构中最少线制是 $n+1$，因设计、施工与维护较复杂，现已逐步被淘汰。

图 6-7 所示为多线制连接方式。

2. 总线制连接方式

总线制连接方式与多线制连接方式相比较，大大减少了系统线制，用线量明显减少，工程布线更加灵活，设计、施工更加方便，并形成了支状和环状两种布线方式，目前应用广泛。但如果总线发生短路，整个系统都不能正常运行，所以，总线中必须分段加入短路隔离器。

总线制连接方式中，所有火灾探测器与火灾报警控制器全部并联在 2 条或 4 条导线构成的回路上，火灾探测器设有独立的导线。

总线制连接方式的线制可表示为（$an+b$）。其中，n 是火灾探测的地址编码个数；$a=0$；$b=2$，3，4。

图 6-8 所示为二总线制连接方式。二总线制连接方式是目前应用最多的连接方式，适用于二线制火灾探测器，其中，G 是公共地线，P 是电源、地址、信号和自诊断共用线。

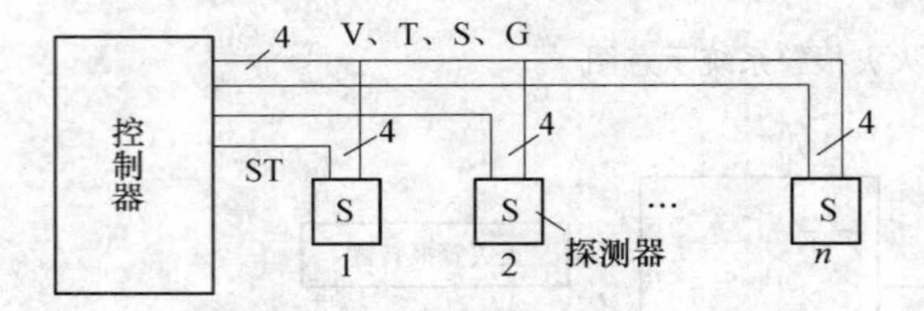

图 6-7 多线制连接方式

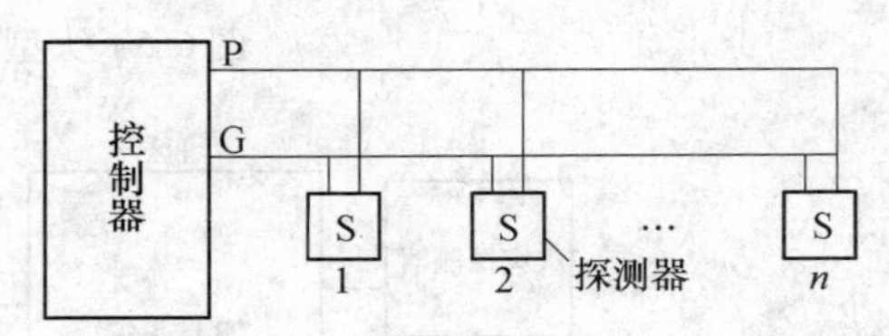

图 6-8 二总线制连接方式

图 6-9 所示为二总线制环形连接方式。系统中输出的两根总线再返回报警控制器另两个端子，形成环形。若环中的部分线路出现问题，可从闭环的另一方传输信号，不会影响其他部分火灾探测器的工作，提高了系统的可靠性。

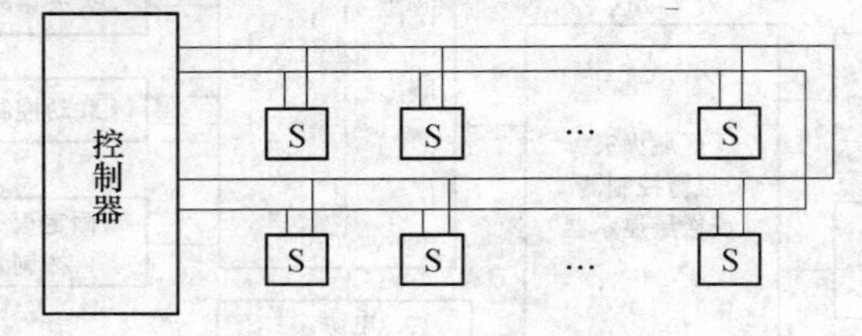

图 6-9 环形接线（二总线制）

图 6-10 所示为二总线制树枝形连接方式。总线制树枝形连接方式应用广泛，当某个接线发生断线时，能报出断线故障点，但断线点之后的火灾探测器不能工作。

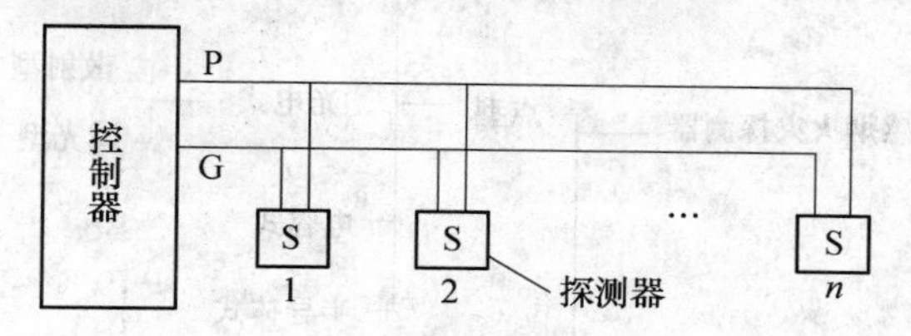

图 6-10 树枝形接线（二总线制）

图 6-11 所示为总线制链式连接方式。总线制链式连接方式系统中的电源、地址、信号和自诊断共用线 P 对各个探测器是串联的。

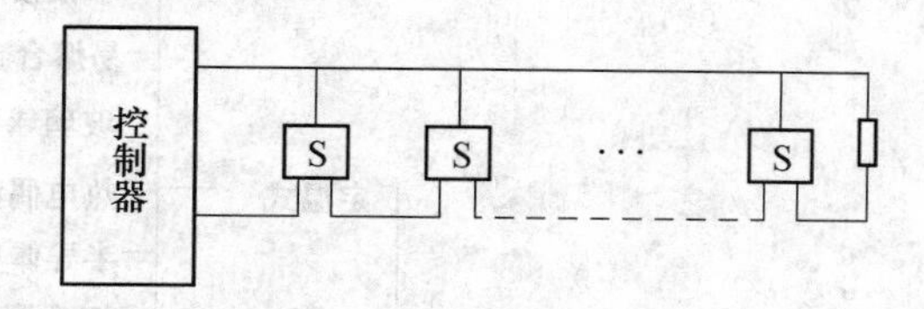

图 6-11 链式连接方式

图 6-12 所示为四总线制连接方式。四总线制连接方式适用于四线制火灾探测器，四条线分别是电源线的地址编码线共用线 P、信号线 S、自诊断线 T 和地线 G。

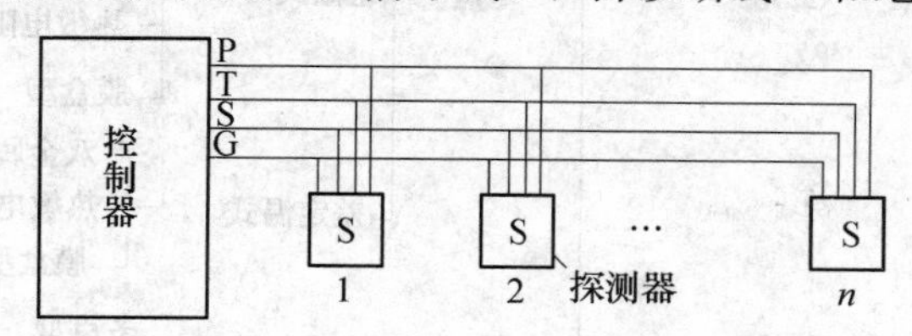

图 6-12 四总线制连接方式

6.3 火灾自动报警与灭火系统的组成

6.3.1 火灾探测器

1. 火灾探测器的分类

火灾探测器是组成各种火灾报警系统的重要器件，是系统的“感觉器官，”其作用是在火灾初起阶段，将探测到的烟雾、高温、火光及可燃性气体等参数转换为电信号，传送到火灾报警控制器进行早期报警。

火灾现场的情况千差万别，火灾探测器的种类也非常多。一般按照火灾现场的探测参数可分为感烟、感温、感光、可燃气体探测器四种基本类型及上述两个或两个以上参数的复合探测器，其中，感烟式火灾控测器应用最为广泛；按感应元件的结构可分为点型和线型火灾探测器；根据操作后是否能复位可分为可复位火灾探测器和不可复位火灾探测器。

常用的火灾探测器的分类如图 6-13 所示。

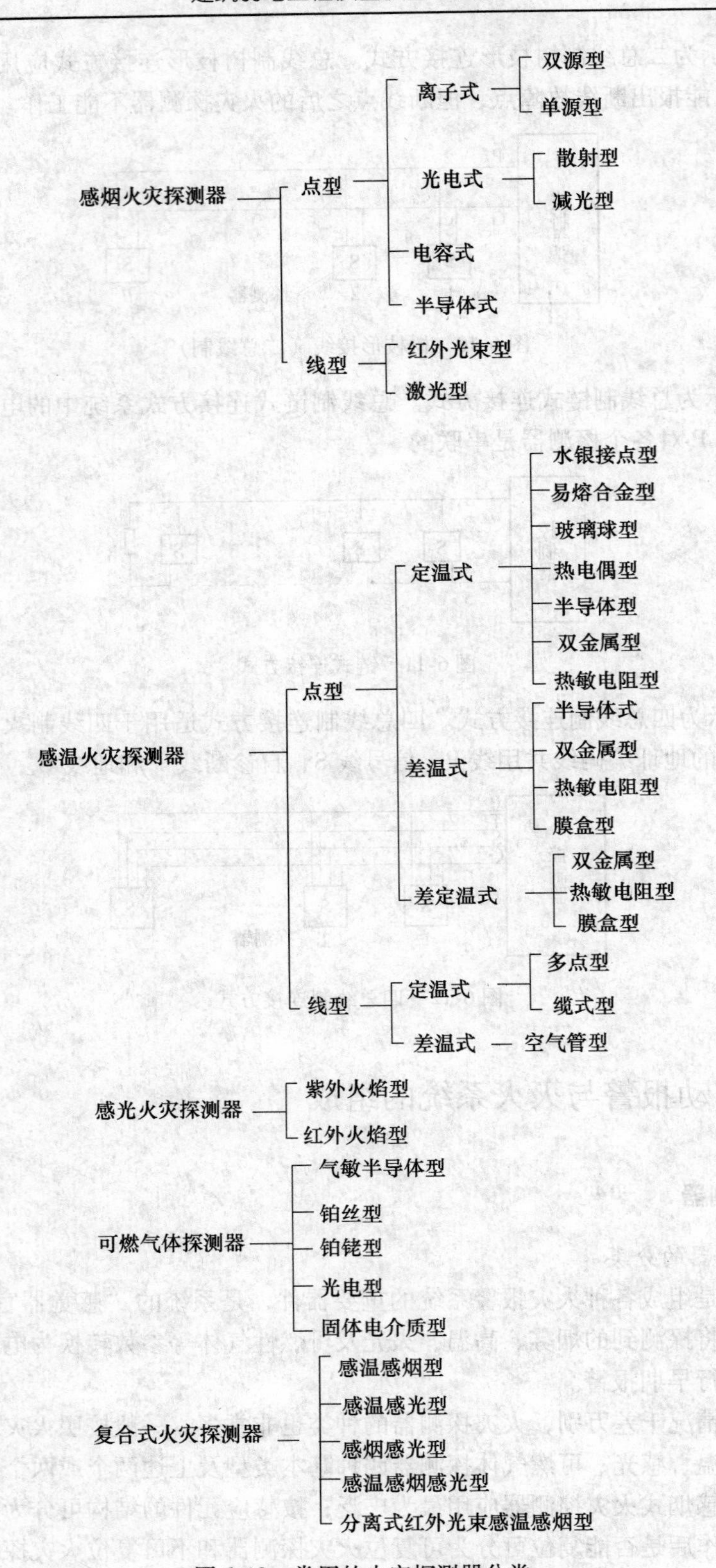

图 6-13　常用的火灾探测器分类

（1）感烟式火灾探测器

感烟式火灾探测器对警戒范围内火灾烟雾浓度的变化作出响应，是实现早期报警的主要手段，主要用于探测火灾初期和阴燃阶段的烟雾。

离子式感烟探测器能及时探测火灾初期火灾烟雾，报警功能较好。火灾初期，当燃烧产生的烟雾达到一定浓度时，探测器立即响应，输出电信号。

光电感烟探测器对光电敏感，又分为遮光式和散射光式两种，散射光式应用较为广泛。

（2）感温式火灾探测器

感温式火灾探测器对警戒范围内的异常高温或（和）升温速率作出响应，报警灵敏度低，报警时间迟，可在风速大、多灰尘、潮湿等恶劣环境中使用。

定温感烟探测器的温度敏感元件是双金属片，火灾发生，环境温度升高到规定值时，双金属片发生变形，接通电极，输出电信号。定温感烟探测器适用于温度上升缓慢的场合。

差温感烟探测器分为电子式和机械式，火灾发生时，温度升高，当温差达到规定值时，发出报警信号。与定温感烟探测器相比较，差温感烟探测器灵敏度高、可靠性高、受环境变化影响小。

（3）感光式火灾探测器

感光式火灾探测器对警戒范围内火灾火焰光谱中的紫外线或红外线作出响应，又称为火焰探测器，有红外火焰探测器的紫外火焰探测器两种。红外火焰探测器能对任何一种含碳物质燃烧时产生的火焰作出反应，对一般光源和红外辐射没有反应。紫外火焰探测器能适用于微小火焰发生的场合，灵敏度高、对火焰反应快、抗干扰能力强。

（4）可燃气体探测器

可燃气体探测器对火灾早期阶段的可燃烧气体作出响应，当其保护范围内的空气中可燃气体含量、浓度超过一定值时，发出报警信号。

（5）复合式火灾探测器

同时具有两种或两种以上探测传感功能的火灾探测器称为复合式火灾探测器。复合式火灾探测器能适用多种火灾发生的情况，能更有效地探测火情。

图6-14~图6-19所示为几种火灾探测器的结构。

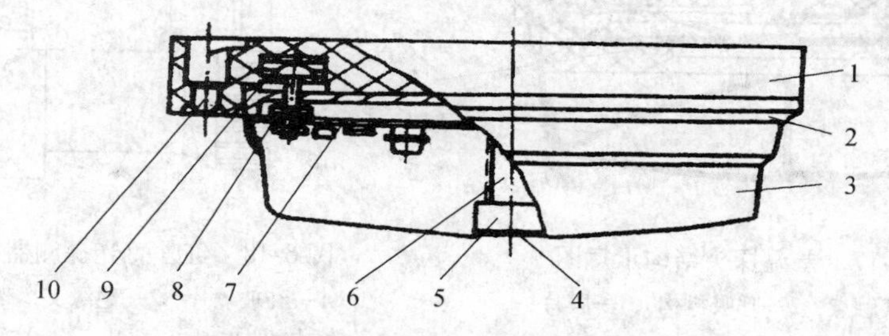

图6-14　红外火焰探测器结构示意图

1—底座；2—上盖；3—罩壳；4—红外滤光片；5—硫化铅红外光敏元件；
6—支架；7—印刷电路板；8—柱脚；9—弹性接触片；10—确认灯

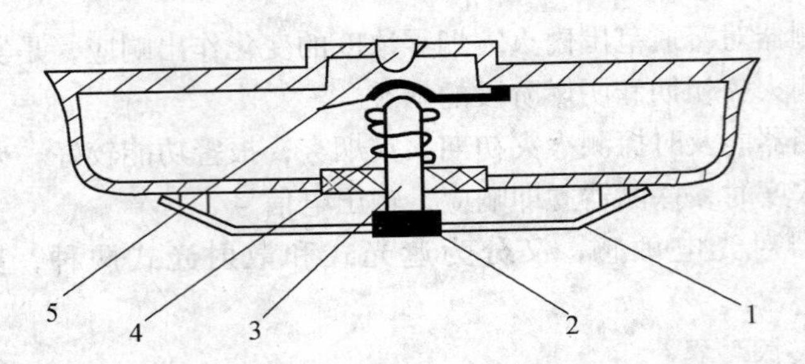

图6-15 易熔金属定温火灾探测器

1—集热片；2—易熔金属；3—顶杆；4—弹簧；5—电触点

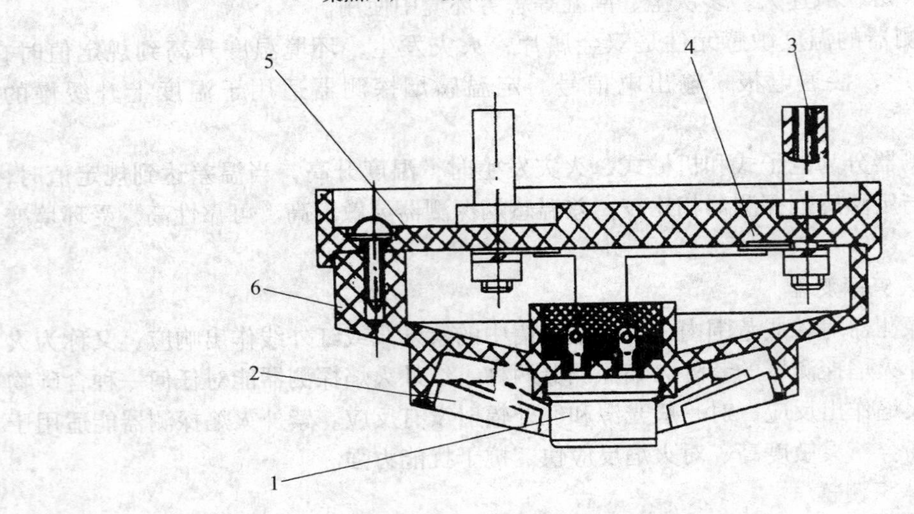

图6-16 点型定温火灾探测器示意图

1—超小型密封温度继电器；2—集热片；
3—接线柱；4—连接片；5—基座；6—支架

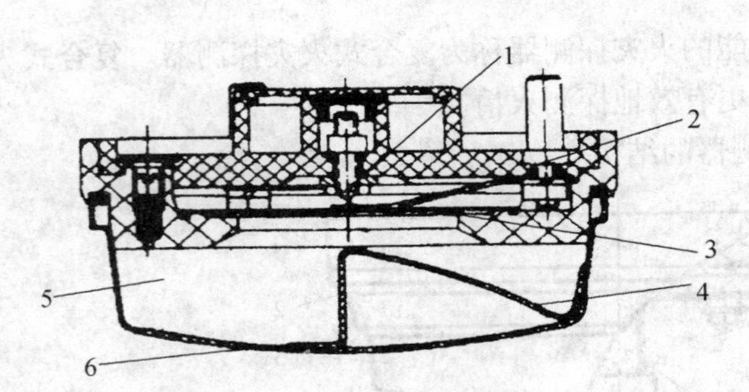

图6-17 差温探头结构示意图

1—电气触点；2—呼吸机构；3—膜片；
4—弹簧片；5—气室；6—易熔合金

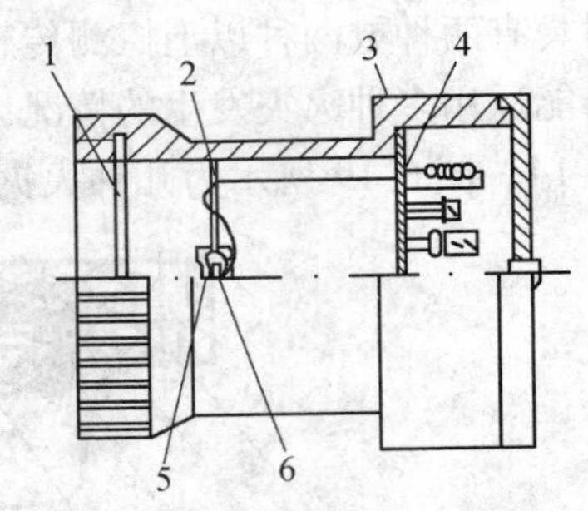

图6-18 红外感光探测器结构示意图

1—红玻璃片；2—绝缘支撑架；3—外壳；
4—印刷电路板；5—锗片；6—硫化铅红外光敏元件

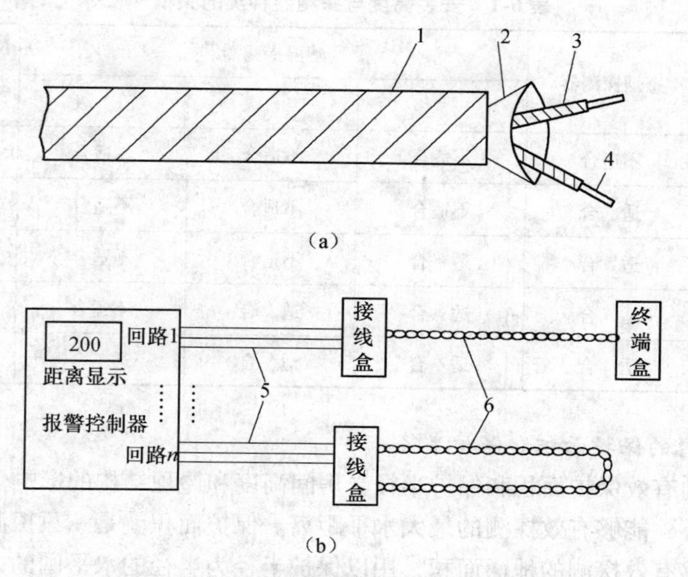

图6-19　缆式线型感温探测器结构示意图

(a) 外形示意图；(b) 接线图

1—外护套；2—包带；3—热敏绝缘材料；4—钢丝；5—传输线；6—热敏电缆

2. 火灾探测器的选择

感烟探测器适合于火灾初期产生大量烟雾、少量热量、很少或没有火焰辐射的场合。如饭店、大商场、教学楼、计算机房、宾馆、书库、楼梯间和有电气火灾危险的场所等。当监测区域相对湿度经常大于95%，气流速度大于5m/s，并有大量水雾、粉尘烟雾，会产生腐蚀性气体或醇类、醚类、酮类等有机物时，不宜采用离子感烟探测器。当监测区域会产生黑烟、蒸汽、油雾，有大量粉尘或有高频电磁干扰时，不宜采用光电感烟探测器。

感光探测器适合于火灾发展迅速，产生强烈的火焰辐射和少量的烟、热的场合。

感温探测器适用于火灾发生初期无阴燃或产生的烟气很少或有烟和蒸汽滞留的场合，如厨房、锅炉房、发电机房、吸烟室、烘干车间、汽车库等处。

在使用、生产或聚集可燃气体和可燃液体蒸汽的场合，应采用可燃气体探测器。如使用管道煤气或天然气的场所、存储液化石油气罐的场所等。

火灾发生时有强烈火焰辐射、会发生无阴燃阶段的火灾或要求对火焰作出快速反应的区域，应选用火焰探测器。

若估计到火灾发生时有大量热量产生，有大量的烟雾和火焰辐射，则应同时采用几种探测器，以对火灾现场各种参数的变化做出快速反应。

为保证探测器在保护区域内有相应的灵敏度，应对安装火灾探测器的房间高度加以限制。可按表6-1选择火灾控测器。

表 6-1 安装高度与探测器种类的关系

安装高度 H/m	感烟探测器	感温探测器			感光探测器
		一 级	二 级	三 级	
$12 < H \leqslant 20$	不适合	不适合	不适合	不适合	适 合
$8 < H \leqslant 12$	适 合	不适合	不适合	不适合	适 合
$6 < H \leqslant 8$	适 合	适 合	不适合	不适合	适 合
$4 < H \leqslant 6$	适 合	适 合	适 合	不适合	适 合
$H \leqslant 4$	适 合	适 合	适 合	适 合	适 合

3. 火灾探测器的保护面积和保护半径

火灾探测器的有效保护面积和保护半径受房间高度和屋顶结构的影响。保护半径就是以火灾探测器为圆心，能够有效探测的最大水平距离。保护面积就是一只探测器在规定时间和规定条件下，能够有效探测的地面面积，用以保护半径为半径的水平圆的内接正四边形面积来表示，如图 6-20 所示。表 6-2 所列为火灾探测器的保护面积和保护半径。

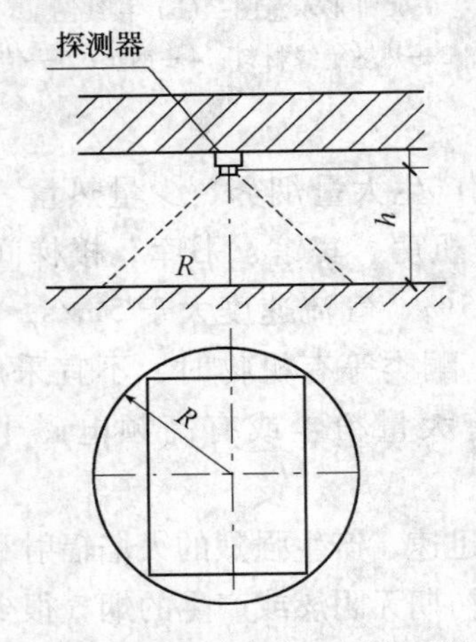

图 6-20 探测器保护半径和保护面积示意图

表 6-2 感烟、感温探测器的保护面积和保护半径

火灾探测器的种类	地面面积 S/m²	房间高度 h/m	探测器的保护面积 A 和保护半径 R					
			屋顶坡 θ					
			$\theta \leqslant 15°$		$15° < \theta \leqslant 30°$		$\theta > 30°$	
			A/m²	R/m	A/m²	R/m	A/m²	R/m
感烟探测器	$S \leqslant 80$	$h \leqslant 12$	80	6.7	80	7.2	80	8.0
	$S > 80$	$6 < h \leqslant 12$	80	6.7	100	8.0	120	9.9
		$h \leqslant 6$	60	5.8	80	7.2	100	9.0
感温探测器	$S \leqslant 30$	$h \leqslant 8$	30	4.4	30	4.9	30	5.5
	$S > 30$	$h \leqslant 8$	20	3.6	30	4.9	40	6.3

6.3.2　火灾报警控制器

1. 火灾报警控制器的作用

火灾报警控制器是建筑消防系统的核心部分，其作用是：

（1）火灾报警

接受和处理从火灾探测器传来的报警信号，确认是火灾时，立即发出声、光报警信号，并指示报警部位、时间等；经过适当的延时，启动自动灭火设备。

（2）故障报警

火灾报警控制器能对火灾探测器及系统的重要线路和器件的工作状态进行自动监测，以保障系统能安全可靠地长期连续运行。出现故障时，控制器能及时发出故障报警的声、光信号，并指示故障部位。故障报警信号能区别于火灾报警信号，以便采取不同的措施。如火灾报警信号采用红色信号灯，故障报警信号采用黄色信号灯。在有故障报警时，若接收到火灾报警信号，系统能自动切换到火灾报警状态，即火灾报警优先于故障报警。

（3）火灾报警记忆

当火灾报警控制器接收到火灾报警的故障报警信号时，能记忆报警地址与时间，为日后分析火灾事故原因时提供准确资料。火灾或事故信号消失后，记忆也不会消失。

（4）为火灾探测器提供稳定的工作电源。

2. 火灾报警控制器的类型

（1）手动火灾报警控制器

手动火灾报警控制器适合于人流较大的通道、仓库及风速、温度、湿度变化很大而自动报警控制器不适合的场合，有壁挂式和嵌入式两种。

（2）区域火灾报警控制器

区域火灾报警控制器接收火灾探测器或中继器发来的报警信号，并将其转换为声、光报警信号；为探测器提供24V直流稳压电源，向集中报警控制器输出火灾报警信号，并备有操作其他设备的输出接点。区域报警控制器上还设有记时单元，能记忆第一次报警时间；设有故障自动监测电路，有故障发生时，能发出“故障”报警信号。

区域火灾报警控制器有壁挂式、台式、柜式三种。

（3）集中火灾报警控制器

集中火灾报警控制器接收区域火灾报警控制器发来的报警信号，并将其转换成声、光信号由荧光数码管以数字形式显示火灾发生区域。火灾区域的确定由巡检单元完成。

（4）通用火灾报警控制器

通用火灾报警控制器可与探测器组成小范围的独立系统，也可作为大型集中报警区的一个区域报警控制器，适合于各种小型建筑工程。

6.3.3　联动控制设备

根据报警位置、自动喷水灭火系统以及防排烟设备的设置情况，联动控制设备应具有如下几项功能：

（1）消火栓水泵的启、停控制；工作或故障状态的显示；指示消火栓水泵启动按钮的位置。

（2）自动喷水灭火系统的控制；工作或故障状态的显示；发出报警信号的水流指示器和报警阀的位置显示。

（3）接收到火灾报警信号后，停止相关部位的空调机、送风机，关闭管道上的防火阀，接受被控制设备动作的反馈信号。

（4）启动防排烟系统，接受被控制设备动作的反馈信号。

（5）火灾确认后，关闭相关部位的电动防火门和防火卷帘门，并接受反馈信号。防火卷帘门通常采用两段控制，接到报警信号后，卷帘门先下降到距地面1.8m处，经一段延时后，再下降到底。防火卷帘门两侧应安装手动控制按钮，以便于现场控制。

（6）向电梯控制屏发出信号并强制全部的电梯降至底层，除消防电梯处于待命状态外，其余电梯停止使用；同时接受反馈信号。

（7）切断相关部位的非消防电源，接通火灾事故照明和疏散指示灯。

（8）按疏散顺序接通火灾事故广播系统，以便及时指挥和组织人员疏散。

主要消防控制设备有手动报警器，水流指示器，声、光报警器和消防通信系统等。

图6-21所示为火灾自动报警及消防联动控制系统相互联系示意图。

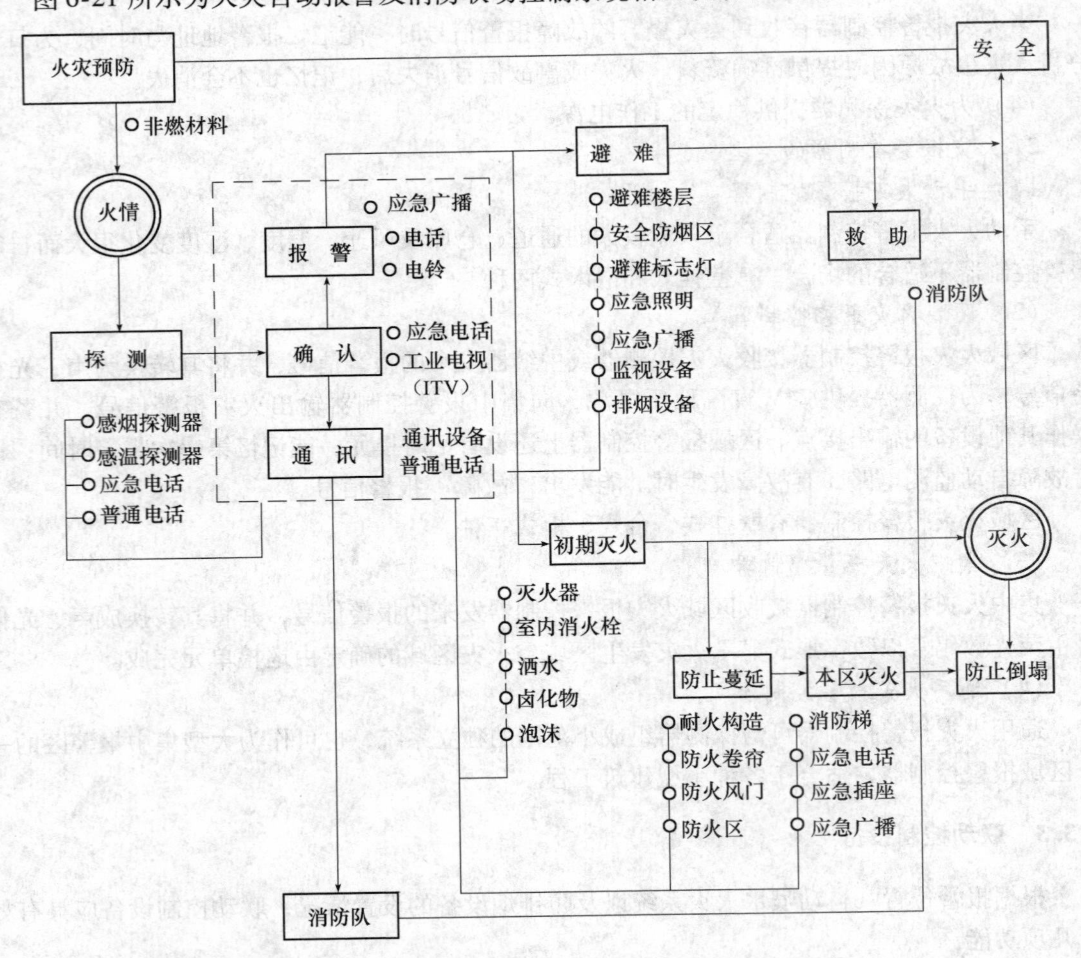

图6-21　火灾自动报警及消防联动控制系统相互联系示意图

6.3.4　其他器件

（1）短路隔离器

短路隔离器用于二总线制火灾报警控制器的输入总线回路中，安装在每一个分支回路的前端。用于当某处有短路故障发生时，使该部分回路与总线隔离，保证总线回路其他部分能正常工作。

（2）底座与编码底座

底座与感烟、感温探测器配套使用。

在二总线制火灾报警系统中，一般由地址编码器为探测器确定地址。地址编码器有的设在探测器内，有的设在底座上，设有地址编码器的底座称为编码底座。

（3）输入模块

输入模块是二总线制火灾报警系统中开关量探测器或触点类装置与输入总线连接的专用器件，其主要作用和编码底座相似，与火灾报警控制器之间完成地址编码及状态信息的通信。输入模块需报警控制器为它供电。

（4）输出模块

输出模块是总线制可编程联动控制器的执行器件，与输出总线相联，控制外控消防设备的工作状态。

（5）继电器盒

继电器盒是多线制联动控制器的配套执行器件。盒中设有“启动”、“停止”控制继电器各一只，用于控制消防联动设备的工作状态。另设有“运行”、“停机”反馈信号控制继电器各一只，将消防联动设备执行的反馈信号送回控制主机，使主机面板上的“运行”、“停机”信号灯点亮。

（6）延时控制器

延时控制器与联动控制器配套使用，用于外控设备的控制，与输出总线相连。

6.4　火灾自动报警与灭火系统读图识图

1. 工程概况

某综合楼，建筑总面积7000m^2，总高度30m；地下1层、地上8层。图6-22为该工程系统图，图6-23～图6-26所示分别为地下层和1～3层施工平面图，其余各层在此不再给出。

有关设计说明如下。

（1）保护等级：本建筑火灾自动报警系统保护对象为二级。

（2）消防控制室与广播音响控制室合用，位于一层，并有直通室外的门。

（3）设备选择设置：地下层的汽车库、泵房和顶楼冷冻机房选用感温探测器，其他场所选用感烟探测器。

（4）联动控制要求：消防泵、喷淋泵和消防电梯为多线联动，其余设备为总线联动。

（5）火灾应急广播与消防电话：火灾应急广播与背景音乐系统共用，火灾时强迫切换至消防广播状态，平面图中竖井内1825模块即为扬声器切换模块。

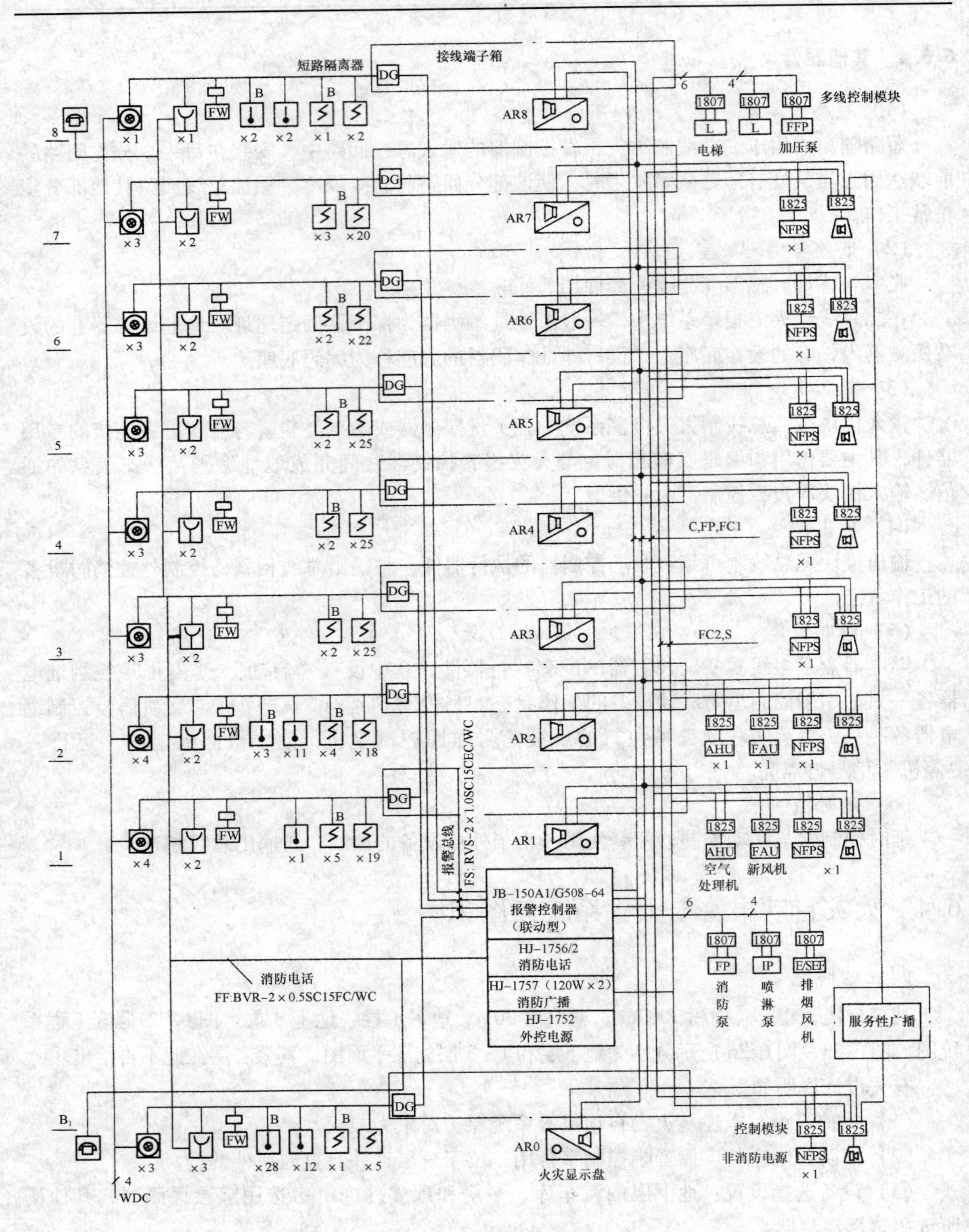

图 6-22　工程系统图

WDC—去直接启动泵；FC1—联动控制总线 BV-2×1.0SC15WC/FC/CEC；

C—RS-485 通信总线 RVS-2×1.0SC15WC/FC/CEC；FC2—多线联动控制线 BV-1.5SC20WC/FC/CEC；

FP—24VDC 主机电源总线 BV-2×4SC15WC/FC/CEC；S—消防广播线 BV-2×1.5SC15WC/CEC

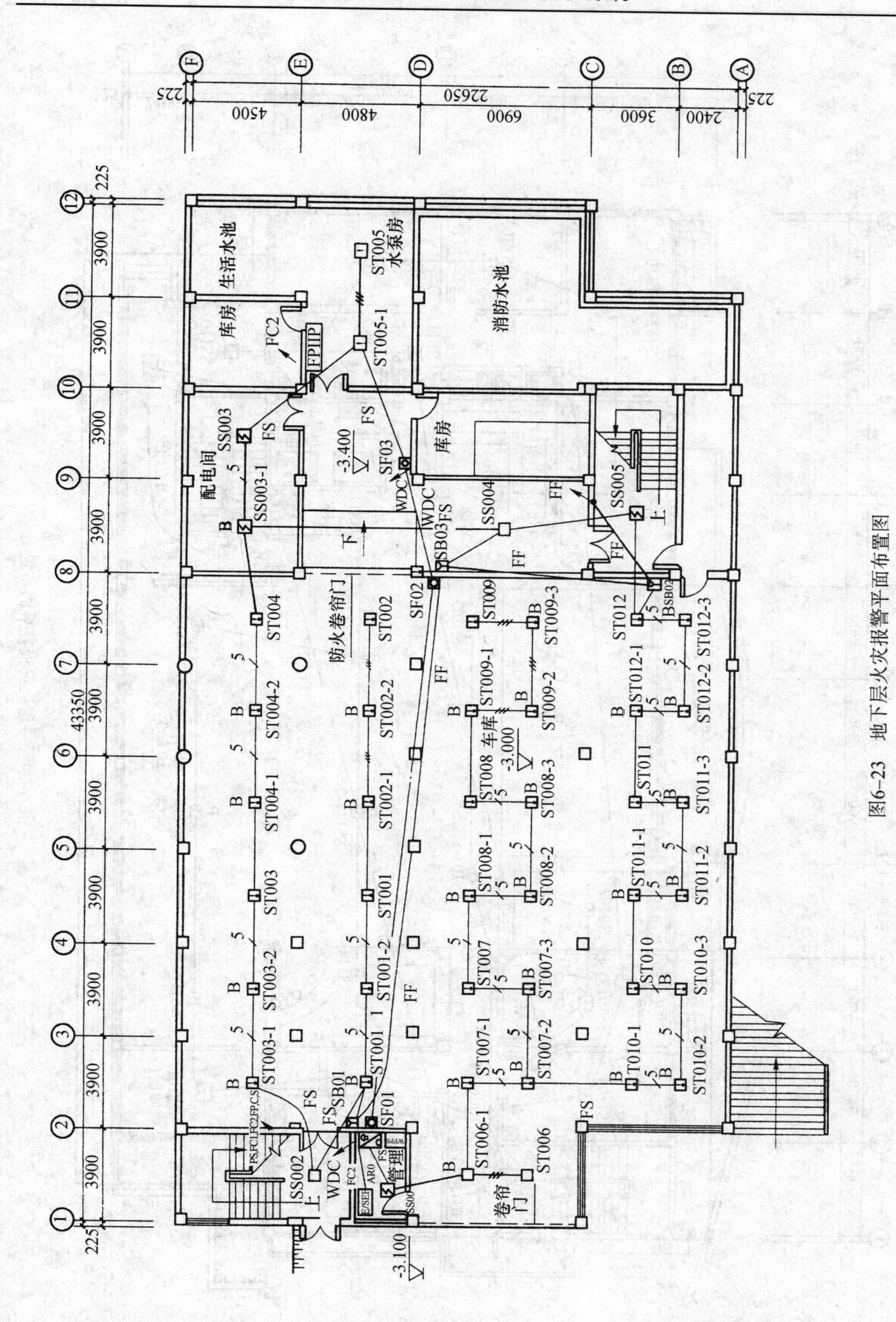

图6-23　地下层火灾报警平面布置图

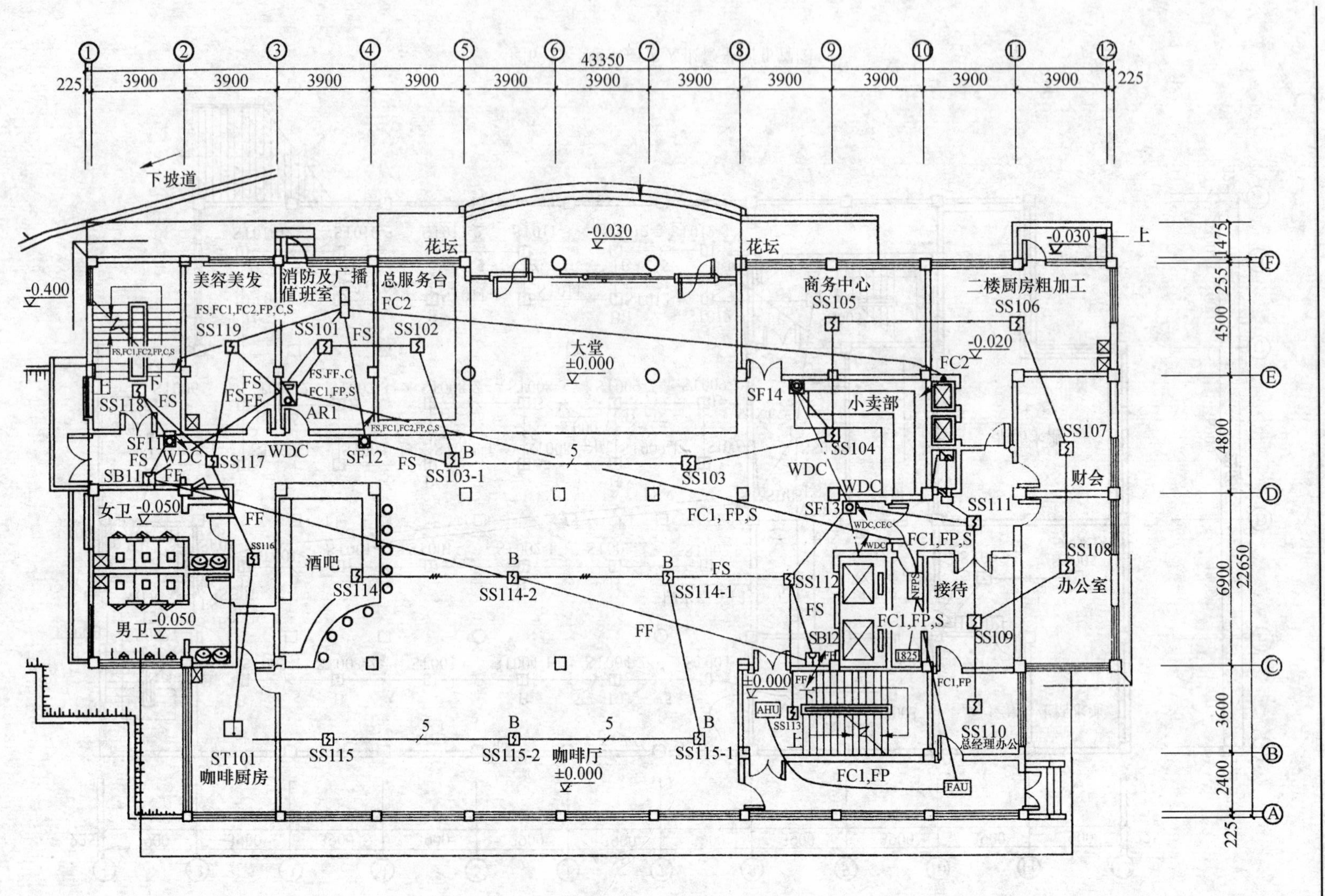

图6-24　一层火灾报警平面布置图

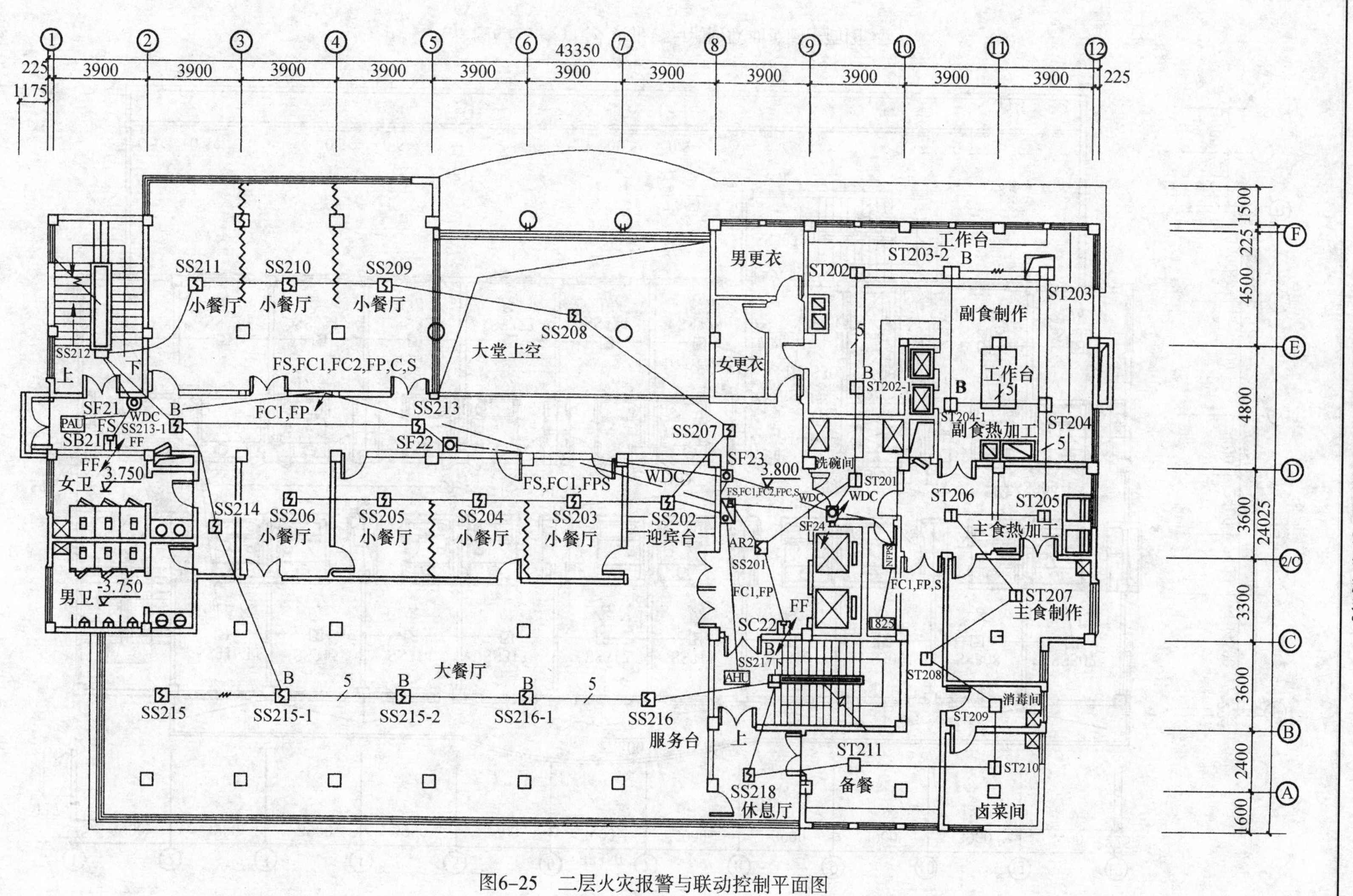

图6-25　二层火灾报警与联动控制平面图

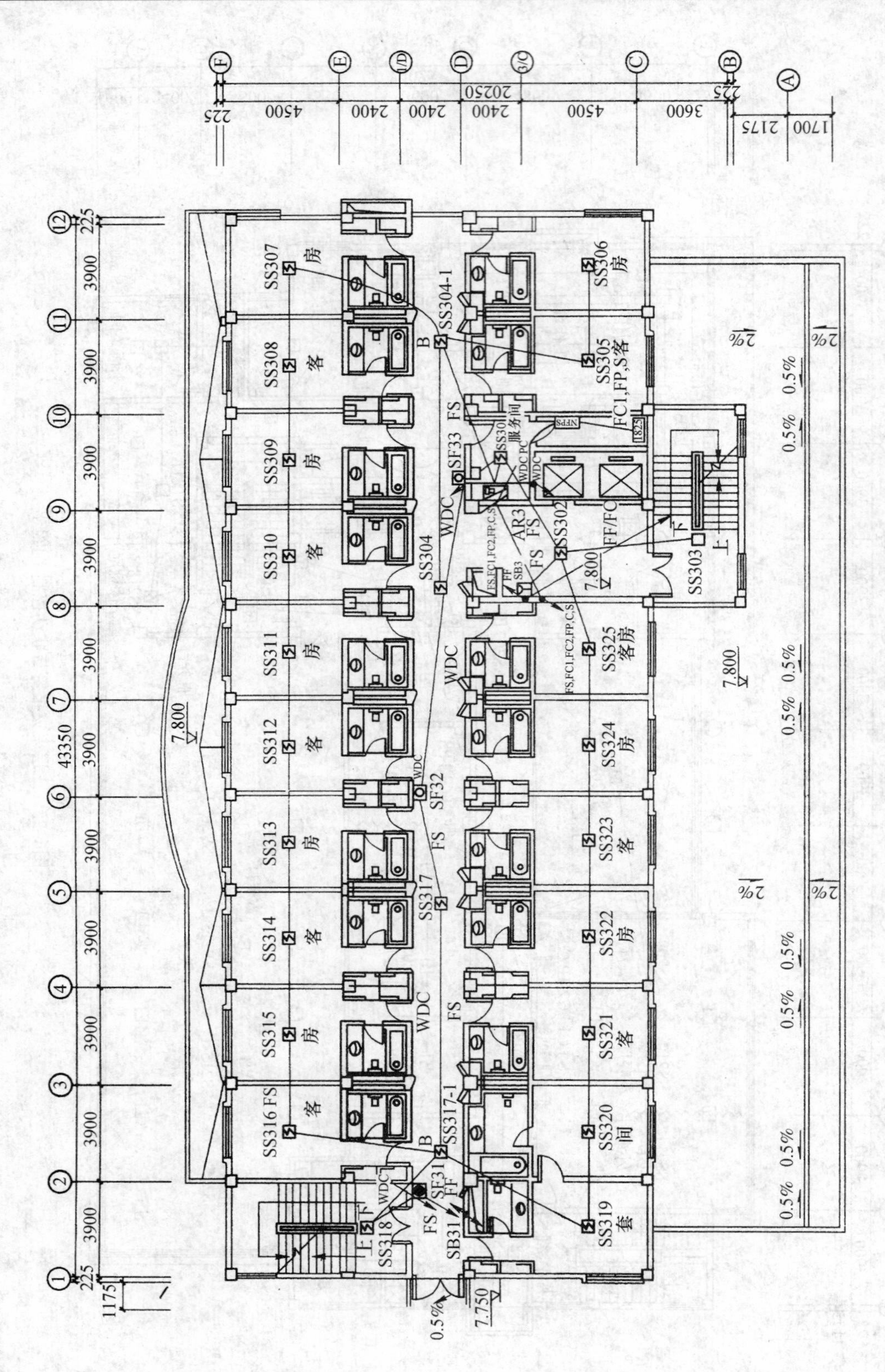

图6-26 三层火灾报警与消防联动控制平面图

消防控制室设消防专用电话，消防泵房、配电室、电梯机房设固定消防对讲电话，手动报警按钮带电话塞孔。

（6）设备安装：火灾报警控制器为柜式结构。火灾显示盘底边距地1.5m挂墙安装，探测器吸顶安装，消防电话和手动报警按钮中心距地1.4m暗装，消火栓按钮设置在消火栓箱内，控制模块安装在被控设备控制柜内或与其上边平行的近旁。火灾应急扬声器与背景音乐系统共用，火灾时强切。

（7）线路选择与敷设：消防用电设备的供电线路采用阻燃电线电缆沿阻燃桥架敷设，火灾自动报警系统与线路，联动控制线路、通信线路和应急照明线路为BV线穿钢管沿墙、地和楼板暗敷。

2. 系统图的识读

由图6-22可知，一层装设有报警控制器（联动型）JB-150Al/G508-64、消防电话HJ-1756/2、消防广播HJ-1757（120W×2）和外控电源HJ-1752；每层安装一个接线端子箱，接线端子箱中装有短路隔离器DG；每层安装一个火灾显示盘AR。

（1）报警总线FS

报警控制器引出四条报警总线FS。线路标注：RVS-2×1.0SC15CEC/WC，铜芯双绞塑料连接软线，每根线芯截面1.0mm^2，穿管径15mm钢管，沿顶棚、沿墙暗敷设。

第一条报警总线引至地下一层，有感烟探测器（母座）5个、感烟探测器（子座）1个、感温探测器（母座）12个、感温探测器（子座）28个、水流指示器、手动报警按钮3个、消火栓箱报警按钮3个。同时，手动报警按钮与消防电话线路相连接，消火栓箱报警按钮又引出4条连接线WDC，去直接启动泵。图中的火灾探测器标有B的为子座，没有标B的为母座，母座和子座使用同一个地址码，其他各层与此相同。

第二条报警总线引至一～三层。一层有感烟探测器（母座）19个、感烟探测器（子座）5个、感温探测器1个、水流指示器、手动报警按钮2个、消火栓箱报警按钮4个；二层有感烟探测器（母座）18个、感烟探测器（子座）4个、感温探测器（母座）11个、感温探测器（子座）3个、水流指示器、手动报警按钮2个、消火栓箱报警按钮4个；三层有感烟探测器（母座）25个、感烟探测器（子座）2个、水流指示器、手动报警按钮2个、消火栓箱报警按钮3个。

第三条报警总线引至四～六层。

第四条报警总线引至七、八层。

（2）消防电话FF：BVR-2×0.5SC15FC/WC

消防电话线路使用铜芯塑料软线，穿钢管，沿地面（板）、沿墙暗敷设，引至地下一层的火灾报警电话，还与各层手动报警按钮相连。

（3）C：RS-485通信总线RVS-2×1.0SC15WC/FC/CEC

通信总线使用铜芯双绞塑料连接软线，沿墙、地面（板）、顶棚暗敷设，连接各层火灾显示盘AR。

（4）FP：24VDC主机电源总线BV-2×4SC15WC/FC/CEC

主机电源使用铜芯塑料绝缘导线，连接各层火灾显示盘AR和控制模块1825所控制的各联动设备。

(5) FC1：联动控制总线 BV-2×1.0SC15WC/FC/CEC

联动控制总连接控制模块 1825 所控制的各联动设备。

(6) FC2：多线联动控制总线 BV-1.5SC20WC/FC/CEC

多线联动控制总线连接控制模块 1807 所控制的消防泵、喷淋泵、排烟风机和设置于八层的电梯、加压泵等。

(7) S：消防广播线 BV-2×1.5SC15WC/CEC

消防广播线连接各层警报发声器。广播还有服务广播，与消防广播的扬声器合用。

3. 平面图的识读

图 6-24 为一层火灾报警平面图。

因报警控制器装设于一层，所以，平面图从一层看起。

报警控制器放置于消防及广播值班室内，共引出四条线路。

(1) 引向②轴线，有 FS、FC1、FC2、FP、C、S 等 6 条线路，再引向地下一层。

(2) 引向③轴线，再进入本层接线端子箱（火灾显示盘 AR1）。

1) FS 引向②、③轴线之间的感烟火灾探测器 SS119。

2) FS 引向③、④轴线之间的感烟火灾探测器 SS101。

①、②线路上有一层的 19 个感烟火灾探测器（母座）SS101～SS119；5 个感烟火灾探测器（子座）SS115-1、SS115-2、SS114-1、SS114-2、SS103-1；1 个感温火灾探测器 ST101，最后合成一个环线。其中 SS114、SS114-1、SS114-2 之间配 3 根线是因为线座与子座之间的连接增加，SS115、SS115-2、SS115-1 之间配 5 根线的原因也是如此。为减少配线路径，线路中也设有几条分支，如 SS110、SS113、SS118 等。图中 SS 为感烟探测器的文字符号标注，ST 为感温探测器的文字符号标注。

3) FF 引向②轴线与Ⓓ轴线相交处的手动报警按钮 SB11，并在此向上引线至 SB21；又引向⑨轴线和Ⓒ轴线相交处的 SB12，并在此处分别向上至 SB22 和向下引线至⑧轴线处的 SB01。

4) 引向⑩轴线处的 NFPS，有 FC1、FP、S 等线路。NFPS 接 FP 和 FC1，又连接到⑩轴线处的新风机 FAU 和⑧轴线处、楼梯间中的空气处理机 AHU；控制模块 1825 接 FC1、FP、S，又连接扬声器。

一层的 4 个消火栓箱报警按钮 SF11 装设于②轴线与Ⓔ轴线相交处，并连接 SS118、SB11、WDC（向下引）、SF12；SF12 装设于④轴线与Ⓔ轴线相交处，连接 SS103-1 和报警控制器；SF13 装设于Ⓓ轴线与⑨轴线相交处，连接 SS111、SS112、WDC（向下引）、WDC 引至 SF14、WDC 引至电梯间墙再向上引；SF14 装设于⑧、⑨轴线之间的Ⓔ轴线处，连接 SS104。

(3) 引向④轴线，再向上引线，有 FS、FC1、FC2、FP、C、S 等 6 条线路。

(4) 引向⑩轴线，为 FC2，再向下引线。

6.5 火灾自动报警与灭火系统安装

火灾自动报警系统是涉及火灾监控各个方面的一个综合性的消防技术体系，其安装施工是一项专业性很强的工作，必须经过公安消防部门的批准，并由具有许可证的安装单位承担，设计和施工必须严格按照国家有关现行规范执行。

6.5.1　系统的布线

火灾自动报警与灭火系统中的线路包括：消防设备的电源线路、控制线路、报警线路和通讯线路等。线路的合理选择、布置与敷设是消防系统正常工作的重要保证。

消防控制、通讯和报警线路均应采用铜芯绝缘导线或电缆，耐压不得低于交流250V，采用金属保护管暗敷设在非燃烧体结构内，保护层厚度不小于30mm。必须明敷设时，应在金属管上采取防火保护措施。图6-27所示为建筑消防系统配线要求示意图。

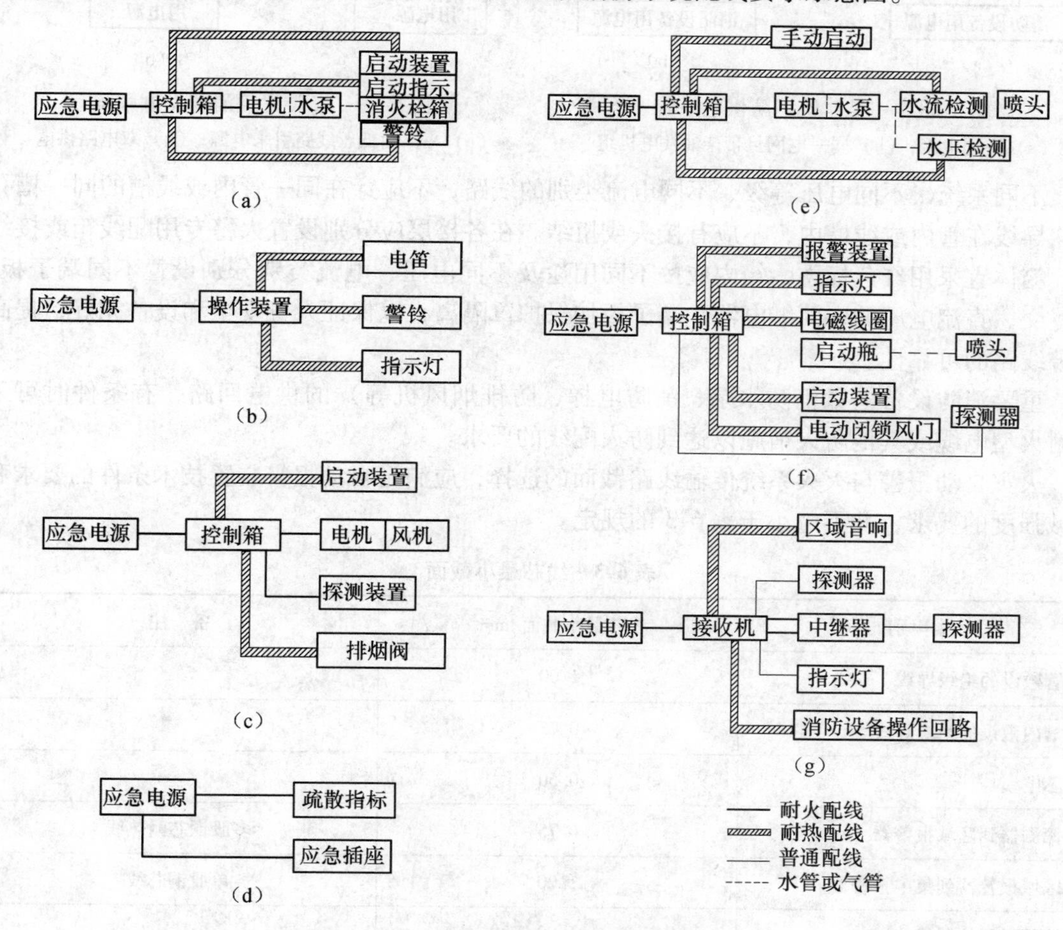

图6-27　建筑消防系统配线要求示意图

(a) 消火栓灭火系统；(b) 声、光报警装置；(c) 防排烟系统；(d) 疏散诱导及应急插座装置；(e) 自动水喷淋灭火系统；(f) 自动气体喷洒灭火系统；(g) 火灾自动报警系统

消防设备的电源线路以允许载流量和电损失为主选择导线电缆的截面。报警线路中的工作电流较小，在满足负载电流的情况下，一般以机械强度要求为主选择导线或电缆截面。

消防用电设备必须采用单独回路，电源直接取自配电室的母线，当切断工作电源时，消防电源不受影响，仍能正常工作，保证火灾扑救工作的正常进行。

图 6-28 所示为一类建筑消防供电系统。图 6-29 所示为二类建筑消防供电系统。

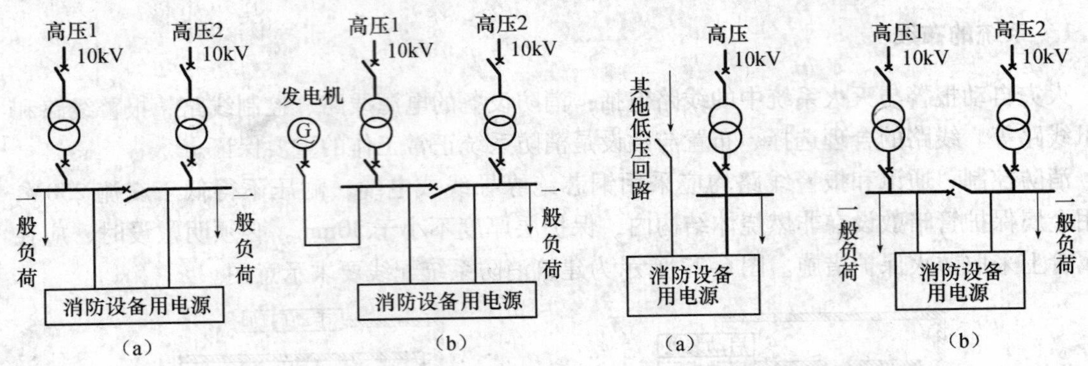

图 6-28　一类建筑消防供电系统

(a) 不同电网；(b) 同一电网且带柴油发电机组

图 6-29　二类建筑消防供电系统

(a) 一路由低压线路引来电源；(b) 双电路供电

不同系统、不同电压等级、不同电流类别的线路，不应穿在同一管内或线槽的同一槽孔内。导线在管内或线槽内，不应有接头或扭结。在各楼层应分别设置火警专用配线箱或接线箱，箱体宜采用红色标志，箱内应按不同用途及不同电压、电流类别分别设置不同端子板，并将交、直流电压的中间继电器、端子板加保护罩隔离，以保证人身安全和设备完好，提高火警线路的可靠性。

重要消防设备（如消防水泵、消防电梯、防排烟风机等）的供电回路，有条件时可采用耐火型电缆或其他防火措施以达到防火配线的要求。

火灾自动报警与灭火系统传输线路截面的选择，应满足自动报警装置技术条件的要求和机械强度的要求，并不应小于表 6-3 的规定。

表 6-3　线芯最小截面

类　别	线芯最小截面/mm^2	备　注
穿管敷设的绝缘导线	1.00	
线槽内敷设的绝缘导线	0.75	
多芯电缆	0.50	
由探测器到区域报警器	0.75	多股铜芯耐热线
由区域报警器到集中报警器	1.00	单股铜芯线
水流指示器控制线	1.00	
湿式报警阀及信号阀	1.00	
排烟防火电源线	1.50	控制线 >1.00mm^2
电动卷帘门电源线	2.50	控制线 >1.50mm^2
消火栓箱控制按钮线	1.50	

6.5.2　火灾探测器的安装

火灾探测器在室内的布置应考虑建筑物的消防要求，探测器的保护面积，保护半径，系统性能和经济效益等因素。保护区域的每个房间至少应安装一只探测器。

火灾探测器的安装间距，应根据其保护面积和保护半径确定，并不超过一定的范围。图6-30所示为点型火灾探测器的安装方式。

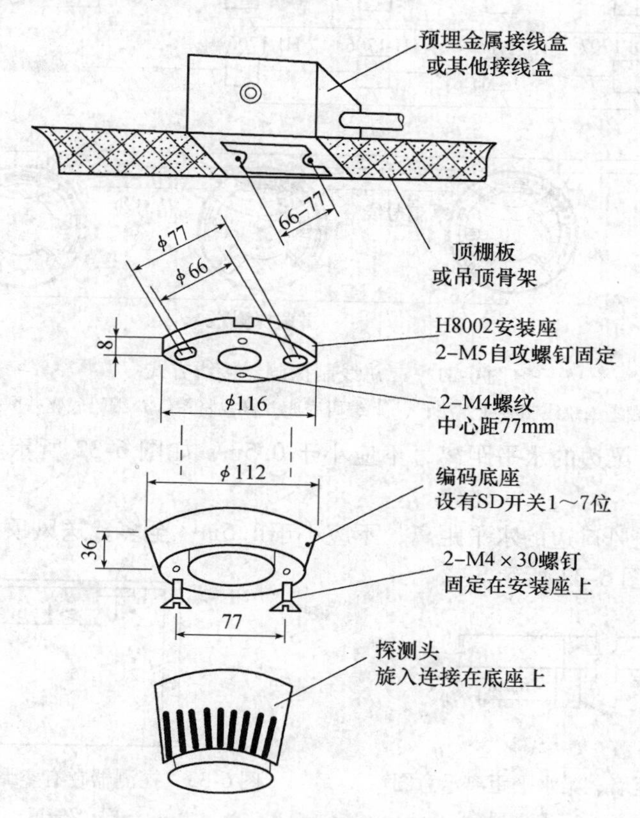

图6-30　点型火灾探测器安装示意图

图6-31所示为二总线制火灾探测器接线方式。其中，图6-31（a）为都使用底座编码的连接方式，图中进线端子和出线端子在底座内部是连在一起的，有些底座上只有两个接线端子，线路的进出线都接在同一个接线端子上；图6-31（b）为母座带子座的连接方式，母座带子座时，可串接在线路中，也可设在线路终端，但必须是子座在前，母座在后，若有多个子座时，母座应是最后一个，一个编码底座可以分出多个回路；图6-31（c）为母座带子座的实际接线。

若屋内天棚上有突出天棚的梁时，应考虑到它对报警准确性的影响。对高度小于200mm的梁，不考虑它对火灾探测器保护面积的影响；梁高在200~600mm时，应按规定图表确定其安装位置；梁突出顶棚的高度大于600mm时，被梁隔断的每个梁间区域应至少装设一只探测器。

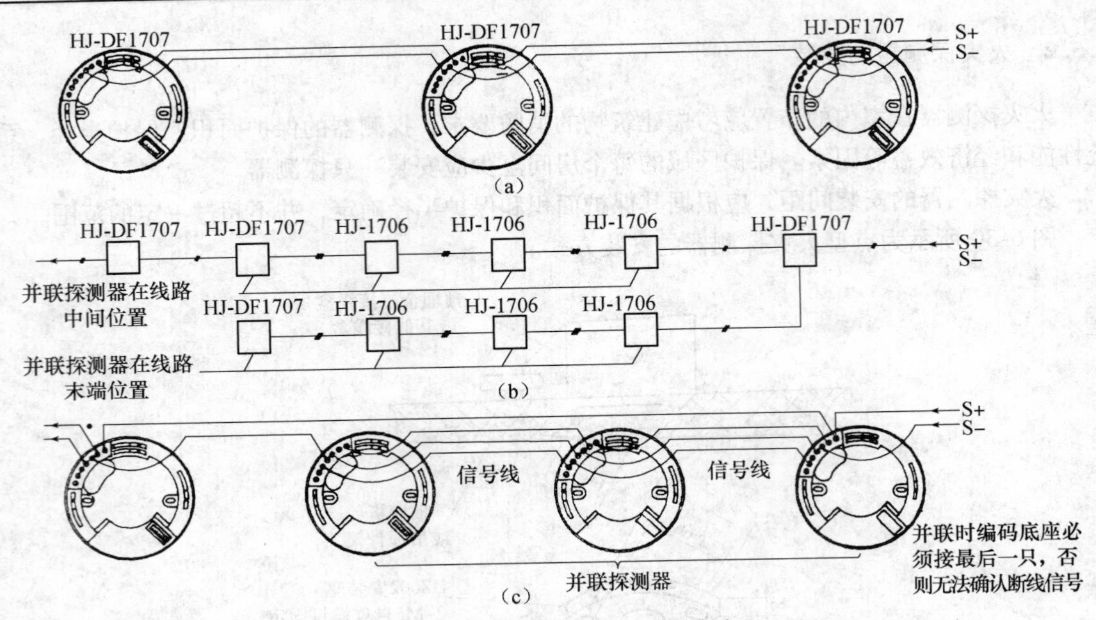

图 6-31　二总线制探测器接线方式

(a) 编码底座二总线制接线方法；(b) 编码底座并联线路；(c) 编码底座并联接线方法

探测器至墙壁、梁边的水平距离，不应小于 0.5m，如图 6-32 所示。探测器周围 0.5m 内，不应有遮挡物。

探测器至空调送风口边的水平距离，不应小于 1.5m；至多孔送风顶棚孔口的水平距离，不应小于 0.5m，如图 6-33 所示。

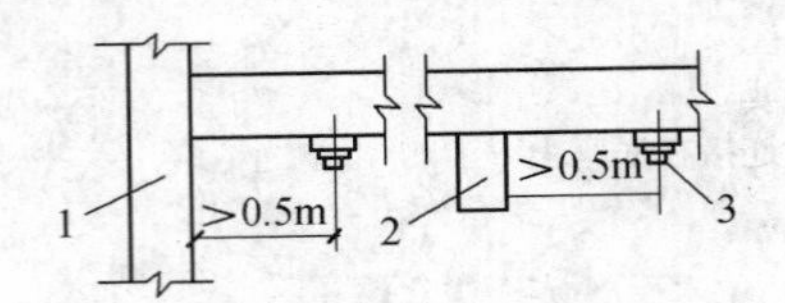

图 6-32　探测器至墙、梁水平距离示意图

1—墙；2—梁；3—探测器

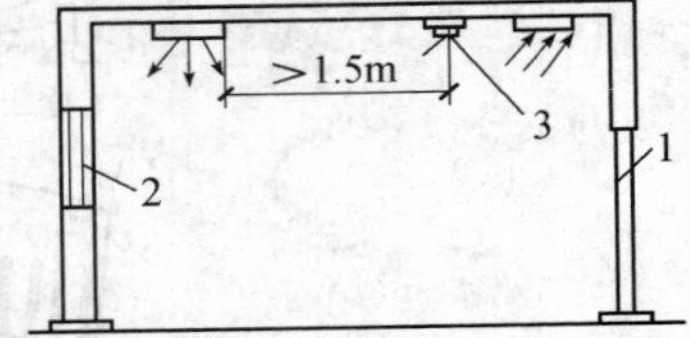

图 6-33　探测器在有空调的室内设置示意图

1—门；2—窗；3—探测器

在宽度小于 3m 的内走道顶棚上设置探测器时，宜居中布置。感温探测器的安装间距，不应超过 10m；感烟探测器的安装间距，不应超过 15m。探测器距端墙的距离，不应大于探测器安装间距的一半，如图 6-34 所示。

房间被分隔时，如其顶部至顶棚或梁的距离小于房间净高的 5%，则每个被隔开的部分应至少安装一只探测器，如图 6-35 所示。

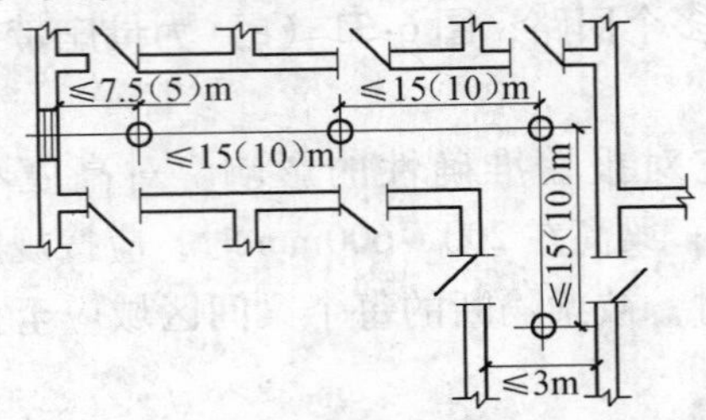

图 6-34　探测器在宽度小于 3m 的走道内设置图

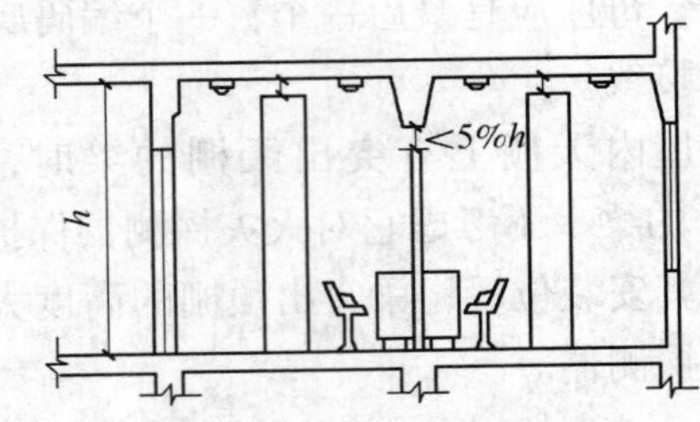

图 6-35　房间被分隔时探测器设置示意图

安装探测器时先安装探测器的底座，并用自带的塑料保护罩保护，探头在即将调试时方可安装。

探测器宜水平安装，若必须倾斜安装时，其安装倾斜角不大于45°，否则应加装平台安装探测器。安装倾斜角（α）是指探测器安装面的法线与房间垂直线之间的夹角，其数值应等于屋顶坡度（θ）。

探测器的底座应固定牢靠，其导线连接必须可靠压接或焊接。

探测器的“+”线应为红色，“－”线应为蓝色，其余线应根据不同用途采用其他颜色区分。同一工程中相同用途的导线颜色应一致。

探测器底座的外接导线应留有不小于150mm的余量。

图6-36～图6-37所示为探测器在各种屋顶上的安装位置。

图6-38～图6-42所示为几种探测器的安装方法。

图6-43所示为有煤气灶房间内探测器的安装位置。

图6-44所示为可燃气体比空气轻时安装位置示意。

图6-45所示为可燃气体比空气重时安装位置示意。

图6-46所示为探测器在活动地板下安装方法。

图6-47所示为探测器倾斜安装方法。

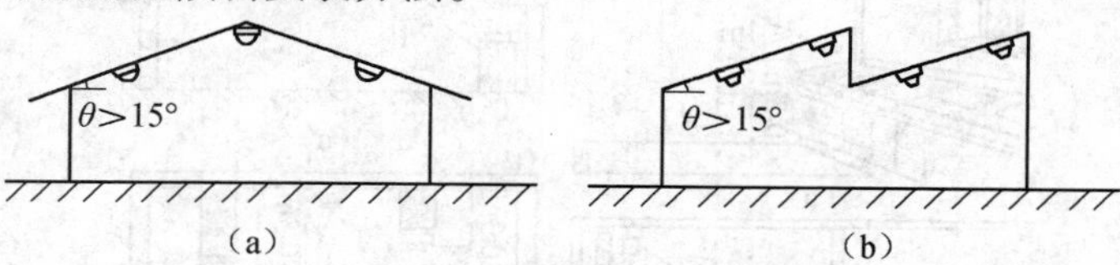

图6-36　锯齿形、人字形屋顶探测器安装示意图

（a）人字形屋顶探测器安装；（b）锯齿形屋顶探测器安装

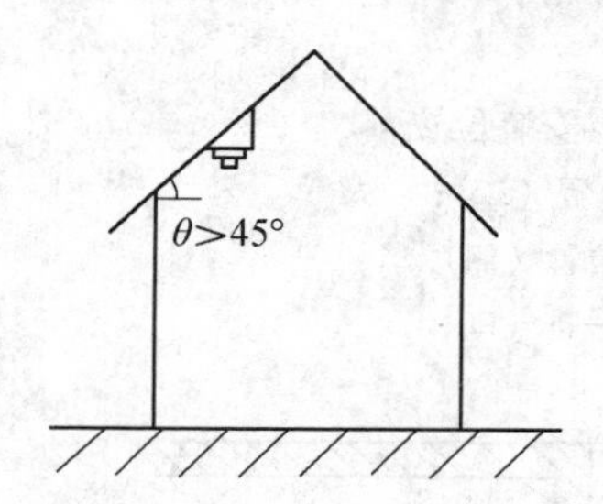

图6-37　坡度大于45°的屋顶上探测器安装

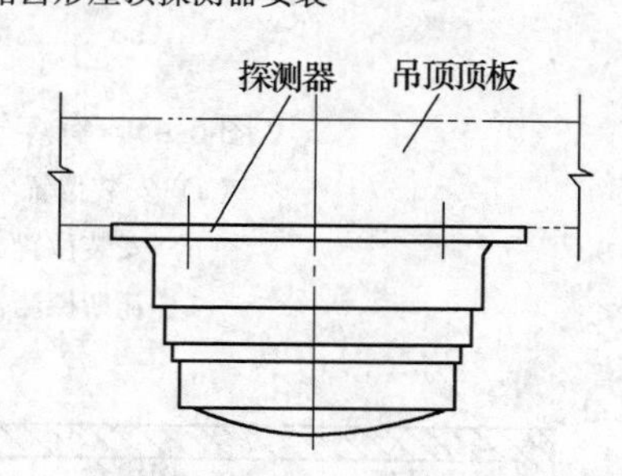

图6-38　探测器在吊顶顶板上安装

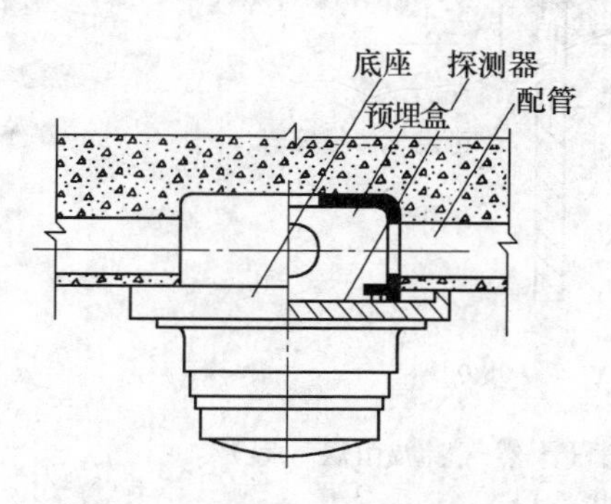

图6-39　探测器用预埋盒安装

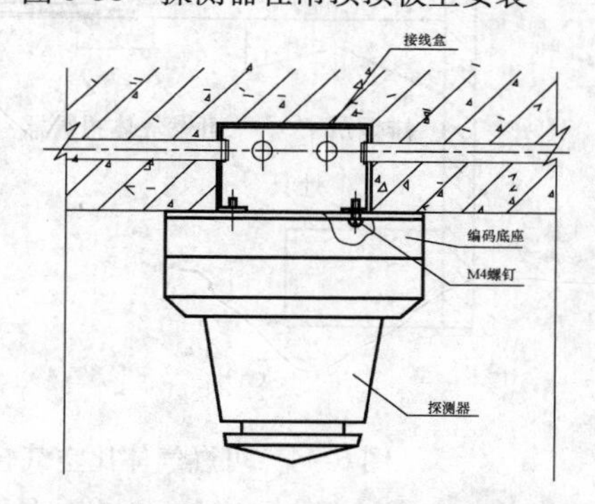

图6-40　探测器在混凝土板上安装方法

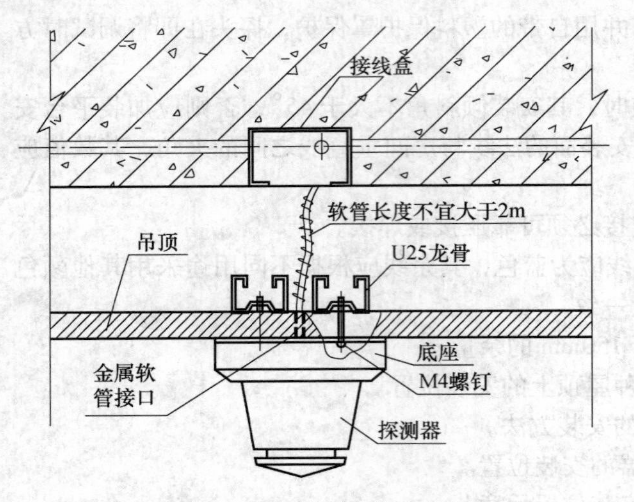

图 6-41　探测器在吊顶上安装方法（一）

图 6-42　探测器在吊顶上安装方法（二）

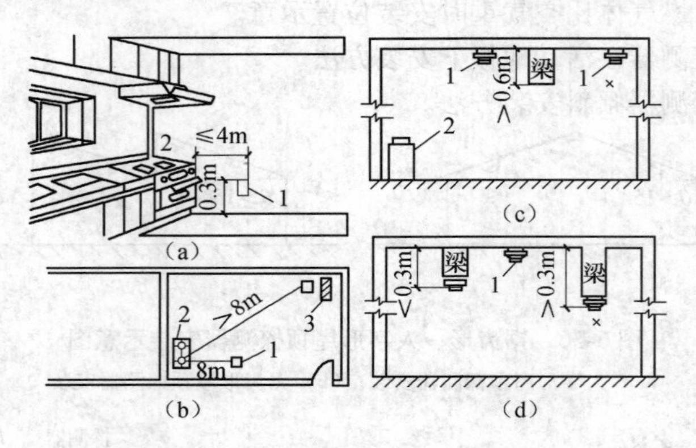

图 6-43　有煤气灶房间内探测器安装位置

（a）安装位置（一）；（b）安装位置（二）；

（c）安装位置（三）；（d）安装位置（四）

1—瓦斯探测器；2—煤气灶；3—排气口

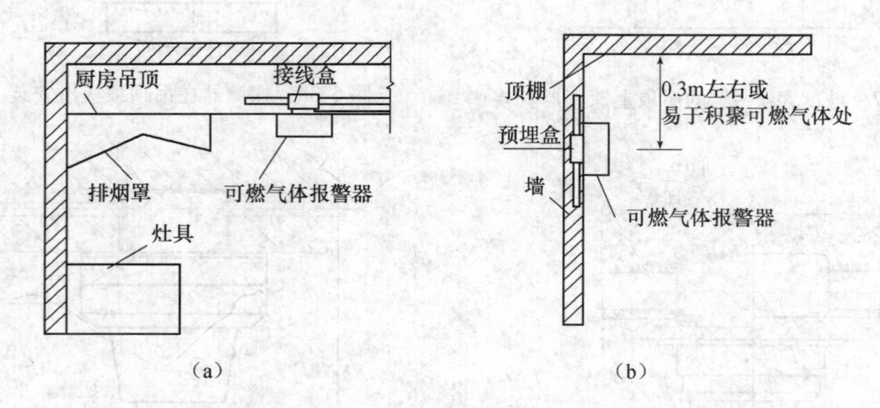

图 6-44　可燃气体比空气轻时安装示意图（天然气、城市煤气等）

（a）顶装方法；（b）壁装方法

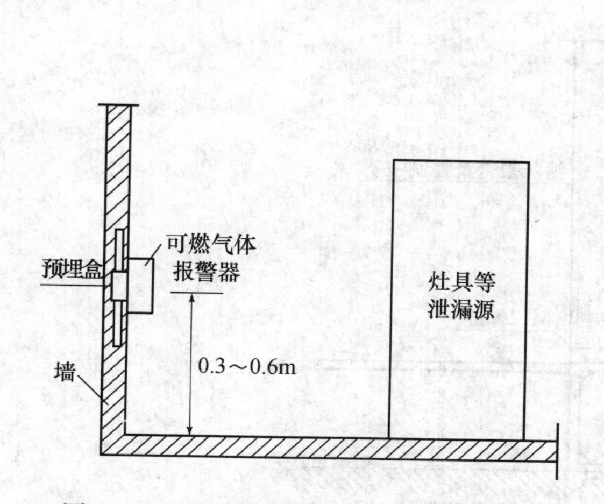

图6-45　可燃气体比空气重时安装示意图
（液化石油气等）

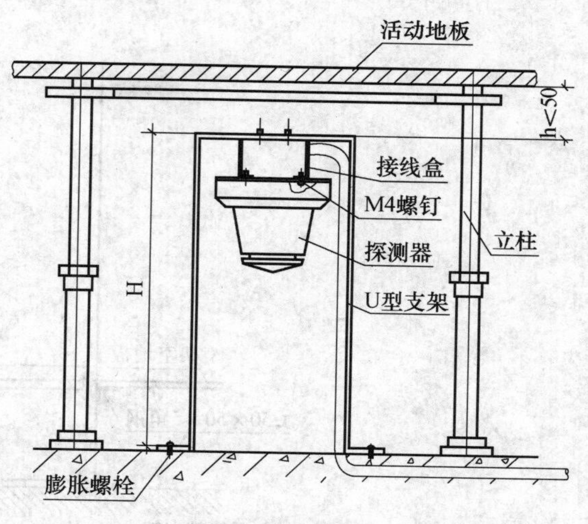

图6-46　探测器在活动地板下安装方法

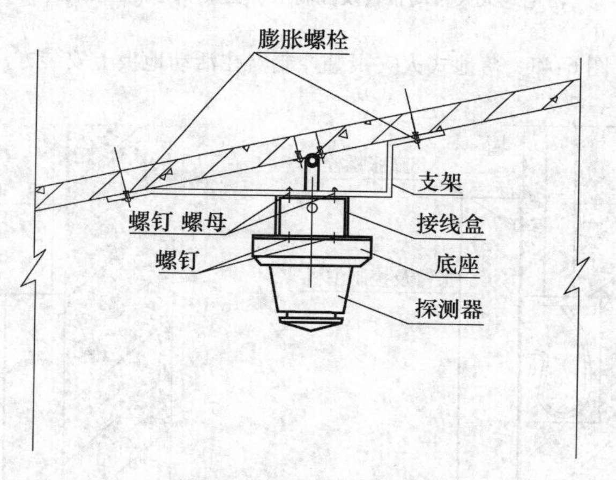

图6-47　探测器倾斜安装方法

6.5.3　火灾报警控制器的安装

引入火灾报警控制器的电缆或导线，配线应整齐，避免交叉，并应固定牢靠；电缆芯线和所配导线的端部均应标明编号，并与图纸一致；端子板的每个接线端子上的接线不得超过2根；电缆芯和导线应留有不小于200mm的余量；导线应绑扎成束；导线引入线穿线后，进线管口处应封堵。主电源引入线应直接与消防电源连接，严禁使用电源插头。主电源应有明显标志。

火灾报警控制器在墙上安装时，其底边距地（楼）面高度不应小于1.5m，靠近门轴的侧面距墙不应小于0.5m，正面操作距离不应小于1.2m；落地安装时，其底边宜高出地坪0.1～0.2m。火灾报警控制器应安装牢固，不得倾斜。安装在轻质墙上时，应采取加固措施。

图6-48和图6-49所示为火灾报警控制器的安装方法。

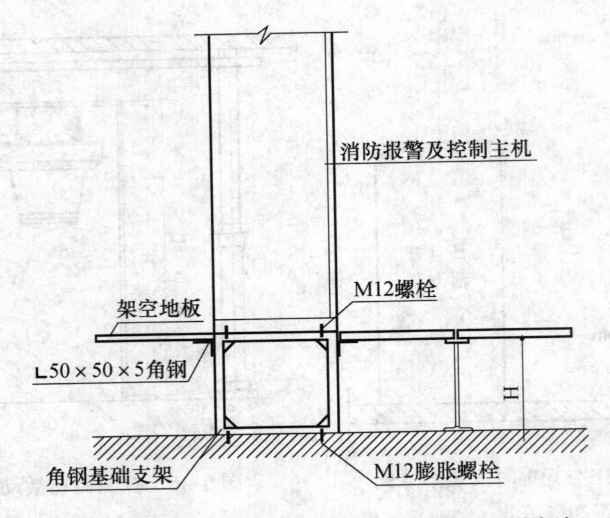

图 6-48　落地式火灾报警控制器在活动地板上安装方法

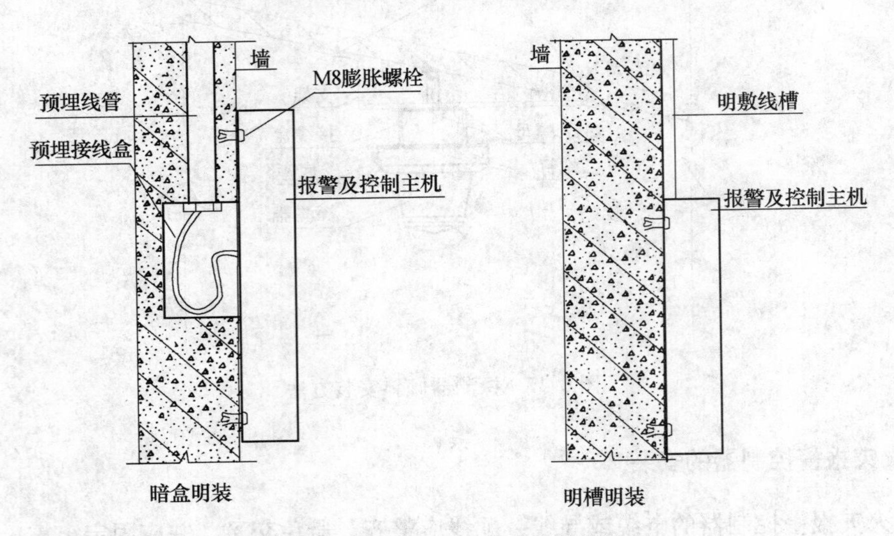

图 6-49　壁挂式火灾报警控制器安装方法

6.5.4　主要消防控制设备安装

1. 手动报警器

手动报警器与自动报警控制器相连，是向火灾报警控制器发出火灾报警信号的手动装置，它还用于火灾现场的人工确认。每个防火分区内至少应设置一只手动报警器，从防火分区内的任何位置到最近的一只手动报警器的步行距离不应超过30m。

为便于现场与消防控制中心取得联系，某些手动报警按钮盒上同时设有对讲电话插孔。

手动报警器接线端子的引出线接到自动报警器的相应端子上。平时，它的按钮是被玻璃压下的，报警时，需打碎玻璃，使按钮复位，线路接通，向自动报警器发出火警信号。同时，指示灯亮，表示火警信号已收到。

在同一火灾报警系统中，手动报警按钮的规格、型号及操作方法应该相同。手动报警器还必须和相应的自动报警器相配套才能使用。

手动报警器应在火灾报警控制器或消防控制室的控制盘上显示部位号，并应区别于火灾探测器部位号。

手动报警器应装设在明显、便于操作的部位；安装在墙上距地面1.3～1.5m处，并应有明显标志；且安装牢固，不得倾斜。图6-50和图6-51所示为手动报警器的安装。

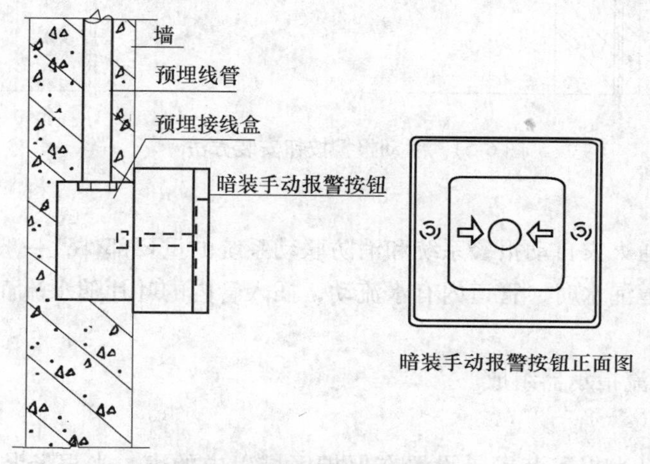

暗装手动报警按钮安装及外形图

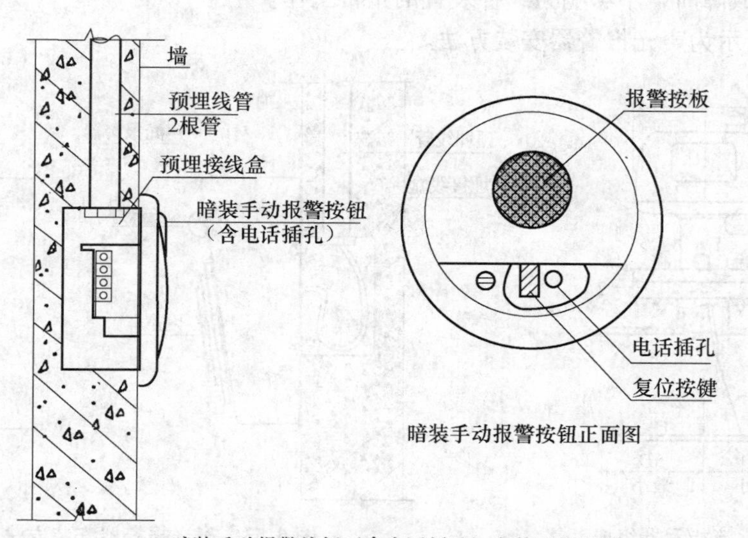

暗装手动报警按钮（含电话插孔）安装及外形图

图6-50　手动报警按钮安装

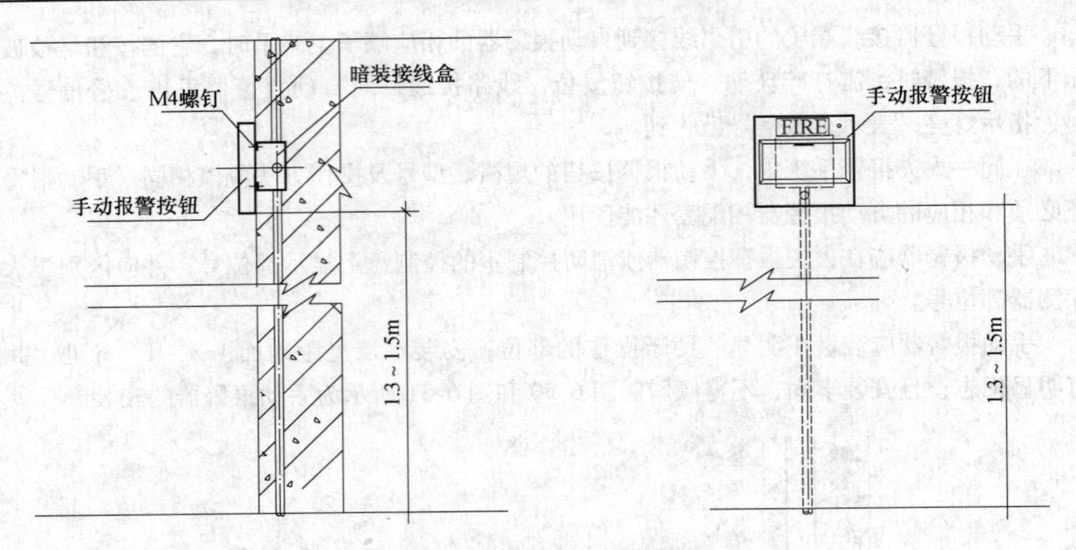

图 6-51　手动报警按钮安装方法

2. 水流指示器

水流指示器是沟通火灾自动报警系统和消防联动系统的重要部件，一般安装在系统的管网中，喷头喷水或管道漏水时，管道内有水流动，插入管内的叶片随水流而动作，发出火灾信号或故障信号。

图 6-52 所示为水流指示器组成。

3. 声、光报警器

音响报警装置和灯光报警装置是设置在保护区域以内的声、光报警装置。两者相互独立，一种发生故障时，不影响另一种装置的正常工作。

图 6-53 所示为声光报警器安装方法。

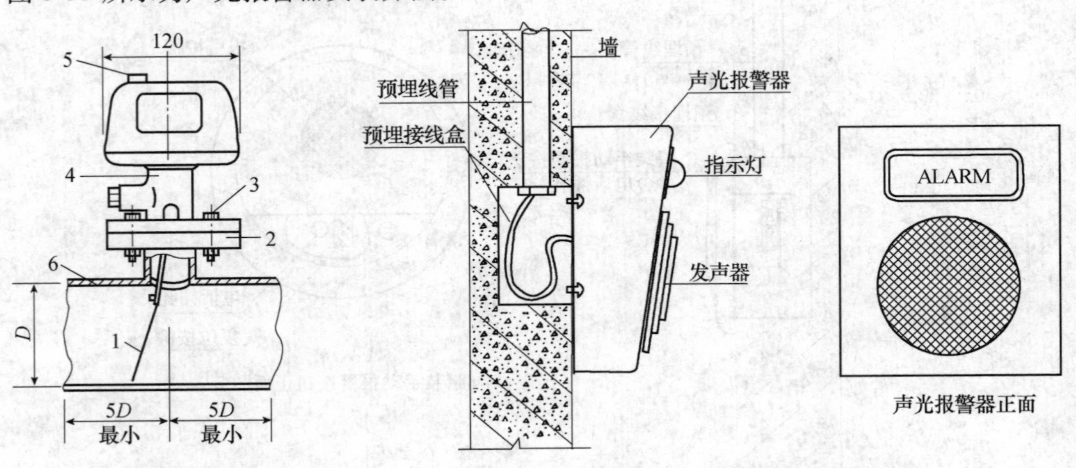

图 6-52　水流指示器组成

1—浆片；2—法兰底座；3—螺栓；
4—本体；5—接线孔；6—喷水管道

图 6-53　声光报警器安装方法

4. 消防通信系统

消防专用电话网应为独立的消防通信系统，不得与其他系统合用。

消防控制室应设置消防专用电话总机，消防通信系统中主叫与被叫之间应为直接呼叫应答，不能有转接。呼叫信号装置应用声光信号。消防水泵房、备用发电机房、变配电室、通风和空调机房、排烟机房、电梯机房及其他有关机房应装设消防专用电话分机。

消防火警电话用户话机应采用红色。火警电话机挂墙安装时，底面距地面高度为1.5m。

图6-54所示为壁挂火警电话机安装方法。

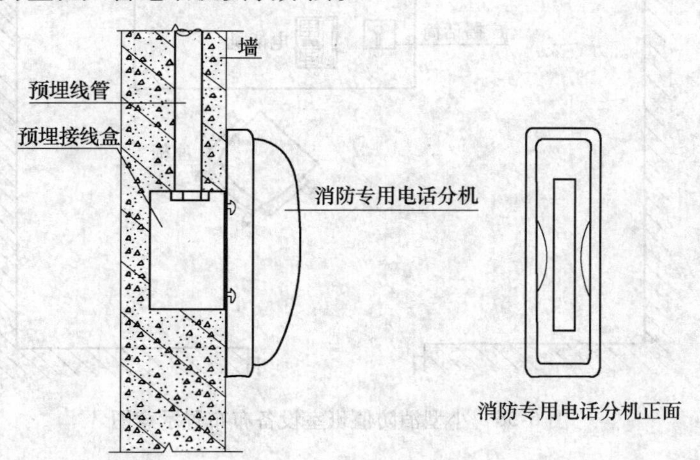

消防专用电话分机安装及外形图

图6-54　壁挂火灾报警电话机安装方法

5. 消防联动控制台安装

图6-55所示为消防联动控制台安装方法。

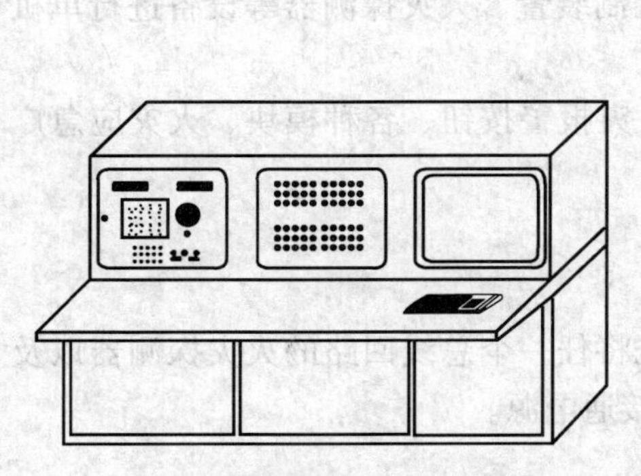

控制台式火灾自动报警及控制主机外形图

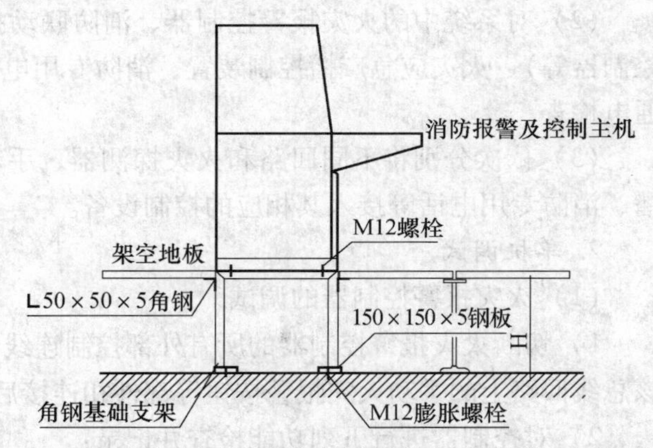

控制台式火灾自动报警及控制主机在架空地板上安装方法

注：1.主机基础支架亦可用槽钢作。
2.主机进出线缆可在地板下敷设金属线槽完成。
3.主机基础及架空地板支柱需做接地处理。
4.架空地板高度“H”由设计人定。
5.控制台尺寸根据工程实际需要定。

图6-55　消防联动控制台安装方法

小型消防值班室设备布置示意图如图 6-56 所示。

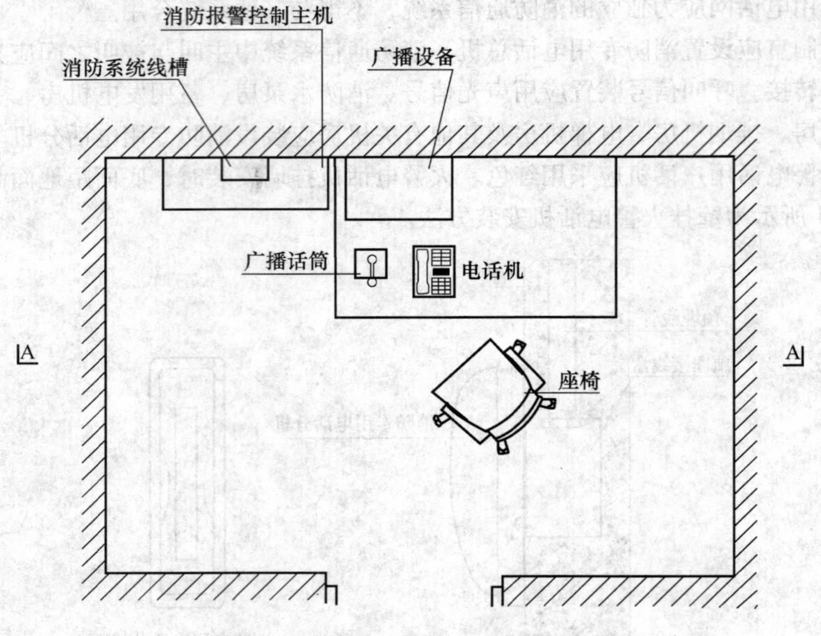

图 6-56　小型消防值班室设备布布置示意图

6.5.5　系统调试

1. 调试前准备

（1）分别对每一回路的线缆进行测试，检查是否存在对地短路、虚焊和断路等故障，并检查工作接地和保护接地是否连接正确、可靠。

（2）对系统中的火灾报警控制器、消防联动控制设备（含气体灭火控制器、防火卷帘控制器等）、火灾应急广播控制装置、消防专用电话控制装置、火灾探测器等设备进行单机通电检查。

（3）依次分别将不同回路和火灾探测器、手动火灾报警按钮、各种模块、火灾应急广播、消防专用电话等接入其相应的控制设备。

2. 单机调试

（1）火灾报警控制器的调试

1）切断火灾报警控制器的所有外部控制连线，先将任一个总线回路的火灾探测器以及该总线回路上的手动火灾报警按钮等部件相连接后，接通电源。

2）对控制器进行下列功能检查并记录：

①检查火灾报警自检功能。

②控制器与探测器之间连接的断路和短路时，控制器应在 100s 内发出故障信号。在故障状态下，使任一探测器发出火灾报警信号，控制器应在 1min 内发出火灾报警信号，并应记录火灾报警时间，再使其他探测器发出火灾报警信号，检查控制器的再次报警功能。

③检查消声和复位功能。

④检查隔离（屏蔽）功能，使总线隔离器保护范围内的任一点短路，检查总线隔离器的隔离保护功能。

⑤主备电源的转换功能。

⑥火灾优先功能

3）依次将其他回路与火灾报警控制器相连接，重复上面的检查。

（2）用感温、感烟专用试验器，分别对感温、感烟探测器逐个进行加烟或加温试验，探测器应能正确响应。

（3）用专用工具匙对手动火灾报警按钮逐台进行动作试验，火灾报警控制器应能准确接收动作信号。

（4）在消防控制室与所有消防电话、电话插孔之间进行通话试验，并对消防控制室内的外线进行拨通试验。

（5）检查系统的电源自动切换和备用电源的自动充电功能，使各备用电源连续充、放电3次后，检查其容量是否满足相应的标准及设计要求。

（6）事故广播系统调试

1）以手动方式在消防控制室对所有楼层进行选层广播，对所有共用扬声器进行强行切换。

2）对扩音机和备用扩音机进行全负荷试验，应急广播的语音应清晰。

3）对接入联动系统的火灾应急广播系统，按设计的逻辑关系，检查应急广播的工作情况。

3. 消防联动控制设备和消防电气控制设备的调试

（1）消防联动控制设备和消防电气控制设备应先进行现场模拟试验，确保联动设备单机运行正常，包括有：消火栓泵、消火喷淋泵、水流指示器、信号阀、湿式报警阀，通风、空调、防排烟设备及防火阀、防火卷帘，火灾事故广播设备、消防对讲系统，消防电源、电梯、火灾事故照明及疏散指示标志。

（2）将消防联动控制设备、火灾报警控制器、一个回路的输入/输出模块及该回路模块控制的消防电气控制设备相连接，切断所有受控现场设备的一次电气连线，接通电源。

（3）使消防联动控制设备的工作状态同时置于自动或手动状态，检查其状态显示，进行下列功能检查并记录：

1）自检功能和操作级别。

2）消防联动控制设备与各模块之间的连接线断路和短路时，消防联动控制设备能在100s内发出故障信号。

3）检查消声、复位功能。

4）检查隔离（屏蔽）功能。

5）使总线隔离保护范围内的任一点短路，检查总线隔离器的隔离保护功能。

6）主、备电源转换功能。

（4）使消防联动控制设备的工作状态处于自动状态，按设计的联动逻辑关系进行下列功能检查并记录：

1）按设计的联动逻辑关系，分区使相应的火灾探测器发出火灾报警信号，检查消防联动控制设备接收火灾报警信号情况、发出联动信号情况、模块动作情况、消防电气控制设备的动作情况、接收反馈信号（可模拟现场设备启动反馈信号）及各种显示情况。

2）检查手动插入优先功能。

（5）使消防联动控制设备的工作状态处于手动状态，按设计的联动逻辑关系依次启动相应的受控设备，检查消防联动控制设备发出联动信号情况、模块动作情况、消防电气控制设备的动作情况、接收反馈信号（可模拟现场设备启动）及各种显示情况。

（6）依次将其他回路的模块及其控制的消防电气设备连接至消防联动控制设备，切断所有受控现场设备的一次电气连线，接通电源，重复上述（3）、（4）、（5）项检查。

4. 消防系统联动调试

将所有经调试合格的各项设备、系统按设计联动要求组成完整的火灾自动报警系统，全面调试系统的各项功能。试验时各工种参加人员按分工到达指定岗位，试验按每层、每个分区进行，并在现场对工作状态和反馈信号等逐一进行核实。联动试验时各联动设备的动作、信号反馈情况见流程图（图6-57）。

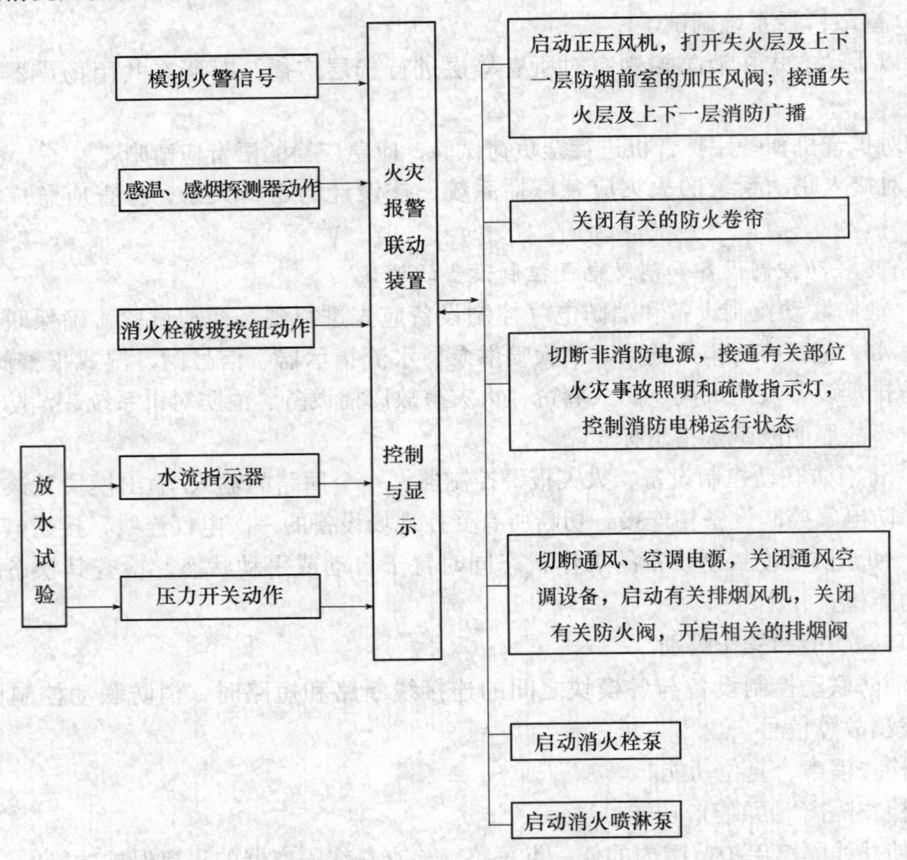

图6-57　消防系统联动调试流程图

6.6 质量标准

6.6.1 主控项目

1. 火灾自动报警系统及消防联动系统的检测应按国家标准《火灾自动报警系统施工及验收规范》（GB 50166—2007）的规定及地方标准规定执行。

2. 火灾自动报警及消防联动系统应是独立的系统。

3. 除GB 50166中规定的各种联动外，当火灾自动报警及消防联动系统还与其他系统具备联动关系时，其检测按有资质的检测机构批准的系统检测方案进行，但检测方案的程序及内容不得与《火灾自动报警系统施工及验收规范》（GB 50166—2007）的规定相抵触。

4. 系统的电磁兼容性防护功能，应符合《消防电子产品环境试验方法和严酷等级》（GB 16838—2005）的有关规定。

5. 火灾报警控制器的汉化图形界面及中文屏幕菜单等功能应进行检测和操作试验，其功能应符合设计和规范要求。

6. 消防控制室向建筑设备监控系统的接口、建筑设备监控系统对火灾报警的响应及其火灾运行模式，应采用在现场模拟发出火灾报警信号的方式进行。

7. 消防控制室与安全防范系统等其他子系统的接口和通信功能应符合设计要求。

8. 智能型火灾探测器的数量、性能及安装位置，普通型火灾探测器的数量及安装位置应符合设计要求。

9. 新型消防设施的设置情况及功能的检测内容应包括：

（1）早期烟雾探测火灾报警系统。

（2）大空间早期火灾智能检测系统、太空间红外图像矩阵火灾报警及灭火系统。

（3）可燃气体泄漏报警及联动控制系统。

10. 公共广播与紧急广播系统共用时，应符合《火灾自动报警系统设计规范》（GB 50116—1998）的要求，并应按国家标准《智能建筑工程质量验收规范》（GB 50339—2003）中有关公共广播与紧急广播系统检测要求执行。

11. 安全防范系统中相应的视频安防监控（录像、录音）系统、门禁系统、停车场（库）管理系统等对火灾报警的响应及火灾模式操作等功能，应采用在现场模拟发出火灾报警信号的方式进行检测。

12. 当火灾自动报警及消防联动系统与其他系统合用控制室时，应满足GB 50116和《智能建筑设计标准》（GB/T 50314—2006）的相应规定，但消防控制系统应单独设置，其他系统也应合理布置。

6.6.2 一般项目

1. 火灾报警器/装置、探测器等应安装牢固，配件齐全，外观无损伤变形和破损等现象

2. 探测器其导线连接必须可靠压接或焊接，并应有标志，外接导线应有足够余量。

第7章　电话通信系统

现代通信网络已成为世界上最大的分布交换网络，在任意一座建筑物内，任意一部电话用户都可以与全国以至全世界电话网络中的其他电话用户进行通话。现代化的通信技术包括文字、语言、图像、数据等多种信息的传递，通信信号也从模拟信号传输到数字式信号传输，使电话交换机的功能、传话距离、信息量和语音清晰度都有很大的提高。随着信息技术的迅猛发展，电话通信网络所能发挥的作用也越来越多，现已成为普遍采用的通信手段。

7.1　电话通信系统的组成

建筑物内的电话通信系统一般由三个部分组成：中心机房、传输线路、用户终端。

1. 中心机房

中心机房中通常安装有语音、数据及视频交换设备，配线架，传输设备，如程控数字交换机（PABX）、宽带交换机、光配线架等。

这里主要介绍电话交换机。

(1) 电话交换机的功能和发展

电话交换机的任务是完成两个不同的电话用户之间的通话连接。其基本功能是：呼出检出，接受被呼号码，对被叫进行忙、闲测试，被叫应答，通话功能等。

电话交换机经历了四个发展阶段，即人工制式电话交换机、步进制式电话交换机、纵横制式电话交换机和程序控制电话交换机。电话交换机根据使用的场合和交换机的门数分为两类：应用于公用电话网的大型电话交换机和应用于用户的小型电话交换机、专用程控用户交换机。程控用户交换机根据技术结构分为程控模拟交换机和程控数字交换机，现在广泛使用的是程控数字交换机。图7-1所示为程控数字交换机结构。

(2) 程控数字交换机的主要功能

程控数字交换机系统具有极强的组网功能，可提供各种接口的信令，具有灵活的分组编码方案和预选、直达、优选服务等级等功能。

程控数字交换机的主要功能是：

编号功能。可以根据用户单位的具体情况来确定编号方案。

话务等级功能。可以为每一个分机用户规定一个话务等级，确定其通话范围。

直接拨入功能。外线用户可直接呼叫至所要的用户分机，无需转接。

迂回路由选择功能。若交换机系统到同一目的地有很多路由，当主路由忙时，其他路由可用为迂回路由使用。

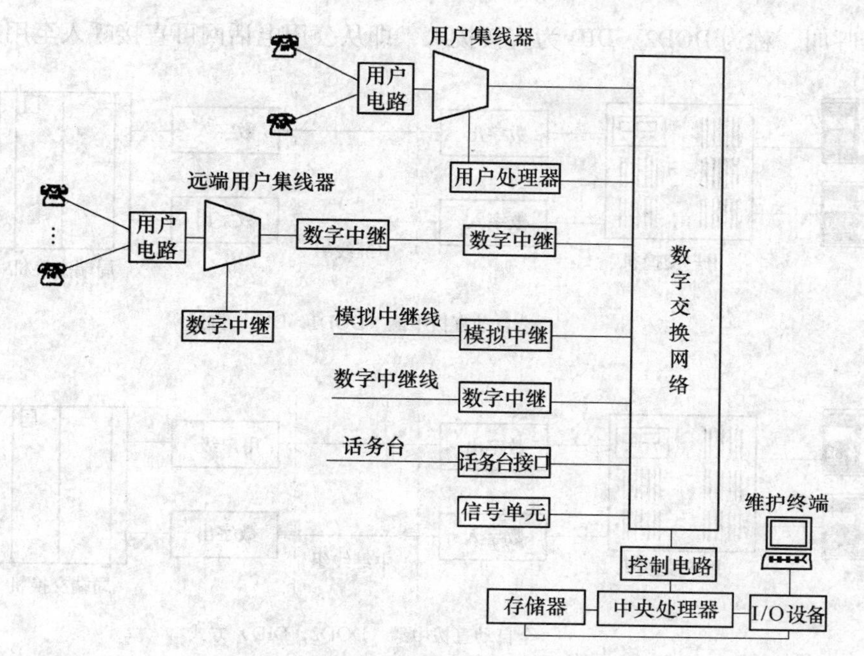

图7-1　程控数字交换机（PABX）的结构

截接服务功能。又称为截答或中间服务，当因种种原因使用户的呼叫不能完成时，系统会自动截住这些呼叫，并以适当的方式向主叫用户说明未能接通的原因。

铃流识别功能。根据呼叫类型向用户提供不同的振铃信号，以使用户了解情况。

等级设定功能。对分机用户设定功能等级，具有相应等级的分机用户才有权使用相应的服务。

超时功能。对操作时间加以限制，超过操作时间时，不向该用户提供进一步的服务，保证有效地利用系统公用的资源。

用户功能。包括自动回铃功能、来电显示功能、电话转接功能、三方通话功能、跟随电话功能、无人应答呼叫转移功能、分组寻找功能、热线电话功能、缩位拨号功能、呼叫代应功能、插入功能、电话会议功能、定时呼叫功能、恶意电话追踪功能、寻呼电话功能、免打扰功能等。

(3) 程控数字交换机的中继方式

程控数字交换机接入公用电话网进入市内电话局的中继接线，一般采用用户交换机的中继方式，主要有半自动中继方式、全自动直拨中继方式和混合进网中继方式等。

当交换机容量较大时，应采用全自动直拨中继方式，交换机呼出和呼入均接至市话交换机的选组级。呼出只听用户交换机的一次拨号音，呼入可直拨到分机用户，如图7-2所示。图中DOD为直接拨出，有两种形式：一种是用户呼出至公用电话网时不用拨0或9来选择外线，称为DOD1，用户电话号码采用公用电话网统一编号方式，这种中继方式使用方便，但占用大量的号码资源，用户在支出较多的编号费的同时，还需支出中继线的月租费；另一种是用户呼出至公用电话网时必须拨0或9来选择外线，等到有空闲外线时发出二次拨号音，再进行呼叫，称为DOD2。DID为直接拨入，即从公用电话网可直接呼入至用户分机。

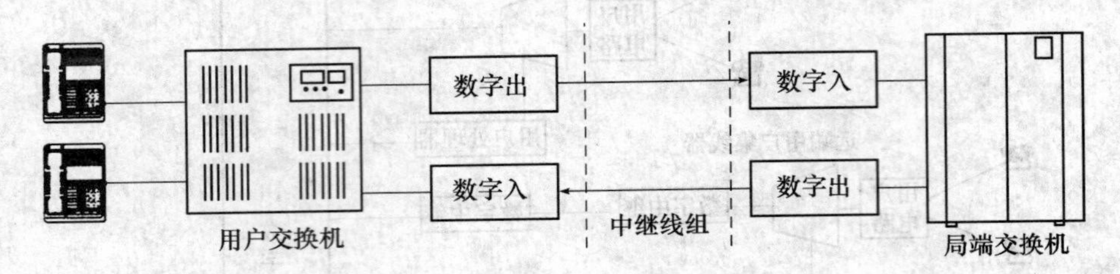

全自动直拨中继（DOD1，DID）方式

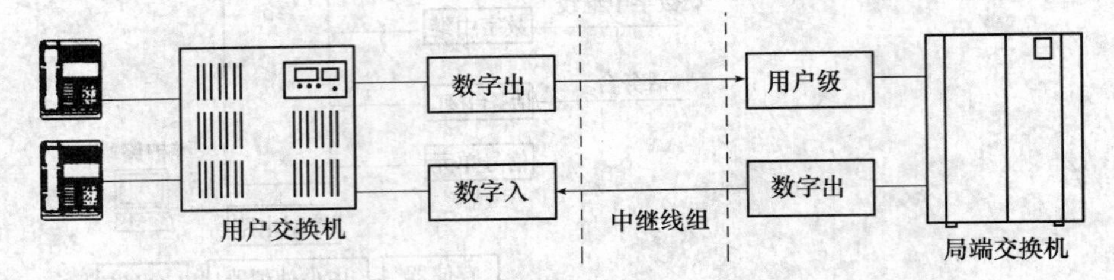

全自动直拨中继（DOD2，DID）方式

图7-2　全自动直拨中继方式

半自动中继方式中，用户交换机的呼入、呼出均接至市话局的用户级，如图7-3所示。

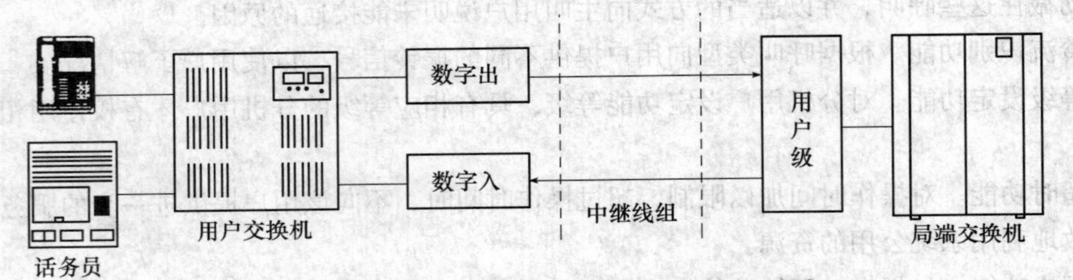

半自动单向中继（DOD1，BID）方式

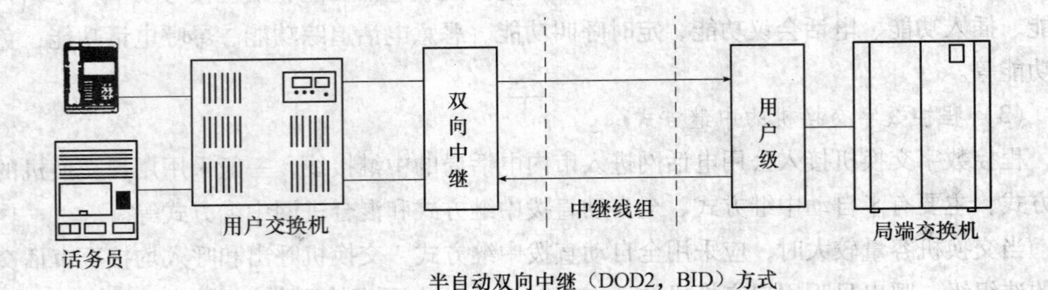

半自动双向中继（DOD2，BID）方式

图7-3　半自动中继方式

图7-4所示为混合进网中继方式，这种中继方式增加了中继系统连接的灵活性和可靠性。对于容量较大的用户交换机，与公用电话网通信较多的分机采用直接拨入的方式，其他与公用网通信较少的分机用户则采用话务台转接的方式，可以大大地节省通话费用。

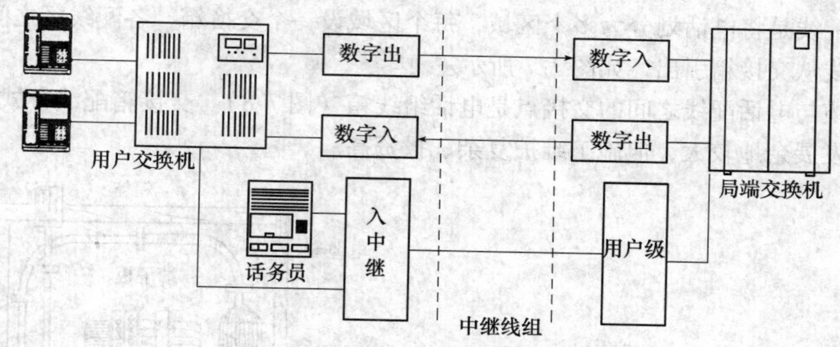

图7-4　混合进网中继方式

2. 传输线路

电话通信系统中的传输线路主要指用户线和中继线。图7-5所示为电话传输示意图。

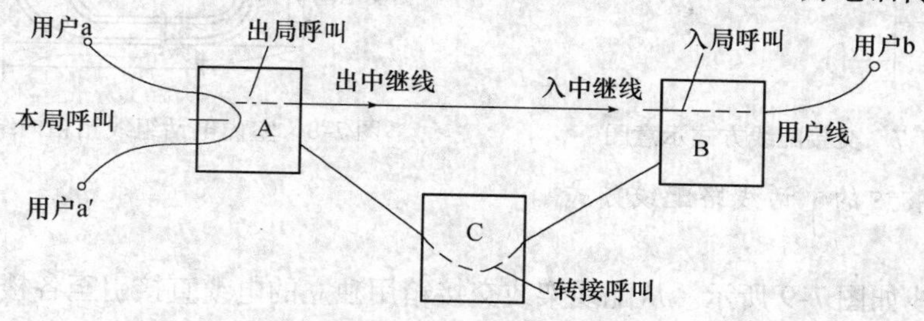

图7-5　电话传输示意图

图中A、B、C为三个电话交换局，交换可能在同一个交换局内的两个用户之间进行，也可能在不同交换局的两个用户之间进行，有时还可能需要经过第三个交换局进行转接。用户与交换局之间的线路称为用户线；两个交换局之间的线路称为局间中继线。

(1) 电话线路的配线方式

电话线路的配线方式有直接配线、交接箱配线和混合配线等。

直接配线是从配线架直接引出主干电缆，再从主干电缆上分支到用户，这种配线方式投资少，施工维护简单，但灵活性差，通信可靠性差，如图7-6所示。

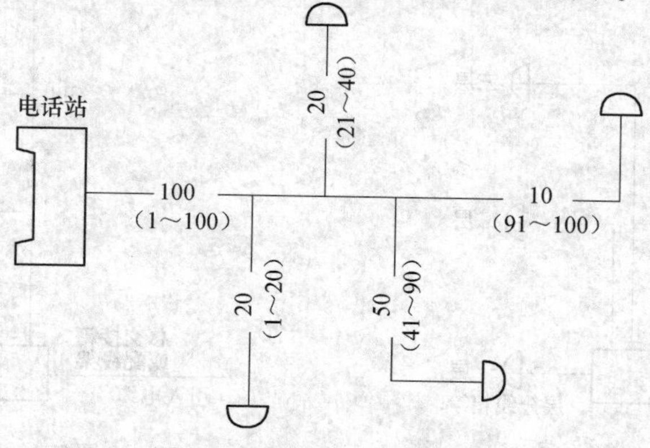

图7-6　直接配线方式示意图

交接箱配线是将电话划分为多个区域，每个区域设一个交换箱，各配线区之间用电缆连接，用户配线从交接箱引出，如图7-7所示。

电话电缆与电话配线之间的交接点是电话组线箱（图7-8）。交接箱配线方式通信可靠、调整灵活、发展余地较大，但施工维护复杂、投资高。

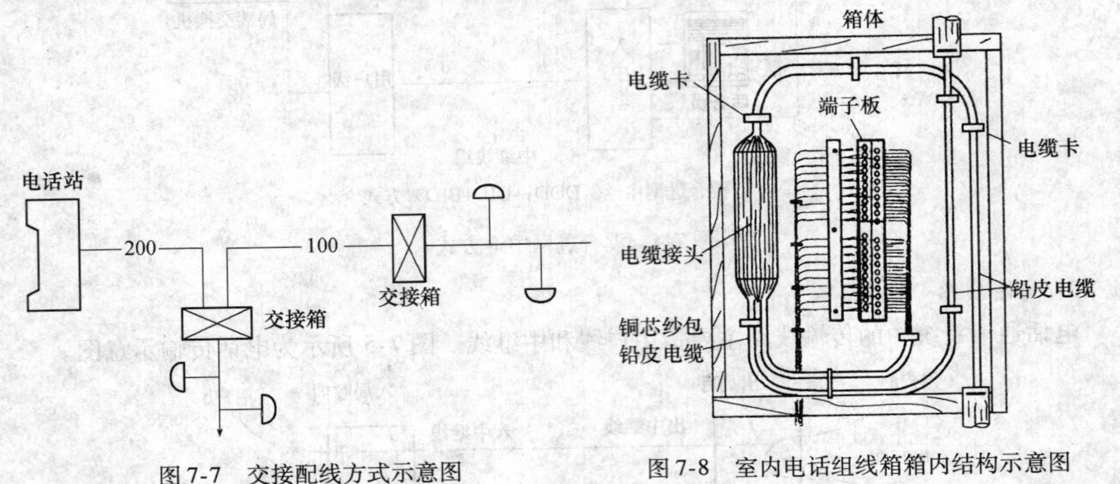

图7-7　交接配线方式示意图　　图7-8　室内电话组线箱箱内结构示意图

(2) 建筑物内的电话线路配线方式

①单独式

单独式配线如图7-9所示。从配线架或交接箱用独立的电缆直接引至各楼层，各楼层之间的配线相互独立，互不影响，各楼层所需电缆线的对数根据需要确定。单独式配线适用于各楼所需线对数较多且基本固定不变的建筑物。

②复接式

复接式配线如图7-10所示。各楼层之间的电缆线对数全部或部分复接，复接线对根据各楼层需要确定，每对线的复接次数一般不超过两次。这种配线方式的配线电缆不是单独的，而是同一条垂直电缆，各楼层线对有复接关系，工程造价较低，但楼层间相互有影响，维护检修麻烦。复接式配线适用于各楼层需要的线对不同且经常变化的建筑物。

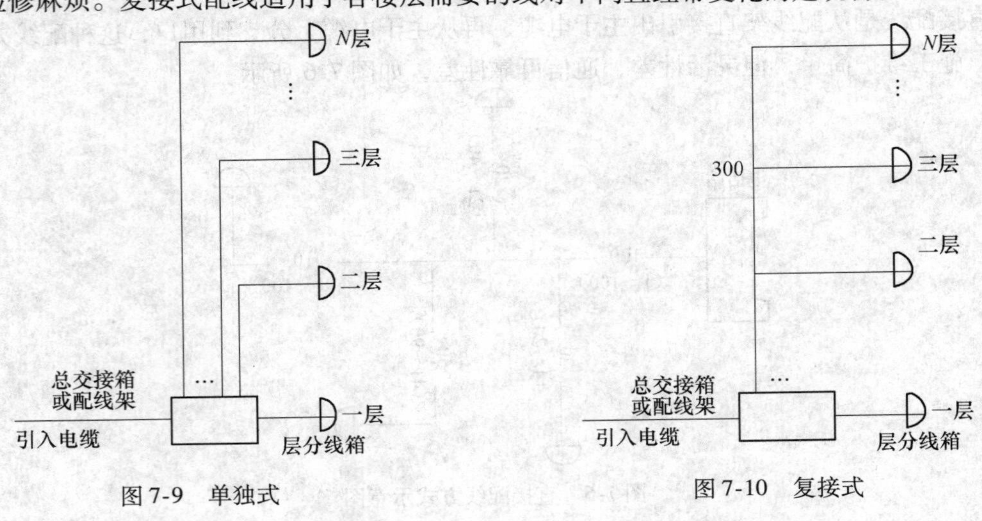

图7-9　单独式　　图7-10　复接式

③递减式

递减式配线如图7-11所示。这种配线方式只用一条垂直电缆，电缆的线对数逐渐递减，不复接，检修方便，但不够灵活，适用于规模较小的建筑物。

④交接式

交接式配线如图7-12所示。这种配线方式是将整栋建筑物分成几个交接配线区域，从总交接箱或配线架用干线电缆引至各区域交接箱，再从区域交接箱接出若干条配线电缆，分别引至各层。交接式配线各楼层配线电缆互不影响，适用于大型建筑物。

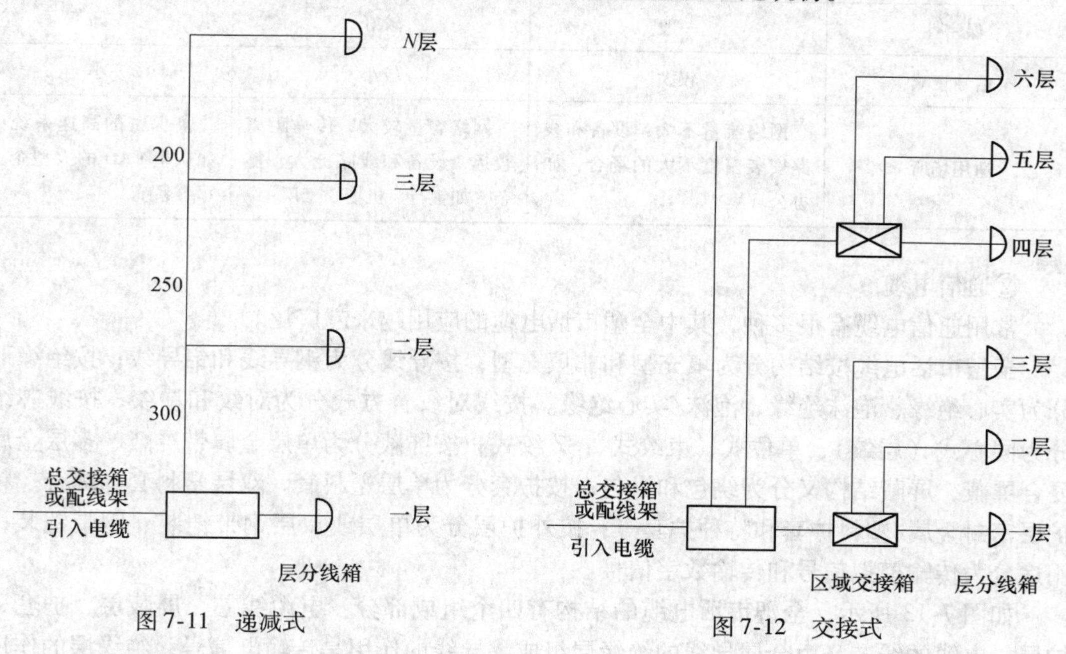

图7-11　递减式　　图7-12　交接式

(3) 传输线路中的器材

电话通信系统的传输线路常采用电缆、光缆和采用综合布线系统。常用的电缆有：HYA型综合护层塑料绝缘电缆、HPVV型铜芯全聚氯乙烯配线电缆、HYV型全塑室内电话电缆和HYVC型全塑自承电话电缆。电缆内电话线的对数有5～2400对多种，线芯直径有0.5mm和0.4mm两种。为使线路增容和维护方便，一般电缆对数要比实际设计用户多20%左右。

①双绞线

双绞线由若干双绞线组成，各线对之间按一定密度逆时针相应绞合在一起，外包绝缘材料制成的外护套。按电缆线对数的多少分为大对数双绞线（25对及以上）和一般双绞线（4对8芯）。

双绞线有屏蔽型和非屏蔽型两种。非屏蔽型双绞线由多对双绞线和绝缘塑料护套等组成。屏蔽型双绞线是在非屏蔽型双绞线的护套层内增加一层金属屏蔽层，提高抗电磁干扰的能力，又有铝箔屏蔽双绞线（FTP）、独立双层屏蔽双绞线（STP）和铝箔/金属网双层屏蔽双绞线（SFTP）等几种。表7-1所列为几种不同双绞线的比较。

表 7-1　不同双绞线的比较

项目 \ 双绞线类型	UTP	FTP/SFTP	STP
价　格	低	较高	高
安装成本	低	较高	高
抗干扰能力	弱	较强	强
保密性	一般	较好	好
信号衰减	较大	较小	小
适用场所	网络流量不大，设备和线路安装密度不大的场合，如办公环境	网络容量较大，传输距离较远，设备和线路庞大、复杂，如银行、机场、工厂	高保密的高速系统中，如从事 CAD 的大型企业、军事系统

②通信电缆

常用通信电缆有很多种，其中全塑市话电缆的应用越来越广泛。

全塑市话电缆按结构分为填充型和非填充型；按导线分为铜导线和铝导线；按绝缘形式分为实心绝缘、泡沫绝缘、泡沫/实心绝缘。按线对绞合方式分为对绞和星绞；按线芯结构分为同心式（层绞）、单位式、束绞式、SZ 绞式；按屏蔽分为单层金属带屏蔽、多层金属带复合屏蔽，屏蔽结构又分为绕包和纵包；按护套分为单层塑料套、双层塑料套、综合、粘接护层密封金属/塑料护套和特种护套等；按外护层分为单层或双层钢带铠装、钢带铠装；按用途分为传输模拟信号和传输数字信号。

如图 7-13 所示，全塑市话电缆的结构有四个组成部分：电缆线芯、屏蔽层、护套、外护层，电缆的线芯又由金属导线的绝缘层组成，导线的作用是传输电信号，绝缘层的作用是隔离电缆内的导线与导线，以保证电信号的顺利传输。

图 7-14 所示为全塑市话电缆芯线绝缘层。绝缘层结构不同，电缆的性能不同，用途也不相同。

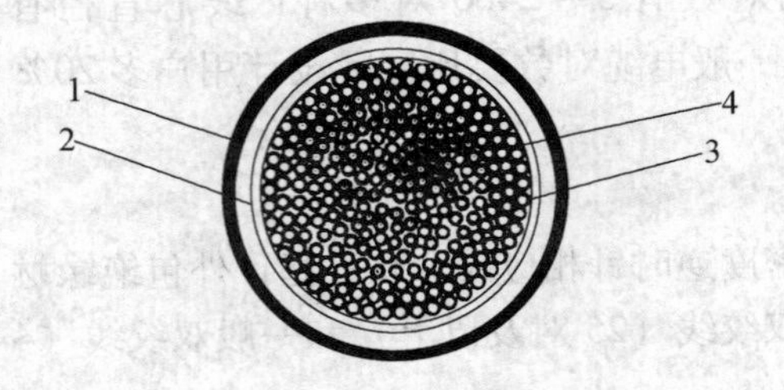

图 7-13　全塑市话电缆结构

1—外护层；2—护套；3—屏蔽层；4—缆芯

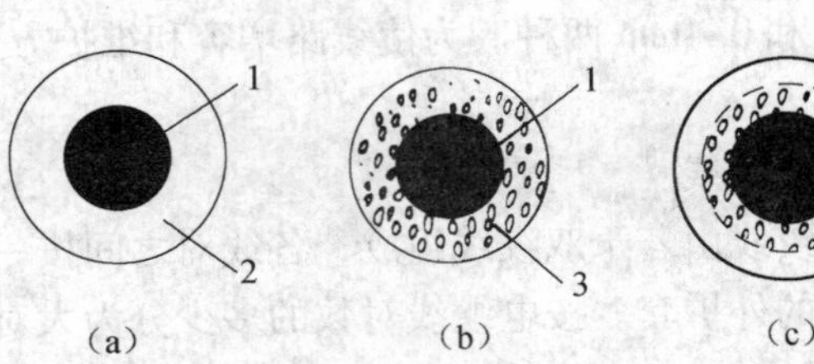

图 7-14　全塑市话电缆芯线绝缘层

（a）实心绝缘；（b）泡沫绝缘；（c）泡沫/实心皮绝缘

1—金属导线；2—实心聚烯烃绝缘层；3—泡沫聚烯烃绝缘层；4—泡沫/实心皮聚烯烃绝缘层

绝缘后的芯线采用一定的方法进行扭绞，分为对绞和星绞两种结构，如图 7-15 所示。

屏蔽层的作用是减少电缆线对工作回路受外界电磁场的干扰。

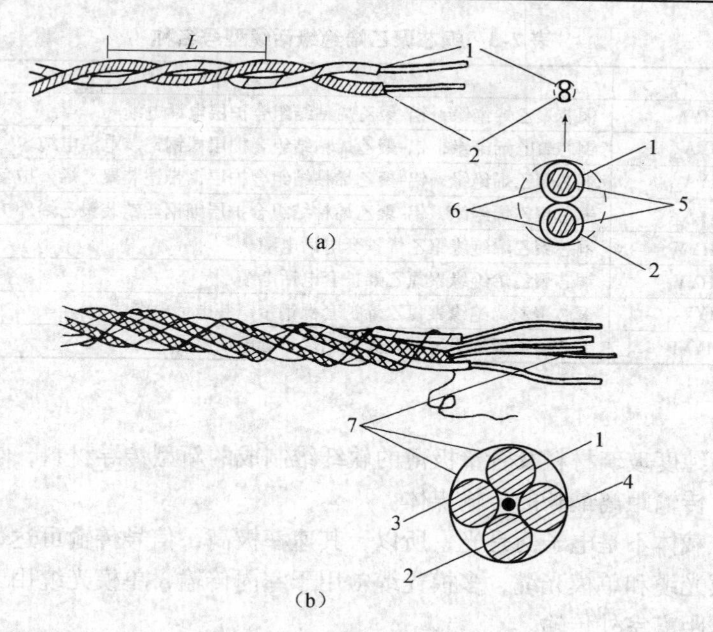

图7-15　芯线的扭绞结构

（a）对绞；（b）星绞

L—扭矩；1—*a*线；2—*b*线；3—*c*线；4—*d*线；5—芯线；6—芯线绝缘层；7—棉线

全塑市话电缆的护套材料主要是高分子聚合物塑料，包在线芯包带或屏蔽层的外面。

全塑市话电缆的外护层主要包括内衬层、铠装层和外被层三层结构。

表7-2所列为纸绝缘对绞市内电话电缆型号、名称、规格。表7-3所列为铜芯聚乙烯绝缘电话电缆型号、名称。

表7-2　纸绝缘对绞市内电话电缆型号、名称、规格表

型号	名称	敷设场合	对数				
			0.4mm 线径	0.5mm 线径	0.6mm 线径	0.7mm 线径	0.9mm 线径
HQ	裸铅护套市内电话电缆	敷设在室内，隧道及沟管中，以及架空敷设。对电缆应无机械外力，对铅护套有中性环境	5～1200	5～1200	5～800	5～600	5～400
HQ_1	铅护套麻被市内电话电缆	敷设在室内，隧道及沟管中，以及架空敷设。对电缆应无机械外力，对铅护套有中性环境	5～1200	5～1200	5～800	5～600	5～400
HQ_2	铅护套钢带铠装市内电话电缆	敷设在土壤中，能承受机械外力，不能承受大的拉力	10～600	5～600	5～600	5～600	5～400
HQ_{20}	铅护套裸钢带铠装市内电话电缆	敷设在室内，隧道及沟管中，其余同HQ_2型	10～600	5～600	5～600	5～600	5～400

表 7-3　铜芯聚乙烯绝缘话缆型号名称

序　号	型　号	名　称
1	HYA	铜芯聚乙烯绝缘，铝-聚乙烯粘结组合护层电话电缆
2	HYA_{20}	铜芯聚乙烯绝缘，铝-聚乙烯粘结组合护层裸钢铠装电话电缆
3	HYA_{23}	铜芯聚乙烯绝缘，铝-聚乙烯粘结组合护层钢带铠装聚乙烯外护套电话电缆
4	HYA_{33}	铜芯聚乙烯绝缘，铝-聚乙烯粘结组合护层细钢丝铠装聚乙烯外护套电话电缆
5	HYY	铜芯聚乙烯绝缘聚乙烯护套电话电缆
6	HYV	铜芯聚乙烯绝缘聚氯乙烯护套电话电缆
7	HYV_{20}	铜芯聚乙烯绝缘聚氯乙烯护套裸钢带铠装电话电缆
8	HYVP	铜芯聚乙烯绝缘屏蔽型聚氯乙烯护套电话电缆

③光缆

光缆是用高纯度玻璃材料及管壁极薄的软纤维制成的新型传导材料，它在数据通信中是传输容量最大、传输距离最长的传输媒体。

光缆的信号载体不是电子而是光，所以，其速率极高，信号传输可达数百兆每秒。按光纤种类分有多模光缆和单模光缆，多模光缆常用于室内传输，单模光缆用于局与局之间、局与用户之间的长距离室外传输。

3. 用户终端

从电信局中心机房的总配线架到用户端设备的通信线路称为用户线路，如图 7-16 所示。用户线路中包括了用户终端设备、各种电缆和软线以及实现各式电缆和软线接口的各种电缆接续设备，如交换机、分线箱和分线盒等。用户线路的通信线路主要有主干电缆和配线电缆两部分组成，主干电缆又称为馈线电缆，是由电信局总配线架（MDF）上引出的电缆，下行方向只是连接到交接箱。从交接箱引出的配线电缆要根据用户的分布情况，按照有关的技术规范，把电缆中的线对分配到每个分线设备内，再由分线设备通过用户引入线接到用户终端设备上。用户终端因用途的不同而不同，如电话机、传真机等。

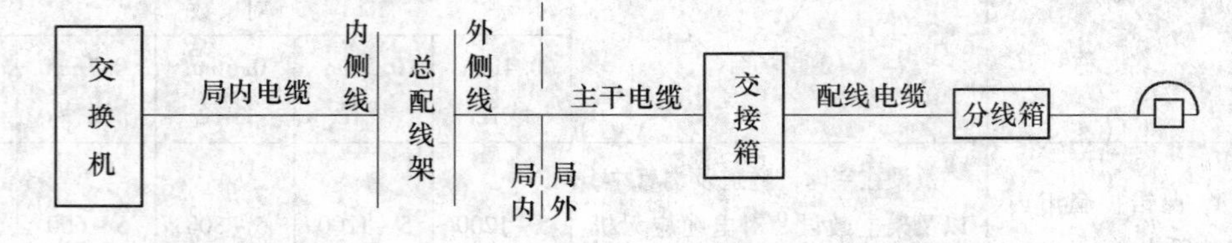

图 7-16　电话网用户线路示意图

(1) 电话组线箱

电话组线箱连接主干电缆与户内配线电缆，又称为电话交接箱。交接箱内有每列装2～4个 100 对的接线排，每箱有 2～5 列，构成 400、600、900、1200、1600、2000 对容量序列的交接箱。建筑物内的电话组线箱暗装在楼道墙上，高层建筑的电话组线箱安装在电缆竖井中。电话组线箱的型号为 STO，有 10 对、20 对、30 对等规格。箱内有一定数量的接线端子，用来连接导线。

(2) 分线箱或分线盒

分线箱或分线盒是电话分线设备，作用是将从交接箱出来的配线电缆中的线对根据用户的分布情况在分线节点向下分组，一般有多级分组，直到将单个的线对分配给某处电话出线盒。

分线箱与分线盒的区别是分线箱有保安装置而分线盒没有，所以，分线箱主要用在用户引入线为明线的情况下，保安装置可以防止雷电及其他高压电从明线进入电缆。分线盒用在用户引入线为皮线或小对数电缆等不大可能有强电流进入电缆的情况下，在用户线中分线盒比分线箱更靠近用户终端设备。

(3) 电话出线盒

电话出线盒暗装在用户室内，是用户线管到室内电话机的出口装置。电话出线盒面板规格与室内开关插座面板规格相同，分为有插座型和无插座型两种。

无插座型电话出线口是一个塑料面板，中间留有直径10mm的圆孔，管路内电话线与用户电话机在盒内直接连接，适用于电话机位置距电话出线口较远的用户，可用RVB型导线做室内线，连接电话机出线盒。

有插座电话出线口面板又分为单插座型和双插座型两种。若电话出线口面板上使用通信设备专用RJ-11插座，则要使用带RJ-11插头的专用导线与之连接。使用插座型面板时，管路内导线直接接在面板背面的接线螺钉上，插座上有四个接点，接电话线使用中间两个。图7-17所示为插座型电话出线口面板及带插头型电话线。

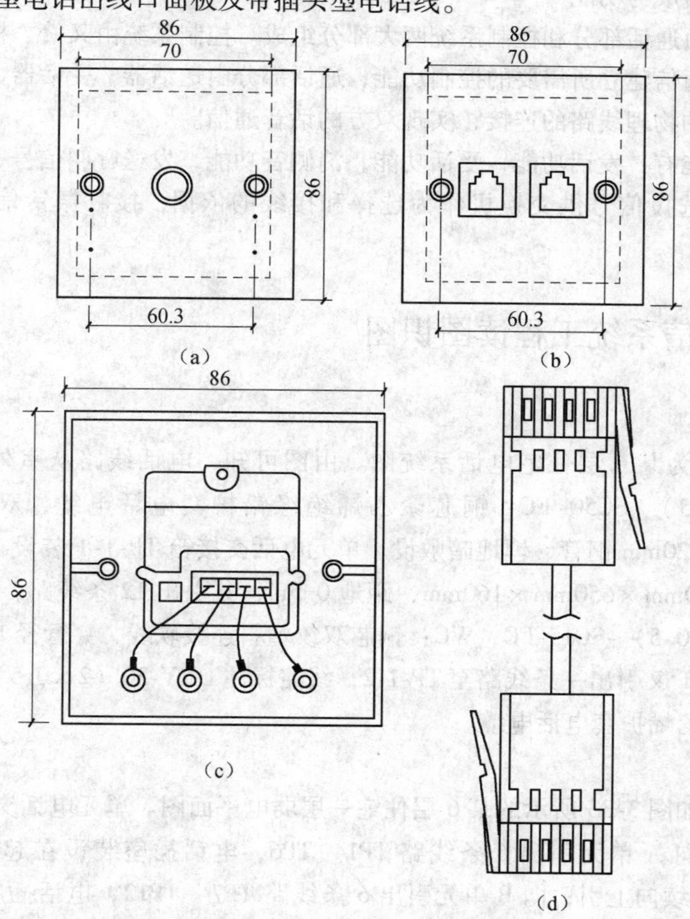

图7-17 电话出线口面板及带插头电话线

(a)无插座型电话出线口面板；(b)双插座型电话出线口面板；(c)插座型电话出线口面板反面；(d)带插头的电话线

(4) 电话机

①电话机的分类

电话机的种类有很多，按制式分有磁石式、共电式、自动式和电子式。

磁石式电话机的通话电源和信号电源都是电话机自备，且备有手摇磁石发电机装置与磁石式交换机配套，通话电源一般为3V，采用两级干电池供电。信号电源由手摇发电机提供。

共电式电话机所有的电源都由交换机供给，供电电源为24V。

自动式电话机电源由交换机供给，一般为48V，设有拨号盘或按键盘来发送控制信号。

电子式电话机与自动式电话机的功能完全相同，只是在话机电路中采用电子元器件或集成电路。

电话机按应用的场合分有台式、挂墙式、台挂两用式、便携式和特种话机等。

按控制信号分，电话机可分为脉冲式、双音多频式等。

②电话机的组成与功能

电话机一般由通话部分和控制系统两大部分组成。控制系统由叉簧、拨号盘和极化铃等组成，实现话音通信建立所需要的控制功能；通话部分由送话器、受话器、消侧音电路等组成，是话音通信的物理线路的连接，实现双方的话音通信。

电话机的功能有：发话功能，受话功能，消侧音功能，发送呼叫信号、应答信号和挂机信号功能，发送选拨信号供交换机作为选择和接线的依据，接收振铃信号及各种信号音功能。

7.2 电话通信系统工程读图识图

1. 系统图

图7-18所示为某6层住宅电话系统图。由图可知，电话线路从室外引入，线路标注HYQ-50（2×0.5）-SC50-FC：铜芯聚乙烯绝缘铅护套电话电缆、双芯、每根芯截面0.5mm^2、穿管径20mm钢管、埋地暗敷设。单元电话交接箱TP-1-1装设在一层，型号ST0-50，规格尺寸400mm×650mm×160mm，距地0.5m，共引出12条线路：TP1～TP12，线路标注RVS-1（2×0.5）-SC15-FC，WC：铜芯双绞塑料连接软线，穿管径15mm钢管沿楼板、墙暗敷设。TP-1-1又引出一条线路至TP-1-2，线路标注HYV-30（2×0.5）-SC40-FC：铜芯聚乙烯绝缘聚氯乙烯护套电话电缆。

2. 平面图

电话平面图如图3-33所示的某6层住宅一层弱电平面图。单元电话交接箱TP-1-1装设于楼梯间墙上；向A单元引出6条线路TP1～TP6，电话插座装设在起居室和主卧室中，TP2～TP6沿墙继续向上引；向B单元引出6条线路TP7～TP12，电话插座装设在起居室和卧室中，TP8～TP12沿墙继续向上引。

其余各层电话平面图如图3-34所示的该6层住宅标准层弱电平面图。

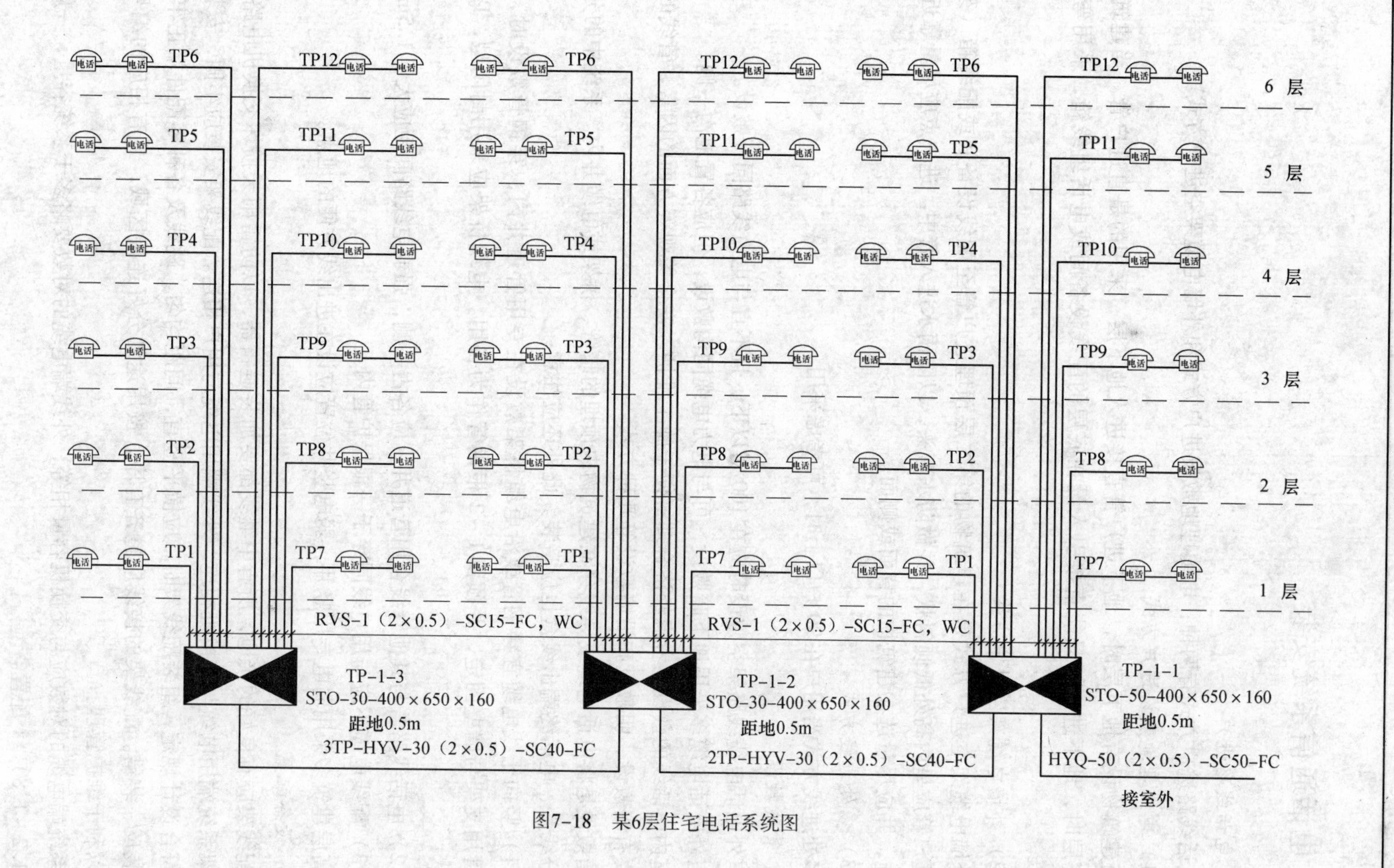

图7-18　某6层住宅电话系统图

7.3 电话通信系统安装

1. 电话线路进户

电话线路进户方式有两种：电缆埋地敷设进户方式和外墙电缆架空进户方式。

（1）电缆埋地敷设进户方式

当建筑物设有地下层时，地下进户管直接进入地下层，采用的是直进户管。当建筑物无地下层时，地下进户管只能直接引入设在底层的配线设备间或电话组线箱，采用弯进户管。

（2）外墙电缆架空进户方式

外墙电缆架空进户方式是在建筑物的第二层预埋进户管至配线设备间或配线箱（架）内。进户管应呈内高外低倾斜状，并做防水弯头，以防雨水进入管中。进户点应尽量靠近配线设施，并应尽量选在建筑物的背面或侧面。

（3）多处进线方式

多处进线方式当用户在90户以上时，可考虑采用。

2. 管线敷设

室外电话电缆线路架空敷设时应在100对以下，且不宜与电力线路同杆敷设。

室外电话电缆多采用地下暗敷设，可与电力电缆同沟敷设，但应各置地沟一侧。

室内电话线的敷设应考虑经济合理、便于施工维护、安全美观等方面的因素，管线的敷设主要有暗敷设、明敷设和沿墙敷设等几种方式。

暗敷设是将电话电缆或导线穿在建筑物内预埋的暗管、桥架或电缆井内。系统中的分线箱、分线盒、电话终端出线盒也应暗装。此外还应注意：

（1）竖向干线电缆宜穿钢管或沿电缆桥架敷设在专用管道井内，穿钢管敷设时，应将钢管用支架与墙壁固定，并预留1~2根钢管作为备用。电缆桥架应采用封闭型，以防鼠害。

（2）电话线路若与其他管线合用管道井，应各占一侧，强弱电线路间距应大于1.5m。

（3）配线电缆不应与用户线同穿于一根保护管内。

高层建筑多采用弱电专用竖井，弱电竖井位置应设在进出线方便的地点。

3. 设备配置

配线架应有良好的接地，所有中继线都要加装避雷器，以防雷雨天损坏交换机电路板。配线架系统端用电缆与交换机相连，外线端用电缆与用户相连。配线架安装应牢固，安装位置应符合设计规定，组装配线架时，应横平竖直，间距均匀，跳线及各种零配件端正牢固，不得装反、装错。配线架的接线应整齐有序，按用途划分好连接区域，且有相应的编号标识，以利于维护管理。

系统端电缆的对数应与交换机容量相等，外线端电缆的对数要略多于系统容量，一般可按（1.2~1.8）:1配置。

通信系统应有可靠的通信电源，以保持长时间工作的稳定。

4. 交接箱安装

室外交接箱安装时，应安装在不易受外界损伤、比较安全隐蔽的地方。

(1) 落地式交接箱的安装

落地式交接箱应和交接箱基座、人孔、手孔等配套安装。基座高度不应小于200mm，采用不小于C10混凝土制作，基座的四个角上应预埋4根M10mm×100mm长的镀锌地脚螺栓，用来固定交接箱。基座中央留适当的长方洞，作为电缆及保护管的出入口，如图7-19所示。

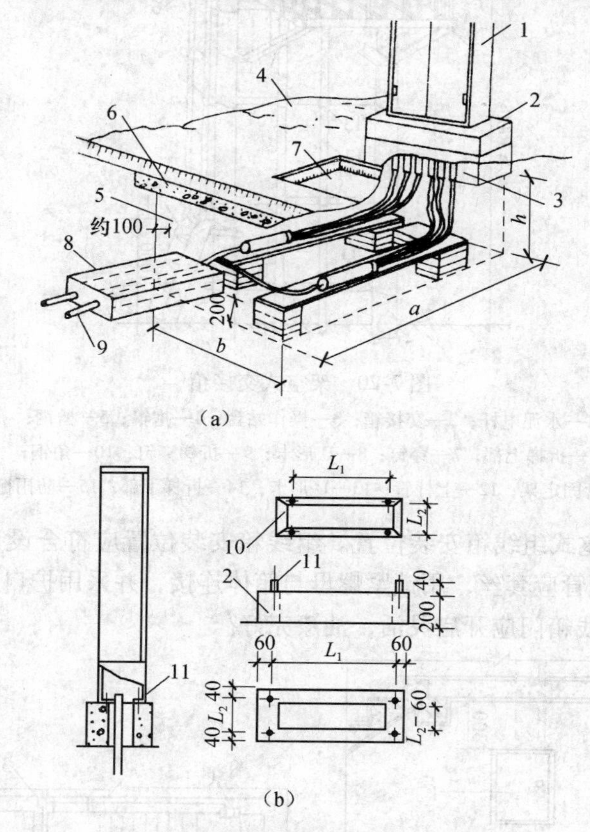

图7-19　室外落地式电话交接箱安装

1—交接箱；2—混凝土底座；3—成端接头（气闭接头）；4—地面；5—手孔；6—手孔上覆；7—手孔口圈；8—电缆管道；9—电缆；10—交接箱底面；11—M10×100镀锌螺栓

(2) 架空式交接箱安装

架空式交接箱最好安装在"H"形水泥杆上，两根水泥杆间距1.3m。在电杆距地面3.3m处，设交接箱工作台，以放置交接箱，并便于安装和维护。在工作台上2m处应安装防雨棚，以防雨和日光照射。电缆引上钢管固定在杆间横梁上，杆根处钢管要加装弯头，以便引入交接箱前的人孔或手孔。交接箱应装设保护线，如图7-20所示。

5. 壁龛的安装

壁龛是指嵌入式电话交接箱、分线箱、组线箱等，可设在建筑物的底层或二层，安装高度为距地面0.5~1m。

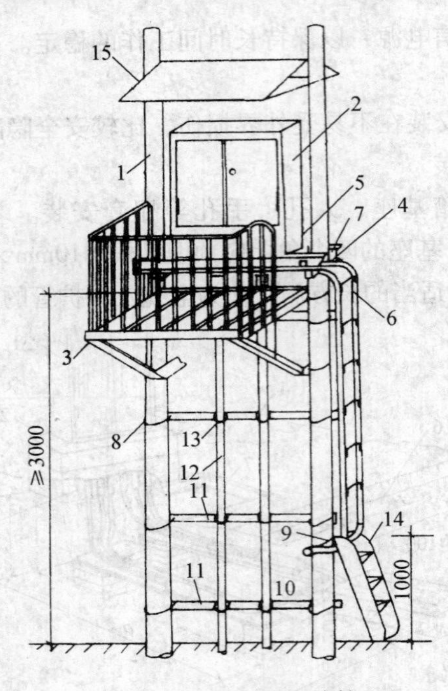

图 7-20　架空式交接箱

1—水泥电杆；2—交接箱；3—操作站台；4—抱箍；5—槽钢；
6—折梯上部；7—穿钉；8—U 形卡；9—折梯穿钉；10—角钢；
11—上杆管固定架；12—上杆管；13—U 形卡；14—折梯下部；15—防雨棚等附件

图 7-21 所示为壁龛式组线箱安装位置。组线箱安装位置应符合设计要求，安装应牢固可靠。引入组线箱的钢管应套丝，用锁紧螺母与箱体连接，并采用护口进行保护。丝扣露出锁紧螺母 2 ~3 扣。组线箱门应开启灵活，油漆完好。

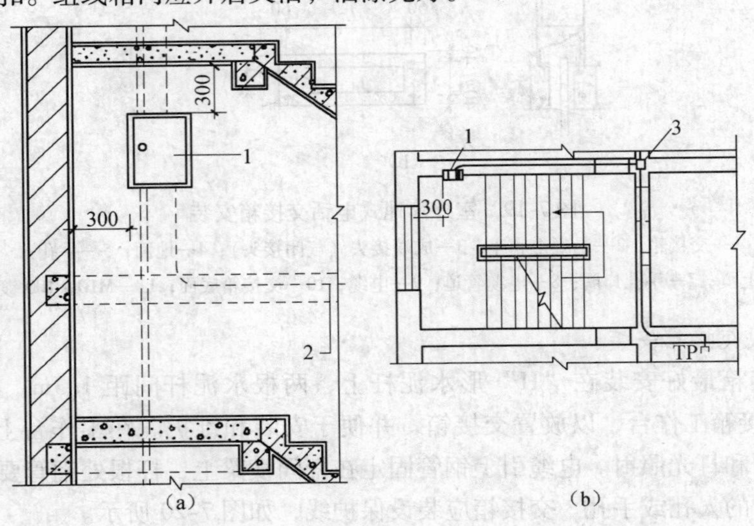

图 7-21　壁龛式组线箱安装位置

(a) 立面图；(b) 平面图

1—壁龛式组线箱；2—用户管线；3—分线盒

图7-22所示为壁龛交接箱在墙体上的安装。壁龛的主进线管和出线管一般应敷设在箱内的两对角线的位置，各分支回路的出线管应布置在壁龛底部和顶部的中间位置。

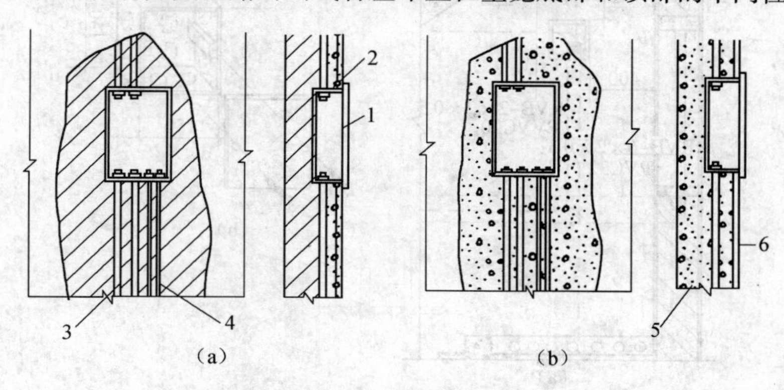

图7-22　壁龛交接箱在墙体上安装

(a) 在砖墙上安装；(b) 在混凝土墙上安装

1—贴脸；2—卡环固定；3—PVC电缆管；4—PVC用户线管；5—混凝土墙体；6—内墙面粉层

图7-23所示为壁龛内电缆设置，可根据用户分布的实际情况确定。

水平或垂直敷设的电缆管和用户管长度30m及管路弯曲敷设两次时，均应加装过路盒，以方便穿线施工，如图7-24所示。

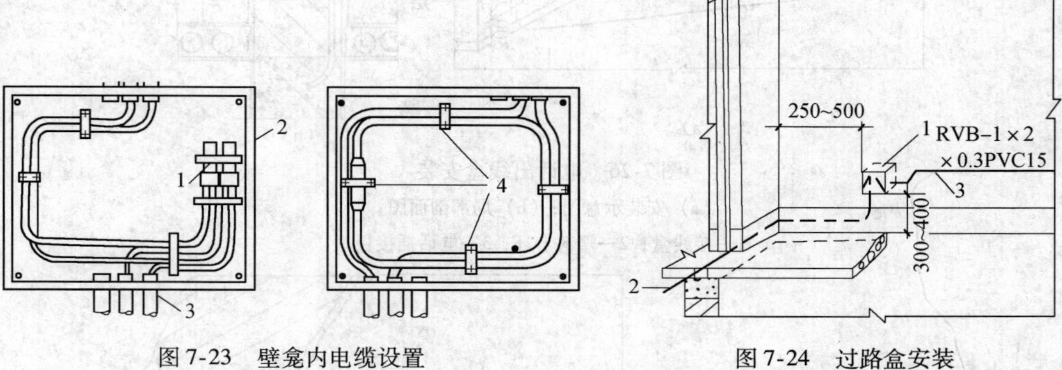

图7-23　壁龛内电缆设置

1—电缆接头；2—箱体；3—暗管；4—铅皮卡子

图7-24　过路盒安装

1—过路盒；2—来自分线箱管线；3—至出线盒管线

6. 分线盒、电话出线盒安装

图7-25所示为分线盒安装。图7-26所示为电话出线盒安装。图7-27所示为电话出线盒面板安装。

电话出线盒安装高度和位置应符合设计要求，一般明装时距地面1.8m，暗装时距地面0.3m。电话出线盒安装应牢固，并排安装时高度应保持一致。接线时，将预留在盒内的导线剥出适当的芯线，压接在面板的端子上，将多余的导线盘回盒内，并用螺钉固定好，面板应找平找正。

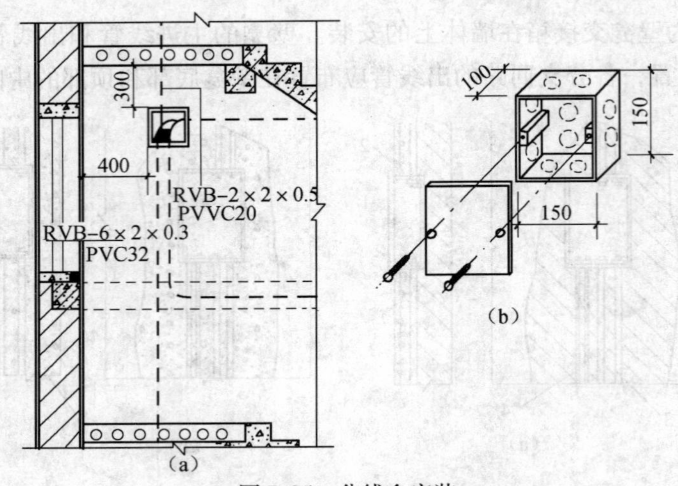

图 7-25　分线盒安装

（a）安装图；（b）难燃塑料分线盒

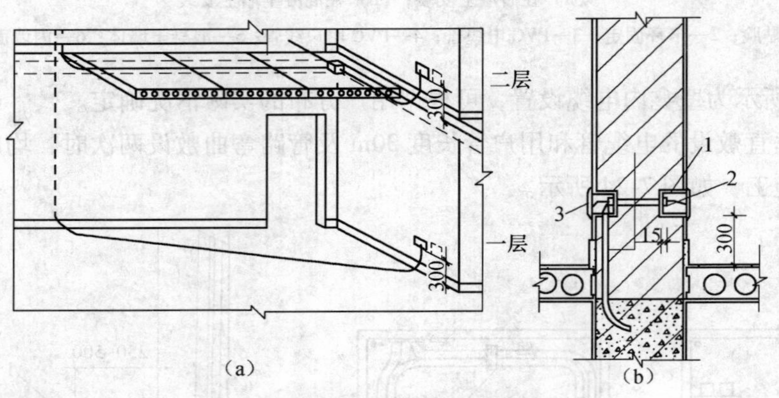

图 7-26　电话出线盒安装

（a）安装示意图；（b）局部剖面图

1—接线盒；2—塑料卡环；3—电话插接板

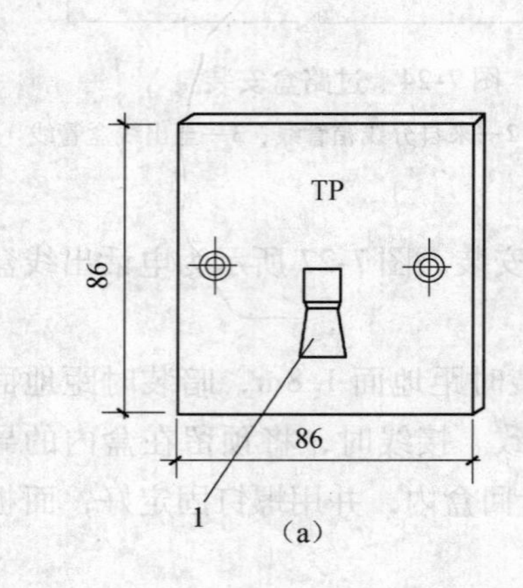

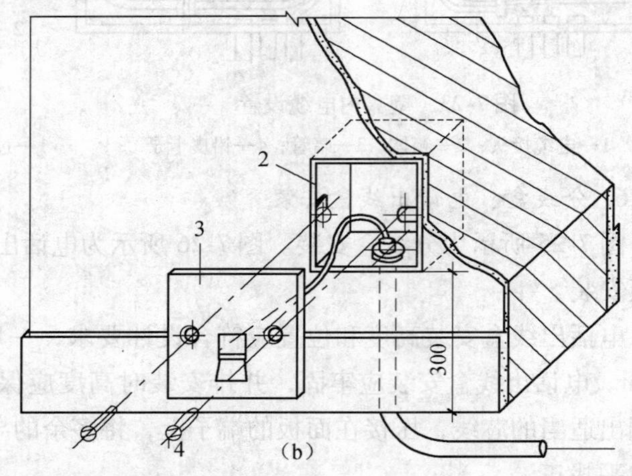

图 7-27　电话出线盒面板安装

（a）电话出线盒面板；（b）安装图

1—电话插孔门；2—86×86 出线盒；3—面板；4—M3×10 沉头螺钉

7. 全塑电缆芯线接续

图7-28和图7-29所示为全塑电缆的常用接续方式。

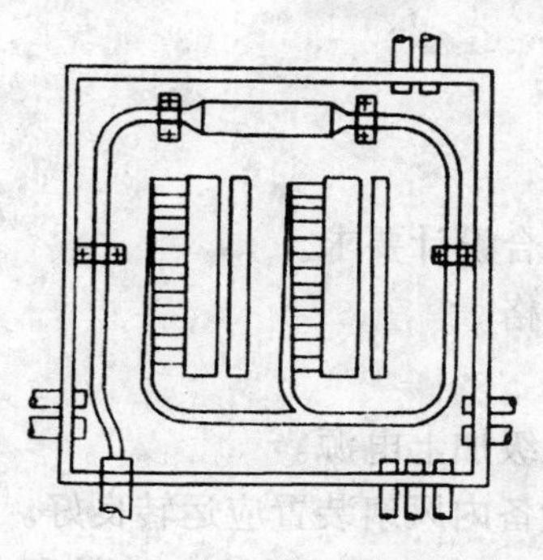

图7-28　电缆一字形接续

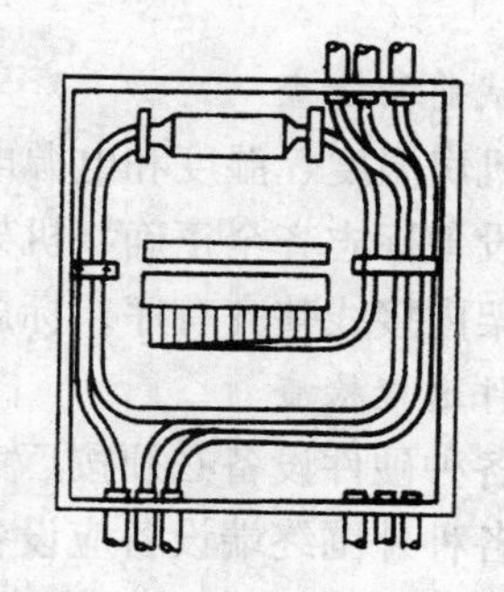

图7-29　电缆Y形接续

一字形接续时，两条电缆方向相反的芯线互相对接，相同芯线相连，1线接1线，2线接2线，不得错接。

Y形接续为三条及以上电缆芯线的连接方式。

8. 全塑电缆芯线接线

图7-30所示为全塑电缆钮扣式接线子结构。图7-31所示为钮扣式接线子直接排列图。图7-32所示为模块型接线端子的排列及间距。

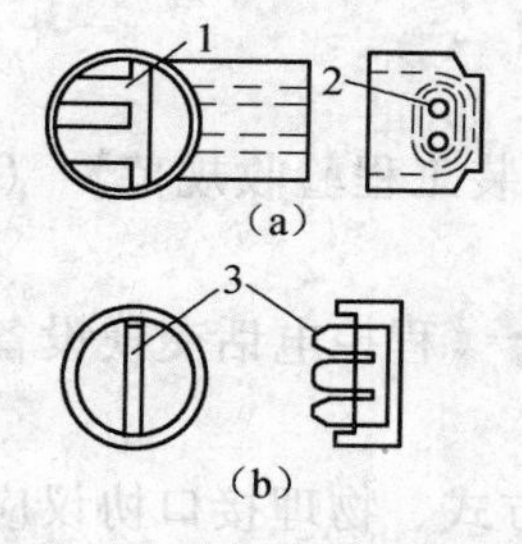

图7-30　钮扣式接线子结构

(a) 钮扣身；(b) 钮扣槽

1—定位沟；2—进线孔；3—U形卡接片

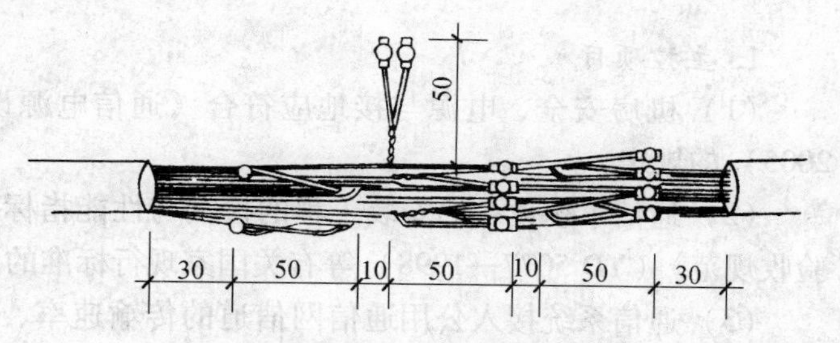

图7-31　钮扣式接线子直接排列图

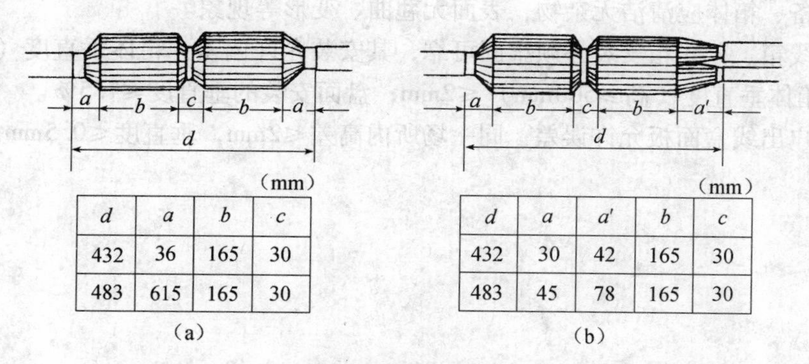

d	a	b	c
432	36	165	30
483	615	165	30

(a)

d	a	a'	b	c
432	30	42	165	30
483	45	78	165	30

(b)

图7-32　模块型接线端子的排列及间距

(a) 直线接续；(b) 分歧接续

7.4 电话通信系统调试

1. 调试前的检查

（1）机房温度、湿度和电源电压应符合设计要求。

（2）设备标志齐全正确，机架、设备接地良好，符合设计要求。

（3）架内接线整齐有序，标志清晰，线缆的绝缘合格。

2. 硬件通电检查

（1）各种硬件设备必须按厂家提供的操作程序，逐级加上电源。

（2）各种外围终端设备应设备齐全、自测正常，设备内风扇装置应运转良好。

（3）装入测试程序，通过人机命令或自检，对设备进行测试检查，确认硬件系统无故障。

3. 系统调试

（1）按照设计要求功能进行调试。

（2）通话接通率测试和通话质量测试。

7.5 电话通信系统安装质量标准

1. 主控项目

（1）机房安全、电源与接地应符合《通信电源设备安装工程验收规范》（YD5079—2005）的规定。

（2）通信系统设备的安装工程的检测与性能指标应符合《程控电话交换设备安装工程验收规范》（YD 5077—1998）等有关国家现行标准的要求。

（3）通信系统接入公用通信网信道的传输速率、信号方式、物理接口协议应符合设计要求。

2. 一般项目

（1）设备、箱体应清洁无杂物，表面无翘曲、变形等现象。

（2）组线箱、分线箱安装必须牢固可靠，其安装允许偏差：箱体垂直度（高＜500mm）≤1.5mm；箱体垂直度（高≥500mm）≤2mm；盘面安装的垂直度≤1.5%。

（3）用户出线盒面板允许误差：同一场所内高差≤2mm，垂直度≤0.5mm。

第8章 楼宇设备自动化系统

楼宇设备自动化系统（BAS）是采用最新的传感技术、自控技术、计算机技术、网络通信技术、信息交换技术等，将建筑物或建筑群内的电力、照明、给水、排水、防灾、通风、空调、运输、保安、消防、广播等设备以集中监视、控制和管理为目的而构成的一个综合系统。主要包括楼宇设备控制系统、安全防范系统（SPS）、消防报警系统（FAS）等，为人们提供健康、舒适、安全、方便、快捷、高效的工作和生活环境，保证系统运行的经济性和管理的智能化。图8-1所示为楼宇设备自动化系统的控制范围。

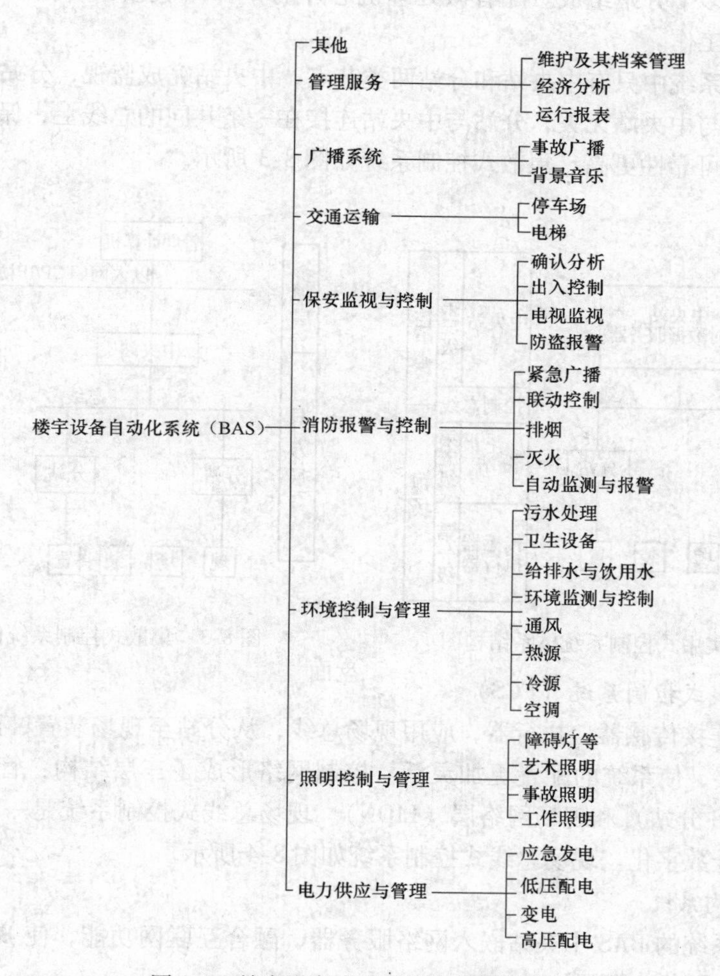

图8-1 楼宇设备自动化系统控制范围

8.1 楼宇设备自动化系统的体系结构

8.1.1 楼宇设备自动化系统体系结构的发展

1. 集中式控制系统（CCS）

采用计算机、键盘和CRT组成中央站，分设于建筑物各处的信息采集站DGP与传感器和执行器等现场设备连接，又通过总线与中央站连接在一起，组成中央监控楼宇设备自动化系统。一台中央计算机控制着整个系统的工作，收集所有的信息和设备的状态，发布所有的控制命令，易于管理，但系统工作可靠性差。集中式控制系统如图8-2所示。

2. 集散式控制系统（DCS）

集散式控制系统是一种多机组成，逻辑上具有分级管理和控制功能的分级分布式系统，由一个中央站和多个分站组成。配有微处理机芯片的DDC（直接数字控制器）分站可以独立完成所有控制工作。

集散式控制系统中只有中央站和分站两类节点，中央站完成监视，分站完成控制，分站工作完全独立，与中央站无关，分站与中央站连接在一条共同的总线上，保证了数据的一致性，系统的工作可靠性更高。集散式控制系统如图8-3所示。

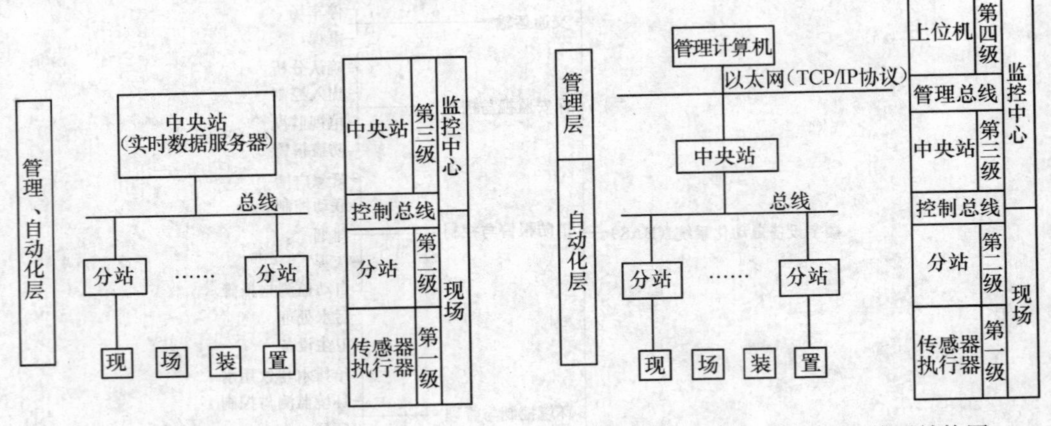

图8-2 集中式控制系统体系结构图

图8-3 集散式控制系统体系结构图

3. 现场总线式控制系统（FCS）

DDC分站连接传感器、执行器，应用现场总线，从分站至现场装置，形成分布式输入、输出现场网络层，使系统的配置更加灵活。控制网络形成了三层结构：管理层（中央站）、自动化层（DDC分站）和现场网络层（LION）。现场总线式控制系统是一种全数字式系统，信号传输采用全数字化。现场总线式控制系统如图8-4所示。

4. 网络结构系统

网络结构系统的BAS中央站嵌入网络服务器，融合互联网功能，使BAS与互联网成为一体化系统，如图8-5所示。

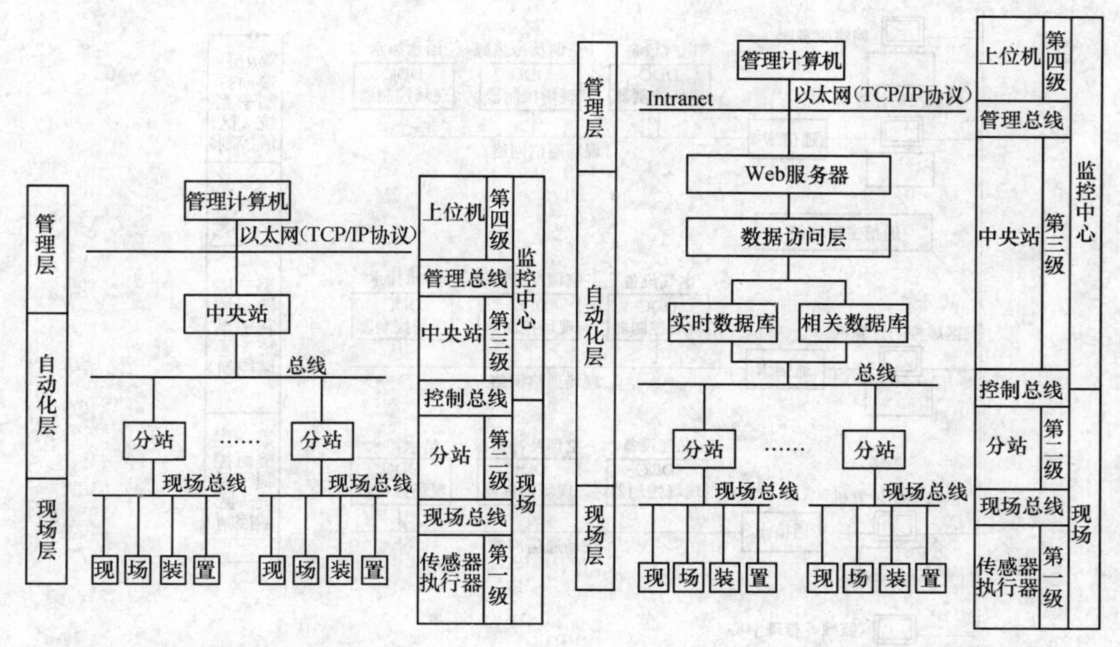

图 8-4　现场总线式控制系统体系结构图　　　　图 8-5　网络结构系统体系结构图

8.1.2　楼宇设备自动化系统体系结构

图 8-6 为常用的集散式楼宇设备自动化系统体系结构。楼宇设备自动化系统的体系结构一般采用集散型，并按功能层次化。

1. 中央管理计算机

第一层中央管理计算机，是由多台分散的微型计算机和区域智能分站经互联网连接而成的计算机系统，它是整个系统的最高端，具有很强大的处理能力，对整个系统进行监测、协调和管理，实现全局优化控制和管理，达到综合自动的目的。

中央管理计算机的功能是：监控功能、显示功能、操作功能、控制功能、数据管理辅助功能、安全保障管理功能、记录功能、自诊断功能、内部互通电话及与其他系统之间通信的功能等。

2. 监督控制层

监督控制层可分为监控站和操作站。监控站直接与现场控制器通信，监视其工作状况，完成数据、控制信号及其他信息的传递。操作站为管理人员提供操作界面，将操作请求传递给监控站，由监控站实现具体操作。

监督控制层要求硬件可靠，并具有功能完善的软件。一般选用冗余方式配置的工业控制计算机，若主控制计算机出现故障，备用机自动投入使用，保障系统继续运行。

3. 现场控制层（DDC）

现场控制层直接与位于现场的传感器、变送器和执行机构相连，对现场设备的运行状态、参数进行监测和控制，并通过通信网络实现与上层计算机之间的信息交换。

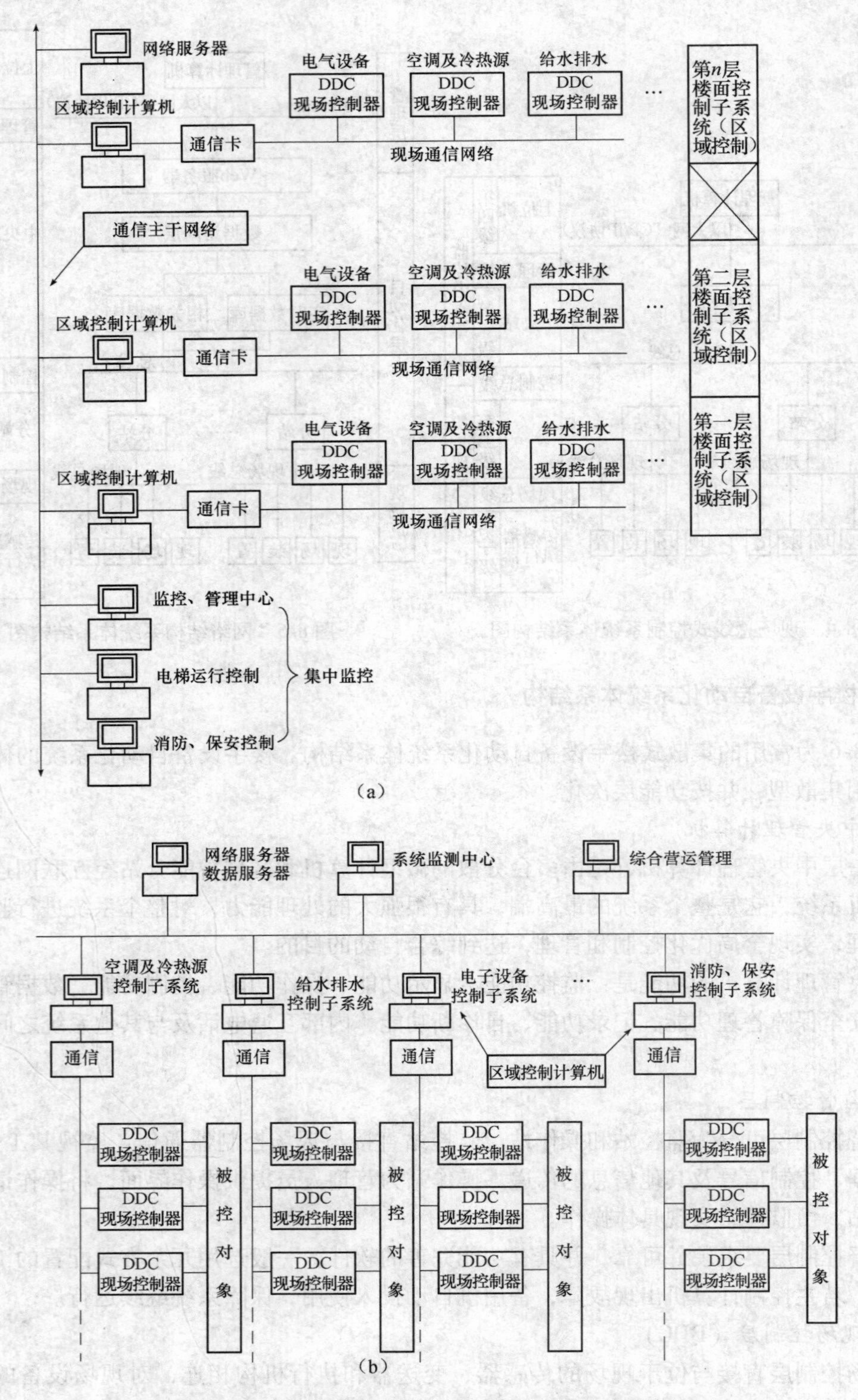

图 8-6　常用的集散式楼宇设备自动化系统体系结构

（a）按建筑层面组织的集散式控制系统；（b）按被控设备功能组织的集散式控制系统

现场控制器采用了计算机技术，安装在控制现场，又称为直接数字控制器，也称为下位机，可接收上一层操作站或监控站（又称为上位机）传送来的指令，在上位机不干预情况下，可单独对设备执行控制功能，完成对被控量的调节，实现远程控制。所有测量值和报警值经通信网络传递到中央管理计算机，供实时显示、优化计算、报警打印等。

现场控制器的结构如图 8-7 所示。

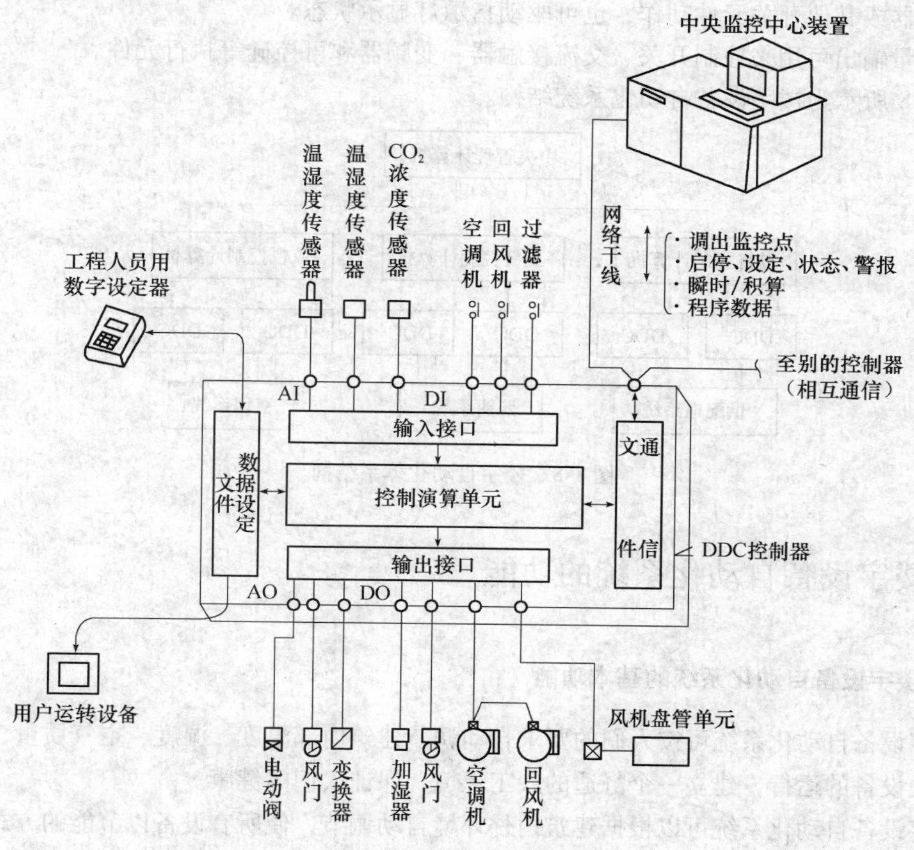

图 8-7　DDC 控制器的构成

根据信号的不同，DDC 的输入、输出有以下四种：

（1）模拟量输入（AI）

模拟量输入的物理量有温度、湿度、压力、流量等。相应的传感器感应测得这些物理量之后，经过变送器转变为电信号送到模拟量输入口（AI）。电信号可以是电流信号，也可以是电压信号，一个 DDC 可以有多个模拟量输入口。模拟量输入后，经内部模拟/数字转换器转换为数字量，再由计算机进行分析和处理。

（2）开关量输入（DI）

以开关状态为输出信号的各种限位开关如水流开关、风速开关、压差开关等，可直接接到 DDC 的 DI 通道上。

（3）模拟量输出（AO）

DDC 的模拟量输出（AO）信号是 0 ~ 5V、0 ~ 10V 电压和 0 ~ 10mA、4 ~ 20mA 电流

（此为自动测量仪表标准电信号），其输出电压或输出电流的大小由控制软件决定，因DDC计算机内部处理的都是数字信号，所以计算的数字信号还要通过其内部的数字/模拟转换器转换为连续变化原模拟量信号。模拟量输出一般用于控制风机阀、水泵阀等执行器的动作。

（4）开关量输出（DO）

开关量输出又称数字输出，它可由控制软件将输出信号变成高、低电平，通过驱动电路带动继电器或其他开关元件动作，也可驱动指示灯显示状态。

开关量输出可用来控制开关、交流接触器、变频器和可控硅等执行元件。

图8-8所示为楼宇设备自动化系统结构。

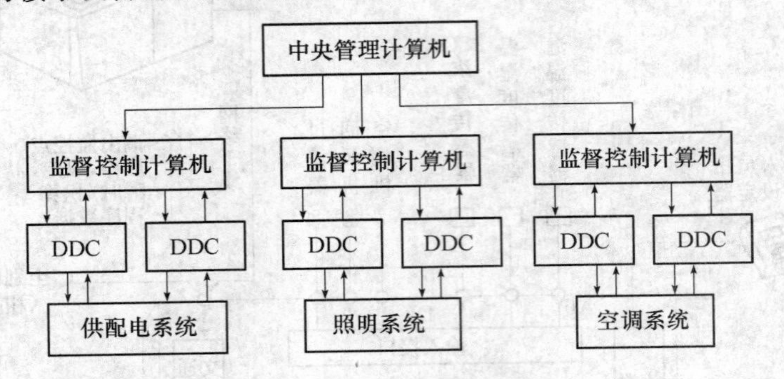

图8-8　楼宇自动化体系结构

8.2　楼宇设备自动化系统的功能

8.2.1　楼宇设备自动化系统的基本功能

楼宇设备自动化系统可按人们的要求自动调节建筑内部温度、湿度、空气质量、灯光照度及相关设备的运行，建立一个舒适的人工环境，保证人们的健康。

楼宇设备自动化系统可以根据建筑内外环境自动调节，使所有设备以节能的方式运行在满足人们需求的条件下，这样可比不用自控系统的建筑节能30%左右。

楼宇设备自动化系统按程序自动操纵建筑内的机电设备，一般不需要人直接在现场操作设备，如果需干涉系统运行可以通过修改程序或使用监控工作站控制设备的方式进行，对于设备的异常情况，自控系统可以自动报警。这样就使管理人员的工作效率大大提高，从而提高管理效率。

楼宇设备自动化系统的基本功能是：

1. 自动监视并控制各种机电设备的启停、显示或打印当前运转状态。如当冷水机组在运行过程中，冷却水泵出现故障，备用泵自动投入运行等。

2. 自动检测、显示、打印各种设备的运行参数、变化趋势或历史数据。如温度、湿度、压差、流量、电流、用电量等，当参数超过正常范围时，自动实现越限报警。

3. 根据外界条件、环境因素、负载变化情况自动调节各种设备，使之始终运行于最佳状态。如空调设备可根据气候变化、室内人员多少自动调节，优化到既节约能源又感觉舒适的最佳状态。

4. 监测并及时处理各种意外和突发事件。如检测到停电、煤气泄漏等偶然事件时，可按预先编制的程序迅速进行处理，避免事态扩大。

5. 实现对大楼内各种机电设备的统一管理、协调控制。

火灾发生时，不仅仅消防系统立即自动启动并投入工作，而且整幢大楼的所有有关系统将自动转换方式，协同工作。

供配电系统立即自动切断普通电源，确保消防电源。

空调系统自动停止通风，启动排烟风机。

电梯系统自动停止使用，普通电梯降至底层，自动启动消防电梯。

照明系统自动接通事故照明、避难诱导灯。

有线广播系统自动转入紧急广播，指挥安全疏散。

整个建筑设备的自动化系统将自动实现一体化的协调运转，以使火灾损失减到最小。

6. 能源管理。

自动对水、电、燃气等进行计量与收费，实现能源管理自动化。

自动提供最佳能源控制方案，如白天使用燃气，夜晚使用电能，以错开用电高峰，达到合理、经济地使用能源的目的。

自动监测、控制设备用电量以实现节能，如下班后、节假日和室内无人时，自动关闭空调及照明等。

7. 设备管理。

包括设备档案管理（设备配置及参数档案）、设备运行报表和设备维修管理等。

8.2.2 楼宇设备自动化系统的监控功能

楼宇设备自动化系统的监控功能，应满足建筑物中各个子系统的经济合理、优化运行的要求，满足建筑物总体信息系统集成化管理的要求。

楼宇设备自动化系统主要包括以下几个设备监控子系统：冷冻站设备监控子系统、热交换站设备监控子系统、空调机组设备监控子系统、新风机组设备监控子系统、给排水设备监控子系统、送排风设备监控子系统、电力设备监控子系统、照明监控子系统、电梯运行监控子系统等。各设备监控子系统常用监控功能列于表8-1～表8-9中。

表8-1 冷冻站设备监控子系统常用监控功能表

监控内容	常用监控功能	常用仪表选择
冷冻水供、回水温度	参数测量及自动显示，历史数据记录及定时打印、故障报警	水管式温度传感器，插入长度使敏感元件位于管道中心位置；保护管应符合耐压等级
冷冻水供水流量	瞬时与累计值的自动显示、历史数据记录及定时打印、故障报警	电磁流量计，注明工作温度、压力、管径、流量范围、介质重度、黏度和导电率
冷负荷计算	根据冷冻水供、回水温度和供水流量测量值，自动计算建筑物实际消耗冷负荷量	

续表

监控内容	常用监控功能	常用仪表选择
冷水机组台数控制	根据建筑物所需冷负荷和实际冷负荷量自动确定冷水机组运行台数，达到最佳节能目的	每台冷水机组的电控柜内应为建筑设备监控系统设置控制和状态信号接点
供回水压差自动调节	根据供、回水压差测量值，自动调节冷冻水旁通水阀，以维持供、回水压差为设定值	差压变送器、双座或其他差压允许值大的电动调节阀，调节阀口径和特性应满足调节系统的动态要求，耐压等级能满足工作条件
冷却水供、回水温度	参数测量及自动显示、历史数据记录及定时打印，故障报警	水管式温度传感器，插入长度使敏感元件位于管道中心位置；保护管应符合耐压等级
膨胀水箱水位自动控制	自动控制进水电磁阀的开启与闭合，使膨胀水箱水位维持在允许范围内，水位超限时进行故障自动报警和记录	浮球式水位控制器，设置上、下限水位控制和高、低报警四个控制点；常闭式电磁阀
冷却水温度自动控制	自动控制冷却塔风扇启停，使冷却水供水温度低于设定值	每台冷却塔风扇的电气控制回路内，应为建筑设备监控系统设置控制和状态信号接点
冷水机组保护控制	机组运行状态下，冷冻水与冷却水的水流开关自动检测水流状态，如异常则自动停机，并报警和进行事故记录	在每台冷水机组的冷冻水和冷却水管内安装水流开关
冷水机组定时启停控制	根据事先排定的工作及节假日作息时间表，定时启，停机组	机组电控柜内，应设置状态信号和控制信号
冷水机组联锁控制	启动顺序：开启冷却塔蝶阀，开启冷却水蝶阀，启动冷却水泵，开启冷冻水蝶阀，启动冷冻水泵，水流开关检测到水流信号后启动冷水机组。停止顺序：停冷水机组，关冷冻水泵，关冷冻水蝶阀，关冷却水泵，关冷却水蝶阀，关冷却塔风机、蝶阀	电动控制蝶阀，蝶阀直径与管径相同，除现场控制器外，电动蝶阀宜单独设置电动控制装置
自动统计与管理	自动统计系统内水泵、风机的累计工作时间，进行启停的顺序控制，提示定期维修	
可选监控功能		
	根据系统需要增设其他测量控制点	
机组通讯	与机组控制器进行数据通讯	专用通信接口及软件

表 8-2　热交换站设备监控子系统常用监控功能表

监控内容	常用监控功能	常用仪表选择
一次水供、回水温度	参数测量及自动显示、历史数据记录及定时打印，故障报警	水管式温度传感器，插入长度使敏感元件位于管道中心位置；保护管应符合耐压等级
一次水供水压力		压力变送器，性能应稳定可靠，安装和取压方式应能满足规范要求
一次水供水流量	瞬时与累计值的自动显示、历史数据记录及定时打印、故障报警	电磁流量计，注明工作温度、压力、管径、流量范围、介质重度、黏度和导电率；如导电率无法满足要求，可采用标准节流装置和差压变送器，需经过计算选取参数

续表

监控内容	常用监控功能	常用仪表选择
自动计算消耗热量	根据供、回水温度和供水流量测量值，自动计算建筑物实际消耗热负荷量	
二次水供、回水温度	参数测量及自动显示、历史数据记录及定时打印、故障报警	水管式温度传感器，插入长度使敏感元件位于管道中心位置；保护管应符合耐压等级
二次水温度自动调节	自动调节热交换器一次热水/蒸汽阀开度，维持二次出水温度为设定值	电动调节阀，调节阀口径和特性应满足调节系统的动态要求，耐压等级能满足工作条件
自动联锁控制	当循环泵停止运行时，一次水调节阀应迅速关闭	
设备定时启、停控制	根据事先排定的工作及节假日作息时间表，定时启、停设备，自动统计设备工作时间，提示定期维修	水泵电控柜内，应设置状态信号和控制信号
	可选监控功能	
	根据系统需要增设其他测量控制点	

表8-3 空调机组设备监控子系统常用监控功能表

监控内容	常用监控功能	常用仪表选择
新风门控制	参数测量及自动显示、历史数据记录及定时打印、故障报警	电动风门执行机构，要求与风阀联结装置匹配并符合风阀的转矩要求。控制信号和位置反馈信号与现场控制器的信号相匹配
过滤器堵塞报警	空气过滤器两端压差大于设定值时报警，提示清扫	压差控制器，量程可调
防冻保护	加热器盘管处设温控开关，当温度过低时开启热水阀，防止将加热器冻坏	温度控制器，量程可调，一般设置在4℃左右
回风温度自动检测	参数测量及自动显示、历史数据记录及定时打印、故障报警	风管式温度传感器，风管内插入长度>25mm
回风温度自动调节	冬季自动调节热水调节阀开度，夏季自动调节冷水调节阀开度，保持回风温度为设定值。过渡季根据新风的温湿度自动计算焓值，进行焓值调节	电动调节阀，调节阀口径和特性应满足调节系统的动态要求，耐压等级能满足工作条件
回风湿度自动检测	测量参数及自动显示、历史数据记录及定时打印、故障报警	风管式湿度传感器
回风湿度自动控制	自功控制加湿阀开断，保持回风湿度为设定值	常闭式电磁阀，调节阀口径与管径相同，耐温符合工作温度要求，控制电压等级与现场控制器输出相匹配
风机两端压差	风机启动后两端压差应大于设定值，否则及时报警与停机保护	压差控制器，量程可调
机组定时启、停控制（或根据需要进行变频控制）	根据事先排定的工作及节假日作息时间表，定时启、停机组	机组电控柜内，应设置状态信号和控制信号
工作时间统计	自动统计机组工作时间，定时维修	

续表

监控内容	常用监控功能	常用仪表选择
联锁控制	风机停止后，新、回风风门、电动调节阀、电磁阀自动关闭	
重要场所的环境控制	在重要场所设温、湿度测点，根据其温、湿度直接调节空调机组的冷、热水阀，确保重要场所的温、湿度为设定值	重要场所的温、湿度测点，可分别采用室内式温、湿度传感器，也可采用一体式温、湿度传感器
最小新风量控制	在回风管内设置二氧化碳检测传感器，根据二氧化碳浓度自动调节新风阀，在满足二氧化碳浓度标准下，使新风阀开度最小，可节能	二氧化碳浓度检测传感器，采用回风管安装方式，量程符合工作条件要求
新风温、湿度自动检测 送风温、湿度自动检测	参数测量及自动显示、历史数据记录及定时打印、故障报警	温、湿度测点可分别采用风管式温、湿度传感器，也可采用一体式温、湿度传感器

表 8-4　新风机组设备监控子系统常用监控功能表

监控内容	常用监控功能	常用仪表选择
新风门控制	参数测量及自动显示、历史数据记录及定时打印、故障报警	电动风门执行机构，要求与风阀联结装置匹配并符合风阀的转矩要求。控制信号和位置反馈信号与现场控制器的信号相匹配
过滤器堵塞报警	空气过滤器两端压差大于设定值时报警，提示清扫	压差控制器，量程可调
防冻保护	加热器盘管处设温控开关，当温度过低时开启热水阀，防止将加热器冻坏	温度控制器，量程可调，一般设置在4℃左右
送风温度自动检测	参数测量及自动显示、历史数据记录及定时打印、故障报警	风管式温度传感器，风管内插入长度 >25mm
送风温度自动调节	冬季自动调节热水调节阀开度，夏季自动调节冷水调节阀开度，保持送风温度为设定值，过渡季根据新风的温、湿度自动计算焓值，进行焓值调节	电动调节阀，调节阀口径和特性应满足调节系统的动态要求，耐压等级能满足工作条件
送风湿度自动检测	参数测量及自动显示、历史数据记录及定时打印、故障报警	风管式湿度传感器
送风湿度自动控制	自动控制加湿阀开断，保持送风湿度为设定值	常闭式电磁阀，调节阀口径与管径相同，耐温符合工作温度要求，控制电压等级与现场控制器输出相匹配
风机两端压差	风机启动后两端压差应大于设定值，否则及时报警与停机保护	压差控制器，量程可调
机组定时启、停控制（或根据需要进行变频控制）	根据事先排定的工作及节假日作息时间表，定时启、停机组	机组电控柜内，应设置状态信号和控制信号

续表

监控内容	常用监控功能	常用仪表选择
工作时间统计	自动统计机组工作时间，定时维修	
联锁控制	风机停止后，新风风门、电动调节阀、电磁阀自动关闭	
最小新风量控制	在回风管内设置二氧化碳检测传感器，根据二氧化碳浓度自动调节新风阀，在满足二氧化碳浓度标准下，使新风阀开度最小，可节能	二氧化碳浓度检测传感器，采用回风管安装方式，量程符合工作条件要求
新风湿、湿度自动检测	测量参数及自动显示、历史数据记录及定时打印、故障报警	温、湿度测点可分别采用风管式温、湿度传感器，也可采用一体式温、湿度传感器

表 8-5 给排水设备监控子系统常用监控功能表

给水设备监控子系统常用监控功能		
监控内容	常用监控功能	常用仪表选择
水箱水位自动控制	自动控制给水泵启、停，使水箱水位维持在设定范围内	浮球水位计，将浮球固定在控制水位的上、下限处
水箱水位自动报警	水位超过设定报警线时发出报警信号，同时进行事故记录及打印	在浮球水位计上增加上、下限报警浮球
工作时间统计	自动统计水泵工作时间，定时维修	
排水设备监控子系统常用监控功能		
监控内容	常用监控功能	常用仪表选择
水池水位自动控制	自动控制排水泵启、停，使水池水位不超过设定线	浮球水位计，将浮球固定在控制水位的上、下限处
水池水位自动报警	水位超过设定报警线时发出报警信号，同时进行事故记录及打印	在浮球水位计上增加上、下限报警浮球
工作时间统计	自动统计水泵工作时间，定时维修	

表 8-6 送排风设备监控子系统常用监控功能表

监控内容	常用监控功能	常用仪表选择
风机自动控制	自动控制风机启、停	风机电控柜内，应设置状态信号和控制信号
一氧化碳自动报警	车库中一氧化碳浓度超过设定报警线时，发出报警信号，同时自动启动风机工作	一氧化碳浓度传感器，车库内挂墙安装
工作时间统计	自动统计风机工作时间，定时维修	

表 8-7 电力设备监控子系统常用监控功能表

监控内容	常用监控功能	常用仪表选择
变压器线圈温度过热保护	当变压器过负荷时，线圈温度升高，温度控制器发出信号，自动报警记录故障，并采取相应措施	温度控制器由制造厂家预埋在变压器线圈里，现场控制器可直接获取开关量信号
电流检测	自动检测回路电流，越限自动报警记录故障，并采取相应措施	通过电控柜中安装的电流互感器，将被测回路的电流转换为 0 ~ 5A，再通过电流变送器将其变为标准信号送至现场控制器
电压检测	自动检测回路电压，故障自动报警、记录，并采取相应措施	通过电控柜中安装的电压互感器，将被测回路的电压转换为 0 ~ 110V，再通过电压变送器将其变为标准信号送至现场控制器
开关状态检测	自动检测各重要回路开关状态，跳闸时自动报警、记录，并采取相应措施	从断路器或自动开关的辅助接点上获取信号
有功功率检测	自动检测回路有功功率	通过电流与电压互感器，将被测回路的电流与电压信号送至有功功率变送器，将其变为标准信号送至现场控制器
无功功率检测	自动检测回路无功功率	通过电流与电压互感器，将被测回路的电流与电压信号送至无功功率变送器，将其变为标准信号送至现场控制器
电量检测	自动检测回路用电量及建筑物总用电量	通过电流与电压互感器，将被测回路的电流与电压信号送至电量变送器，将其变为标准信号送至现场控制器
频率检测	自动检测回路频率	通过频率变送器，将其变为标准信号送至现场控制器

表 8-8 照明监控子系统常用监控功能表

监控内容	常用监控功能	常用仪表选择
建筑内部照明分区控制	可按照建筑内部功能，划分照明的分区及分组控制方案，自动或遥控各个照明区域的电源通断	照明配电柜内，应设置状态信号和控制信号
建筑外部道路照明分区控制	可按照时间或室外照度，自动控制室外各个照明区域的电源通断	安装在室外的照度传感器，将照度转变为标准信号送至现场控制器
建筑外部轮廓与效果照明控制	可按照建筑外部照明方案，自动或遥控各分组照明灯光的电源通断，达到外部照明要求的效果	照明配电柜内，应设置状态信号和控制信号

表8-9　电梯运行监控子系统常用监控功能表

监控内容	常用监控功能	常用仪表选择
电梯运行状态监视	自动监测各电梯运行状态，紧急情况或故障自动报警和记录	电梯控制柜内，应设置状态信号和控制信号
扶梯运行状态监视	自动监测各扶梯运行状态，紧急情况或故障自动报警和记录	扶梯控制柜内，应设置状态信号和控制信号
工作时间统计	自动统计电梯工作时间，定时维修	

8.3　楼宇设备自动化系统常用器材

楼宇设备自动化系统使用的器材包括：传感器、执行器、各类接口和控制设备等。

1. 传感器

传感器或变送器是将各种需要测量的物理量（电量或非电量）转化为控制设备可以接受的电信号的检测设备，有模拟量（辨别细微变化）和数字量（辨别是非）两种。常用的传感器有温度传感器、湿度传感器、压力传感器、压差传感器、流量传感器、液位传感器等。传感器安装在有信号采集点的管道和设备上。

（1）温度传感器

温度传感器是传感器中种类最多、应用最广的一种，主要用于测量室内、室外、风道、水管的平均温度，一般是以用铂、镍、铜等贵金属制作的热电阻或热电偶作为传感元件。

温度传感器工作原理是：传感元件的电阻值随温度的变化而变化，传感器将传感元件电阻值的变化信号先进行线性化处理，再由放大单元转换成与温度变化成比例的电信号（一般为0～10V或4～20mA直流信号）输出，或者按其电阻值变化作出相应温度变化的校正曲线进行电阻值与实际温度值的交换。

在实际应用中，要获得一个大空间的精确温度，往往需要将4个、9个、16个或更多的传感器以串联或并联的方法连接起来，以获取整个空间的平均温度。

在楼宇设备控制中还会用到一些基于机械转换原理的温度传感器，如利用被测物体受热后压力变化产生的位移进行温度测量的压力式温度传感器；利用两种不同膨胀系数的双金属片组产生的机械形变进行温度测量的双金属片式温度传感器等，但这些温度传感器大多测量精度较低，只能用于较为简单的系统中。

温度传感器按使用安装要求的不同，又分为室内温度传感器、室外温度传感器、风道温度传感器、浸没式温度传感器、烟气温度传感器、表面接触温度传感器等。图8-9所示为室内温度传感器外形。

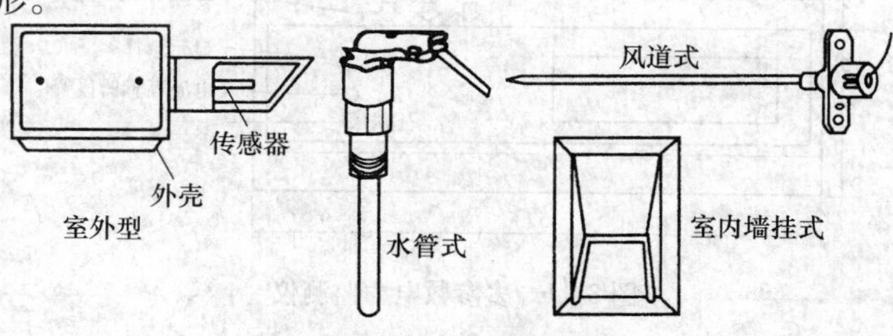

图8-9　室内温度传感器的外形

(2) 湿度传感器

湿度传感器用于测量环境空气的相对湿度，其工作原理及使用方法与温度传感器基本相同，只是使用的传感元件不同，安装形式有室内、室外、风道等。

湿度传感器一般使用半导体金属氧化物制作的湿敏传感元件，其感湿原理是：当湿敏元件处于不同湿度环境中时，湿敏元件吸附空气中的水分，吸附的水分子数量越多，其电阻率越低；反之，则电阻率越高。只要测得湿敏元件的电阻，即可测出湿度。

楼宇设备自动化系统中常用的是电容湿度传感器，湿敏元件为电容两极板间所夹的一层感温聚合物薄膜。图 8-10 所示为室内湿度传感器外形。

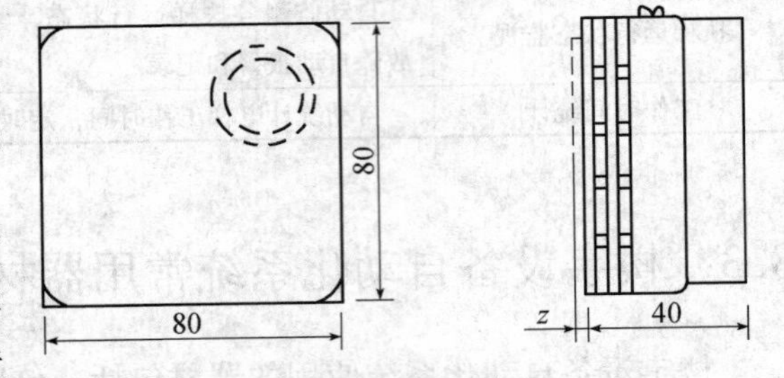

图 8-10　室内湿度传感器的外形

(3) 压力传感器和压差传感器

楼宇自控系统中的压力测量为微压，范围是 0～5kPa。

压力传感器和压差传感器是将空气或液体压力信号转换为 4～20mA 或 0～10V 电信号的变换装置，常用的有风管型、水管型和蒸汽型等，主要用于空气压力、流量和液体压力、流量的测量。

楼宇自控系统常用的有电容式压差传感器、液体压差传感器等。

(4) 流量传感器

常用的流量传感器有节流式、容积式、速度式、电磁式等。

在管道垂直安装时，液体流向应自下而上，以保证导管内充满被测液体或不致产生气泡；在管道水平安装时，必须使流量计电极处在水平方向，以保证测量精度。

(5) 电量变送器

电量变送器是将各种电量，如电流、电压、功率、频率等转换为标准输出信号（4～20mA或 0～10V 电信号）的装置，用于楼宇自控系统对于建筑物内变配电系统各种电量的监测记录，需设有电流互感器。常用的电量变送器有电压、电流、频率、有功功率、功率因数和有功电度等供用电参数变送器等，电量变送器的原理与互感器相同。

图 8-11 所示为一种多参数电力监测仪，它可以监测单相或三相电力参数。

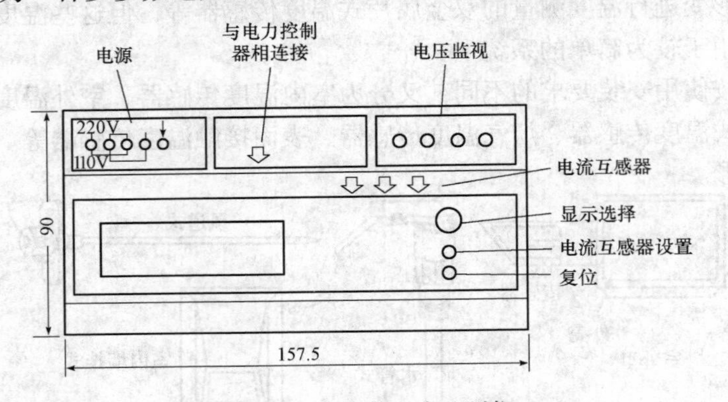

图 8-11　多参数电力监测仪

(6) 空气质量传感器

空气质量传感器是一种导热式气体分析仪，它根据不同气体具有不同热传导能力的原理，通过测定混合气体导热系数来推算其中某些组分气体的浓度。空气质量传感器常用半导体金属氧化物作为热敏元件。

2. 执行器

执行器按照控制器的指令，调节能量或物料的输送量，是楼宇自控系统的终端执行部件，也是对各种管道进行启闭自动控制的装置，包括各种压差开关、电动阀、电磁阀、风门驱动器等，执行器装在管道上。

执行器一般有执行机构和调节机构两个组成部分，其中执行部分是执行器的驱动部分，按控制器输送信号的大小产生相应的推力或位移；调节机构是执行器的调节部分，接受执行机构的操纵，改变阀门的开度，调节工艺介质的流量。

执行器按其使用的动力种类可分为电动、气动和液动三种。

(1) 压差开关

压差开关利用空气或液体的流量、压力或压差完成启闭开关动作。空气压差开关通过两个传感孔检测压差，压差作用于控制器薄膜的两侧，推动用弹簧承托的薄膜移动并启动开关。安装时，应将薄膜置于与水平面垂直的位置。

(2) 电磁阀

电磁阀是电动执行器中最简单的一种，它利用线圈通电后，产生电磁吸力提升活动铁芯，带动阀塞运动，控制空调设备或制冷设备中的气体或液体通断。

电磁阀有直动式和先导式两种，如图8-12和图8-13所示。直动式电磁阀的活动铁芯就是阀塞，通过电磁吸力开阀，失电后，由复位弹簧闭阀。先导式电磁阀由导阀和主阀组成，通过导阀的先导作用促使主阀开闭。线圈通电后，电磁力吸引活动铁芯上升，使排出孔开启。由于排出孔远大于平衡孔，导致主阀上腔中压力降低，但主阀下方压力仍与进口侧压力相等，使主阀因压力差而上升，阀呈开启状态。断电后，活动铁芯下落，将排出孔封闭，主阀上腔因从平衡孔冲入介质而压力上升，当上腔压力接近进口压力时，主阀在自身弹簧及复位弹簧的作用下下降，使阀关闭。

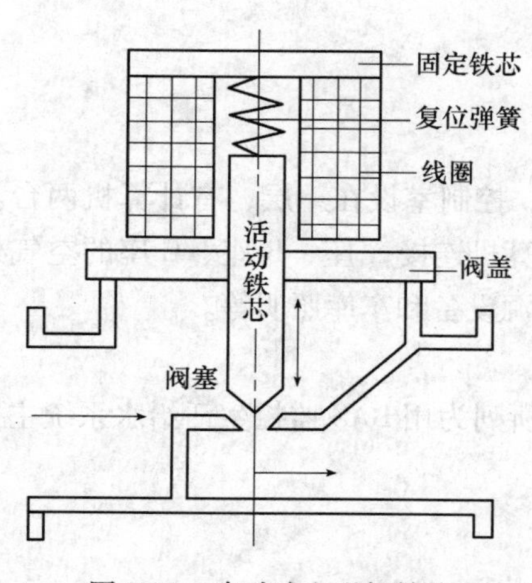

图8-12 直动式电磁阀结构

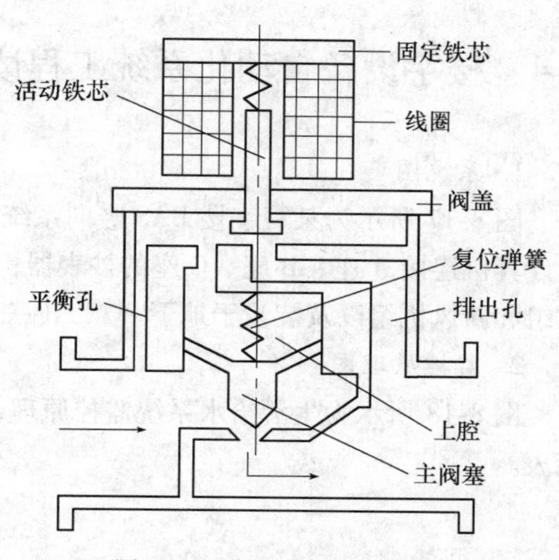

图8-13 先导式电磁阀结构

(3) 电动阀

电动阀以电动机为动力元件，将调节器输出信号转换为阀门的开度。它是一种连续动作的执行器，由电动机、减速器、阀体（调节器）等部分组成，电动机和减速器组成电动执行机构。在结构上，电动执行机构除可与调节阀组装成整体的执行器外，还常单独安装后再连接，以适应各方面需要，使用比较灵活。图 8-14 所示为电动阀结构原理。

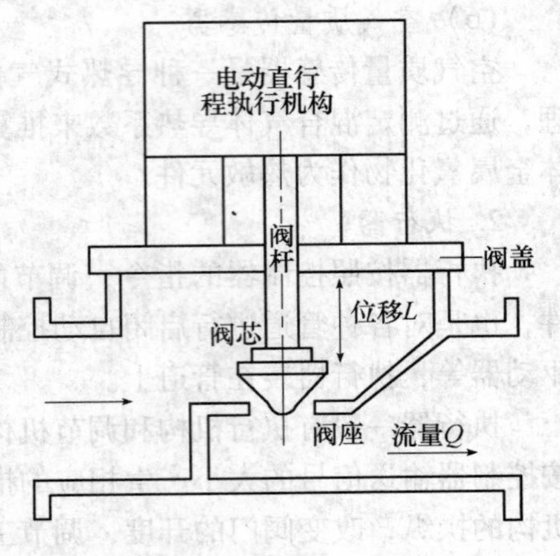

图 8-14　电动阀结构原理

(4) 电动风门

电动风门用来调节控制风门，以达到调节风管中风量和风压的目的。图 8-15 所示为风门的结构原理。图 8-16 所示为电动式风门。

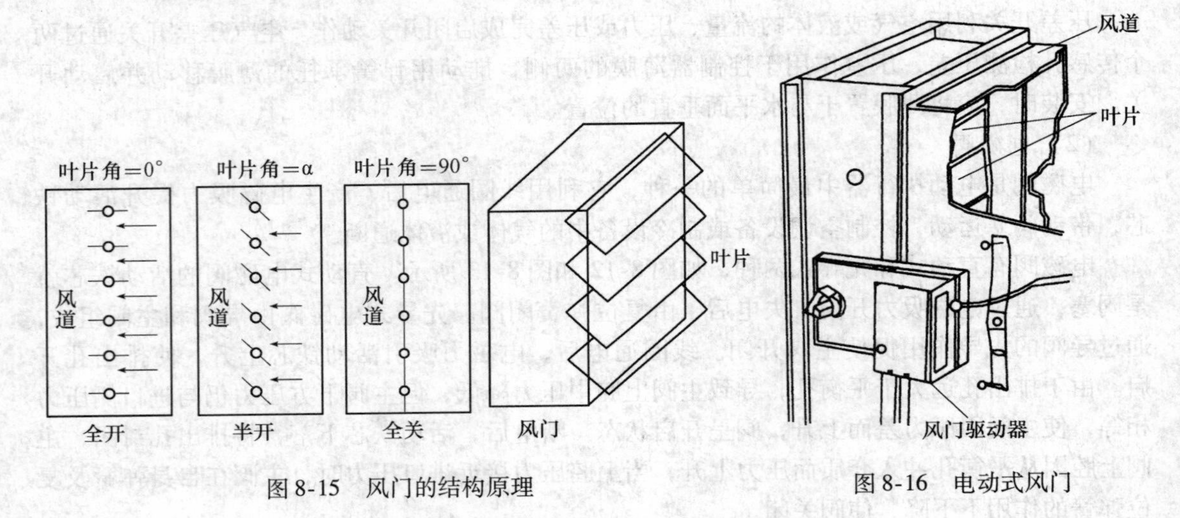

图 8-15　风门的结构原理

图 8-16　电动式风门

8.4　楼宇设备自动化系统工程读图识图

1. 系统图

图 8-17 所示为某写字楼 BAS 竖向系统图。图中，控制室设在一层，有计算机两台。一台计算机连接 A 座、B 座、C 座的抄表器；另一台计算机连接 A 座、B 座、C 座的空气处理机组和新风机组以及装设于地下一、二、三层的冷热源设备和车库照明等。

2. 监控原理图

图 8-18 所示为生活给水系统监控原理，表 8-10 所列为用 BAS 监控生活给水系统主要功能表。

图 8-17　某写字楼 BAS 竖向系统图

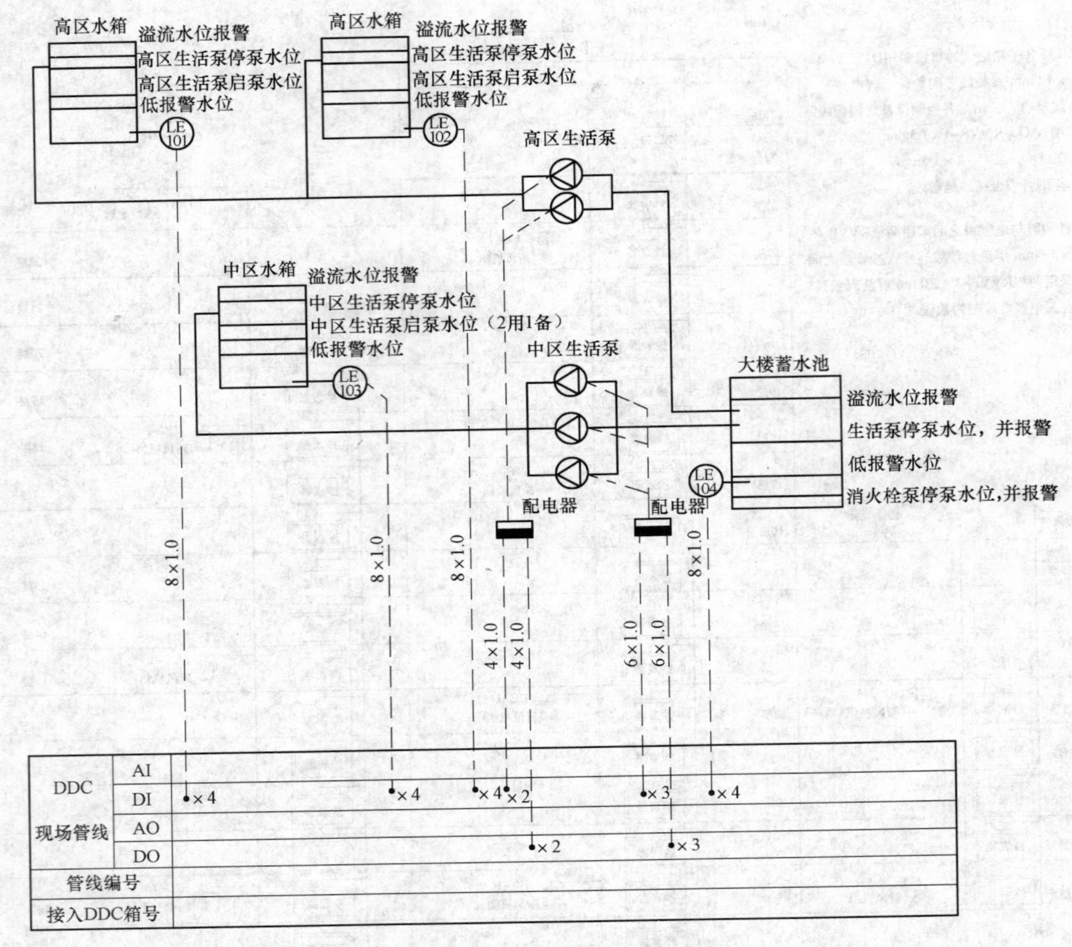

图 8-18　生活给水系统控制

表 8-10　用 BAS 监控生活给水系统的主要功能表

监控内容	控制方法
系统监测及报警	生活水箱水位低于启泵水位时自动启动生活泵 生活水箱水位高于停泵水位时自动停生活泵 根据工艺要求，确定水泵运行台数及控制策略
	自动统计设备工作时间，提示自动维修 根据每台泵运行时间，自动确定运行与备用泵
	生活水箱水位低于报警水位时自动报警 生活水箱水位高于溢流水位时自动报警
	如取消水箱，可采用恒压供水

图 8-19 所示为生活排水系统监控原理图，表 8-11 所列为用 BAS 监控生活排水系统主要功能表。

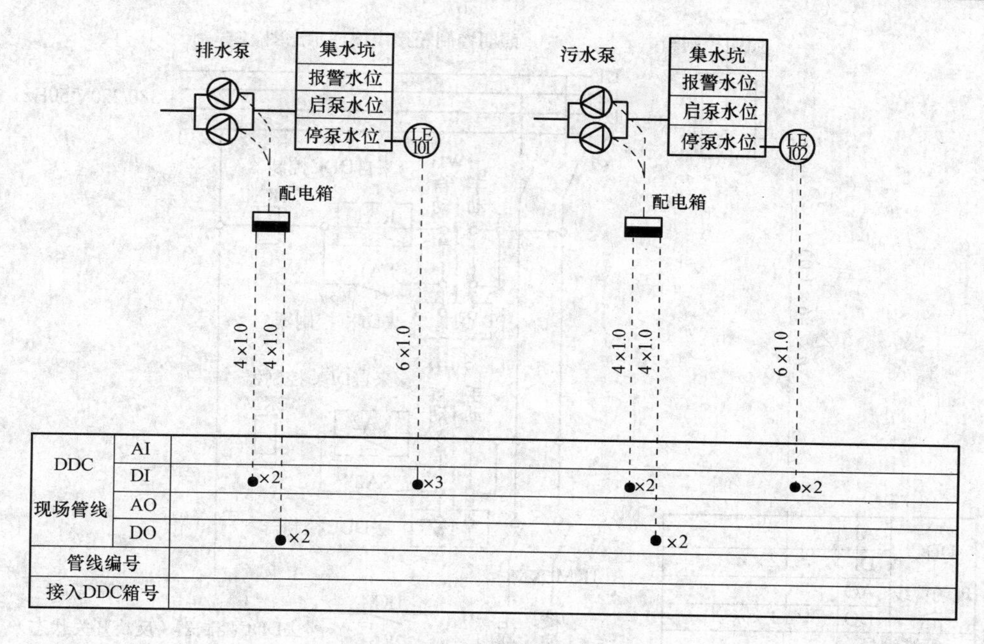

图 8-19　生活排水系统控制

表 8-11　用 BAS 监控生活排水系统的主要功能表

监控内容	控制方法
1. 水位自动控制	水坑、水池水位高于启泵水位时自动启泵排水 水位低于停泵水位时自动停泵 水池水位高于报警水位时启动备用泵
2. 设备启停控制	自动统计设备工作时间，提示定时维修 根据每台泵运行时间，自动确定运行与备用泵
3. 参数检测及报警	水坑、水池水位高于报警水位时自动报警

图 8-20 所示为照明系统监控原理图，表 8-12 所列为用 BAS 监控照明系统主要功能表。

表 8-12　用 BAS 监控照明系统的主要功能表

监控内容	控制方法
1. KA1/KA2	DDC 输出接点辅助继电器
2. SA1/SA2	手动开关或来自照明集中控制箱触点
3. 控制方式	彩灯/门厅/障碍灯等的控制方式均与走廊照明相同 根据安装场所不同，可按照预先设定的时间表自动控制照明开关 室外照明可根据室外照度自动控制照明调光器调整室外照明亮度 彩灯可根据要求分组控制，产生特殊效果 障碍灯应根据要求进行闪烁控制

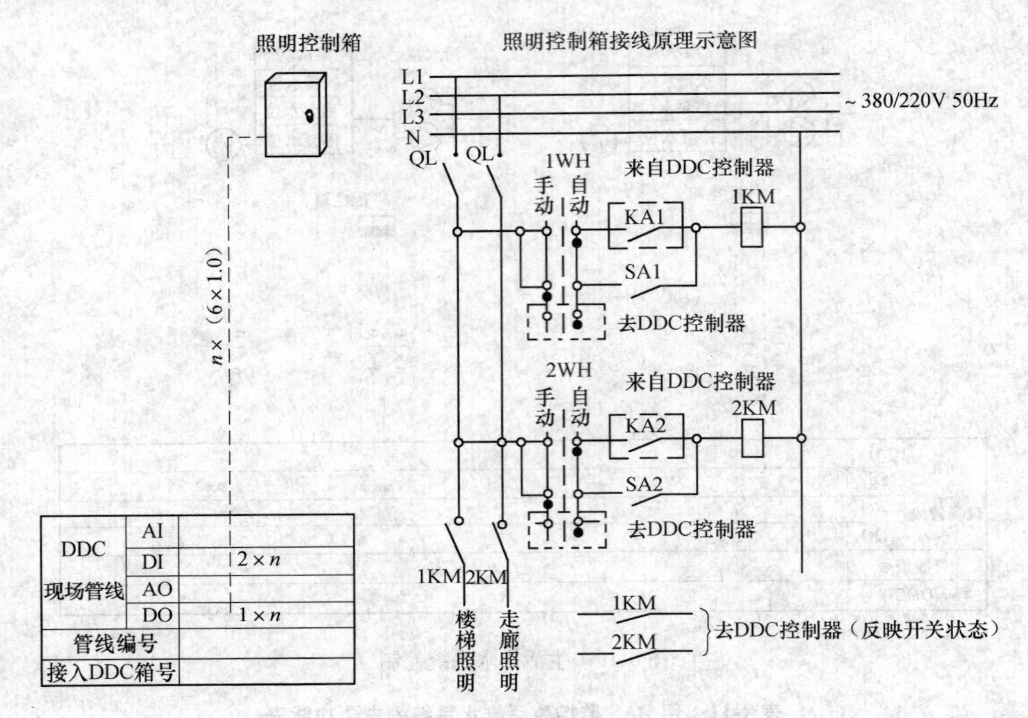

图 8-20　照明系统控制

图 8-21 所示为空调机监控原理图，表 8-13 所列为用 BAS 监控空调机主要功能表。

表 8-13　用 BAS 监控空调机的主要功能表

监控内容	控制方法
1. 回风温度自动控制	冬季自动调节热水阀开度，保证回风温度为设定值 夏季自动调节冷水阀开度，保证回风温度为设定值 过渡季根据新风的温湿度计算焓值，自动调节混风比
2. 回风湿度自动控制	自动控制加湿阀开闭，保证回风湿度为设定值
3. 过滤器堵塞报警	空气过滤器两端压差过大时报警，提示清扫
4. 机组定时启停控制	根据事先排定的工作及节假日作息时间表，定时启停机组自动统计机组工作时间，提示定时维修
5. 联锁保护控制	联锁：风机停止后，新回排风门、电动调节阀、电磁阀自动关闭 保护：风机启动后，其前后压差过低时故障报警，并联锁停机 防冻保护：当温度过低时，开启热水阀，关新风门，停风机，报警
6. 重要场所的环境控制	在重要场所设温湿度测点，根据其温湿度，直接调节空调机组的冷热水阀，确保重要场所的温湿度为设定值 在重要场所设二氧化碳测点，根据其浓度调节新风比

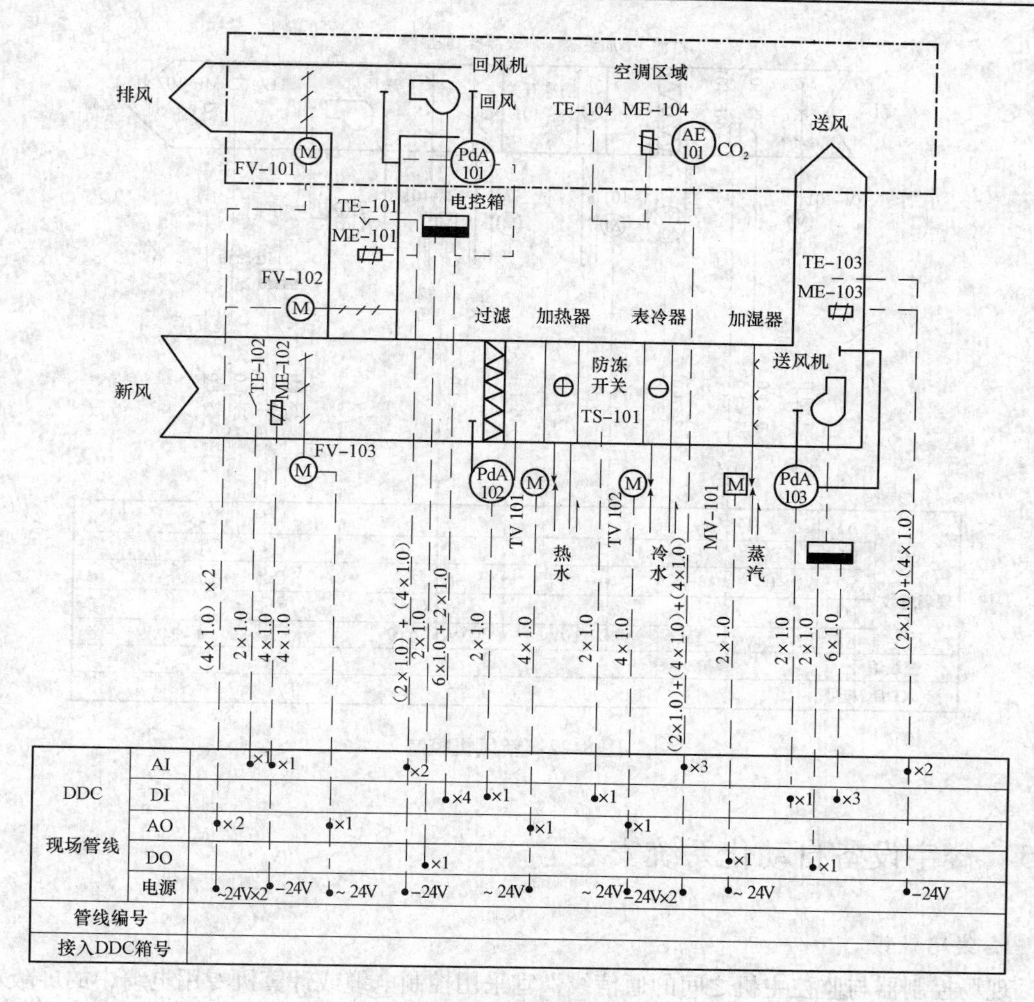

图 8-21　空调机控制

图 8-22 所示为新风机监控原理图，表 8-14 所列为用 BAS 监控新风机主要功能表。

表 8-14　用 BAS 监控新风机的主要功能表

监控内容	控制方法
1. 送风温度自动控制	冬季自动调节热水阀开度，保证送风温度为设定值 夏季自动调节冷水阀开度，保证送风温度为设定值
2. 送风湿度自动控制	自动控制加湿阀开闭，保证送风湿度为设定值
3. 过滤器堵塞报警	空气过滤器两端压差过大时报警，提示清扫
4. 机组定时启停控制	根据事先排定的工作及节假日作息时间表，定时启停机组自动统计机组工作时间，提示定时维修
5. 联锁保护控制	联锁：风机停止后，新风风门、电动调节阀、电磁阀自动关闭 保护：风机启动后，其前后压差过低时故障报警，并联锁停机 防冻保护：当温度过低时，开启热水阀，关新风门，停风机

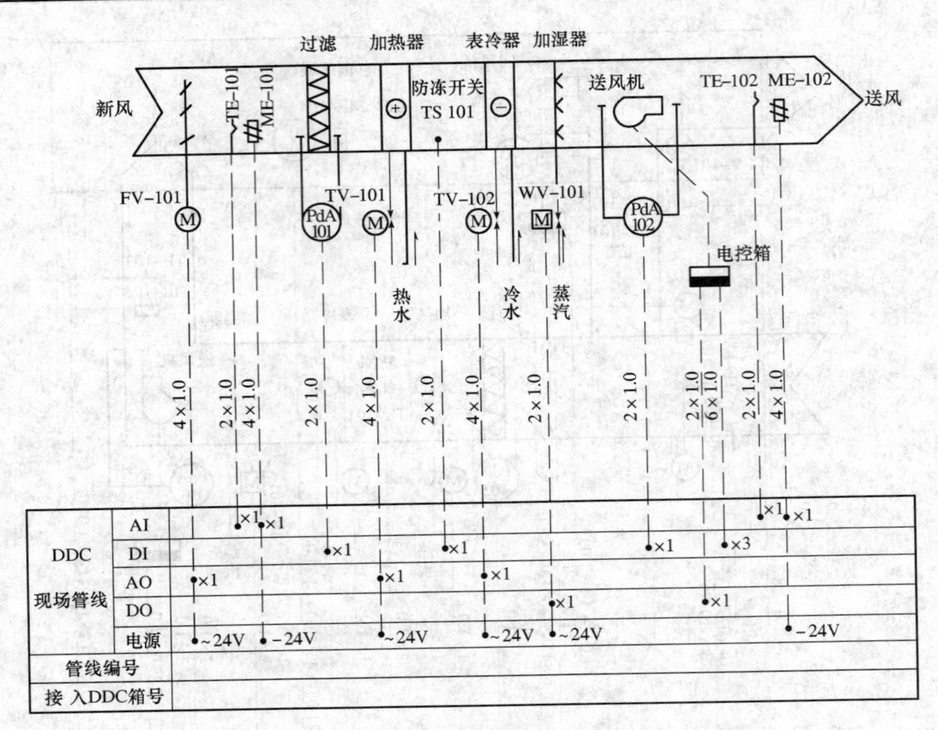

图 8-22　新风机控制

8.5　楼宇设备自动化系统安装

1. 线路敷设

现场控制器与监控主机之间的通信线，宜采用控制电缆或计算机专用电缆中的屏蔽对绞线，截面为0.5～1mm²，也可根据系统的要求选用。

仪表控制电缆宜采用截面为0.75～1.5mm² 的控制电缆，根据现场控制器要求选择控制电缆的规格。一般模拟量输入、输出采用屏蔽电缆，开关量输入、输出采用非屏蔽电缆。

2. 现场控制器 DDC 的设置原则及布线方式

DDC 的设置，应主要考虑系统管理方式，安装调试维护方便和经济性，一般按机电系统的平面布置进行划分，如布置在冷冻站、热交换站、空调机房、新风机房等控制参数较为集中之处，也可根据要求布置在弱电竖井中，箱体一般挂墙明装。

每台 DDC 的输入、输出接口数量与种类应与所控制的设备要求相适应，并留有10%～15%的余量。

3. 中央控制室的布置要求

楼宇设备自动化系统中央控制室的位置，应尽量靠近控制负荷中心，注意远离变配电室等电磁干扰源，并注意防潮、防震。

中央控制室内设备布置时应满足以下要求：

（1）控制台前应留大于3m的操作距离，控制台离墙布置时台后应留有大于1m的检修距离，并注意避免阳光直射。

（2）当控制台横向排列总长度大于7m时应在两端各留有足够的安装和观察面积。

（3）当系统单独设置不间断电源，并采用集中供电方式时，应考虑放置电源设备的面积和位置。

（4）应适当考虑工作人员值班、维修及休息所需的面积。

（5）控制室内宜采用抗静电活动地板。

（6）当控制室内长度大于7m时，宜设两个外开门的出口，门宽不小于1m。

4. 电源与接地

楼宇设备自动化系统的现场控制器和仪表宜采用集中供电方式，以便于系统调试和日常维护。应由变配电所引出专用回路向中央控制室供电；中央操作站供电应设不间断电源（UPS）装置，其容量应包括系统内用电设备的总和并考虑预计的扩展容量，UPS供电时间不低于20分钟。DDC的电源宜采用中央控制室集中供电方式，以放射式供给各DDC。图8-23所示为一级负荷楼宇自控系统供电示意。图8-24所示为二级负荷楼宇自控系统供电示意。

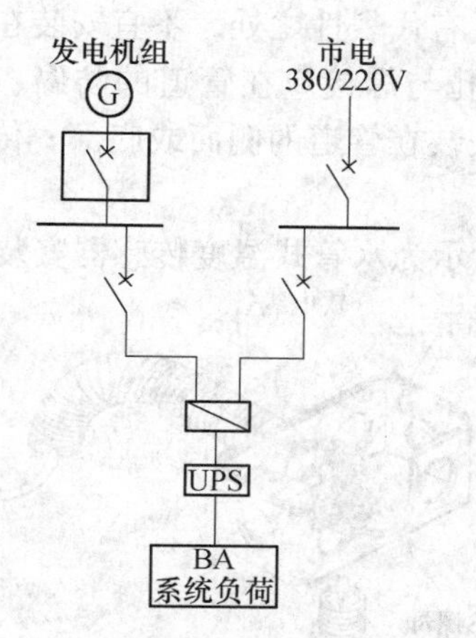

图8-23 一级负荷系统供电示意

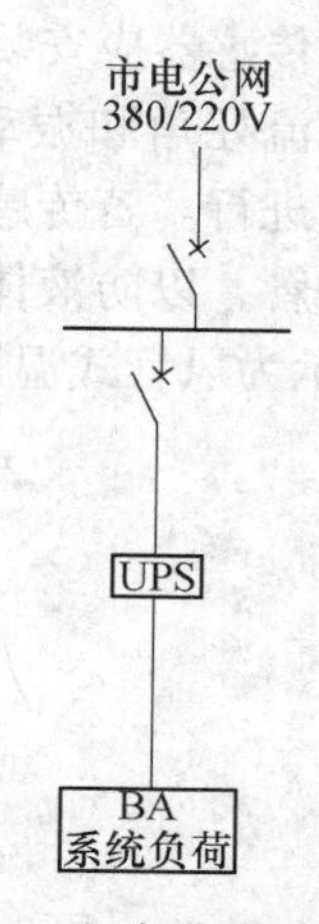

图8-24 二级负荷系统供电示意

楼宇设备自动化系统的控制室设备、现场控制器和现场管线等均应良好接地。一般采用建筑物总体接地方式，要求总体接地电阻不大于1Ω。如BAS系统单独设置接地极，应采用一点接地方式，要求接地电阻不大于4Ω，并与建筑物防雷接地系统接地极间距离不小于20m。

5. 温度传感器安装

室内温度传感器用在供暖、通风、空调系统中，应安装在供暖、空调房间内墙上，远离热源、门窗和可能被阳光直射的地方。导管开口应封闭，以防因导管吸风而导致虚假温度测量。其安装高度为1.4m。图8-25所示为室内温度传感器安装。

风管式温度传感器安装于风管上，用来测量排风、回风和室外空气温度。安装应在风道保温层包装完成之后，放在风速平稳的直管段上，并避开蒸汽放空口。安装时，应先在风管上按要求的尺寸开孔，再用螺钉通过固定夹板将传感器固定于风管上。

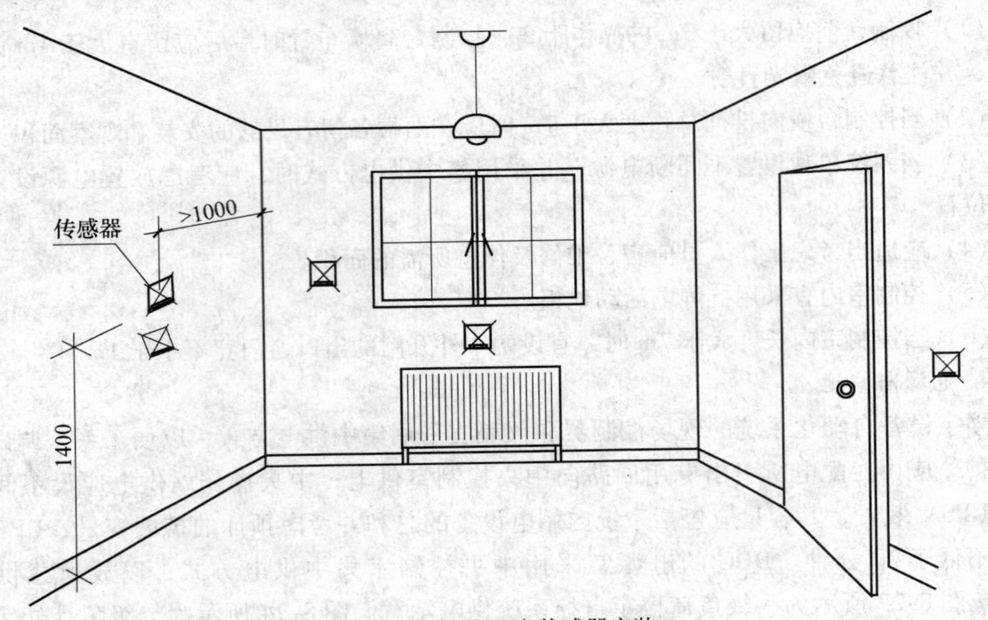

图 8-25　室内温度传感器安装

水管式温度传感器应安装在水流温度变化灵敏和具有代表性之处，不宜安装在阀门口等阻力件附近或水流死角和振动较大的部位。水管的开孔与焊接应在管道的防腐、衬里、吹扫、压力试验前进行。若传感器的感温段较短，则应安装在管道的侧面或底部。传感器的导线必须做好胶套管，以防液体流入。

图 8-26 所示为风管式温度传感器安装。图 8-27 所示为水管式温度传感器安装。

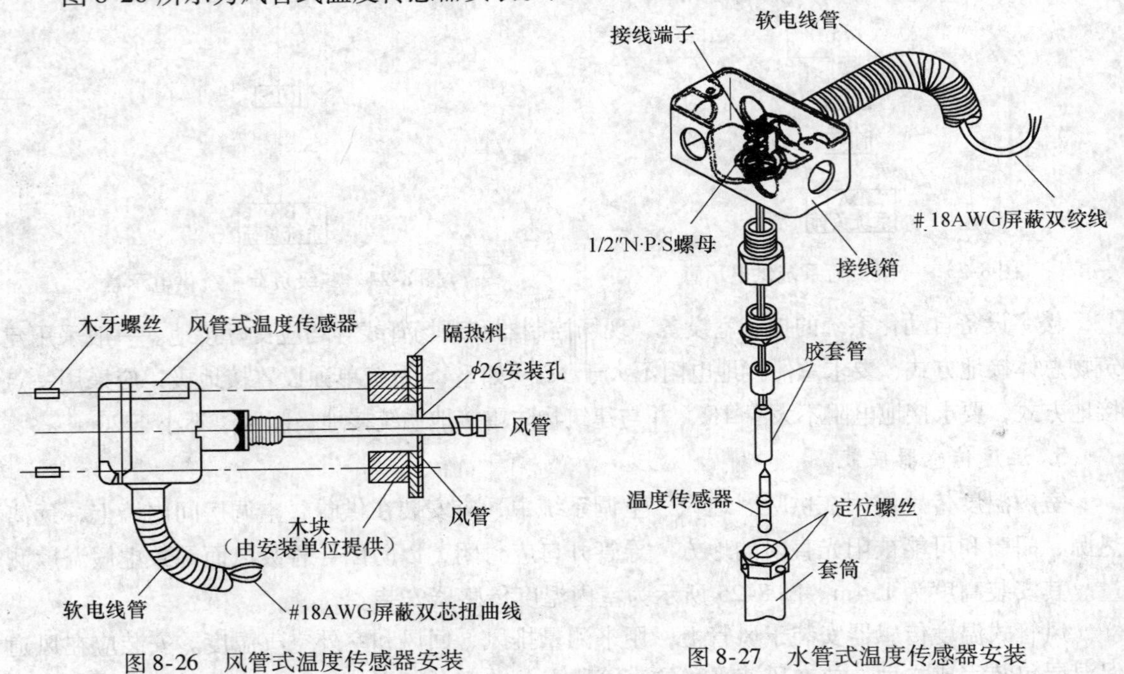

图 8-26　风管式温度传感器安装

图 8-27　水管式温度传感器安装

6. 恒温器安装

恒温器用于供暖、供冷、通风和空调自动控制中，安装高度1.4m，可用塑料胀管及螺钉安装在墙上。图8-28和图8-29所示为室内恒温器安装方法。

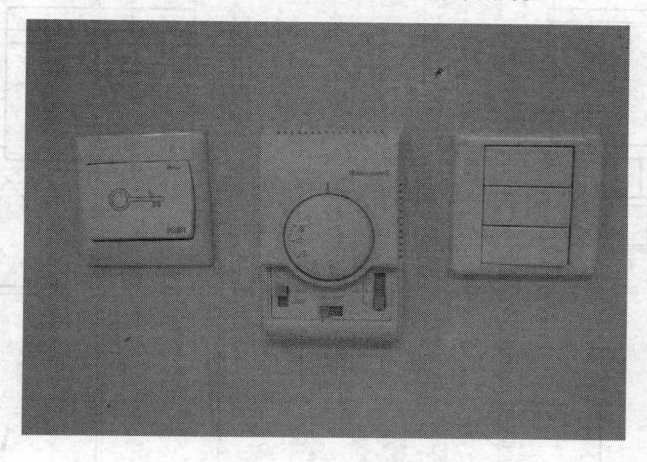

图8-28 室内温控器安装

(a) 规格尺寸；(b) 安装方法

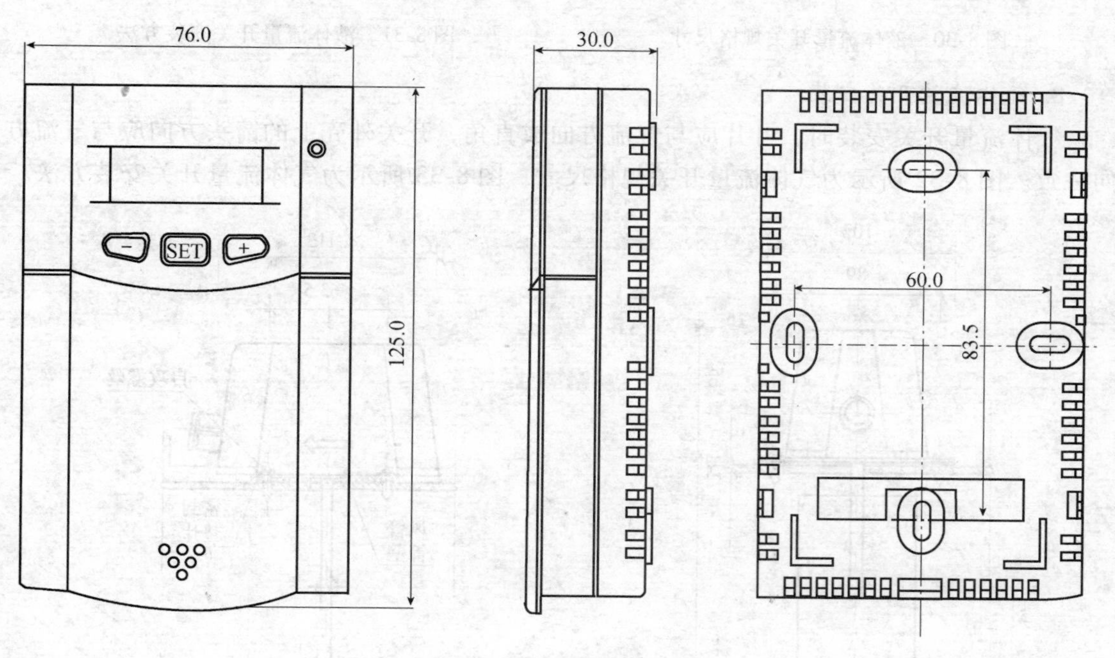

图8-29 室内温控器尺寸

7. 液体流量开关安装

液体流量开关安装时应将水流开关旋紧定位，叶片与水流方向成直角，开关外壳上的箭头方向应与水流方向一致，且应避免安装在测流孔、直角弯头或阀门附近。图8-30所示为液体流量开关规格尺寸。图8-31所示为液体流量开关安装方法。

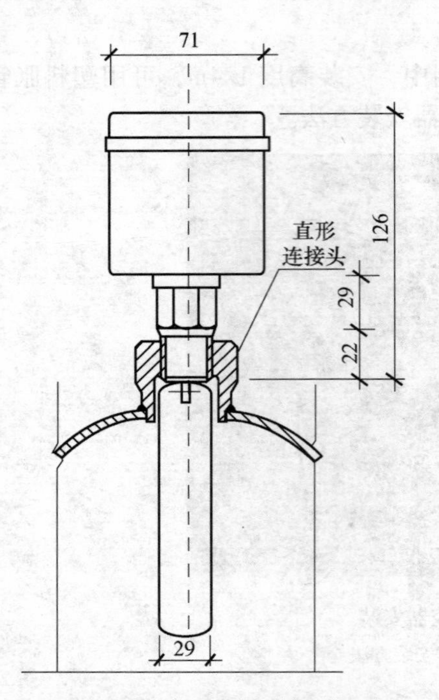

图 8-30　液体流量开关规格尺寸

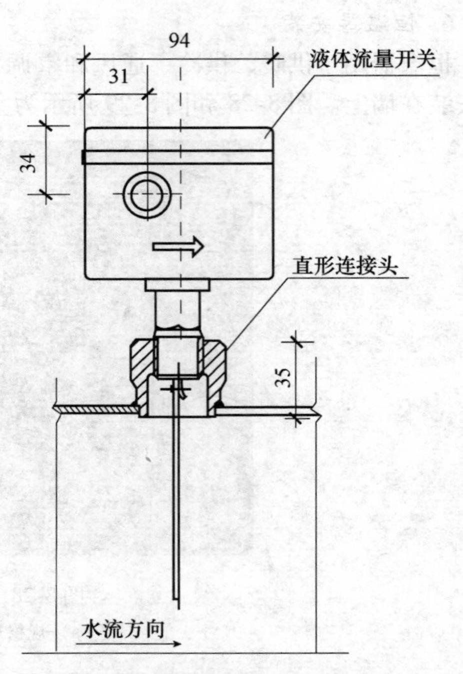

图 8-31　液体流量开关安装方法

8. 气体流量开关安装

气体流量开关安装时，叶片应与气流方向成直角，开关外壳上的箭头方向应与气流方向一致。图 8-32 所示为气体流量开关规格尺寸。图 8-33 所示为气体流量开关安装方法。

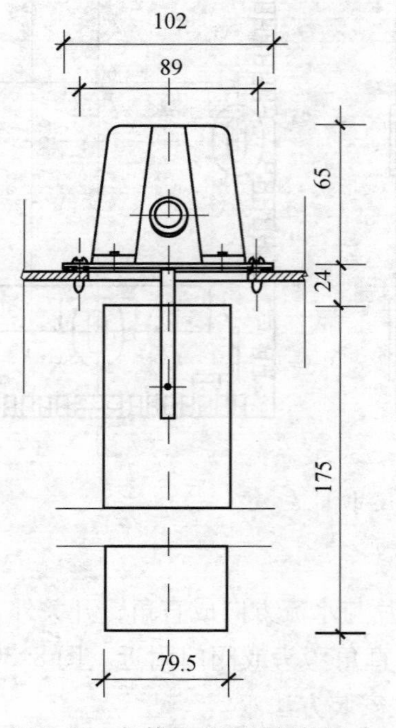

图 8-32　气体流量开关规格尺寸

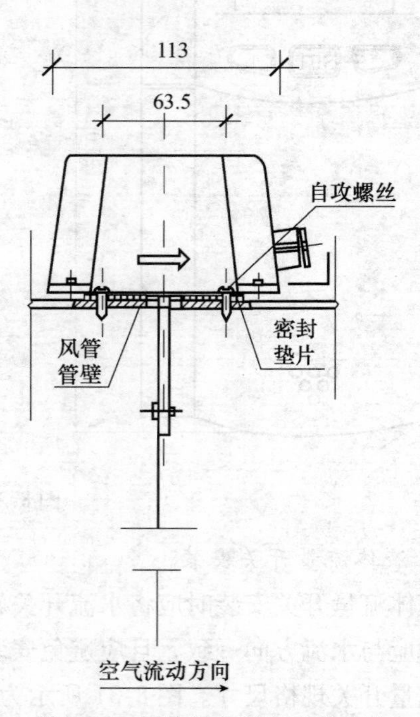

图 8-33　气体流量开关安装方法

9. 浮球液位开关安装

浮球液位开关安装高度应根据现场水位调试情况确定，液位控制范围由工程确定，不得安装在水流动荡的地方。图8-34所示为浮球液位控制器在水箱（小池）壁上安装。

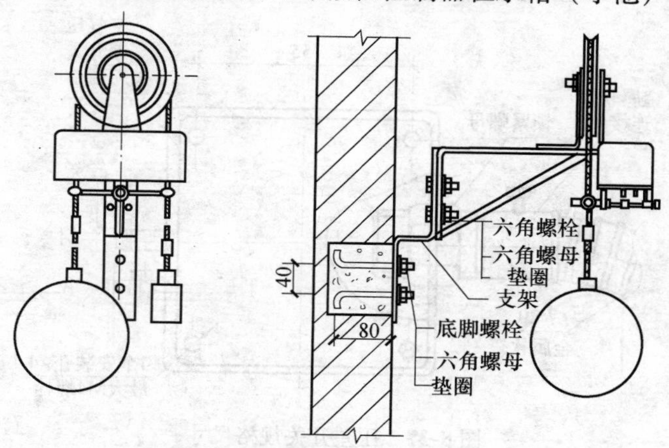

图8-34 浮球液位控制器在水箱（小池）壁上安装

10. 压力传感器安装

压力传感器应安装在温、湿度传感器的上游并与管道安装同时进行。压力传感器安装时，首先在水管管壁上开孔，焊上管箍并安装截止阀，然后安装缓冲弯管，缓冲弯管一端与截止阀相连，另一端与压力传感器相连。开孔与焊接不宜在管道焊缝及其边缘处。压力传感器安装前应先将其用螺栓固定在100mm×100mm接线盒中。图8-35所示为压力传感器直通连接。图8-36所示为压力传感器安装。

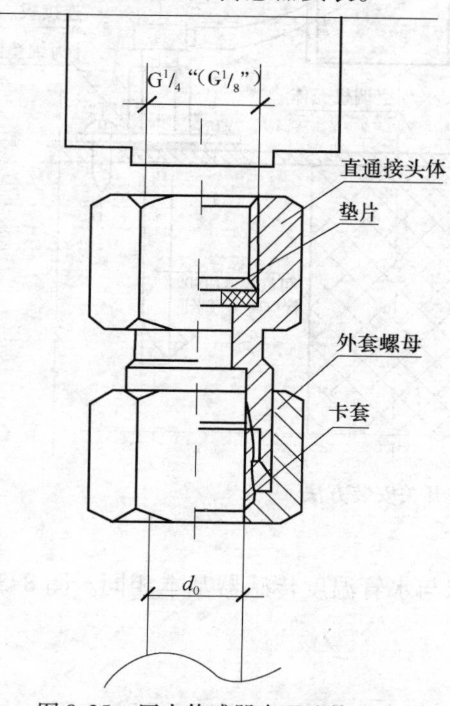

图8-35 压力传感器直通连接

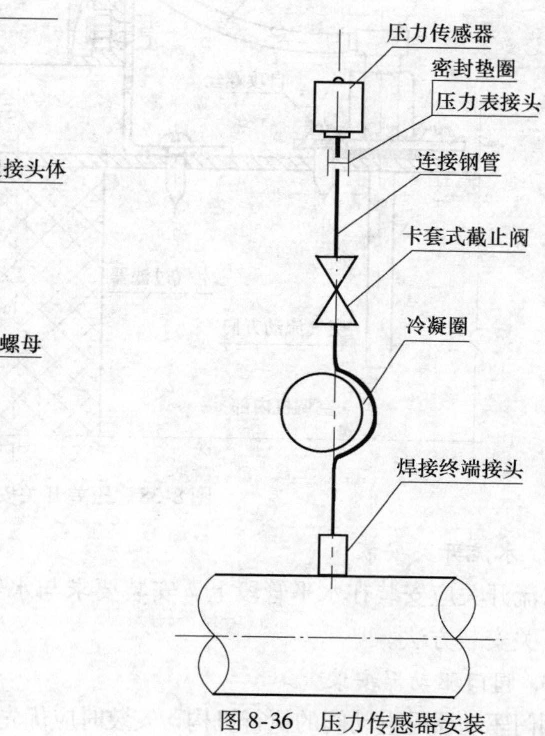

图8-36 压力传感器安装

11. 压差开关安装

压差开关应垂直安装，必要时，可采用“L”形托架安装。图 8-37 所示为压差开关规格尺寸。图 8-38 所示为压差开关安装方法。

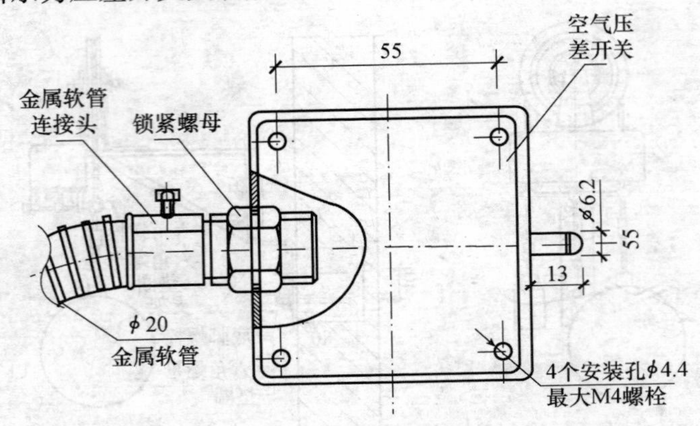

图 8-37　压差开关规格尺寸

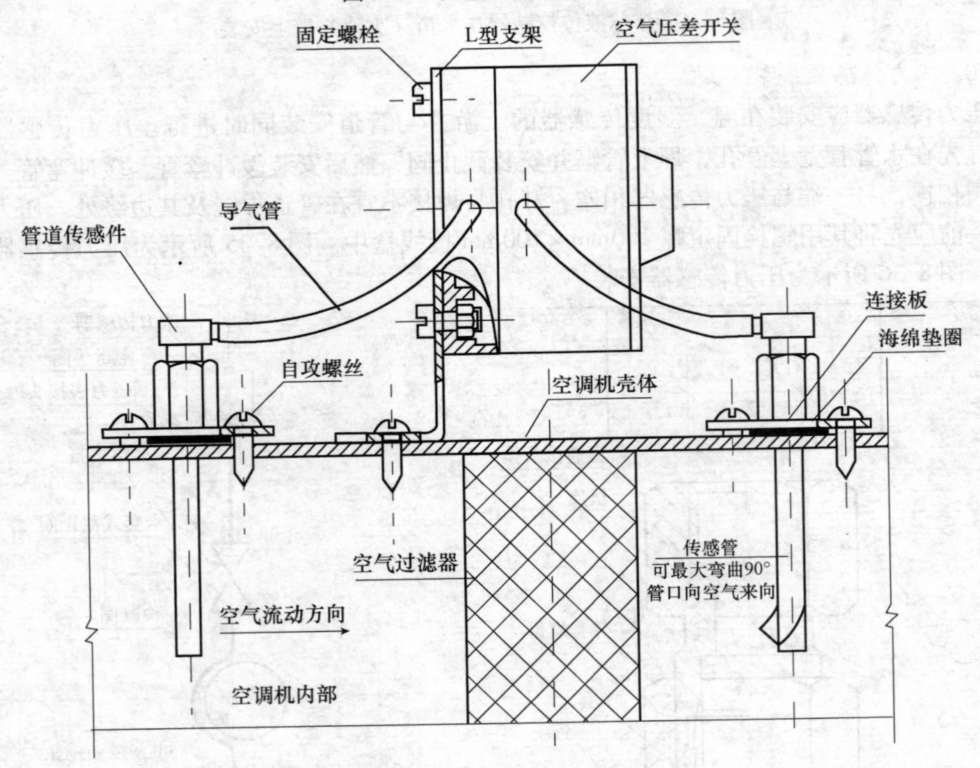

图 8-38　压差开关安装方法

12. 水流开关安装

水流开关应安装在水平管段上，安装要求与水管温度传感器基本相同。图 8-39 所示为水流开关安装方法。

13. 阀门驱动器安装

阀门驱动器是电动阀的执行机构，安装时应优先考虑直立安装，并固定牢固，边上应留有

足够的空间以方便检修。驱动器应注意防止水滴入内。图 8-40 所示为阀门驱动器安装方法。

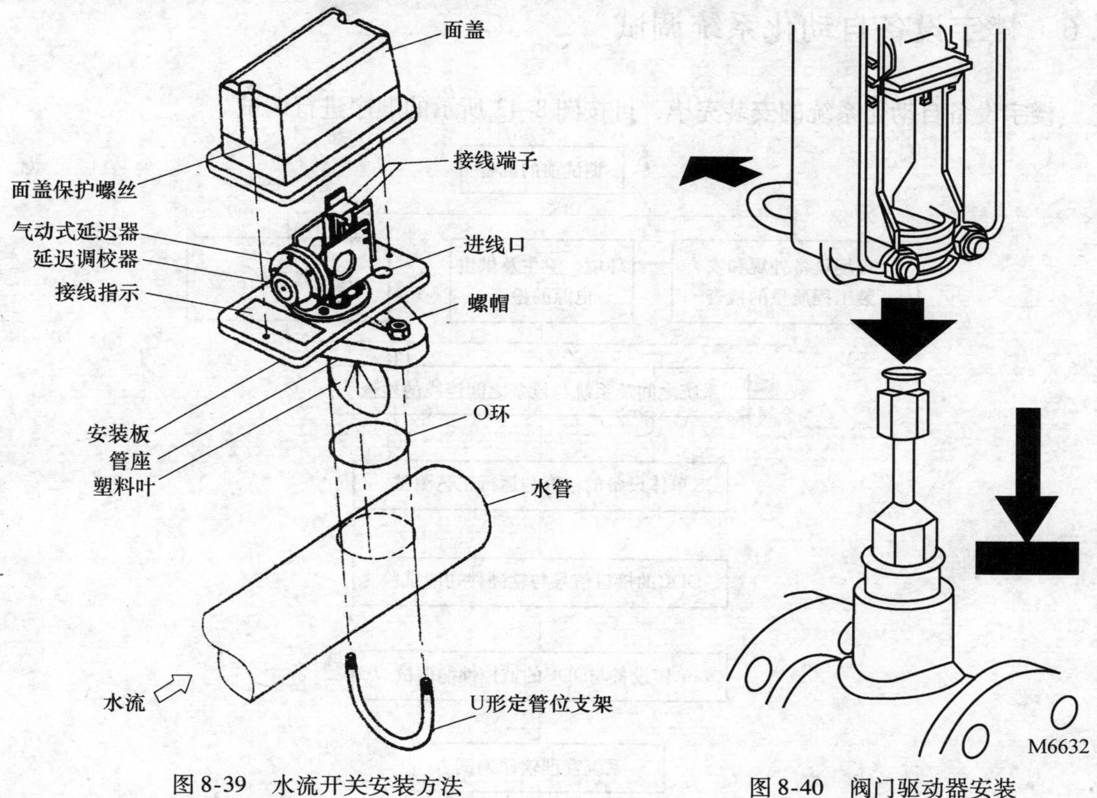

图 8-39　水流开关安装方法　　　　图 8-40　阀门驱动器安装

14. 风门驱动器安装

风门驱动器可安装在风门挡板的圆轴或方轴上，并提供内置定位继电器而且不需要限位开关，它带有两个电位器，可以调节零点和工作范围。安装时，先将风门关闭，利用按钮手动卸载齿轮，将风门驱动器调整到与风门轴呈 90° 的状态，使电机与齿轮咬合，将螺帽拧紧于 V 形夹子上。图 8-41 所示为风门驱动器规格尺寸。图 8-42 所示为风门驱动器安装。

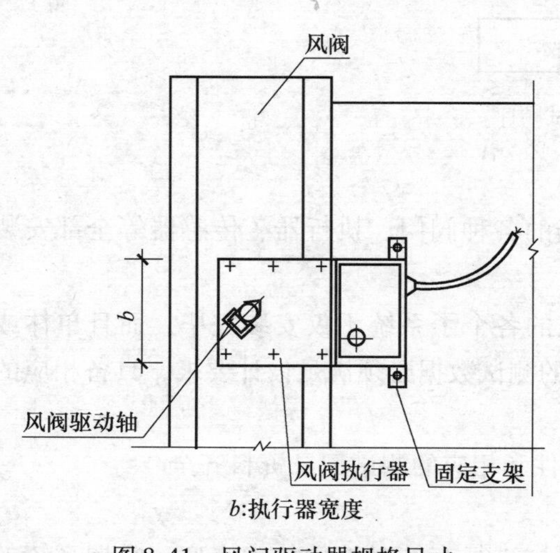

图 8-41　风门驱动器规格尺寸

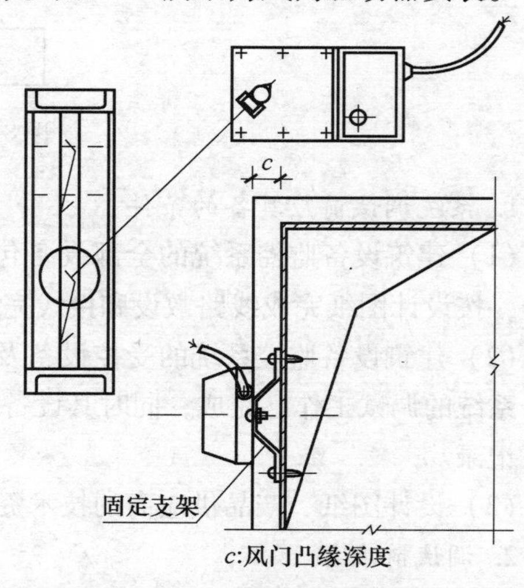

图 8-42　风门驱动器安装

8.6 楼宇设备自动化系统调试

楼宇设备自动化系统的安装完毕，可按图 8-43 所示的顺序进行调试。

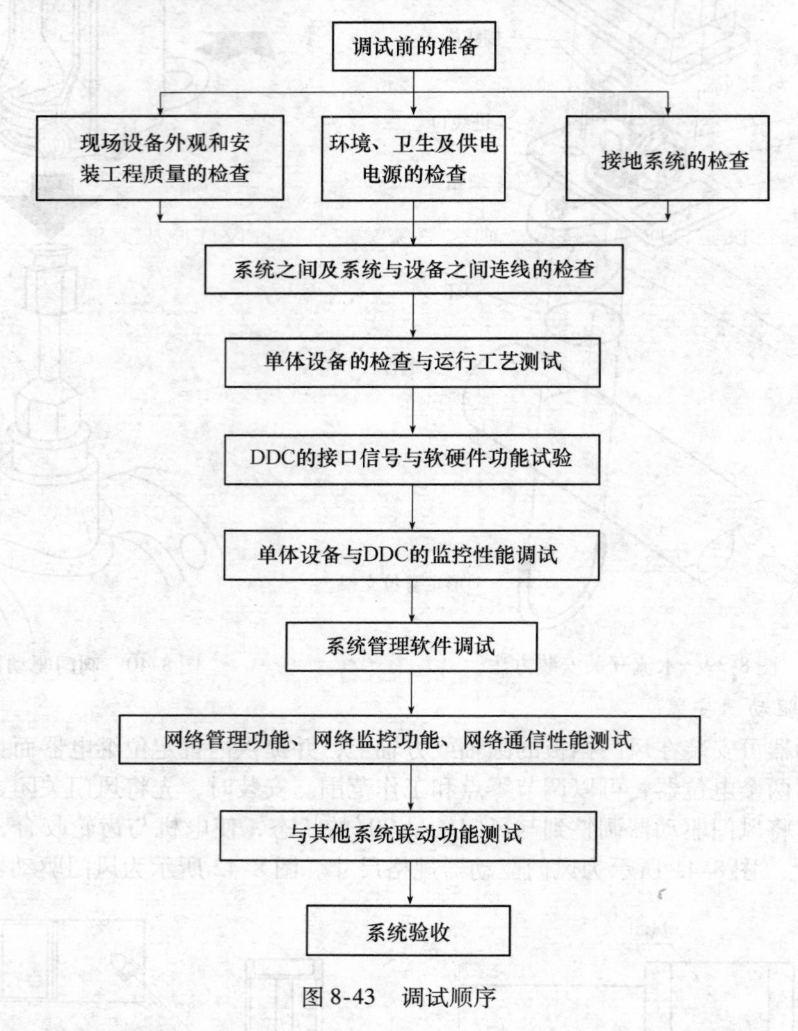

图 8-43　调试顺序

1. 系统调试前应具备的条件

（1）建筑设备监控系统的全部设备包括现场的各种阀门、执行器、传感器等全部安装完毕，按设计图纸完成线路敷设和接线完成。

（2）建筑设备监控系统的受控设备及其监控的各个子系统不仅安装完毕，而且单体或各子系统的调试工作已完成；同时其设备或系统的测试数据必须满足设计要求，具备相应的测试记录。

（3）设计图纸、产品供应商的技术资料、软件和相应的测试记录资料齐全。

2. 调试前准备

（1）组织调试人员熟悉设计图纸及产品资料，进行有针对性的技术交底，掌握系统的联锁和联动程序的控制要求。

（2）线路的测试和检查

①线缆应按图施工，接线正确，连接可靠。

②电缆芯线和所有导线的端部均应标明其回路编号，编号应符合设计规定，字迹清晰且不易脱色。

③每个接线端子的每侧接线不得超过2根。

④按设计施工图纸检查各类传感器、变送器、仪表接线是否正确，是否存在短路、断路、混线等故障。

⑤用万用电表或卡灯对箱柜的接线逐一进行对线校验，用绝缘电阻表对接线线间、线对地绝缘电阻进行校验，应确保接线正确，绝缘电阻值符合设计使用要求。

3. 对各类传感器、变送器、仪表进行单独送电试验

（1）温湿度、压力、压差、液位传感器的检查与测试

①按产品说明的要求确认设备的电源电压，频率，温、湿度是否与实际相符。

②按产品说明书的要求确认传感器的内外部连接线是否正确。

③根据现场实际情况，按产品说明书规定的输入量程范围，接入模拟输入信号后在传感器端（或变送器端）检查其输出信号，并经计算确认是否与实际值相符。

④用程序方式或手控方式对全部的AI测试点逐点进行扫描测试并记录各测点数值，确认其是否与实际相符。

（2）电磁流量计的单独送电试验

①按产品说明的要求确认设备的电源电压，频率，温、湿度是否与实际相符。

②按产品说明书的要求确认传感器的内外部连接线是否正确。

③静态调整：通电后，在流量传感器探头完全浸没于静止水中状态下，测试其信号，如果此信号值与零偏差较大，则将其按产品的系统要求进行校零。

④用程序方式或手控方式对全部的AI测试点逐点进行扫描测试并记录各测点数值，确认其是否与实际相符。

4. 空调系统监控功能调试

（1）新风机调试

①检查新风机控制柜的全部电气元器件有无损坏，内部与外部接线是否正确，严防强电电源串入现场控制器。

②按监控点表要求，检查装在新风机上的温、湿度传感器，电动阀，风阀，压差开关等设备的位置及接线是否正确；并检查输入、输出信号的类型、量程是否和设计一致。

③在手动位置现场控制风机启停，工作状态正常。

④确认现场控制器和I/O模块的地址码设置是否正确，现场控制器送电并接通主电源开关后，观察现场控制器和各元件状态是否运行正常。

⑤在自动位置，通过设备监控主机远程控制风机启停，风机、风阀工作正常并应将信号反馈到主机正确显示；模拟风机故障状态，在监控主机处应能故障报警。

⑥模拟送风温度大于送风温度设定值（一般为3℃左右），热水调节阀逐渐减小开度直至全部关闭（冬天工况）；或者冷水阀逐渐加大，开度直至全部打开（夏天工况）。模拟送

风温度小于送风温度设定值时，确认其冷热水阀运行工况与上述完全相反。

⑦模拟送风湿度小于送风湿度设定值时，加湿器运行湿度调节，并且使送风湿度趋于设定值。

⑧新风机停止运转，则新风门以及冷、热水调节阀门、加湿器等应回到全关闭位置。

(2) 空气处理机调试

①按监控点表要求，检查装在新风机上的温、湿度传感器、电动阀、风阀、压差开关等设备的位置、接线是否正确，并检查输入、输出信号的类型、量程是否和设计一致。

②在手动位置现场控制风机启停，风阀、电动阀等应联动打开，工作状态正常。

③确认现场控制器和I/O模块的地址码设置是否正确，现场控制器送电并接通主电源开关后，观察现场控制器和各元件状态是否运行正常。

④在自动位置，通过设备监控主机远程控制风机启停，风机、风阀工作正常并能将信号反馈到主机正确显示；模拟风机故障状态，在监控主机处应能故障报警。

⑤空调机启动后，回风温度应随着回风温度设定值变化，在经过一定时间后应能稳定在回风温度设定值范围之内。

⑥如是变风量空调机应按控制功能变频或分挡变速的要求，确认空气处理机的风量、风压随风机的速度也作相应变化。当风压或风量稳定在设计值时，风机速度应稳定在某一点上，并按设计和产品说明书的要求记录30%、50%、90%风机速度时相对应的风压或风量(变频、调速)，还应在分挡变速时测量其相应的风压、风量。

⑦模拟控制新风阀门、排风阀门、回风阀门的开度限位应满足阀门开度要求。

(3) 变风量系统末端装置调试

①按设计图纸要求检查变风量系统末端、变风量系统控制器、传感器、阀门、风门等设备的安装和变风量系统控制器电源、风门和阀门的电源是否正确。

②用变风量系统控制器软件检查传感器、执行器工作是否正常。

③用变风量系统控制软件检查风机运行是否正常。

④测定并记录变风量系统末端一次风最大流量、最小流量及二次风流量是否满足设计要求。

⑤确认变风量系统控制器与上位机通信正常。

5. 变配电系统功能调试

(1) 按图纸和变送器接线要求检查变送器与现场控制器、配电箱、配电柜的接线是否正确，量程是否匹配，检查通信接口是否符合设计要求。

(2) 利用工作站数据读取和现场仪表测量的方法，分别对电压、电流、有功(无功)功率、功率因数、用电量等各项参数进行测量和记录，将两者的结果进行比对以检查测量的准确度。

(3) 按设计要求设备监控系统是否如实反映应急发电机组、蓄电池组、不间断电源等设备的工作状态。

(4) 对设备的故障报警信号进行验证。

6. 公共照明系统功能调试

(1) 按照设计图纸要求检查每一照明回路、现场控制器的接线是否正确。

（2）按照设计要求的控制程序、光照度、时间表等控制依据验证系统控制动作的正确性，并检查手动开关功能是否正常。

7. 给排水系统功能调试

（1）检查各类水泵的电气控制柜与现场控制器之间的接线是否正确，严防强电串入现场控制器。

（2）按监控点表的要求检查装于各类水箱、水池的水位传感器以及温度传感器、水量传感器等设备的位置、接线是否正确。

（3）确认受控设备在手动控制状态下运行正常。

（4）对给排水系统中的液位、压力等参数的检测及水泵运行状态的监控和报警进行测试。

（5）在现场控制器处，检测该设备的AO、AI、DO、DI监控点应满足设计的联动连锁的要求。

8. 热源和热交换系统功能调试

（1）检查热源和热交换系统的电气控制柜与现场控制器之间的接线是否正确，严防强电串入现场控制器。

（2）按监控点表的要求检查设备的控制功能是否符合要求，运行状态、故障报警状态是否如实反映。

（3）按设计的负荷调节、预定时间表自动启停要求对系统进行调试。

9. 冷冻和冷冻水系统功能调试

（1）按设计和产品技术说明书规定，在确认冷冻主机、水泵、冷却塔、风机、电动蝶阀等相关设备单独运行正常情况下，通过进行全部AO、AI、DO、DI点的检测，确认其满足设计和监控点的要求。启动自动控制方式，确认系统各设备可以按设计要求的顺序投入运行、关闭、自动退出运行。

（2）增加或减少空调机运行台数，增加其冷热负荷，检验平衡管流量的方向和数值，确认能启动或停止的冷热机组的台数能满足负荷需要。

（3）模拟一台设备故障停运以及整个机组停运，检验系统是否能自动启动一个备用的机组投入运行。

10. 电梯和自动扶梯系统功能调试

（1）检查电梯监控系统的接线是否正确，通信接口是否符合要求。

（2）通过工作站对电梯的联动连锁控制功能、运行状态等进行监视，并检查其图形显示功能。

（3）检查电梯监控的故障报警功能。

11. 系统联动调试

（1）系统的接线检查：按系统设计图要求，检查主机与网络器、网关设备、现场控制器、系统外部设备（包括电源UPS、打印设备）、通信接口（包括与其他子系统）之间传输线型号规格是否正确。通信接口的通信协议、数据传输格式、速率等符合设计要求。

（2）系统通信检查：主机及其相应设备通电后，启动程序检查主机与本系统其他设备通信是否正常，确认系统内设备无故障。

（3）系统监控性能的测试：在主机侧按监控点表要求，逐一对本系统的 DO、DI、AO、AI 进行测试。

（4）系统联动功能的测试

①本系统与其他子系统采用硬连接方式联动，则按设计要求全部或分类对监控点进行测试，并确认该功能满足设计要求。

②本系统与其他子系统采取软连接的通信方式，则按系统集成的要求进行测试。

8.7 质量标准

8.7.1 主控项目

（1）空调与通风系统功能检测

建筑设备监控系统应对空调系统进行温、湿度及新风量自动控制，预定时间表自动启停，节能优化控制等控制功能进行检测。应着重检测系统测控点（温度、相对湿度、压差和压力等）与被控设备（风机、风阀、加湿器及电动阀门等）的控制稳定性、响应时间和控制效果，并检测设备连锁控制和故障报警的正确性。

（2）变配电系统功能检测

建筑设备监控系统应对变配电系统的电气参数和电气设备工作状态进行监测，检测时应利用工作站数据读取和现场测量的方法对电压、电流、有功（无功）功率、功率因数、用电量等各项参数的测量和记录进行准确性和真实性检查，显示的电力负荷及上述各参数的动态图形能比较准确地反映参数变化情况，并对报警信号进行验证。对高低压配电柜的运行状态、电力变压器的温度、应急发电机组的工作状态、储油罐的液位、蓄电池组及充电设备的工作状态、不间断电源的工作状态等参数进行检测时，应全部检测，合格率 100% 时为检测合格。

（3）公共照明系统功能检测

建筑设备监控系统应对公共照明设备（公共区域、过道、园区和景观）进行监控，应以光照度、时间表等为控制依据，设置程序控制灯组的开关，检测时应检查控制动作的正确性；并检查其手动开关功能。

（4）给排水系统功能检测

建筑设备监控系统应对给水系统、排水系统和中水系统进行液位、压力等参数检测及水泵运行状态的监控和报警进行验证。检测时应通过工作站参数设置或人为改变现场测控点状态，监视设备的运行状态，包括自动调节水泵转速、投运水泵切换及故障状态报警和保护等项是否满足设计要求。

（5）热源和热交换系统功能检测

建筑设备监控系统应对热源和热交换系统进行系统负荷调节、预定时间表自动启停和节能优化控制。检测时应通过工作站或现场控制器对热源和热交换系统的设备运行状态、故障等的监视、记录与报警进行检测，并检测对设备的控制功能。

（6）设备监控系统应对冷水机组、冷冻冷却水系统进行系统负荷调节、预定时间表自动启停和节能优化控制。检测时应通过工作站对冷水机组、冷冻冷却水系统设备控制和运行参数、状态、故障等的监视、记录与报警情况进行检查，并检查设备运行的联动情况。

（7）设备监控系统应对电梯和自动扶梯系统进行监测。检测时应通过工作站对系统的运行状态与故障进行监视，并与电梯和自动扶梯系统的实际工作情况进行核实。

（8）建筑设备监控系统与子系统（设备）间的数据通信接口功能检测

建筑设备监控系统与带有通信接口的各子系统以数据通信的方式相联时，应在工作站监测子系统的运行参数（含工作状态参数和报警信息），并和实际状态核实，确保准确性和响应时间符合设计要求；对可控的子系统，应检测系统对控制命令的响应情况。

（9）中央管理工作站与操作分站功能检测

对建筑设备监控系统中央管理工作站与操作分站功能进行检测时，应主要检测其监控和管理功能，检测时应以中央管理工作站为主，对操作分站主要检测其监控和管理权限以及数据与中央管理工作站的一致性。

应检测中央管理工作站显示和记录的各种测量数据、运行状态、故障报警等信息的实时性和准确性，以及对设备进行控制和管理的功能，并检测中央站控制命令的有效性和参数设定的功能，保证中央管理工作站的控制命令被无冲突地执行。

应检测中央管理工作站数据的存储和统计（包括检测数据、运行数据）、历史数据趋势图显示、报警存储统计（包括各类参数报警、通信报警和设备报警）情况，中央管理工作站存储的历史数据时间应大于3个月。

应检测中央管理工作站数据报表生成及打印功能，故障报警信息的打印功能。

应检测中央管理工作站操作的方便性，人机界面应符合友好、汉化、图形化要求，图形切换流程清楚易懂，便于操作。对报警信息的显示和处理应直观有效。

应检测操作权限，确保系统操作的安全性。

（10）系统实时性检测

采样速度、系统响应时间应满足合同技术文件与设备工艺性能指标的要求；报警信号响应速度应满足合同技术文件与设备工艺性能指标的要求。

（11）系统可维护功能检测

应检测应用软件的在线编程（组态）和修改功能，在中央站或现场进行控制器或控制模块应用软件的在线编程（组态）、参数修改及下载，全部功能得到验证为合格，否则为不合格。

设备、网络通信故障的自检测功能，自检必须指示出相应设备的名称和位置，在现场设置设备故障和网络故障，在中央站观察结果显示和报警，输出结果正确且故障报警准确者为合格，否则为不合格。

（12）系统可靠性检测

系统运行时，启动或停止现场设备，不应出现数据错误或产生干扰，影响系统正常工作。检测时采用远动或现场手动启/停现场设备，观察中央站数据显示和系统工作情况，工作正常的为合格，否则为不合格。

切断系统电网电源，转为UPS供电时，系统运行不得中断。中央站冗余主机自动投入时，系统运行不得中断。

8.7.2 一般项目

（1）现场设备安装质量检查

现场设备安装质量应符合《建筑电气工程验收规范》（GB 50303—2002）设计文件和产品技术文件的要求。

（2）现场设备性能应符合规范及设计文件要求

①传感器精度测试，检测传感器采样显示值与现场实际值的一致性，应符合设计要求及产品技术文件的要求。

②控制设备及执行器性能测试，包括控制器、电动风阀、电动水阀和变频器等。主要测定控制设备的有效性、正确性和稳定性；测试核对电动调节阀在零开度、50%和80%的行程处与控制指令的一致性及响应速度；测试结果应满足合同技术文件及控制工艺对设备性能的要求。

（3）根据现场配置和运行情况对以下项目做出评测

①控制网络和数据库的标准化、开放性。

②系统的冗余配置，主要指控制网络、工作站、服务器、数据库和电源等。

③系统可扩展性，控制器 I/O 口的备用量应符合合同技术文件要求，但不应低于 I/O 口实际使用数的 10%；机柜至少应留有 10% 的卡件安装空间和 10% 的备用接线端子。

④节能措施评测，包括空调设备的优化控制、冷热源自动调节、照明设备自动控制、风机变频调速、VAV 变风量控制等。根据合同技术文件的要求，通过对数据库记录分析、现场控制效果测试和数据计算后做出是否满足设计要求的评测。

第9章 智能建筑与综合布线系统

建筑与建筑群综合布线系统是一种建筑物或建筑群内的传输网络，它将话音和数据通信设施、交换设备和其他信息管理系统相互连接，同时又将这些设备与外部通信网相连接，包括建筑物到外部网络或电话局线路上的连接点与工作区的话音或数据终端之间的所有电缆及相关联的布线部件。

9.1 智能建筑与综合布线系统

9.1.1 智能建筑概述

世界上第一幢智能建筑是1984年由联合技术建筑系统公司在美国康涅格州哈特福德市建造的都市办公大楼，高38层，总建筑面积10万平方米。我国智能建筑的设计和发展始于20世纪90年代初期。

1. 智能建筑的概念

建筑智能化的基础是现代计算机技术、信息技术、电子技术、自控技术、通讯技术、建筑技术。对于智能建筑的概念，目前还没有统一的说法，比较具有代表性的是美国智能建筑协会的解释：智能建筑是通过对建筑物的结构、系统、服务和管理四项基本要素以及它们之间的内在关系进行最优化，来提供一个投资合理的、具有高效、舒适、便利的环境的建筑物。我国国家标准《智能建筑设计标准》（GB/T 50314—2006）中对智能建筑的定义是：以建筑为平台，兼备信息设施系统、信息化应用系统、建筑设备管理系统、公共安全系统等，集结构、系统、服务、管理及其优化组合为一体，向人们提供一个安全、高效、舒适、便捷、节能、环保、健康的建筑环境。

智能建筑（IB）通过对建筑物智能功能的配备、综合考虑、统一组织实施，为用户提供一个高效、舒适、方便、快捷和功能齐全的工作和生活环境，强调高效率、低能耗、低污染，达到节能、环保和可持续发展的目的。

2. 智能建筑的组成

我国国家标准《智能建筑设计标准》（GB/T 50314—2000）曾将智能建筑定义为：以建筑为平台，兼备建筑设备、办公自动化及通信网络系统，集结构、系统、服务、管理以及它们之间的最优化组合，向人们提供一个安全、高效、舒适、便利的建筑环境。所以，智能建筑系统普遍被认为是由建筑设备自动化系统（BAS）、办公自动化系统（OAS）和通信网络系统（CAS）组成，三个组成部分共用建筑物内的信息资源和各种软、硬件资源，完成各自的功能，并相互联动、协调、统一于智能化集成系统。

经过多年的发展和探索，人们开始普遍认为3A的分类比较模糊，办公自动化系统（OAS）和通信网络系统（CAS）的说法欠妥，不如改为信息网络系统（INS）和通信网络系统（CNS）更为恰当。在新的概念下，智能建筑的组成相应地变为建筑设备自动化系统（BAS）、信息网络系统（INS）和通信网络系统（CNS），三者通过结构化布线系统（SCS）和计算机网络技术有机集成（大3S集成），这种集成是以管理为目的所做的管理信息集成。建筑设备自动化系统是智能建筑存在的基础；通信网络系统是沟通建筑物内外信息传输的通道；信息网络系统提供网络应用平台。

图9-1所示为智能建筑组成结构分解图。图9-2所示为智能建筑集成管理系统联结图。

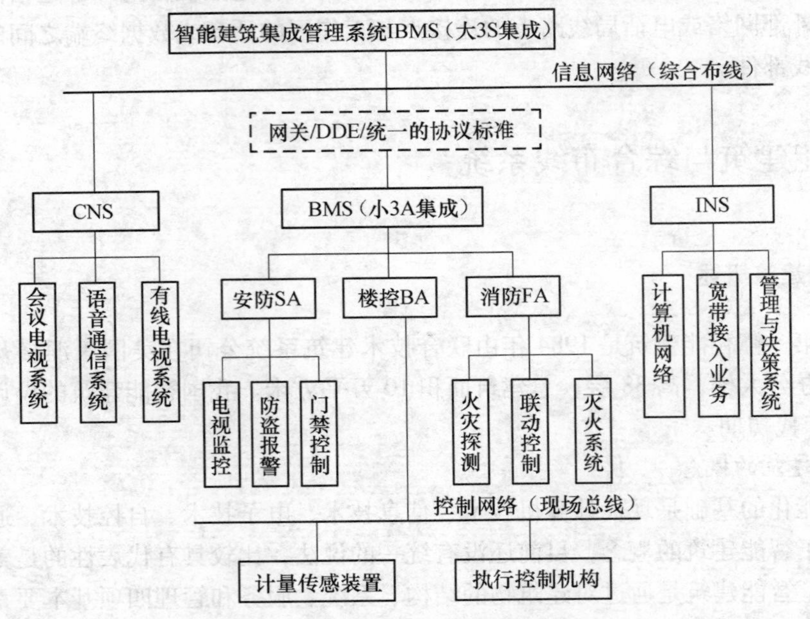

图9-1 智能建筑组成结构分解图

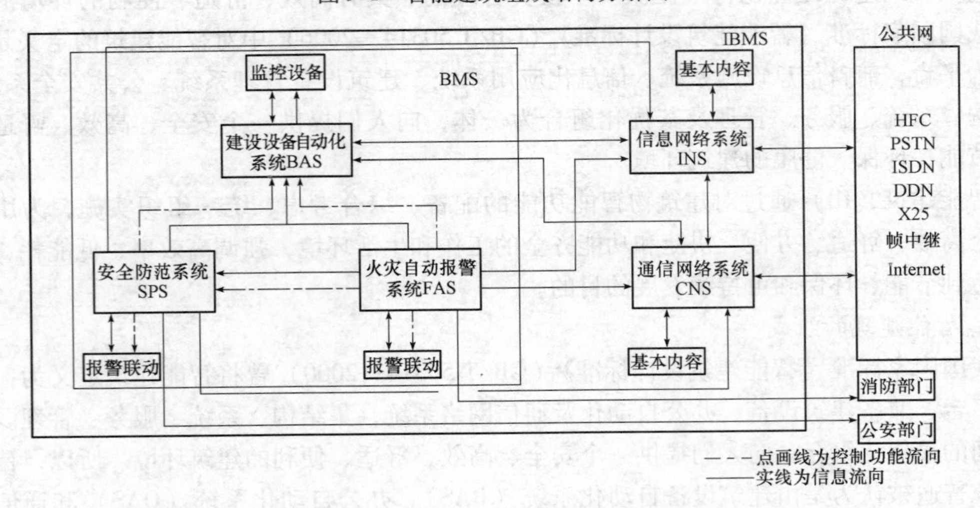

图9-2 智能建筑集成管理系统联结图

建筑设备自动化系统的三个组成部分可采用以楼宇自控系统为主的模式来集成（小3S集成），这是以控制为目的所做的控制信息集成；也可以以太网为平台作各子系统处于平等地位的一体化集成，构成建筑物集成管理系统（BMS）。

通信网络系统由程控数字交换机、无线通信系统、卫星通信系统、有线广播系统、电视会议系统等组成，完成建筑物内外信息的交换。

信息网络系统（INS）主要有计算机网络、数据库、服务器、工作站、网关、路由器等设备和软件组成。

9.1.2　综合布线概述

综合布线系统的发展是在通信技术和计算机技术的基础上，将现代建筑技术与信息技术相结合的产物。

在智能建筑系统中，要实现其三个组成部分的一体化集成，需要将各个部门、各个房间的语音、数据、视频、监控等不同信号线进行综合布线，即建筑物内或建筑群之间的结构化综合布线系统。综合布线系统是智能建筑三个功能子系统的物理基础。

1. 综合布线的概念

综合布线是一个模块化、灵活性极高的建筑物内或建筑群之间的信息传输通道，它由线缆和相关连接件组成，它既使语音、数据、视频设备与其他信息管理系统相互连接，又使这些设备与外部通信网连接，包括建筑物内、外部网络或电信线路的连线点及用于系统设备之间的所有线缆和相关的连接部件。

综合布线由不同系列和规格的部件组成，包括：传输介质、连接硬件（如配线架、连接器、插座、适配器）和电气保护设备等。这些部件可用来构建各种子系统，各自都有自己的用途，不仅易于实施，而且能随需求的变化而平稳升级。

一个设计良好的综合布线系统对其服务的设备应具有一定的独立性，并能互相连接许多不同应用系统的设备。

2. 综合布线的发展过程

20世纪80年代，为能简化信息系统布线，最大可能的兼容更多的信息需求，使信息布线方便并得以重构，在国外提出了建筑物综合布线的概念。1985年，美国电话电报公司（AT&T）公司贝尔（Bell）实验室推出了综合布线系统，较好地解决了各类布线互不兼容的问题，并于1986年通过了美国电子工业协会（EIA）和通信工业协会（TLA）的认证，综合布线系统很快在全世界得到广泛认可和推广。综合布线随着计算机网络的发展也在不断地发展。

3. 综合布线系统的组成

图9-3所示为综合布线系统示意。

综合布线系统按每个模块的作用，可划分为六个独立的子系统，如图9-4所示。六个子系统相互独立，每个子系统都可以单独设计、单独施工，其中任何一个子系统更改，都不会影响其他子系统。

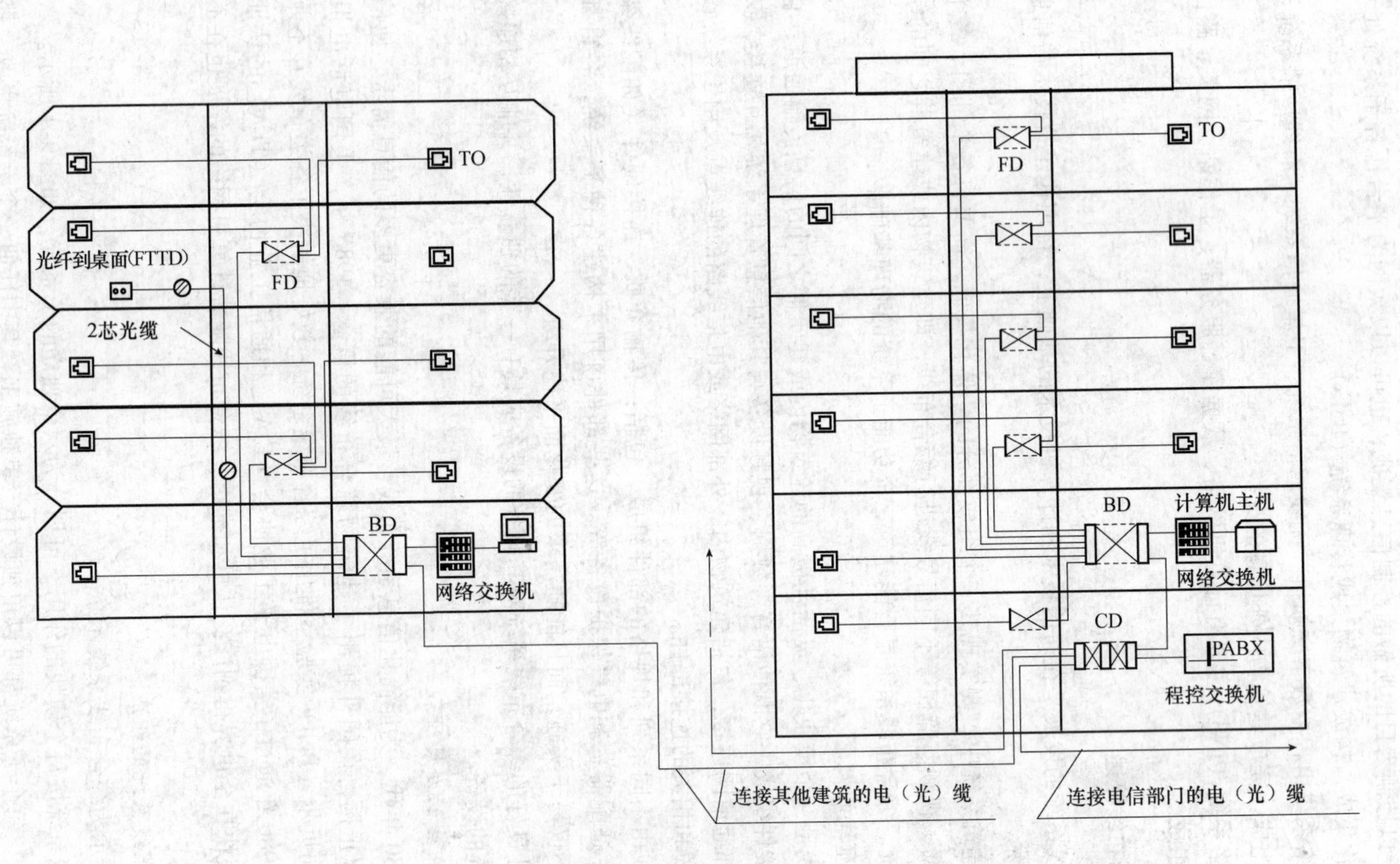

图9-3 综合布线系统示意图

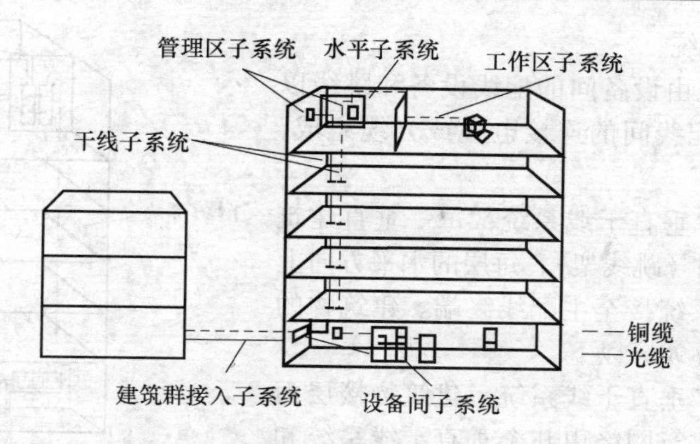

图 9-4　建筑物与建筑群综合布线结构

(1) 综合布线系统部件

综合布线系统部件是指在系统施工中采用和可能采用的功能部件，有以下几种：

①建筑群配线架（CD）；

②建筑群干线电缆、建筑群干线光缆；

③建筑物配线架（BD）；

④建筑物干线电缆、建筑物干线光缆；

⑤楼层配线架（FD）；

⑥水平电缆、水平光缆；

⑦转接点（选用）（TP）；

⑧信息插座（IO）；

⑨通信引出端（TO）。

(2) 布线子系统

综合布线有三个布线子系统：建筑群干线子系统、建筑物垂直干线子系统和水平子系统，可连接成如图 9-5 所示的综合布线原理图。

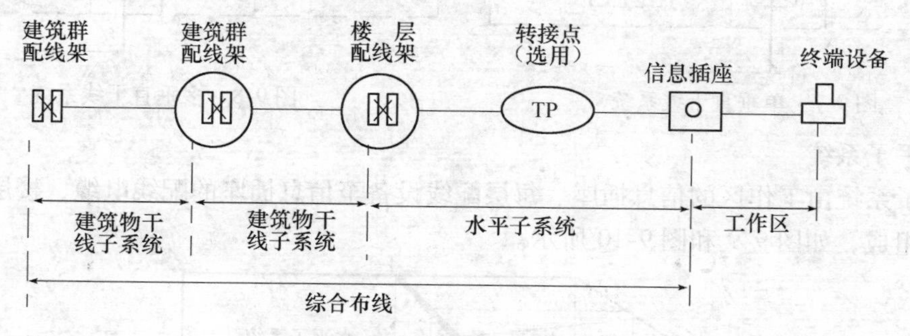

图 9-5　综合布线原理图

①建筑群干线子系统

建筑群干线子系统由两个及以上建筑物的综合布线系统组成，它连接各建筑物之间的缆线和配线设备。

建筑群子系统应采用地下管道敷设方式。

②垂直干线子系统

垂直干线子系统由设备间的配线设备和跳线以及设备间至各楼层配线间的连接电缆或光缆组成，如图 9-6 所示。

图 9-7 所示为单垂直干线系统，每一垂直建筑楼层需要一个分线箱（跳线架），每层的水平方向上的配线经垂直电缆系统接至主配线终端。建筑物的最大水平跨度限制为 90m 以下。

图 9-8 所示为多垂直干线系统，建筑物楼层面积较大，多个垂直建筑网络由几个垂直干线系统和每层几个配线间设计而成。

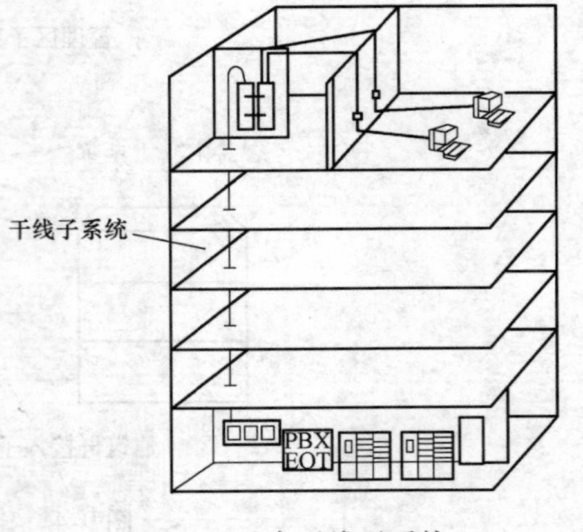

图 9-6　垂直干线子系统

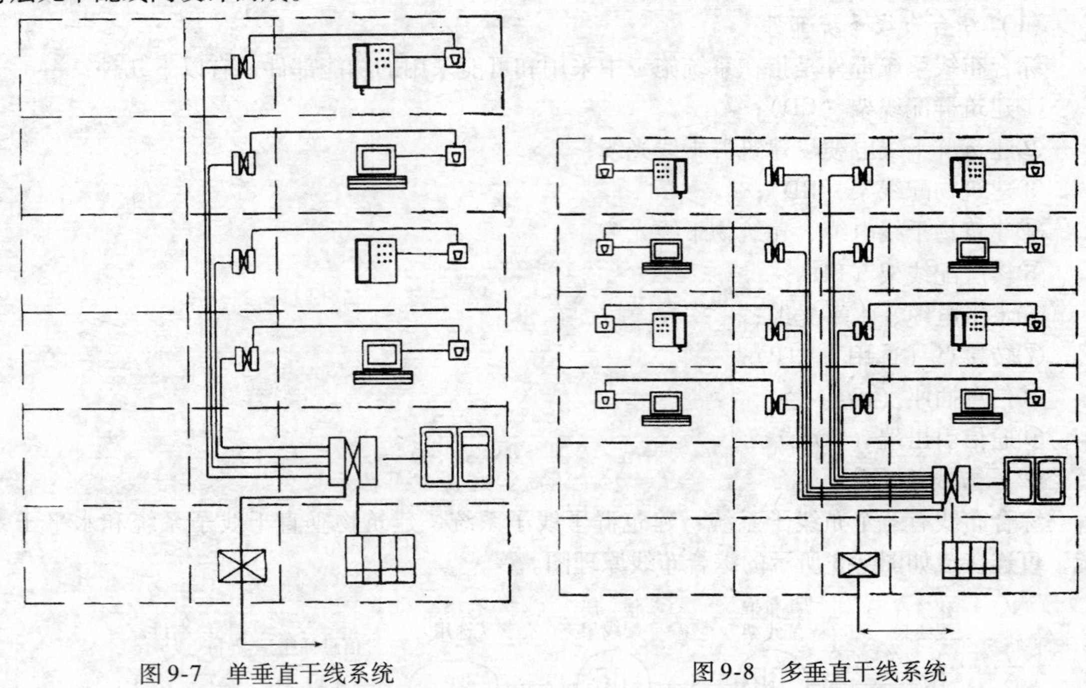
图 9-7　单垂直干线系统　　图 9-8　多垂直干线系统

③水平子系统

水平子系统由工作区的信息插座、每层配线设备至信息插座的配线电缆、楼层配线设备和跳线等组成，如图 9-9 和图 9-10 所示。

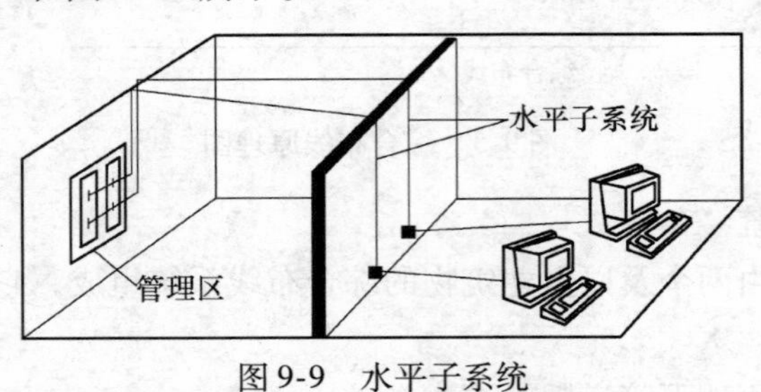

图 9-9　水平子系统

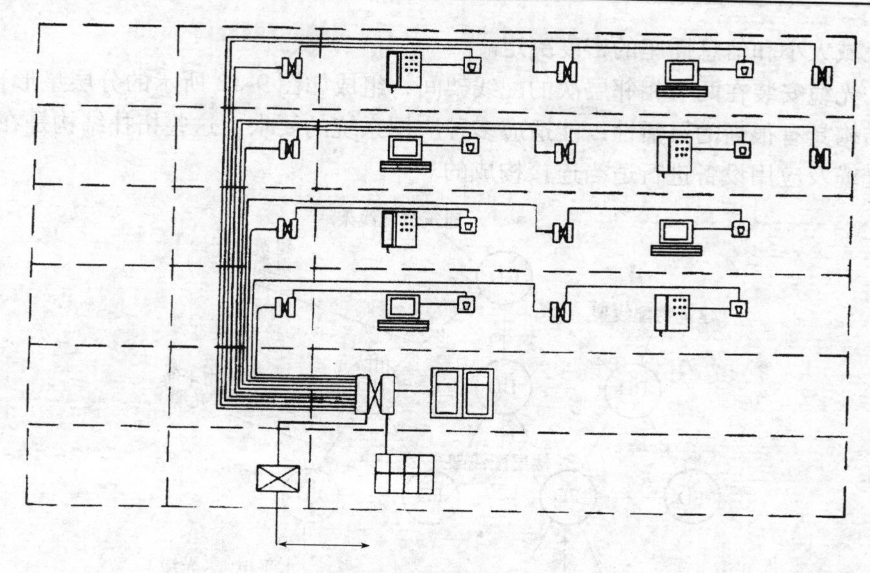

图 9-10　水平式干线系统

水平电缆、水平光缆一般直接连接到信息插座，必要时，楼层配线架和每一个信息插座之间允许有一个转接点。进入和接出转接点的电缆线对或光纤应按 1∶1 连接，以保持对应关系。转接点处的所有电缆、光缆应作机械终端。转接点处只包括无源连接硬件，应用设备不应在这里连接。

（3）工作区子系统

一个独立的需要设置设备终端的区域应划分为一个工作区。如图 9-11 所示，工作区子系统由综合布线子系统的信息插座延伸至工作站终端设备处的连接电缆及适配器组成，每个工作区至少应设置一个电话机或计算机终端设备。工作区的每一个插座均应支持电话机、数据终端、计算机、电视机及监视器等终端设备。

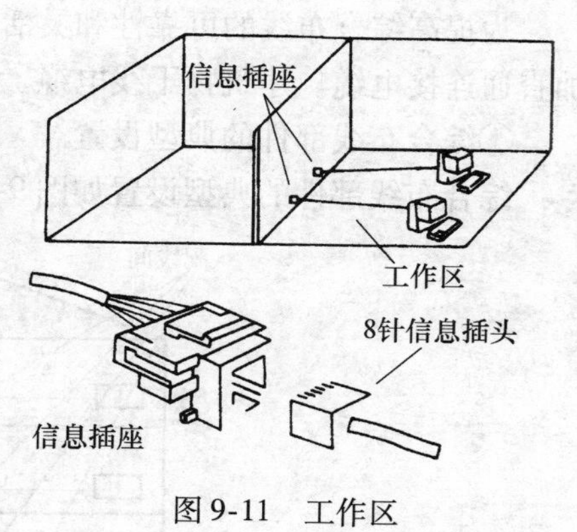

图 9-11　工作区

（4）管理区子系统

管理区子系统设置在楼层配线间内，是干线子系统和配线子系统之间的桥梁，由双绞线配线架、跳线设备等组成。当终端设备位置或局域网的结构变化时，有时只要改变跳线方式即可，不需重新布线，所以管理区子系统的作用是管理各层的水平布线，连接相应网络设备。

（5）设备间子系统

设备间是在每一幢大楼的适当地点设置进线设备，进行网络管理以及管理人员值班的场所。设备间子系统由综合布线系统的建筑物进线设备，电话、数据、计算机等各种主机设备及其保安配线设备等组成。

设备间内的所有进线终端设备均应用色标区别其用途。

4. 综合布线的拓扑结构

综合布线系统采用分层的星形拓扑结构，其子系统的种类和数量由建筑群或建筑物的相对位置、区域大小和信息插座的密度决定。

电缆、光缆安装在两个相邻层次的配线架间，组成如图9-12所示的分层星形拓扑结构。这种拓扑结构具有很高的灵活性，能适应多种应用系统的要求。这些拓扑结构是在配线架上对电缆、光缆及应用设备进行适当连接构成的。

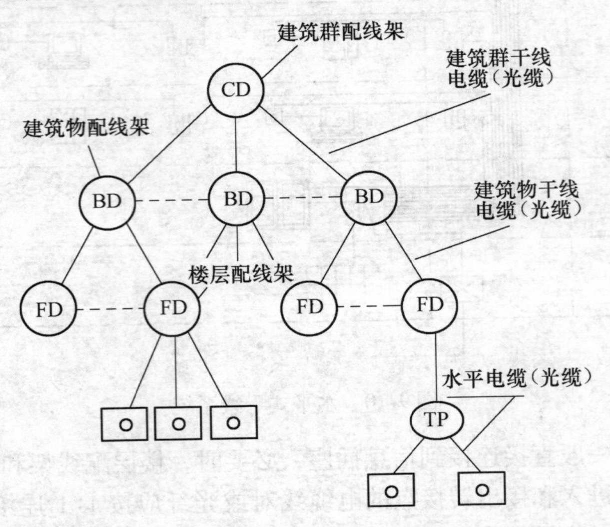

图9-12　综合布线分层星形拓扑结构

为提高综合布线的可靠性和灵活性，必要时，允许在楼层配线架间或建筑物配线架间增加直通连接电缆。建筑物干线电缆、干线光缆也可用于两个楼层配线架间的联结。

①综合布线部件的典型设置

综合布线部件的典型设置如图9-13所示。配线架可以设置在设备间或配线间中。

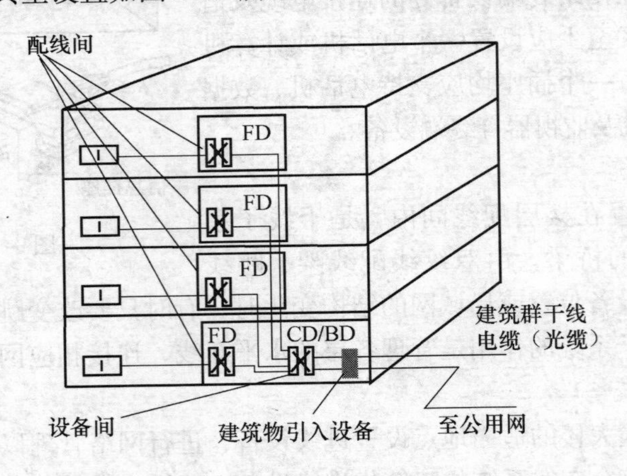

图9-13　综合布线部件的典型设置

不同功能的配线架允许组合在一个配线架中，如图9-14所示，前面的建筑物配线架是分开设置的，而后面的建筑物配线架和楼层配线架的功能就组合在一个配线架中。

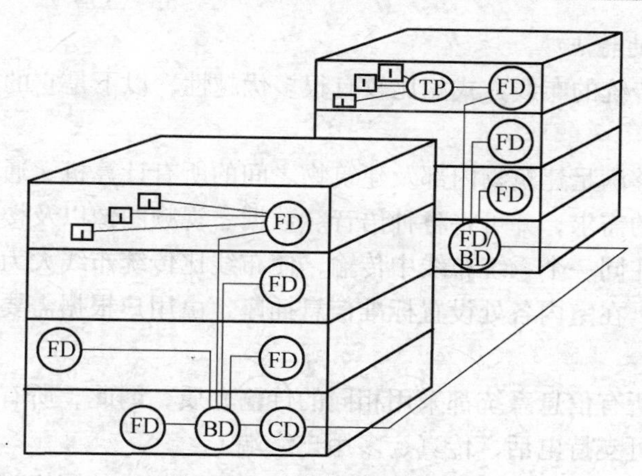

图 9-14　配线架功能的组合

②接口

综合布线的每个子系统的端部都有相应的接口，用来连接有关设备。如图 9-15 所示为各配线架和信息插座处可能具有的接口。配线架上接口可以与外部业务电缆、光缆连接；为使用公用电信业务，综合布线还应与公用网接口实现连接。

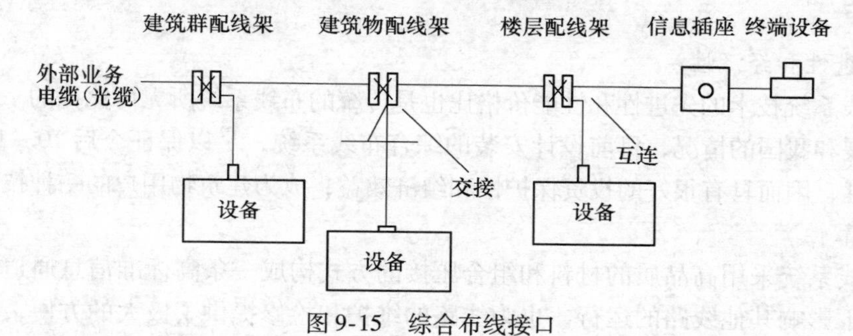

图 9-15　综合布线接口

③配置标准

综合布线系统的配置标准见表 9-1。

图 9-16 所示为综合布线的组网和各段线缆的长度限值。

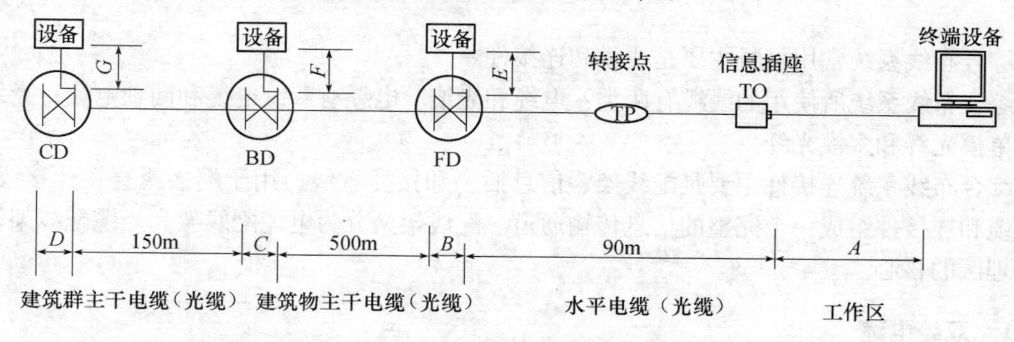

注：1. $A+B+E\leqslant 10$m，水平子系统中工作区电缆（光缆）、设备线缆和插接软线或跳线的总长度。
2. $C+D\leqslant 20$m，建筑物配线架或建筑群配线架中的接插软线或跳线长度。
3. $F+G\leqslant 30$m，在建筑物配线架或建筑群配线架中的设备电缆（设备光缆）长度。
4. 接插软线应符合设计指标的有关要求。

图 9-16　综合布线系统的组网和各段线缆的长度限值

5. 综合布线系统的特点

综合布线系统与传统的布线方式相比较有很多优越性，以下是它的几种特点：

（1）兼容性

综合布线系统能够满足建筑物内部及建筑物之间的所有计算机、通信设备以及楼宇建筑设备自动化系统设备的需求，并可将各种语音、数据、视频图像以及楼宇建筑设备自动化系统中的各类控制信号在同一个系统布线中传输，使布线比传统布线大为简化，并节省了大量的空间、时间、物质。在室内各处设置标准信息插座，由用户根据需要采用跳线方式选用。

（2）灵活性

综合布线系统中所有信息系统都采用相同的传输介质，因此，所有的信息通道都是通用的。每条信息通道都可支持电话、传真、多用户终端。

所有设备的开通及更改不需改变系统布线，只要增减相应的网络设备并进行必要的跳线管理即可，不会破坏室内原有的装饰效果和建筑物的结构，具有传统的布线方式所不具备的灵活性。

（3）开放性

系统采用开放式结构体系，符合多种国际流行的标准，能兼容国际上许多厂家的计算机和通信设备。

（4）先进性和经济性

综合布线系统技术的先进性和性能价格比也是传统的布线系统所无可比拟的。根据国际通信技术的发展和我国的情况，目前设计安装的综合布线系统，足以保证今后 10 ~ 15 年时间内的技术先进性，因而具有很好的投资保护性和经济效益，成为建筑物用户的一种技术储备。

（5）可靠性

综合布线系统采用高品质的材料和组合压接的方式构成一条高标准信息通道，任一条线路的故障均不影响其他线路的运行，也为线路的维护和检修提供了极大的方便，保证了系统的可靠运行。

9.2 综合布线系统常用材料

综合布线系统常用材料主要是线缆和连接件。

综合布线系统所使用的线缆有两类：电缆和光缆。电缆有双绞电缆和同轴电缆；光纤主要有单模光纤和多模光纤。

综合布线系统连接件主要是配线架、信息插座和接插软线，用于端接或直接连接线缆，使线缆和连接件组成一个完整的信息传输通道。配线架又分为电缆配线架和光缆配线架，它是管理区的核心。

9.2.1 双绞电缆

双绞电缆的电导体是铜导线，铜导线外面有绝缘层包裹。每两根具有绝缘层的铜导线按一定方式相互绞合在一起组成线对，以防止其电磁感应在邻近线对中产生干扰信号，所有绞合在一起的线对的外面再包裹绝缘材料制成的外皮。铜导线的直径为 0.4 ~ 1mm，当其绞扭方向为逆时针时，绞距为38.1～140mm。相邻双绞线的扭绞长度差约为12.7mm。在一束电缆中的相邻线对使用不同的扭距，以提高抗干扰性。双绞线的缠绕密度、扭绞方向和绝缘材料的性能，直接影响其电气性能，如特性阻抗、衰减等。

表9-1　综合布线系统的配置标准

配置标准	最低配置	基本配置	结合配置
适用范围	适用于配置标准较低的场合	适用于中等配置标准的场合	适用于配置标准较高的场合
组网介质	铜芯对绞电缆组网	铜芯对绞电缆组网	用光缆和铜芯对绞电缆混合组网
系统配置	（1）每个工作区有1个信息插座；（2）每个信息插座的配线电缆为1条4对对绞电缆；（3）干线电缆的配置，对计算机网络宜按24个信息插座配4对对绞线或集线器（HUB）或集线器群（HUB群）配4对对绞线；对电话至少为每个信息插座配1对对绞线	（1）每个工作区有2个或2个以上信息插座；（2）每个信息插座的配线电缆为1条4对对绞电缆；（3）干线电缆的配置，对计算机网络宜按24个信息插座配4对对绞线，或集线器（HUB）或集线器群（HUB群）配4对对绞线；对电话至少为每个信息插座配1对对绞线	（1）以基本配置的信息插座量作为基础配置；（2）垂直干线的配置：每48个信息插座宜配2芯光纤或集线器（HUB）或集线器群（HUB群）配2芯光纤，适用于计算机网络；电话选用对绞电缆，每个信息插座1对对绞线来配置垂直干线电缆，或按用户要求进行配置，并考虑适当的备用量；（3）当楼层信息插座较少时，在规定长度的范围内，可几层合用HUB，并合并计算光纤芯数，每一楼层计算所得的光纤芯数还应按光缆的标称容量和实际需要进行选取；（4）如有用户需要光纤到桌面（FTTD），光缆可经或不经FD直接从BD引至桌面，上述光纤芯数不包括FTTD的应用在内；（5）楼层之间原则上不敷设垂直干线电缆，但在每层的FD可适当预留一些接插件，需要时可临时布放合适的缆线
配线设备	配线设备交接硬件的选用，宜符合下列规定： （1）用于电话的配线设备，宜选用IDC卡接式模块 （2）用于计算机网络的配线设备，宜选用RJ45或IDC插接式模块		

双绞电缆中一般包含4个双绞线对：橙1/橙白2、蓝4/蓝白5、绿6/绿白3、棕8/棕白7。计算机网络使用1-2、3-6两组线对来发送和接收数据。双绞线接头为国际标准的RJ-45插头和插座。

双绞电缆种类如图9-17所示，按其包裹的是否有金属层，分为非屏蔽双绞电缆（UTP）和屏蔽双绞电缆（STP）。

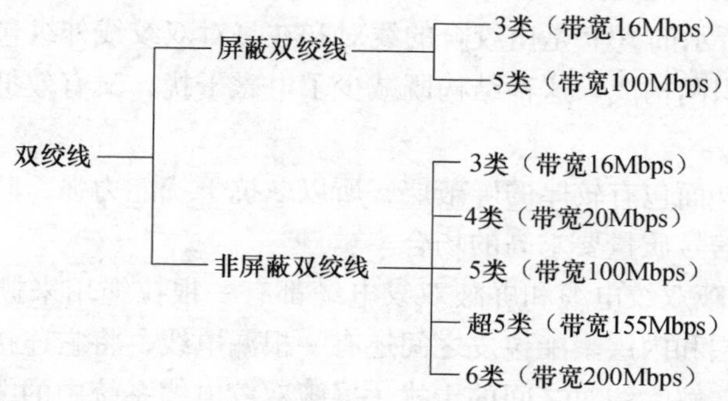

图9-17　双绞电缆种类

1. 非屏蔽双绞电缆

非屏蔽双绞电缆如图9-18（a）所示，由多对双绞线外包一层绝缘塑料护套组成，由于无屏蔽层，所以，非屏蔽双绞电缆容易安装，较细小，节省空间，价格便宜，适用于网络流量不大的场合。

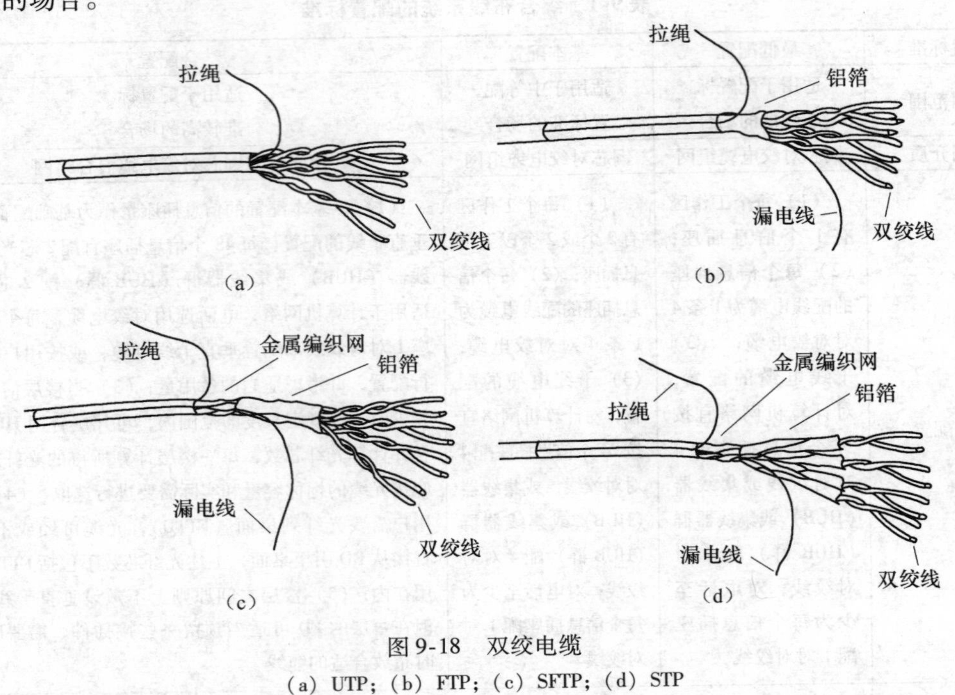

图9-18　双绞电缆

(a) UTP；(b) FTP；(c) SFTP；(d) STP

2. 屏蔽双绞电缆

屏蔽双绞电缆的电缆芯是铜双绞线，护套层是绝缘塑橡皮，在护套层内增加了金属层。按金属屏蔽层数量和绕包方式的不同又分为铝箔屏蔽双绞电缆（FTP）、铝箔/金属网双层屏蔽双绞电缆（SFTP）和独立双层屏蔽双绞电缆（STP）三种。

如图9-18（b）所示的FTP是由绞合的线对和在多对双绞线外纵包铝箔构成，屏蔽层外是电缆护套层。

如图9-18（c）所示的SFTP是由绞合的线对和在每对双绞线外纵包铝箔后，再加铜编织网构成，其电磁屏蔽性能优于FTP。

如图9-18（d）所示的STP是由绞合的线对和在每对双绞线外纵包铝箔后再将纵包铝箔的多对双绞线加铜编织网构成，这种结构既减少了电磁干扰，又有效抑制了线对之间的综合串扰。

屏蔽双绞电缆因外面包有较厚的屏蔽层，所以，抗干扰能力强，防自身信号外辐射，适用于保密要求高、对信号质量要求高的场合。

图9-18中，非屏蔽双绞电缆和屏蔽双绞电缆都有一根拉绳用来撕开电缆保护套。屏蔽双绞电缆在铝箔屏蔽层和内层聚酯包皮之间还有一根漏电线，将它连接到接地装置上，可泄放金属屏蔽层的电荷，解除线对之间的干扰。屏蔽双绞电缆系统中的缆线和连接硬件都应是屏蔽的，并必须做好良好的接触。

3. 常用双绞电缆

国际电气工业协会（EIA）为双绞线定义了5种不同质量的型号，综合布线使用是的3、4、5类。其中，第3类双绞电缆的传输特性最高规格为16MHz，用于语音传输及最高传输速率为10Mbps的数据传输；第4类电缆的传输特性最高规格为20MHz，用于语音传输及最高传输速率为16Mbps的数据传输；第5类电缆增加了绕线密度，传输特性最高规格为100MHz，用于语音传输及最高传输速率为100Mbps的数据传输。

图9-19所示为超5类双绞电缆物理结构平面图。超5类双绞电缆的特点是：能满足大多数应用的要求，有足够的性能余量，安装方便，为高速传输提供方案，满足低综合近端串扰的要求。

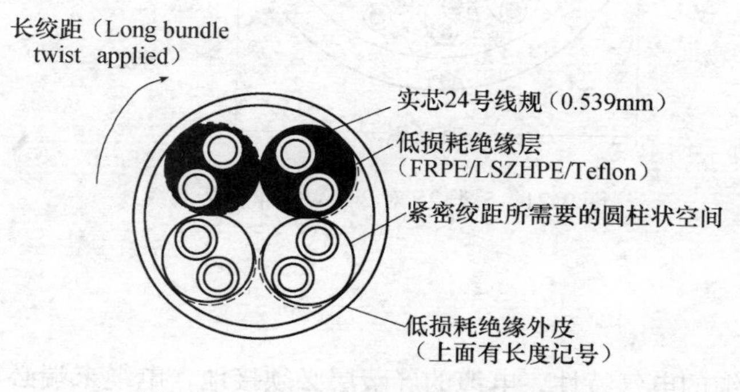

图9-19　超5类双绞线物理结构截面

图9-20所示为6类双绞电缆物理结构平面图，与超5类相比，其线对间的相互影响更小，提高了抗串扰性能。

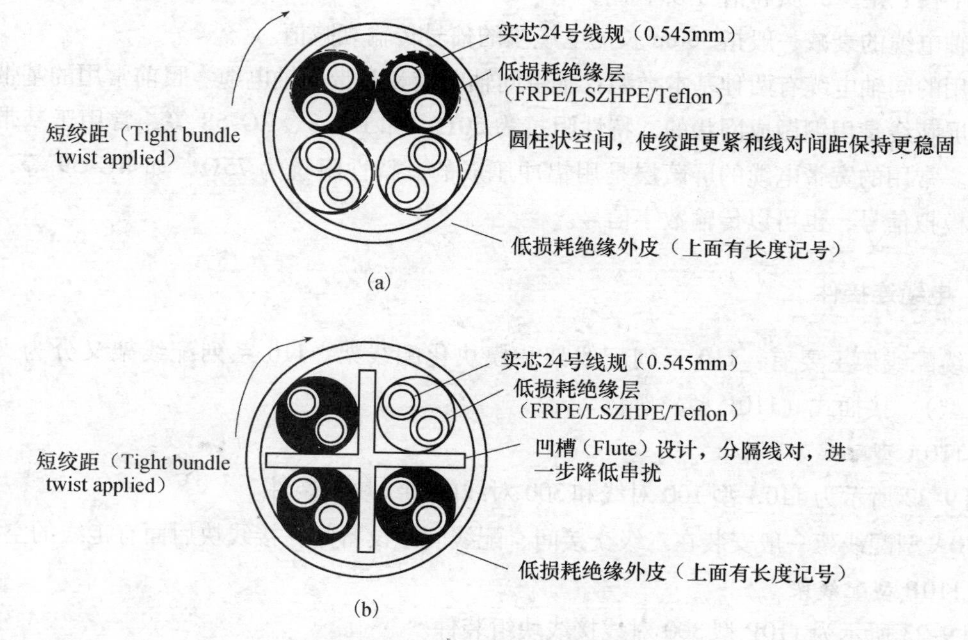

图9-20　6类双绞线物理结构截面

（a）Giga SPEED-XL71E系列双绞线；（b）Giga SPEED-XL81A系列双绞线

图 9-21 所示为 5 类 25 对 24AWG 非屏蔽双绞电缆截面。

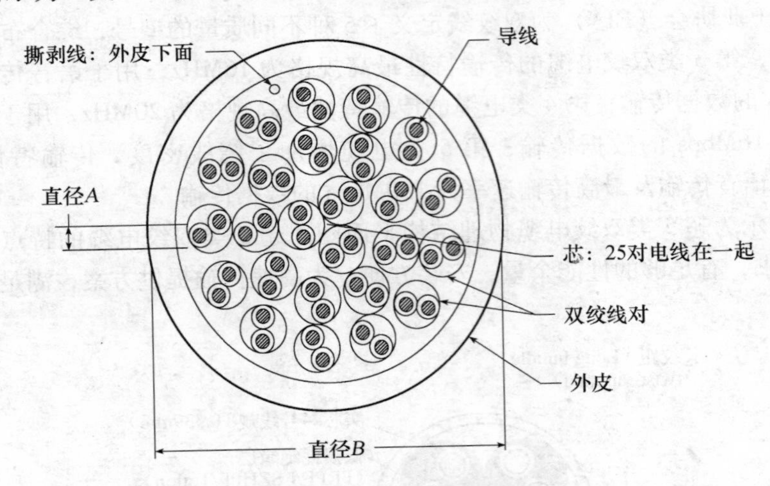

图 9-21　5 类 25 对 24AWG 非屏蔽双绞线

9.2.2　同轴电缆

为保持同轴电缆的电气特性，电缆的屏蔽层必须接地，电缆末端必须安装终端匹配器来吸收剩余能量，削弱信号反射作用。

同轴电缆的特性阻抗是用来描述电缆信号传输特性的指标，其数值取决于同轴线路内外导体的半径、绝缘介质和信号频率。

同轴电缆的衰减一般指 500m 长的电缆段的信号传输衰减值。

常用的同轴电缆有两种基本类型：基带同轴电缆和宽带同轴电缆。目前常用的基带同轴电缆的屏蔽线是用铜做成网状的，特性阻抗为 50Ω，如 RG-8、RG-58 等，常用于基带或数字传输。常用的宽带电缆的屏蔽层是用铝冲压成的，特性阻抗为 75Ω，如 RG-59 等，既可以传输模拟信号，也可以传输数字信号。

9.2.3　电缆连接件

电缆配线架主要有：110 系列配线架和模块化配线架。110 系列配线架又分为夹接式（110A 型）、接插式（110P 型）等。

1. 110A 型配线架

图 9-22 所示为 110A 型 100 对线和 300 对线的接线块组装件。

110A 型配线架一般安装在二级交接间、配线间或设备间，接线块后面有走线的空间。

2. 110P 型配线架

图 9-23 所示为 110P 型 300 对线接线块组装件。

110P 型配线架用插拔快接跳线代替了跨接线，为管理提供了方便，因其无支撑腿，所以，不能安装在墙上。

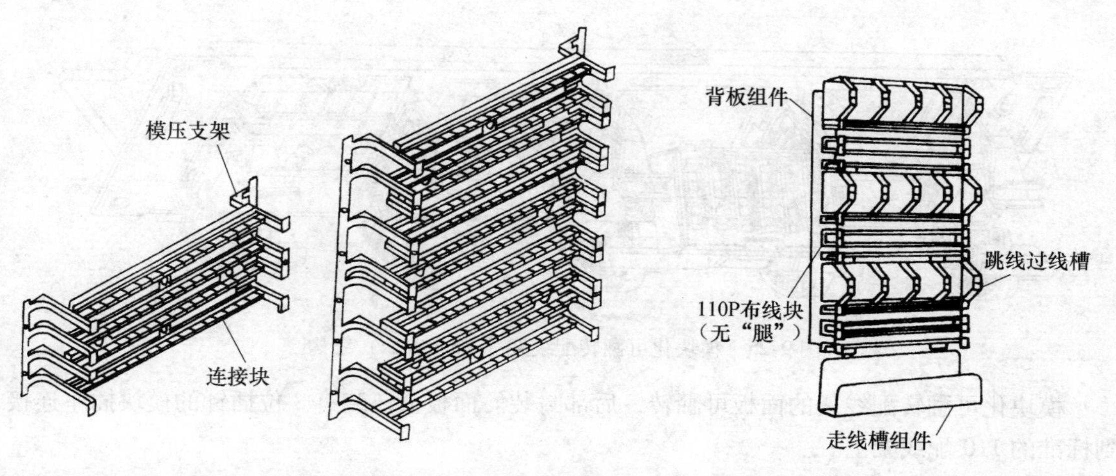

图 9-22　110A 型 100 对线和 300 对线的接线块组装件　　图 9-23　110P 型 300 对线接线块组装件

3. 110C 连接场

110C 连接场如图 9-24 所示，它是 110 连接场的核心，有 3 对线、4 对线、5 对线三种规格。

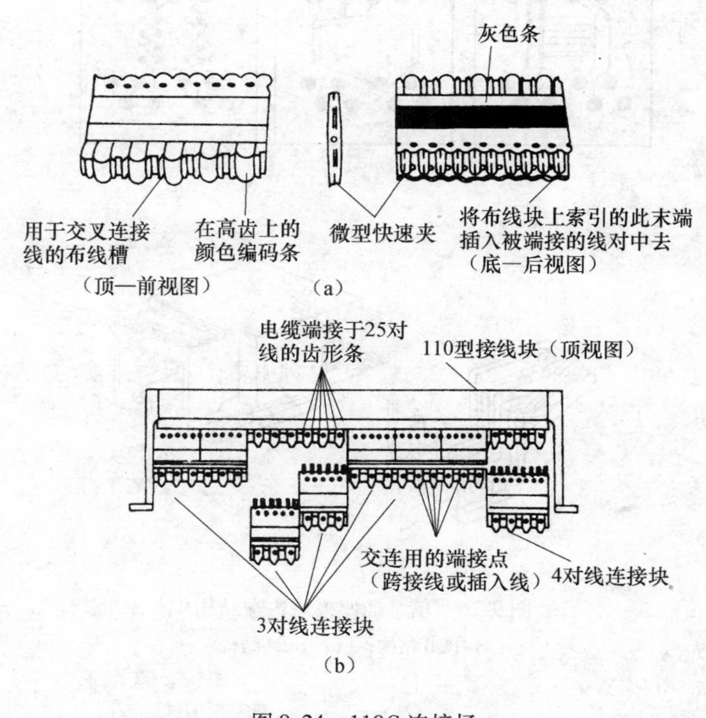

图 9-24　110C 连接场
（a）110C 连接块；（b）110C 连接块的组装

4. 模块化可翻转配线架

图 9-25 所示为模块化可翻转配线架结构。

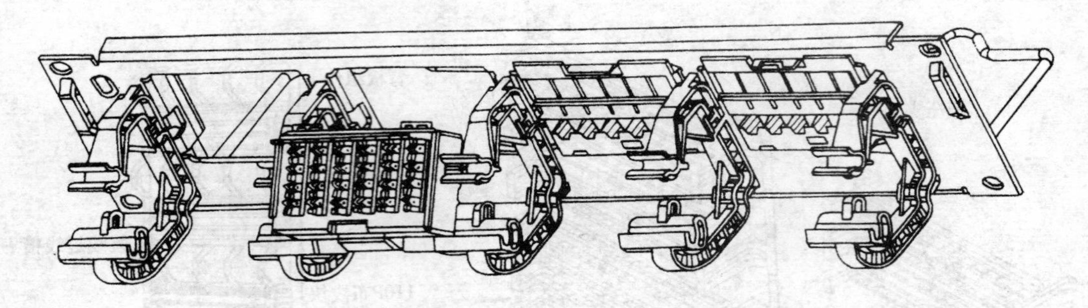

图 9-25　模块化可翻转配线架（Patch Max）结构

模块化可翻转配线架的面板可翻转，后部封装。面板上还装有 8 位插针的模块插座连接到标准的 110 配线架上。

5. 信息插座模块

图 9-26 所示为 RJ45 信息插座模块结构，有 PCB 和 DCM 两种。

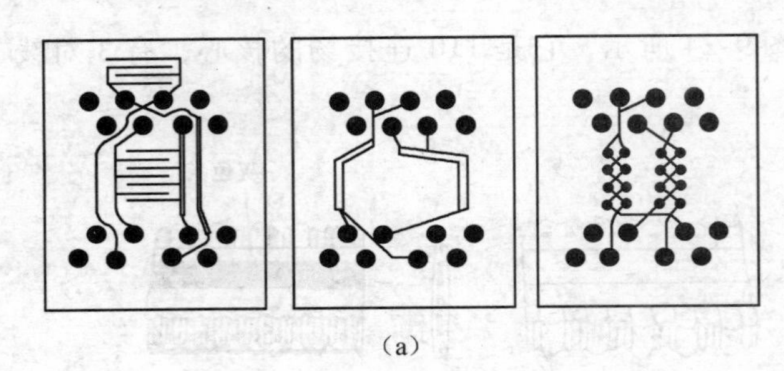

（a）

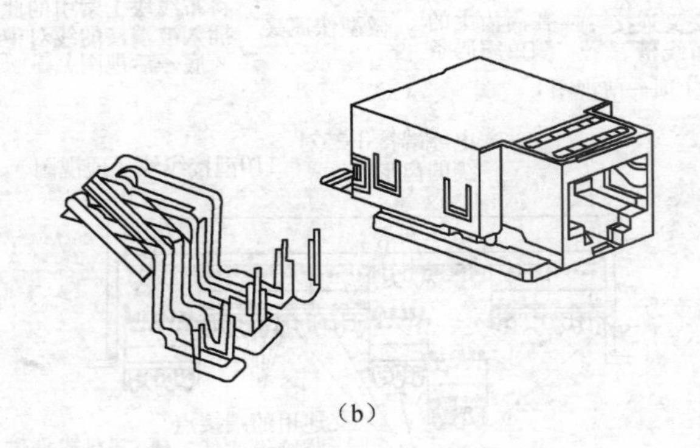

（b）

图 9-26　信息插座模块内在结构

（a）PCB 结构；（b）DCM 结构

6. 接插线

接插线就是装有连接器的跨接线，将插头插至所需位置即可完成连接，有 1、2、3、4 对线四种。

7. 110 系列配线架安装所用材料

图 9-27 所示为 110 系列配线架安装所用材料。

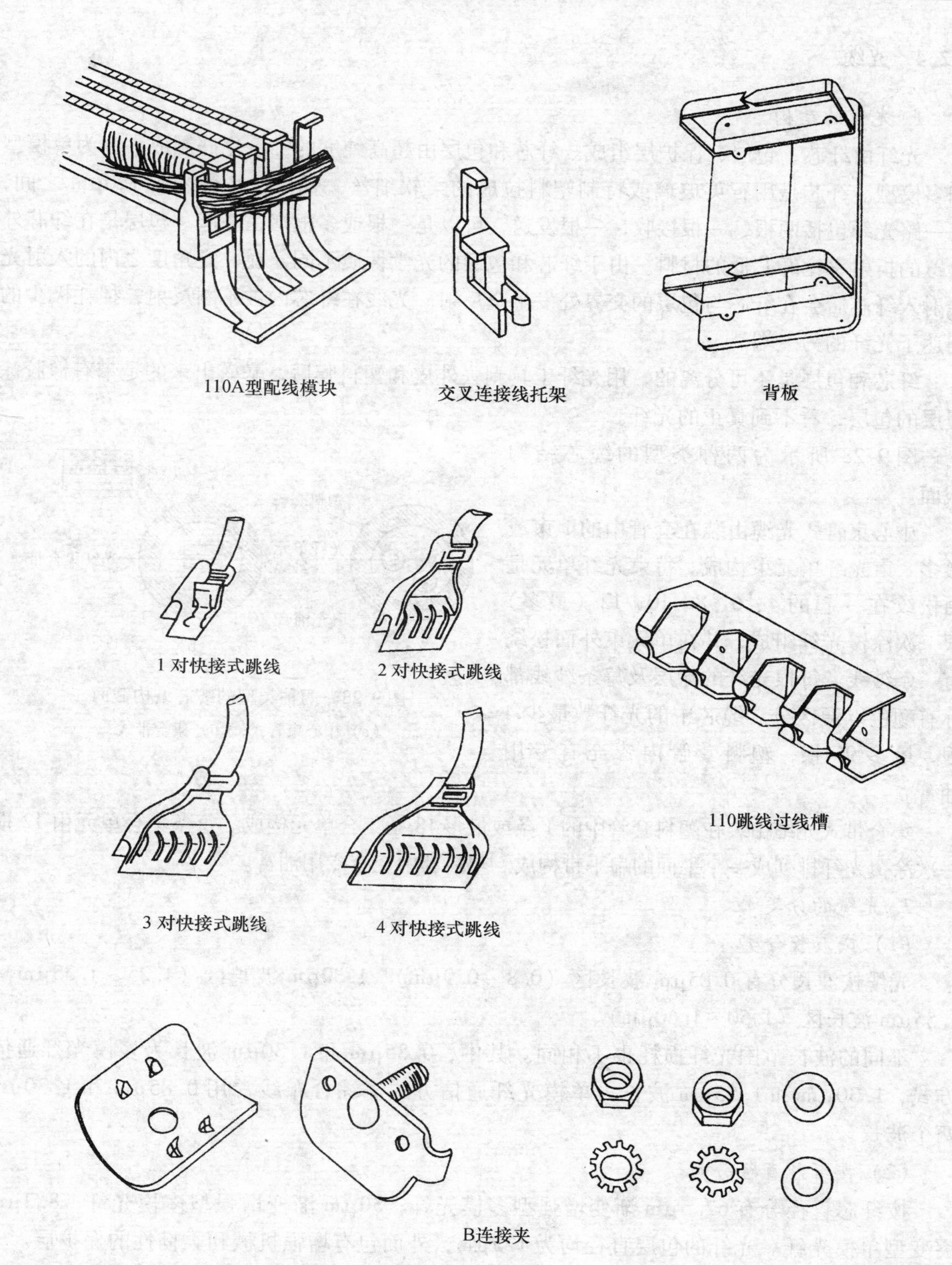

图9-27　110系列配线架安装所用材料

9.2.4 光缆

1. 光缆的结构

光纤由纤芯、包层、保护层组成。纤芯和包层由超高纯度的二氧化硅制成，分为单模型和多模型。纤芯是用石英玻璃或特制塑料拉成的柔软细丝，直径在几微米到120μm之间，每一路光纤包括两根，一根接收，一根发送，可以是一根或多根捆在一起。包层是在纤芯外涂覆的折射率比纤芯低的材料。由于纤芯和包层的光学性质不同，在一定角度之内的入射光线射入纤芯后会在纤芯与包层的交界处发生全反射。光线在纤芯内被不断反射，损耗极少的到达了光纤的另一端。

纤芯和包层是不可分离的，用光纤工具剥去外皮和塑料膜后，暴露出来的是带有橡胶涂覆层的包层，看不到真正的光纤。

图9-28所示为两种类型的缆芯结构截面。

中心束管式光缆由装在套管中的1束或最多8束光纤单元束构成。每束光纤单元是由松绞在一起的4、6、8、10、12（最多）根一次涂覆光纤组成，并在单元束外面松绕有一条纱线。每根光纤的涂层及每条纱线都标有颜色以便区分。缆芯中的光纤数最少4根，最多96根，塑料套管内皆充有专用油膏。

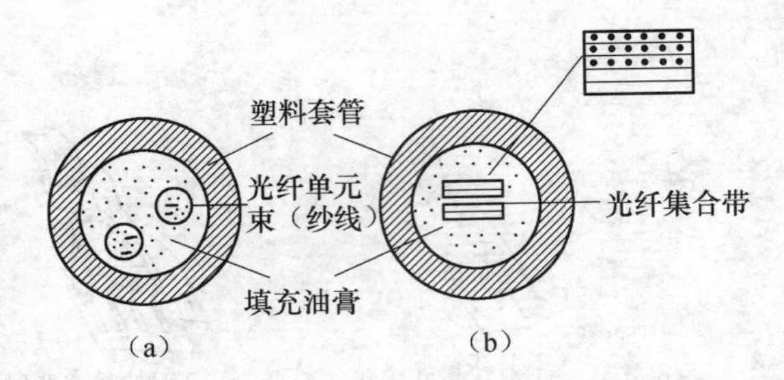

图9-28 两种类型的缆芯结构截面

(a) 中心束管式；(b) 集合带式

集合带式光缆由装在塑料套管中的1条或最多18条集合单元构成。每条集合单元由12根一次涂覆光纤排列成一个平面的扁平带构成。塑料套中充有专用油膏。

2. 光缆的分类

(1) 按波长分类

光缆按波长分有0.85μm波长区（0.8～0.9μm）、1.30μm波长区（1.25～1.35μm）、1.55μm波长区（1.50～1.60μm）。

不同的波长范围光纤损耗也不相同。其中，0.85μm和1.30μm波长为多模光纤通信方式，1.30μm和1.55μm波长为单模光纤通信方式。综合布线常用0.85μm和1.30μm两个波长。

(2) 按纤芯直径分类

按纤芯直径分有62.5μm渐变增强型多模光纤；50μm渐变增强型多模光纤；8.3μm突变型单模光纤。光纤的包层直径均为125μm，外面包有增强机械和柔韧性的保护层。

单模光纤纤芯直径很小，在给定的工作波长上只能以单一模式传输，传输频带宽、容量大，光信号可以沿光纤的轴向传输，损耗、离散均很小，传输距离远。多模光纤在给定工作波长上能以多个模式同时传输。单模光纤和多模光纤的特性比较见表9-2。

表 9-2　单模光纤和多模光纤的特性比较

单模光纤	多模光纤
用于高速度、长距离传输	用于低速度、短距离传输
成本高	成本低
窄芯线，需要激光源	宽芯线，聚光好
耗散极小，高效	耗散大，低效

图 9-29 所示为 62.5/125μm 渐变增强型多模光纤。图 9-30 所示为 8.3/125μm 突变型单模光纤。其中，62.5/125μm 光纤的物理特性和传输特性与建筑物布线环境应用系统设备的光/电转换器件兼容，所以，可以用于所有建筑物的综合布线。

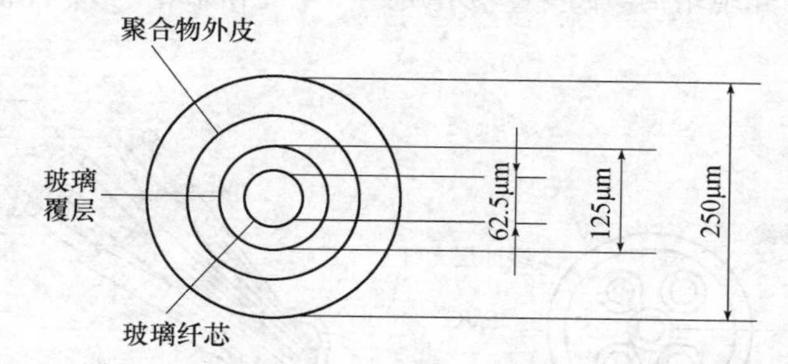

图 9-29　62.5/125μm 渐变增强型多模光纤

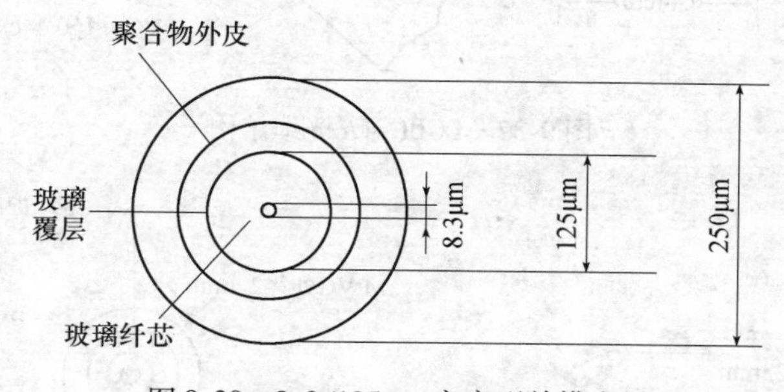

图 9-30　8.3/125μm 突变型单模光纤

(3) 按应用环境分类

光缆按应用环境分为室内光缆和室外光缆。

室内光缆又分为干线、水平线和光纤软线（互连接光缆）。光纤软线由单根或两根光纤构成，可将光学互连点或交连点快速地与设备端接起来。

室外光缆适用于架空、直埋、管道、水下等各种场合，有松套管层绞式铠装式和中心束管式铠装式等，并有多种护套选项。

3. 光缆的传输特性

(1) 衰减

光纤的衰减是指光信号的能量从发送端经光纤传输后至接收端的损耗，它直接关系到综合布线的传输距离。光纤的损耗与所传输光波的波长有关。

（2）带宽

两个有一定距离的光脉冲经光纤传输后产生部分重叠，为避免重叠的发生，输入脉冲有最高速率的限制。两个相邻脉冲有重叠但仍能区别开时的最高脉冲速率所对应的频率范围为该光纤的最大可用带宽。

（3）色散

光脉冲经光纤传输后，幅度会因衰减而减小，波形也会出现失真，形成脉冲展宽的现象称为色散。

4. 常用光缆

图9-31所示为多束LGBC光缆结构。图9-32所示为LGBC-4A光缆结构。图9-33所示为光纤软线结构。

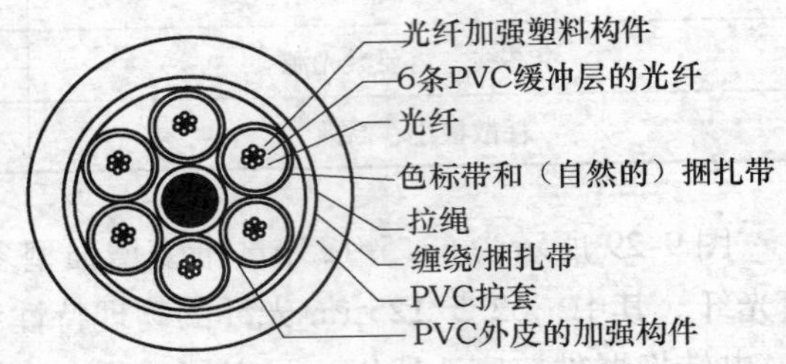

图9-31　多束LGBC光缆结构

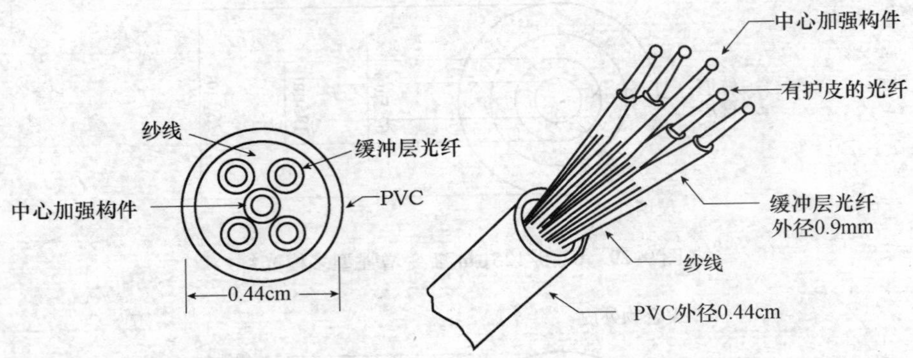

图9-32　LGBC-4A光缆结构

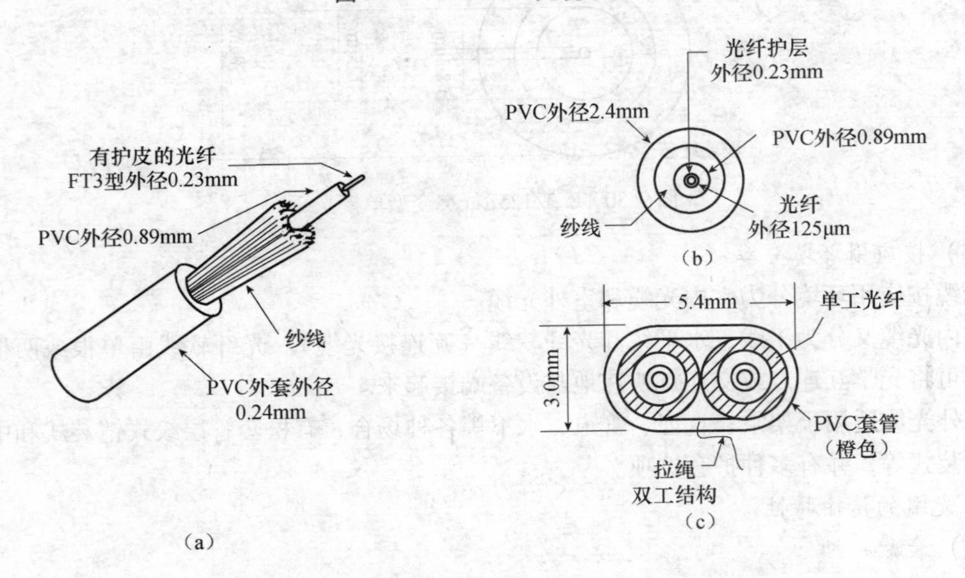

图9-33　光纤软线结构

（a）光纤软线；（b）单工结构；（c）双工结构

图9-34所示为综合布线常用由两条8芯双绞电缆和两条缓冲层的62.5/125μm多模光纤构成的混合电缆。混合电缆由两个及两个以上不同型号或不同类别的电缆、光纤单元构成，外包一层总护套，总护套内还可以有一层总屏蔽。其中，只由电缆单元构成的称为综合电缆；只由光纤单元构成的称为综合光缆；由电缆单元和光缆单元构成的称为混合电缆。

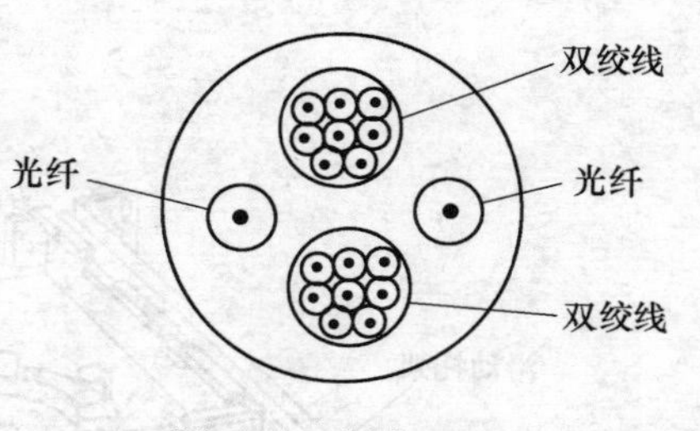

图9-34　混合电缆

9.2.5　光缆连接件

1. 箱体（盒）式光纤互连装置

箱体（盒）式光纤互连装置（LIU）用来连接光纤，还直接支持带状光缆和束管式光缆的跨接线。图9-35所示为100A3光纤连接盒。

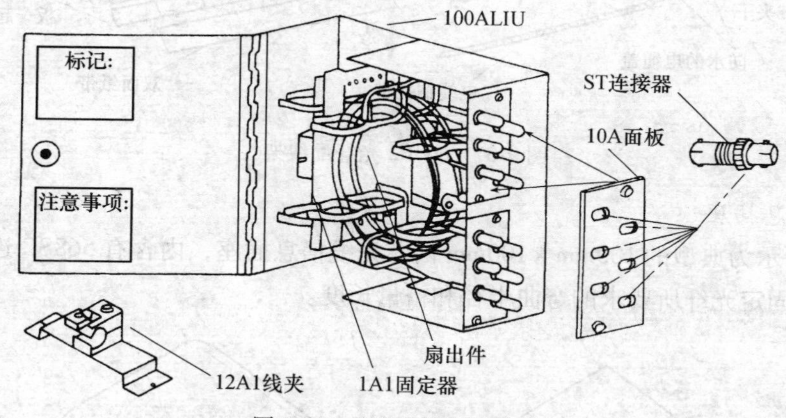

图9-35　100A3光纤连接盒

2. 柜式光纤互连装置

柜式光纤互连装置可安装在机柜内，用于端接或熔接光缆，并使光缆按顺序对接。图9-36所示为600A2光纤配线架。图9-37所示为600B2光纤配线架。

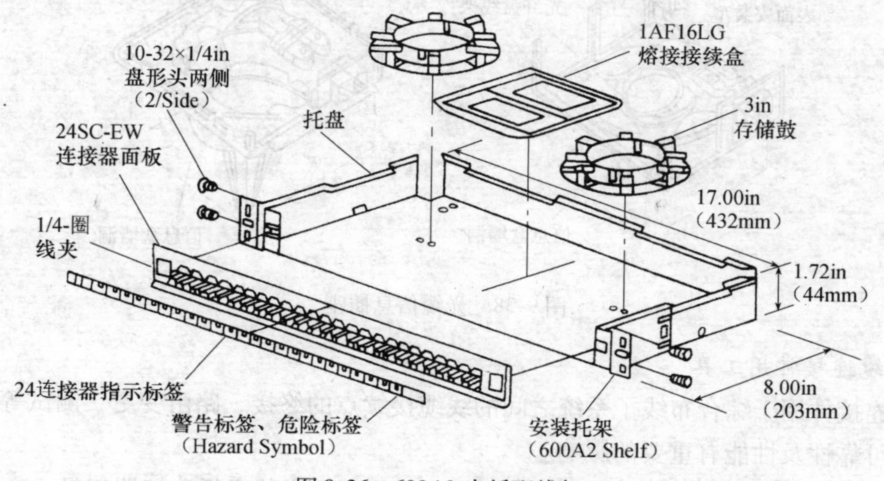

图9-36　600A2光纤配线架

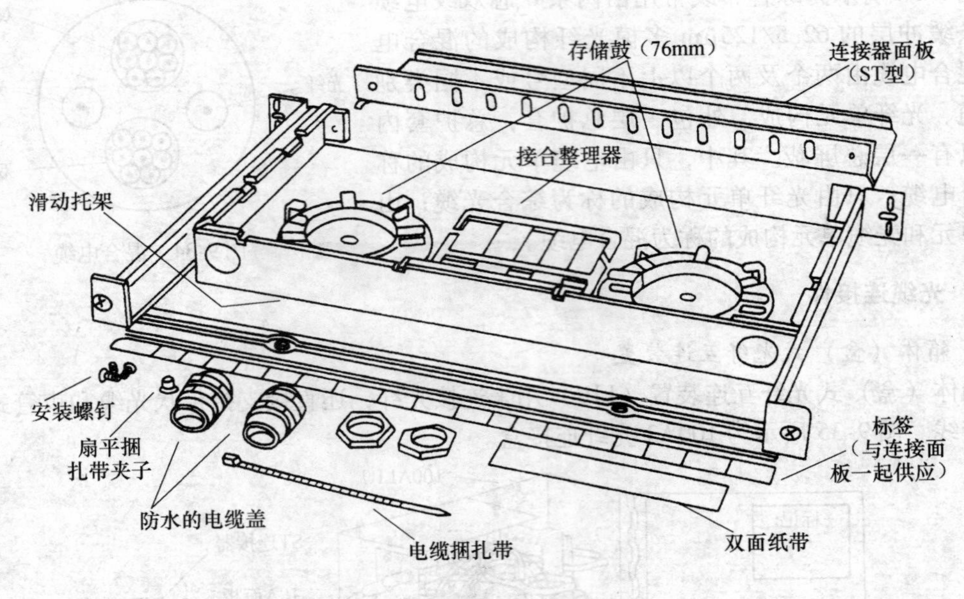

图 9-37　600B2 光纤配线架

3. 光缆信息插座

图 9-38 所示为典型的 100mm × 100mm 两芯光缆信息插座，内含有 568SC 连接器。光纤盘线架可提供固定光纤所要求的弯曲半径和裕量长度。

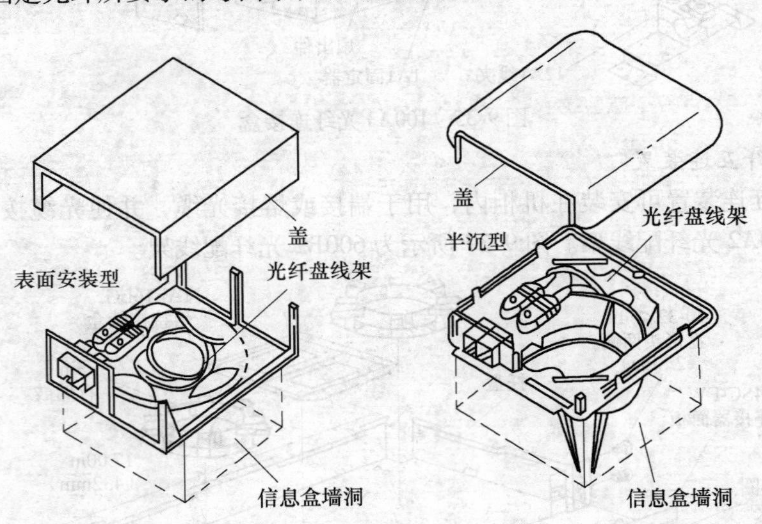

图 9-38　光缆信息插座

4. 光缆连接常用工具

光缆连接件用于综合布线子系统之间的线缆接续点的终接、路由变更、测试等操作，对于通道的可靠性及性能有重要的影响。

图 9-39 所示为光纤头安装工具。图 9-40 所示为现场安装光纤连接器工具。

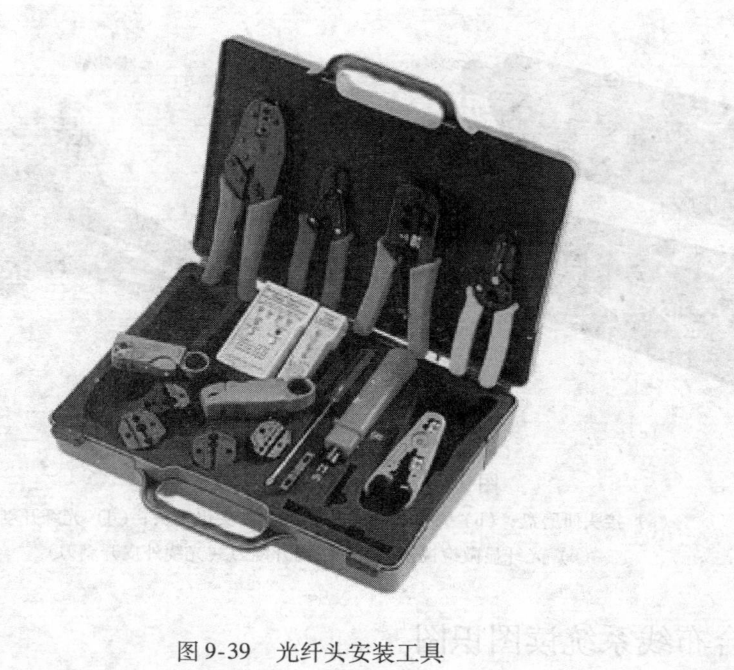

图 9-39　光纤头安装工具

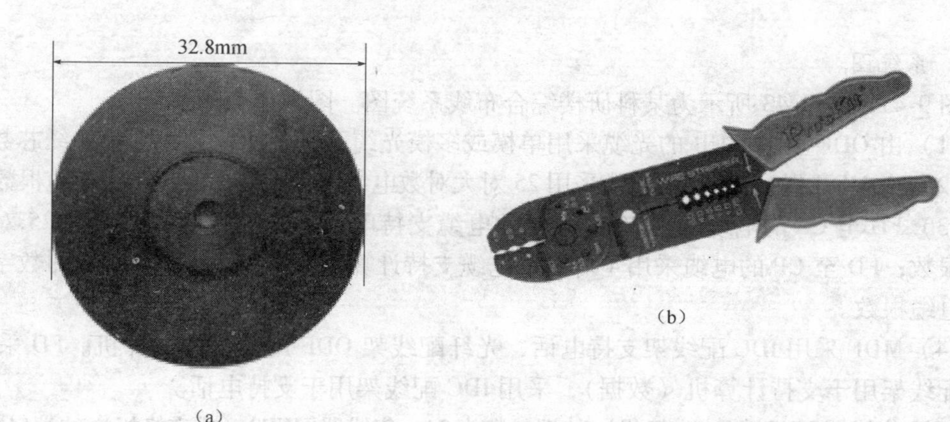

（a）　（b）

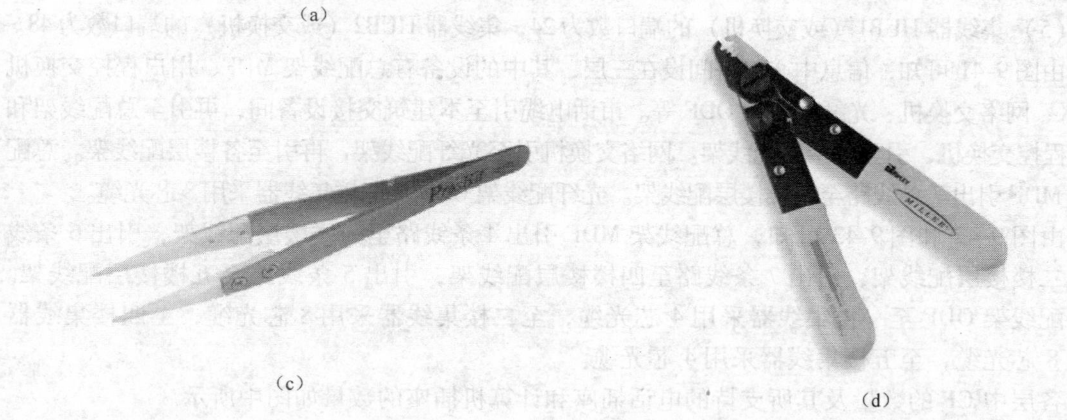

（c）　（d）

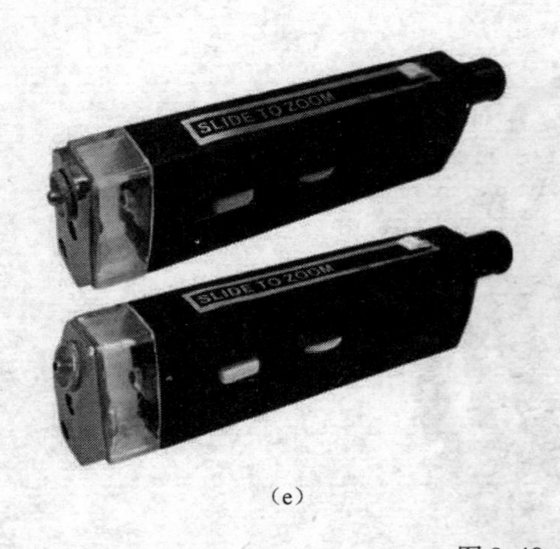

(e)

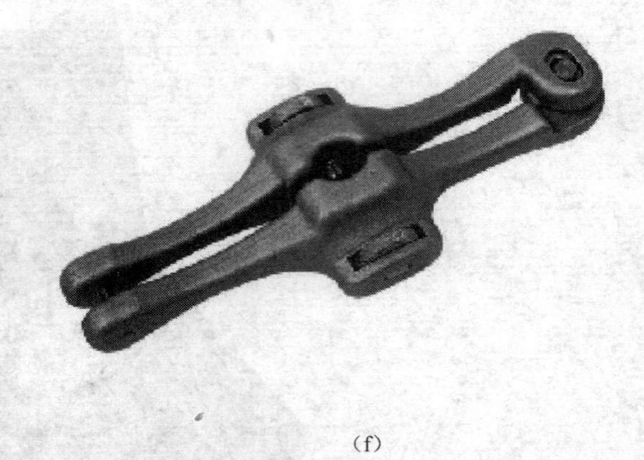

(f)

图 9-40　现场安装光纤连接器工具

(a) 接头研磨盘；(b) 多功能钳；(c) 陶瓷特尖镊子头；(d) 光纤开剥钳；
(e) 光纤显微检视镜；(f) 纵向开缆刀（光缆外皮开剥刀）

9.3　综合布线系统读图识图

1. 系统图

图 9-41 ~ 图 9-43 所示为某科研楼综合布线系统图。图纸说明如下：

(1) 由 ODF 至各 HUB 的光缆采用单模或多模光缆，其上所标的数字为光纤芯数。

(2) 由 MDF 到 1 ~ 5FD 的电缆采用 25 对大对数电缆，其上所标的数字为电缆根数。

(3) FD 至 CP 的电缆采用 25 对大对数电缆支持电话，其上所标的数字为 25 对大对数电缆根数；FD 至 CP 的电缆采用 4 对对绞电缆支持计算机（数据），其上所标的数字为 4 对对绞电缆根数。

(4) MDF 采用 IDC 配线架支持电话，光纤配线架 ODF 用于支持计算机。FD 采用 RJ45 模块配线架用于支持计算机（数据），采用 IDC 配线架用于支持电话。

(5) 集线器 HUB1（或交换机）的端口数为 24，集线器 HUB2（或交换机）的端口数为 48。

由图 9-41 可知，信息中心设备间设在三层，其中的设备有总配线架 MDF、用户程控交换机 PABX、网络交换机、光纤配线架 ODF 等。市话电缆引至本建筑交接设备间，再引至总配线架和用户程控交换机，引至各楼层配线架。网络交换机引至光纤配线架，再引至各楼层配线架。总配线架 MDF 引出 7 条线路至三楼楼层配线架。光纤配线架 ODF 至三楼集线器采用 8 芯光缆。

由图 9-42 和图 9-43 可知，总配线架 MDF 引出 4 条线路至一楼楼层配线架，引出 6 条线路至二楼楼层配线架，引出 7 条线路至四楼楼层配线架，引出 5 条线路至五楼楼层配线架。光纤配线架 ODF 至一楼集线器采用 4 芯光缆，至二楼集线器采用 8 芯光缆，至四楼集线器采用 8 芯光缆，至五楼集线器采用 4 芯光缆。

各层中 CP 的数量及其所支持的电话插座和计算机插座的数量如图中所示。

2. 平面图

图 9-44 ~ 图 9-48 为某科研楼一至五层综合布线平面图。图纸说明如下：

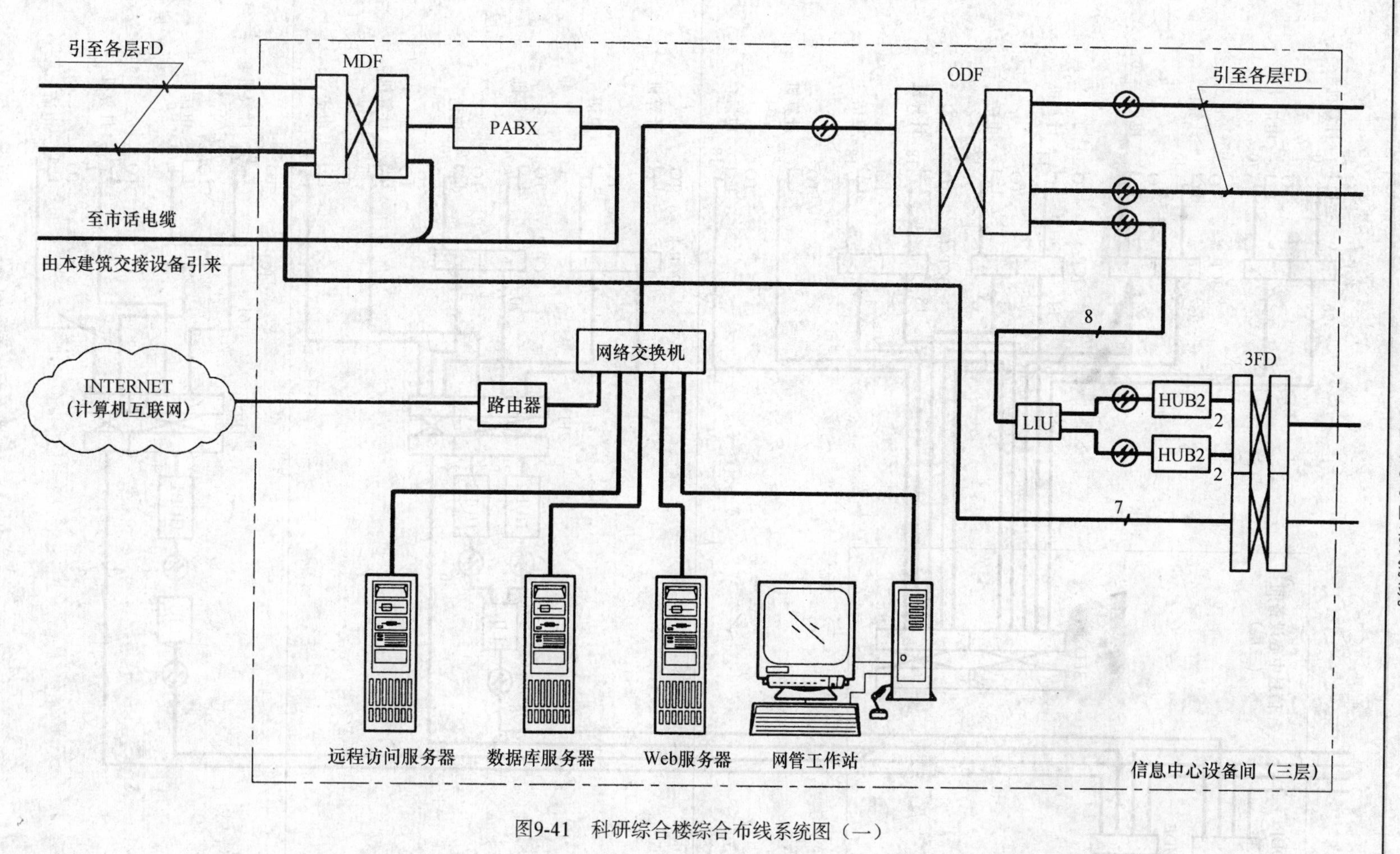

图9-41　科研综合楼综合布线系统图（一）

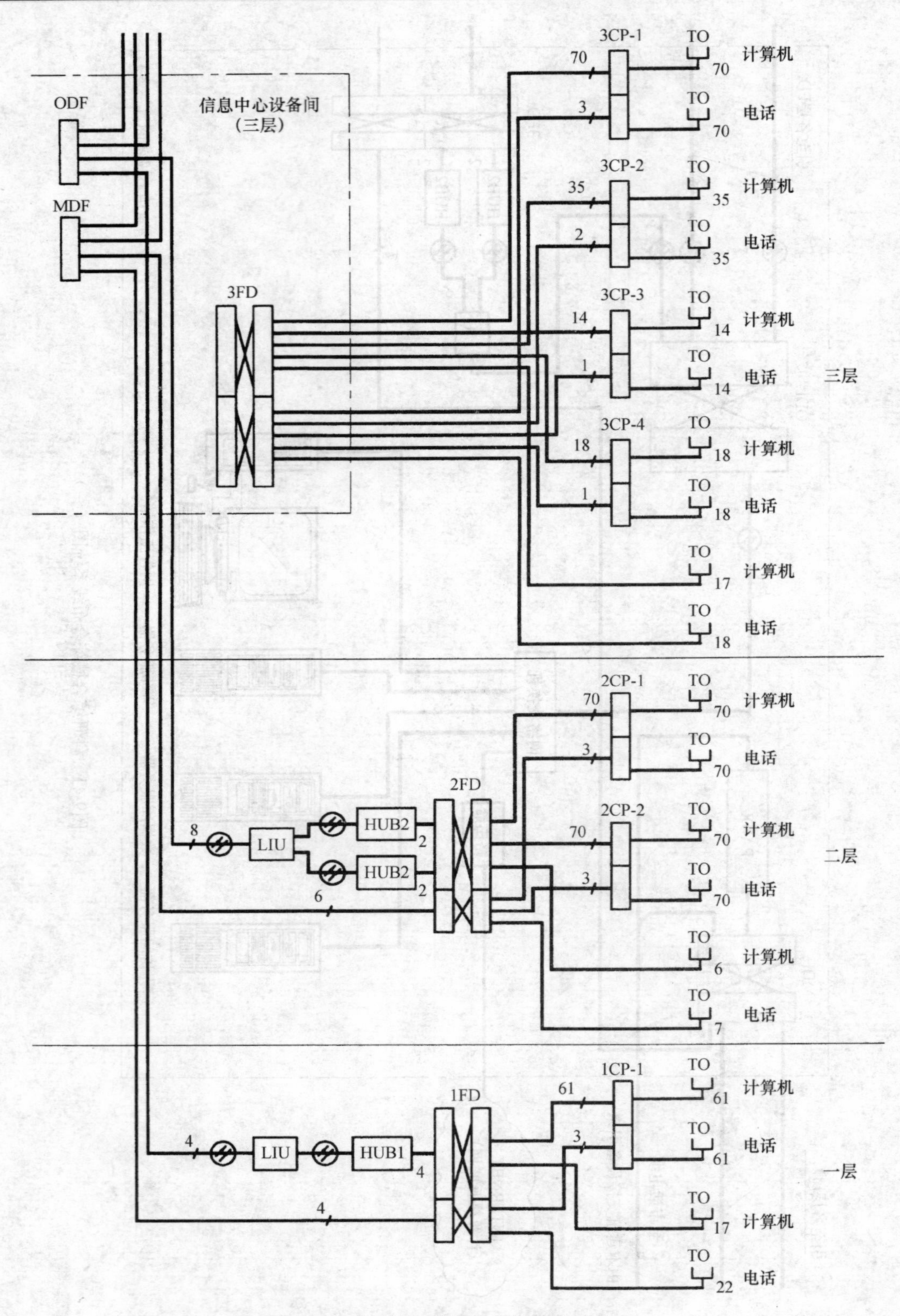

图 9-42 科研综合楼综合布线系统图（二）

（1）——表示为2根4对对绞电缆穿SC 20钢管暗敷在墙内或吊顶内。

—/1—表示为1根4对对绞电缆穿SC 15钢管暗敷在墙内或吊顶内。

—/4(6)—表示为4（6）根4对对绞电缆穿SC 25钢管暗敷在墙内或吊顶内。

（2）一个工作区的服务面积为10m²，为每个工作区提供两个信息插座，其中一个信息插座提供语音（电话）服务，另一个信息插座提供计算机（数据）服务。

（3）办公室1内采用桌面安装的信息插座，电缆由地面线槽引至桌面的信息插座。各楼层FD装设于弱电竖井内。各楼层所使用的信息插座有单孔、双孔、四孔等几种。

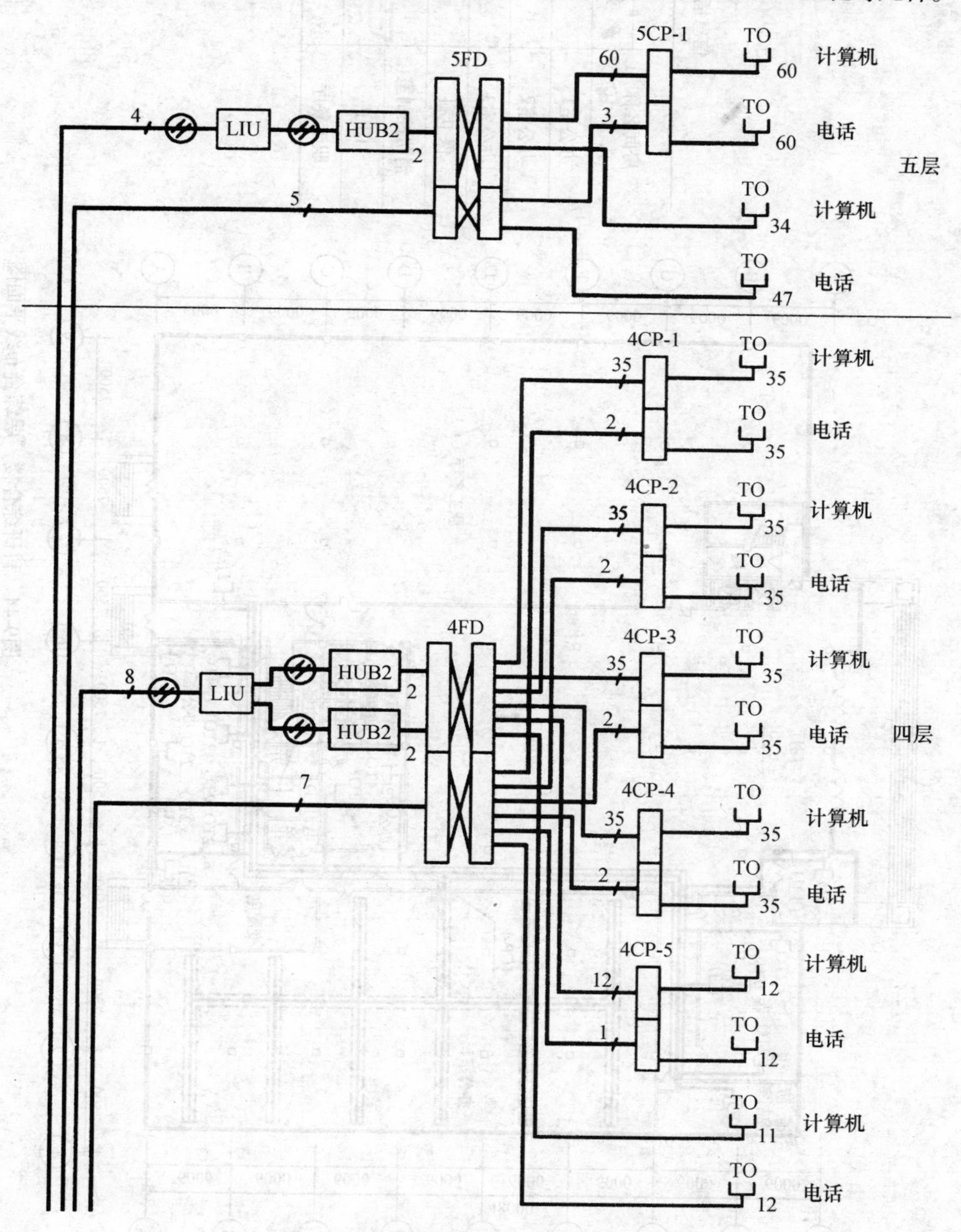

图9-43　科研综合楼综合布线系统图（三）

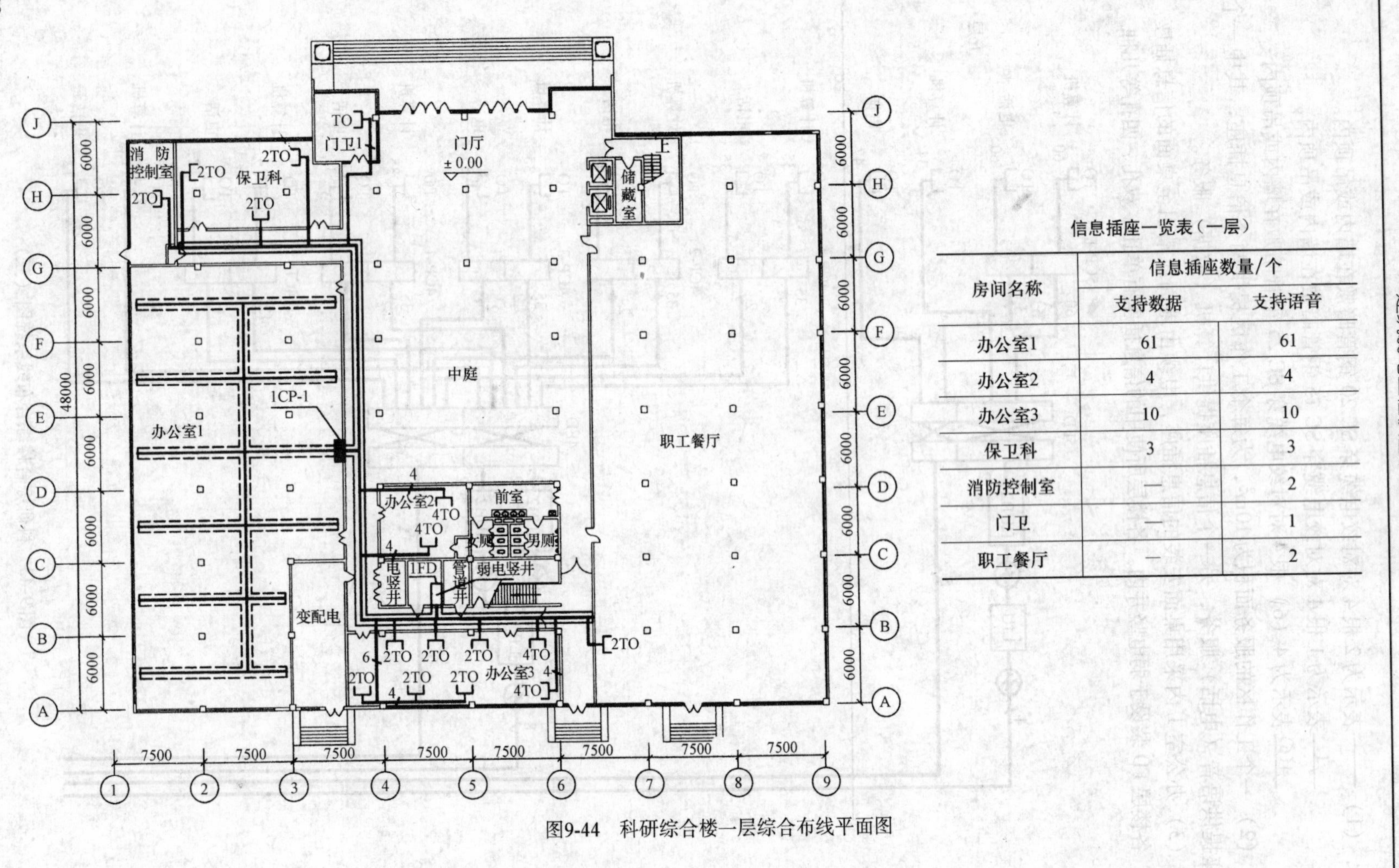

信息插座一览表（一层）

房间名称	信息插座数量/个	
	支持数据	支持语音
办公室1	61	61
办公室2	4	4
办公室3	10	10
保卫科	3	3
消防控制室	—	2
门卫	—	1
职工餐厅	—	2

图9-44　科研综合楼一层综合布线平面图

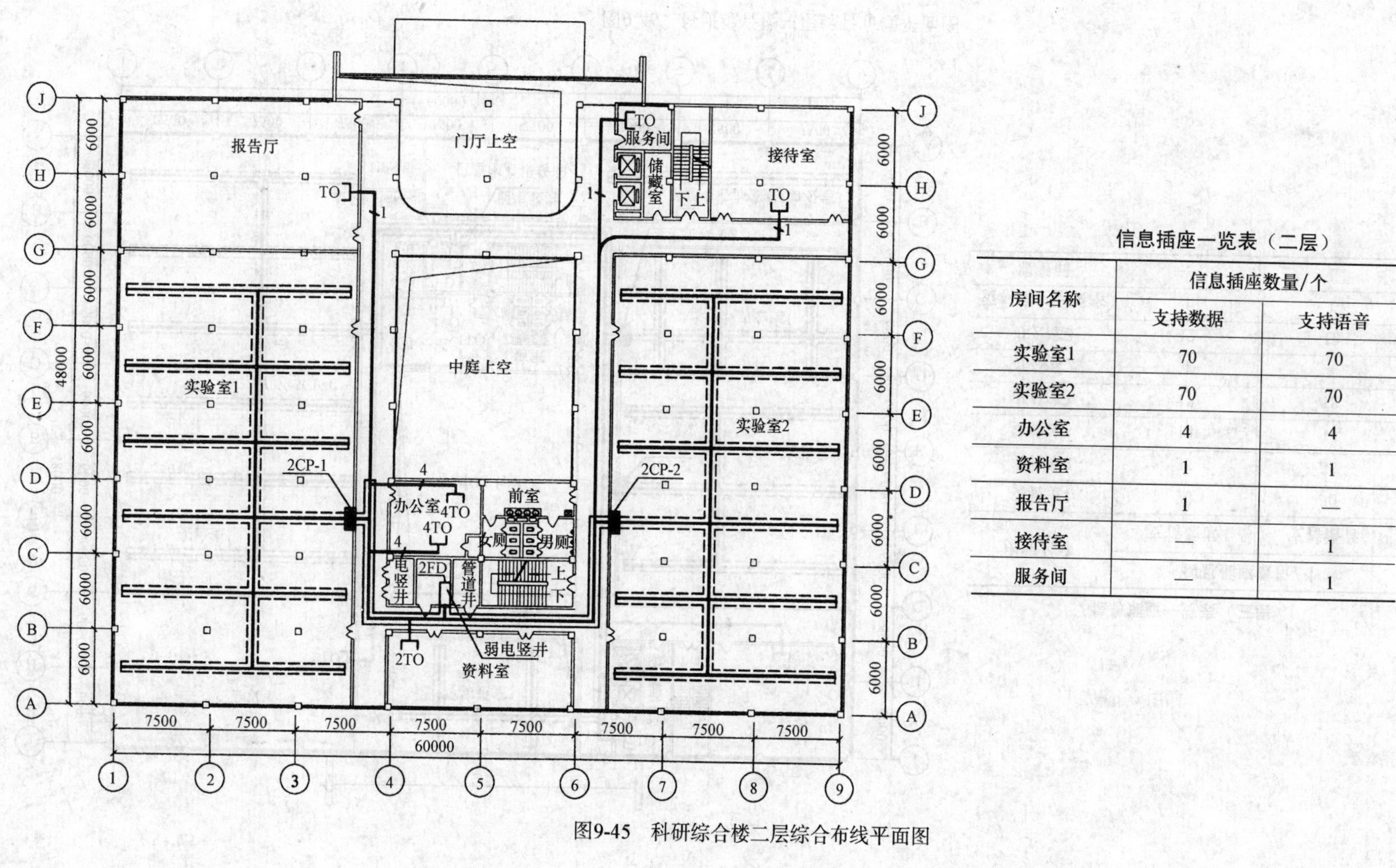

图9-45　科研综合楼二层综合布线平面图

信息插座一览表（二层）

房间名称	信息插座数量/个	
	支持数据	支持语音
实验室1	70	70
实验室2	70	70
办公室	4	4
资料室	1	1
报告厅	1	—
接待室	—	1
服务间	—	1

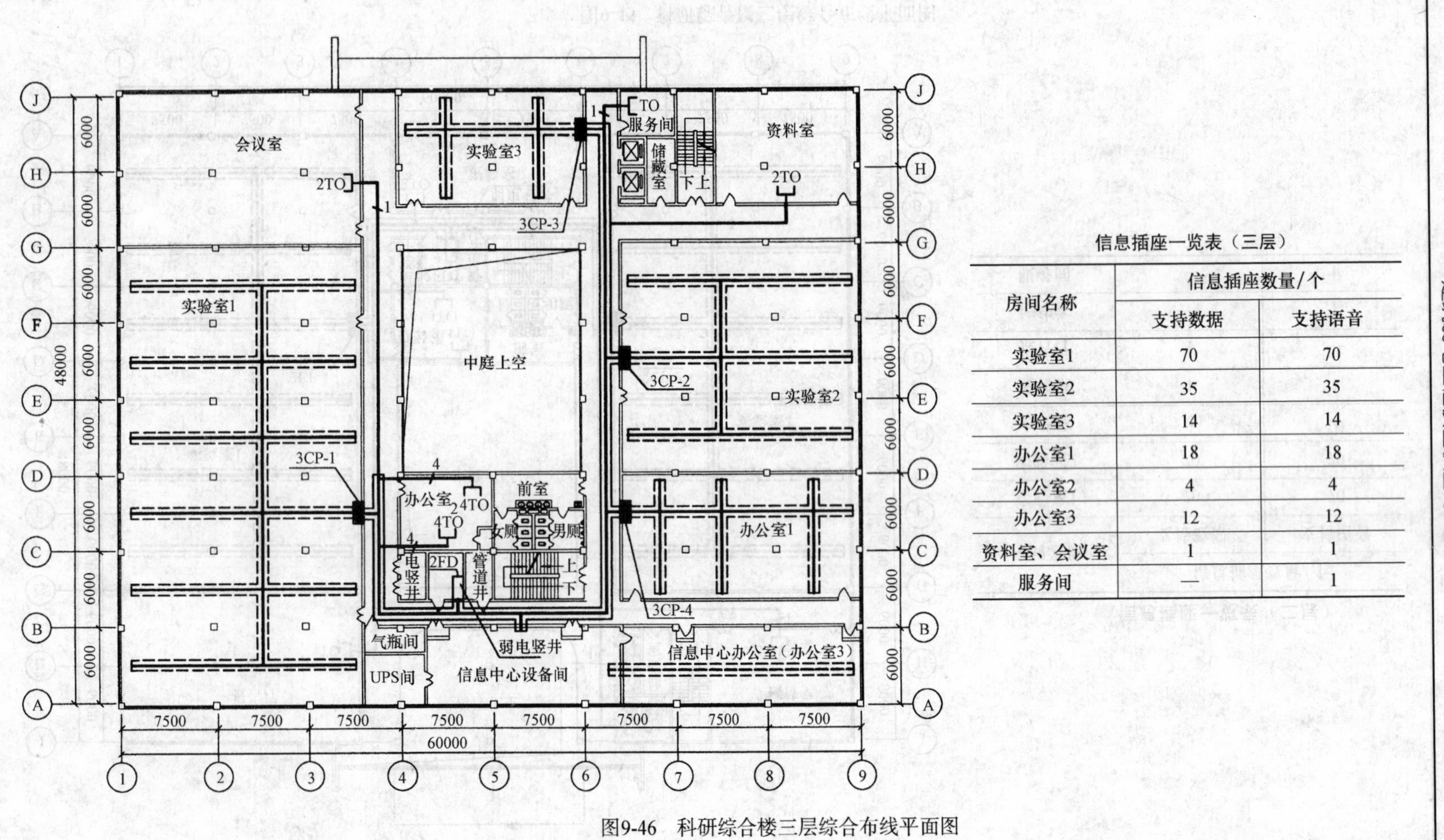

图9-46　科研综合楼三层综合布线平面图

信息插座一览表（三层）

房间名称	信息插座数量/个	
	支持数据	支持语音
实验室1	70	70
实验室2	35	35
实验室3	14	14
办公室1	18	18
办公室2	4	4
办公室3	12	12
资料室、会议室	1	1
服务间	—	1

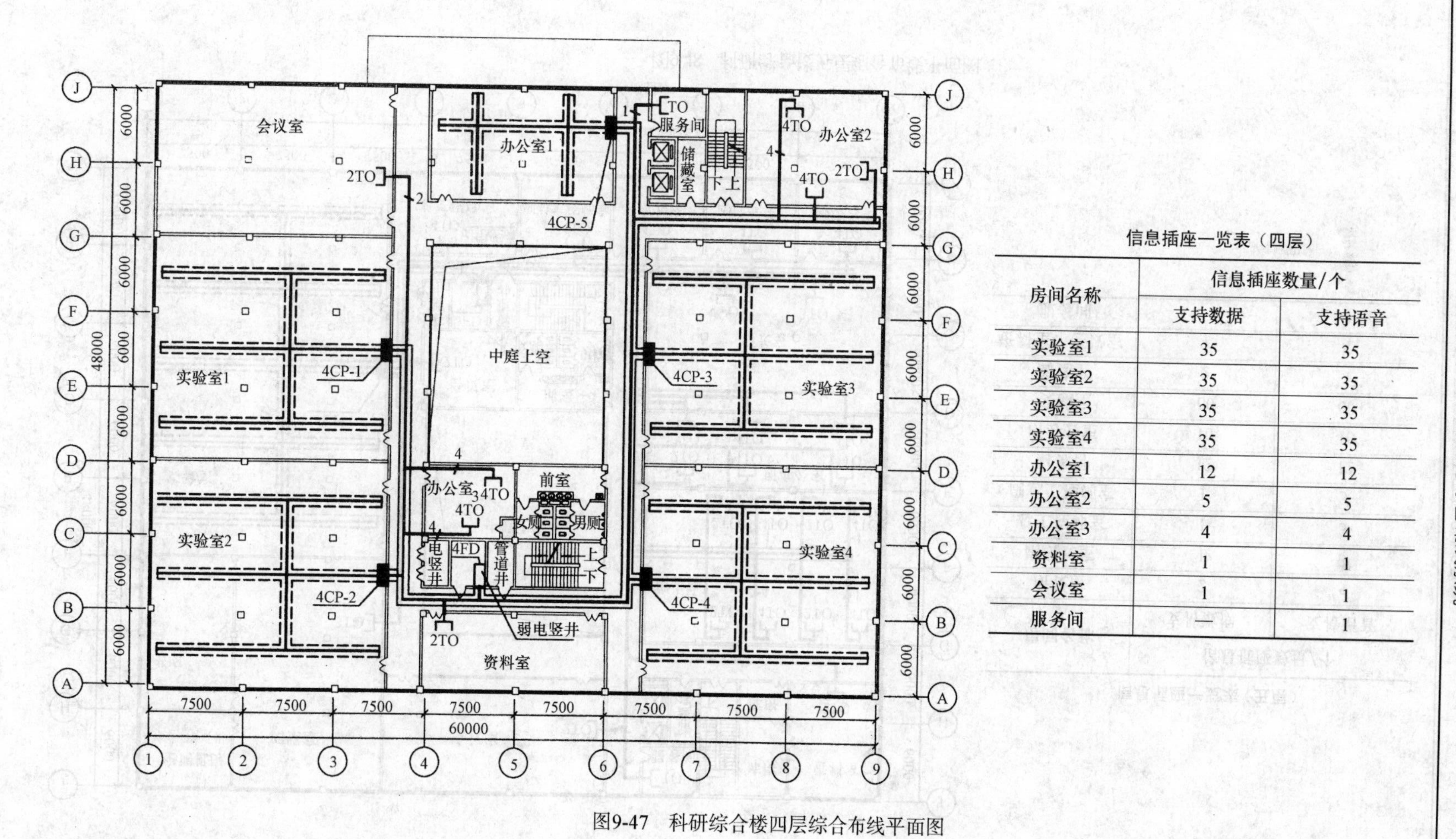

图9-47　科研综合楼四层综合布线平面图

信息插座一览表（四层）

房间名称	信息插座数量/个	
	支持数据	支持语音
实验室1	35	35
实验室2	35	35
实验室3	35	35
实验室4	35	35
办公室1	12	12
办公室2	5	5
办公室3	4	4
资料室	1	1
会议室	1	1
服务间	—	1

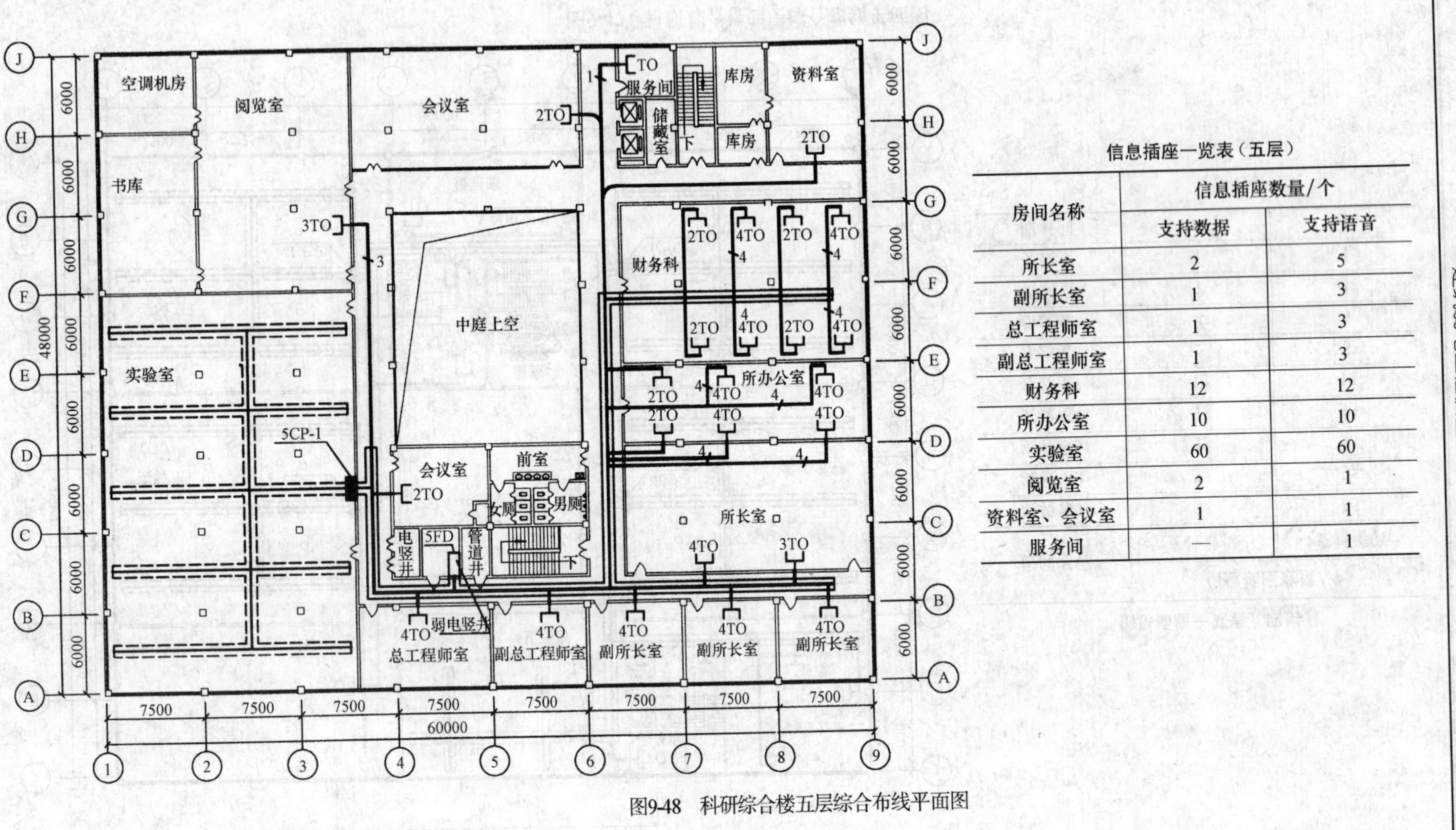

图9-48 科研综合楼五层综合布线平面图

信息插座一览表（五层）

房间名称	信息插座数量/个	
	支持数据	支持语音
所长室	2	5
副所长室	1	3
总工程师室	1	3
副总工程师室	1	3
财务科	12	12
所办公室	10	10
实验室	60	60
阅览室	2	1
资料室、会议室	1	1
服务间	—	1

9.4　综合布线系统安装

9.4.1　综合布线系统布线

1. 水平子系统

水平布线宜采用图9-49所示的星形拓扑结构。图9-50所示为线缆的水平布线模型，在较大房间，楼层配线架与信息插座之间可设置如图9-51所示的转接点（最多转接一次）。

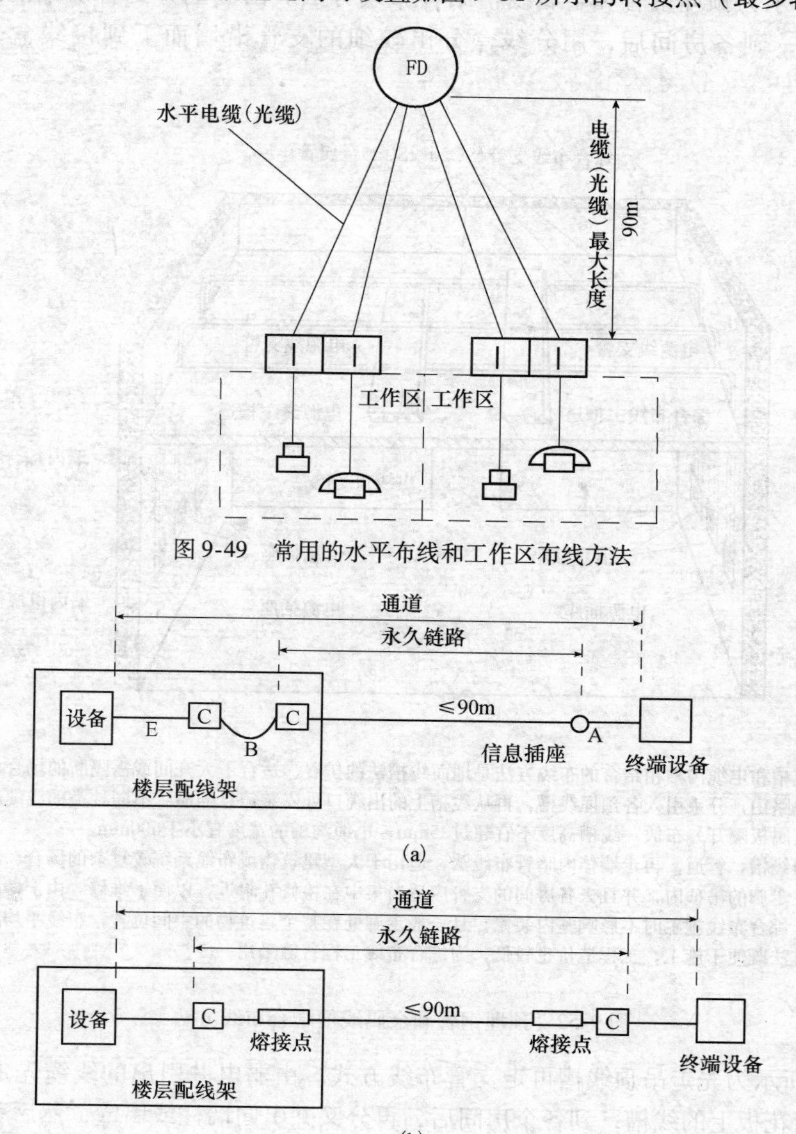

图9-49　常用的水平布线和工作区布线方法

图9-50　线缆的水平布线模型（C表示连接插座）

（a）水平子系统双绞电缆布线模型；（b）水平子系统光缆布线模型

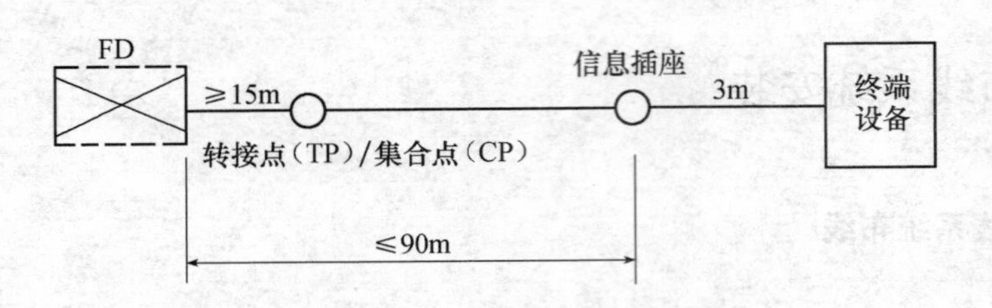

图 9-51　转接点结构

图 9-52 所示为预埋钢管和金属线槽结合布线方法。由弱电井到各房间的金属线槽吊在走廊吊顶中，到各房间后，用分线盒分出较细的支管沿墙而下到接线盒，再到通信出口。

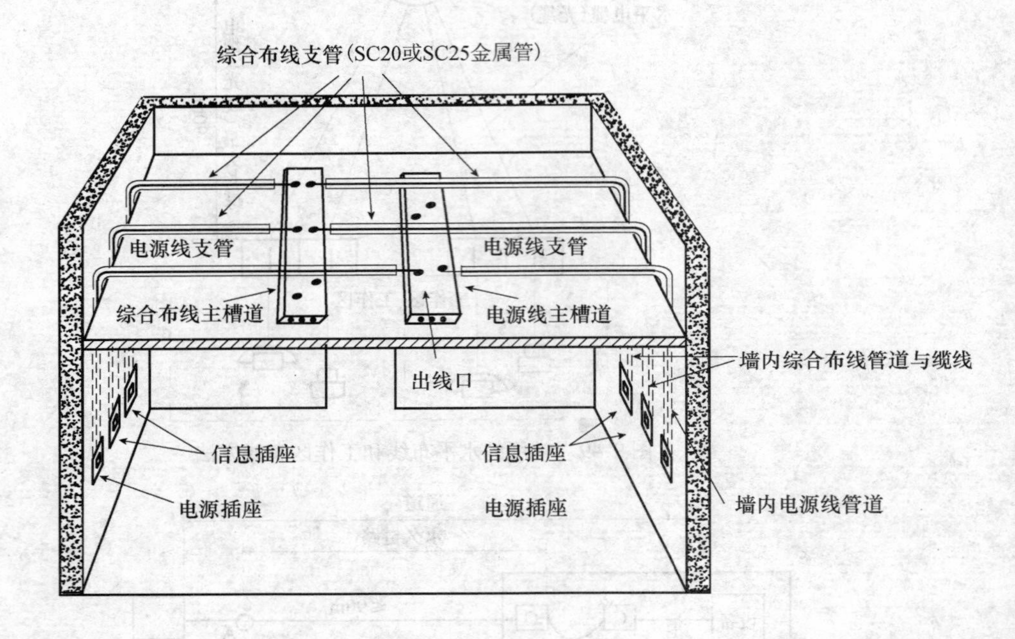

说明：

1.预埋金属线槽和电缆沟槽相结合的布线方法是地面线槽法的扩展，适合于大开间或需隔断的场合。沟槽内电缆为主干布线路由，分束引入各预埋线槽，再从线槽上的出线口处安装信息插座。不同种类的线缆应分槽或同槽分室（用金属板隔开）布放。线槽高度不宜超过25mm，电缆沟槽的宽度宜小于600mm。

2.先走吊顶内线槽、管道，再走墙体内暗管布线法，适用于大型建筑物或布线系统较复杂的场合。设计时应尽量将线槽放在走廊的吊顶内，并且去各房间的支管应适当集中在检修孔附近，以便于维修。由于楼层内总是走廊最后吊顶，综合布线施工时不影响室内装修；且一般走廊处在整个建筑物的中间位置，布线平均距离最短。因此，这种方法既便于施工，工程造价也较低，为综合布线工程普遍采用。

图 9-52　预埋钢管和金属线槽结合布线方法

图 9-53 所示为先走吊顶线槽再走支管布线方式。由弱电井引出的线缆先走敷设在吊顶内或悬挂在天花板上的线槽，到各个房间后，再分叉并引向墙柱或墙壁，然后引向上一层或下一层的信息出口。

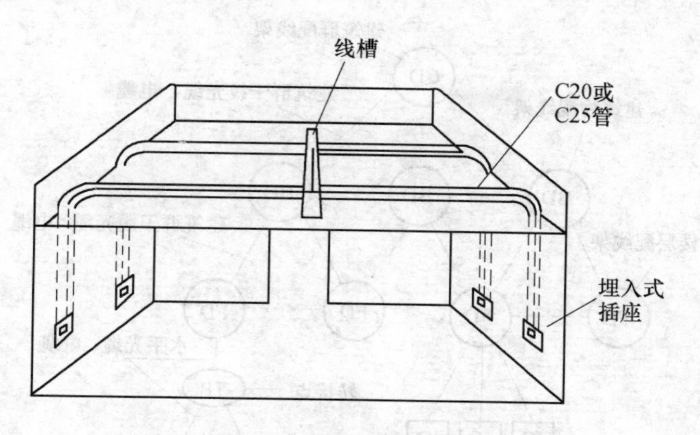

图 9-53　先走吊顶线槽再走支管布线方法

图 9-54 所示为地面线槽布线方法。由弱电井引出的线缆走地面线槽，经地面出线盒或分线盒出来的支管到墙上的信息出口。

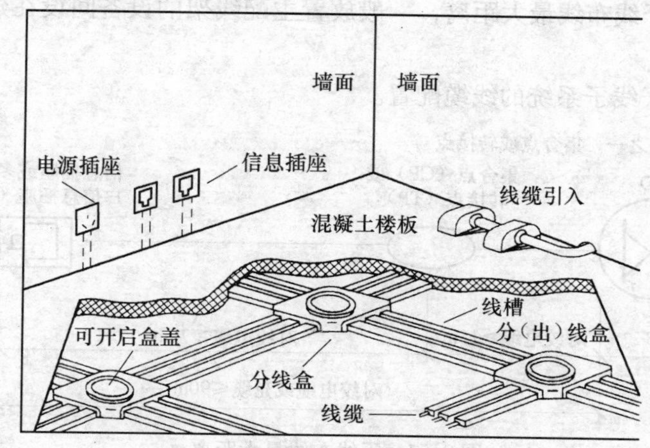

图 9-54　地面金属线槽布线方式

图 9-55 所示为活动地板布线方法，可适用于计算机房，活动地板内净空应为150～300mm。

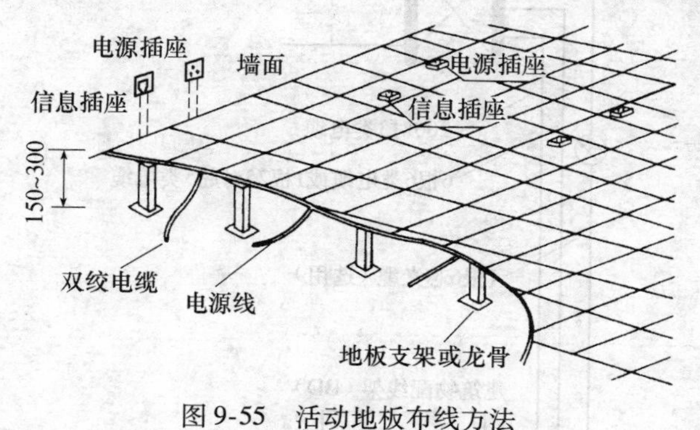

图 9-55　活动地板布线方法

2. 干线子系统

图 9-56 所示为干线星形拓扑结构。

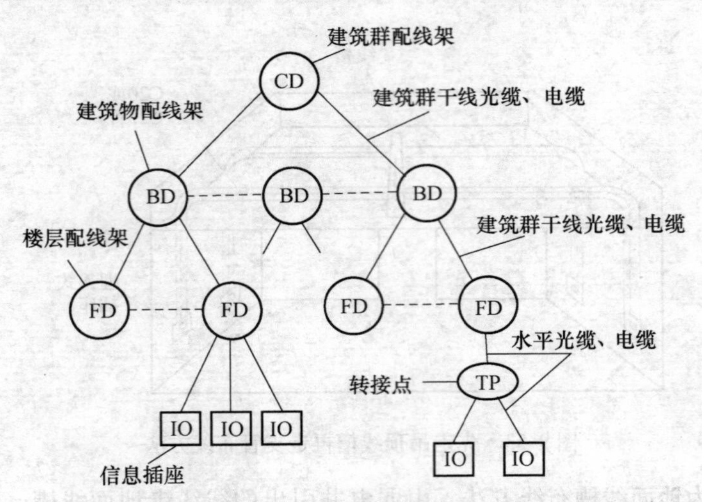

图 9-56　干线布线方法

图 9-57 所示为干线布线最大距离，一般放置主配线架的设备间设在建筑物的中部以使线缆最短。

图 9-58 所示为干线子系统的线缆配置。

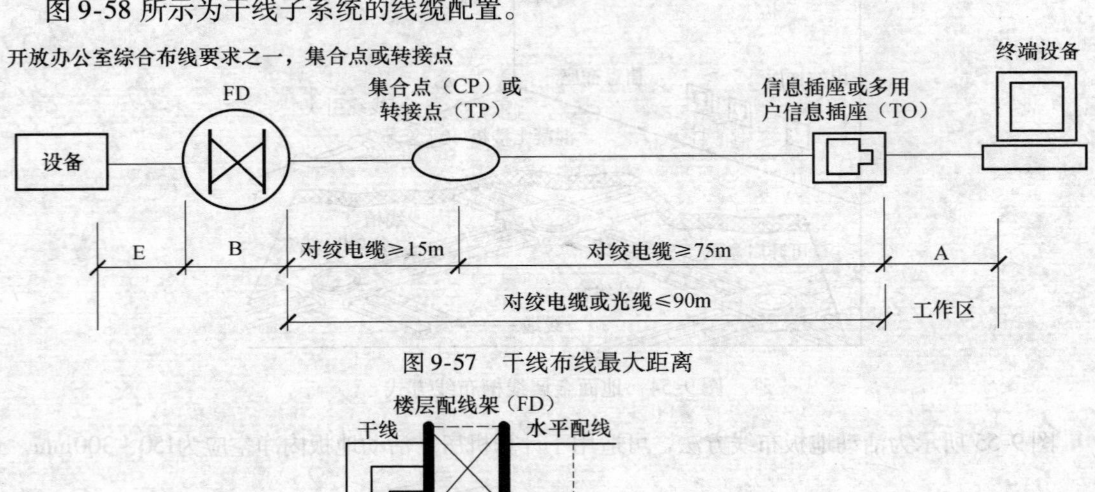

图 9-57　干线布线最大距离

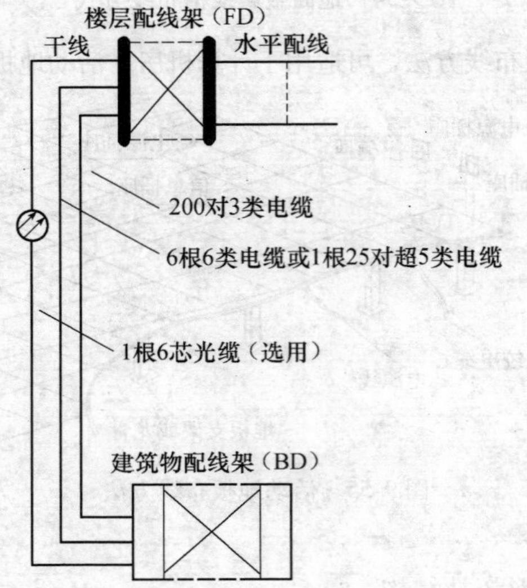

图 9-58　干线子系统的线缆配置

图9-59所示为垂直干线布线的电缆孔方法和电缆井方法。电缆孔和电缆井均应上下对齐。

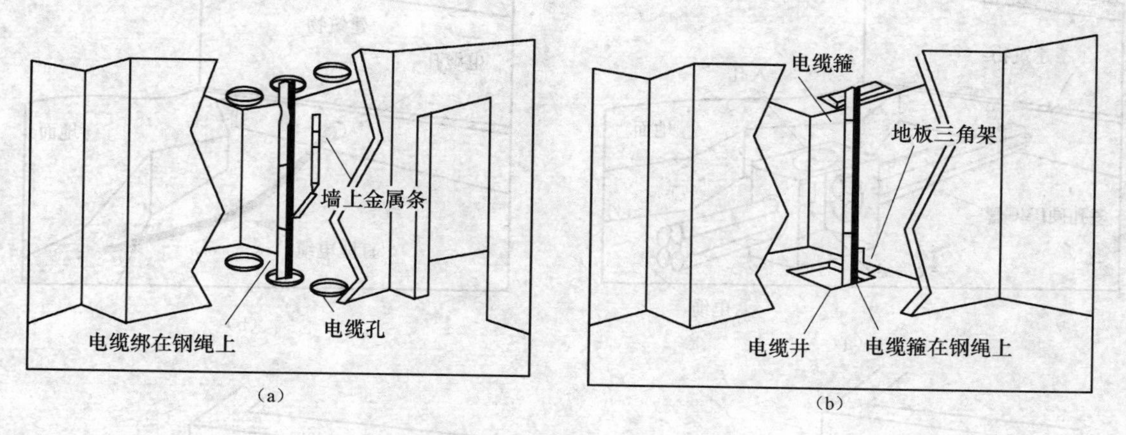

图9-59　垂直干线布线
(a) 电缆孔方法；(b) 电缆井方法

图9-60所示为水平干线布线方法。管道方法的水平干线线缆穿放于金属管道中。电缆托架方法的电缆铺设在托架内，用水平支撑件固定，必须时可在托架下方安装电缆绞接盒。

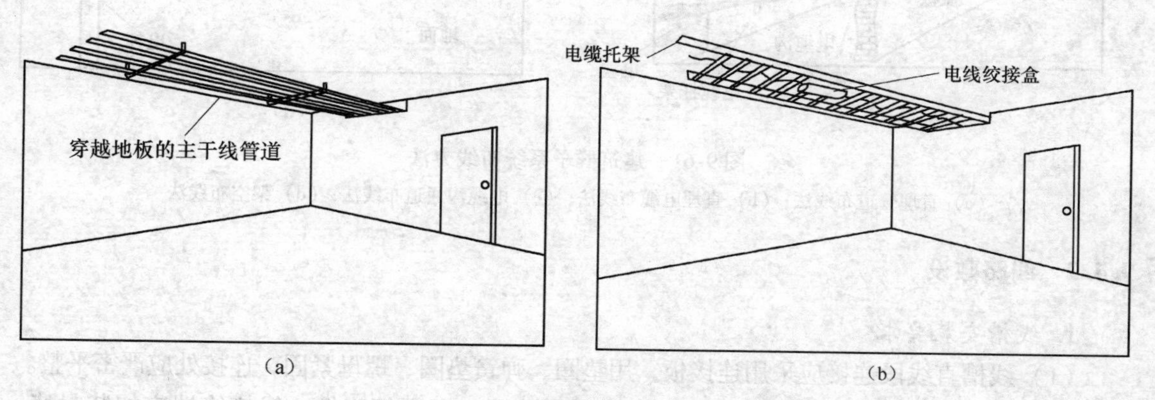

图9-60　水平干线布线方法
(a) 管道方法；(b) 电缆托架方法

3. 建筑群干线子系统

图9-61所示为建筑群子系统布线方法。建筑群子系统的布线有架空布线、巷道布线、直埋布线和管道内布线等几种。架空布线时可使用自撑电缆或将电缆绑在钢丝绳上，电缆入口的直径一般为50mm。建筑物与最近的电杆相距应小于30m。管道布线是由管道和人孔组成的地下系统，埋设的管道应至少低于地面0.5m。直埋布线时，穿墙或穿基础均应加保护套管。

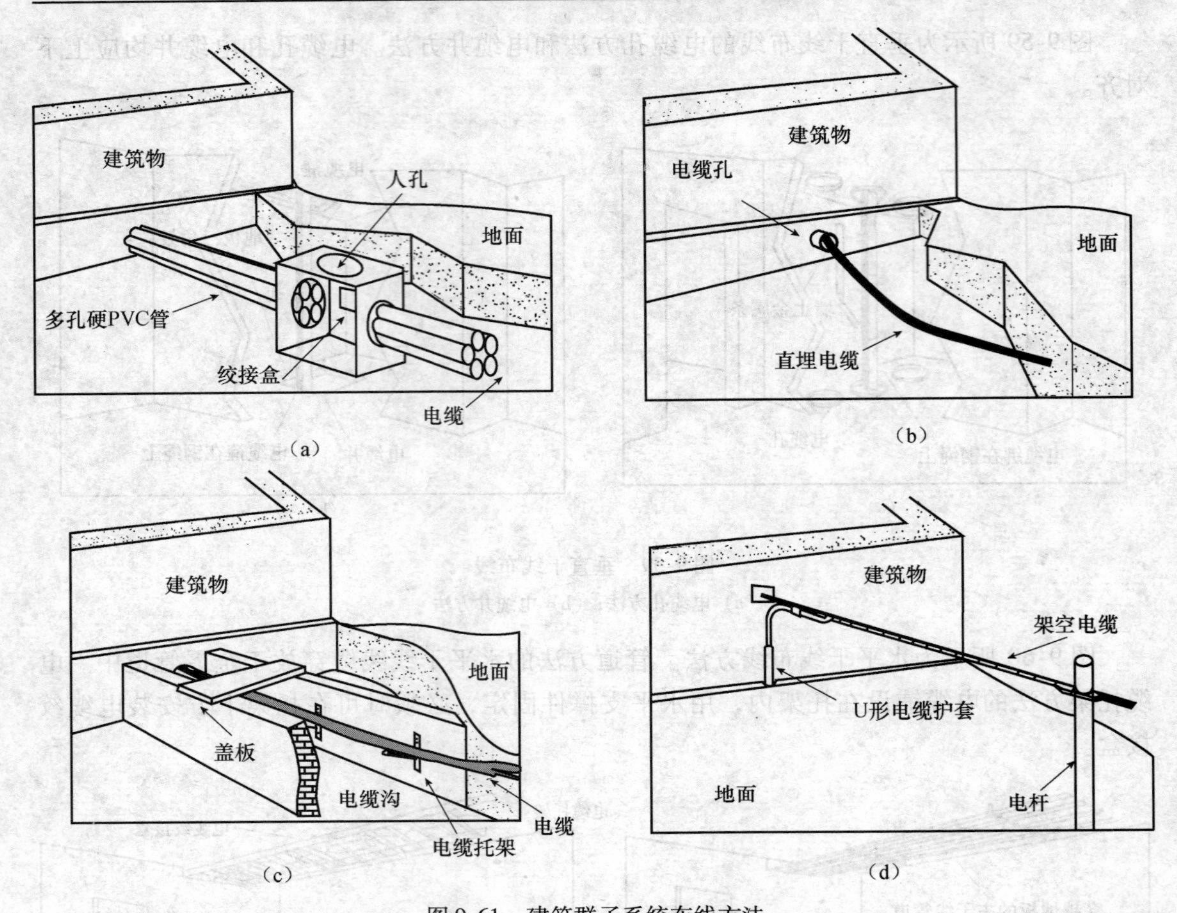

图9-61　建筑群子系统布线方法

（a）直埋管道布线法；（b）直埋电缆布线法；（c）电缆沟通道布线法；（d）架空布线法

9.4.2　线路敷设

1. 线槽安装要求

（1）线槽直线段连接应采用连接板，用垫圈、弹簧垫圈、螺母紧固，连接处应严密平整。

（2）线槽交叉、转弯、丁字连接等处应采用三通、四通等连接，线槽终端应加装封堵。导线接头处应设置接线盒或将导线接头放在电气器具内。

（3）线槽采用钢管引入或引出导线时，可采用分管器或用螺母将管口固定在线槽上。

（4）线槽盖板安装后应平整，无翘角，出线口的位置应准确。

（5）在吊顶内敷设时，如果吊顶无法上人应留检修孔。

（6）穿过墙壁的线槽四周应留出50mm空隙，并用防火材料封堵。

（7）金属线槽及其金属支架和引入引出的金属导管必须可靠接地。

（8）线槽经过建筑物的变形缝（伸缩缝、沉降缝）时，线槽本身应断开，槽内用内连接板搭接，不需固定。保护地线和槽内导线均应留有补偿余量。

2. 桥架、线槽安装

（1）桥架、线槽的附件及其规格、质量应满足规范要求，附件与整体强度一致。

（2）在无吊顶处，桥架、线槽沿梁底吊装或靠墙支架安装，支撑点（或吊点）间距不于2m，接口及转角处均应有支撑点。沿同一路径敷设的桥架、线槽、插接母线宜共用支撑或吊点。支吊架、托臂的安装全部采用成品件，安装应牢固可靠。

（3）桥架、线槽在每个支撑点上应固定牢靠，线槽上严禁使用电、气焊开孔。

（4）桥架、线槽在转弯处的转弯半径不能小于该桥架上电缆最小允许的弯曲半径；桥架、线槽的上面距梁底面不小于10mm。

（5）桥架、线槽应可靠接地。

（6）安装电缆桥架和线槽应符合下列规定：

①线槽和桥架顶部距楼板不宜小于300mm，在过梁或其他障碍处不宜小于50mm。

②电缆桥架水平敷设时的支撑间距一般为1.5～3m，垂直敷设时的固定间距应小于2m，距地面1.8m以下部分应加金属盖板保护。

③线槽、线管的连接处必须用导线跨接连通。

④管道、桥架、线槽在竖井内敷设时应符合上述要求，竖井进口处应设置50mm的防水，上下层的洞口用防火材料封堵严实。

⑤建筑群子系统采用架空管道、直埋、墙壁明配管（槽）或暗配管（槽）敷设电缆、光缆施工技术要求应参照国家现行标准《市内电话线路工程施工及验收技术规范》、《电信网光纤数字传输系统工程施工及验收暂行技术规定》的相关规定执行。

图9-62所示为电缆线槽及桥架吊装方法。图9-63所示为电缆桥架垂直安装方法。图9-64所示为线槽垂直安装时电缆固定方法。

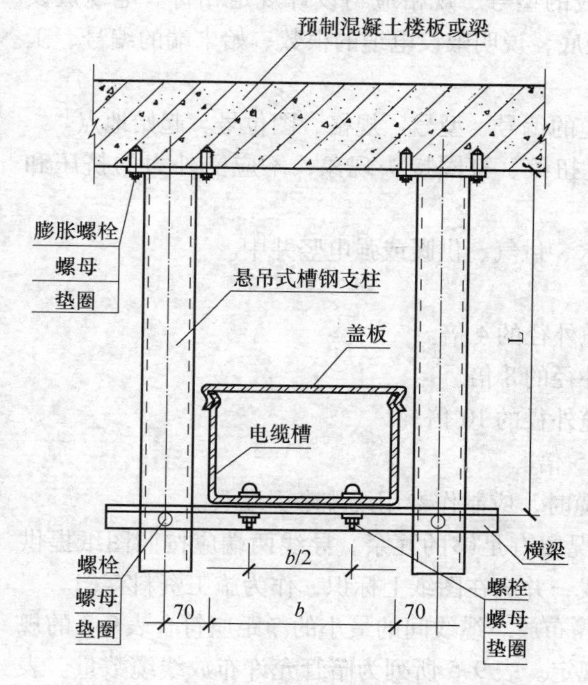

图9-62 电缆线槽及桥架吊装方法

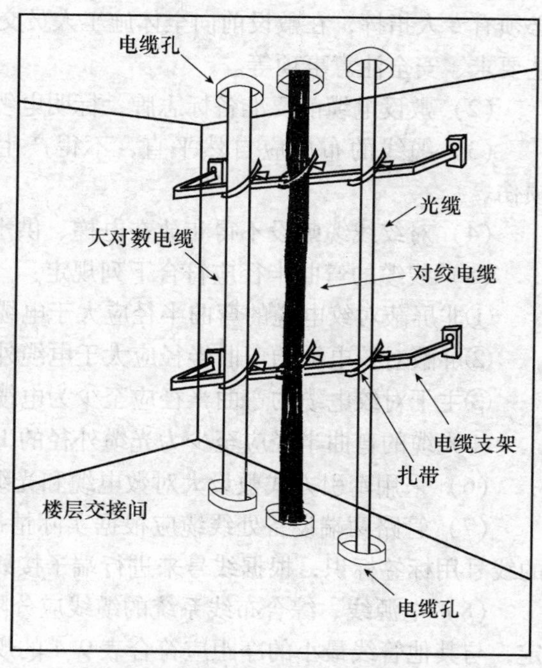

图9-63 电缆桥架垂直安装方法

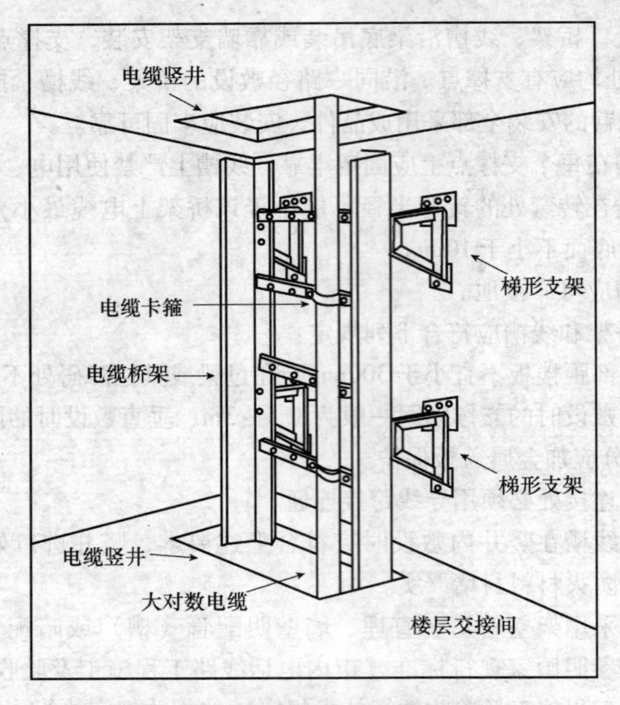

图 9-64　线槽垂直安装时电缆固定方法

3. 缆线的敷设

（1）敷设线缆前应对线缆进行核对，缆线的型号、规格应与设计规定相符。电缆敷设必须有专人指挥，在敷设前向全体施工人员交底，说明敷设电缆的根数、始末端的编号、工艺要求、安全注意事项等。

（2）敷设电缆前要准备标志牌，标明电缆的编号、型号、规格、图位号、起始地点。

（3）缆线的布放应自然平直，不得产生扭绞、打圈接头现象，不应受外力的挤压和损伤。

（4）对绞线缆敷设不得布放在电梯、供水、供气、供暖或强电竖井中。

（5）线缆的弯曲半径应符合下列规定：

①非屏蔽对绞电缆的弯曲半径应大于电缆外径的 4 倍。

②屏蔽对绞电缆的弯曲半径应大于电缆外径的 8 倍。

③主干对绞电缆的弯曲半径应至少为电缆外径的 10 倍。

④光缆的弯曲半径应至少为光缆外径的 15 倍。

（6）采用牵引方式敷设大对数电缆和光缆时，应制作专用线缆牵引端头。

（7）管路两端设备处线缆应根据实际情况留有足够的冗余。导线两端应按照图纸提供的线号用标签标识，根据线号来进行端子接线，并应在图纸上标识，作为施工资料存档。

（8）电源线、综合布线系统的缆线应分隔布放。缆线间的最小的净距应符合表 9-3 的规定，与其他管线最小的净距应符合表 9-4 的规定。表 9-5 所列为暗管允许布放线缆数量。表 9-6 所列为管道截面利用率及布放电缆根数。

表 9-3　综合布线缆线与其他干扰源的间距

类　别	与综合布线接近状况	最小净距/mm
380V 电力电缆 <2kV·A	与缆线平行敷设	130
	有一方在接地的金属线槽或钢管中	70
	双方都在接地的金属线槽或钢管中	10[注]
380V 电力电缆 2~5kV·A	与缆线平行敷设	300
	有一方在接地的金属线槽或钢管中	150
	双方都在接地的金属线槽或钢管中	80
380V 电力电缆 >5kV·A	与缆线平行敷设	600
	有一方在接地的金属线槽或钢管中	300
	双方都在接地的金属线槽或钢管中	150
荧光灯、氩灯、电子启动器或交感性设备	与缆线接近	15~30
无线电发射设备（如天线、传输线、发射机等）雷达设备其他工业设备（开关电源、电磁炉、绝缘测试仪等）	与缆线接近	≥150
配电箱	与配线设备接近	≥100
电梯、变电室	尽量远离	≥200

注：1. 当 380V 电力电缆 <2kV·A，双方都在接地的线槽中，且平行长度≤10m 时，最小间距可以是 10mm。
2. 电话用户存在振铃电流时，不能与计算机网络在同一根对绞电缆中一起使用。
3. 双方都在接地的线槽中，系指两根不同的线槽，也可在同一线槽中用金属板隔开。

表 9-4　综合布线电缆、光缆及管线与其他管线的间距

其他管线		最小平行净距/mm	最小交叉净距/mm
避雷引下线		1000	300
保护地线		50	20
给水管		150	20
压缩空气管		150	20
热力管（不包封）		500	500
热力管（包封）		300	300
煤气管		300	20
建筑物	散水边缘	500	
	建筑红线或基础	1500	
绿化树木	乔木	1500	
	灌木	1000	
道路边石		1000	
排水沟		800	
地上电杆		500~1000	
火车、电车轨道外侧		2000	

注：如墙壁电缆敷设高度超过 6000mm 时，与避雷引下线的交叉净距应按下式计算：

$$S \geqslant 0.05L$$

式中　S——交叉净距（mm）；

L——交叉处避雷引下线距地面的高度（mm）。

表 9-5　暗管允许布线缆线数量

暗管规格	缆线数量/根									
内径/mm	每根缆线外径/mm									
	3.3	4.6	5.6	6.1	7.4	7.9	9.4	13.5	15.8	17.8
15.8	1	1	—	—	—	—	—	—	—	—
20.9	6	5	4	3	2	2	1	—	—	—
26.6	8	8	7	6	3	3	2	1	—	—
35.1	16	14	12	10	6	4	3	1	1	1
40.9	20	18	16	15	7	6	4	2	1	1
52.5	30	26	22	20	14	12	7	4	3	2
62.7	45	40	36	30	17	14	12	6	3	3
77.9	70	60	50	40	20	20	17	7	6	6
90.1	—	—	—	—	—	—	22	12	7	6
102.3	—	—	—	—	—	—	30	14	12	7

表 9-6　管道截面利用率及布放电缆根数

管　道		管道面积		
内径 *D*/mm	内径截面积 *A*/mm²	推荐的最大占用面积/mm²		
		1	2	3
		布放 1 根电缆截面利用率为 53%	布放 2 根电缆截面利用率为 31%	布放 3 根（或 3 根以上电缆）截面利用率为 40%
20.9	345	183	107	138
26.6	559	296	173	224
35.1	973	516	302	389
40.9	1322	701	410	529
52.5	2177	1154	675	871
62.7	3106	1645	963	1242
77.9	4794	2541	1486	1918
90.1	6413	3399	1988	2565
102.3	8268	4382	2563	3307
128.2	12984	6882	4025	5194
154.1	18760	9943	5816	7504

注：$A = 0.78D^2$。

（9）电缆桥架和线槽敷设线缆应符合下列规定：

①线槽、桥架宜高出地面2.2m以上，顶部距楼顶不宜小于300mm，在过梁或其他障碍物等处不宜小于50mm。

②电缆桥架内线缆垂直敷设时，在线缆的上端和每间隔1.5m处应固定在桥架的支架上；水平敷设时，线缆应在缆线首、尾、转弯及每隔5～10m处固定。

③线槽内布线应顺直不交叉，在缆线进出线槽部位、转弯处应绑扎固定，垂直布放缆线应每隔1.5m固定在缆线支架上。

④电缆敷设完毕后，两端必须留有足够的长度。

⑤在水平、垂直桥架和垂直线槽中敷设缆线时，缆线应绑扎，对绞电缆、光缆及其他信号电缆应根据缆线的类别、数量、缆径、缆线芯数分束绑扎。绑扎间距不宜大于1.5m，间距应均匀，松紧适度。

⑥楼内光缆宜在金属线槽内敷设，桥架敷设时应在绑扎固定段加装垫套。

（10）线缆终接后，应有余量。在交接间、设备间对绞电缆预留长度宜为0.5～1m，工作端宜为10～30m；光缆布放宜盘留，预留长度一般为3～5m，有特殊要求的应按设计要求预留。

图9-65所示为楼间电缆、光缆架空敷设方式。图9-66和图9-67所示为墙壁电缆、光缆吊装敷设方式。图9-68所示为墙壁电缆、光缆卡钩敷设方式。图9-69所示为进线室光纤安装固定示意图。

图9-70所示为建筑物内缆线通道系统示意图。综合布线子系统与建筑物内缆线敷设通道的对应关系是：水平子系统对应水平缆线通道；干线子系统对应主干线缆线通道，交接间之间的缆线通道，交接间与设备间、设备间与配线间之间的缆线通道；建筑群子系统对应建筑物间缆线通道。

4. 线路敷设应符合下列要求：

（1）预埋线槽宜采用金属线槽，宜按单层设置，每一路预埋线槽不应超过3根。线槽的截面利用率不应超过50%。预埋线槽的截面高度不宜超过25mm，总宽度不宜超过300mm。线槽直埋长度超过30m或在线槽交叉、转弯时，宜采用过线盒，以便于布放缆线和维修。

（2）敷设暗管宜采用钢管或阻燃硬质PVC管。布放多层屏蔽电缆、扁平缆线和大对数主干电缆或主干光缆时，直线管道的管径利用率应为50%～60%。弯管道应为40%～50%。暗管布放对绞电缆或4芯以下光缆时，管道的截面利用率应为25%～30%。

（3）采用钢管敷设的管路，应避免出现超过2个90°的弯曲，否则应增加过线盒，且弯曲半径应大于管径的6倍。

5. 线缆的终接

（1）线缆终接的一般要求如下：

①线缆在终接前，必须检查标签编号，并按顺序终接，电缆尽量避免相互交叉。

②线缆终接必须接线正确，连接牢固接触良好，配线整齐、美观、标牌清晰。

③线缆终接应符合设计和施工操作规程。

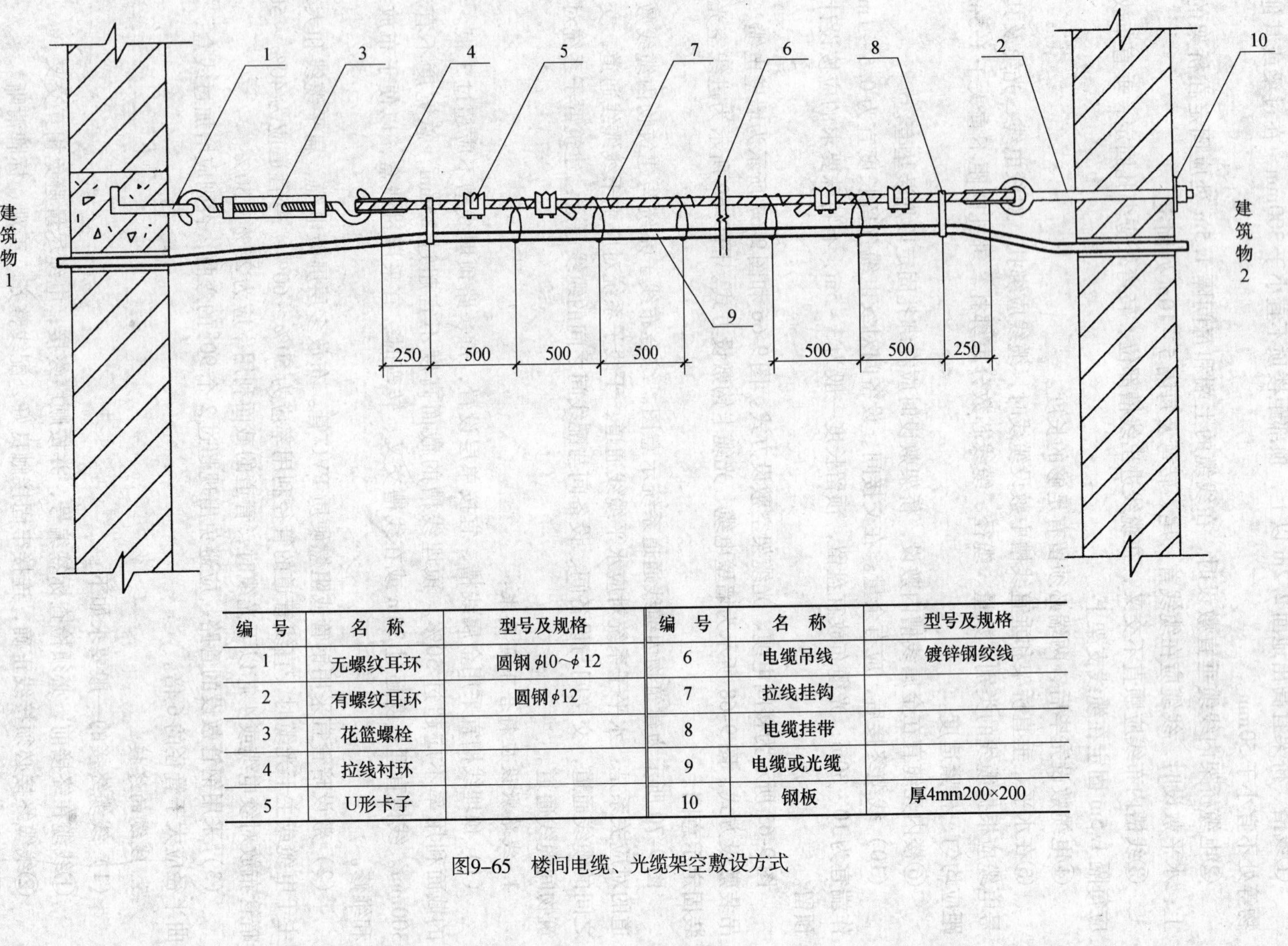

编号	名称	型号及规格	编号	名称	型号及规格
1	无螺纹耳环	圆钢φ10~φ12	6	电缆吊线	镀锌钢绞线
2	有螺纹耳环	圆钢φ12	7	拉线挂钩	
3	花篮螺栓		8	电缆挂带	
4	拉线衬环		9	电缆或光缆	
5	U形卡子		10	钢板	厚4mm200×200

图9-65 楼间电缆、光缆架空敷设方式

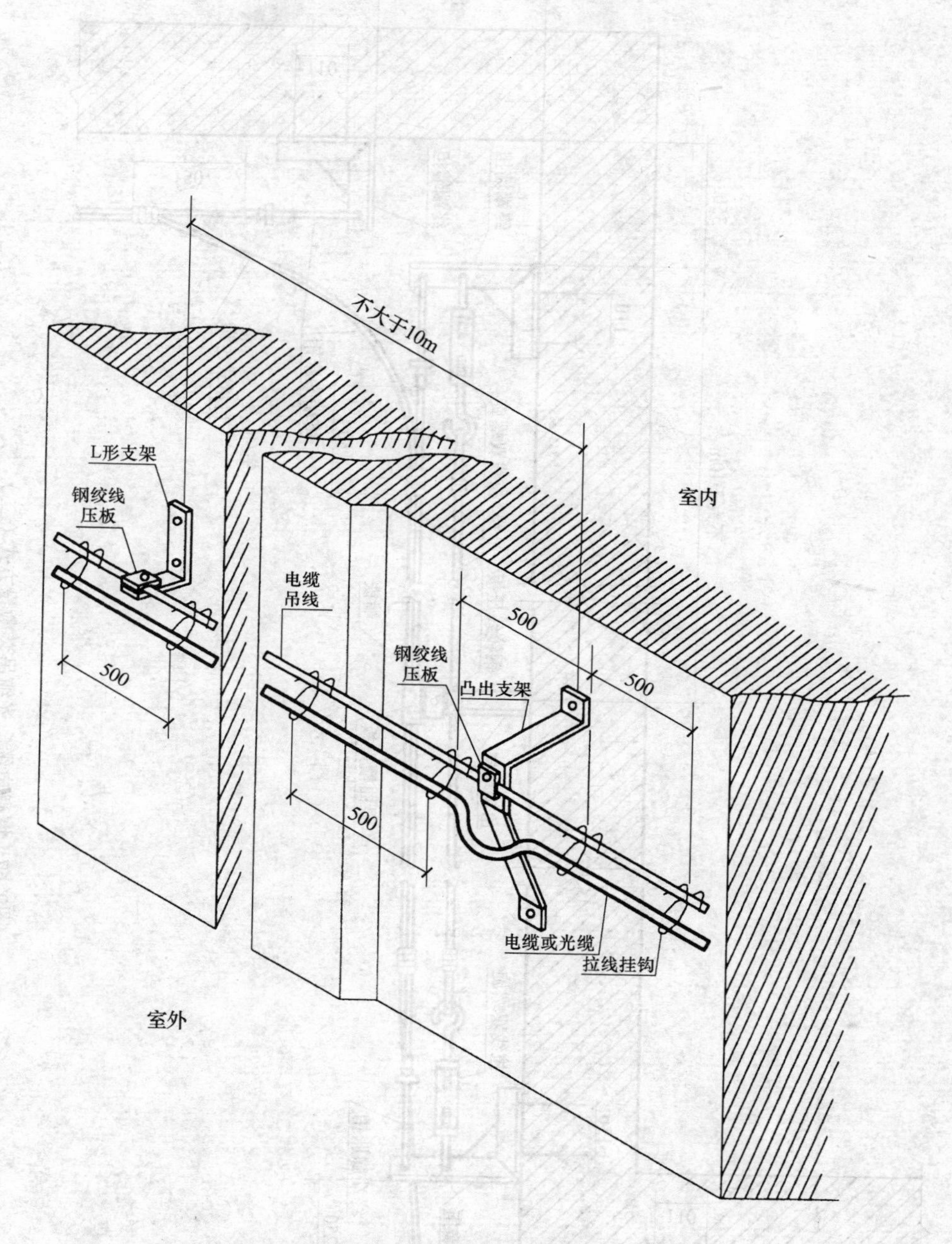

图9-66 墙壁电缆、光缆吊线装设方式（一）

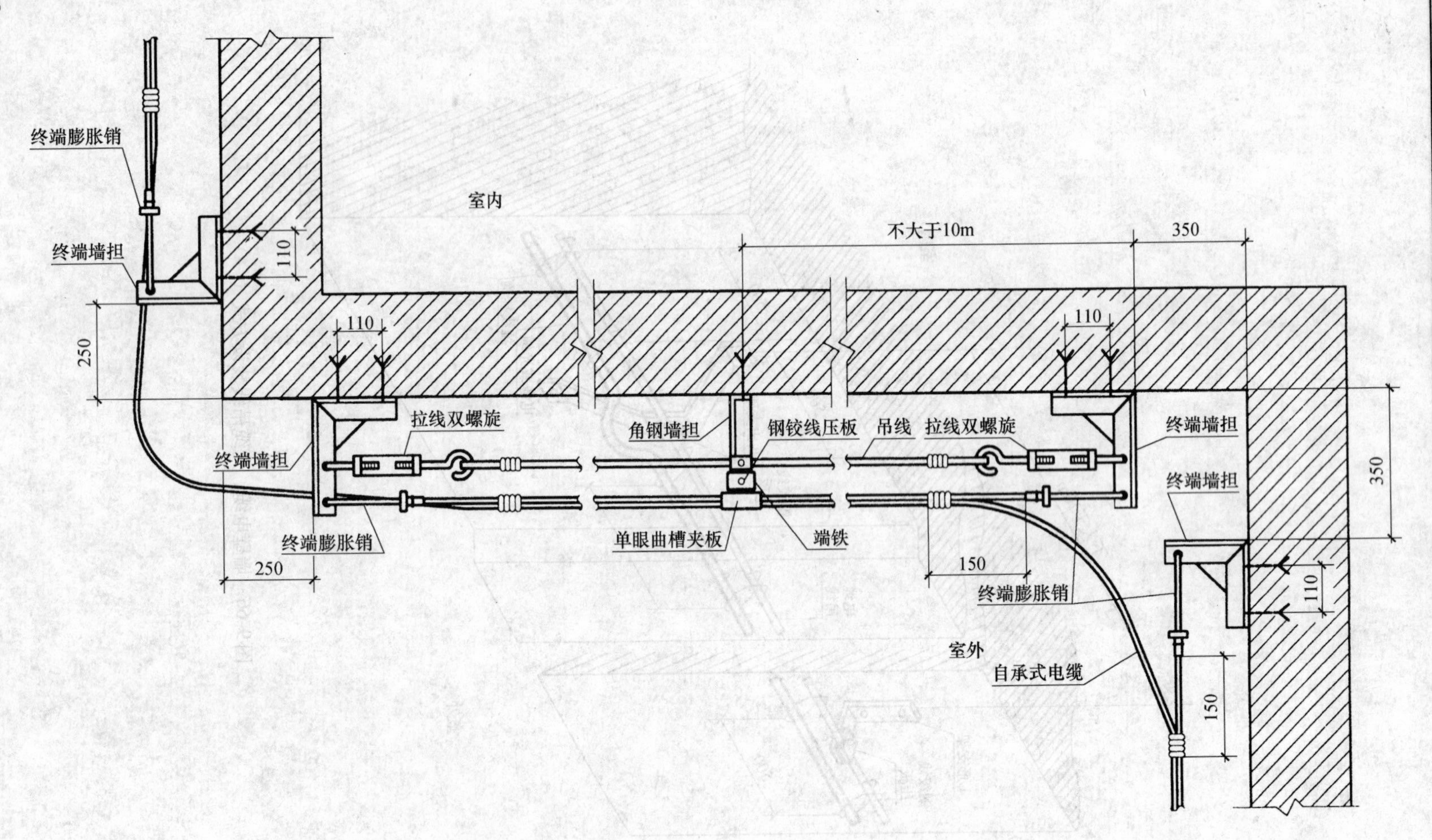

图9-67　墙壁电缆、光缆吊装敷设方式（二）

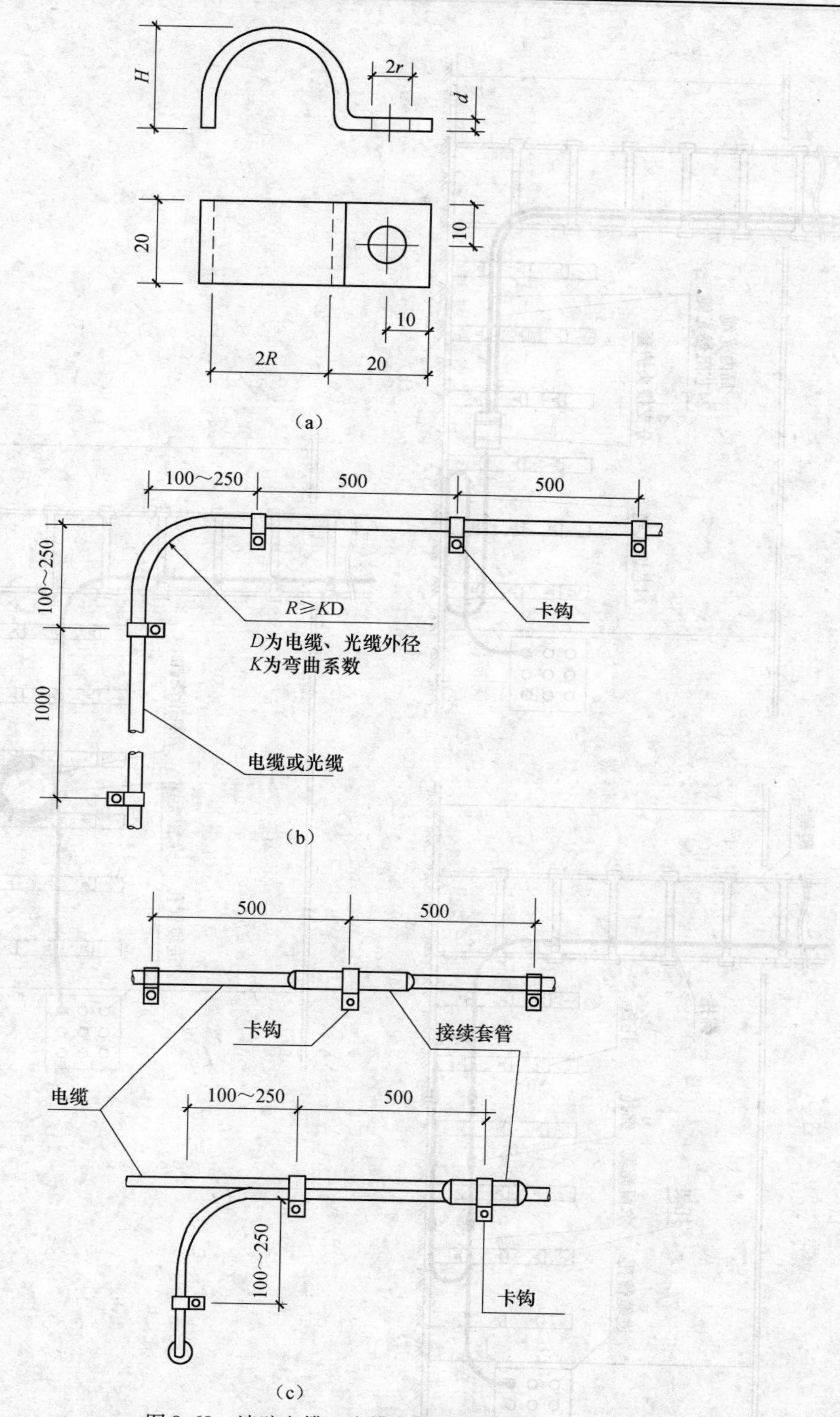

图 9-68　墙壁电缆、光缆卡钩敷设方式

（a）卡钩示意图；（b）卡钩的间隔距离；（c）电缆分歧接头的固定

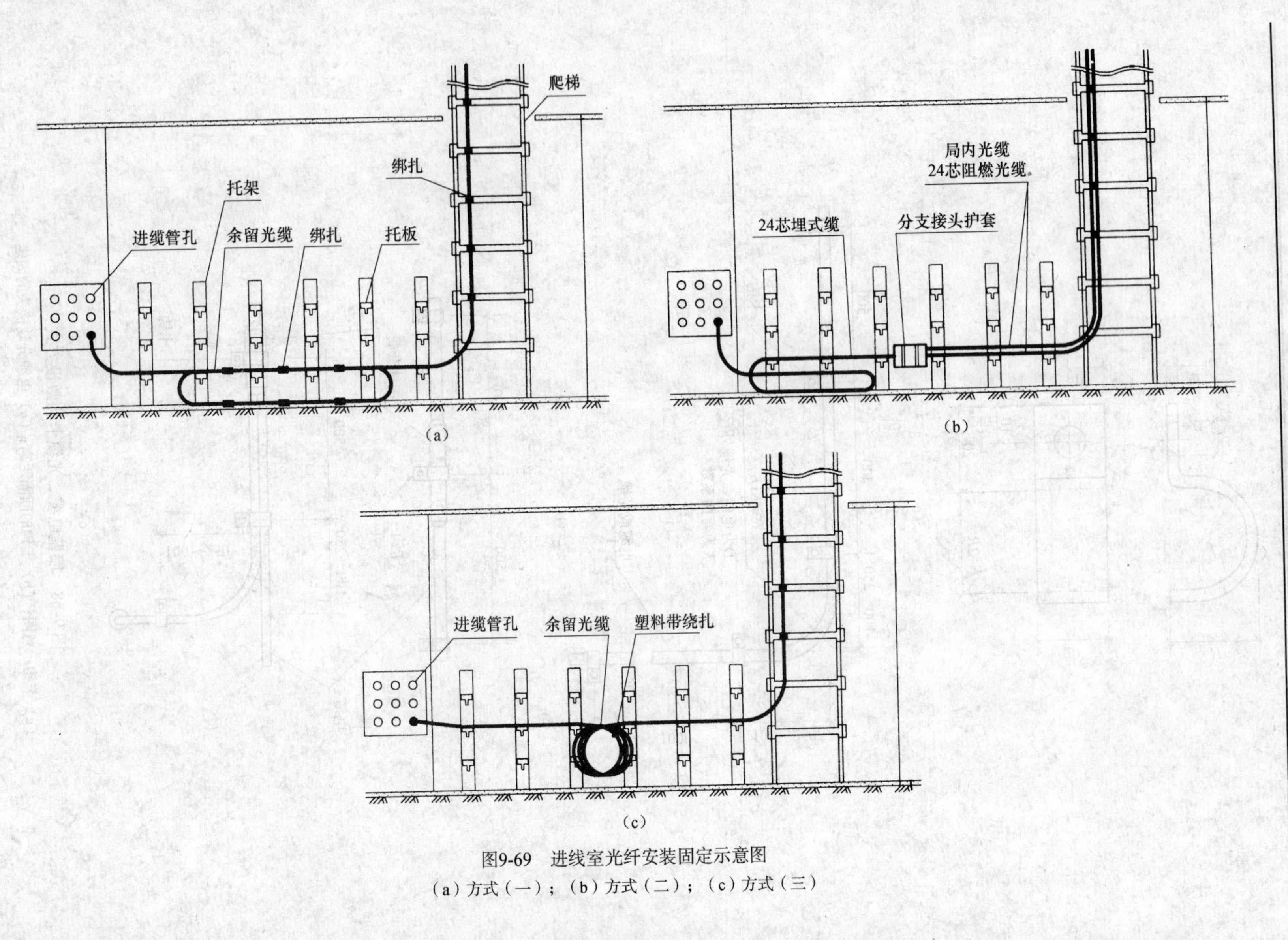

图9-69 进线室光纤安装固定示意图

(a) 方式（一）；(b) 方式（二）；(c) 方式（三）

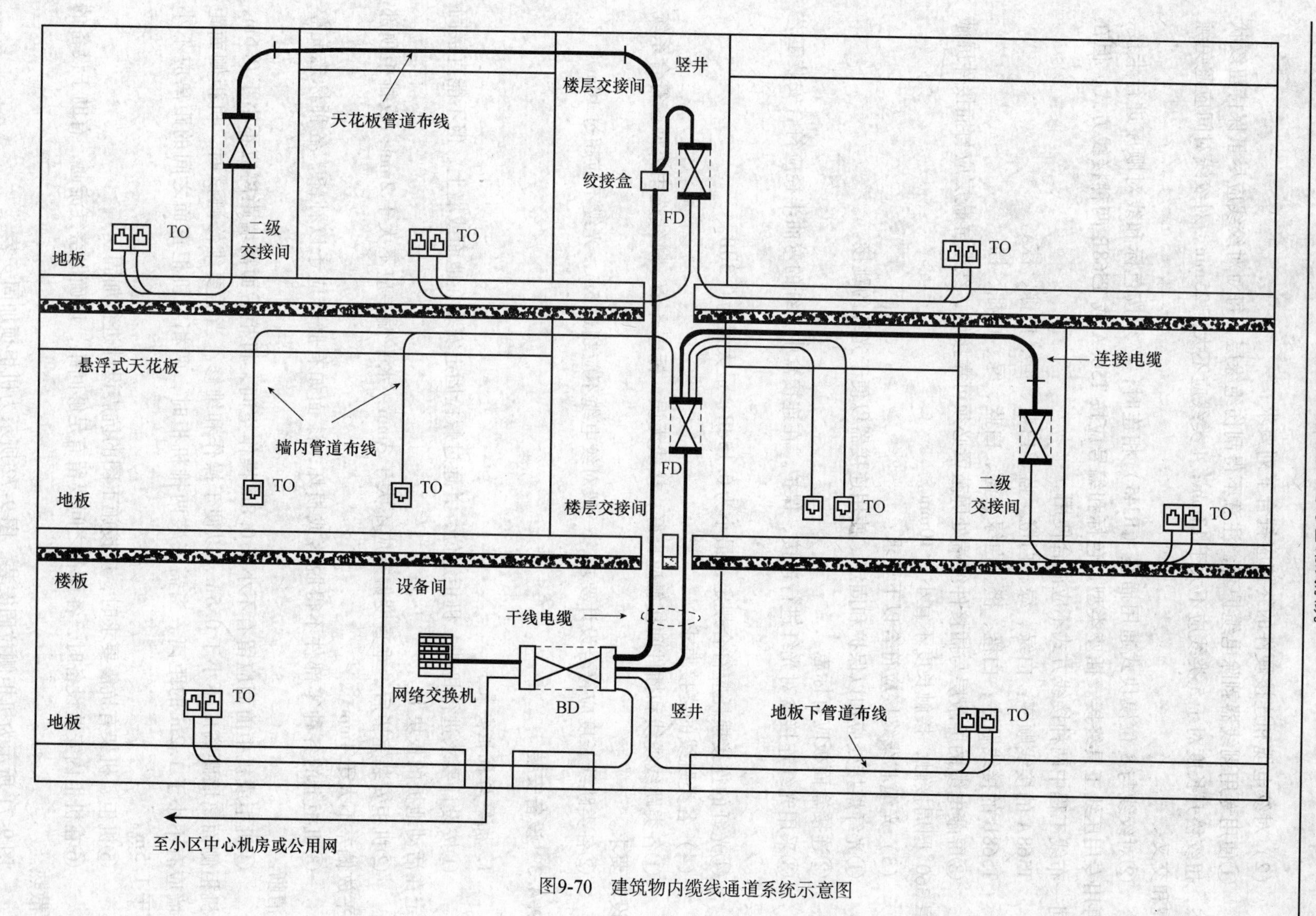

图9-70　建筑物内缆线通道系统示意图

（2）对绞电缆和连接硬件的终接应符合下列要求：

①使用专用剥线器剥除电缆护套，注意不得刮伤绝缘层，每对对绞线应尽量保持扭绞状态，扭绞松开长度对于5类线应不大于13mm；4类线应不大于25mm。对绞线对间应避免缠绕和交叉。

②对绞线与8位模块式通用插座（RJ45）相连时，必须按色标和线对顺序进行卡接，再用专用压线工具终接。插座类型、色标和编号应按T568A或T568B两种接线方式，但在同一布线工程中两种接线方式不应混合使用。

T568A的接线顺序：白绿、绿、白橙、蓝、白蓝、橙、白棕、棕。

T568B的接线顺序：白橙、橙、白绿、蓝、白蓝、绿、白棕、棕。

③屏蔽电缆的屏蔽层与插接件终端处屏蔽罩必须可靠接触，线缆屏蔽层应与插接件屏蔽罩360°圆周接触，接触长度不宜小于10mm。

（3）光缆芯线终接应符合以下要求：

①光纤熔接处应加以保护和固定，使用连接器以便于光纤的跳接。

②连接盒面板应有标志。

③采用光纤连接盒对光纤进行连接、保护，在连接盒中光纤的弯曲半径应符合安装工艺要求。

④光纤的连接损耗应符合规定，最小为0.15dB，最大值为0.3dB。

（4）各类跳线的终接要求

①各类跳线缆线和插件间接触应良好，接线无误，标志齐全，跳线选用类型应符合系统设计要求。

②各类跳线长度应符合设计要求，一般对绞电缆不应超过5m，光缆不应超过10m。

9.4.3 设备安装

1. 机架与机柜安装

①按设计要求进行机架、机柜定位，并通过螺栓固定安装在地面或墙上，但不能直接固定在活动地板的板块上。

②机柜安装完毕后，垂直度偏差应不大于3mm，水平偏差应不大于2mm；成排柜顶部平放偏差不大于4mm。

③机柜上的各种零部件不得脱落或损坏，漆面如有脱落应予以补漆，各种标志完整清晰。

④机柜或机柜前面应留有不小于0.8m操作空间，机柜后面离墙距离应不小于0.6m，机柜侧面离墙距离应不小于0.5m，以便于操作和维修。当需要维修测试时，机柜侧面距墙应有不小于1.2m的距离。当需安装两排机柜时，两相对机柜正面之间的距离应不小于1.5m。

⑤机柜、机架有抗震要求时，应按施工图的抗震设计进行加固。

⑥在机柜内安装设备时，各设备之间要留有足够间距，以确保空气流通，有助于设备的散热。

图9-71所示为机柜侧拉固安装。图9-72所示为机柜顶加固安装。

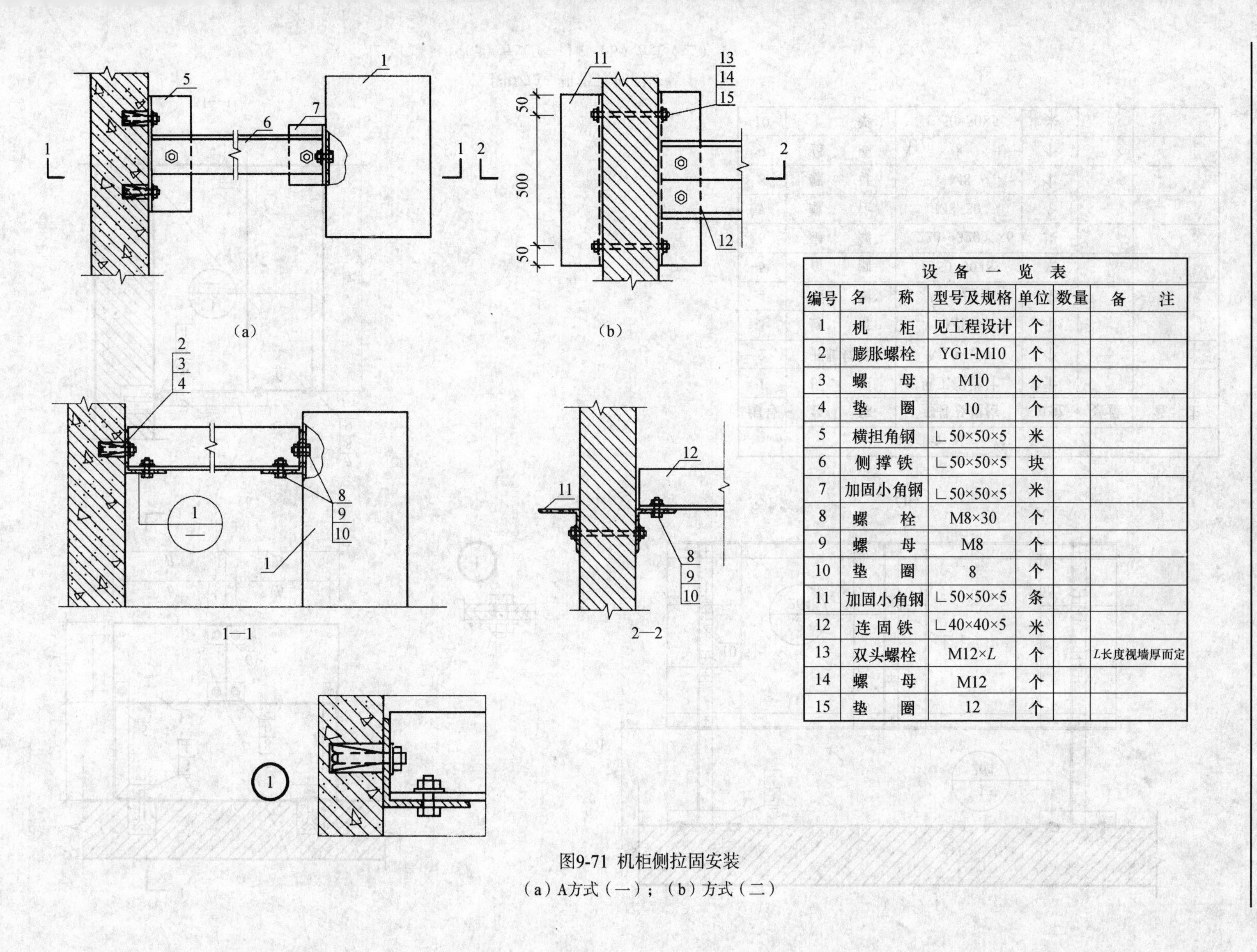

设备一览表					
编号	名称	型号及规格	单位	数量	备注
1	机柜	见工程设计	个		
2	膨胀螺栓	YG1-M10	个		
3	螺母	M10	个		
4	垫圈	10	个		
5	横担角钢	∟50×50×5	米		
6	侧撑铁	∟50×50×5	块		
7	加固小角钢	∟50×50×5	米		
8	螺栓	M8×30	个		
9	螺母	M8	个		
10	垫圈	8	个		
11	加固小角钢	∟50×50×5	条		
12	连固铁	∟40×40×5	米		
13	双头螺栓	M12×*L*	个		*L*长度视墙厚而定
14	螺母	M12	个		
15	垫圈	12	个		

图9-71 机柜侧拉固安装

（a）A方式（一）；（b）方式（二）

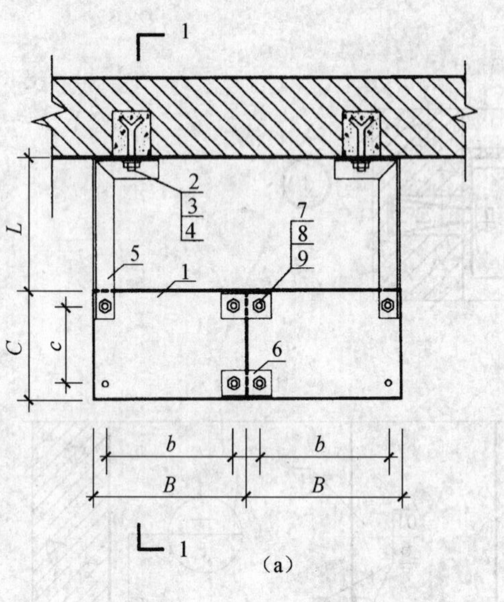

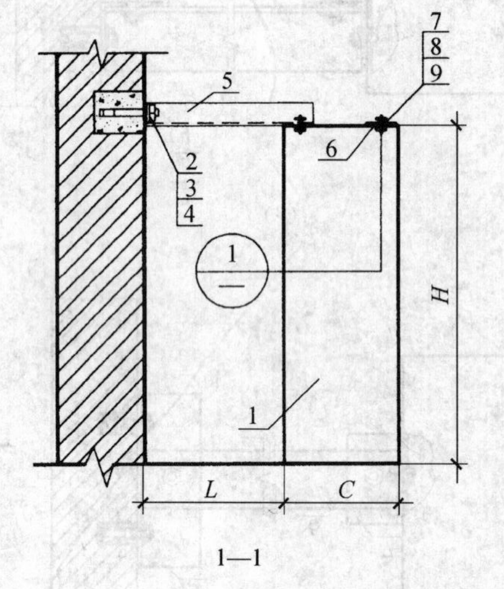

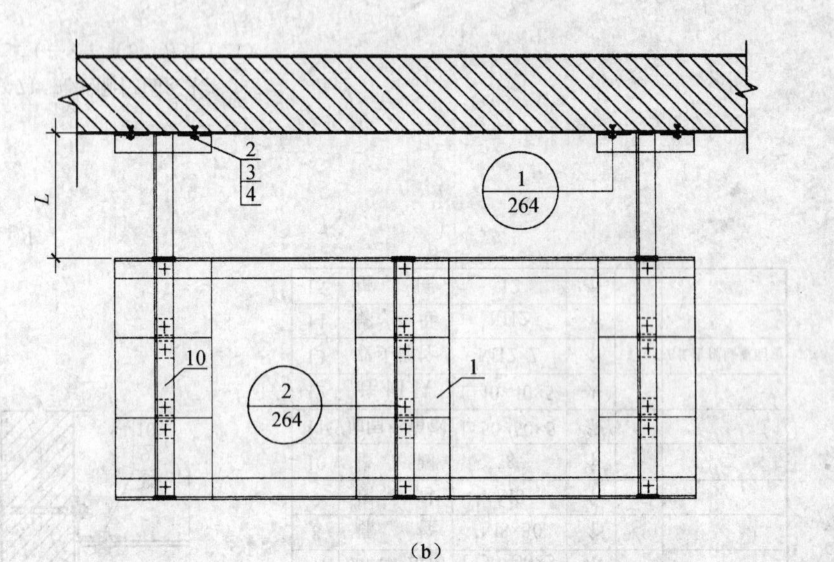

编号	名称	型号及规格	单位	数量	备注
1	机柜	见工程设计	个		
2	开脚螺栓	M10×100	个		
3	螺母	M10	个		
4	垫圈	10	个		
5	角钢	∟50×50×5	米		
6	扁钢	（220～320）×6	块		
7	螺栓	M8×30	个		
8	螺母	M8	个		
9	垫圈	8	个		
10	上梁	∟50×50×5	米		

设备一览表

图9-72　机柜顶加固安装

（a）方式（一）；（b）方式（二）

2. 配线架安装

①各部件应完整安装就位，接线端的各种标志应齐全。

②安装螺丝应上紧，面板应保持在一个平面上，直列配线架垂直度偏差应不大于2mm。

③配线架的接线应整齐有序，按用途划分好连接区域，且有相应的编号标识，有利于维护管理。

④当缆线从配线架下面引入时，配线架底部位置应与电缆进线孔相对应。

综合布线系统常用的连接方式有两种：交叉连接方式和互连方式，如图9-73和图9-74所示。互连结构比交叉连接结构简单。配线间的标准机柜内放置配线架和应用系统设备，工作区放置终端设备。应用系统设备用两端带有连接器的接插线，一端连接到水平子系统的信息插座上，另一端连接到配线架上。水平线缆的一端连接工作区的信息插座，另一端连接配线架。干线线缆的两端连接不同的配线架。交叉连接又有夹接式（110A）和接插式（110P）两种。

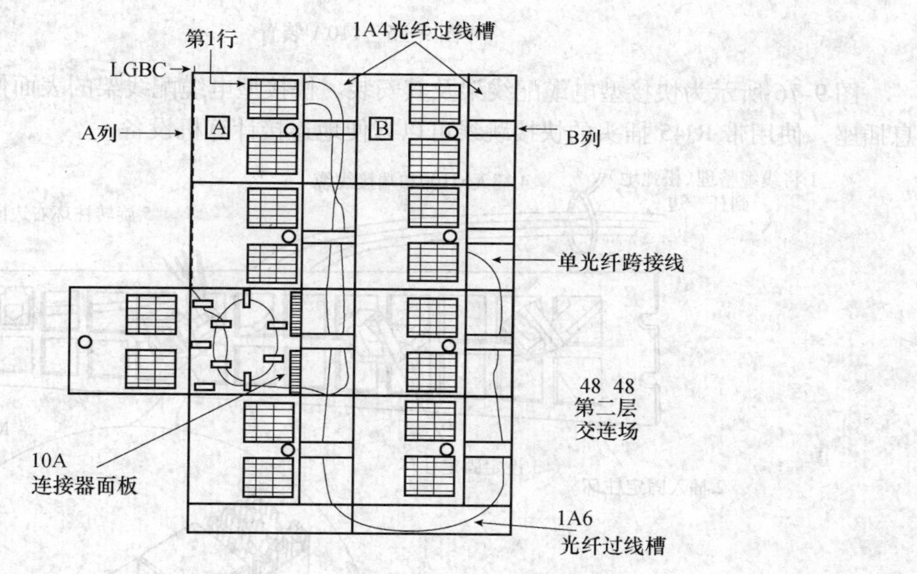

图9-73　光纤交叉连接

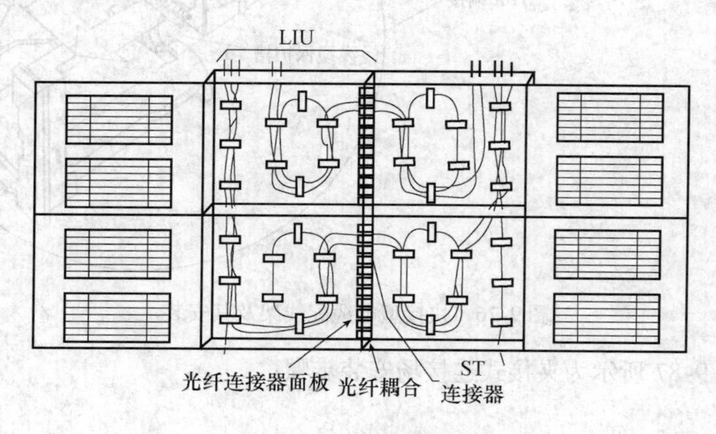

图9-74　光纤互连模块

图 9-75 所示为 110 型电缆多对数配线架。110 配线架价格低，适用于信息点最多的电话和计算机连接。

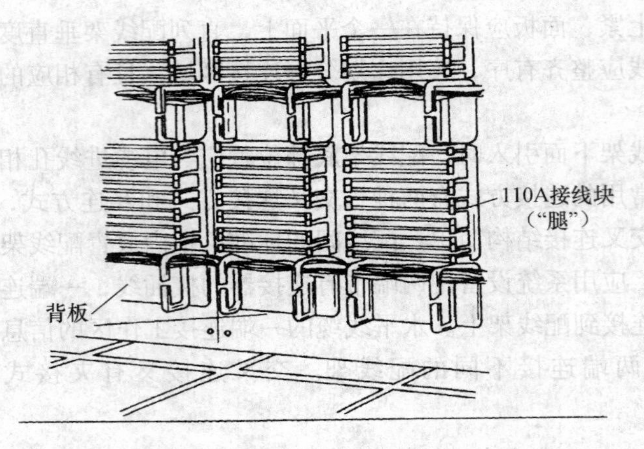

图 9-75　110A 装置

图 9-76 所示为快接型电缆配线架及其安装。快接型电缆配线架的表面使用 RJ45 标准信息插座，使用带 RJ45 插头的快接跳线可以方便地连接计算机设备。

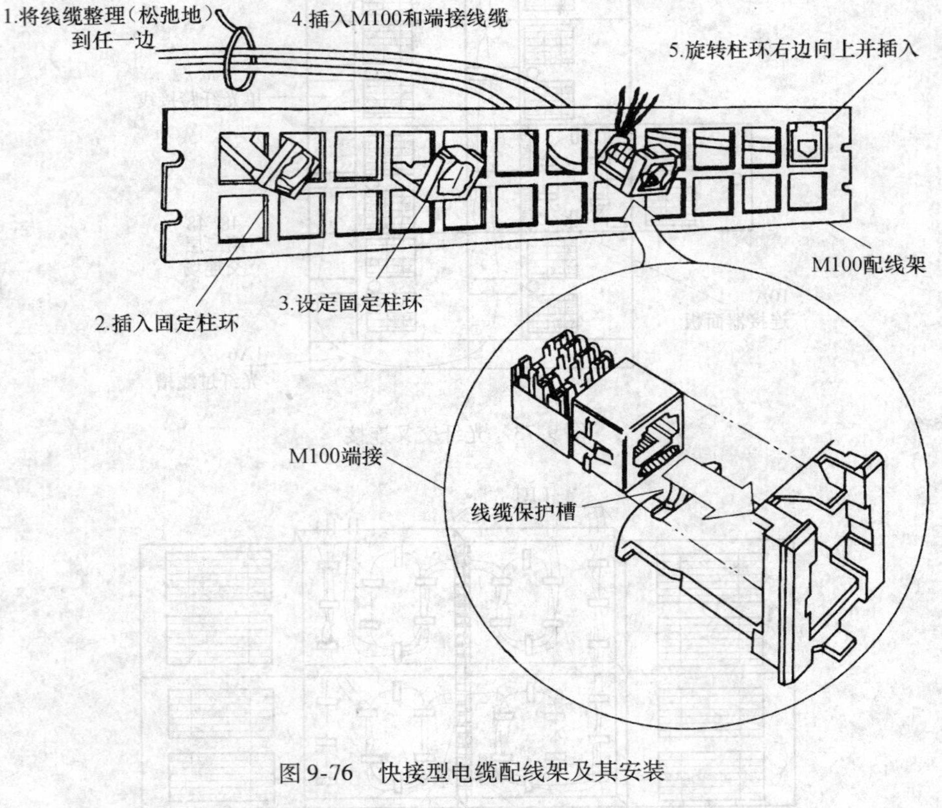

图 9-76　快接型电缆配线架及其安装

图 9-77 ~ 图 9-87 所示为夹接式连接场安装步骤。

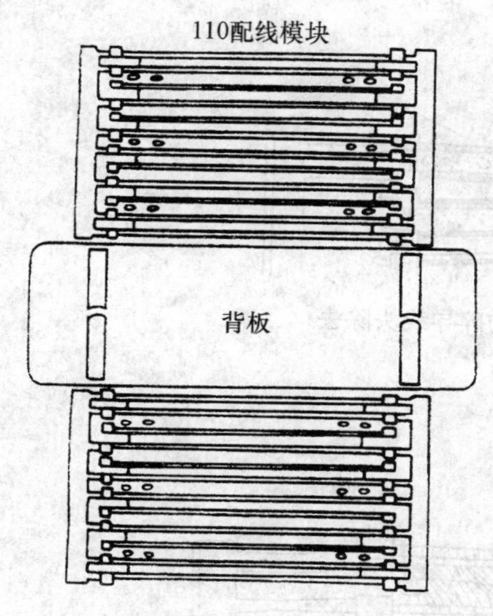

图9-77　具有背板的配线模块

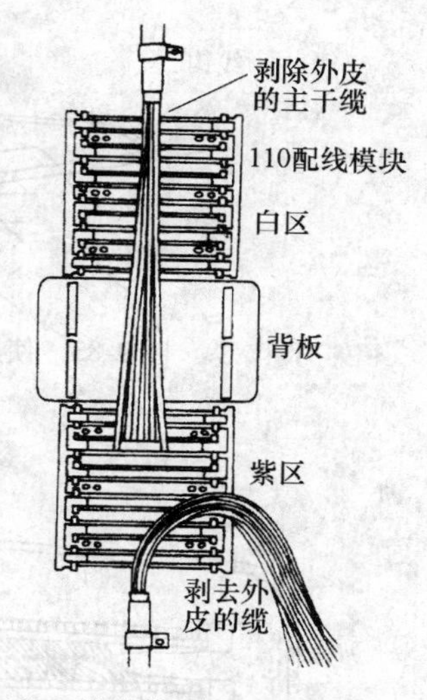

图9-78　从线缆上除去绝缘外皮及布线

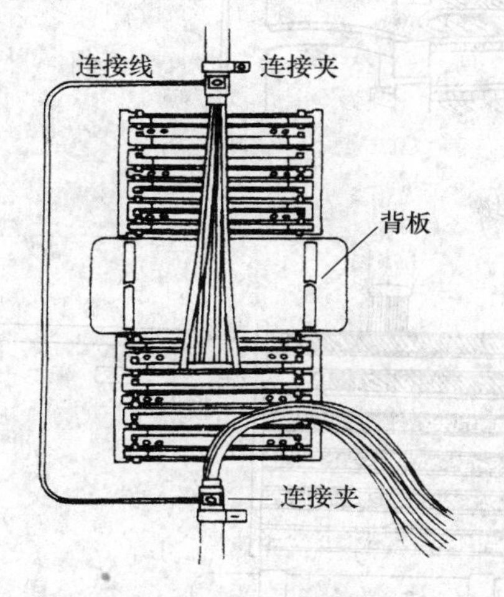

图9-79　加上连接线

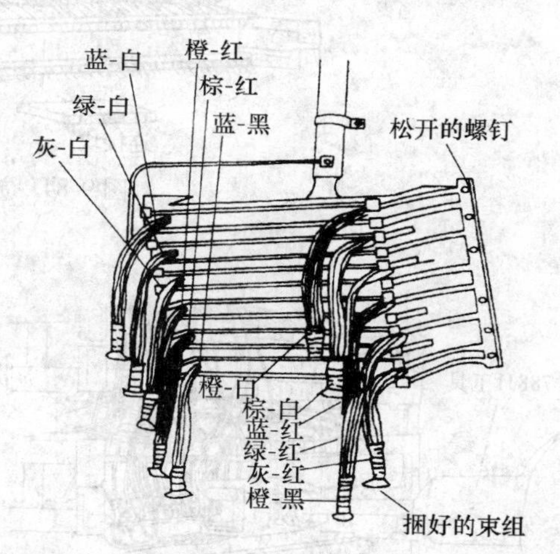

图9-80　将捆好的25对束组穿过配线模块的槽

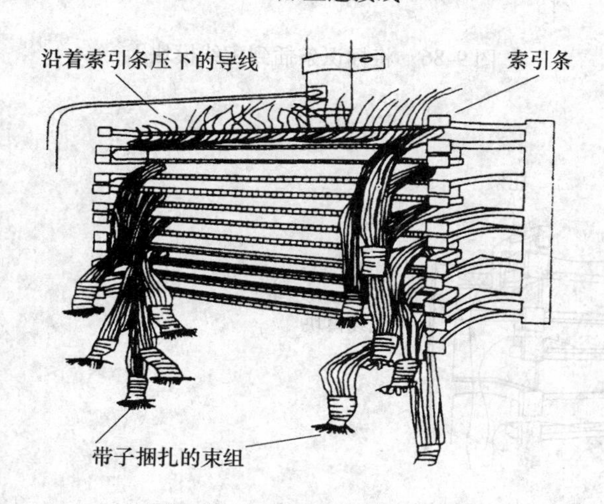

图9-81　在索引条中放置线对

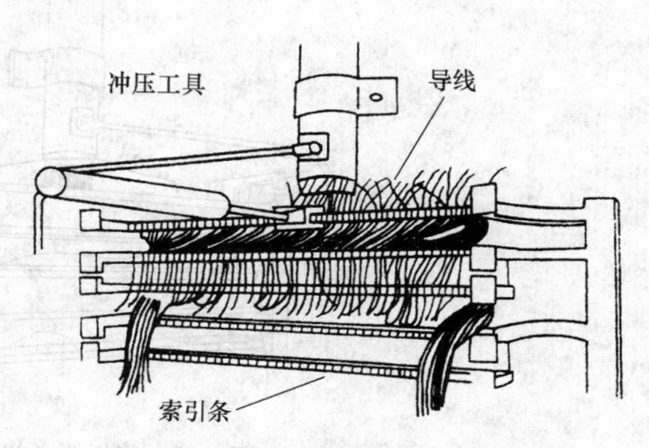

图9-82　使用工具将线对压入索引条

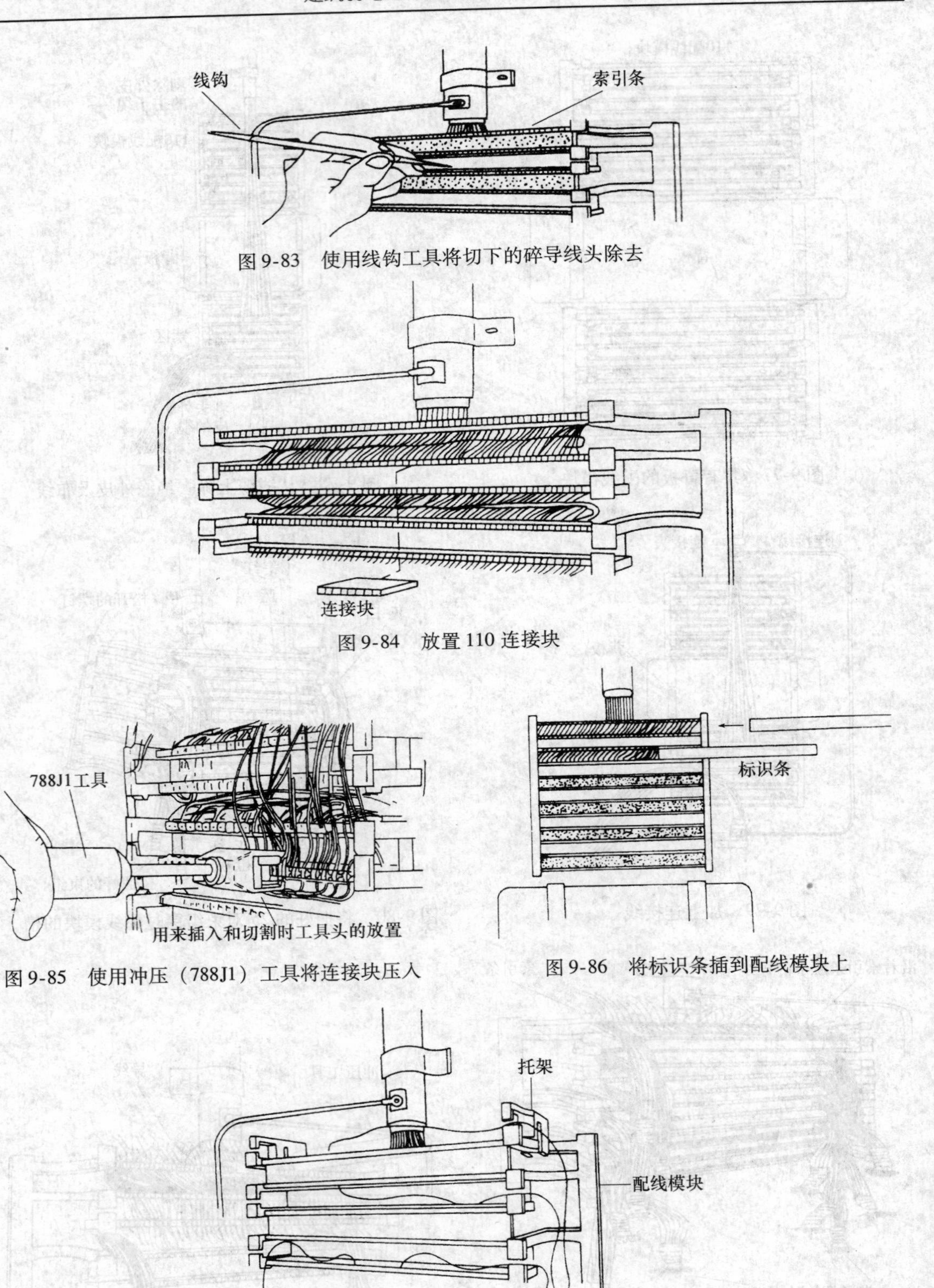

图 9-83　使用线钩工具将切下的碎导线头除去

图 9-84　放置 110 连接块

图 9-85　使用冲压（788J1）工具将连接块压入

图 9-86　将标识条插到配线模块上

图 9-87　将托架（88A）安装到配线模块上

图 9-88 ~ 图 9-92 所示为接插式连接场安装步骤。

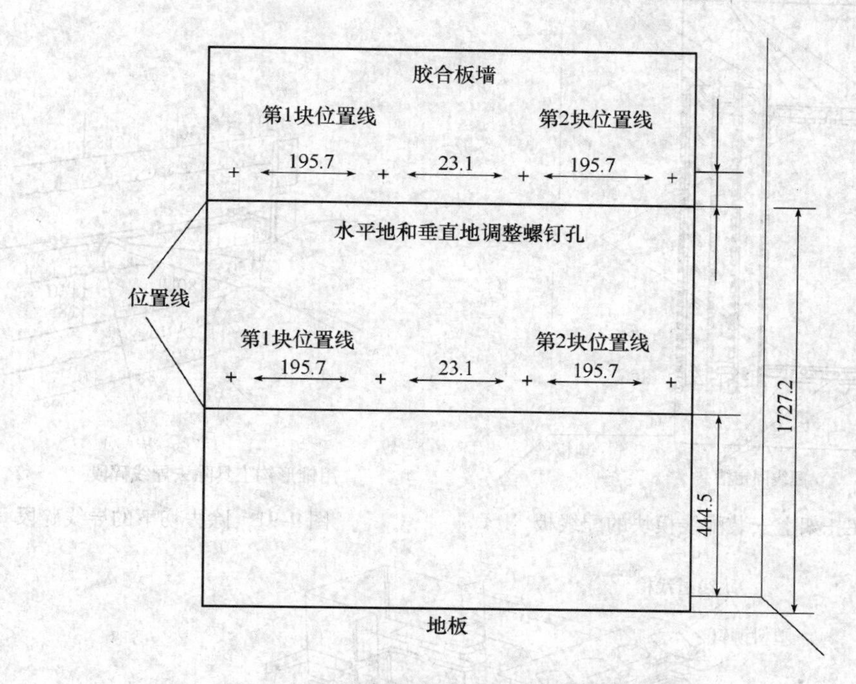

图 9-88　固定配线模块的配线板到墙面

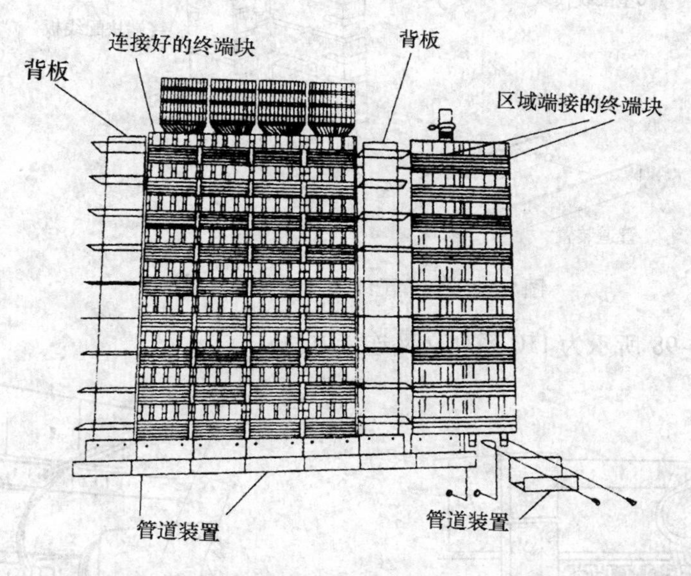

图 9-89　具有背板和管道装置的 100P 配线板互连场

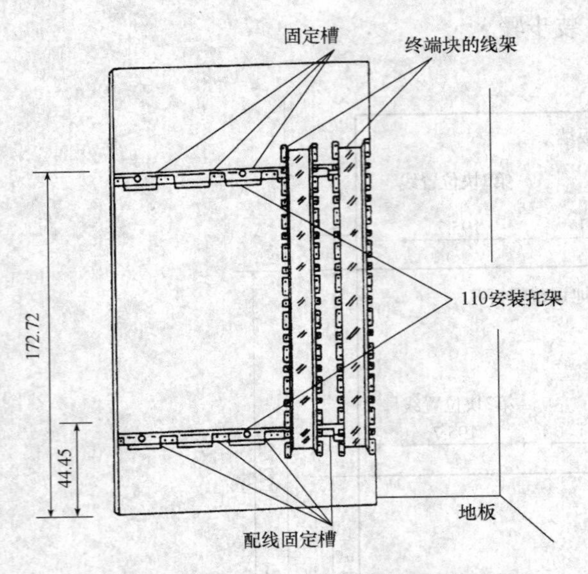

图 9-90　在托架上安装配线模块的配线板

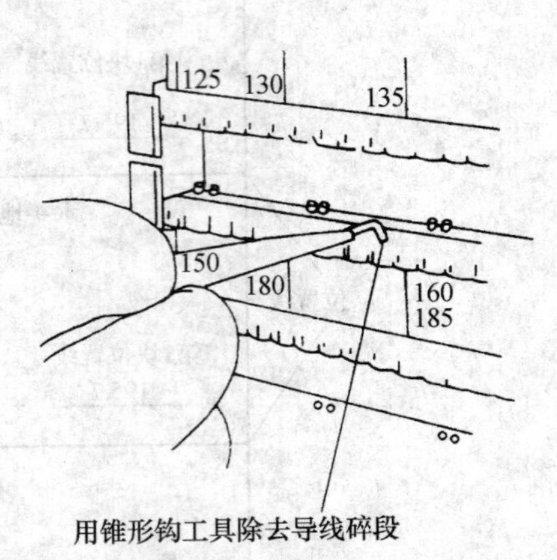

图 9-91　除去切下的导线碎段

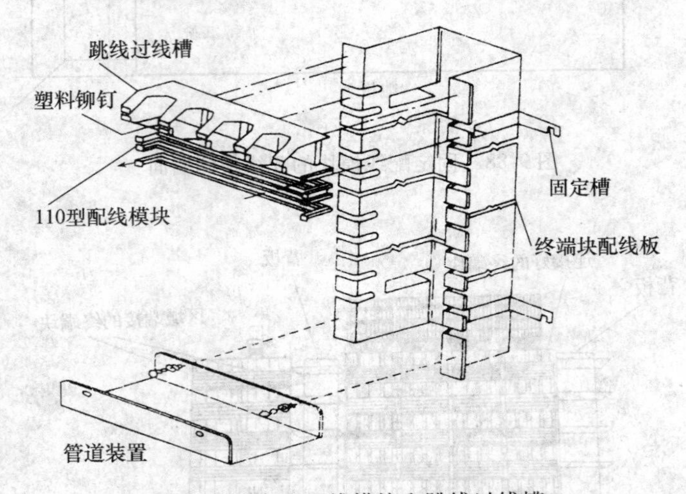

图 9-92　安置配线模块和跳线过线槽

图 9-93 ~ 图 9-98 所示为 110 系列交叉连接方法。

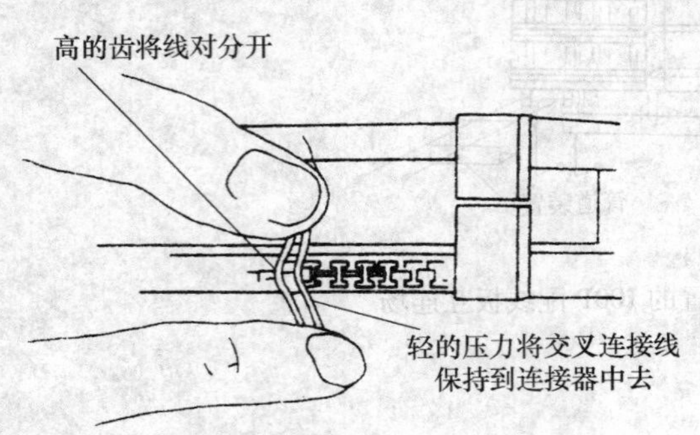

图 9-93　将 F 交叉连接线插入连接块中

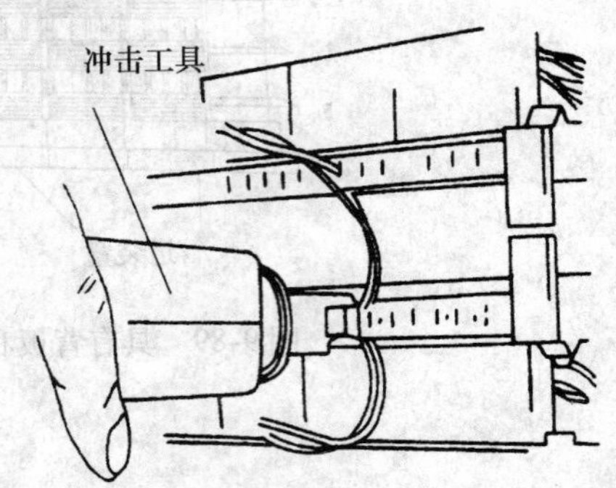

图 9-94　用工具将交叉连接线压入连接块

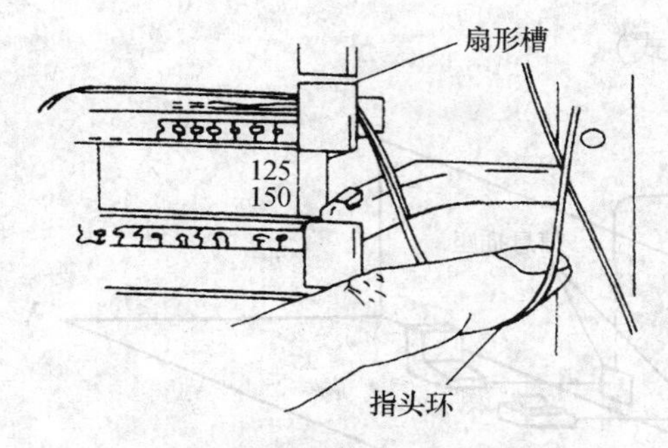

图 9-95　将交叉连接线穿过扇形槽

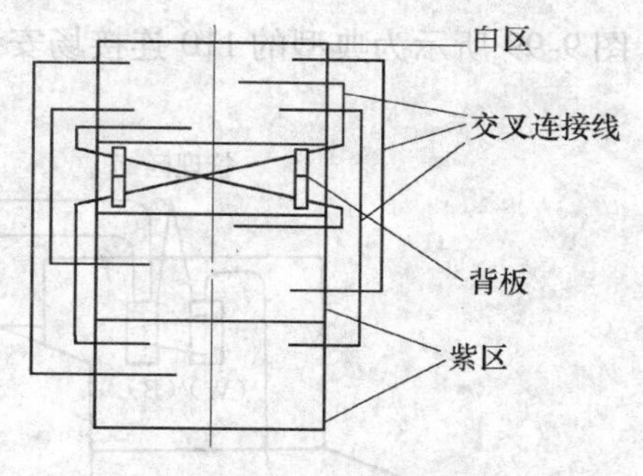

图 9-96　交叉连接线图

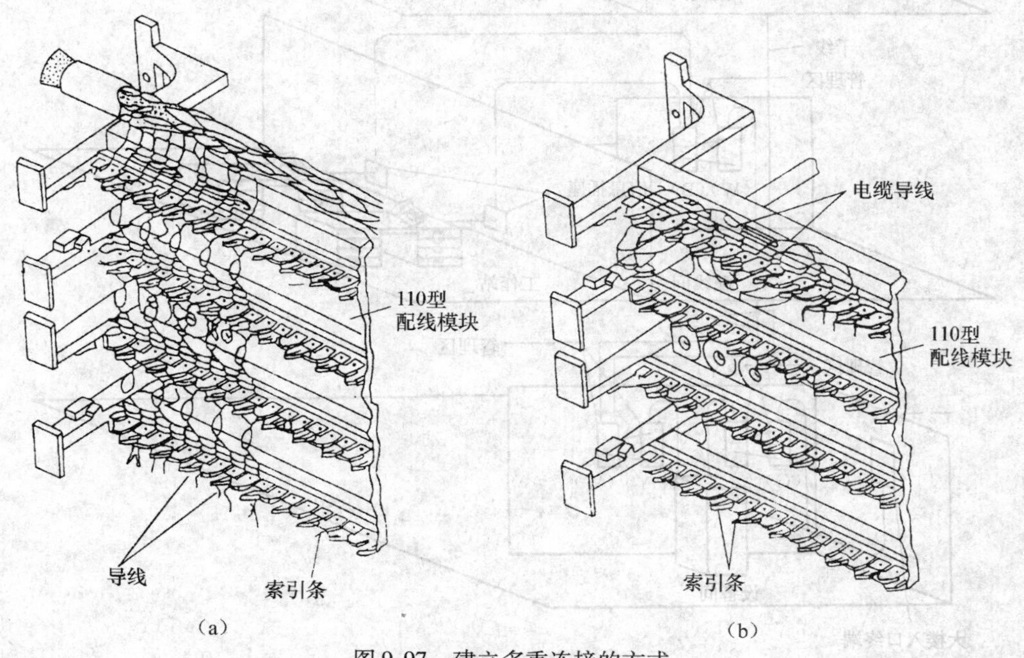

图 9-97　建立多重连接的方式

（a）方式一；（b）方式二

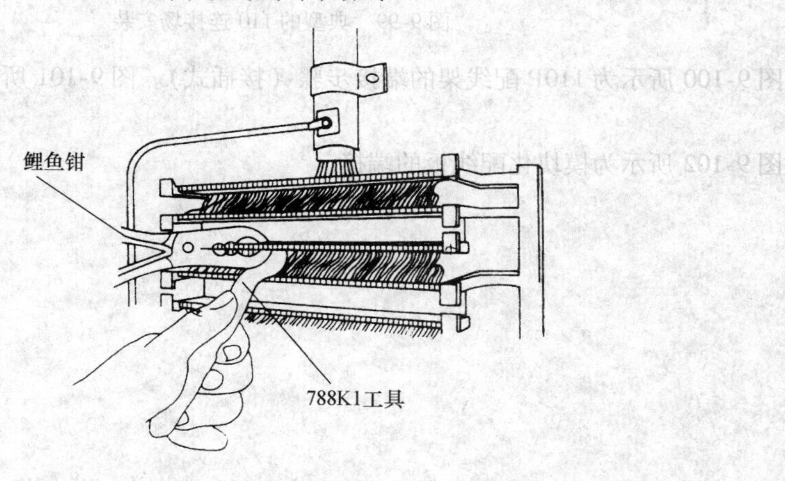

图 9-98　拆下连接块

图 9-99 所示为典型的 110 连接场安装（夹接式）。

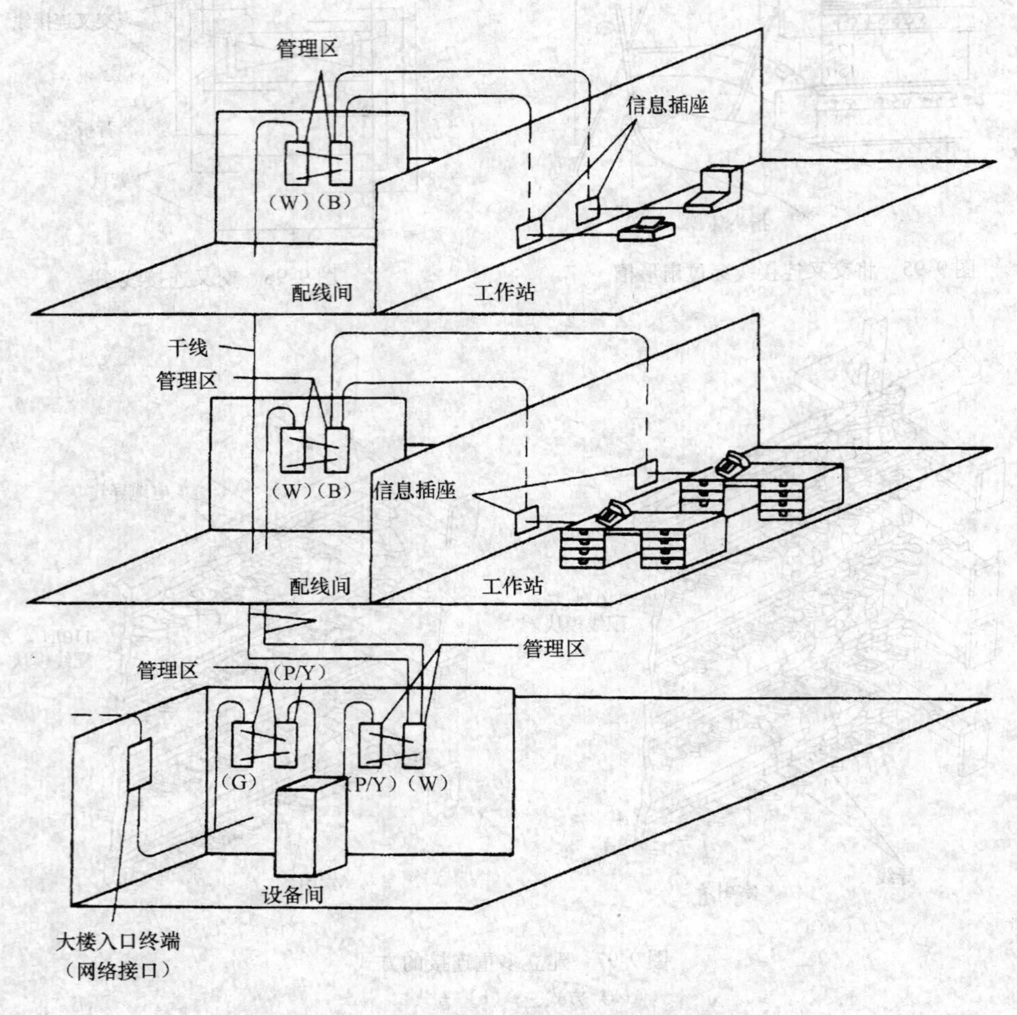

图 9-99　典型的 110 连接场安装

图 9-100 所示为 110P 配线架的端接步骤（接插式）。图 9-101 所示为在配线模块上布放线对。

图 9-102 所示为模块化配线板的端接。

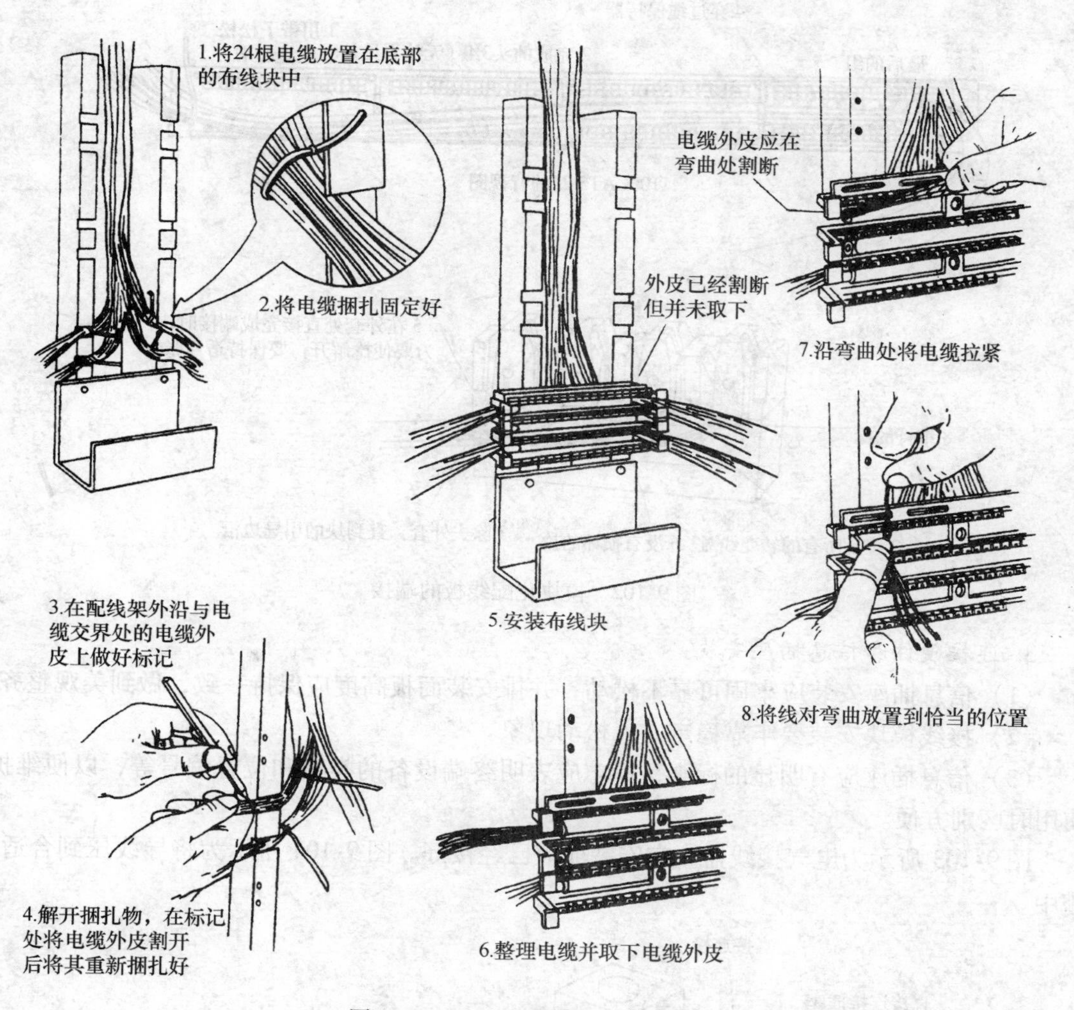
1.将24根电缆放置在底部的布线块中
2.将电缆捆扎固定好
3.在配线架外沿与电缆交界处的电缆外皮上做好标记
4.解开捆扎物，在标记处将电缆外皮割开后将其重新捆扎好
外皮已经割断但并未取下
5.安装布线块
6.整理电缆并取下电缆外皮
电缆外皮应在弯曲处割断
7.沿弯曲处将电缆拉紧
8.将线对弯曲放置到恰当的位置

图9-100　110P配线板的端接步骤

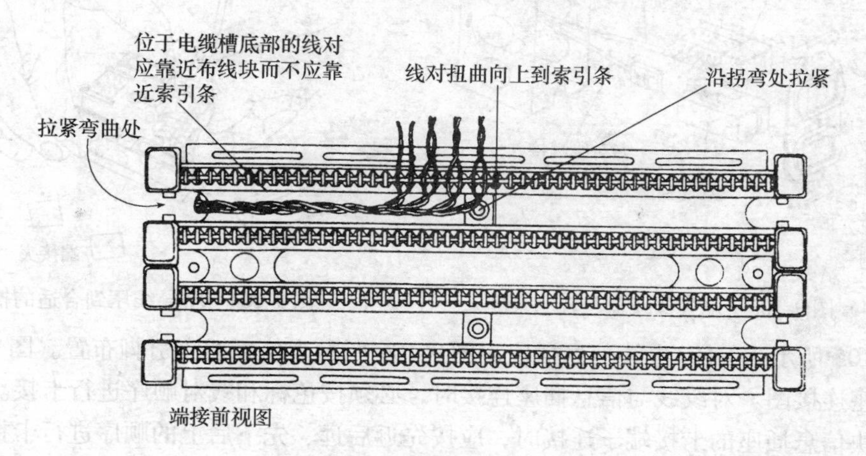
位于电缆槽底部的线对应靠近布线块而不应靠近索引条
线对扭曲向上到索引条
沿拐弯处拉紧
拉紧弯曲处
端接前视图

图9-101　在配线模块上布放线对

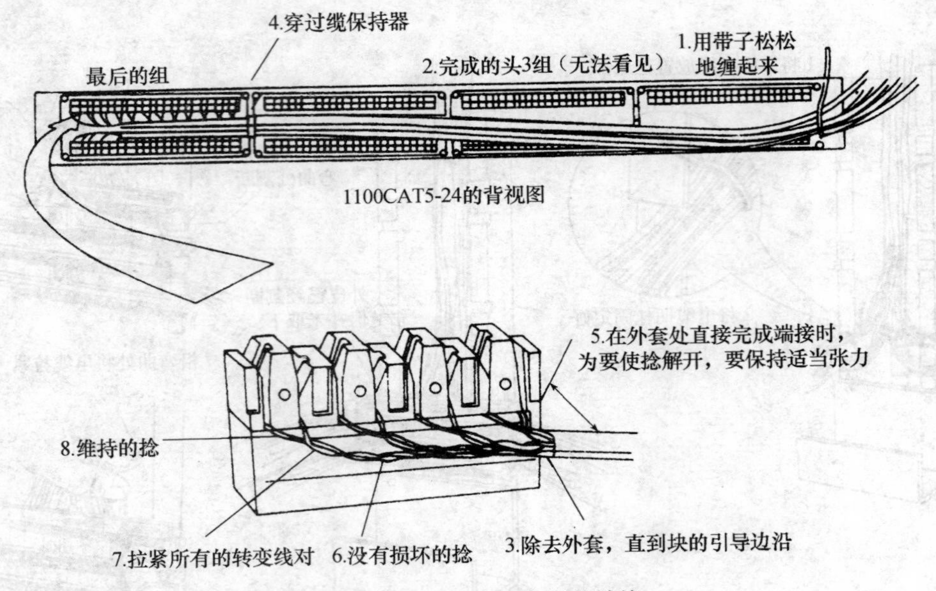

图 9-102　模块化配线板的端接

3. 连接硬件和信息插座安装

（1）信息插座安装应牢固可靠不松动，并排安装面板高度应保持一致，做到美观整齐。

（2）接线模块安装要牢靠稳定，无松动现象。

（3）信息插座应有明显的标志，标志应表明终端设备的类型和位置编号等，以便维护、使用时区别方便。

图 9-103 所示为电气接线盒，在安装前应已经接好。图 9-104 所示为将导线压到合适的槽中。

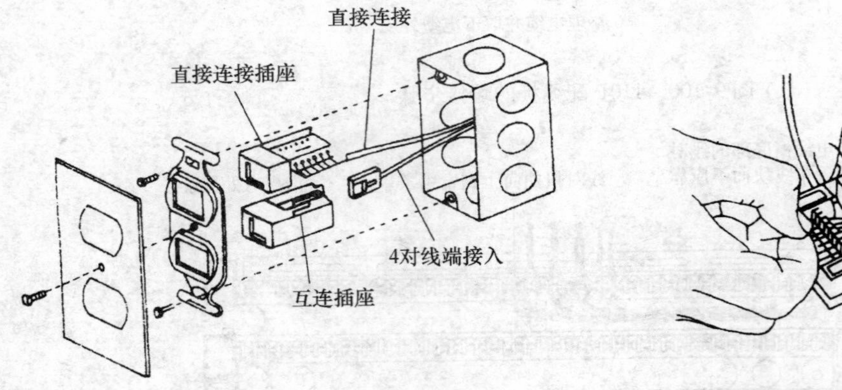

图 9-103　电气接线盒

图 9-104　将导线压到合适的槽中

图 9-105 所示为 RJ45 电缆信息插座。图 9-106 所示为信息插座引脚布置。图 9-107 所示为信息插座连接图。对绞线与信息插座连接时，必须按色标和线对顺序进行卡接。对绞电缆与接结模块信息插座的卡接端子连接时，应按先近后远、先下后上的顺序进行卡接。

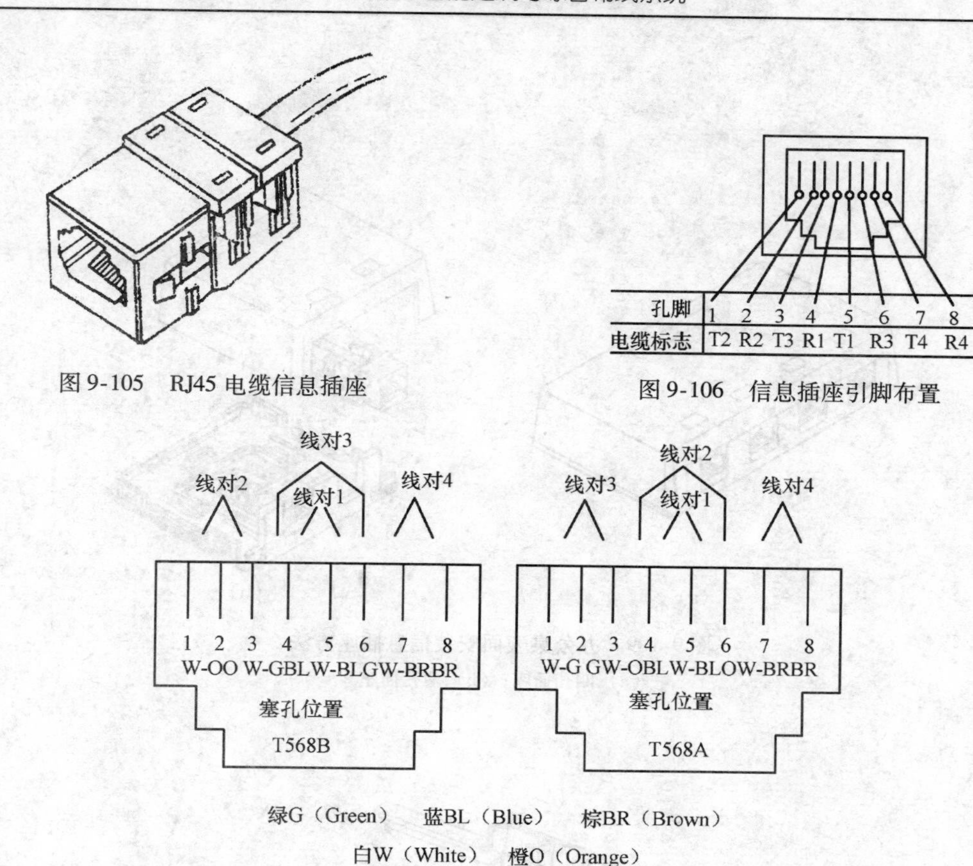

图 9-105　RJ45 电缆信息插座

图 9-106　信息插座引脚布置

图 9-107　信息插座连接图

图 9-108 ~ 图 9-110 所示为信息插座的安装方法。各种插座面板应有标识，以颜色、图形、文字表示所接终端设备类型。

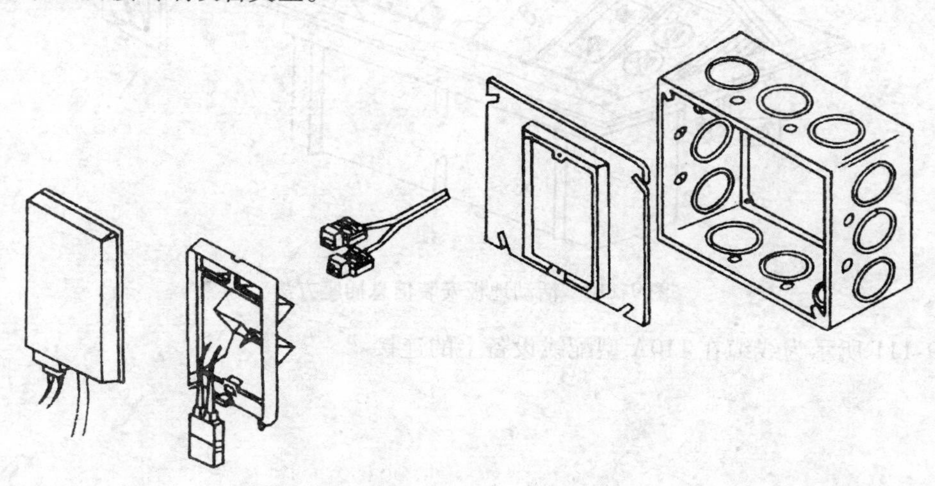

图 9-108　墙上暗装信息插座及适配器方法

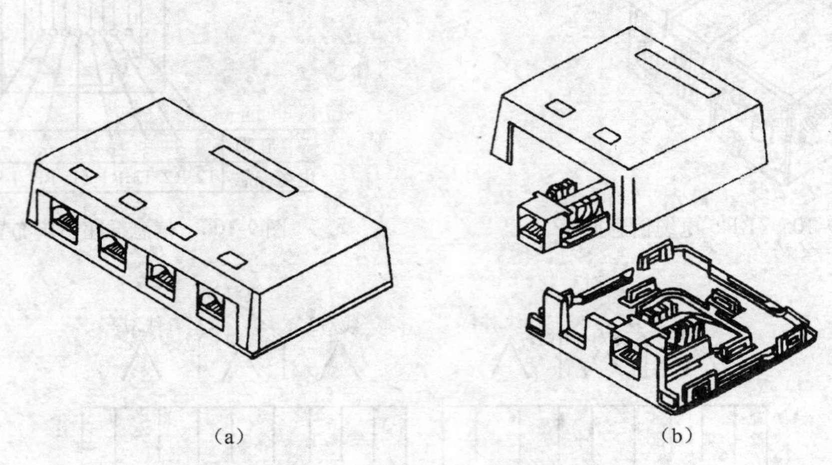

（a） （b）

图 9-109 办公桌表面安装信息插座方法

（a）四孔插座；（b）两孔插座

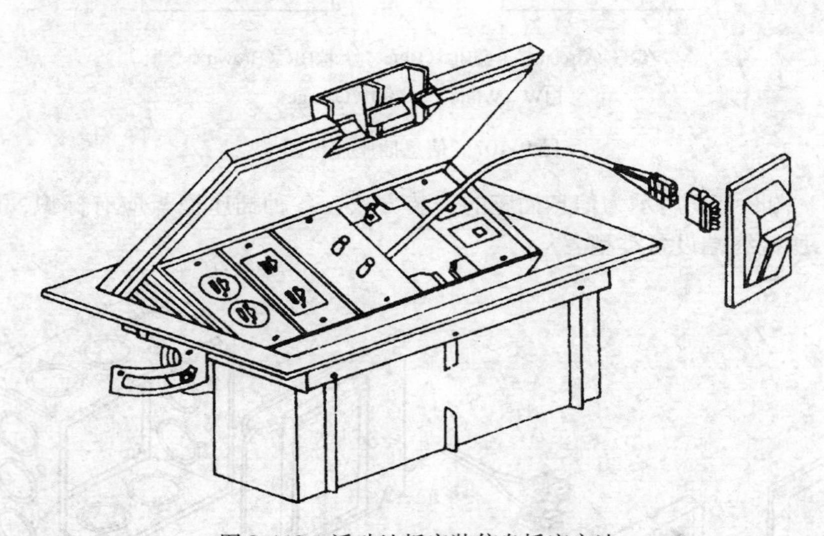

图 9-110 活动地板安装信息插座方法

图 9-111 所示为线缆在 110A 型配线设备上的连接。

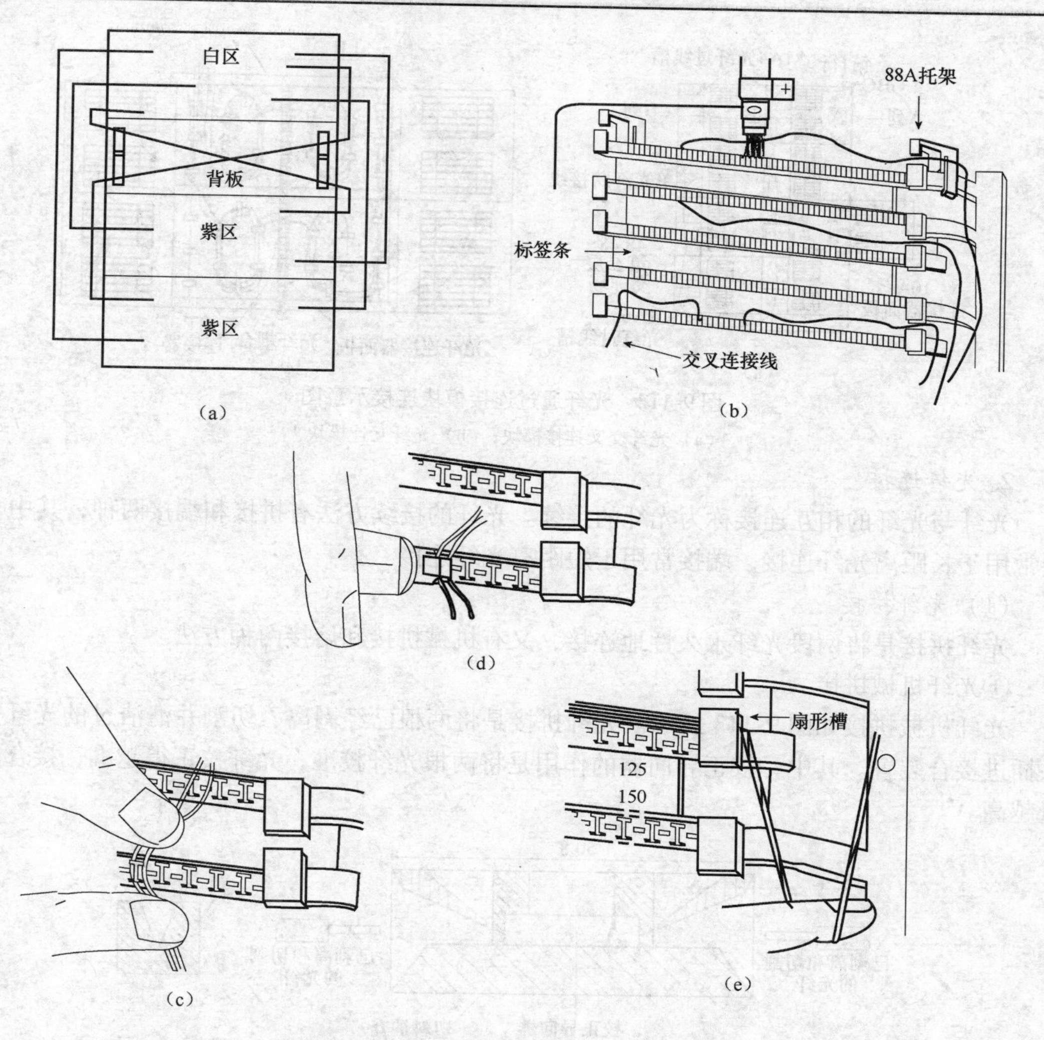

图9-111　线缆在110A型配线设备上的连接

(a) 交叉连接线示意图；(b) 在配线模块上安装交叉连接线托架；(c) 将F-交叉连接线插入连接块中；(d) 用工具将F-交叉连接线压入连接块；(e) 将F-交叉连接线穿过扇形槽

9.4.4　光纤连接

光纤连接就是将不同位置的光纤，通过光纤连接硬件直接互相连接起来，有交叉连接和互连两种方式。交叉连接是每根光纤通过连接模块，利用两头有端接好的连接器的光纤跳线进行连接，这种连接方式可重新安排链路。互连是指将不同位置的光纤通过光纤连接模块直接相连，不必使用光纤跳线的连接方式。

1. 光纤连接场

图9-112所示为光纤通过连接模块连接示意图。图中，交叉连接场使每根输入光纤可以通过两端均有套箍的跨接线光缆连接到输出光纤，可有多个连接模块，每个模块可端接12根光纤；互连场方式使每根输入光纤可以通过套箍直接连接至输出光纤，包括多个模块，每个模块可使12根输入光纤连接至12根输出光纤。

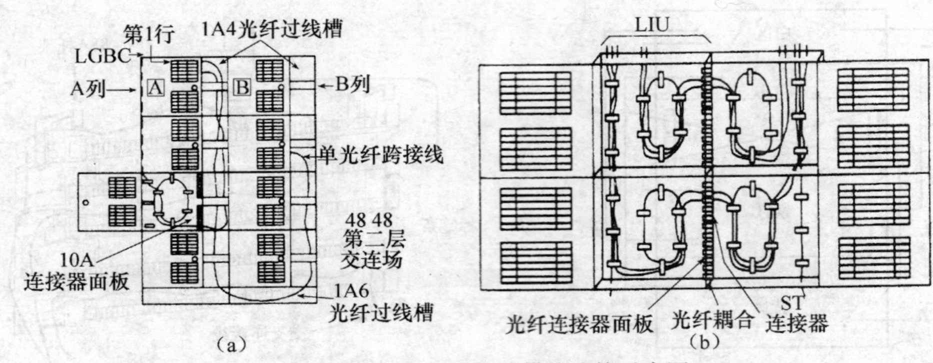

图 9-112 光纤通过连接模块连接示意图

(a) 光纤交叉连接模块;(b) 光纤互连模块

2. 光纤连接

光纤与光纤的相互连接称为光纤的接续。光纤的接续方法有拼接和端接两种,其中,拼接常用于长距离光纤连接,端接常用于短距离光纤连接。

(1) 光纤拼接

光纤拼接是将两段光纤永久性地连接,又有机械拼接和熔接两种方法。

①光纤机械拼接

光纤机械拼接如图 9-113 所示。光纤拼接是将两根已经剥离、切割并清洁过的光纤头对头插进接合装置。其中,校正导向器的作用是将两根光纤校准,光纤校正得越准,接合的质量越高。

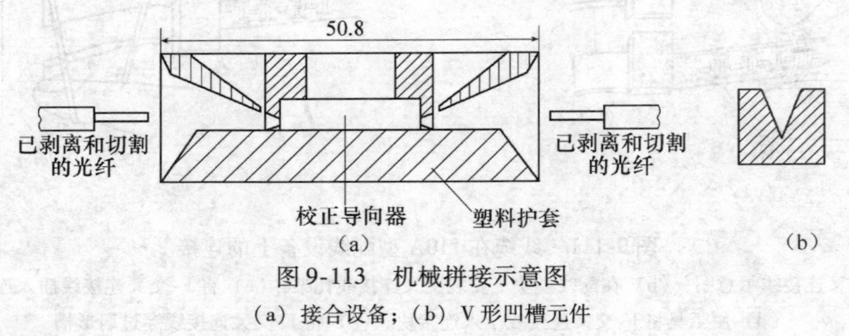

图 9-113 机械拼接示意图

(a) 接合设备;(b) V 形凹槽元件

②光纤熔接

图 9-114 所示为光纤熔接示意图。光纤熔接是用光纤熔接机进行高压放电,使待接续光纤端头熔融,合成一段完整的光纤。光纤熔接不产生缝隙,接续损耗小,可靠性高,应用较为普遍。

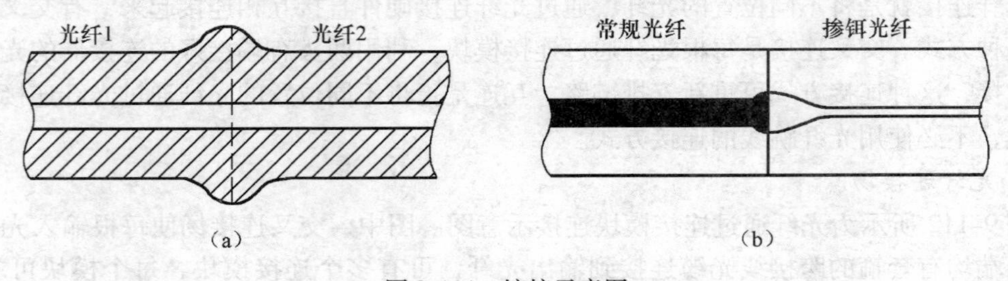

图 9-114 熔接示意图

(a) 常规光纤的熔接;(b) 掺铒光纤的熔接

光纤连接前要将涂覆层和缓冲层除去并清洁干净。图 9-115 所示为光纤熔接保护套管结构。

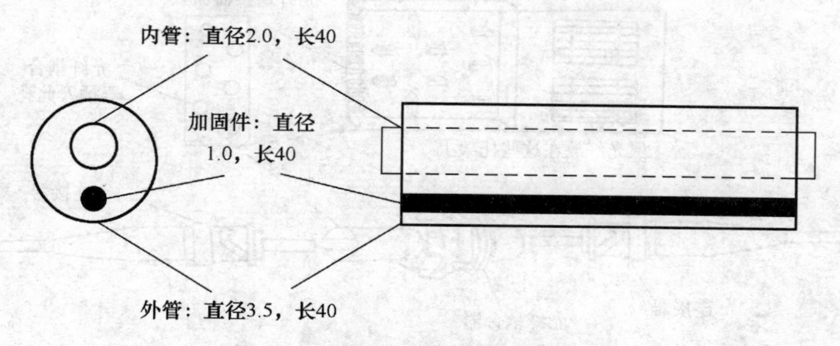

图 9-115　熔接保护套管的基本结构

（2）光纤端接

光纤端接是活动性的连接，用于需进行多次拔插的部位的光纤连接。常用于配线架的跨接线、各种插头与应用设备、插座的连接处等场合，有成品端接、半成品端接和现场端接三种方式。其中现场端接就是根据实际需要，现场完成光纤连接器的安装，灵活性强，技术要求也很高。

3. 光纤连接器安装

光纤连接器的作用是实现光纤与光纤之间、光纤与应用系统设备之间、设备与设备之间、设备与仪表之间等的活动连接，以便于应用系统的接续、测试和维护。光纤连接器的种类有很多，常用的有 ST、SC 连接器。

（1）ST 光纤连接器磨制

图 9-116 所示为 STⅡ光纤连接器组成，包括连接器体、套筒、缓冲层光纤支持器（引导）、带螺纹的扩展帽，保护帽等。

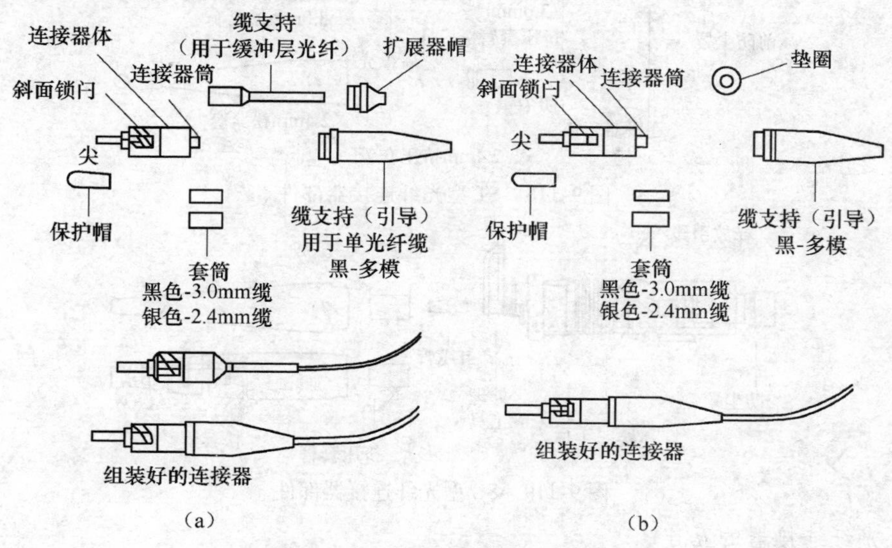

图 9-116　STⅡ型光纤连接器组成

（a）标准型连接器；（b）正面固定型连接器

图 9-117 所示为光纤连接器组装示意图。

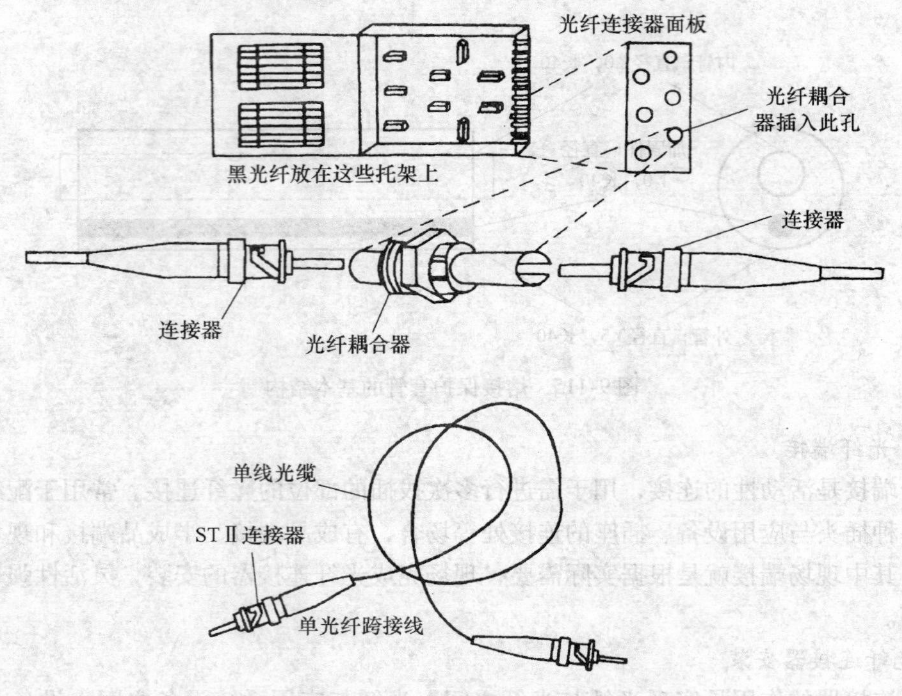

图 9-117　光纤连接器组装示意图

（2）光纤连接器现场安装

图 9-118 所示为现场安装 ST 光纤连接器的方法。图 9-119 所示为现场安装 SC 光纤连接器的方法。

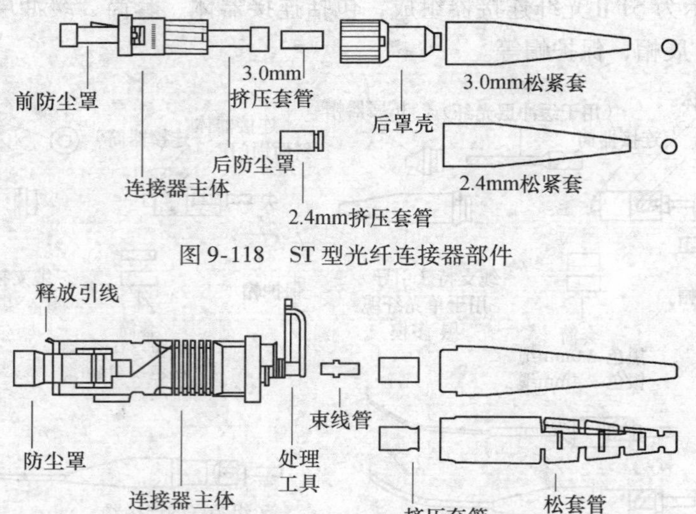

图 9-118　ST 型光纤连接器部件

图 9-119　SC 型光纤连接器部件

（3）光纤连接器的互连

光纤连接器的互连就是将两条半固定的光纤通过其上的连接器与此模块嵌板上的耦合器

连接起来。

图 9-120 所示为 ST 连接器互连步骤。

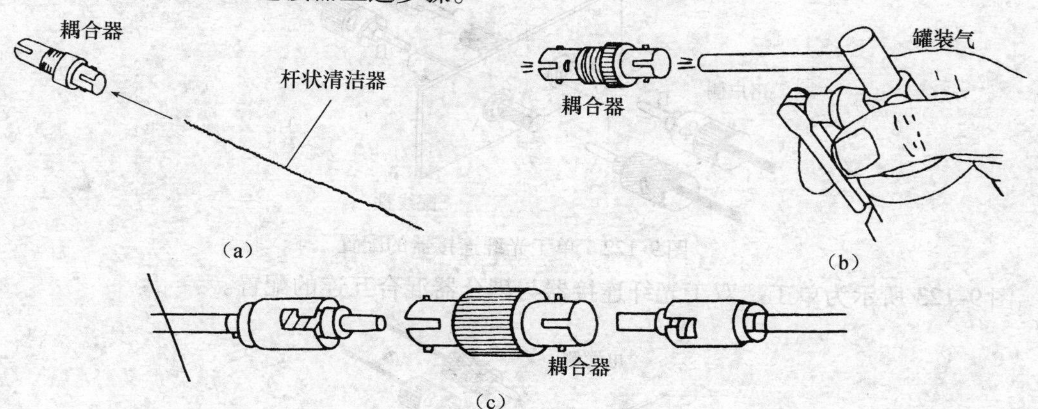

图 9-120　ST 连接器互连步骤

(a) 用杆状清洁器除去碎片；(b) 用罐装气吹除耦合器中的灰尘；(c) 将 ST 连接器插入耦合器

(4) 光纤连接器的极性

一条光纤传输通道包括两根光纤，一根接收信号，一根发送信号，也就是说，光信号只能单向传输。若通道两端收对收、发对发，则光纤传输系统不能正常工作，所以，应先确定信号在光缆中的传输方向，再将光缆接到网络设备上。

ST 型通过编号方式来保证光纤极性。SC 型采用双工接头，在施工中对号入座解决极性问题。

综合布线系统的光纤连接器配有单工和双工光纤软线。在水平光缆或干线光缆终接处的光缆侧，建议采用单工光纤连接器；在用户侧，采用双工光纤连接器，以保证光纤连接的极性正确。

图 9-121 所示为双工光纤连接器配置。用双工光纤连接器时，需用锁扣插座定义极性。

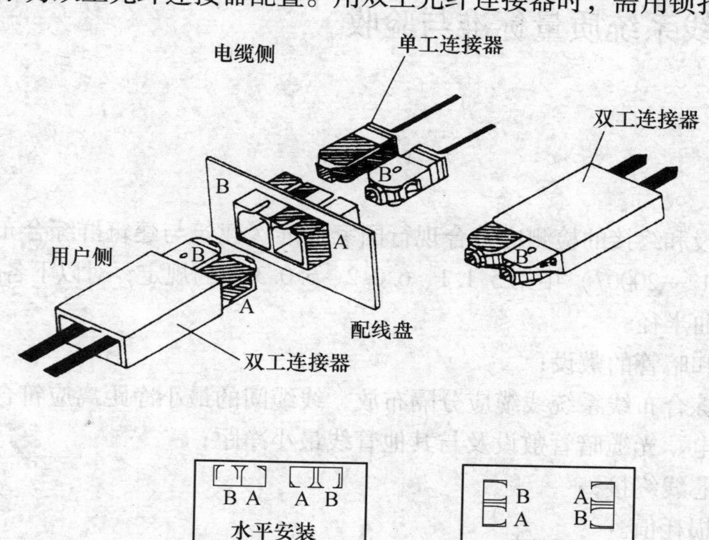

图 9-121　双工光纤连接器的配置

图 9-122 所示为单工光纤连接器配置。用单工光纤连接器时，连接器上应做标记以表明极性。

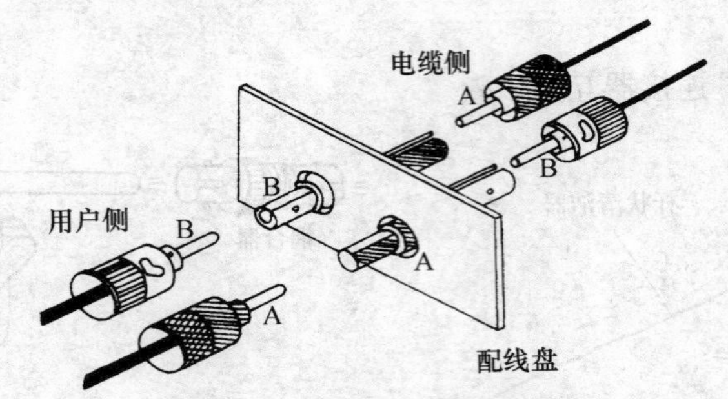

图 9-122　单工光纤连接器的配置

图 9-123 所示为单工、双工光纤连接器与耦合器混合互连的配置。

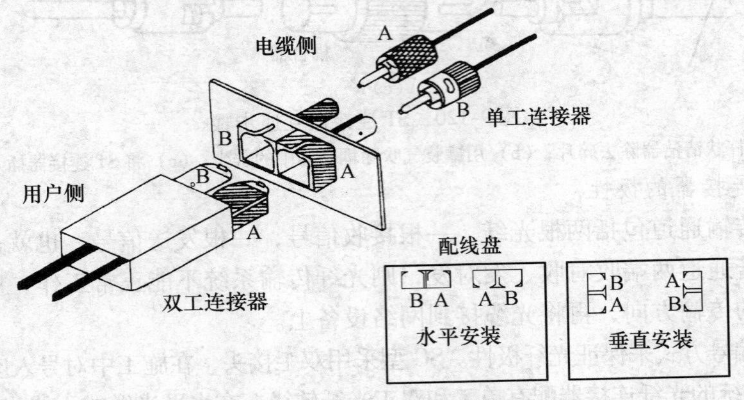

图 9-123　混合光纤连接器的配置

9.5　综合布线系统质量标准与验收

9.5.1　质量标准

1. 主控项目

（1）线缆敷设和终接的检测应符合现行国家标准《建筑与建筑群综合布线系统工程技术规范》（GB/T50312—20007）中第 5.1.1、6.0.2、6.0.3 条的规定，对以下各项进行检测：

①线缆的弯曲半径；

②预埋线槽和暗管的敷设；

③电源线与综合布线系统线缆应分隔布放，线缆间的最小净距离应符合设计要求；

④建筑物内电、光缆暗管敷设及与其他管线最小净距；

⑤对绞电缆芯线终接；

⑥光纤连接损耗值。

（2）建筑群子系统采用架空、管道、直埋敷设的电、光缆应符合本地网通信线路工程验收的相关规定。

（3）机柜、配线架的安装检测除应符合 GB/T 50312 第 4 节的设备安装规定外，还应符合下列要求：

①卡入配线架连接模块内的单根线缆色标应和线缆的色标相一致，大对数电缆按标准色谱的组合规定进行排序。

②端接于 RJ45 口的配线架的线序及排列方式按有关国际标准规定的 T568A 或 T568B 端接方式进行端接，但必须与信息插座模块的线序排列使用同一种标准。

④信息插座安装在活动地板或地面上时，接线盒应严密防水、防尘。

⑤应采用专用测试仪器对系统的性能进行检测，其内容包括双绞线电气性能检测和光纤特性检测，系统的信号传输技术指标应符合设计要求。

2. 一般项目

（1）线缆终接应符合 GB/T 50312 中第 6. 0. 1 条的规定。

（2）各类跳线的终接应符合本标准 GB/T 50312 中第 6. 0. 4 条的规定。

（3）机柜、配线架安装应符合 GB/T 50312 第 4. 0. 1 条的规定外，还应符合以下要求：

①机柜不宜直接安装在活动地板上，应按设备的底平面尺寸制作底座，底座直接与地面固定，机柜固定在底座上，底座高度应与活动地板高度相同，然后铺设活动地板，底座水平误差每米不应大于 2mm。

②安装机架面板，架前应预留不少于 800mm 空间，机架背面离墙距离应大于 600mm。

③背板式跳线架应经配套的金属背板及接线管理架安装在可靠的墙壁上，金属背板与墙壁应紧固。

④壁挂式机柜底面距地面不宜小于 300mm。

⑤桥架或线槽应直接进入机架或机柜内。

⑥接线端子各种标志应齐全。

（4）信息插座的安装要求应符合 GB/T 50312 第 4. 0. 3 条的规定。

（5）光缆芯线终端的连接盒面板应有标志。

9. 5. 2　综合布线系统工程检验项目及内容

综合布线系统工程检验项目及内容见表 9-7。

表 9-7　综合布线系统工程检验项目及内容

阶段	验收项目	验收内容	验收方式
一、施工前检查	1. 环境要求	（1）土建施工情况：地面、墙面、门、电源插座及接地装置 （2）土建工艺：机房面积、预留孔洞 （3）施工电源 （4）地板铺设	施工前检查
	2. 器材检验	（1）外观检查 （2）型号、规格、数量 （2）电缆电气性能测试 （4）光纤特性测试	施工前检查
	3. 安全、防火要求	（1）消防器材 （2）危险物的堆放 （3）预留孔洞防火措施	施工前检查

续表

阶段	验收项目	验收内容	验收方式
二、设备安装	1. 交接间、设备间、设备机柜、机架	(1) 规格、外观 (2) 安装垂直、水平度 (3) 油漆不得脱落，标志完整齐全 (4) 各种螺丝必须紧固 (5) 抗震加固措施 (6) 接地措施	随施工检验
	2. 配线部件及8位模块式通用插座	(1) 规格、位置、质量 (2) 各种螺丝必须拧紧 (3) 标志齐全 (4) 安装符合工艺要求 (5) 屏蔽层可靠连接	随施工检验
三、电、光缆布放（楼内）	1. 电缆桥架及线槽布放	(1) 安装位置正确 (2) 安装符合工艺要求 (3) 符合布放缆线工艺要求 (4) 接地	随施工检验
	2. 缆线暗敷（包括暗管、线槽、地板等方式）	(1) 缆线规格、路由、位置 (2) 符合布放缆线工艺要求 (3) 接地	隐蔽工程签证
四、电、光缆布放（楼间）	1. 架空缆线	(1) 吊线规格、架设位置、装设规格 (2) 吊线垂度 (3) 缆线规格 (4) 卡、挂间隔 (5) 缆线的引入符合工艺要求	随施工检验
	2. 管道缆线	(1) 使用管孔孔位 (2) 缆线规格 (3) 缆线走向 (4) 缆线的防护设施的设置质量	隐蔽工程签证
	3. 埋式缆线	(1) 缆线规格 (2) 敷设位置、深度 (3) 缆线的防护设施的设置质量 (4) 回土夯实质量	隐蔽工程签证
	4. 隧道缆线	(1) 缆线规格 (2) 安装位置、路由 (3) 土建设计符合工艺要求	隐蔽工程签证
	5. 其他	(1) 通信线路与其他设施的间距 (2) 进线室安装、施工质量	随施工检验或隐蔽工程签证

续表

阶段	验收项目	验收内容	验收方式
五、缆线终接	1. 8位模块式通用插座	符合工艺要求	随施工检验
	2. 配线部件	符合工艺要求	
	3. 光纤插座	符合工艺要求	
	4. 各类跳线	符合工艺要求	
六、系统测试	1. 工程电气性能测试	(1) 连接图 (2) 长度 (3) 衰减 (4) 近端串音(两端都应测试) (5) 设计中特殊规定的测试内容	竣工检验
	2. 光纤特性测试	(1) 衰减 (2) 长度	竣工检验
七、工程总验收	1. 竣工技术文件	清点、交接技术文件	竣工检验
	2. 工程验收评价	考核工程质量,确认验收结果	

注:系统测试内容的验收亦可在随工中进行检验。

参考文献

[1] 中国建筑标准设计研究所．国家标准图集，电缆桥架安装（04D701—3）．2004.

[2] 中国建筑标准设计研究所．国家标准图集，综合布线系统工程设计施工图集（02X1010—3）．2002.

[3] 中国建筑标准设计研究所．国家标准图集，安全防范系统设计与安装（06SX503）．2006.

[4] 中国建筑标准设计研究所．国家标准图集，智能建筑弱电工程设计施工图集（97X700）．1998

[5] 韩宁，刘国林．综合布线［M］．北京：人民交通出版社，2000.

[6] 马飞虹．建筑智能化系统——工程设计与监理［M］．北京：机械工业出版社，2003.

[7] 姜久超，马文华，建筑弱电系统安装［M］．北京：中国电力出版社，2007.

[8] 刘复欣．建筑弱电系统安装［M］．北京：中国建筑工业出版社，2007.

[9] 杨光臣．建筑电气工程图识读与绘制［M］．北京：中国建筑工业出版社，2001.

[10] 王子茹主编．房屋建筑设备识图［M］．北京：中国建材工业出版社，2002.

[11] 徐第，孙俊英编著．建筑弱电工程安装技术［M］．北京：金盾出版社，2002.

[12] 韩宁，陆宏琦编著．建筑弱电工程及施工［M］．北京：中国电力出版社，2003.

[13] 朱栋华主编．建筑电气工程图识图方法与实例［M］．北京：中国水利电力出版社，2005.

[14] 吴成东主编．怎样阅读建筑电气工程图［M］．北京：中国建材工业出版社，2000.

[15] 柳涌主编．建筑安装工程施工图集6（弱电工程）［M］．北京：中国建筑工业出版社，2002.

[16] 朱林根主编．21世纪建筑电气设计手册［M］．北京：中国建筑工业出版社，2001.

[17] 何利民，尹全英编．怎样阅读电气工程图（第二版）［M］．北京：中国建筑工业出版社，2005.

[18] 孙成群主编．建筑工程设计编制深度实例范本建筑电气［M］．北京：中国建筑工业出版社，2004.

[19] 赵承荻主编．电工技术［M］．北京：高等教育出版社，2001.

[20] 付保川，班建发等编著．智能建筑计算机网络［M］．北京：人民邮电出版社，2004.

[21] 刘国林等编著．综合布线［M］．北京：机械工业出版社，2004.

[22] 北京照明学会设计委员会组织编写．建筑电气设计实例图册1［M］．北京：中国建筑工业出版社，1998.

[23] 谢社初主编．建筑智能技术［M］．北京：中国建筑工业出版社，2003.

[24] 秦兆海，周鑫华主编．智能楼宇安全防范系统［M］．北京：清华大学出版社，北京交通大学出版社，2005.

[25] 赵英然编著．智能建筑火灾自动报警系统设计与实施［M］．北京：知识产权出版社，2005.

[26] 刘军明编著．弱电系统集成［M］．北京：科学出版社2005.

[27] 程双主编．安全防范技术基础［M］．北京：电子工业出版社，2006.

[28] 岳经伟主编．综合布线技术与施工［M］．北京：中国水利水电出版社，2005.

[29] 杨光臣主编．建筑电气工程识图·工艺·预算［M］．北京：中国建筑工业出版社，2006. 5. 第2版．

[30] 黎连业，王超成，苏畅编著．智能建筑弱电工程设计与实施［M］．北京：中国电力出版社，2006.

[31] 喻建华主编．建筑应用电工（第2版）［M］．武汉：武汉理工大学出版社，2004.

[32] 叶选，丁玉林主编．电缆电视系统［M］．北京：中国建筑工业出版社，1997.

[33] 叶选，丁玉林，刘玮编著．在线电视及广播［M］．北京：人民交通出版社，2001.

[34] 孙飞龙，林景春主编．楼宇自动化技术［M］．北京：北京师范大学出版社，2006.

[35] 陈龙，陈晨主编．安全防范工程［M］．北京：中国电力出版社，2006.

[36] 陈龙，李仲男，彭喜东，王蒙编著．智能建筑安全防范系统及应用［M］．北京：机械工业出版社，2007.

[37] 朱立彤，孙兰主编．智能建筑设计与施工系列图集5综合布线系统［M］．北京：中国建筑工业出版社，2003.
[38] 刘宝林主编．建筑电气设计图集2［M］．北京：中国建筑工业出版社，2002.
[39] 史湛华编著．建筑电气施工百问［M］．北京：中国建筑工业出版社，2004.
[40] 陈龙主编．智能建筑楼宇控制与系统集成技术［M］．北京：中国建筑工业出版社，2004.
[41] 广州市建筑集团有限公司编．建筑机电设备安装工艺标准［M］．北京：中国建筑工业出版社，2006.
[42] 黄河主编．综合布线与网络工程［M］．北京：中国建筑工业出版社，2004.